Fahrzeuglackierer

von

Gerd Lausen (Herausgeber)
Andreas Grümmer
Ragna Herold
Olaf Klapp
Frank Lünenberger
Peter Schmidt
Maja Scholz
Stefan Uhl
Joachim Weigt

4., überarbeitete und erweiterte Auflage

Handwerk und Technik – Hamburg

Die Normblattangaben werden wiedergegeben mit Erlaubnis des DIN Deutsches Institut für Normung e. V. Maßgebend für das Anwenden der Norm ist deren Fassung mit dem neuesten Ausgabedatum, die erhältlich ist bei der Beuth Verlag GmbH, Burggrafenstraße 6, 10787 Berlin.

ISBN 978-3-582-42104-3 Best.-Nr. 3178

Verlag Handwerk und Technik GmbH, Lademannbogen 135, 22339 Hamburg;
Postfach 63 05 00, 22331 Hamburg – 2020
Internet-Adresse: www.handwerk-technik.de
E-Mail: info@handwerk-technik.de

Zeichnungen: Grafische Produktionen Neumann, Rimpar
Umschlagbild: Axalta Coating Systems Germany GmbH & Co. KG, Wuppertal
Satz und Layout: Verlag Handwerk und Technik, Hamburg
Druck: Himmer GmbH Druckerei & Verlag, 86167 Augsburg

Vorwort

Das Buch gliedert sich nach den Lernfeldern des KMK-Rahmenlehrplans. Jedes Kapitel enthält zwei Teile:

- fachlicher Teil – hier sind alle Grundlagen enthalten, die der KMK-Rahmenlehrplan fordert
- Lernsituation – bearbeitet in den Arbeitsschritten: Auftragsannahme, Arbeitsplanung, Arbeitsauftrag durchführen, Qualitätssicherung, Fahrzeug an den Kunden übergeben

Die Lernsituationen sind in der Praxis entstanden. Es sind Beispiele, wie sie alltäglich in den Fahrzeuglackierbetrieben bearbeitet werden.
Wir durften bei den Arbeiten zusehen und Fotos machen; die Mitarbeiter haben alle Fragen geduldig beantwortet und uns mit weiterem Bildmaterial unterstützt.

Dafür möchten wir uns bedanken bei den Firmen:

- FFG Fahrzeugwerkstätten Falkenried GmbH, Hamburg
- MAKOBEN Karosserie- und Fahrzeugbau GmbH, Höhndorf
- SCHOLZ & SOHN GmbH, Kiel
- OELLERKING Qualitätsplanen GmbH & Co. KG, Hamburg
- Lack- & Karosserie Zentrum Andreas Pahl und Sohn, Büdelsdorf
- EvoBus GmbH, Ulm
- Wilke Fahrzeugbau GmbH, Trittau
- Johs. Vanini & Söhne GmbH & Co. KG, Kiel

Autoren und Verlag

Zur Arbeit mit dem Buch

Um die Fülle an Wissen besser vermitteln zu können, ist das Erscheinungsbild aufbereitet:

- Die Texte sind leserfreundlich aufbereitet, z.B. große Schrift, kurze Sätze, stichpunktartige Zusammenfassungen, farbliche Hervorhebung.
- In allen Kapiteln sind wesentlichen Textabschnitten in sich geschlossene, detaillierte Gliederungen vorangestellt. Diese erleichtern die Lernstofferarbeitung, sind hilfreich bei der Stoffwiederholung und fördern das Selbststudium.
- Alle Abbildungen sind modern gestaltet.

So werden Inhalte einprägsam auf neue Art vermittelt.

Folgende Markierungen dienen der besseren Übersicht:

Aufzählungen/Zusammenfassungen

- Die Aufzählungspunkte im Gelbraster dienen gleichzeitig als Untergliederung, Zusammenfassung und als Stütze bei Wiederholung des Lernstoffes.
- In den nachfolgenden Erläuterungen sind die aufgezählten Elemente halbfett hervorgehoben.

Allgemeine Merksätze
Grundlegende Sachverhalte wie Naturgesetze, gesetzliche und normative Vorschriften, allgemeine Schlussfolgerungen.

Merksätze für den Fahrzeuglackierer
Wichtige Sachverhalte mit Aufforderung an den Auszubildenden, danach zu handeln.

Beispiele:
Beispiele zum Text, Formeln, Anmerkungen des Autors.

Übungen:
Übungen zum vorangegangenen Lernfeld.

Der Pfeil ➜ im Text weist auf Illustrationen jeder Art wie Bild, Tabelle, Diagramm hin. Er fällt im Text auf und lässt vom Bild aus auch schnell die zugehörige Textstelle finden. Es bedeuten:

➜ 2: Bild 2 auf der jeweiligen Buchseite,
➜ 123.1: Bild 1 auf der Buchseite 123

Das umfangreiche **Sachwortverzeichnis** hilft Sachzusammenhänge herzustellen. Es ersetzt im laufenden Text Hinweise auf andere Kapitel, die den Lesefluss unterbrächen.

Inhaltsverzeichnis

6 Instandsetzungsmaßnahmen durchführen

7 Reparaturlackierungen ausführen

8 Objekte gestalten

9 Lackierverfahren anwenden

10 Design- und Effektlackierungen ausführen

Lernfeld 1

Metallische Untergründe bearbeiten

Ziele:
- nach Kundenauftrag die Bearbeitung metallischer Untergründe planen und ausführen
- aus Arbeitsanweisungen informieren und Arbeitsablauf planen
- metallische Untergründe unterscheiden und prüfen und Bearbeitungsmaßnahmen auswählen
- Kennwerte und Daten aus Plänen und Merkblättern ermitteln
- Arbeitsplatz einrichten unter Beachtung der Arbeitsschutzvorschriften und des Umweltschutzes
- Werk-, Hilfs- und Beschichtungsstoffe verarbeiten
- Werkzeuge und Geräte einsetzen, warten und pflegen
- Unfallverhütungsvorschriften, Grundsätze des Transports, der Lagerung und Entsorgung von Materialien beachten
- ökonomische Aspekte und den Schutz von Mensch und Umwelt beachten
- Arbeitsergebnisse vergleichen, bewerten, dokumentieren und präsentieren

Inhalte:
- Untergrundmängel
- Reinigungs- und Entrostungsverfahren
- chemische und physikalische Bedingungen
- Merkblätter, technische Richtlinien und Normen
- Bedienungsanleitungen
- Applikationsverfahren
- Abdeckarbeiten
- Gefahrstoffverordnung
- Ordnung am Arbeitsplatz
- Materialbedarf
- Zeitbedarf

1 Metallische Untergründe bearbeiten

Metalle sind sowohl chemische Elemente (Reinmetalle) vor allem der ersten und zweiten Hauptgruppe des Periodensystems, aber auch anderer Hauptgruppen und alle Nebengruppenelemente. Sie sind auch Gemische der Reinmetalle sowie mit Kohlenstoff, Silizium u. a. Nichtmetallen (Legierungen).

Nicht alle Metalle sind geeignete Werkstoffe:
- einige sind giftig
- viele sind radioaktiv
- manche treten nur selten auf

Daher zählen zu den metallischen Untergründen nur Werkstoffoberflächen, die vor äußeren Angriffen geschützt werden müssen, insbesondere vor Korrosion.

In diesem Kapitel werden behandelt:
- Metalle, siehe Kap. 1.1
- Korrosion und Korrosionsschutz, siehe Kap. 1.2
- Verfahren zum Bearbeiten metallischer Untergründe, siehe Kap. 1.3
- Gestreute Schleifmittel auf Unterlage, siehe Kap. 1.4
- Werkzeuge zum Bearbeiten metallischer Untergründe, siehe Kap. 1.5
- technische Zeichnungen, siehe Kap. 1.6
- Lernsituation, siehe Kap. 1.7

1.1 Metalle

Metalle bilden einen kristallinen Aufbau, wenn sie vom schmelzflüssigen Zustand zur Erstarrung übergehen. Dabei nehmen die Metallionen (= Metallatome, die Elektronen der äußeren Schale abgegeben haben) eine regelmäßige räumliche Struktur ein.

Drei Kristallsysteme sind für Metalle bedeutsam, siehe Bild → 1:
- kubisch-raumzentriertes Kristallgitter (krz-Kristallgitter)
- kubisch-flächenzentriertes Kristallgitter (kfz-Kristallgitter)
- hexagonales Kristallgitter (hex-Kristallgitter)

Zwischen den Metallionen bewegen sich die abgegebenen Elektronen der äußeren Elektronenschalen der Atome als freie Elektronen. Die freien Elektronen sind die Ursache für die elektrische und die Wärmeleitfähigkeit.

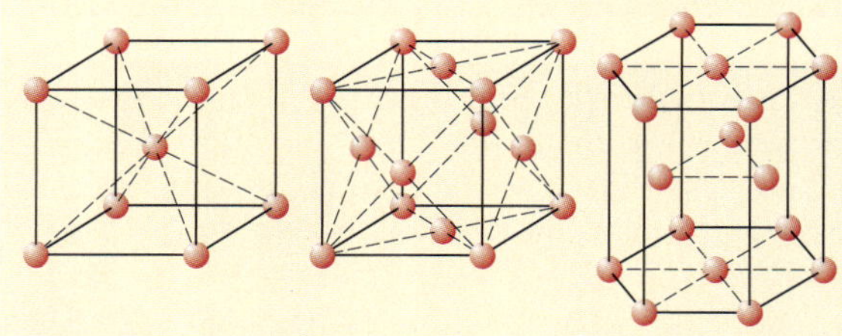

1 Kristallgitter

Die kristalline Struktur der Metallionen gibt den Metallen die hohe Festigkeit und die gute plastische Verformbarkeit.

Von den Metallen hat das Eisen als Konstruktionswerkstoff die größte wirtschaftliche und technische Bedeutung.

Daher sind die Metalle weiter unterteilt in:
- Eisenmetalle, siehe Kap. 1.1.1
- Nichteisenmetalle, siehe Kap. 1.1.2

1.1.1 Eisenmetalle

Eisenmetalle werden aus Eisenerz und Schrott gewonnen; der Anteil von Schrott beträgt 55 % bis 60 %. Eisenmetalle werden also zu einem großen Anteil wieder verwendet. Eisenmetalle sind recycelbar und daher umweltfreundliche Werkstoffe.

Das wichtigste Legierungselement bei Eisenmetallen ist der Kohlenstoff.

Nach der Höhe des Kohlenstoffanteiles sind die Eisenmetalle untergliedert in:
- Stahl
- Eisen-Gusswerkstoffe

1.1.1.1 Stahl

Stahl wird aus Stahlroheisen durch Schmelzverfahren hergestellt und hat einen Kohlenstoffgehalt bis 2 %.

In DIN EN 10 020 sind Stähle wie folgt eingeteilt, siehe Bild ➜ 1:
- unlegierte Stähle
- nichtrostende Stähle
- andere legierte Stähle

Beim **unlegierten Stahl** ist der Anteil jedes der Legierungselemente kleiner als in Bild ➜ 2 angegeben. Die Bezeichnung unlegierter Stahl ist verwirrend, denn die Definition von Stahl besagt, dass Stahl eine Eisen-Kohlenstoff-Legierung ist mit einem Anteil von maximal 2 % Kohlenstoff. Stahl ist also immer eine Legierung.

Nichtrostender Stahl hat einen Legierungsbestandteil von Chrom mindestens 10,5 % und Kohlenstoff höchstens 1,2 %.

Ein **legierter Stahl** ist ein Stahl, bei dem mindestens einer der Grenzwerte in Bild ➜ 2 erreicht wird und der nicht zu den nichtrostenden Stählen zählt.

Die wichtigsten Legierungselemente sind:
- Chrom – erhöht die Korrosionsbeständigkeit, Druckfestigkeit, Zugfestigkeit, Verschleißfestigkeit
- Mangan – erhöht die Streckgrenze, Zugfestigkeit, Zähigkeit, Verschleißfestigkeit
- Molybdän – erhöht die Korrosionsbeständigkeit, Verschleißfestigkeit, Streckgrenze, Festigkeit
- Nickel – erhöht die Streckgrenze, Kerbschlagzähigkeit, Korrosionsbeständigkeit, Zähigkeit
- Vanadium – erhöht die Streckgrenze, Zugfestigkeit, Warmfestigkeit, Schneidhaltigkeit
- Wolfram – erhöht die Streckgrenze, Zugfestigkeit, Zähigkeit, Härte, Verschleißfestigkeit

Eine weitere Unterteilung der drei Stahlklassen erfolgt in Hauptgüteklassen, siehe Bild ➜ 1.

1.1.1.2 Eisen-Gusswerkstoffe

Eisen-Gusswerkstoffe sind eine Eisen-Kohlenstoff-Legierung mit über 2 % Kohlenstoffgehalt. Die meisten Eisen-Gusswerkstoffe haben 3 % bis 4 % Kohlenstoff.

Die Schwindung der Eisen-Gusswerkstoffe beträgt ca. 1 %. Unter **Schwindung** (Schwindmaß) versteht man die gleichmäßige Abnahme des Volumens, wenn sich das Gussteil von Schmelztemperatur bis auf Raumtemperatur abkühlt.

Bei der Erstarrung der Schmelze scheidet der Kohlenstoff als Grafit im Gefüge aus.

Stahlklasse	Hauptgüteklasse	Eigenschaften
unlegierte Stähle	unlegierte Qualitätsstähle	allgemein festgelegte Anforderungen wie z. B. Zähigkeit, Umformbarkeit
	unlegierte Edelstähle	Stähle mit verbesserten Eigenschaften (z. B. hohe Streckgrenze oder Härtbarkeit, evtl. mit guter Zähigkeit, guter Schweißbarkeit); sie haben einen höheren Reinheitsgrad als Qualitätsstähle
nichtrostende Stähle	nichtrostende Stähle	mind. 10,5 % Chrom, max. 1,2 % Kohlenstoff, korrosionsbeständig, hitzebeständig, warmfest
legierte Stähle	legierte Qualitätsstähle	allgemein festgelegte Anforderungen wie z. B. Zähigkeit, Umformbarkeit; sie sind nicht zum Vergüten oder Oberflächenhärten vorgesehen
	legierte Edelstähle	Stähle mit verbesserten Eigenschaften, z. B. besondere physikalische Eigenschaften wie kontrollierte Wärmeausdehnung oder besonderer elektrischer Widerstand

1 Unterteilung von Stahl

Legierungselement	Kurzzeichen	Grenzwert des Massenanteils in %
Aluminium	Al	0,30
Bor	B	0,0008
Bismut	Bi	0,10
Cobalt	Co	0,30
Chrom	Cr	0,30
Kupfer	Cu	0,40
Lanthanide	La	0,10
Mangan	Mn	1,65
Molybdän	Mo	0,08
Niob	Nb	0,06
Nickel	Ni	0,30
Blei	Pb	0,40
Selen	Se	0,10
Silicium	Si	0,60
Tellur	Te	0,10
Titan	Ti	0,05
Vanadium	V	0,10
Wolfram	W	0,30
Zirconium	Zr	0,05

2 Grenzwerte für Legierungen in unlegiertem Stahl

Gusseisen wird benannt und unterschieden nach der Grafitbildung im Gefüge:
- Gusseisen mit Lamellengrafit
- Gusseisen mit Kugelgrafit
- Temperguss
- Stahlguss

Gusseisen mit Lamellengrafit
Gusseisen mit Lamellengrafit wird auch graues Gusseisen (früher: **Grauguss**) genannt, weil die Bruchfläche durch den Lamellengrafit grau erscheint, siehe Bild ➜ 1.
Gusseisen mit Lamellengrafit kann kaum Zugkräfte übertragen. Wird das Gussteil durch Zug belastet, entstehen durch die Form der Lamellen Spannungsspitzen und eine Kerbwirkung im Werkstoff. Dadurch kommt es zu Haarrissen und letztlich zur Zerstörung des Gussteils.

Bauteile aus Gusseisen mit Lamellengrafit dürfen keiner hohen Zugbelastung ausgesetzt werden.

Die Druckfestigkeit des Gusseisens mit Lamellengrafit ist jedoch deutlich höher als die Zugfestigkeit, da der Lamellengrafit nicht zusammendrückbar (inkompressibel) ist. Weiterhin wirkt der Lamellengrafit schwingungsdämpfend. Daher wird Gusseisen mit Lamellengrafit auch für Bauteile eingesetzt, die nur eine niedrige Eigenschwingung haben dürfen und mechanische Schwingungen dämpfen müssen.

Gusseisen mit Kugelgrafit
Gusseisen mit Kugelgrafit entsteht durch die Zugabe von Mangan und Cer zur Gusseisenschmelze. Der Kohlenstoff fällt dann nicht als Lamellen aus, sondern kugelförmig, siehe Bild ➜ 2.

Der Kugelgrafit erzeugt keine Kerbwirkung. Deshalb können vom Gusseisen mit Kugelgrafit erheblich höhere Zugbelastungen aufgenommen werden als vom Gusseisen mit Lamellengrafit. Dieses Gusseisen weist ähnliche Festigkeit auf wie Stahl. Die Dämpfung von Schwingungen ist allerdings geringer als bei Bauteilen aus Gusseisen mit Lamellengrafit.

Temperguss
Temperguss wird schnell aus der Schmelze abgekühlt. Die Kohlenstoffatome werden daher nicht als Grafit ausgeschieden, sondern sind im Zementit (Eisen-Kohlenstoff-Verbindung Fe_3C) gebunden. Anschließend erfolgt ein längeres Glühen bei einer Temperatur um 1000 °C (Tempern). Dadurch werden ähnliche mechanische Eigenschaften erreicht wie beim Gusseisen mit Kugelgrafit.

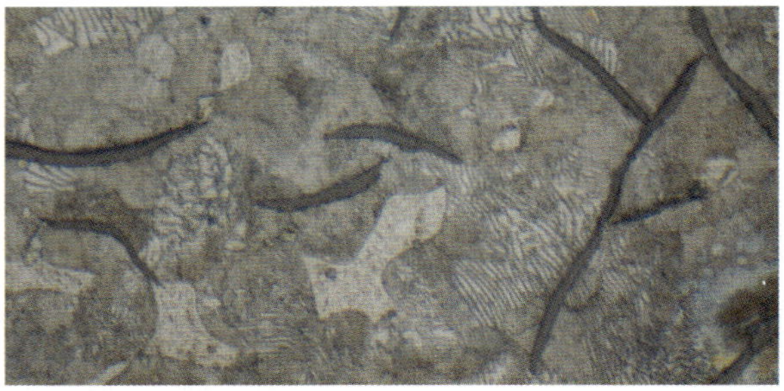

1 **Gusseisen mit Lamellengrafit**

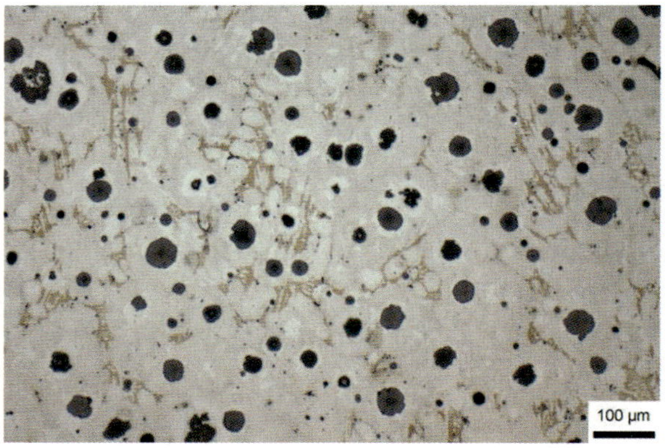

2 **Gusseisen mit Kugelgrafit**

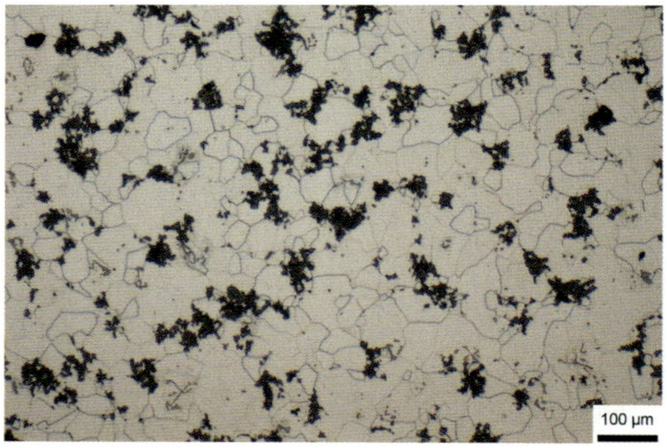

3 **Schwarzer Temperguss**

Nach dem Temperverfahren wird unterschieden in:
- schwarzer Temperguss
- weißer Temperguss

Schwarzer Temperguss wird in neutraler Umgebung getempert, z. B. im Schutzgasofen oder mit Sandabdeckung. So wird verhindert, dass der Luftsauerstoff den Kohlenstoff aus dem Temperguss entzieht. Durch das Tempern fällt der Kohlenstoff aus dem Zementit aus und bildet im gesamten Querschnitt Grafitflocken (Temperkohle), siehe Bild ➜ 3. Diese Temperkohle erzeugt keine Kerbwirkungen und ist der Grund für die hohe mechanische Festigkeit, ähnlich wie beim Kugelgrafit.

Weißer Temperguss wird in Mitteln getempert, die Sauerstoff abgeben, Beispiele: Pulver, Gas. Durch den Sauerstoff werden in den Randbereichen des Gussteils Kohlenstoffatome entzogen. Die Tiefe des Kohlenstoffentzuges wird durch die Temperzeit gesteuert. Es entstehen so Randbereiche am Gussteil, die so kohlenstoffarm sind wie Stahl, siehe Bild → 1. Weißer Temperguss ist gut schweißbar.

Stahlguss
Stahl kann zu Formstücken vergossen werden – der Stahlguss. Man verwendet ihn für Stahlbauteile mit komplizierter Form, die nicht durch Schmieden oder nur als aufwendige Schweißkonstruktionen hergestellt werden können. Grundsätzlich können alle Stahlsorten für die Herstellung von Stahlgussbauteilen verwendet werden.
Die Eigenschaften richten sich dann im Wesentlichen nach den Anteilen der verschiedenen Legierungsbestandteile.
Die Stahlgussbauteile müssen immer wärmebehandelt werden, da bei der Abkühlung die Schrumpfung von 1,6 % bis 2,5 % hohe Werkstoffspannung hervorruft. Es können dadurch sogar Spannungsrisse im Stahlgussbauteil entstehen.

1.1.2 Nichteisenmetalle

Nichteisenmetalle sind unlegierte und legierte Metalle, bei denen Eisen nicht der Hauptlegierungsbestandteil ist. Man bezeichnet Nichteisenmetalle auch als **NE-Metalle**.

Die Nichteisenmetalle werden nach ihrer Dichte unterteilt in:
- Leichtmetalle
- Schwermetalle

1.1.2.1 Leichtmetalle

Leichtmetalle haben eine Dichte ρ < 5 kg/dm³. Sie werden überwiegend als legierte Metalle für die Herstellung von Bauteilen verwendet. Im Vergleich zu Stahlkonstruktionen ergibt sich hohe Masseeinsparung bei ähnlicher Festigkeit.

Häufig verwendete Leichtmetalle sind:
- Aluminium
- Magnesium
- Titan

Aluminium wird unter hohem Energieaufwand aus Bauxit gewonnen; es kann aber auch durch Einschmelzen von Aluminiumschrott gewonnen werden.

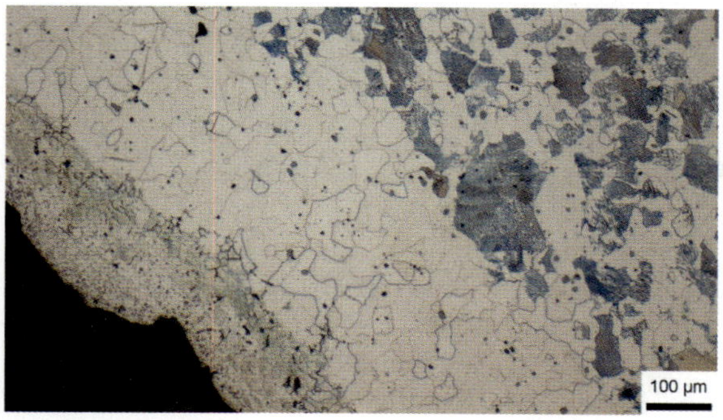

1 Weißer Temperguss

Das Einschmelzen von Aluminiumschrott erfordert nur einen Bruchteil des Energieaufwandes der Erstgewinnung – daher ist das Recycling sehr wichtig.

Im Fahrzeugbau werden Aluminiumlegierungen verwendet. Die wichtigsten Legierungselemente sind: Kupfer (Cu), Magnesium (Mg), Silicium (Si), Zink (Zn).

Magnesium wird aus Magnesit, Dolomit und auch aus Meerwasser gewonnen. Der Energieaufwand für die Gewinnung ist hoch. Reines Magnesium kann nicht als Konstruktionswerkstoff verwendet werden, da es nur eine geringe Festigkeit hat und leicht entzündlich ist. Es brennt mit sehr heller Flamme und wird daher auch für die Herstellung von Feuerwerkskörpern verwendet. Hauptsächliche Verwendung findet Magnesium als Legierungsmetall für Aluminium.

Titan wird aus Titaneisen und Titandioxid unter hohem Energieaufwand gewonnen. Titan wird überwiegend als Titanlegierung verwendet.

Legierungselemente sind: Aluminium (Al), Chrom (Cr), Eisen (Fe), Kohlenstoff (C), Mangan (Mn), Molybdän (Mo), Sauerstoff (O), Stickstoff (N), Kupfer (Cu), Tantal (Ta), Vanadium (V).

1.1.2.2 Schwermetalle

Schwermetalle haben eine Dichte ρ > 5 kg/dm³. Sie werden als Reinmetalle und als legierte Metalle verwendet.

Häufig verwendete Schwermetalle sind:
- Blei
- Kupfer
- Zink

Blei wird aus Bleiglanz gewonnen. Blei und Bleiverbindungen sind giftig, sie gehören zu den gesundheitsgefährdenden Stoffen.

Blei- und Bleilegierungen werden wegen der Gesundheitsgefährdung nach Möglichkeit durch andere Werkstoffe ersetzt.

Kupfer wird aus Kupferglanz, Buntkupfererz und Kupferkies gewonnen. Als Werkstoff verwendet man reines Kupfer und Kupferlegierungen. Halbzeuge aus Kupfer lassen sich leicht umformen. Im umgeformten Bereich kommt es zur Kaltverfestigung, die durch Weichglühen bei 400 °C bis 600 °C wieder rückgängig gemacht werden kann.
An der Luftatmosphäre bildet sich auf dem Kupfer eine rotbraune bis grüne dichte Korrosionsschutzschicht (Patina). Sie gibt dem Kupfer das typische dekorative Aussehen.
Kupfer-Zink-Legierungen werden auch **Messing** genannt. Sie sind gut gießbar, spanend zu bearbeiten und korrosionsbeständig. Aus Messing werden Rohre, Armaturen, Schlossteile und Beschläge hergestellt.
Kupfer-Zinn-Legierungen werden auch **Bronze** genannt, sie sind besonders korrosionsbeständig und besitzen gute Gleiteigenschaften. Aus Bronze werden Gleitlager, Ventil- und Pumpengehäuse gefertigt.

Zink ist ein unedles Metall, das als sulfidisches Erz (Zinkblende) vorkommt und durch Röstverfahren gewonnen wird. Es ist bläulich-weiß, spröde und schützt sich vor fortschreitender Korrosion mit einer Passivierungsschicht aus Zinkoxid (Weißrost) oder Zinkcarbonat (Zinkpatina). Es dient als reines Metall, als Legierungszusatz zu Messing und als metallischer Überzug (Verzinken).

1.1.3 Metallische Verbundstoffe

Metallische Verbundstoffe bestehen aus zwei oder mehreren Metallen mit unterschiedlichen Eigenschaften, die zu einem neuen Werkstoff verbunden sind. Der dabei entstehende Verbundstoff vereint die vorteilhaften Eigenschaften der Einzelstoffe.

Bekannte metallische Verbundstoffe sind:
- Bimetalle
- plattierte Bleche

Bimetalle sind zwei pressverschweißte Metallstreifen mit unterschiedlicher Ausdehnung bei Erwärmung. Sie verbiegen sich bei Wärmezufuhr und können so einen Schaltvorgang auslösen. Die Bimetalle werden für Mess- und Regelsysteme eingesetzt.
Plattierte Bleche bestehen z. B. aus einem unlegierten Stahlblech, auf das eine korrosionsbeständige oder verschleißfeste Schicht aufgewalzt ist.

1.2 Korrosion und Korrosionsschutz

In diesem Kapitel werden behandelt:
- Korrosion, siehe Kap. 1.2.1
- Rostgrade, siehe Kap. 1.2.2
- Normreinheitsgrade von Stahloberflächen, siehe Kap. 1.2.3
- ausgewählte Überzüge zum Korrosionsschutz, siehe Kap. 1.2.4

1.2.1 Korrosion

Korrosion ist die unbeabsichtigte Veränderung insbesondere von metallischen Werkstoffen durch elektrochemische, chemische oder physikalische Vorgänge (DIN 50 900). Die Veränderung geht von der Oberfläche aus.

Dabei werden unterschieden:
- chemische Korrosion, siehe Kap.1.2.1.1
- elektrochemische Korrosion, siehe Kap. 1.2.1.2

1.2.1.1 Chemische Korrosion

Zu den chemisch reagierenden Stoffen zählen z. B. Sauerstoff, Salze und Säuren; aber auch Abgase bilden in Verbindung mit Wasserdampf Säuren. Bei einigen Metallen (Al, Cu, Zn ...) bilden sich dichte Beläge, die eine weitere Korrosion stoppen. Am heftigsten korrodieren unedle Metalle. Welche Metalle unedel sind, zeigt die elektrochemische Spannungsreihe, siehe Bild → 1, siehe Seite 7.

Schutz vor chemischer Korrosion:
- Oberfläche mit Öl, Fett, Farben, Kunststoffe, Metalle (Zink, Zinn) beschichten, um den Zutritt der Luftatmosphäre zu verhindern.
- Hochlegierte Stähle verwenden; Cr-Ni bildet auf Stahl eine dichte Schicht, die vor Korrosion schützt.

1.2.1.2 Elektrochemische Korrosion

Elektrochemische Korrosion ist die häufigste Korrosionsart, da Werkstoffe meistens mit Feuchtigkeit in Berührung kommen.
Ein galvanisches Element entsteht, wenn zwei verschiedenen Metalle und eine elektrisch leitende Flüssigkeit (Elektrolyt) miteinander verbunden sind. Das gilt auch für Legierungen. Das unedlere Metall wird zerstört.

Je weiter zwei Metalle in der elektrochemischen Spannungsreihe auseinander liegen, umso stärker ist die Korrosion, siehe Bild ➜ 1.

Schutz vor elektrochemischer Korrosion:
- Gleiche Werkstoffe verwenden
- Zutritt des Elektrolyts verhindern
- weiteres unedleres Metall hinzufügen (Opferanode)

1.2.2 Rostgrade

Der Rostgrad erfasst das Ausmaß der Korrosion.

Es gibt Rostgrade für:
- beschichteten Stahlflächen
- unbeschichteten Stahlflächen

Die **Korrosion auf beschichteten Stahlflächen** wird nach DIN EN ISO 4628 beurteilt. Dort sind die Rostgrade Ri 0 bis Ri 5 festgelegt, siehe Bild ➜ 2.

Die **Korrosion auf unbeschichteten Stahlflächen** wird nach DIN EN ISO 12 944 beurteilt. Dort sind die Rostgrade A bis D festgelegt, siehe Bild ➜ 3.

1.2.3 Normreinheitsgrade von Stahloberflächen

Der wichtigste Korrosionsschutz für Stahloberflächen ist eine Lackbeschichtung (Lackierung).

Diese haftet aber nur, wenn die Stahlfläche
- frei von Verunreinigungen, Rost und Zunder, Resten von Altbeschichtungen ist
- öl-, fett- und siliconfrei ist

Um Anforderungen an die Qualität der Beschichtungsflächen aus Stahl und Prüfkriterien festzulegen, wurden in der DIN EN ISO 12 944 Oberflächenreinheitsgrade für Stahlflächen zu den jeweiligen Arbeitsverfahren festgelegt.

Die nach DIN EN ISO 12 944 festgelegten Normreinheitsgrade für unbeschichtete und beschichtete Stahloberflächen werden nach Bild ➜ 8.1 beschrieben.

Zusätzlich werden in dieser Vorschrift noch partielle Reinheitsgrade (**P-Normreinheitsgrade**) festgelegt, was dem Zweck dient, bei der Reparaturlackierung aufzuschleifende Flächen zu charakterisieren. Sie entsprechen im Wesentlichen Bild ➜ 8.1.

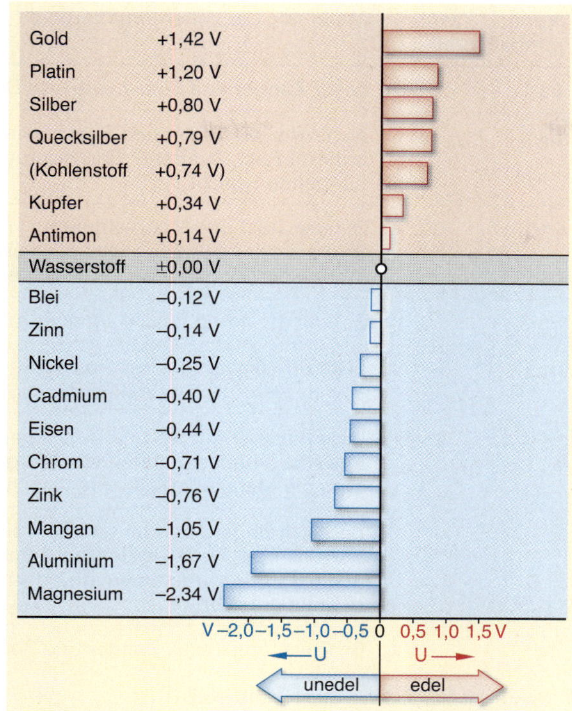

1 Elektrochemische Spannungsreihe

Rostgrad	Von Rost bedeckte Fläche
Ri 0	0 % (völlig rostfrei)
Ri 1	ca. 0,05 % (z. B. geringfügiger Flugrost)
Ri 2	ca. 0,5 %
Ri 3	ca. 1 %
Ri 4	ca. 8 %
Ri 5	40 % … 50 %

2 Rostgrade bei beschichteten Stahlflächen nach DIN EN ISO 4628-3

Rostgrad	Von Rost bedeckte Fläche
A	Die Stahloberfläche ist bedeckt mit fest haftendem Zunder und/oder fest haftender Walzhaut und frei von Rost.
B	An der Stahloberfläche beginnen Zunder und Walzhaut abzublättern; beginnender Rostangriff.
C	Zunder bzw. Walzhaut sind von der Stahloberfläche weggerostet oder lassen sich abschaben; die Oberfläche weist nur wenige Rostnarben auf.
D	Zunder und Walzhaut sind von der Stahloberfläche weggerostet; die Oberfläche weist zahlreiche Rostnarben auf.

3 Rostgrade bei unbeschichteten Stahlflächen nach DIN EN ISO 12 944

Normreinheitsgrad	Merkmale der Untergrundvorbereitung	Reinigungsverfahren
Sa 1	Loser Zunder und Rost sowie lose Beschichtungen sind entfernt.	Strahlen
Sa 2	Nahezu aller Zunder und Rost sowie alle Beschichtungen sind entfernt Rost, Zunder u. Beschichtungen bilden keine zusammenhängende Schicht.	Strahlen
Sa 2½	Zunder, Rost und Beschichtungen sind soweit entfernt, dass Reste auf der Oberfläche lediglich als leichte Schattierungen infolge der Tönung von Poren sichtbar bleiben.	Strahlen
Sa 3	Zunder, Rost und Beschichtungen sind vollständig entfernt.	Strahlen
St 2	Lose Beschichtungen und loser Zunder sind entfernt, Rost ist soweit entfernt, dass die Fläche leicht metallisch glänzt.	Handentrostung oder maschinelles Entrosten
St 3	Lose Beschichtungen und loser Zunder sind entfernt, festhaftende Beschichtungen können entfernt werden; Rost ist soweit entfernt, dass die Metalloberfläche deutlich metallisch glänzt.	Handentrostung oder maschinelles Entrosten
Fl	Beschichtungen, Zunder und Rost sind soweit entfernt, dass Reste auf der Fläche lediglich als Schattierungen in verschiedenen Farbtönen verbleiben, gründliches maschinelles Nachbürsten ist stets erforderlich.	Flammstrahlen
Be	Beschichtungsreste, Zunder und Rost sind vollständig entfernt.	Beizen

1 Normreinheitsgrad von Stahloberflächen

Beispiel:
PSa 2 entspricht Sa 2 mit konkreten Festlegungen für die Umgebung der Reparaturstelle.

PSa 3 existiert nicht. Dafür ist der P-Normreinheitsgrad Pma eingefügt zwischen PSa 2½ und PSt 2.

Pma bedeutet:
Hier wird maschinelles Schleifen in Teilbereichen mit partiell verbleibender Beschichtung vorgeschrieben, die Anforderungen entsprechen PSa 2.

Die P-Normreinheitsgrade PFl und PBe existieren ebenfalls nicht.

1.2.4 Ausgewählte Überzüge zum Korrosionsschutz

Folgende Überzüge werden ausgewählt:
- Phosphatierung, siehe Kap. 1.2.4.1
- Verzinkung, siehe Kap. 1.2.4.2
- Verchromung, siehe Kap. 1.2.4.3

1.2.4.1 Phosphatierung

Die Phosphatierung hat passivierende Eigenschaften, d. h., sie verhindert, dass bei kleinem Lackschaden Feuchtigkeit bis zum Blech vordringen kann. Die Phosphatierung wird deshalb auch als **Anticorrosivecoating**[1] bezeichnet, weil sie eine wirksame dichte Phosphatschicht auf dem Blech bildet.

Viele Karosserie-Ersatzteile (Türen, Kotflügel) werden vom Hersteller mit einer Korrosionsschutzschicht geliefert, bestehend aus:
- Phosphatschicht
- Grundierung nach Elektrotauchverfahren

Weitere Informationen zum Elektrotauchverfahren siehe Kap. 13.2.3.3.

Phosphatierungen können aufgetragen werden:
- durch Tauchen
- im Spritzverfahren
- elektrochemisch

Als Phosphatierungsmittel werden Schwermetallphosphatlösungen eingesetzt. Bei Kurzzeitphosphatierung werden freie Phosphorsäure und diverse Beschleuniger zugesetzt.

Die Schichtdicke beträgt
- bei Teilen, die anschließend verformt werden: 1 µm bis 5 µm
- für zeitweiligen Korrosionsschutz: 10 µm

[1] Anticorrosivecoating: Rostschutzschicht

1.2.4.2 Verzinkung

Eine dünne Schicht Zink schützt Stahl vor Korrosion. Für die Verzinkung gibt es verschiedene Verfahren.
An Fahrzeugen werden eingesetzt:
- Feuerverzinkung
- Sheradisieren
- galvanische Verzinkung

Beispiel: galvanisches Verzinken
Es beruht auf dem Gleichstrom-Elektrolyseverfahren; deshalb wird es auch **elektrolytisches Verzinken** genannt. Der Elektrolyt ist eine wässrige Lösung aus Metallsalz, siehe Bild ➜ 1.

In den Elektrolyt werden getaucht:
- Werkstück, das an den negativen Pol einer Gleichstromquelle angeschlossen wird
- reines Zink, angeschlossen an dem positiven Pol der Gleichstromquelle

Das Werkstück ist die Kathode, die Metallstangen sind die Anode. Wird an die Anode eine Gleichspannung angelegt, geht das Zink als Metallionen in Lösung. Diese Metallionen werden von der Kathode, dem Werkstück, angezogen und scheiden sich dort als Zinküberzug ab.

1.2.4.3 Verchromung

Die Verchromung ist ebenfalls ein galvanisches Verfahren:
- Der Elektrolyt ist ein schwefelsaures Chrom(VI) oxid-Chrom(III)sulfatbad, welches auch Borsäure enthält.
- Die Anoden bestehen aus Blei.

Chrom ist hart und spröde und an der Luft äußerst beständig, da es von einer dünnen Oxidschicht überzogen ist. Beim Verchromen entsteht eine glänzende Oberfläche, siehe Bild ➜ 2.
Deshalb hat die Verchromung mehrere Funktionen; sie
- dient dem Korrosionsschutz,
- wirkt dekorativ,
- erhöht den Abnutzungswiderstand.

Beispiel: Glanzverchromung
Sie ist ein galvanisches Verfahren, bei dem vernickelte Stahlerzeugnisse in kurzer Verweilzeit mit einer sehr dünnen glänzenden Chromschicht überzogen werden. Die Schichtdicke beträgt weniger als 1 µm. Deshalb muss zur besseren Haftung die Metalloberfläche vorher vernickelt werden.

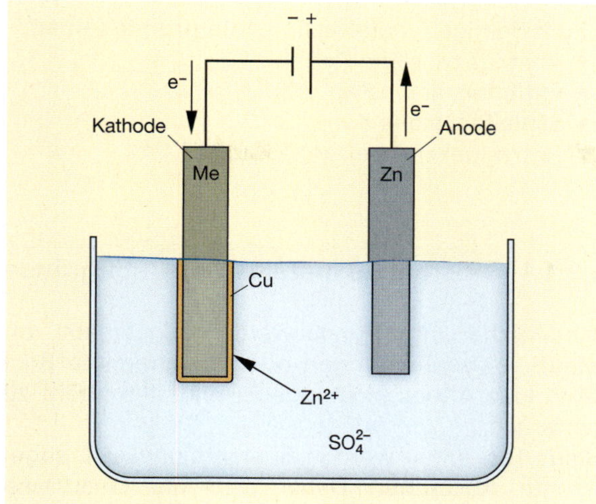

1 Galvanisches Verzinken

2 Verchromtes Fahrzeugteil

Weitere Informationen zum chemischen Verchromen siehe Kap. 10.3.1.2.

1.3 Verfahren zum Bearbeiten metallischer Untergründe

Verfahren zum Bearbeiten metallischer Untergründe sind:
- Reinigen der Oberfläche, siehe Kap. 1.3.1
- Schleifen, siehe Kap. 1.3.2
- Entrosten, siehe Kap. 1.3.3
- Entschichten, siehe Kap. 1.3.4

1.3.1 Reinigen metallischer Untergründe

Vor dem Beschichten kommt es darauf an, eine einwandfreie Metalloberfläche vorzulegen, damit die Beschichtung sehr gut und einheitlich haftet. Dazu muss die Oberfläche sorgfältig gereinigt werden.

Zum Reinigen metallischer Untergründe zählen:
- Abstauben, siehe Kap. 1.3.1.1
- Entfetten, siehe Kap. 1.3.1.2
- Schleifen, siehe Kap. 1.3.1.3
- Netzmittelwäsche, siehe Kap. 1.3.1.4

1.3.1.1 Abstauben metallischer Untergründe

Metallische Untergründe werden abgestaubt, um Staub, Verunreinigungen oder abgetrennten Rost bzw. lose Altbeschichtungen (Abblätterungen) zu entfernen.
Beim Abstauben werden Büsten eingesetzt, sogenannte **Abstauber**. Dabei wird die Oberfläche abgekehrt.

Im Anschluss an das Abstauben muss der Kehricht unbedingt aufgesaugt werden.

Daher ist als mechanisches Verfahren zum Abstauben an ebenen gut zugänglichen Oberflächen auch der Einsatz des Staubsaugers mit entsprechender Sauglippe zu empfehlen.

1 Abstauben eines Stahlbleches

1.3.1.2 Entfetten metallischer Untergründe

Metallische Untergründe müssen entfettet werden, um noch vorhandene Konservierungsmittel wie Schmierfett, Öl, Teer, Wachs oder festhaftende Dichtstoffe zu entfernen.
Entfettet wird in der Regel mit Silikonentferner und mehrlagigen, gut saugfähigen Putztüchern oder Bindevliesen. Der Silikonentferner ist ein niedrig viskoses, leichtflüchtiges Gemisch aus verschiedenen organischen Lösemitteln, der mithilfe eines Pinsels oder Pumpsprühers auf die Beschichtungsfläche aufgetragen wird, dort Staub und andere Verunreinigungen bindet, Fette und Öle sowie Harze, Wachse und Teer anlöst, um anschließend mit dem Lappen abgewischt zu werden, siehe Bild ➜ 2.

Aufgrund der Leichtflüchtigkeit und reizenden Wirkung sollte schnell gearbeitet und Schutzmaske und Latexschutzhandschuhe getragen werden.

2 Entfetten einer Stahloberfläche

1.3.1.3 Reinigen metallischer Untergründe durch Schleifen

Verunreinigungen wie Beton- oder Zementspritzer, aber auch Reste von Altlackierungen sitzen fest und sind hart und spröde.

3 Reinigen durch Schleifen

Um sie zu beseitigen, ist es sinnvoll, eine Schleifmaschine oder Schleifwerkzeuge mit den entsprechenden grobkörnigen Schleifmitteln einzusetzen, siehe Bild ➜ 3.

Dabei werden die Verunreinigungen durch die Keilwirkung der scharfkantigen Schleifkörner aufgespaltet und anschließend spanend abgetragen.
Für Reinigungszwecke sind Schleifmittel der Körnung P 40 bis P 180, aber auch feinere Nassschleifmittel geeignet.
Da nach dem Schleifen Schleifriefen auf der Oberfläche entstehen, ist eine Nachbehandlung mit feineren Schleifmitteln nötig.

1.3.1.4 Netzmittelwäsche

Unbeschichtete, verzinkte Untergründe, die längere Zeit der Witterung ausgesetzt sind, verändern sich auf der Oberfläche. Das kann bei der Beschichtung zu Haftungsstörungen führen.
Durch die Kratzprobe mit einem Cuttermesser findet man leicht heraus, ob es sich um einen unbehandelten verzinkten Untergrund handelt. Es entsteht dann eine silberglänzende Oberfläche.
Für die Vorbehandlung neuer oder abgewitterter Zinkoberflächen wird durch das technische Merkblatt Nr. 5 des "Bundesausschuss Farbe und Sachwertschutz" eine ammoniakalische Netzmittelwäsche vorgeschrieben. Dabei kommt es zu einer starken Reaktion mit dem Untergrund; der Untergrund wird rau, was sich für den weiteren Beschichtungsaufbau positiv auswirkt.

Die Lösung für die Netzmittelwäsche besteht aus:
- 10 l Wasser
- 0,5 l Ammoniaklösung, 25 %ig
- 1 Verschlusskappe Netzmittel (Geschirrspülmittel)

Die Oberfläche wird mit dieser Lösung und einem Schleifpad geschliffen, bis ein dunkler Schaum entsteht, der dann nass abgewischt werden muss. Danach wird die Oberfläche schnell getrocknet (Wärme, Putzlappen).

1.3.2 Schleifen metallischer Untergründe

Schleifen ist das wichtigste Verfahren, um metallische Untergründe zu bearbeiten. Es ist die aufwendigste Arbeit des Fahrzeuglackierers. So beträgt der Aufwand für das Schleifen bei einer klassischen Reparaturlackierung mehr als 50 %, bei problematischen Arbeiten bis zu 70 %.

In diesem Kapitel werden behandelt:
- Schleifmittel, siehe Kap. 1.3.2.1
- Arten des Schliffs, siehe Kap. 1.3.2.2
- Oberflächen schleifen, siehe Kap. 1.3.2.3

1.3.2.1 Schleifmittel

Schleifmittel werden auch **Abrasive** genannt. Sie dienen dem Werkstoffabtrag von Oberflächen.
Schleifmittel müssen sein:
- hart und scharfkantig
- chemisch beständig gegenüber Luftsauerstoff, abzutragenden Materialien und Kühlschmierstoffen
- beständig gegen Temperaturwechsel

Die Qualität und Wirksamkeit des Schleifens hängt im Wesentlichen von der Auswahl der Schleifmittel ab.

Bekannte Schleifmittel sind:
- gestreute Schleifmittel auf Unterlage
- Schleifpaste, das ist Schleifpulver in Waschemulsion
- Schleifsteine wie Bimsstein
- Bimsmehl
- Stahlwolle

Für die Blech- und Lackbearbeitung werden vorwiegend gestreute Schleifmittel auf Unterlage eingesetzt; deshalb werden sie ausführlich in Kap. 1.4 beschrieben.

1.3.2.2 Arten des Schliffs

Beim Schleifen wird unterschieden in:
- Trockenschliff
- Nassschliff

Trockenschliff
Beim Trockenschliff wird ohne Wasser gearbeitet, siehe Bild ➜ 1. Dadurch entsteht Schleifstaub, der aber leicht abgesaugt werden kann.

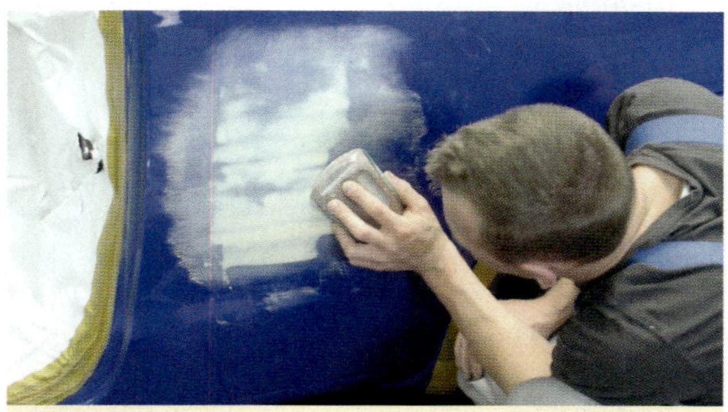

a) Mit Hand

b) Mit Schleifmaschine

1 Trockenschliff

Vorteile des Trockenschliffs:
- Schleifpapier muss nicht eingeweicht werden, einfache und schnelle Handhabung
- Exzenterschleifer oder Schwingschleifer können eingesetzt werden, dadurch hoher Materialabtrag bei geringem Zeitaufwand
- Abschliff wird am Entstehungsort einfach abgesaugt
- Schleifstellen müssen nicht nachgetrocknet werden
- kein Schleifwasser; deshalb geringe Umweltbelastung
  Deshalb ist der Trockenschliff umweltfreundlicher als der Nassschliff.
- wenige Arbeitsvorgänge bei der Nachbearbeitung, damit geringer Zeitaufwand
- Wasserrückstände müssen nicht entfernt werden aus schwer zugänglichen Stellen wie Falzen, Karosserie-Innenteilen, Motorraum, hinter Zierstäben und Gummiabdichtungen

Nachteile des Trockenschliffs:
- Kornschicht setzt sich mit Schleifstaub zu
- das Zusetzen der Kornschicht kann mit einem Zusatz-Überzug vermindert werden; die Zusätze können aber bei empfindlichem Lack die Benetzung stören
- beim Schleifen mit Hand:
  – unruhiges Schliffbild
  – schlechtes Handling durch steifes Trägermaterial
  – Schleifstaub in der Umgebungsluft
  – Arbeiten mit Atemschutz

Nassschliff
Beim Nassschliff wird der Schleifstaub in Wasser gebunden, siehe Bild ➜ 1. Jedoch belasten bei der Entsorgung Schwermetalle das Abwasser.

Vorteile des Nassschliffs:
- eingeweichtes Schleifpapier ist sehr flexibel, somit passt es sich gut der Geometrie der Oberfläche des Werkstücks an
- Kornschicht setzt sich nur wenig zu
- Schleifstaub lässt sich mit Wasser leicht wieder ausspülen
- gleichmäßiges Schliffbild mit geringer Toleranz der Rautiefe; somit guter Glanz der nachfolgenden Lackschicht
- Benetzung wird nicht gestört

Nachteile des Nassschliffs:
- Schleifwasser regt zur Korrosion an
- es enthält Schwermetalle und ist somit umweltschädigend
- Schleifpapier sollte vorgeweicht werden
- Schleifstellen müssen sorgfältig nachgetrocknet werden

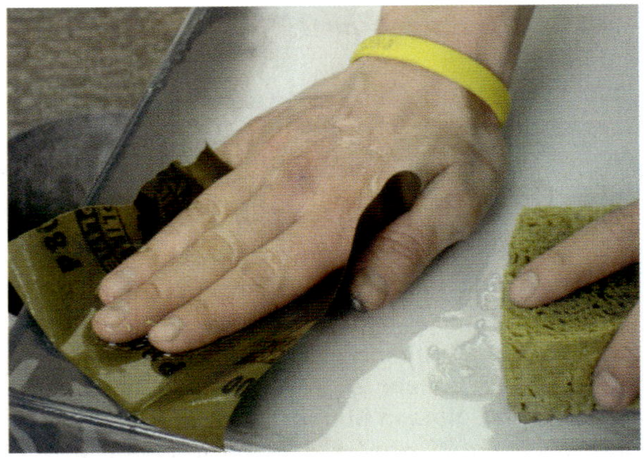

1 **Nassschleifen**

Wegen dieser Nachteile sollen metallische Untergründe **nicht** nass geschliffen werden.

Empfohlen wird Nassschleifen zum Polieren.

1.3.2.3 Oberflächen schleifen

Mit Schleifen kann man Oberflächen:
- reinigen
- entschichten
- entrosten
- glätten und ebnen
- anrauen
- auf Hochglanz polieren

Reinigen durch Schleifen
Das Reinigen metallischer Untergründe durch Schleifen ist im Kap. 1.3.1.3 beschrieben.

Entschichten durch Schleifen
Schleifwerkzeuge und Schleifmaschinen werden sehr häufig zum Entschichten eingesetzt, da sie die meisten Altlackierungen entfernen; Ausnahmen: sehr weiche oder elastische Beschichtungen. Sie werden auch dann eingesetzt, wenn noch andere Entschichtungsmethoden infrage kommen.

Entschichten durch Schleifen ist kraftaufwendig (Handschliff) und relativ laut (Maschinenschliff), aber es kann der Staub abgesaugt werden; somit ist das Verfahren umweltfreundlich und gewährleistet hohe Arbeitssicherheit.

Beim Schleifen werden die Kohäsionskräfte zwischen den Bindemittelteilchen des alten Beschichtungsfilmes durch die Schleifkörner der Körnung P 60 bis P 120 zerstört und so die Altbeschichtung abgetragen.

Eine mehrfache Erneuerung des Schleifmittels garantiert ein gutes Arbeitsergebnis.

Entrosten durch Schleifen
Die Entrostung mit Arbeitsmitteln zum Schleifen ist dann sinnvoll, wenn fest anhaftende Korrosionsschichten (Flächenrost) die Metalloberfläche überziehen. Bei Über- und Unterrostungen sowie bei Lochfraß dient das Schleifen eher zur Nachbehandlung der entrosteten Schadstellen.

Je nach Ausmaß der Korrosionsflächen geht man vom Handschliff zum Maschinenschliff mit steigender Geschwindigkeit über. Die Körnung der Schleifmittel entspricht derer der Entschichtung, Körnung P 16 bis P 160, wobei man beim Maschinenschliff eine oder zwei Stufen feinkörniger arbeitet.

Beim Entrosten mittels Schleifmitteln muss man die Metalloberfläche absolut vom Schleifstaub befreien, da verbleibende Korrosionspartikel die Korrosion wieder initiieren würden.

Glätten und Ebnen durch Schleifen
Gespachtelte Reparaturstellen, aber auch Grate an Kanten und Schnittstellen weisen oft keine einheitlich glatte und ebene Oberfläche auf. Diese Unebenheiten sind vor dem Beschichten mit Schleifmitteln zu behandeln, um Lackierfehler zu vermeiden.

Zum Glätten und Ebnen sind folgende Schleifmittel vorgesehen:
- für den Schwingschleifer: P 40 bis P 120
- für den Exzenterschleifer: P 80 bis P 120
- zum Verschleifen von ausgehärteter UP-Spachtelmasse:
  - Handschliff: P 120 bis P 360
  - Exzenterschleifer: P 80 bis P120
  - Schwingschleifer: P 100 bis P180

Meist ist nach dem Glätten und Ebnen mit diesen grobkörnigen Schleifmitteln ein Nachschliff mit feinkörnigen Schleifmitteln erforderlich.

Schleifen zum Anrauen
Untergründe werden angeraut, damit zwischen Untergrund und dem Lackfilm große Adhäsionskräfte wirken können. Die Adhäsionskräfte hängen stark von der spezifischen Oberfläche des zu beschichtenden Materials ab. Dafür wird die Oberfläche mit feinen bis extrafeinen Schleifmitteln bearbeitet.

Je rauer die Beschichtungsfläche ist, desto größer wird diese spezifische Oberfläche. Allerdings sind hier Grenzen gesetzt, da man starke Schleifriefen nicht mit Lackfilmen auffüllen kann.

So muss man Grundierfüller und Füller weniger stark anrauen als Spachtelmassen, aber stärker als Deck- und Basislackschichten, die noch überschichtet werden sollen.

Für das Anrauen bietet sich der Einsatz folgender Schleifmittel an:
- Füller
  Handschliff: Körnung P 400 bis P 800
  Exzenter: Körnung P 180 bis P 220,
  bei Metalliclack P 240 bis P 360
- Decklack
  Handschliff: P 400 bis P 800
- Altlack
  Exzenter: Körnung P 180 bis P 220

Schleifen zum Polieren auf Hochglanz
Nach einer Beschichtung mit Lack in der Fahrzeuglackierung werden Lackläufer ausgeschliffen, Staubeinschlüsse entfernt und danach die Oberfläche auf Hochglanz poliert.

Das Polieren auf Hochglanz gehört somit zu den Finish-Arbeiten. Dazu wird die Oberfläche mit superfeinem Schleifmittel geschliffen, Körnung größer P 1200. Die feinen, abgeschliffenen Bindemittelteilchen schließen die mikrofeinen Unebenheiten.

Zusätzlich werden Hartwachsteilchen in die mikrofeinen Unebenheiten des Lackfilms aufgetragen.

Dadurch wird ein hohes Reflexionsvermögen des Lacks (Hochglanz) erreicht, d. h. die Reemission oder Streuung des einfallenden Lichts (Glanzschleier oder Haze) minimiert.

Weitere Informationen zum Polieren von Lack siehe Kap. 11.2.6.

1.3.3 Entrosten metallischer Untergründe

Metalle sind Umwelteinflüssen ausgesetzt wie Luftfeuchtigkeit, Sauerstoff, Hitze oder es bilden sich Lokalelemente. So entsteht auf den meisten Metalloberflächen eine Korrosionsschicht.

Die Korrosionsschicht beeinflusst die Filmbildung eines Lacksystems; sie setzt die nötigen Adhäsionskräfte herab. Das führt zur Unterrostung der Trockenschicht, d. h., es bildet sich eine offenporige und spröde Schicht, die man unbedingt entfernen muss. Die Entfernung von schädlichen Korrosionsschichten nennt man im Allgemeinen Entrostung.

Anmerkung:
Es gibt auch geschlossenporige, dichte und fest anhaftende Korrosionsschichten, die einen passivierenden Charakter haben und daher für eine Beschichtung eher nützlich sind. Derartige Oxid- und Salzschichten wirken korrosionsschützend und werden nicht entfernt.

Weitere Informationen zu Korrosion und Korrosionsschutz siehe Kap. 1.2.

Zum Entrosten gibt es:
- physikalische Verfahren, siehe Kap. 1.3.3.1
- chemische Verfahren, siehe Kap. 1.3.3.2

1.3.3.1 Physikalische Verfahren zum Entrosten

Physikalische Entrostungsverfahren laufen **ohne** eine chemische Reaktion ab, d. h., die stoffliche Zusammensetzung des Korrosionsproduktes wird nicht verändert. Das Korrosionsprodukt wird lediglich abgetragen mithilfe mechanischer Mittel, insbesondere durch Kräfte und Impuls, oder durch Wärmezufuhr oder Wärmeentzug.

Danach werden physikalischen Verfahren zum Entrosten eingeteilt in:
- mechanische Entrostungsverfahren
- thermische Entrostungsverfahren

Mechanische Entrostung
Bei der mechanischen Entrostung macht man sich die Kraftwirkung an Keilen und scharfen Kanten sowie den Impuls (Schlagwirkung) geschossartig heranfliegender harter Partikel zunutze.

Zur mechanischen Entrostung zählen, siehe Bild ➜ 1:
- manuelle Entrostung mit Drahtbürste, Schaber, Spachtel und anderen Werkzeugen
- Schleifen mit Schleifmaschinen und Schleifklotzen
- Entrosten mit der pneumatisch betriebenen Nadelpistole
- Sandstrahlen
- Strahlen mit Wasser
- Strahlen mit Trockeneis

Der Metallschliff erfolgt als Trockenschliff, bei Maschinenschliff mit Staubabsaugung.

Thermische Entrostung
Die thermische Entrostung „arbeitet" mit dem Temperaturunterschied.

a) Manuelle Entrostung mit Drahtbürste
b) Entrosten mit Schleifmitteln
c) Entrosten mit der Nadelpistole
d) Sandstrahlen

1 Mechanische Entrostungsverfahren

2 Aufsprühen vereisender Mittel

Dabei macht man sich zunutze, dass Stoffe mit unterschiedlicher Wärmeleitfähigkeit sich unterschiedlich ausdehnen. So dehnt sich die Korrosionsschicht weniger stark aus als das betreffende Metall; dadurch entstehen Thermospannungen.

Es gilt:
Je größer der Unterschied der Wärmeleitfähigkeit zwischen besagten Stoffen ist, umso größer sind die Thermospannungen.

Sind die Thermospannungen groß, platzt die anhaftende Korrosionsschicht ab.

Beispiel: Aufsprühen vereisender Mittel auf Rost
Dabei verkleinert sich das Volumen der Rostteilchen; es entstehen Thermospannungen. Die Rostteilchen lösen sich vom metallischen Untergrund, siehe Bild ➜ 2.

1.3.3.2 Chemische Verfahren zum Entrosten

Chemikalien zur Entrostung werden oft in Form von Spray aufgetragen. Die Chemikalien enthalten insbesondere organische und anorganische Säuren in verdünnter Form.

Verdünnte Säure ist nützlich bei Korrosionsschichten, die aus Metalloxiden oder Metallcarbonaten bestehen (auf Zn und Cu), da Wasserstoffionen (genauer: Hydroniumionen) vorhanden sind.

Beispiel: Wirkung von verdünnter Salzsäure auf Rost (FeO)
1. Bildung von Hydroniumionen:
   $HCl + H_2O \rightarrow H_3O^+ + Cl^-$
2. Angriff der Hydroniumionen auf Rost:
   $2\ H_3O^+ + FeO \rightarrow 3\ H_2O + Fe^{2+}$
3. Bildung von Eisenchlorid bei Trocknung:
   $Fe^{2+} + 2\ Cl^- \rightarrow FeCl_2$
4. Dissoziation des Eisenchlorids beim Abwaschen mit Wasser:
   $FeCl_2 \rightarrow Fe^{2+} + 2\ Cl^-$

Das Metallion Fe^{2+} löst sich beim Nachspülen oder beim feuchten Nachwischen im Waschwasser auf und wird somit von der Metalloberfläche abgetragen.

1.3.4 Entschichten metallischer Untergründe

Beim Entschichten werden nicht tragfähige Beschichtungen oder zeitweilige Transportgrundierungen entfernt. Hierbei spielen unterschiedliche Entschichtungsverfahren eine Rolle. Ihr Einsatz hängt vor allem von der Art der Beschichtung ab, aber auch von den vorhandenen technischen Möglichkeiten in der Werkstatt.

Die thermische Entschichtung entspricht der thermischen Entrostung, vgl. Kap. 1.3.3.1. Jedoch platzt hierbei nicht die zu entfernende Beschichtung ab, sondern sie wird weich wegen ihres thermoplastischen Verhaltens. Dann wird sie mit Schaber oder Spachtel entfernt.

Metallische Untergründe werden entschichtet durch, siehe Bild → 1:
- Ablaugen
- Abbrennen
- mechanische Entschichtung

Varianten	Arbeitsmittel, Materialien	Bedingungen
Ablaugen	Applikationswerkzeuge, Schaber, Spachtel	verseifbarer Anstrich
Abbrennen	Heißluftpistole (Abbrenngerät), Flammstrahler	thermo-plastischer Anstrich
Mechanisches Entschichten	Schleifwerkzeuge, Schleifmaschine, Schleifmittel, Sandstrahlanlage oder Strahlpistole, Strahlmittel	harte, spröde Beschichtung

1 Entschichten

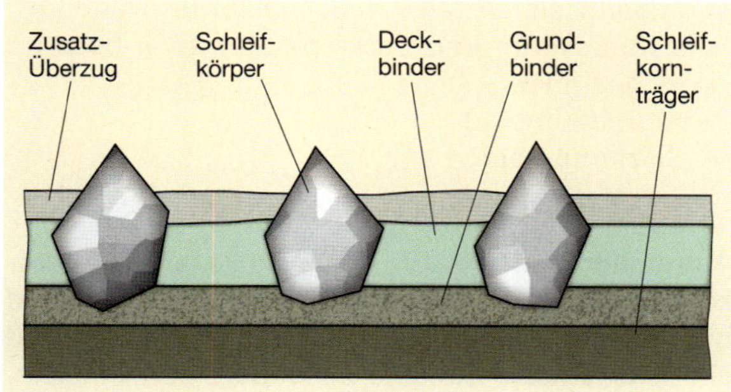

2 Gestreute Schleifmittel auf Unterlage

1.4 Gestreute Schleifmittel auf Unterlage

Gestreute Schleifmittel auf Unterlage bestehen aus, vgl. Bild → 2:
- Schleifkörper, siehe Kap. 1.4.1
- Schleifkornträger, siehe Kap. 1.4.2
- Binder, siehe Kap. 1.4.3
- Zusatz-Überzug, siehe Kap. 1.4.4

1.4.1 Schleifkörper

Schleifkörper sind Bestandteile der Schleifmitteloberseite. Sie bestehen aus mineralischen Stoffen, die gebrochen und in Zentrifugen zerschlagen wurden. Dadurch sind sie hart und scharfkantig. Die Schleifkörper müssen stets härter sein als die Oberfläche, die bearbeitet werden soll.

Die Schleifkörper sind für den Schleifprozess verantwortlich. Auf jedem Schleifmittel sind nur Schleifkörper mit ein und derselben Korngröße aufgebracht.

Bei den Schleifkörpern wird unterschieden zwischen
- natürlichen Schleifkörpern wie Ruby, Schmirgel
- synthetischen Schleifkörpern, vor allem die synthetischen Korunde

Zu den Schleifkörpern finden Sie folgende Informationen:
- Arten, siehe Kap. 1.4.1.1
- Körnung, sieh Kap. 1.4.1.2
- Streuung, siehe Kap. 1.4.1.3

1.4.1.1 Arten von Schleifkörpern

Von den vielen Arten von Schleifkörpern sind für die Karosserie- und Lackreparatur zwei besonders geeignet:
- Aluminiumoxid
- Siliziumcarbid

Aluminiumoxid wird in der Technik auch **Elektrokorund** oder **ELK** genannt. Die Schleifkörper sind blockförmig, haben gerade Schneidkanten und ein spitzes Korn. Sie sind besonders hart und zäh, damit auch verschleißfest.

Schleifkörper aus **Siliziumcarbid** haben lange freischneidenden Kanten. Der Werkstoff ist noch härter als Aluminiumoxid, allerdings auch spröder und deshalb weniger verschleißfest. Siliziumcarbid hat daher eine geringere Standzeit als Aluminiumoxid.

Als Faustregel für die Anwendung gilt:
- für harte Werkstoffe: Aluminiumoxid
- für weiche Werkstoffe: Siliziumcarbid

1.4.1.2 Körnung der Schleifkörper

Mit Körnung ist die Korngröße gemeint. Schleifkörnungen sind nach den Standards FEPA[2] und DIN ISO 6344 für Schleifkörper aus Elektrokorund und Siliziumcarbid festgelegt.

Die Körnung der Schleifkörper wird unterteilt in, siehe Bild ➜ 1:
- Makrokörnung: P 12 bis P 220
- Mikrokörnung: P 240 bis P 2500

Der **Buchstabe P** zeigt an, dass es sich um eine standardisierte, genau festgelegte Körnung handelt, die von allen Schleifmittelherstellern eingehalten wird.

Körnung		Bezeichnung	Mittlerer Korndurchmesser in µm
Makrokörnung	P 12 P 16 P 20 P 24 P 30	sehr grob	1760 1320 1050 750 630
	P 36 P 40 P 50	grob	525 400 325
	P 60 P 80	mittel	260 200
	P 100 P 120 P 150	fein	160 125 93
	P 180 P 220	sehr fein	76 68
Mikrokörnung	P 240 P 280 P 320 P 360 P 400	extrafein	58 52 46 40 35
	P 500 P 600 P 800 P 1000 P 1200	superfein	30 26 22 18 15
	P 1500 P 2000 P 2500	ultrafein	13 10 8

1 Schleifkörper nach FEPA, P-Reihe

Die Zahl nach dem P gibt die Korngröße an. Die Korngröße wird mithilfe eines Siebes bestimmt. Es gibt Siebe mit großen Maschen und Siebe mit kleinen Maschen. Es wird das Sieb gesucht, wo das Schleifkorn gerade noch hindurchpasst. Die Anzahl der Maschen je Quadratzoll[2] des Siebes wird dann zur Kennzeichnung der Körnung verwendet.

Beispiel:
Korngröße 1200 bedeutet: ein Schleifkorn, das gerade noch durch ein Sieb fällt, das auf einer Fläche von 1 Quadratzoll 1200 Maschen hat.

Als Faustregel gilt:
Beim Schleifen können maximal zwei Körnungen übersprungen werden.

Beispiel:
- erster Schliff: P 80
- zweiter Schliff: P 150; es können P 100 und P 120 übersprungen werden

[1] FEPA = Federation of European Producers of Abrasives (engl.): europäische Vereinigung der Hersteller von Schleifmitteln
[2] Zoll: alte Maßeinheit, Umrechnung: 1 Zoll = 25,4 mm bzw. 1 m = 39,37 Zoll

1.4.1.3 Streuung der Schleifkörner

Mit der Streuung wird die Dichte des Kornauftrags auf dem Schleifkornträger bezeichnet – deshalb wird sie auch als **Kornverteilung** genannt.

Es gibt:
- offene Streuung
- geschlossene Streuung

Bei der **offenen Streuung** bedecken wenige Schleifkörper die Oberfläche des Schleifkornträgers, ca. 50 % bis 70 %, siehe Bild ➜ 1a. Die Schleifkörper sind mit einem bestimmten Abstand verteilt. Die offene Streuung verhindert, dass das Schleifpapier zuschmiert und heiß läuft. Deshalb wird sie bei Trocken-Schleifpapier angewendet.

Offen gestreute Schleifmittel werden eingesetzt zum Schleifen von weichem Holz, Aluminium sowie von Farbe und Lack.

Bei der **geschlossenen Streuung** sind die Schleifkörper sehr dicht auf der Unterlage verteilt; sie bedecken die Oberfläche des Schleifkornträgers zu 80 % bis 95 %, siehe Bild ➜ 1b. Dadurch sind mehr Kornspitzen im Eingriff als bei der offenen Streuung – die Abtragleistung ist höher. Die geschlossene Streuung wird bei Nassschleifpapier angewendet.

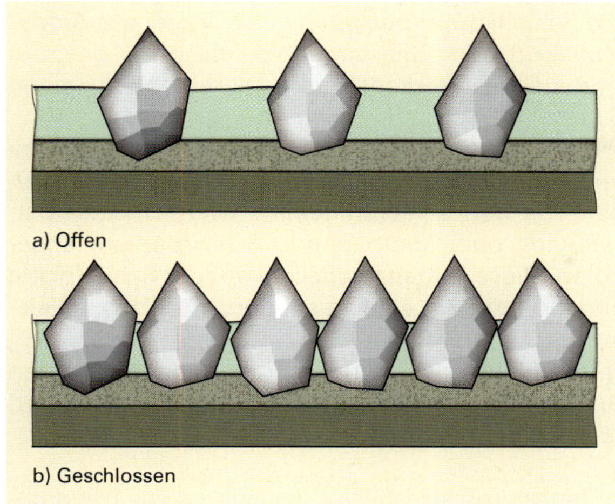

1 Streuung auf dem Schleifkornträger

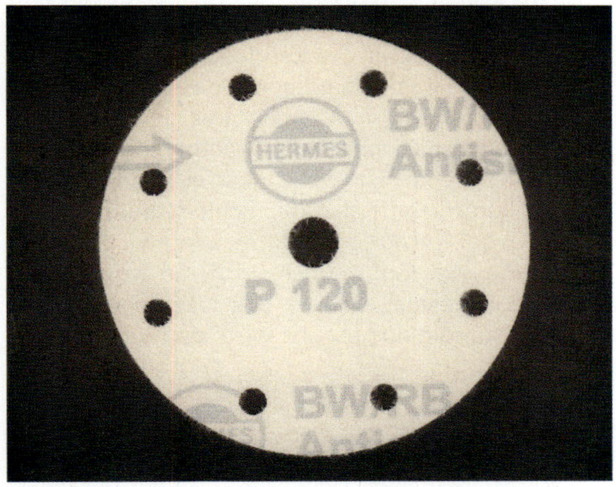

2 Bezeichnung eines Schleifpapiers – Beispiel

1.4.2 Schleifkornträger

Schleifkornträger tragen die Schleifkörper, die mit Bindemitteln miteinander verbunden sind. Sie unterscheiden sich in ihrer Festigkeit, Dehnung, Steifigkeit, Feuchte- und Hitzebeständigkeit. Schleifkornträger für Schleifmaschinen haben Löcher, damit der Schleifstaub abgesaugt werden kann, siehe Bild ➜ 2.

Schleifkornträger sind:
- Papier, siehe Kap. 1.4.2.1
- Gewebe und Vliese, siehe Kap. 1.4.2.2
- Kombination aus Papier und Gewebe, siehe Kap. 1.4.2.3
- Fiber, siehe Kap. 1.4.2.4

1.4.2.1 Schleifkornträger aus Papier

Papier ist der meistverwendete Schleifkornträger; gestreute Schleifmittel auf Papier wird auch **Schleifpapier** genannt. Auf der Rückseite ist die Körnung aufgedruckt, siehe Bild ➜ 2.

Je nach Hersteller können weitere Bezeichnungen enthalten sein, z. B. das Flächengewicht und Bezeichnungen der Charge.

Schleifpapier gibt es in verschiedenen Stärken. Der Vorteil ist seine geringe Dehnung, nachteilig ist die geringe Reißfestigkeit.

Arten von Schleifpapier
Metallische Untergründe sollen trocken geschliffen werden, jedoch wird Nassschleifen zum Polieren empfohlen.

Danach gibt es:
- Trockenschleifpapier
- Nassschleifpapier

Trockenschleifpapier hat den Schleifkornträger Papier. Als Bindemittel wird Hautleim verwendet.

Die Schleifkörner bestehen in der Regel aus Aluminiumoxid oder Siliziumcarbid, die offen gestreut sind. Gute Trockenschleifpapiere haben einen Zusatz-Überzug.
Trockenschleifpapier gibt es in Bändern, Bögen und runden Scheiben. Zum Maschinenschliff werden von den Schleifmittelherstellern auch selbstklebende oder kletthaftende Schleifpapiere angeboten. Diese kleben vollflächig auf der Schleifplatte und bringen so eine besonders gute Schleifleistung.
Nassschleifpapier darf nicht verwendet werden zum Schleifen metallischer Untergründe; es wird zum Polieren empfohlen.

Es muss wasserfest sein; deshalb ist das Trägerpapier mit Kunststoff veredelt. Einige Sorten müssen vor dem Schleifen 15 Minuten eingeweicht werden. Erst dann wird die volle Schleifleistung erreicht. Andererseits sollten wasserfeste Schleifpapiere nicht zu lange im Wasser liegen, da sonst der flexible Schleifkornträger an Wirkung verliert.
Die Schleifkörper sind mit Kunstharz gebunden. Nassschleifpapier ist dicht gestreut, denn beim Nassschleifen lagert sich der Schleifstaub nicht so schnell in der Körnung ab. Damit kann auch trocken geschliffen werden. Jedoch wird die Kornschicht teilweise zugesetzt, sodass das Nassschleifpapier nicht vollständig ausgenutzt wird; dadurch höherer Verbrauch.

Als Faustregel gilt:

Körnung Trockenschleifpapier $= \frac{1}{2} \cdot$ Körnung Nassschleifpapier

Beispiel:
Das Nassschleifpapier P 1200 entspricht ca. dem Trockenschleifpapier P 600.

Nassschleifpapier wird nur als Bogen geliefert, auf dessen Rückseite aufgedruckt ist, dass es sich um ein Nassschleifpapier handelt.

Nassschleifpapier sollte nur noch zum Polieren eingesetzt werden.

1.4.2.2 Schleifkornträger aus Gewebe und Vlies

Bei Schleifkornträgern aus Gewebe werden Baumwoll- und Polyestergewebe verwendet. Es wird unterschieden zwischen flexiblen und steifen Sorten. Gewebe hat eine hohe Reißfestigkeit, aber es dehnt sich.

Vlies besteht aus verpressten Fasern, hat also im Gegensatz zum Gewebe keine geordnete Webstruktur.
Mit der Art und Stärke des Rohgewebes sowie dem Aufbau der Appretur[1] werden Reißfestigkeit, Dehnung, Flexibilität und Feuchtebeständigkeit der Gewebe-Unterlage beeinflusst.
Schleifkornträger aus Gewebe sind teuer und haben deswegen eine geringe Bedeutung.

1.4.2.3 Schleifkornträger aus einer Kombination von Papier und Gewebe

Bei dieser Kombination werden zu einem Laminat verklebt:
- ein oder mehrere Schleifpapiere mit
- einem Gewebe

So werden die Vorteile kombiniert:
- hohe Reißfestigkeit des Gewebes
- geringe Dehnung des Papiers

1.4.2.4 Schleifkornträger aus Fiber

Fiber besteht aus mehreren Lagen Spezialpapier, das pergamentiert, gepresst und gehärtet wurde. Fiber ist gedacht für höhere Beanspruchung.

Vulkanfiber ist ein Schichtpressstoff, bestehend aus speziellem Baumwoll-Cellulose-Papier. Er wird in verschiedenen Dicken von 0,5 mm bis 0,9 mm hergestellt. Vulkanfiber dient als Schleifkornträger für biegsame und flexible Schleifscheiben, wie sie z. B. bei Winkelschleifern benötigt werden.

1.4.3 Binder bei Schleifmitteln

Binder binden die Schleifkörper auf dem Schleifkornträger.

Als Binder werden verwendet:
- Hautleim
- Kunstharz

Hautleim ist aus Tierhäuten gewonnener Naturklebstoff. Er ist wasserlöslich, sodass er sich nur für den Trockenschliff eignet. Von ihm geht ein spezifischer Geruch beim Schleifen aus.

Bei wasserfesten Schleifmitteln sind die Schleifkörner mit Grund- und Deckbindern aus **Kunstharz** auf einem imprägnierten Schleifkornträger befestigt.

[1] Appretur (franz.): Zurichtung, Ausrüstung; hier: Verleimung und Oberflächenbehandlung

Auf dem Schleifkornträger ist das Schleifkorn meist mit zwei Binderschichten verankert, vgl. Bild → 1:
- Grundbinder
- Deckbinder

Mit dem **Grundbinder** werden die Schleifkörner in der gewünschten Stellung und Verteilung auf der Unterlage vorfixiert.
Der **Deckbinder** verbindet dann die Schleifkörner mit der Unterlage endgültig.

1.4.4 Zusatz-Überzug bei Schleifmitteln

Als Zusatz-Überzug ist ein Stearat[1] aufgetragen, siehe Bild → 2. Der Zusatz-Überzug verhindert, dass Staubpartikel das Schleifmittel zusetzen und verkleben – er wird also nur bei Trockenschleifpapier aufgebracht, dort aber wird die Standzeit erhöht.

Durch den Zusatz-Überzug werden:
- Spanbildung erleichtert
- Reibungswärme vermindert
- Schleifkorn vor dem Verschweißen mit dem Metall (Werkstück) geschützt
- „Verglasen" vermindert

Schleifpapier mit Zusatz-Überzug wird eingesetzt zum Schleifen von:
- Lack
- harzhaltigem Holz und anderen „schmierenden" Werkstoffen
- schwer zerspanbaren Metallen, INOX und andere hochlegierte Stähle

1.5 Werkzeuge zum Bearbeiten metallischer Untergründe

Werkzeuge sind Arbeitsmittel, einfach aufgebaut und für manuelle Tätigkeit (Handarbeit) bestimmt. Sie stellen die „verlängerte Hand" dar. Die Anwendung verlangt jedoch gewisse Fertigkeiten.

Der Fahrzeuglackierer benutzt zum Bearbeiten metallischer Untergründe vor allem:
- Reinigungswerkzeuge, siehe Kap. 1.5.1
- Schleifwerkzeuge, siehe Kap. 1.5.2
- Entrostungswerkzeuge und mechanische Entrostungssysteme, siehe Kap. 1.5.3
- Entschichtungswerkzeuge, siehe Kap. 1.5.4
- Haltevorrichtungen, siehe Kap. 1.5.5

[1] Stearate: Salze und Ester der Stearinsäure (Oktadekansäure $C_{17}H_{35}COOH$); sie gehören zu den Hartwachsen und haben gute Bindeeigenschaften (Adhäsion und Kohäsion)

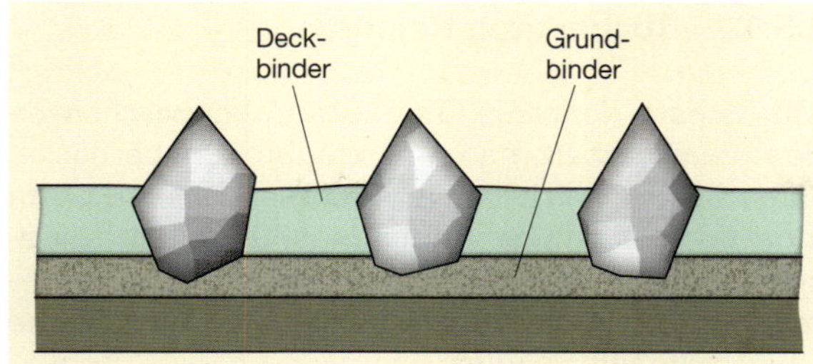

1 **Binder bei Schleifmitteln**

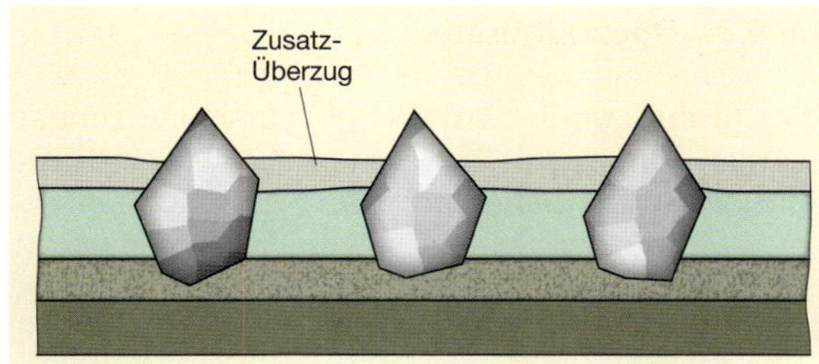

2 **Zusatz-Überzug bei Schleifmitteln**

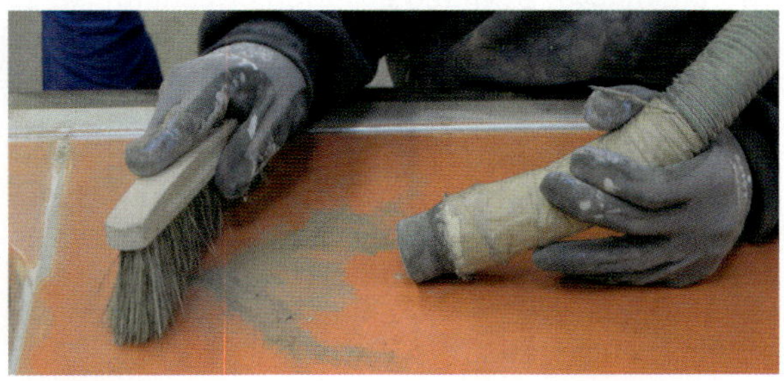
3 **Abstauber**

1.5.1 Reinigungswerkzeuge

Bei der Bearbeitung von metallischem Untergrund ist es wichtig, anfallende Späne und Staub zu beseitigen, da diese die größten Feinde einer tadellosen Lackierung sind.

Zur Reinigung werden folgende Werkzeuge eingesetzt:
- Abstauber, siehe Kap. 1.5.1.1
- Tücher, siehe Kap. 1.5.1.2
- Spezialbürsten, siehe Kap. 1.5.1.3

1.5.1.1 Abstauber

Mit Abstauber wird der größte Staub beseitigt, der beim Bearbeiten anfällt, ohne den Anspruch auf eine staubfreie Oberfläche zu erheben.
Absauger bestehen aus, siehe Bild → 3:
- Holzgriff
- Holzschaft
- feinem Borstenbesteck, meist aus Schweinsborsten

1.5.1.2 Tücher zum Reinigen

Mit Tüchern kann die Oberfläche abgewischt werden; damit erhält man eine staubfreie Oberfläche, siehe Bild ➜ 1. Erleichtert wird das Wischen, wenn eine leicht flüchtige Reinigungsflüssigkeit aufgesprüht wird, besonders Silikonentferner ist hilfreich und bewirkt zusätzlich, dass die metallische Oberfläche fettfrei wird.

1 Tücher zum Reinigen

1.5.1.3 Spezialbürsten

Für grobe und hartnäckige Verschmutzungen benutzt man spezielle Bürsten, Schwämme und Spezialreiniger, siehe Bild ➜ 2.

2 Spezialbürsten

1.5.2 Schleifwerkzeuge

In Deutschland sind die Lohnkosten sehr hoch, vor allem die Lohnnebenkosten. Deshalb ist es notwendig, für jeden Schleifvorgang das richtige Schleifsystem zu wählen.

Ein **Schleifsystem** ist die Kombination eines Schleifwerkzeugs mit dem einzusetzenden Schleifmittel. Dabei versteht man unter Schleifwerkzeug ein Arbeitsmittel, an dem die Schleifmittel aufgeklebt, eingespannt, eingehüllt oder mittels Klettsystem befestigt werden.

Schleifwerkzeuge und Schleifmaschinen sind:
- Winkelschleifer, siehe Kap. 1.5.2.1
- Exzenterschleifer, siehe Kap. 1.5.2.2
- Rundschleifer, siehe Kap. 1.5.2.3
- Schwingschleifer, siehe Kap. 1.5.2.4
- Dreieck-Schleifgeräte, siehe Kap. 1.5.2.5
- Schleifklotze verschiedener Ausführung, siehe Kap. 1.5.2.6

1.5.2.1 Winkelschleifer

Winkelschleifer sind auch bekannt unter dem Markennamen **Flex**. Es sind elektrisch betriebene Schleifmaschinen, deren Arbeitsachse senkrecht zur Motorachse angeordnet ist, siehe Bild ➜ 3. Dadurch sind sie flexibel einsetzbar, jedoch ist die Staubabsaugung erschwert.

Winkelschleifer sind flexibel einsetzbar; man kann sie ausrüsten mit
- Schleifplatte
- Schruppscheibe
- Trennscheibe

3 Winkelschleifer

An der **Schleifplatte** wird die Schleifscheibe befestigt – sie verschleißt nicht.
Schruppscheiben setzt man ein, um massiven und groben Abtrag von Materialien vorzunehmen.
Trennscheiben dienen zum Trennen von harten Werkstoffen (Stähle, Guss, mineralische Werkstoffe wie Steine und Beton). Informationen zum Trennschleifen siehe Kap. 6.2.1.3.2.
Schrupp- und Trennscheiben verschleißen bei der Arbeit.

Beim Einsatz von Schleifmaschinen muss man zwei Aspekte beachten:
- ihre Eignung für die jeweilige Schleifarbeit
- die Möglichkeit der Staubabsaugung

Winkelschleifer sind gut geeignet zum Kantenschliff und für flächige Arbeiten, da das Schleifmittel rechtwinklig zum Maschinengehäuse angeordnet ist. Winkelschleifer arbeiten mit sehr hoher Drehzahl und sind dadurch hochwirksam.
Einige Winkelschleifer sind mit Staubabsaugung ausgestattet.

1.5.2.2 Exzenterschleifer

Exzenterschleifer sind Schleifmaschinen mit kreisrunder Schleifplatte, siehe Bild ➜ 1. An der Schleifplatte wird mittels Klettprinzip das Schleifpapier befestigt.
Die Schleifplatte führt exzentrische Kreisbewegungen aus; der Schliff ist mit dem kreisenden Handschliff vergleichbar.
Exzenterschleifer sind mit Staubsack ausgestattet. An den Staubabsaugungsstutzen kann man aber auch Groß- oder Zentralstaubsauger anschließen.
Durch unterschiedliches Aufdrücken der Maschine auf die zu bearbeitende Oberfläche kann die Drehzahl beeinflusst werden.
Diese Schleifmaschinen sind vor allem beim Einsatz an Fahrzeugen wichtig, weil man mit ihnen ebene und gekrümmte Oberflächen bearbeiten kann.

1.5.2.3 Rundschleifer

Rundschleifer sind Schleifmaschinen, bei denen die kreisrunde Schleifplatte über eine geradlinige Antriebswelle starr verbunden ist mit dem Elektromotor, siehe Bild ➜ 2. So übernimmt die Schleifplatte die Drehzahl des Elektromotors.

Rundschleifer sind im Wesentlichen mit den Exzenterschleifern vergleichbar. Jedoch dreht sich die Schleifplatte um die eigene Achse, im Gegensatz zu den Exzenterschleifern.

1 Exzenterschleifer

2 Rundschleifer, hier pneumatisch zu betreiben

3 Schwingschleifer

Da die Schleifplatte auch wesentlich schneller läuft, empfiehlt sich der Einsatz an großen ebenen Flächen.

1.5.2.4 Schwingschleifer

Schwingschleifer sind elektrisch betriebene Schleifmaschinen. Sie verfügen über einen schwingenden Schleiffuß, an dem per Klettprinzip rechteckige Schleifscheiben angebracht werden, siehe Bild ➜ 3.

Man unterscheidet
- Einhandschwingschleifer
- Rutscher

Einhandschwingschleifer werden für kleine Flächen und Überkopfarbeiten eingesetzt, die schwereren **Rutscher** für große ebene Oberflächen.

1.5.2.5 Dreieck-Schleifgeräte

Dreieck-Schleifgeräte sind kleine elektrische Schleifmaschinen, die über eine oszillierende (schwingende) Schleifplatte in der Form eines gleichseitigen Dreiecks mit abgerundeten Ecken verfügen, siehe Bild ➜ 1. Sie sind für kleine Öffnungen, Ecken- und Kantenschliff sehr gut geeignet. Beim Arbeiten an großen Oberflächen sind sie aber uneffektiv.

1 Dreieck-Schleifgerät

1.5.2.6 Schleifklotze

Schleifklotze sind Werkzeuge für den Handschliff. An ihnen werden Schleifmittel befestigt.
Man unterscheidet, siehe Bild ➜ 2:
- Korkklotz
- Gummiklotz
- Kunststoffschleifklotz

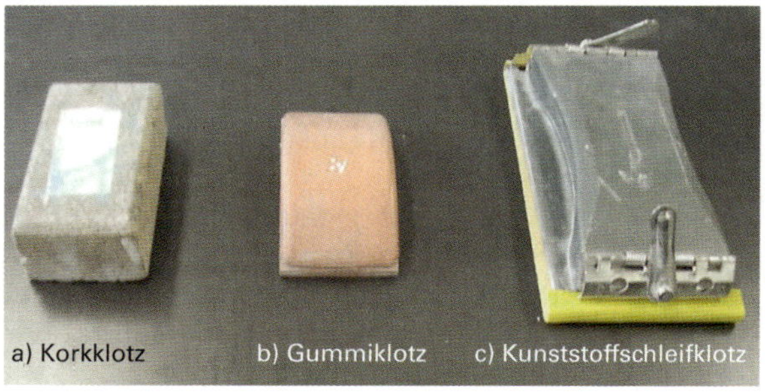

2 Schleifklotze

Die Schleifklotze sind oft mit Spannvorrichtung oder Klettpad ausgestattet; damit wird verhindert, dass das Schleifmittel während der Schleifarbeit verrutscht. So lassen sich die Schleifmittel leichter führen und der Schleifdruck auf die Oberfläche erhöhen.

1.5.3 Entrostungswerkzeuge und mechanische Entrostungssysteme

Zur Entrostung dienen sowohl Entrostungswerkzeuge als auch mechanische, thermische und chemische Entrostungsverfahren.

In diesem Kapitel werden beschrieben:
- Entrostungswerkzeuge, siehe Kap. 1.5.3.1
- mechanische Entrostungssysteme, siehe Kap. 1.5.3.2

1.5.3.1 Entrostungswerkzeuge

Entrostungswerkzeuge stellen einfache, aber hochwirksame Arbeitsmittel dar, mit denen entrostet werden kann.

Die wichtigsten Entrostungswerkzeuge sind:
- Drahtbürsten
- Entrostungsspachtel
- Entrostungsschaber
- Roststecher
- manuelles Schleifsystem

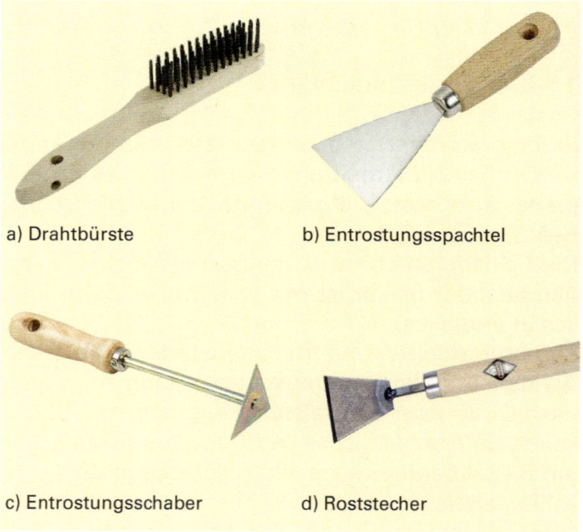

3 Entrostungswerkzeuge

Drahtbürsten
Drahtbürsten gibt es in verschiedenen Ausführungen.
Ihre Hauptbestandteile sind, siehe Bild ➜ 3a:
- Griff (Bürstenkörper)
- Drahtborsten

Die Drahtborsten sind bündelartig, gezopft oder ungezopft, teils kunststoffgebunden am Griff angebracht. Sie bestehen meist aus Edelstahl oder Messingdraht, am äußeren Ende scharf angeschnitten, teils gewellt. Die Drähte haben einen Durchmessern von 0,06 mm (0,1 mm bei Edelstahldraht) bis zu 0,3 mm. Auch Neusilberdraht, Stahldraht (naturhart) oder Phosphor-Bronze-Draht wird eingesetzt.

Drahtbürsten können außerdem zum Reinigen und Entgraten verschiedener Materialoberflächen eingesetzt werden. Unter dem Begriff „Technische Bürsten" versteht man aber auch Drahtbürstenaufsätze für Schleif- und Bohrmaschinen (Bürstenscheiben).

Entrostungsspachtel
Die Entrostungsspachteln ähneln im Aussehen den klassischen Malerspachteln, haben aber eine gehärtete Klinge, die leicht angeschrägt und an der Arbeitskante geschärft ist, siehe Bild ➜ 22.3b. Mit ihnen kann der Lackierer sehr gut entrosten und entschichten.

Entrostungsschaber
Man liefert Entrostungsschaber einzeln mit in Kunststofffolie verpackten Klingen oder im Set mit verschiedenen Klingen. Die Klingen werden am Holzgriff mit Metallschaft angeschraubt, sodass man sie bei Bedarf auswechseln kann, siehe Bild ➜ 22.3c. Die Klingen haben unterschiedliche Formen; deren Einsatz hängt von der Oberflächenform des Objektes ab, das entrostet oder entschichtet werden soll.

Roststecher
Roststecher sind für losen Rost hochwirksame langstielige Entrostungswerkzeuge. Der lange starke Stiel ermöglicht robusten Einsatz, da er als Hebelgesetz wirkt, siehe Bild ➜ 22.3d.

Manuelles Schleifsystem
Unter manuellen Schleifsystemen versteht man die Kombination von Schleifmitteln und Schleifwerkzeugen bzw. Handschleifmaschinen.

1.5.3.2 Mechanische Entrostungssysteme

Zu den mechanischen Entrostungssystemen gehören:
- Nadelpistole
- Sandstrahlgerät
- Strahlpistole

Nadelpistole
Nadelpistolen haben ca. 10 cm bis 12 cm lange Nadeln mit einem Kopf im Inneren der Pistole, die als Bündel am Pistolenausgang eingelagert sind, siehe Bild ➜ 1. Sie werden mit Druckluft betrieben; besitzen daher einen genormten Schlauchanschluss, welcher an jede Schnelltrennkupplung anzuschließen ist.

1 Nadelpistole

2 Sandstrahlgerät

Der Einsatz einer Nadelpistole ist sinnvoll bei massiven Metallteilen, die Lochfraß aufweisen, nicht aber bei Blech, das man mit diesem Verfahren beschädigen würde.

Ihr Funktionsprinzip beruht auf dem Impulserhaltungssatz:
- die Nadeln schnellen mit hohem Impuls aus der Pistole
- prallen auf die korrodierte, örtlich begrenzte Stelle
- lösen dort mechanisch den Rost ab
- werden wieder in die Pistole zurückgeschleudert
- bis sie erneut der Luftstrom erfasst

Achtung:
Bei der Arbeit mit der Nadelpistole Schutzbrille tragen.

Wegspritzender Rost könnte die Augen verletzen.

Sandstrahlgerät
Beim Sandstrahlen wird feinkörniges Strahlmittel von einem trichterförmigen Behälter aus dem Strahlschlauch mit Düse herausgeschleudert, siehe Bild ➜ 2. Die Körnchen treffen dann mit hohem Impuls auf die Oberfläche des Werkstücks, das bearbeitet werden soll.

Sandstrahlen dient nicht nur der Entrostung und Entschichtung, sondern in anderen Berufen auch zum Reinigen von mineralischen Untergründen, zum Entgraten und Putzen von Gussoberflächen und zum Anrauen.

In Deutschland ist das Strahlen mit reinem Quarzsand wegen der Silikosegefahr unzulässig.

Stattdessen werden verschiedene Strahlmittel in Trocken- und Nassverfahren eingesetzt. Das Nassverfahren (**Schlämmstrahlen**) ist wegen der geringen Staubbelastung umweltschonend.

Strahlpistole
Mit einer Strahlpistole arbeitet man ähnlich wie mit einer Spritzpistole, siehe Bild → 1. Das feinkörnige Strahlmittel wird hierbei aus einem Saugbecher oder einem Textilbeutel angesaugt und die Energie der Druckluft beschleunigt die Körnchen in einem Strahlrohr.

Durch den verliehenen Impuls sprengen die Körner Verunreinigungen, Altbeschichtungen, Rost und Oberflächenpartikel ab.

Als Strahlmittel werden eingesetzt:
- Olivinsand
- Schmelzkammerschlacke
- Granatsand
- Edelstahlgranulat
- Glasperlen
- Hartguss
- Keramik
- Soda
- Eis

1.5.4 Entschichtungswerkzeuge

Entschichtungswerkzeuge dienen zur manuellen Entschichtung.

In diesem Kapitel werden behandelt:
- Ringpinsel
- Schleifpads
- Abbrenngeräte

Ringpinsel
Ringpinsel werden oft zum Entschichten mit alkalischen oder organischen Abbeizfluiden eingesetzt. Der klassische Ringpinsel besteht aus einem Stiel, einer Ringfassung mit eingeklebtem Besteck aus Kunst- oder Naturhaar, siehe Bild → 2.

1 Strahlpistole

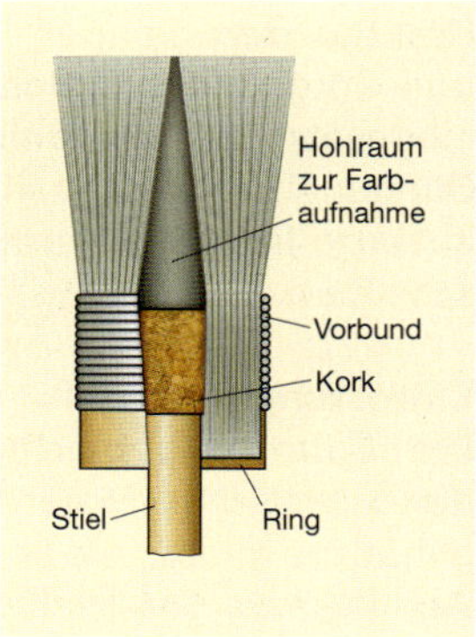

2 Aufbau des Ringpinsels

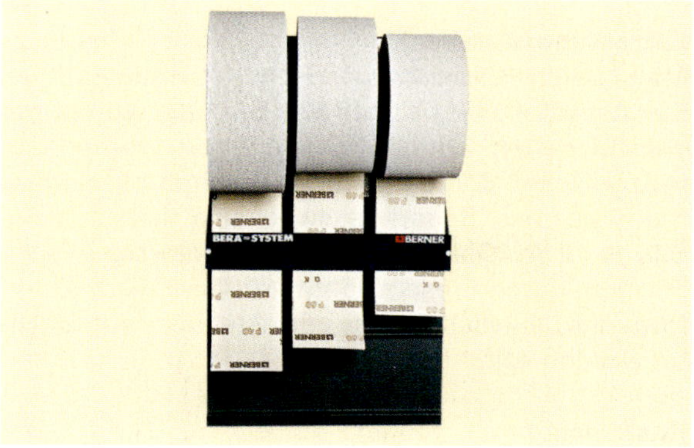

3 Schleifpads

Die Kunst- oder Naturhaare wurden mit einem Vorbund vor der Fassung zusammengebunden, um die relativ langen Haare dauerhaft in einer Rundform zu halten.
Im Besteck ist meist ein Kork eingelegt, der die Funktion hat, ein Reservoir für den Anstrichstoff im Inneren des Bestecks zu ermöglichen.
Ringpinsel haben oft eine Metallfassung. Damit wird das Besteck eingezwängt, und am Stiel wird die Metallfassung durch eine Pressverbindung verankert.

Metallfassungen haben Vorteile; sie sind:
- widerstandsfähiger gegenüber organischen Lösemitteln als Kunststofffassungen
- pflegeleichter als Ringpinsel

Schleifpads
Schleifpads sind Schleifvliese, die als Rollenware, aber auch in rechteckiger zugeschnittener Form geliefert werden, siehe Bild → 3.

Das Vlies ist eine ungeordneten Verpressung von Nylonfasern mit Bindern und Schleifkörnern, im Gegensatz zum Schleifgewebe. So findet sich in ihm stets ein genügender Hohlraum, um Abbeizmittel aufzunehmen. Die Entschichtungsarbeit ist daher mit der Netzmittelwäsche zu vergleichen, vgl. Kap. 1.3.1.4.

Abbrenngeräte
Heißluft-Abbrenngeräte funktionieren wie ein Föhn. Sie werden im Zusammenwirken mit Schabern und Spachteln zur thermischen Entschichtung eingesetzt, vor allem von thermoplastischen Beschichtungen, siehe Bild ➜ 1.

Dabei wird der Anstrich-Trockenfilm erweicht und mit Schaber oder Spachtel von der Entschichtungsfläche geschoben.

Die anschließend wieder fest werdenden Lackabfälle kann man im sortierfähigen Gewerbemüll wie Kehricht entsorgen.

Ein Nachschliff ist oft unausweichlich. Selten setzt man noch die vor zwei bis drei Jahrzehnten zum Abbrennen üblichen Lötlampen ein, worin der Begriff „Abbrennen" auch seinen Ursprung hat.

1 Abbrenngerät

1.5.5 Befestigungsvorrichtungen

Es ist sehr wichtig, für alle anfallenden Arbeiten das Beschichtungsobjekt ordnungsgemäß zu lagern oder einzuspannen. So ist fall- bzw. standsicher und gut zugänglich für anfallende Arbeiten und Prüfungen.

Dazu dienen in der Fahrzeuglackierung:
- Rollstative, siehe Kap. 1.5.5.1
- Holz- oder Metallböcke, siehe Kap. 1.5.5.2
- Lackierständer, siehe Kap. 1.5.5.3

1.5.5.1 Rollstativ

Ein Rollstativ ist ein Gestell, das Geräte und Bauteile aufnehmen kann und das mit seinen Rollen verschiebbar ist, siehe Bild ➜ 2.

Das Rollstativ ist drehbar. Man kann daher sowohl vertikale, schräge oder horizontale Arbeitsebenen schaffen. Durch die Feststellklemmen kann das Beschichtungsobjekt kaum verrutschen.

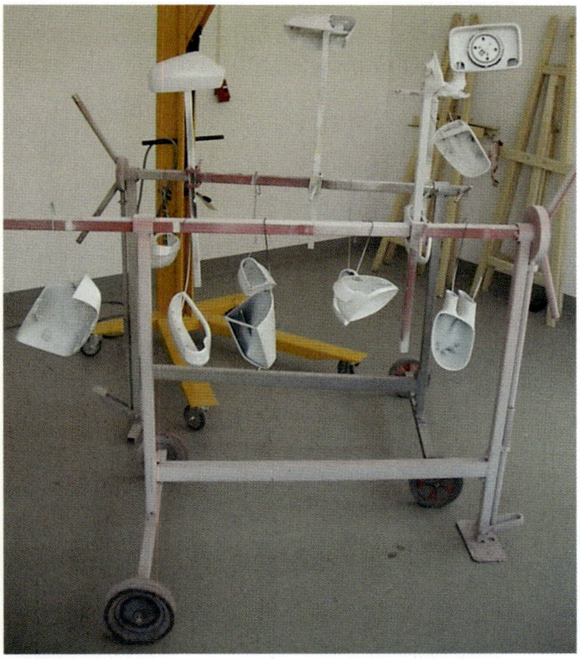
2 Rollstativ

Die meisten zu beschichtenden Fahrzeugteile sind mit Aufhängeöffnungen versehen; so kann man sie sehr schnell und praktisch am Rollstativ aufhängen, indem man zugehörige Klemmen und Haltestäbe ordentlich platziert.

Durch die Haltestäbe mit Haken zum Einhängen kann man die gesamte Beschichtungsfläche in einem Arbeitsgang bearbeiten.

1.5.5.2 Holz- und Metallböcke

Für robustes Arbeiten an ebenen Flächen, z. B. beim Arbeiten mit dem Schwingschleifer, ist es besser, das Beschichtungsobjekt horizontal auf zwei abgedeckte Böcke zu legen.

Die Böcke können aus Holz oder Metall sein, siehe Bild ➜ 1 und Bild ➜ 2.

1.5.5.3 Lackierständer

Lackierständer sind ähnlich wie Rollstative; es sind zusätzlich Spannvorrichtungen angebracht, mit denen abmontierte Fahrzeugteile befestigt werden, siehe Bild ➜ 3. Die Spannvorrichtungen sind drehbar, sodass die Fahrzeugteile von beiden Seiten gut und mühelos lackiert werden können.

Weitere Informationen zum Lackierständer siehe Kap. 7.13.1.

1 Böcke aus Holz

2 Böcke aus Metall

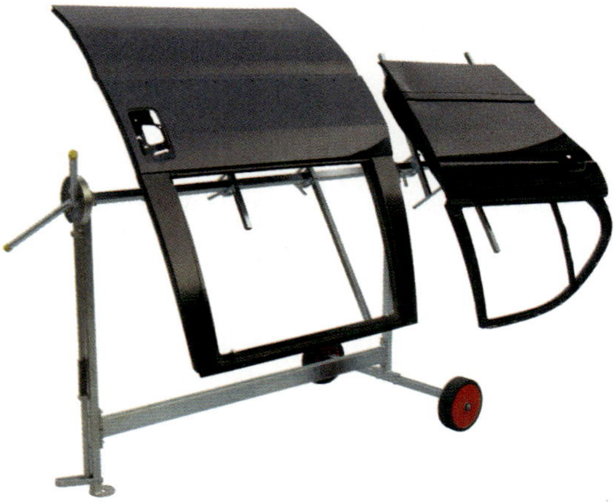

3 Lackierständer

1.6 Technische Zeichnungen

Die bildliche Darstellung von metallischen Beschichtungsobjekten kann sowohl als Foto, aber vielfach auch in Form einer technischen Zeichnung erfolgen.

Um eine technische Zeichnung zu lesen oder zu erstellen, benötigt der Auszubildende Informationen über:
- Linien, siehe Kap. 1.6.1
- Bemaßung, siehe Kap. 1.6.2
- Schriftfeld, siehe Kap. 1.6.3

1.6.1 Linien in technischen Zeichnungen

In technischen Zeichnungen der Metalltechnik ist es besonders wichtig, reale Begrenzungslinien des Beschichtungsobjektes von anderen Linienarten wie Symmetrieachsen, Maßlinien und Maßhilfslinien zu unterscheiden.

Die Grundregeln für Linien in technischen Zeichnungen sind in DIN ISO 128-20 festgelegt.

Die **Linienbreite *d*** soll gewählt werden in Abhängigkeit von der Art und Größe der Zeichnung; sie muss im gesamten Verlauf konstant sein. In Bild ➜ 1 sind jeweils drei Linienbreiten der Liniengruppen 0,35 und 0,5 und 0,7 angegeben; sie werden in technischen Zeichnungen am meisten verwendet.

In technischen Zeichnungen werden verwendet:
- Volllinie
- Strichlinie
- Strich-Punkt-Linie
- Strich-Zweipunkt-Linie
- Freihandlinie
- Linie mit sich wiederholenden Zeichen

Die **Volllinie** ist eine durchgehende Linie, siehe Bild ➜ 1.

Linienarten	Anwendungsbeispiele in der Metalltechnik				
	Liniengruppen				
	0,35	0,5	0,7		
	Linienbreite *d*				
Volllinie ———	0,35	0,5	0,7	Breit:	sichtbare Kanten, Umrisse, Gewindebegrenzung, Schweißzeichen
	0,18	0,25	0,35	Schmal:	Maßlinien, Maßhilfslinien, Lichtkanten, Schraffur, Biegelinien, Hinweislinien, Gewindegrund
Strichlinie — — — —	0,35	0,5	0,7	Breit:	mögliche Kennzeichnung zulässiger Oberflächenkennzeichnung
	0,18	0,25	0,35	Schmal:	verdeckte Kanten, verdeckte Umrisse
Strich-Punkt-linie ·—·—·—·—	0,35	0,5	0,7	Breit:	Angabe der Schnittebene, Angabe der geforderten Behandlung (z. B. Härtebereich)
	0,18	0,25	0,35	Schmal:	Mittellinien, Symmetrielinien, Lochkreise, Teilkreise
Strich-Zweipunktlinie —··—··—	0,18	0,25	0,35	Schmal:	angrenzende Teile, Grenzstellungen von beweglichen Teilen, Schwerlinien, Umrisse vor Verformung, vor der Schnittebene liegende Teile, Fertigformen in Rohteilen
Freihandlinie Linie mit sich wiederholenden Zeichen 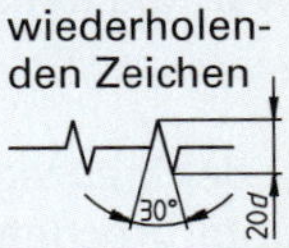	0,18	0,25	0,35	Schmal:	Begrenzung von abgebrochenen oder unterbrochenen Ansichten und Schnitten, wenn diese nicht mit einer Mittellinie zusammenfallen
	0,25	0,35	0,5	Maßbuchstaben, Maßzahlen, Oberflächensymbole. Schrifthöhe = 10 *d*	

Linienbreite *d* in mm	0,13	0,18	0,25	0,35	0,5	0,7	1	1,4	2

1 Linien in technischen Zeichnungen

Es gibt sie als:
- breite Volllinie, z. B. für sichtbare Kanten, Umrisse
- schmale Volllinie, z. B. für Maßlinien, Maßhilfslinien, Schraffur

Die **Strichlinie** ist unterbrochen, siehe Bild ➜ 27.1. Der Strich hat eine Länge von 12*d*, die Lücke von 3*d*. Strichlinien sollten sich oder andere Linien im Strich kreuzen oder berühren.
Es gibt sie als:
- breite Strichlinie; selten benutzt
- schmale Strichlinie, z. B. für verdeckte Kanten

Bei der **Strich-Punkt-Linie** sind Striche und Punkte abwechselnd gezeichnet, siehe Bild ➜ 27.1. Der Strich hat eine Länge von 24*d*, die Lücke zwischen Strich und Punkt beträgt 3*d*.

Es gibt sie als:
- breite Strich-Punkt-Linie, z. B. für die Angabe der Schnittebene
- schmale Strich-Punkt-Linie, z. B. für Mittellinien, Symmetrielinien, Lochkreise

Die **Strich-Zweipunkt-Linie** ist wie eine Strich-Punkt-Linie, jedoch mit zwei Punkten, siehe Bild ➜ 27.1. Der Abstand zwischen zwei Punkten beträgt ebenfalls 3*d*. Es wird nur die schmale Strich-Zweipunkt-Linie verwendet, z. B. für angrenzende Teile, Umriss vor der Verformung.

Auch die **Freihandlinie** wird nur schmal gezeichnet, z. B. als Bruchlinie, wenn sie nicht mit einer Mittellinie zusammenfällt, siehe Bild ➜ 27.1.

Statt einer schmalen Freihandlinie kann dafür auch eine schmale **Linie mit sich wiederholenden Zeichen** gezeichnet sein; meist werden Zacken verwendet, siehe Bild ➜ 27.1.

1.6.2 Bemaßung in technischen Zeichnungen

In technischen Zeichnungen der Metalltechnik wird in Millimeter (mm) bemaßt.

Das muss man aber bei den Flächenberechnungen beachten. Um erfassbare Größenordnungen (m^2) zu erhalten, sollten die Millimeter besser in Meter umgerechnet werden.
Die Bemaßung entspringt festen Richtlinien. An dieser Stelle soll nur kurz auf die wesentlichen Bemaßungsgrundlagen eingegangen werden, die zur Erstellung einfacher Metallzeichnungen nötig sind.

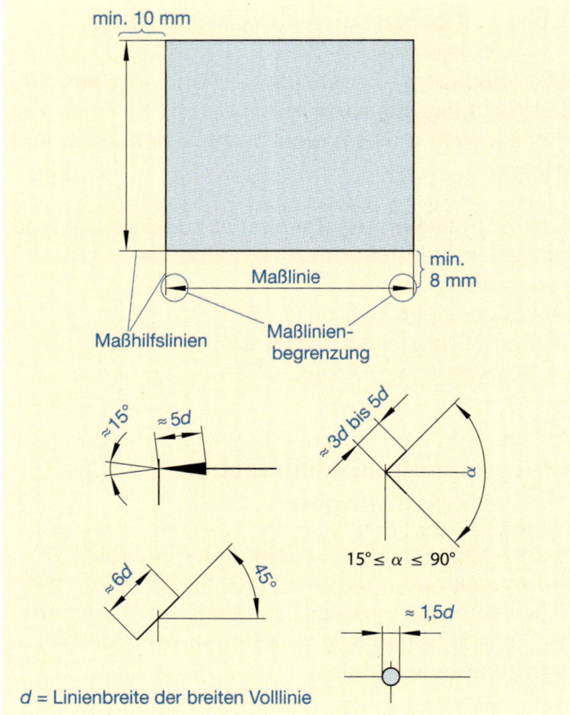

1 Bemaßung einer Länge

Zur Bemaßung gehören:
- Maßlinie
- Maßhilfslinie
- Maßlinienbegrenzung
- Maßzahl
- Maßeinheit

Die **Maßlinie** ist eine Linie, gelegen zwischen:
- zwei Körperkanten
- einer Körperkante und einer Maßhilfslinie
- zwei Maßhilfslinien

Die Maßlinie von Längenmaßen wird parallel zur Länge eingetragen, die zu bemaßen ist. Der Abstand zu Körperkanten sollte mindestens 10 mm betragen, zu anderen Maßlinien mindestens 8 mm, siehe Bild ➜ 1.

Maßlinien von Winkel- und Bogenmaßen werden als Kreisbogen um den Scheitelpunkt des Winkels gezeichnet. Bei einem Winkel bis 30° darf die Maßlinie auch eine Gerade sein.

Maßlinien sollten sich nicht untereinander kreuzen; ist dies notwendig, werden sie nicht unterbrochen.

Eine **Maßhilfslinie** ist eine Verbindungslinie zwischen dem zu bemaßenden Element und der zugehörenden Maßlinie. Sie geht 1 mm bis 2 mm über die Maßlinie hinaus, siehe Bild ➜ 1.

Die **Maßlinienbegrenzung** ist ein Kennzeichen an einer Maßlinie, um deren Enden hervorzuheben. In der Regel wird dafür ein geschwärzter Pfeil verwendet, siehe Bild ➜ 28.1.

Maßzahlen geben die Größe des Längenmaßes oder des Winkelmaßes an. Es wird die Schriftform B nach DIN EN ISO 3098 angewendet, siehe Bild ➜ 1.

Maßzahlen müssen
- mindestens 3,5 mm groß sein,
- von unten und von rechts lesbar sein.

Vor der Maßzahl kann ein Symbol stehen; das wichtigste ist das Symbol ∅ für den Durchmesser.

Die **Maßeinheit** in technischen Zeichnungen ist Millimeter (mm); in diesem Fall wird die Maßeinheit „mm" nicht angegeben.

Weitere Grundlagen zu technischen Zeichnungen der Metalltechnik finden Sie in Tabellenbüchern und in der Norm DIN EN ISO 3098.

1.6.3 Schriftfeld in technischen Zeichnungen

Schriftfelder erklären die technische Zeichnung näher, indem sie Auskünfte zu unterschiedlichen Aspekten erteilen.
Sie müssen der DIN EN ISO 7200 entsprechen und nach DIN EN ISO 3098 beschriftet sein.

Schriftfelder in metalltechnischen Zeichnungen sollen folgende Aspekte beinhalten:
- verantwortliche Abteilung
- technische Referenz
- erstellt durch / genehmigt von
- Dokumentenart (Zeichnungsart)
- Titel und zusätzliche Titel (Objektbezeichnung)
- Ausgabedatum
- Maßstab
- Abschnitts- und Blattnummer/Anzahl von Abschnitten und Blättern

Bild ➜ 2 zeigt ein Grundschriftfeld.

1 Schrift der Schriftform B

<table>
<tr><td>verantwortliche Abt.
KON 1</td><td>Technische Referenz
Maria Strung</td><td colspan="2">Dokumentenart
Gesamtzeichnung</td><td colspan="3">Dokumentenstatus
freigegeben</td></tr>
<tr><td>Ingenieurbüro
Müller</td><td>Erstellt durch
Erwin Nagel</td><td rowspan="2">Titel. zusätzlicher Titel
Düse
Ventil</td><td colspan="4">Sachnummer
V 300 12</td></tr>
<tr><td></td><td>Genehmigt von:
Gunnar Müller</td><td>Änd.
A</td><td>Ausgabedatum
2005-05-11</td><td>Spr.
de</td><td>Blatt
1/3</td></tr>
</table>

180 mm

2 Grundschriftfeld nach DIN EN ISO 7200

1.7 Lernsituation

Eine Fahrzeuglackierer-Werkstatt erhält von einem Unternehmen des Personennahverkehrs den Auftrag, sechzehn zweiflügelige U-Bahn-Türen mit Altbeschichtung aus verzinktem Stahlblech für die spätere Beschichtung vorzubereiten. Die Innenseite der U-Bahn-Türen ist hellbeige, die Außenseite blutorange, siehe Bild → 1.

Durch jahrelangen Gebrauch sind die Lackoberfläche sowie die Stahlkanten korrodiert und beschädigt. Jetzt sollen die U-Bahn-Türen aufgearbeitet werden und eine neue Beschichtung erhalten.

Der Auftrag wird nach folgender Vorgehensweise ausgeführt:
- Auftragsannahme, siehe Kap. 1.7.1
- Arbeitsplanung, siehe Kap. 1.7.2
- Arbeitsauftrag durchführen, siehe Kap. 1.7.3
- Qualitätssicherung, siehe Kap. 1.7.4
- Fahrzeug an den Kunden übergeben, siehe Kap. 1.7.5

1.7.1 Auftragsannahme

Die Auszubildende erhält den Auftrag,
- die U-Bahn-Türen zu reinigen und zu entfetten,
- korrodierte Stahlflächen zu entrosten
- die Altlackierung zu entschichten
- schadhafte Stellen in der Oberfläche zu schleifen

Weitere Informationen über Arbeitsaufträge siehe Kap. 13.5.

1 Zweiflügelige U-Bahn-Tür

Arbeitsplanung			**Datum:** 31.05.2010
Auftrags.-Nr.:	**Zeichnungs.-Nr.:**	Benennung/Art der Arbeit: Vorbereiten einer U-Bahn-Tür mit Altlackierung für eine nachfolgende Beschichtung	Mitarbeiter:

Lfd. Nr.	**Vorbereitung**	**Warten/Reparieren**	**Pflegen**	**Austauschen**	**Nachbereitung**	**Arbeitsschritt**	**Betriebsmittel Maschinen Werkzeuge Hilfsmittel**	**Bemerkungen Prüfmittel Einstellwerte Schutzmaßnahmen**
1	x					Tür aufbocken		Fußboden abdecken
2	x					Tür begutachten		Rostgrad? Grate? Beschädigungen?
3	x					Tür entfetten und Scheibengummis entfernen	Silikonentferner, Pumpsprüher, Pinsel	Schutzhandschuhe
4		x				Oberfläche entrosten und entschichten	Handschleifklotz, Schleifpapier P 60, Absauger, Abblaspistole, versch. Schleifmaschinen, Entrostungsspachtel	Schutzhandschuhe, Staubschutzmaske
5					x	Tür abstauben	Abstauber, dreilagige und Textil-Putztücher	

2 Arbeitsplan

1.7.2 Arbeitsplanung

Der Arbeitsauftrag ist:
- U-Bahn-Tür reinigen und entfetten
- Scheibengummis entfernen
- korrodierte Stahlflächen entrosten und Altlackierung entschichten

Dafür wird ein Arbeitsplan erstellt, siehe Bild ➜ 30.2.

1.7.3 Arbeitsauftrag durchführen

Die Arbeitsschritte aus dem Arbeitsplan werden zusammengefasst:
- U-Bahn-Tür aufbocken und begutachten, siehe Kap. 1.7.3.1
- Tür reinigen und Scheibengummis entfernen, siehe Kap. 1.7.3.2
- Oberfläche entrosten und entschichten, siehe Kap. 1.7.3.3
- Tür abstauben, siehe Kap. 1.7.3.4

1.7.3.1 U-Bahn-Tür aufbocken und begutachten

Die U-Bahn-Tür wird auf Metallböcke aufgelegt. Es kommt darauf an, die Tür eben und stabil zu lagern. Die Aufliegeflächen dürfen nicht beschädigt werden, auch nicht durch den Druck beim Arbeiten. Die Tür muss rundum begehbar sein, siehe Bild ➜ 1.
Dann wird die U-Bahn-Tür begutachtet. Dies geschieht bei vertikal einfallendem Licht oder Tageslicht, um kleinste Unebenheiten zu erkennen, z. B. Schäden wie Kratzer oder Dellen, aber auch Grate an den Kanten bzw. Risse an den Falzen und vor allem Korrosionsstellen sowie starke Verunreinigungen.
In unserem Falle ist die Oberfläche an vielen Stellen beschädigt, korrodiert und stark verunreinigt, siehe Bild ➜ 2. Nach der Gitterschnittprüfung wurde festgestellt, dass die Altbeschichtung der Tür-Innenseite nicht tragfähig ist.
Alle Mängel müssen sorgfältig beseitigt werden.

1.7.3.2 U-Bahn-Tür reinigen und Scheibengummis entfernen

An der Türschließeinrichtung sind Reste von altem Fett vorhanden.
Diese werden mit Silikonentferner abgewaschen und anschließend mit einem Tuch abgewischt, siehe Bild ➜ 3.

1 U-Bahn-Tür auf Böcken, hier Innenseite nach oben

2 Zustand der Altbeschichtung an der Innenseite

a) Mit Silikonentferner und Pinsel

b) Mit einem Tuch nachwischen

3 Altes Fett entfernen

Schwer erreichbare Stellen werden mit Schleifmitteln der Körnung P 24 bis P 50 gesäubert, z. B. die Kanten an der Schließeinrichtung mit einem Dreieck-Schleifgerät, siehe Bild ➜ 1.

Als Nächstes werden die Scheibengummis entfernt, siehe Bild ➜ 2. So gelangt man an den Rost und an die Altbeschichtung, die darunter liegen.

Die Scheiben bleiben in der U-Bahn-Tür und werden mitlackiert, da sie nach dem Lackieren durch neue Scheiben ersetzt werden. Das spart Abklebungen.

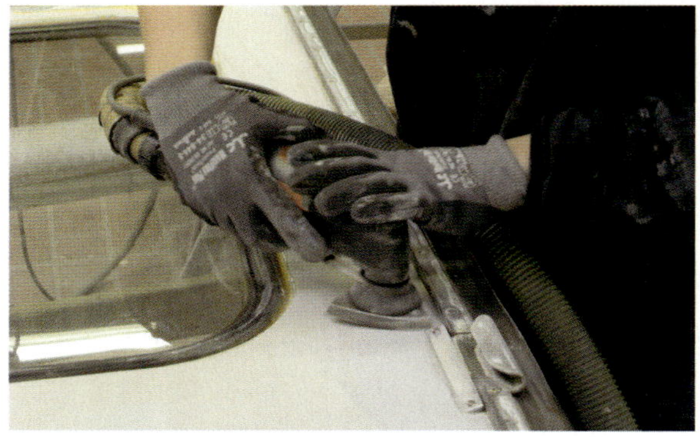

1 Säubern einer schwer erreichbaren Stelle

1.7.3.3 Oberfläche entrosten und entschichten

Bei der U-Bahn-Tür müssen alle Stellen von Spalt- und Flächenrost befreit werden, die die Beschichtung durchbrechen oder anheben (Unterrostungen). Solche Stellen sind vor allem Bohrungen, Schweißkanten und Falzkanten.

Dazu reicht ein manueller Schliff mit Kork oder Spannschleifklotz und Schleifpapier ab Körnung P 24 aus. Feinere Körnung (P60) benutzt man zum Auflegen auf Schleifmaschinen, siehe Bild ➜ 3.

Hartnäckiger Rost muss mit Cuttermesser und Feile entfernt werden, siehe Bild ➜ 4. Um besser in Spalten zu gelangen, setzt man zusätzlich die Drahtbürste ein. In den Bohrungen ist es angebracht, mit einer Runddrahtbürste zu arbeiten.

An der Innenseite der Tür ist die Altlackierung nicht mehr tragfähig – sie muss entschichtet werden. Auf Abbeizer wird verzichtet wegen der Gefahrstoffe. Deshalb wird die lose Farbe mit einer Entrostungsspachtel abgelöst, siehe Bild ➜ 5.

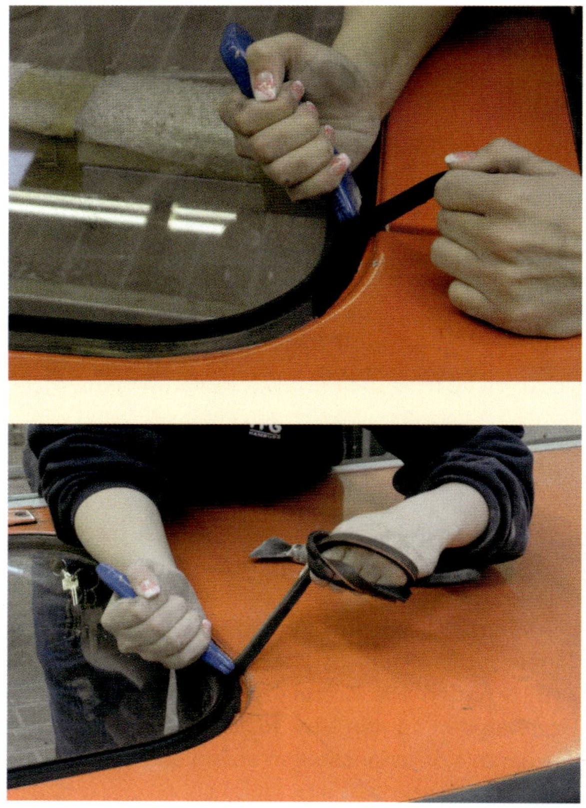

2 Scheibengummis entfernen

3 Beschlagkante säubern

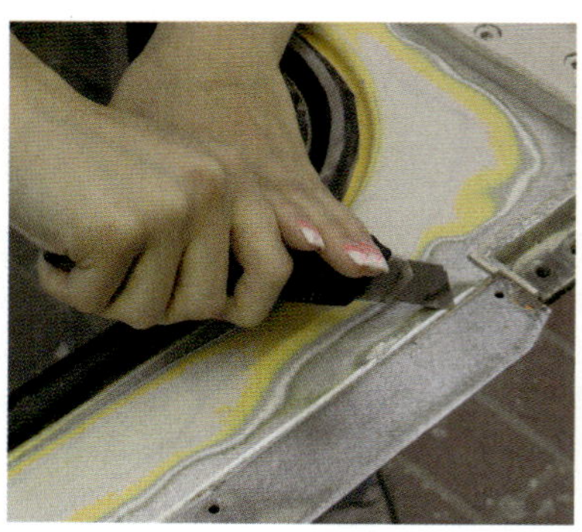

4 Mit dem Cuttermesser Rost entfernen

5 Lose Altlackierung mit der Entrostungsspachtel entfernen

Die Altlackierung der Außenseite ist tragfähig; dort werden die schadhaften Stellen der Oberfläche mit Schleifmaschinen bearbeitet, siehe Bild → 1.

1.7.3.4 Tür abstauben

Abschließend wird die Oberfläche vom Schleifstaub befreit, siehe Bild → 2.

> Die Oberfläche muss staubfrei und frei von Konservierungsmitteln sein (öl- und fettfrei), um sie weiter bearbeiten zu können.

1.7.4 Qualitätssicherung

In unserem Falle reicht eine Sichtkontrolle als Qualitätssicherung aus. Es wird festgestellt, dass keine Mängel vorhanden sind.

1.7.5 Übergabe der U-Bahn-Tür

Die U-Bahn-Tür kann nun weiterbearbeitet werden.

2 Oberfläche von Schleifstaub befreien

a) Mit Exzenterschleifmaschine

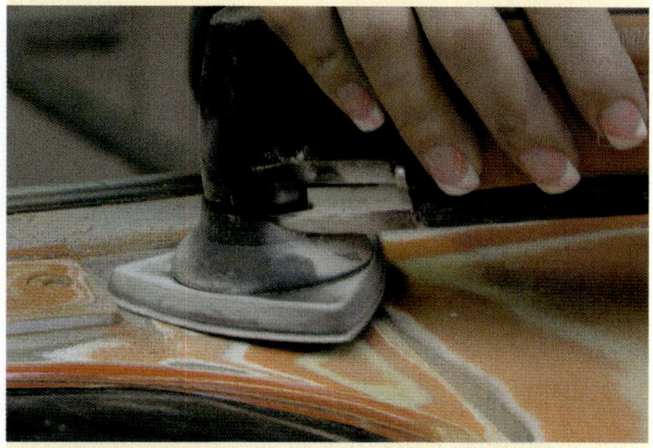

b) Mit einem Dreieck-Schleifgerät

c) Mit Bohrmaschine und Schleiffräsaufsatz

1 Oberfläche der Außenseite der U-Bahn-Tür schleifen

Übungen

1. Wie werden Eisenmetalle nach dem Kohlenstoffanteil untergliedert?
2. Welche Stahlklassen und Hauptgüteklassen für Stähle gibt es?
3. Nennen Sie drei Legierungselemente. Erklären Sie, wie diese auf Stahl wirken.
4. Was bedeutet: Schwindung?
5. Welche Arten Gusseisen gibt es?
6. Nennen Sie drei Leichtmetalle und drei Schwermetalle.
7. Was ist ein Bimetall?
8. Was versteht man unter Korrosion?
9. Wie unterscheiden sich chemische und elektrochemische Korrosion und wozu gehört die Kontaktkorrosion?
10. Was ist ein galvanisches Element und was ist ein Elektrolyt?

Übungen

11. Ermitteln Sie die Differenz der Standardelektrodenpotenziale laut elektrochemischer Spannungsreihe zwischen
    a) Kohlenstoff und Eisen
    b) Zink und Eisen
12. Welches Material wird schneller korrodieren: Kohlenstoffstahl oder verzinkter Stahl? Begründen Sie Ihre Antwort.
13. Was versteht man unter Rostgrad?
14. Beschreiben Sie den Normreinheitsgrad St 3.
15. Welche Überzüge schützen vor Korrosion?
16. Nennen Sie vier Verfahren, um metallische Untergründe zu reinigen.
17. Beschreiben Sie die Netzmittelwäsche.
18. Ein Auszubildender erhält von seinem Meister den Auftrag, für die spätere Beschichtung und Gestaltung eine verzinkte Blechtafel (63 cm x 75 cm) soweit vorzubereiten, dass der Lackierergeselle sie als Firmenschild grundieren und beschichten kann. Die Blechtafel ist stark verwittert, zeigt sogar lockeren Weißrost zu über 60 % der Rückseite.
    a) Erstellen Sie einen präzisen Arbeitsplan.
    b) Für eine Fläche von 1 m^2 verzinktem Blech benötigt man 1250 ml Netzmittel-Waschgemisch. Berechnen Sie, wie viele ml Netzmittel-Waschgemisch für die beidseitige Netzmittelwäsche nötig sind.
    c) Wie viel ml Wasser, wie viel ml 25%ige Ammoniaklösung und wie viel ml Netzmittel sind für diese Menge zusammenzurühren? (Hinweis: Verwenden Sie die Rezeptur von Seite 11.)
19. Die verzinkte Stahltür soll einer manuellen Netzmittelwäsche mit Schleifpad unterzogen werden, siehe Bild ➜ 1. Geben Sie wichtige Sicherheitshinweise für diese Arbeit an.
20. Es sollen 110 verzinkte Stahlkonsole allseitig einer Netzmittelwäsche unterzogen werden, siehe Bild ➜ 2. Vervollständigen Sie die Bedarfsermittlungstabelle unten. Es wird pro m^2 folgender Aufwand veranschlagt:
    - Arbeitszeit: 36 min (= 6 AW)
    - 0,750 l Waschlauge
    (Hinweis: Ermitteln sie zuvor c_1 und c_2 mit dem Satz des Pythagoras.)
21. Nennen Sie die Vor- und Nachteile des Trockenschliffs.
22. Warum sollten metallische Untergründe nicht nass geschliffen werden?
23. Woraus bestehen gestreute Schleifmittel auf Unterlage?
24. Was bedeutet: Körnung P 240?
25. Warum werden immer noch Schleifklotze verwendet, obwohl es Schleifmaschinen gibt?
26. Erstellen Sie einen Arbeitsplan, um:
    a) die Felge eines Ersatzrades zu entrosten,
    b) den kleinen Rostfleck an der Kante einer Pkw-Tür zu beseitigen.
27. Welche Linienarten gibt es?
28. Wie werden Maße in technischen Zeichnungen eingetragen?
29. Welche Angaben müssen in einem Schriftfeld enthalten sein?

1 Kunststofffensterholm
2 Fensterscheibe
3 Rückspiegelgehäuse aus Kunststoff
4 verzinktes Stahlblech
5 Seitenaufprallschutzleiste
6 Türgriff mit Schloss

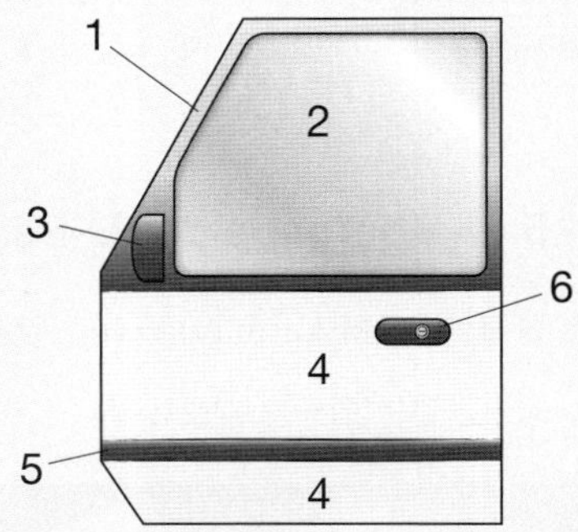

1 Verzinkte Stahltür

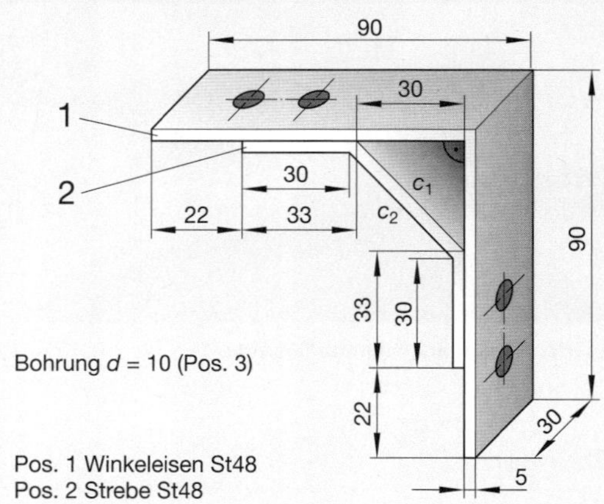

2 Verzinkte Stahlkonsole

Pos.	Bezeichnung	Stückzahl	Flächenberechnung	Ergebnis mm^2	Zeit in AW	Waschlauge in l	Grundbeschichtungsstoff in l
1 2 3	Winkeleisen Strebe 4 Bohrungen pro Konsole						
					Gesamt		

Lernfeld 2

Nichtmetallische Untergründe bearbeiten

Ziele:

Der Auszubildende soll:

- nach einem konkreten Kundenauftrag die Bearbeitung nichtmetallischer Untergründe planen und ausführen unter Beachtung betrieblicher Gegebenheiten
- sich aus Arbeitsanweisungen informieren, Kennwerte und Daten aus technischen Unterlagen und Zeichnungen verwenden
- den Arbeitsplatz einrichten
- die Arbeitszeit und den Materialeinsatz planen, berechnen und dokumentieren
- Arbeitsmittel gezielt einsetzen, warten und pflegen
- auf Kundenwünsche reagieren lernen
- verantwortungsbewusst handeln und die wirtschaftlichen und rechtlichen Folgen mangelhafter Arbeitsausführung begreifen lernen
- Umweltschutz und Arbeitssicherheit einhalten
- seine Entscheidungen begründen, dokumentieren und das Ergebnis dokumentieren
- die Datenverarbeitung nutzen

Inhalte:

- Merkblätter, technische Richtlinien und Normen
- chemische und physikalische Grundlagen
- werkstatttypische und baustellenübliche Prüfmethoden
- Verfahren zur Oberflächenvorbehandlung
- Applikationsverfahren
- Gefahrstoffverordnung
- Unfallverhütungsvorschriften
- Ordnung am Arbeitsplatz
- Bedienungsanleitungen
- Leitern und Gerüste
- Kundengespräch
- Teamarbeit
- Arbeits- und Geschäftsprozesse

2 Nichtmetallische Untergründe bearbeiten

Nichtmetallische Untergründe bestehen aus reinen Stoffen oder Stoffgemischen, die nicht den Metallen zugeordnet werden können.

Meist sind das die chemischen Elemente Kohlenstoff, Wasserstoff, Sauerstoff, Silicium, Stickstoff, Schwefel, Phosphor, Halogene, Kalzium (hier nur seine Verbindungen) und Bor.

In diesem Kapitel werden behandelt:
- Nichtmetalle, siehe Kap. 2.1
- Verbundstoffe, siehe Kap. 2.2
- Mängel an nichtmetallischen Untergründen, siehe Kap. 2.3
- Kunststoffe bearbeiten, siehe Kap. 2.4
- Holz bearbeiten, siehe Kap. 2.5
- Gesetze, Verordnungen und Richtlinien, siehe Kap. 2.6
- Lernsituation, siehe Kap. 2.7

2.1 Nichtmetalle

Bei Nichtmetallen haben die Atome oft eine regellose Anordnung im Werkstoff. Man nennt diese Anordnung **amorph**.

Zu den Nichtmetallen zählen:
- natürliche Werkstoffe, siehe Kap. 2.1.1
- Kunststoffe, siehe Kap. 2.1.2
- Betriebsstoffe, siehe Kap. 2.1.3

2.1.1 Natürliche Werkstoffe

Natürliche Werkstoffe werden auch **Naturstoffe** genannt, weil sie aus der Natur stammen. Sie bestehen aus Kohlenwasserstoffen, Kohlenhydraten, Eiweißen und deren Gemische.

Wichtige natürliche Werkstoffe sind:
- Holz, siehe Kap. 2.1.1.1
- Leder, siehe Kap. 2.1.1.2
- Naturtextilien, siehe Kap. 2.1.1.3

2.1.1.1 Holz

Holz ist das harte Gewebe von Bäumen und Sträuchern. Es ist nicht homogen, sondern von zahlreichen Zellhohlräumen durchsetzt. Zellform und Zellanordnung sind unterschiedlich – sie bestimmen die Eigenschaften des Holzes.

Holz leicht	ρ $\frac{kg}{m^3}$	Holz mittelschwer	ρ $\frac{kg}{m^3}$	Holz schwer und sehr schwer	ρ $\frac{kg}{m^3}$
Balsa	150	Limba	580	Eiche	720
Abachi	380	Kirschbaum	610	Rotbuche	730
Weide	460	Lärche	630	Esche	730
Pappel	470	Ahorn	640	Birnbaum	740
Fichte	480	Sapelli-		Teak	750
Tanne	480	Mahagoni	670	Afzelia	780
Kiefer	550	Rüster	670	Weißbuche	820
Brasilkiefer	560	Birke	680	Buchsbaum	1100
Linde	560	Nussbaum	700	Pockholz	1360

1 Rohdichte ρ von Hölzern bei 15 % Feuchtegehalt

Härte	Holzart
sehr weich	Pappel, Linde, Balsa, Weide
weich	Abachi, Fichte, Tanne, Birke
mittelhart	Kirschbaum, Brasilkiefer, Kiefer, Lärche, Limba, Ahorn, Nussbaum
hart	Sapelli-Mahagoni, Eiche, Esche, Rotbuche, Rüster, Birnbaum, Teak
sehr hart	Afzelia, Buchsbaum, Weißbuche, Pockholz

a) Einteilung der Härte

Nadelbaum	Laubbaum	Härte	Druckfestigkeit in Faserrichtung in $\frac{N}{mm^2}$	Zugfestigkeit in Faserrichtung in $\frac{N}{mm^2}$
Fichte Tanne	Pappel Linde Birke	sehr weich u. weich	35...50	15...20
Kiefer Lärche	Kirschbaum Ahorn Nussbaum	mittel hart	50...90	30...40
Eibe	Eiche Esche Rotbuche Rüster Pockholz	hart und sehr hart	70...120	30...70

b) Werte für Härte und Festigkeit

2 Härte und Festigkeit von Holz aus Nadel- und Laubbäumen

Eigenschaften des Holzes sind:
- Dichte
- Härte und Festigkeit
- Elastizität und Biegsamkeit
- Schwinden und Quellen

Die **Dichte** der zusammengepressten Zellwände ohne Hohlräume und ohne Holzfeuchte ist ρ = 1560 kg/m³. Dieser Wert ist bei allen Holzarten annähernd gleich.

Aber jede Holzart hat unterschiedliche Zellhohlräume, sodass die Rohdichte für eine bestimmte Holzfeuchte erheblich niedriger sein kann, siehe Bild ➜ 36.1.

Bei der **Härte** von Holz wird unterschieden in, siehe Bild ➜ 36.2a:
- sehr weich
- weich
- mittelhart
- hart
- sehr hart

Als **Festigkeit** wird hier nur der Widerstand gegen die Beanspruchungen auf Zug und Druck betrachtet. Die Festigkeit in Faserrichtung ist größer, als quer zur Faserrichtung. In Bild ➜ 36.2b sind Härte und Festigkeit für einige Laub- und Nadelhölzer angegeben.

Die **Elastizität** und die **Biegsamkeit** hängen von der Holzart und der Holzfeuchte ab: Je trockener ein Holz ist, desto elastischer ist es.

Das **Schwinden und Quellen** des Holzes wird auch als **Arbeiten** bezeichnet. Die Ursache für das Schwinden und Quellen ist die Abgabe und Aufnahme von Wasser. Da Holz hygroskopisch[1] ist, nimmt es bei hoher Feuchtigkeit in der Umgebung Wasser auf und quillt. Sinkt die Feuchtigkeit in der Umgebung wieder, verdunstet das Wasser und das Holz schwindet.

Die Schwind- und Quellmaße sind nach Holzart unterschiedlich; aber auch bei demselben Holz sind sie unterschiedlich:
- Es schwindet unterschiedlich in seinen Wuchs- (oder Schnitt-)richtungen, siehe Bild ➜ 1a.
- Splintholz schwindet stärker als Kernholz, siehe Bild ➜ 1b.

> Schwindet Holz an verschiedenen Stellen unterschiedlich, entstehen innere Spannungen, die zu Rissen führen können, siehe Bild ➜ 1c.

Zur Erklärung:
Splintholz ist das äußere, meist hellere Holz im Baumstamm, siehe Bild ➜ 1c. Im Splint wird das Wasser von den Wurzeln nach oben geleitet.

Kernholz ist die innere, meist dunklere Zone im Baumstamm; sie ist nicht mehr aktiv.

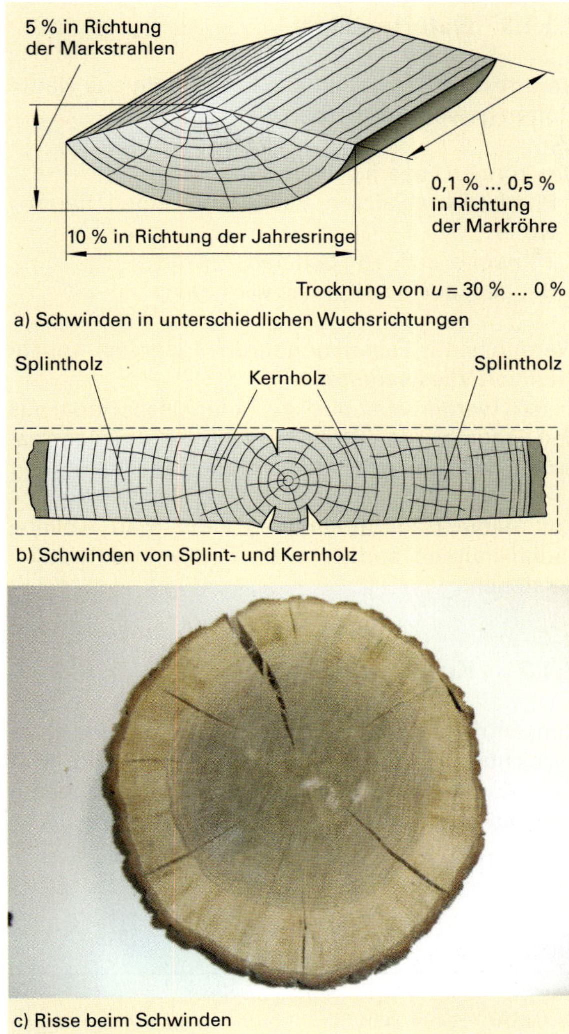

a) Schwinden in unterschiedlichen Wuchsrichtungen

b) Schwinden von Splint- und Kernholz

c) Risse beim Schwinden

1 Schwinden des Holzes

2.1.1.2 Leder

Leder ist eine Tierhaut, meist vom Rind, die mit Chemikalien gegerbt wurde, um sie haltbar zu machen.

Der Fahrzeuglackierer kennt Leder:
- als **ASA-Leder** (**A**rbeits**s**chutz**a**rtikel), z. B. bei Lederhandschuhen, Lederschürzen, Arbeitsschuhen
- im Innenraum von Cabrios oder von Pkws mit „gehobener" Sonderausstattung

[1] hygroskopisch (griech.-lat.): Wasser an sich ziehen

2.1.1.3 Naturtextilien

Naturtextilien bestehen aus Fasern, die aus Naturstoffen gewonnen werden.

Das können Fasern sein von:
- Pflanzen wie Palmen, Bast, Hanf, Leinen, Baumwolle
- Tierwolle, z. B. von Schafen, Alpaka
- Raupen; aus den Kokons wird Seide

Werden textile Fasern ungeordnet gepresst, spricht man von **Vlieswerkstoff**.
Fasern werden aber auch zu Fäden gesponnen, aus den Fäden werden Stoffe gewebt, die als Trägermaterial für Beläge und Planen dienen.

Auf textile Trägermaterialien kann man wollene Fäden knüpfen, sodass textile Beläge und Polster entstehen.

2.1.2 Kunststoffe

Kunststoffe sind künstliche Werkstoffe. Kunststoffbezeichnungen besitzen Abkürzungen; Bild ➜ 1 listet Kunststoffe auf, die in Fahrzeugen eingebaut oder als Lackbindemittel eingesetzt werden.

Es gibt:
- anorganische Kunststoffe, siehe Kap. 2.1.2.1
- organische Kunststoffe, siehe Kap. 2.1.2.2

2.1.2.1 Anorganische Kunststoffe

Anorganische Kunststoffe enthalten keine Kohlenstoffverbindungen; dazu gehören Glas und Porzellan.

Glas wird aus einer Schmelze hergestellt mit dem Gemisch aus:
- Quarzsand (SiO_2), welches als „Glasbildner" dient
- Natron, auch Soda genannt (Na_2CO_3), welches als Flussmittel dient
- Kalkstein ($CaCO_3$), welches als Stabilisator dient

Die Abkühlung der Schmelze erfolgt ohne Kristallisation, daher ist die Schmelze auch ein amorphes[1] Gemenge. Diese Schmelze wird nach seiner Zusammensetzung auch **Kalk-Natron-Silikat-Glas** genannt.

Aus Kalk-Natron-Silikat-Glas wird **Sicherheitsglas** hergestellt. Sicherheitsglas ist schlagfest. Bei Zerstörung ist die Verletzungsgefahr durch Glassplitter gering, im Vergleich zu Fensterglas.

Abkürzung		Abkürzung	
ABS	Acryl-Butadien-Styrol	PMMA	Polyoxymethylenmethacrylat
AMMA	Acrylnitril-Methylmethacrylat-Copolymere	POM	Polymethylen
CA	Celluloseacetat	PP	Polypropylen
CAB	Celluloseacetobutyrat	PP/EPDM	Ethylen-Polypropylenkautschuk (modifiziert)
CAP	Celluloseacetopropionat	PS	Polystyrol
CF	Kresolformaldehyd	PTFE	Polytetrafluorethylen
CMC	Carboxymethylcellulose	PUR	Polyurethan
CN	Cellulosenitrat	PVAC	Polyvinylacetat
CP	Cellulosepropionat	PVB	Polyvinylbutyral
CS	Kasein	PVC	Polyvinylchlorid
EC	Ethylcellulose	PVCA	Vinylchlorid-Vinylacetat-Copolymere
EP	Epoxidharz	PVDC	Polyvinylidenchlorid
MF	Melaminharz	PVF	Polyvinylfluorid
PA	Polyamid	PVFM	Polyvinylformaldehyd
PBTB	Polybutylenterephthalat	SAN	Styrol-Acrylnitril-Copolymere
PC	Polycarbonat	SB	Styrol-Butadien-Copolymere
PCTFE	Polychlortrifluorethylen	SI	Silicon
PDAP	Polydiallylphthalat	SMS	Styrol-Methylstyrol-Copolymere
PETP	Polyethylenterephthalat	SR	Polysulfidkautschuk
PIB	Polyisobutylen	UF	Harnstoff-Formaldehyd
PF	Phenolharz	UP	(ungesättigter) Polyester

1 Kunststoffe – Abkürzungen

[1] amorph (griech.): gestaltlos

Es werden zwei Arten von Sicherheitsglas unterschieden:
- vorgespanntes Glas
- Verbundglas

Vorgespanntes Glas wird auch **Einscheibensicherheitsglas** genannt. Eine Glasscheibe wird einseitig erwärmt und anschließend abgeschreckt. Dadurch entstehen an der Scheibenoberfläche Druckspannungen, die sog. Vorspannung. Gleichzeitig wird die Schlagfestigkeit erhöht.
Zerbricht die Scheibe, entstehen unzählige feine Risse; die Bruchstücke bleiben jedoch weitgehend zusammen. Dadurch wird die Scheibe undurchsichtig, die Verletzungsgefahr ist jedoch gemindert.

Verbundglas ist ein **Mehrscheibensicherheitsglas.** Es besteht aus zwei oder mehr Glasscheiben, verklebt mit durchsichtigen, weichen Kunststofffolien.

Wird Verbundglas zerstört, zersplittert es an der Stoßstelle. Die Glassplitter bleiben an der Kunststofffolie kleben und können niemanden verletzen. Die Sicht ist nur geringfügig behindert.

2.1.2.2 Organische Kunststoffe

Die organischen Kunststoffe werden synthetisch hergestellt aus organischen Stoffen. **Synthese** ist die chemische Herstellung von Verbindungen, z. B. Kohlenstoffverbindungen.
Organische Kunststoffe werden auch **Plaste** genannt.

Aufgrund der synthetischen Herstellung von Kunststoffen können ihre Eigenschaften gezielt angepasst werden. Organische Kunststoffe gibt es daher mit unterschiedlichen Eigenschaften: Sie sind leicht (Dichte ρ = 0,9 kg/dm^3 bis 2,2 kg/dm^3), weich, hart, elastisch, plastisch verformbar, gießbar, korrosionsbeständig, isolierend gegenüber Wärme und Elektrizität.
Wegen dieser vielen möglichen Eigenschaften ersetzen organische Kunststoffe heute immer mehr herkömmliche Werkstoffe. Zusätzlich sind die meisten organischen Kunststoffe kostengünstig.

Organische Kunststoffe haben aber auch nachteilige Eigenschaften, die ihre Anwendung begrenzen:
- geringe Wärmebeständigkeit
- hohe Wärmedehnung
- brennbar
- geringe Dauerstandfestigkeit
- mitunter schwieriges Recycling

Organische Kunststoffe werden eingeteilt in:
- halbsynthetische Kunststoffe, siehe Kap. 2.1.2.2.1
- vollsynthetische Kunststoffe, siehe Kap. 2.1.2.2.2

2.1.2.2.1 Halbsynthetische organische Kunststoffe

Halbsynthetische organische Kunststoffe entstehen, wenn Naturstoffe chemisch umgewandelt werden.
Bekannte halbsynthetische Kunststoffe sind:
- Papier
- Vulkanfiber, z. B. in Bremsbelägen, Kupplungsscheiben
- Cellophan, z. B. in Isolierfolie für Kabel
- Celluloid, z. B. in Zeichengeräten
- Naturgummi oder besser Naturlatex, meist verwendet als Beimischung zu Synthesekautschuk

Papierwerkstoffe sind Papier, Karton und Pappe. Sie bestehen aus vielen miteinander verfilzten Einzelfasern, vor allem Holzcellulose. Sie unterscheiden sich vor allem durch die verwendeten Faserrohstoffe, die Herstellungsverfahren und die unterschiedlichen Dicken. Zur genaueren Unterscheidung wird die spezifische Masse angegeben, z. B. Papier 70 g/m^2.

2.1.2.2.2 Vollsynthetische organische Kunststoffe

Vollsynthetische organische Kunststoffe werden aus Inhaltsstoffen von Kohle, Erdöl und Erdgas hergestellt. Die wichtigsten Inhaltstoffe sind:
- Acetylen (Ethin)
- Propylen (Propen)
- Buten
- organische Stickstoffverbindungen

Diese Inhaltsstoffe bilden **Makromoleküle**. Makromoleküle sind die strukturellen Bestandteile von Kunststoffen; sie haben aufgrund ihrer Größe eine große molekulare Masse und sind entweder vernetzt, kettenförmig oder weisen Knäuelstrukturen auf.

Bei der chemischen Synthese unterscheidet man:
- Polymerisation
- Polyaddition
- Polykondensation

Bei der **Polymerisation** werden die Makromoleküle aus ungesättigten Monomeren oder Einzelmolekülen gebildet. Die Doppelbindungen zwischen zwei Kohlenstoffatomen werden aufgeklappt; so kann sich jedes Monomer oder Einzelmolekül mit dem frei gewordenen Bindungsarm an das nächste Monomer anhängen, siehe Bild ➜ 1.

Bei der Polymerisation können Ketten- oder Knäuelstrukturen gebildet werden.

Bei der **Polyaddition** verbinden sich verschiedene Monomere zu Makromolekülen. Dabei bleibt beim Zusammenstoß beider Monomere ein Atom des einen am anderen Monomer hängen, indem es dort eine Bindung umlagert und eine freie Bindung schafft. Die freien Bindungen können sich nun zusammenschließen.

Diese reaktiven Zusammenstöße wiederholen sich nun ständig auch mit den größeren Zwischenprodukten und es entstehen große kettenförmige oder vernetzte Makromoleküle, siehe Bild ➜ 2.

Bei der **Polykondensation** verbinden sich gleiche oder verschiedene Monomere unter Abspaltung von Wasser.

Der Zusammenschluss erfolgt, indem sich die Monomere abspalten:
- Hydroxyl-Gruppen (OH-Gruppen)
- Wasserstoffatome (H-Atome), die sich ihrerseits zu Wasser verbinden

Mit den frei gewordenen Bindungsarmen verbinden sie sich untereinander zu Makromolekülen mit vernetzter Struktur, siehe Bild ➜ 3.

Strukturen und stoffliche Zusammensetzung der vollsynthetischen organischen Kunststoffe bestimmen ihre Eigenschaften.

Danach gibt es:
- Thermoplaste
- Duroplaste
- Elaste

Thermoplaste

Thermoplaste werden auch **Plastomere** genannt. Sie bestehen aus fadenförmigen Makromolekülen, die selten miteinander vernetzt sind, siehe Bild ➜ 41.1a. Die Fadenmoleküle sind räumlich miteinander verknäuelt.

Bei Raumtemperatur sind die Thermoplaste fest und können z. T. spanend bearbeitet werden. Bei Erwärmung über 100 °C sind sie plastisch und leicht umformbar.

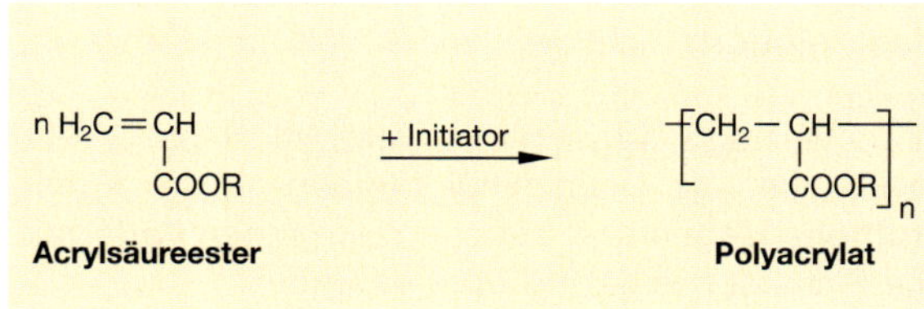

1 Polymerisation am Beispiel Polyacrylat

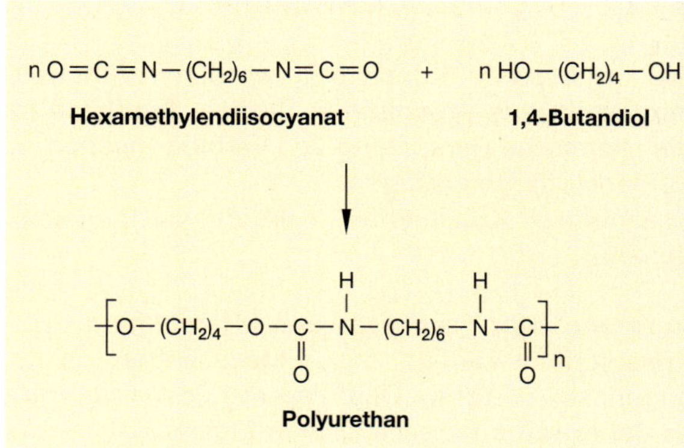

2 Polyaddition am Beispiel Polyurethan

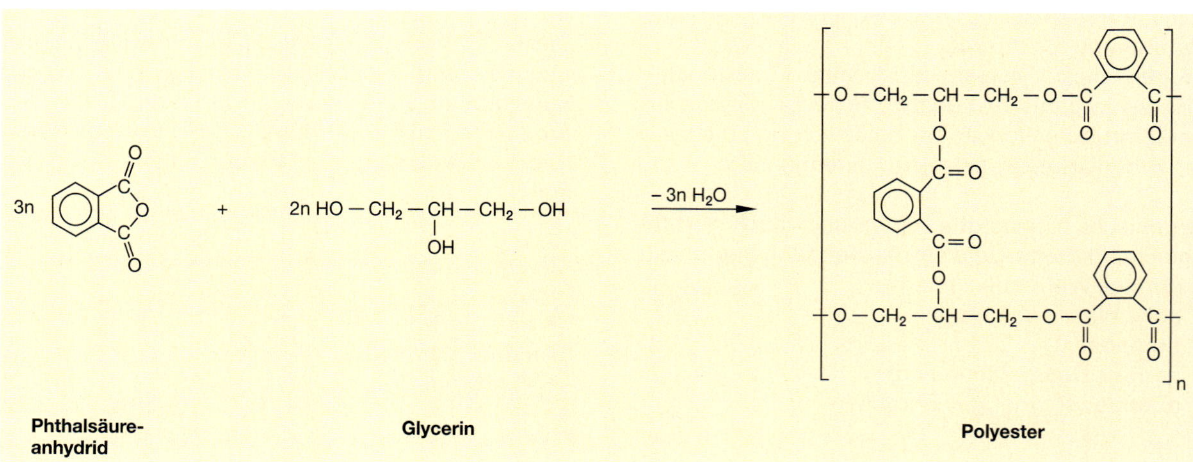

3 Polykondensation am Beispiel von Polyester

Nach dem Erkalten behalten sie die neue Form. Werden die so umgeformten Bauteile wieder auf Umformtemperatur erwärmt, nehmen sie oft ihre ursprüngliche Form wieder ein. Diese Eigenschaft nennt man **Memory-Effekt**.
So kann ein verformtes Thermoplastbauteil (Bauteilform = Erstform) nur mit Wärme rückgeformt werden.
Wird ein Bauteil aus Thermoplast über Umformtemperatur erwärmt, wird es teigig. In diesem Zustand sind viele thermoplastische Bauteile mit mechanischem Druck schweißbar und nach dem Erkalten wieder fest.

Bei Erwärmung von thermoplastischen Bauteilen über den teigigen Zustand werden sie flüssig und zersetzen sich.

Duroplaste
Duroplaste werden auch **Duromere** genannt. Sie bestehen aus räumlich engmaschig vernetzten Makromolekülen, siehe Bild ➜ 1b. Sie werden in der Regel aus einem Harz und einem Härter hergestellt, der die Vernetzung einleitet.

Duroplaste sind bei Raumtemperatur fest und hart. Durch Erwärmung werden sie nicht weich und nicht flüssig; bei starker Erwärmung zersetzen sie sich.

Bauteile aus Duroplast sind spanend zu bearbeiten, bei Erwärmung nicht umformbar und nicht schweißbar.

Elaste
Elaste werden auch **Elastomere, Kautschuk** oder **Gummi** genannt. Sie bestehen aus räumlich lose vernetzten Makromolekülen, siehe Bild ➜ 1c. Elaste sind bei Raumtemperatur und höherer Temperatur gummi-elastisch, sie können sich bei äußerer Krafteinwirkung dehnen und nehmen bei Entlastung wieder ihre Ursprungsform ein. Bei Erwärmung sind sie nicht plastisch verformbar und bei tiefen Temperaturen sind sie hartelastisch. Sie sind nicht schweißbar.

2.1.3 Betriebsstoffe

Betriebsstoffe sind zum Betrieb von Maschinen und Motoren erforderlich sowie zur Bearbeitung von Bauteilen.

> Zu den Betriebsstoffen zählen:
> - Schmierstoffe, siehe Kap. 2.1.3.1
> - Kühlschmierstoffe, siehe Kap. 2.1.3.2
> - Schleifmittel, siehe Kap. 2.1.3.3
> - Flussmittel, siehe Kap. 2.1.3.4

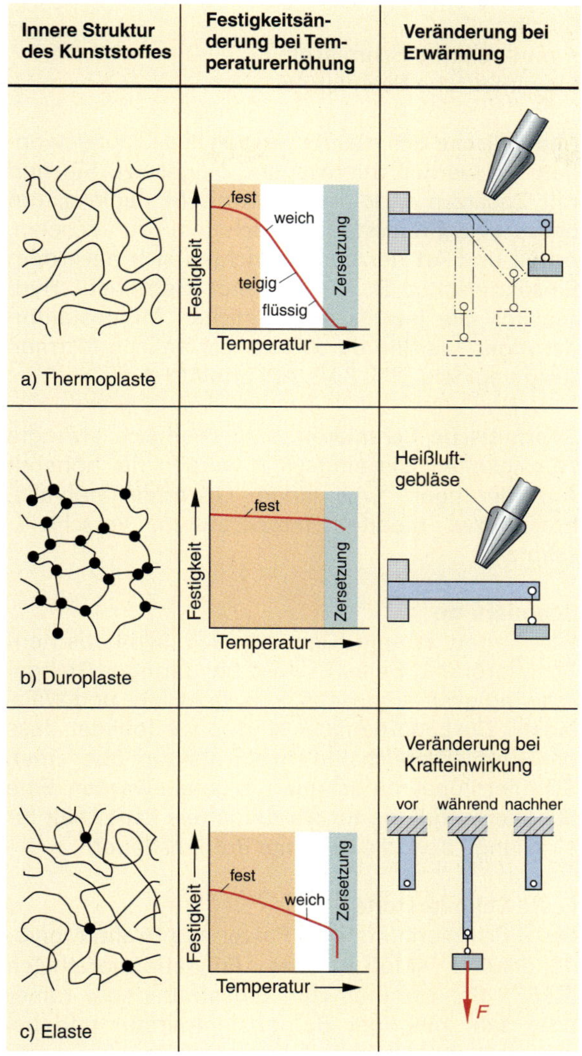

1 Einteilung der vollsynthetischen organischen Kunststoffe

2.1.3.1 Schmierstoffe

Schmierstoffe vermindern die Reibung und den Verschleiß zwischen gleitenden Bauteilen. Sie bewirken die Leichtgängigkeit und sichern die Funktion der Maschinen und Motoren, leiten Wärme ab und schützen gleichzeitig vor Korrosion.

> Die Schmierstoffe können unterteilt werden in:
> - Schmieröle
> - Schmierfette
> - feste Schmierstoffe

Schmieröle
Schmieröl kommt bei hoher Gleitgeschwindigkeit zum Einsatz, z. B. bei der Motorschmierung im geschlossenen Gehäuse.

Es gibt:
- mineralische Schmieröle
- synthetische Schmieröle

Mineralische Schmieröle werden aus Erdöl gewonnen; sie werden überwiegend eingesetzt. Sie sind mit Zusätzen (Additiven) vermischt (legiert), um bessere Schmierstoffeigenschaften zu erzielen. Anteil und Art der Zusätze richten sich nach dem Einsatzzweck, z. B. in Motorenöl, Getriebeöl, Hydrauliköl. Die jeweils erforderlichen Mindestanforderungen werden durch unterschiedliche Normen festgelegt wie DIN, SAE, API und ACEA.

Synthetische Schmieröle sind chemisch erzeugte Flüssigkeiten, die eingesetzt werden bei höheren Anforderungen wie lange Ölwechselintervalle, hohe bzw. niedrige Temperaturen, Verschleißschutz.

Schmierfette
Schmierfett ist ein Gemisch aus synthetischem Schmieröl und Seife. Es wird bei geringer Gleitgeschwindigkeit eingesetzt, z. B. bei Gleit- und Wälzlagern. Die Lagergehäuse sind so ausgebildet, dass der Schmierbereich und ein Vorratsraum über einen Schmiernippel mit Schmierfett gefüllt werden. Eine Schmierfettfüllung für wartungsfreie Lager hält für eine lange bzw. die gesamte Betriebsdauer.

Feste Schmierstoffe
Feste Schmierstoffe sind Pulver aus Grafit, Molybdändisulfid (MoS_2) oder Polytetrafluorethylen (PTFE). Sie kommen zum Einsatz bei sehr hoher oder sehr niedriger Betriebstemperatur und bei sehr niedriger Gleitgeschwindigkeit.
Häufig werden die festen Schmierstoffe dem Schmieröl und dem Schmierfett beigemischt, um deren Eigenschaften zu verbessern.

2.1.3.2 Kühlschmierstoffe

Kühlschmierstoffe haben zwei Aufgaben; sie:
- kühlen Bauteile, d. h., sie führen deren Wärme ab
- schmieren wie in Kap. 2.1.3.1 beschrieben

Kühlschmierstoffe werden bei spanabhebender Verarbeitung verwendet.

Man unterscheidet:
- Kühlschmieremulsion
- Metallbearbeitungsöl

Kühlschmieremulsionen sind wassermischbare Kühlschmierstoffe.

Sie werden dort eingesetzt, wo es besonders auf die Kühlwirkung ankommt, z. B. beim Sägen, Bohren, Fräsen und Drehen von Metall.
Damit wird die Standzeit der Werkzeuge erhöht und gleichzeitig werden Späne abgeführt und Korrosion vermieden.
Metallbearbeitungsöle sind nicht wassermischbare Kühlschmierstoffe. Sie verwendet man, wenn es besonders auf die Verminderung der Reibung ankommt, z. B. beim Gewindeschneiden von Stahl und Eisengusswerkstoffen sowie beim Spanen von Kupfer und Aluminium.

2.1.3.3 Schleifmittel

Schleifmittel werden zum Schleifen und zum Trennschleifen verwendet. Die Schleifkörner müssen härter sein als der zu schleifende bzw. zu trennende Werkstoff, damit Späne abgetrennt werden können. Weitere Informationen zu Schleifmitteln siehe Kap. 1.4.

2.1.3.4 Flussmittel

Flussmittel sind Zusatzstoffe, die das Schmelzen von Werkstoffen und die Handhabung geschmolzener Stoffe erleichtern sollen.
Beim Löten hat das Flussmittel folgende Aufgaben:
- den Schmelzpunkt des Lotes herabzusetzen
- Fettschichten aufzulösen, siehe Bild ➜ 1
- Metalloxidschichten zu entfernen
- zu verhindern, dass die Lötstelle oxidiert

Weitere Informationen zum Flussmittel siehe Kap. 6.2.2.2.3.

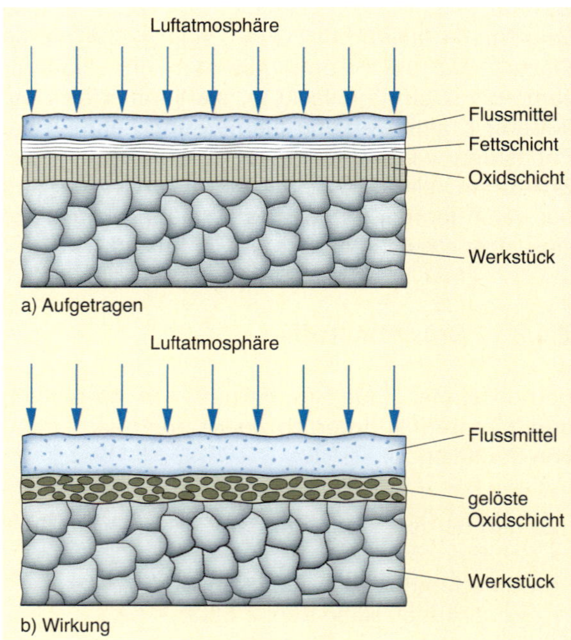

1 Flussmittel

2.2 Verbundstoffe

Verbundstoffe bestehen aus zwei oder mehreren Einzelstoffen mit unterschiedlichen Eigenschaften. Die Einzelstoffe sind zu einem neuen Werkstoff verbunden, der die vorteilhaften Eigenschaften der Einzelstoffe vereint.

Bekannte Verbundstoffe sind Holz mit Kunststoffbeschichtung, Sandwichbauteile, Schleifscheiben, Hartmetalle und glasfaserverstärkte Kunststoffe (GFK).

Die Verbundstoffe werden unterschieden in die Gruppen:
- Plattenwerkstoffe, siehe Kap. 2.2.1
- teilchenverstärkte Verbundstoffe, siehe Kap. 2.2.2
- faserverstärkte Verbundstoffe, siehe Kap. 2.2.3

2.2.1 Plattenwerkstoffe

Plattenwerkstoffe bestehen aus mehreren Schichten verschiedener Werkstoffe mit unterschiedlichen Eigenschaften; deshalb werden sie auch **Schichtverbundstoffe** genannt.

Plattenwerkstoffe gibt es als:
- Furnierplatte
- Tischlerplatte
- Spanplatte

Furnierplatten sind Platten aus Holz, die beidseitig mit Furnier kreuzweise verklebt sind. Zum Furnieren werden europäische sowie exotische Holzarten benutzt.

Tischlerplatten sind Massivholzplatten aus einzelnen, miteinander verleimten Holzlamellen, zumeist aus Fichte oder Kiefer. Deshalb werden sie auch **Leimholz** genannt. Die Lamellen nehmen dem Holz die natürliche Spannung, sodass Tischlerplatten kaum „arbeiten". Bei normalem Raumklima verzieht sich die Platte kaum.

Spanplatten bestehen aus unterschiedlich großen, verleimten Spänen, die in Schichten zu Mehrschichtplatten gepresst werden. Die äußeren Schichten besitzen feine Späne, vor allem, wenn sie beschichtet werden sollen. Sie haben nach allen Seiten gleiche Quelleigenschaften, können allerdings aufweichen und besitzen eine wesentlich geringere Festigkeit als die anderen Holzwerkstoffe.

2.2.2 Teilchenverstärkte Verbundstoffe

Bei teilchenverstärkten Verbundstoffen sind feste, kornförmige Teilchen in ein Bindemittel eingelagert.

Zu den teilchenverstärkten Verbundstoffen zählen:
- Kunststoff-Formmassen
- Schleifscheiben

Kunststoff-Formmassen haben eine Grundmasse aus Kunststoff, der thermoplastisch, duroplastisch oder elastisch sein kann. Vor der Formgebung werden feinkörnige oder kurzfaserige Teilchen wie Gesteinsmehl, Glasfaserabschnitte oder Ruß gleichmäßig eingemischt. Ruß wird z. B. bei der Herstellung von Fahrzeugreifen verwendet, um die Abriebfestigkeit zu erhöhen.
Schleifscheiben sind kreisrunde Verbundmaterialien für Schleifmaschinen, die durch Drehbewegung Späne abtragen. Sie bestehen aus einem natürlichen oder synthetischen Bindemittel wie Feldspat, Tonerde oder Epoxidharz, das mit natürlichen oder synthetischen Schleifmitteln (Bims, Korund, Quarz) gemischt wird.
Weitere Informationen zu Schleifmitteln siehe Kap. 1.4.

2.2.3 Faserverstärkte Verbundstoffe

Bei faserverstärkten Verbundstoffen sind Fasern in den Grundstoff eingelagert. Die Fasern sorgen dafür, dass sich die mechanischen Eigenschaften verbessern. Als Grundstoff (Matrixwerkstoff) wird Kunststoff, Metall oder ein keramischer Werkstoff verwendet.
Die größte Bedeutung haben die **faserverstärkten Kunststoffe** (**FVK**). Die Dichte von FVK ist kleiner als die von Stahl und Aluminium, aber Zugfestigkeit und E-Modul sind etwa gleich.

Das bedeutet:
Bauteile aus FVK können Bauteile aus Stahl oder Aluminium ersetzen mit dem Vorteil, dass sie leichter sind.

Als Werkstoffe für die Verstärkungsfasern verwendet man
- Glas: glasfaserverstärkter Kunststoff (**GFK**)
- Kohlenstoff: kohlenstoffverstärkter Kunststoff (**CFK**)
- Bor: borfaserverstärkter Kunststoff (**BFK**)
- Synthesefasern, z. B. Aramid oder Kevlar: synthesefaserverstärkter Kunststoff (**SFK**)
- Metallfasern: metallfaserverstärkte Kunststoffe (**MFK**)

Am häufigsten werden GFK verwendet, denn sie sind billig, siehe Bild → 1. Die Glasfasern haben einen Durchmesser von ca. 10 µm. Zum Vergleich: Der Durchmesser des menschlichen Haares beträgt 30 µm bis 60 µm.

GFK können nur in Richtung der Verstärkungsfasern belastet werden; deshalb sind die Fasern nach der Belastung auszurichten.

2.3 Mängel an nichtmetallischen Untergründen

Die Mängel an nichtmetallischen Untergründen sind sehr vielschichtig.

Als Beispiele werden behandelt:
- Schäden an Holz, siehe Kap. 2.3.1
- Versprödung von Papier und Naturtextilien, siehe Kap. 2.3.2
- Alterung von Kunststoffen, siehe Kap. 2.3.3
- Abnutzung von Glas, siehe Kap. 2.3.4

2.3.1 Fehler und Schäden an Holz

Fehler und Schäden an Holz beeinträchtigen die Beschichtung nachhaltig. Die meisten von ihnen lassen sich jedoch optisch erkennen.

Schäden an Holz sind:
- Holzfehler, siehe Kap. 2.3.1.1
- Befall, siehe Kap. 2.3.1.2
- Fehler bei der Verarbeitung, siehe Kap. 2.3.1.3
- Abnutzung, siehe Kap. 2.3.1.4

2.3.1.1 Holzfehler

Holzfehler entstehen:
- beim Wachstum des Baumes
- beim Trocknen und Lagern während der Bearbeitung

So dreht sich ein Baum durchaus, soweit es ihm möglich ist, noch nach dem Sonnenlicht, wenn ihm auf lange Sicht ein schattenwerfendes Objekt beeinträchtigt. Mechanische Beschädigungen im Frühstadium des Baumes können verwachsen; auch in der Nachbarschaft größerer Bäume fügt sich der kleinere Baum ein, indem er schief oder krumm wächst.

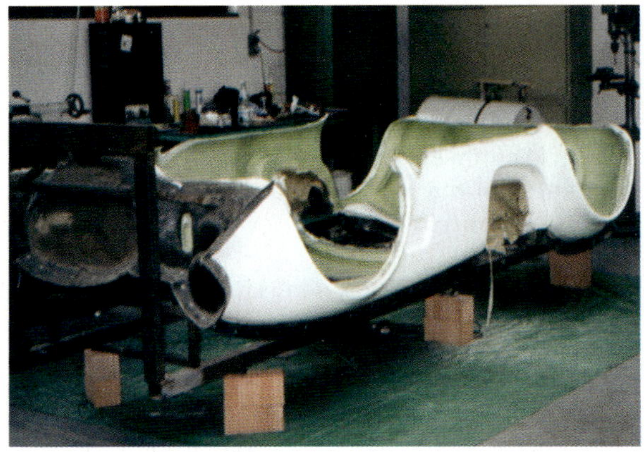

1 Pkw-Karosserie aus GFK

Bei der Trocknung von Rohholz können sich
- Risse bilden,
- die Astansätze lockern.

Holzfehler sind:
- Wuchs- und Schwundrisse
- Drehwuchs
- faule Äste
- lose Äste

2.3.1.2 Befall von Holz

Der Befall von Holz entsteht durch Wettereinflüsse wie Regen, hohe Luftfeuchtigkeit bei gleichbleibender Temperatur. Deshalb wird der Befall auch als Verwitterung bezeichnet. Vor allem Astansätze können von Pilzen, Krankheiten oder Fäulnis befallen werden.

Holz muss vor Befall geschützt werden; Informationen zum Holzschutz siehe Kap. 2.3.1.5.

2.3.1.3 Fehler bei der Verarbeitung von Holz

Bei einer fehlerhaften Verarbeitung können die Funktion der gesamten Holzkonstruktion und das Holz selbst nachhaltig geschädigt werden. Insbesondere treten Schädigungen auf, wenn das Arbeiten des Holzes nicht berücksichtigt wird.

Quillt Holz, entstehen starke Spannungen.

Die Spannungen können so groß sein, dass sich das Holz spaltet oder Teile absprengen.

Weitere Informationen zum Arbeiten des Holzes siehe Kap. 2.1.1.

Fehler bei der Verarbeitung von Holz sind:
- Verfahrensfehler, z. B. Kettendübelungen mit mehr als zwei Dübeln
- falscher Einsatz, z. B. wenig maßhaltiges Holz für Planken von Bordwänden
- Fertigungsfehler, z. B. scharfe Kanten, unzureichende Verleimung, offene Fugen, falsche Verkittung
- Nichtbeachtung von Schwindmaßen

2.3.1.4 Abnutzung von Holz

Holz nutzt sich bei seinem Einsatz in unterschiedlichem Maße ab. Es kann sich abreiben oder bei Hitze ansengen.

2.3.1.5 Holzschutz

Holzschutzmittel schützen Holz vor Schädlingsbefall und Fäulnis. Durch Holzschutz wird außerdem verhindert, dass Feuchtigkeit ins Holz eindringt und dass Holz schnell entflammt.

Beim Holzschutz wird unterschieden:
- vorbeugender Holzschutz
- bekämpfender Holzschutz

Vorbeugender Holzschutz
Vorbeugender Holzschutz bewahrt das Holz vor dem Befall mit Schädlingen und schützt es bei Bränden.

Die Länderbauordnungen, die DIN 68 800 und auch TÜV und Dekra schreiben einen vorbeugenden Holzschutz vor, z. B. für Pritschenteile von Ladeflächen, die vorrangig aus Holz sind.

Bekämpfender Holzschutz
Durch bekämpfenden Holzschutz wird befallenes Holz von Schädlingen befreit. Dazu werden Substanzen aufgetragen, die die Schädlinge abtöten, oder das Holz wird begast.

Solche Substanzen sind:
- Fungizide: töten Pilze
- Insektizide: vernichten Insekten
- Algizide: töten Algen ab
- Bakterizide: beseitigen Fäulnis

Der Einsatz von Bakteriziden ist nur sinnvoll, wenn das Holz nur leicht von Fäulnis befallen ist, also nicht zerstört und noch seine volle Funktion besitzt.

Wegen dieser Substanzen wird der bekämpfende Holzschutz auch **chemischer Holzschutz** genannt.

2.3.2 Versprödung von Papier und Naturtextilien

Bei gleichbleibender mittlerer Luftfeuchtigkeit und in konstant temperierten, lichtarmen Räumen können Papiere und Naturtextilien viele Jahre unbeschadet überstehen.

Unter anderen Bedingungen können Papier und Naturtextilien:
- verspröden
- korrodieren

Unter **Versprödung** versteht man im Allgemeinen den Verlust von Elastizität und Plastizität im Materialgefüge. Durch Belastungen können sich im Material Risse bilden, sie können zum Ermüdungsbruch oder zum Materialabtrag führen.

Papier und Naturtextilien verlieren während der **Korrosion** ihre Zerreißfestigkeit und Kohäsionskraft.

Papier kann außerdem
- verstocken: Zerstörung durch Mikroorganismen, tierische Schädlinge
- vergilben: durch UV-Strahlung

Naturtextilien können durch UV-Strahlung verbleichen.

2.3.3 Alterung von Kunststoff

Kunststoffe sind resistent gegen Verwitterung und werden deshalb als Ersatz für Metall und Holz eingesetzt. Doch nach Jahren oder nach großer Belastung sind auch bei ihnen Alterungserscheinungen festzustellen.

Beispiele:
- UV-Strahlen bewirken, dass Kunststoffe ausbleichen, vergilben oder sich anders verfärben.
- Lösemitteldampf bewirkt bei PVC, dass Weichmachermoleküle an die Oberfläche wandern und dort zu hellen (ausgeblichenen) Stellen führen.
- Feuchtigkeitseinschlüsse in Kunsttextilien und Schaumstoffen führen im Winter zur Versprödung und zum Frostabtrag.
- Folien und duromere Pressstoffe neigen zur Versprödung durch Verlust von Kohäsionskräften; Abtrag ist die Folge.

[1] Kettendübelung: Astloch ausbohren und dübeln

2.3.4 Abnutzung von Glas

Glas ist sehr witterungsbeständig und beständig gegen chemische Einwirkungen. Es nutzt sich nur ab durch äußere mechanische und chemische Einflüsse.

Beispiele:
- Glas kann splittern durch Steinschlag, Zerplatzen oder Anschlagen, siehe Bild → 1
- Es ist chemisch unverträglich u. a. mit Fluorverbindungen; es wird angeätzt.
- Glas kann zerkratzt werden, z. B. durch unsachgemäße Reinigung oder durch Körner unter dem Scheibenwischerblatt.

Kratzer entstehen z. B., wenn Metallteile vom Scheibenwischer die Scheibe berühren. Dann büßt Glas seine Transparenz ein.

1 Zerstörtes Sicherheitsglas

2 Schleifen mit Staubschutzmaske

2.4 Kunststoffe bearbeiten

Kunststoffe müssen vor dem Lackieren kaum bearbeitet werden, weil sie eine glatte Oberfläche besitzen.

Vor dem Grundieren werden Kunststoffe:
- von Trennmittel befreit und getempert, siehe Kap. 2.4.1
- geschliffen, siehe Kap. 2.4.2
- gereinigt, siehe Kap. 2.4.3

2.4.1 Oberfläche von Trennmittel befreien und tempern

Oft ist die Oberfläche der Kunststoffe mit Rückständen von Trennmittel behaftet. Diese müssen mit lauwarmer Reinigungslösung mit Geschirrspülmittel entfernt werden.
Der wird bei 40 °C bis 60 °C etwa 10 min bis 20 min warmgelagert – er wird getempert.

So werden
- Spannungen im Kunststoff abgebaut,
- Lunkerstellen sichtbar gemacht,
- interne Trennmittel ausgeschwitzt.

2.4.2 Kunststoffe schleifen

Die glatte Oberfläche von Kunststoff wird angeschliffen, damit die Grundierung des Lackaufbaus gut haftet.

Jedoch:
Viele Kunststoffe laden sich bei Reibung elektrostatisch auf.

Das betrifft Bauteile wie Fahrzeugaufbauten, die vom Fußboden durch die Reifen elektrisch isoliert sind und mechanisch bearbeitet werden.
Bearbeitet der Fahrzeuglackierer die nichtmetallische Oberfläche, wird der elektrische Strom durch seinen Körper abgeleitet – dabei fließt elektrischer Strom mit hoher Stromstärke (ca. 30 000 V). Es springen Funken über; der Fahrzeuglackierer bemerkt ein unangenehmes Piken auf der Haut und seine Haare stellen sich auf.

Ähnliche Situationen gibt es beim:
- Aussteigen aus dem Auto
- Laufen über einen synthetischen Teppich
- Kämmen frisch gewaschener Haare

Eine Entladung über den Menschen ist jedoch ungefährlich, da die gesamte übertragene Ladung gering ist. Lediglich bei Menschen mit einem Herzschrittmacher kann eine elektrostatische Entladung ein Risiko sein.

Aber Achtung:
In brandgefährdeten Bereichen kann der Funke der elektrostatischen Entladung einen Brand auslösen.

Das trifft auf den Umgang mit brennbaren Flüssigkeiten und Gasen zu, aber auch bei Schleifstaub von Aluminium kann ein Funke zu einer Explosion führen.

Weiterhin ist beim Schleifen auf Arbeitsschutzkleidung zu achten. Auf jeden Fall ist eine Staubschutzmaske zu tragen, siehe Bild → 46.2.
Das ist besonders wichtig, wenn es sich um faserverstärkten Kunststoff handelt.

2.4.3 Kunststoffe reinigen

Nach dem Schleifen wird der Staub von der Oberfläche des Kunststoffs abgewischt. Dazu wird ein spezieller Kunststoffreiniger verwendet.
Der Kunststoffreiniger ist flüssig und soll die Oberfläche von Staub, Fett und anderen Schmutz gründlich reinigen und gleichzeitig elektrostatische Aufladung verhindern.
Vorgehen:
- Kunststoffreiniger auf ein weiches und fusselfreies Tuch auftragen bzw. mit einer Sprühflasche auf die Oberfläche aufsprühen.
- Mit leichtem Druck verreiben und einen Film aufbringen.
- Bei stark verschmutzter Fläche den Vorgang mit einer sauberen Tuchfläche wiederholen.
- Unter leichtem Druck trocken reiben.

Viele Kunststoffreiniger sind hautverträglich und verträglich gegenüber den meisten Kunststoffen; sie schädigen nicht die Umwelt.

Kunststoffreiniger darf nicht auf heiße Oberflächen aufgetragen werden.

Sicherheitsdatenblatt beachten!

2.5 Holz bearbeiten

Holz ist in Fahrzeugen selten verbaut; meist nur als Plattenwerkstoff, der aber nicht mehr bearbeitet wird. Um eine Holzoberfläche in guter Qualität zu beschichten, muss sie sorgfältig vorbehandelt werden.
Die Arbeitsschritte der Holzvorbehandlung sind:
- Untergrund prüfen auf Holzfeuchte, Harzgallen, Bläuepilzbefall, Fäulnis und Pilzbefall, gerissene, lose Äste, faule Äste, Holzrisse, vorhandene Beschichtung und pH-Wert
- Vorarbeiten wie Schleifen, scharfe Kanten brechen, Ast- und Harzstellen isolieren, stark harzhaltige Hölzer abwaschen, Risse beseitigen, Altbeschichtungen entfernen, vergrautes Holz bleichen, Flecke und Verfärbungen entfernen, artfremde Holzeinsätze beizen
- Holzschutzmittel auftragen

Beim Spritzen oder Aufsprühen sind Vollschutzausrüstung mit Gasmaske zu tragen, der Arbeitsplatz ist intensiv zu belüften.

2.6 Gesetze, Verordnungen und Richtlinien

Die wichtigsten Gesetze, Verordnungen und Richtlinien für den Fahrzeuglackierer sind:
- Gesetze zum Umweltschutz, siehe Kap. 2.6.1
- Verordnung zum Schutz vor Gefahrstoffen, siehe Kap. 2.6.2
- Richtlinien zur Unfallverhütung, siehe Kap. 2.6.3

2.6.1 Gesetze zum Umweltschutz

Gesetze und Verordnungen zum Umweltschutz, die auch in der Fahrzeuglackierung eine Rolle spielen, sind:
- Strafgesetzbuch (StGB), welches Umweltstraftaten ahndet
- Wasserhaushaltsgesetz zum Umgang mit Wasser
- Abwasserherkunftsverordnung (AbwHerkV) zum Einleiten von Abwasser
- Chemikaliengesetz zum Umgang, der Lagerung, dem Transport, der Herstellung und Verarbeitung sowie Entsorgung bzw. Unschädlichmachung von reaktiven Stoffen und Zubereitungen
- Gefahrstoffverordnung, vgl. Kap. 2.6.2
- Bundesimmissionsgesetz
- Lärmschutzverordnung

2.6.2 Verordnung zum Schutz vor Gefahrstoffen

Von den Materialien, die in einer Fahrzeuglackiererei verarbeitet werden, sind viele gefährlich:
- Lacke und Lackfarben, Kunstharzkleber sowie Spachtelmassen mit ihren Lösemitteln sind leicht entzündlich und gesundheitsschädigend bis reizend, zum Teil krebserregend und schädigen das Erbgut.
- Alkalische Abbeizfluide und einige Härter sind ätzend.
- Starke Säuren und Peroxide (Bleichmittel) sind brandfördernd.
- Holzschutzmittel können giftig sein.

All diese Stoffe zählen zu den Gefahrstoffen. Sie sind in der Gefahrstoffdatenbank der deutschen Bundesländer (GDL) erfasst, da die Länder die Gesetzeshoheit auf dem Gebiet des Umweltschutzes haben.

Die Verordnung zum Schutz vor Gefahrstoffen ist auch bekannt unter dem Namen **Gefahrstoffverordnung** oder dem Kürzel **GefStoffV**. Sie regelt die Handhabung der Gefahrstoffe, um Unfälle und Krankheiten zu vermeiden.

Gefahrstoffe sind chemische Stoffe und Stoffgemische, die eine oder mehrere Eigenschaften haben, die in Bild → 1 aufgeführt sind.

Die Gefährlichkeit eines Stoffes oder eines Stoffgemisches wird angegeben durch:
- Gefahrensymbole mit Zusatz
- R-Sätze
- S-Sätze

Gefahrensymbole mit Zusatz (Gefahr, Achtung) sollen die Fahrzeuglackierer auf die Risiken beim Umgang mit Farben, Lacken und anderen Chemikalien hinweisen. Bisher waren diese Symbole eckig und orange, jedoch werden diese Symbole in nächster Zeit durch neue Symbole ersetzt, siehe Bild → 1.

Die neuen Symbole müssen tragen:
- Einzelstoffe: ab 1. 1. 2010
- Stoffgemische, z. B. Lacke: ab 1. 6. 2015

Neues Symbol	Beschreibung	Früheres Symbol
	Explosionsgefährlich (Gefahr) Stoffe, die unter bestimmten Bedingungen (z. B. Druck oder Temperatur) explodieren können. Zusätzlich können von solchen Stoffen weitere Gefahren, wie etwa eine entzündliche oder brandfördernde Wirkung ausgehen. Stoß, Reibung, Funkenbildung und Feuer meiden!	 E
	Leicht- oder Hochentzündlich (Gefahr) Schnell entzündlich in der Nähe von Hitze oder offenem Feuer. Sprays niemals auf Flammen oder heiße Oberflächen sprühen! Kontakt zu Zündquellen vermeiden!	 F od. F+
	Brandfördernd (Gefahr) Solche Stoffe können brennbare Stoffe entzünden oder ein Feuer fördern. Jeglichen Kontakt zu brennbaren Stoffen meiden!	 O
	Komprimierte Gase (Achtung) Gase oder Gasgemische, die in einem Behälter unter Druck stehen oder verflüssigt wurden. Spontane Temperatur- oder Druckänderungen können eine Ausdehnung und schlimmstenfalls ein Zerbersten des Behälters hervorrufen.	bisher nicht vorhanden
	Giftig/Tödlich (Gefahr) Bereits in kleinsten Mengen auf der Haut oder durch Inkorporation können diese Stoffe zu schweren oder tödlichen Vergiftungen oder Erstickungen führen. Die meisten Produkte sind im freien Handel nicht verfügbar. Kein direkter Körperkontakt!	 T od. T+
	Ätzend (Gefahr) Bereits nach kurzer Zeit können diese Stoffe die Haut mit Narbenbildung schädigen oder in den Augen zu dauerhaften Sehstörungen führen. Haut und Augen bei Gebrauch schützen!	 C
	Gesundheitsschädlich (Gefahr) Solche Stoffe gelangen über die Atemwege und Haut in den menschlichen Körper und können schwere Gesundheitsschäden verursachen, Schwangere sind dabei besonders gefährdet. Auch Stoffe, die eine krebserzeugende Wirkung haben, werden so gekennzeichnet. Produkte sind mit Vorsicht zu benutzen!	 Xn
	Gesundheitsgefährdend (Achtung) Gefährlich für den Menschen. Die Stoffe können Hautreizungen auslösen oder Allergien hervorrufen. Kleine Mengen führen nicht zu schweren Gesundheitsschäden oder zum Tode. Auch verwendet als Warnung vor anderen Gefahren, wie etwa Entzündbarkeit.	 Xi
	Umweltgefährdend (Achtung) Gefährlich für Tiere und Umwelt. In der Umwelt freigesetzte Stoffe können kurz- oder langfristige Schäden verursachen. Sie können kleine Tiere töten, Bodenorganismen schädigen. Keinesfalls ins Abwasser oder den Hausmüll schütten!	 N

1 Symbole für Gefahrstoffe

Lagerbestände dürfen noch jeweils zwei weitere Jahre verkauft werden.

Unter **R-Sätze** versteht man Gefahrenhinweise, die auf besondere Gefahren eines Gefahrstoffes aufmerksam machen. Sie werden in einer Liste zusammengefasst von R 1 bis R 68. Bild ➜ 1 zeigt einen Auszug mit den R-Sätzen[1], die in Bild 48.1 genannt sind.
Bei Aufzählung sind die R-Sätze mit einem Bindestrich getrennt oder sie werden zusätzlich genannt. Ein Schrägstrich bedeutet, dass mehrere R-Sätze zusammengefasst sind.

Beispiel:
R 37/38: reizt die Atmungsorgane und die Haut

Die R-Sätze werden Juli 2015 durch die **H-Sätze** (h = hazard) ersetzt.

S-Sätze geben Sicherheitsratschläge in Kurzform. Sie werden in einer Liste[1] zusammengefasst von S 1 bis S 64, vgl. Bild ➜ 2.
Kombinationen von S-Sätzen können mit Schrägstrich zusammengefasst werden, vgl. R-Sätze. Der Gesetzgeber hat Einfügungen offen gelassen; viele Hersteller haben diese Einfügungen zur Beschreibung spezifischer Maßnahmen (...) in eigenständigen Unterklassen organisiert.

Beispiel:
S 28.1: bei Berührung mit der Haut sofort abwaschen mit viel Wasser
S 28.2: bei Berührung mit der Haut sofort abwaschen mit viel Wasser und Seife

Die S-Sätze werden Juli 2015 durch die **P-Sätze** (p = precautionary) ersetzt.

In der Lackiererei gehören zu den
- explosionsgefährlichen Stoffen: reiner Sauerstoff, Schleif- oder Strahlstäube in hoher Konzentration (Staubexplosion)
- leicht entzündlichen, gesundheitsschädigenden bzw. reizenden Stoffen: alle lösemittelhaltigen Materialien wie Lacke, Grundbeschichtungsstoffe und Füller, Kunstharzkleber und Spachtelmassen sowie Verdünner
- giftigen Stoffen: Schwermetallpigmente und verschiedene Holzschutzmittel
- ätzenden Stoffen: starke Säuren und Laugen, bleichende Peroxide, die auch brandfördernd sind
- selbstentzündlichen Stoffen: Leinöl (z. B. Firnis) in Gegenwart von Zellulose oder Leinen

R 1:	in trockenem Zustand explosionsgefährlich
R 10:	entzündlich
R 11:	leicht entzündlich
R 12:	hoch entzündlich
R 18:	bei Gebrauch Bildung explosionsfähiger / leicht-entzündlicher Dampf-Luft-Gemische möglich
R 19:	kann explosionsfähige Peroxide bilden
R 20:	gesundheitsschädlich beim Einatmen
R 21:	gesundheitsschädlich bei Berührung mit der Haut
R 22:	gesundheitsschädlich beim Verschlucken
R 23:	giftig beim Einatmen
R 36:	reizt die Augen
R 37:	reizt die Atmungsorgane
R 38:	reizt die Haut
R 39:	ernste Gefahr irreversiblen Schadens
R 40:	Verdacht auf krebserzeugende Wirkung
R 41:	Gefahr ernster Augenschäden
R 66:	wiederholter Kontakt kann zu spröder oder rissiger Haut führen
R 67:	Dämpfe können Schläfrigkeit und Benommenheit verursachen
R 68:	irreversibler Schaden möglich

1 R-Sätze – Auszug

S 1:	unter Verschluss aufbewahren
S 18:	Behälter mit Vorsicht öffnen und handhaben
S 20:	bei der Arbeit nicht essen und nicht trinken
S 21:	bei der Arbeit nicht rauchen
S 22:	Staub nicht einatmen
S 23:	Gas/Rauch/Dampf/Aerosol nicht einatmen (geeignete Bezeichnungen vom Hersteller anzugeben)
S 24:	Berührung mit der Haut vermeiden
S 25:	Berührung mit den Augen vermeiden
S 26:	bei Berührung mit den Augen gründlich mit Wasser abspülen und Arzt konsultieren.
S 27:	beschmutzte, getränkte Kleidung sofort ausziehen
S 28:	bei Berührung mit der Haut sofort abwaschen mit viel ... (vom Hersteller anzugeben)
S 51:	nur in gut belüfteten Bereichen verwenden
S 52:	nicht großflächig für Wohn- und Aufenthaltsräume zu verwenden
S 53:	Exposition vermeiden – vor Gebrauch besondere Anweisungen einholen – nur für den berufsmäßigen Verwender
S 56:	dieses Produkt und seinen Behälter der Problemabfallentsorgung zuführen
S 64:	bei Verschlucken Mund mit Wasser ausspülen (nur wenn Verunfallter bei Bewusstsein ist)

2 S-Sätze – Auszug

[1] R- und S-Sätze: komplette Liste siehe Internet

	Gefahrstoffe (Kennbuchstaben)						
	E	**O**	**F**	**T**	**Xn**	**Xi**	**C**
Schlag und Reibung vermeiden	x						
Im Brandfall vorgesehene Feuerlöscher verwenden – kein Wasser	x	x	x				
bei Unwohlsein: Arzt aufsuchen und ihm Warnzettel zeigen				x	x	x	x
Behälter dicht geschlossen halten	x	x	x	x	x	x	x
Unter Verschluss aufbewahren				x	x		
Von Zündquellen fernhalten	x	x	x				
Nicht mit brennbaren Stoffen lagern		x					
Niemals Wasser hineingießen							x
Nicht ins Abwasser einleiten			x			x	x
Berührung mit Augen, Haut und Kleidung vermeiden	x		x	x	x	x	x
Schutzbrille tragen				x		x	x
Nicht essen und nicht rauchen		x		x	x	x	x
Beschmutzte Kleidung sofort ausziehen		x	x	x	x	x	x
Bei Verarbeitung Atemschutzgerät tragen und für Be- und Entlüftung sorgen			x	x	x	x	
Schutzkleidung und undurchlässige Handschuhe tragen				x	x	x	x

Kennbuchstaben:
E explosionsgefährlich
O brandfördernd
F leicht oder hoch entzündlich
T giftig/tödlich
Xn gesundheitsschädlich
Xi gesundheitsgefährdend
C ätzend

1 Ratschläge zum sicheren Umgang mit Gefahrstoffen (auf bisherige Gefahrstoffkennzeichnung bezogen)

Ratschläge zum sicheren Umgang mit Gefahrstoffen sind in Bild ➔ 1 zusammengefasst.

Das Rauchen, ebenso die Einnahme von Speisen und Getränken, in der Lackiererei ist generell nur in den dafür vorgesehenen Räumen gestattet!

Die Gefahrstoffverordnung verlangt die Kennzeichnung der Gefahrstoffe im Gebinde sowohl beim Transport, als auch bei Lagerung und beim Vertrieb.

Die Kennzeichnung enthält:
- die Bezeichnung des Gefahrstoffes
- Name und Anschrift des Herstellers oder des Vertreibers
- Gefahrensymbole und Gefahrenbezeichnung
- Hinweise auf besondere Gefahren
- alle Sicherheitsratschläge

Betriebsanweisungen und technische Richtlinien zum Umgang mit Gefahrstoffen (TRGS) ergänzen und präzisieren die GefStoffV und die CLP-Verordnung, die ab 1.7.2015 diese ablösen wird und internationale Gültigkeit besitzt.
Eine Abfüllung in nicht gekennzeichnete Behältnisse und leere Lebensmittelbehälter ist strengstens untersagt.

Jeder Arbeitgeber ist verpflichtet, zur Verarbeitung gefährlicher Arbeitsstoffe geeignete persönliche Schutzausrüstung zur Verfügung zu stellen, z. B. Atemschutz, Augenschutz und Handschutz.

Jeder Arbeitnehmer ist verpflichtet, diese zu benutzen.

2.6.3 Richtlinien zur Unfallverhütung

Unfallverhütungsvorschriften werden von den Berufsgenossenschaften verfasst und herausgegeben und sollen helfen, Arbeitsunfälle zu vermeiden.

Die größten Gefahren für den Fahrzeuglackierer bestehen beim:
- Umgang mit elektrischem Strom, siehe Kap. 2.6.3.1
- Arbeiten auf Leitern und Tritten, siehe Kap. 2.6.3.2
- Arbeiten auf Gerüsten, siehe Kap. 2.6.3.3

Weitere Informationen zum Arbeitsschutz siehe Kap. 13.6.

2.6.3.1 Unfallverhütung beim Umgang mit elektrischem Strom

Weil Fahrzeuglackierer sehr oft mit elektrischen Schleifmaschinen arbeiten, sind insbesondere die Hinweise zum Umgang mit elektrisch betriebenen Arbeitsmitteln zu beachten.

Die Gefährdung des Menschen durch elektrischen Strom hängt ab von:
- dem elektrischen Widerstand seines Körpers (Beschaffenheit der Haut)
- der Kleidung (Zustand: nass oder trocken, Gewebeart)
- der elektrischen Stromstärke, welche vom Stromweg durch die Gliedmaßen, Berührungsflächen u. a. geprägt wird
- der elektrischen Spannung, die als Betriebsspannung 380 V oder Netzspannung 230 V, aber auch als Niederspannung 6 V bis16 V vorliegen kann
- der Stromart (Gleich- oder Wechselstrom)

Wird der menschliche Körper vom Strom „durchschlagen", führt dies zu äußeren und inneren Verbrennungen. Der Schweregrad hängt vor allem von der Nennspannung und der Stromstärke ab. Eine sehr große Stromstärke verursacht Herzkammerflimmern und das Aufkochen der Gewebeflüssigkeit. Folge ist, dass das Körpereiweiß gerinnt – das führt meist zum Tode.

Der Tod kann auch erst nach Tagen eintreten, wenn die giftigen Verbrennungsprodukte im Körper ihre Wirkung zeigen.

Bei einem Unfall mit elektrischem Strom sofort einen Arzt aufsuchen!

Unfälle mit elektrischem Strom lassen sich vermeiden:
- Beschädigte elektrische Anlagen, Leitungen, Maschinen und Geräte nicht benutzen.
- Reparaturen an elektrischen Arbeitsmitteln führt der Fachmann aus.
- Elektrowerkzeuge, aber auch Stecker und Leitungen nur zweckbestimmt einsetzen.
- Lampen nur im ausgeschalteten Zustand wechseln.
- Handlampen müssen eine Sicherheitsausstattung gegen Schlag und Strahlwasser besitzen (Schutzkorb, Schutzglas).
- Schlauchleitungen aus Gummi oder PVC (weich) müssen am Anschluss zugentlastet sein.
- Der Schlauch muss bis ins Steckergehäuse oder bis in die Schalter hineinreichen.
- Niemals behelfsmäßig flicken oder verlängern.
- Nur genormte Steckverbindungen verwenden.
- Elektrische Schleifmaschinen, die zum Nassschliff eingesetzt werden, müssen einen Schutztrenntrafo besitzen oder mit Niederspannung (max. 42 V) betrieben werden.

2.6.3.2 Unfallverhütung beim Arbeiten auf Leitern und Tritten

Leitern und Tritte sind notwendig, damit der Fahrzeuglackierer hoch gelegene Stellen erreichen kann.

Achtung:
Nicht auf Tische, Stühle, Hocker, Kisten oder Regale steigen.

Leitern sind Aufstiege mit Stufen oder Sprossen, die mit Wangen oder Holmen verbunden sind.

Tritte sind Aufstiege mit einer Höhe bis zu 1 m. Sie haben in der Regel bis zu vier Stufen; die oberste Fläche ist zum Betreten vorgesehen.

Auch in der Fahrzeuglackierung werden Leitern und Tritte verwendet als Arbeitsplatz oder als Zugang zu hochgelegenen Arbeitsplätzen.

Leitern und Tritte sind gefährliche Arbeitsgeräte.

Beim Besteigen von Leitern oder Tritten entstehen mehr Unfälle als beim Umgang mit anderen Arbeitsmitteln. Stürzt ein Mitarbeiter von einer Leiter, kann das seine Gesundheit bleibend beeinträchtigen – schon bei einem Sturz aus geringer Höhe.

Deshalb sollen Leitern und Tritte nur dann benutzt werden, wenn der Einsatz anderer, sicherer Arbeitsmittel nicht gerechtfertigt ist, z. B. wegen

- geringer Gefährdung,
- geringer Dauer der Benutzung,
- baulicher Gegebenheiten, die nicht zu ändern sind.

Leitern und Tritte sind im Allgemeinen durch ihre Bauart gegen Umfallen, Abrutschen und Umkanten gesichert.

Bei der Fahrzeuglackierung werden meist Stufen-Stehleitern aus Aluminium eingesetzt, siehe Bild ➜ 1. Sie bestehen aus durchbiegestabilen Profilen, sind auf den Trittflächen geriffelt und somit trittsicher, und sie stehen sicher und verwindungsfrei. Leitern und Tritte aus Aluminium sind leicht und deshalb gut zu transportieren.

Werden Leitern benutzt, sind zu beachten:

- Leitern vor jeder Benutzung auf ordnungsgemäßen Zustand überprüfen; schadhafte Leitern nicht benutzen, sondern den Vorgesetzten informieren.
- Anlegeleitern gegen Abrutschen und Kippen sichern; Leitern rechtzeitig umsetzen, um ein weites seitliches Hinausbeugen zu vermeiden.
- Stehleitern nicht als Anlegeleitern benutzen.
- Von Stehleitern nicht auf andere hochgelegene Arbeitsplätze oder Bühnen übersteigen.

Weitere Informationen finden Sie in der Informationsschrift der Berufsgenossenschaft BGI 694 „Handlungsanleitung für den Umgang mit Leitern und Tritten".

2.6.3.3 Unfallverhütung beim Arbeiten auf Gerüsten

In der Fahrzeuglackierung werden mitunter Gerüste benötigt. Sie sind in genügender Festigkeit, Breite und in ausreichendem Umfang zu errichten, sodass die auftretenden Kräfte aufgenommen und abgeleitet werden. Die Standfläche des Gerüstes muss eben und ausreichend tragfest sein.

1 Leiter

2 Arbeitsgerüst für Arbeiten an einem Sattelzug

Gerüste müssen so gebaut, bemessen, geschützt und verwendet werden, dass niemand abstürzt. Andere Personen müssen vor herabfallende Gegenstände geschützt werden. Auf dem Gerüst müssen Material und Ausrüstung so angeordnet bzw. gestapelt werden, dass sie nicht verrutschen oder umstürzen können. Gegebenenfalls müssen überdachte Durchgänge vorgesehen werden, oder der Zugang zum Gefahrenbereich muss ausgeschlossen werden.

Fahrgerüste müssen gegen unbeabsichtigtes Verfahren gesichert sein ➜ Bild 1.

Für Arbeiten an Fahrzeugen werden oft Behelfsgerüste aus Leitern und anderen Teilen zusammengestellt. Behelfsgerüste mit einer Gerüstbelaghöhe von mehr als 1 m sind für Arbeiten am Fahrzeug jedoch nicht zulässig!

2.7 Lernsituation

Für einen Lkw soll der Spezial-Fahrzeugaufbau für eine mobile Bücherei gefertigt und montiert werden, siehe Bild ➜ 1.

Die Bücherei wird ausgestattet mit Heizung, Dachluken mit Lüftung, Toiletten, Abwasser und Frischwasser.
Der Fahrzeugaufbau aus Aluminiumrahmen und Sandwichplatten GFK-Al-Schaumstoff-GFK soll vorbereitet werden zum Lackieren.

Dabei wird wie folgt vorgegangen:
- Auftrag annehmen, siehe Kap. 2.7.1
- Arbeitsplanung, siehe Kap. 2.7.2
- Arbeitsauftrag durchführen, siehe Kap. 2.7.3
- Qualitätssicherung, siehe Kap. 2.7.4
- Fahrzeug zum Lackieren übergeben, siehe Kap. 2.7.5

1 Mobile Bücherei

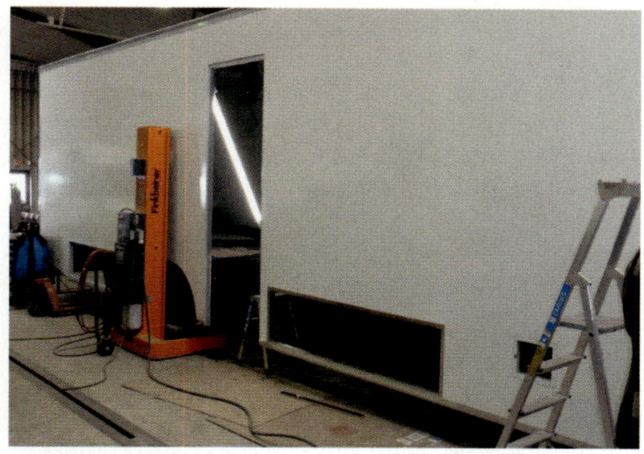

2 Vorgefertigter Fahrzeugaufbau

2.7.1 Auftrag annehmen

Der Rahmen aus Aluminium wurde auf das Fahrzeug montiert und die Sandwichplatten eingebaut, siehe Bild ➜ 2.
Der Lackierer des Karosserie- und Fahrzeugbaubetriebes erhält den Auftrag, die Oberfläche des Fahrzeugaufbaus zum Lackieren vorzubereiten.

2.7.2 Arbeitsplanung

Es wird ein Arbeitsplan erstellt, siehe Bild ➜ 3.

Arbeitsplanung						**Datum:** 10. 07. 2010
Auftrags- Nr.: **Zeichnungs- Nr:** 02/05-09 7786					**Benennung/Art der Arbeit:**	**Mitarbeiter:**
Arbeitsschritt						
Lfd. Nr.	**Vorbereitung**	**Lackieren**	**Nachbereitung**		**Betriebsmittel Maschinen Werkzeuge Hilfsmittel**	**Bemerkungen Prüfmittel Einstellwerte Schutzmaßnahmen**
1	X			Oberfläche anschleifen	pneumatischer Exzenterschleifer, Schleifpapier Körnung P 240	
2	X			Oberfläche reinigen	Staubbindetuch, Kunststoffreiniger	
3	X			Metallteile abkleben und Türöffnung abdecken	Klebeband, Abdeckfolie	

3 Arbeitsplan

2.7.3 Arbeitsauftrag durchführen

Die Arbeitsschritte des Arbeitsplanes werden zusammengefasst:
- Oberfläche anschleifen, siehe Kap. 2.7.3.1
- Oberfläche reinigen, siehe Kap. 2.7.3.2
- Metallteile abkleben und Türöffnung abdecken, siehe Kap. 2.7.3.3

2.7.3.1 Oberfläche anschleifen

Die Oberfläche wird angeschliffen mit einem pneumatischen Exzenterschleifer und Schleifpapier mit Körnung P 240, siehe Bild ➜ 1.

Es darf keine elektrische Schleifmaschine eingesetzt werden wegen der Explosionsgefahr.

Die Gefahr zur Explosion ist gegeben durch:
- die elektrostatische Aufladung durch das Schleifen
- den Aluminiumstaub, der entstanden ist bei der Bearbeitung des Aluminiumrahmens

Staubschutzmaske tragen!

Für diesen Arbeitsauftrag muss der Fahrzeuglackierer eine Leiter benutzen. Dabei ist große Vorsicht geboten, vgl. Kap. 2.6.1.

2.7.3.2 Oberfläche reinigen

Nach dem Anschleifen muss die Oberfläche von Staub und Fett gereinigt werden. Dazu wird ein Kunststoffreiniger auf die Oberfläche gesprüht, siehe Bild ➜ 2.

Dann wird die Oberfläche mit einem weichen, fuselfreien Tuch gereinigt und unter leichtem Druck trocken gerieben.

Achtung:
Nach dem Reinigen darf die Oberfläche nur noch mit Handschuhen berührt werden.

Sollten doch einmal Fingerabdrücke auf die gereinigte Oberfläche gelangen, sind diese mit Kunststoffreiniger zu entfernen.

1 Oberfläche anschleifen

a) Kunststoffreiniger aufsprühen

b) Oberfläche reinigen und trocken reiben

2 Oberfläche reinigen

2.7.3.3 Metallteile abkleben und Türöffnung abdecken

Metallteile, besonders der Rahmen aus Aluminium, müssen abgeklebt werden, damit sie nicht mit Kunststofflack beschmutzt werden, siehe Bild ➜ 1.

Das geschieht mit Klebeband. Es ist darauf zu achten, dass das Klebeband die Metallteile sicher abdeckt. Es ist sehr aufwendig, mit Farbe verschmutzte Metallteile zu säubern.

Die Türöffnung wird mit Folie abgedeckt, damit der Farbnebel nicht in den Innenraum gelangen kann: Im Innenraum ist bereits Teppich ausgelegt – der darf nicht verschmutzen.

1 Metallteile abkleben

2.7.4 Qualitätssicherung

Es wird überprüft, ob alle Metallteile abgeklebt sind und die Türöffnung dicht verklebt ist.

Und es wird nochmals die Oberfläche begutachtet, um sicher zu sein, dass kein Staub, Fett oder anderer Schmutz haftet.

2.7.5 Fahrzeug zum Lackieren freigeben

Alle Arbeiten sind ordnungsgemäß ausgeführt; als Nächstes wird der Fahrzeuglackierer den Fahrzeugaufbau mit einem

- Kunststoffgrundierer grundieren,
- Nass-in-Nass-Füller füllern,
- 2-K-Klarlack lackieren.

2 Türöffnung mit Folie abdecken

Übungen

1. Welche Werkstoffe zählen zu den Nichtmetallen?
2. Was versteht man unter amorph?
3. Nennen Sie drei natürliche Werkstoffe.
4. Beschreiben Sie das Quellen und Schwinden von Holz.
5. Was bedeutet ASA-Leder?
6. Aus welchen Bestandteilen besteht Glas?
7. Wie ist Verbundglas aufgebaut?
8. Was versteht man unter halbsynthetischen Kunststoffen? Nennen Sie die Vertreter dieser Gruppe.
9. Aus welchen Rohstoffen werden vollsynthetische Kunststoffe hergestellt?
10. Beschreiben Sie die Polymerisation.
11. Welche Eigenschaften besitzen Thermoplaste?
12. Was ist der Memory-Effekt bei Thermoplasten?
13. Nennen Sie vier Hilfsstoffe.
14. Welche Vorteile haben Verbundstoffe? Erklären Sie diese am konkreten Beispiel.
15. Welche Verbundstoffe werden unterschieden?
16. Nennen Sie fünf faserverstärkte Kunststoffe.
17. Was heißt: GFK?
18. Welche Fehler und Schäden treten am Holz auf?
19. Welche Mängel treten an Kunststoffen auf?
20. Was geschieht, wenn Kunststoffe geschliffen werden?
21. Was versteht man unter Gefahrstoffen?
22. Auf einem Gebinde sind folgende Piktogramme zu finden:
    a) Was bedeuten diese?
    b) Welchen Inhalt könnte das Gebinde haben?

23. Was versteht man unter R-Sätze?
24. Was bedeutet S 28.2 aus der Liste der S-Sätze?
25. Nennen Sie acht Sicherheitshinweise, mit denen Unfälle mit elektrischem Strom vermieden werden.
26. Wie unterscheidet sich eine Leiter von einem Tritt?
27. Was ist beim Arbeiten auf einem Gerüst zu beachten?

Lernfeld 3

Oberflächen und Objekte herstellen

Ziele:
- Materialien kleben, montieren und verarbeiten
- Kennwerte und Daten aus technischen Plänen und Merkblättern ermitteln
- Werk-, Hilfs- und Beschichtungsstoffe auswählen und einsetzen
- Werkzeuge handhaben, Geräte bedienen, Anlagen instand halten
- ökonomische und fertigungstechnische Möglichkeiten berücksichtigen
- Arbeitszeit und Materialeinsatz planen, Tätigkeit dokumentieren
- Umwelt- und Gesundheitsschutz und Arbeitssicherheit berücksichtigen
- digitale Techniken nutzen

Inhalte:
- Bauteile
- Energieversorgung
- Montageteile
- Prüfverfahren
- Entschichtungsverfahren
- Applikationsverfahren
- Leitern und Gerüste
- Entwurfstechniken
- Merkblätter, technische Richtlinien und Normen
- Unfallverhütungsvorschriften
- Flächen-, Mengen- und Kostenberechnung

3 Oberflächen und Objekte herstellen

Um beim Lackieren eine glatte Oberfläche zu erzielen, bedarf es umfangreicher Vorarbeiten. Kleine Beschädigungen wie Unebenheiten und Verformungen müssen geglättet und gefüllert werden. Je nach Tiefe der Beschädigung gibt es unterschiedliche Bearbeitungsmethoden.

In diesem Kapitel werden behandelt:
- Abkleben und Abdecken, siehe Kap. 3.1
- Beschädigung feststellen und markieren, siehe Kap. 3.2
- Grundieren, siehe Kap. 3.3
- Spachteln, siehe Kap. 3.4
- Füllern, siehe Kap. 3.5
- Kontroll-Lack auftragen, siehe Kap. 3.6
- Fahrzeug neu eindecken, siehe Kap. 3.7
- Lernsituation, siehe Kap. 3.8

1 Kanten und Spalte abkleben

3.1 Abkleben und Abdecken

Angrenzende Bauteile sollen nicht beschädigt und nicht mit Spachtelmasse oder Füller beschmutzt werden; wenn möglich, werden sie demontiert. Das sind z. B. Türgriff, Spiegel, Antenne und Klappe zur Tanköffnung. Für eine Ganzlackierung werden zusätzlich Beleuchtung, Stoßfänger, Schwellerverkleidung, Motorhaube und Kofferraumdeckel entfernt.

Dann werden abgeklebt und abgedeckt:
- Kanten und Spalte
- Bohrungen und Gewinde
- Bauteile, die nicht gespachtelt und gefüllert werden

Kanten und Spalte abkleben
Zum Abkleben verwendet man Klebeband. Kanten werden so abgeklebt, dass die angrenzende Fläche nicht beschmutzt werden kann von Spachtelmasse, Grundierung oder Füller, siehe Bild ➔ 1.
Auch Spalte müssen abgedichtet werden, damit Spritzmaterial nicht eindringen kann. Ein Türspalt kann dazu mit einer Schaumstoffschnur ausgefüllt werden, siehe Bild ➔ 1.

Bohrungen und Gewinde abkleben
Gehärtete Spachtelmasse ist nur mühsam aus Bohrungen und Gewinde wieder zu entfernen; deshalb müssen sie sorgfältig ausgestopft bzw. abgeklebt werden.

2 Bauteile abdecken

Bauteile abdecken, die nicht gespachtelt und gefüllert werden
Vor dem Grundieren wird das Fahrzeug mit einer Kunststofffolie abgedeckt.

Dann werden die Flächen mit einem Folienschneider aus Kunststoff ausgeschnitten und alle Kanten mit Klebeband abgeklebt, siehe Bild ➔ 2.

Achtung:
Kein Messer und keine Schere verwenden!

Mit Messer und Schere kann der Lack beschädigt werden.

3.2 Beschädigung feststellen und markieren

Der Fahrzeuglackierer prüft die Oberfläche, um Beschädigungen wie Kerben, Löcher und Vertiefungen aufzuspüren. Große Flächen sprüht er vorher ein, z. B. mit Silikonentferner – durch die Reflexion des Lichtes werden selbst kleine Beschädigungen sichtbar.
Beulen und Dellen werden mit einem Stift markiert, siehe Bild ➜ 1. Sie werden dann gespachtelt und gefüllert.

1 Dellen auf einer Motorhaube markieren

3.3 Grundieren

Die Grundierung ist die erste Schicht einer Lackierung, deshalb wird sie auch **Primer**[1] genannt.

Grundiert werden kann ein Bauteil, wenn die Oberfläche eben und nicht verformt ist. Diese Oberfläche bildet den **Untergrund** für den Lackaufbau.

Die Grundierung wird auf das blanke Metall aufgetragen und soll
- die Lackschicht gut mit dem Untergrund verbinden,
- das Metall vor Korrosion schützen.

Achtung:
Grundierung nur dünn auftragen, ca. 50 μm (= 0,05 mm)!

Die Grundierung soll nicht füllen.

In diesem Kapitel werden behandelt:
- Grundieren vorbereiten, siehe Kap. 3.3.1
- Grundierung spritzen, siehe Kap. 3.3.2
- Materialien zum Grundieren, siehe Kap. 3.3.3
- Spritzpistole, siehe Kap. 3.3.4
- Spritzstand, siehe Kap. 3.3.5

3.3.1 Grundieren vorbereiten

Der Untergrund ist angeraut; diese Arbeiten sind bereits in Kap. 1 und Kap. 2 beschrieben.

Die Oberfläche wird nochmals gereinigt. Dazu wird der Staub abgesaugt und Fett entfernt; Oberflächen aus
- Metall: mit Silikonentferner
- Kunststoff: mit speziellem Kunststoffreiniger
- Holz: mit Silikonentferner

Kunststoffreiniger entfernt Schmutz und vermeidet zusätzlich, dass sich die Oberfläche elektrostatisch auflädt, vgl. Kap. 2.4.

Der Fahrzeuglackierer muss beim Reinigen Schutzhandschuhe tragen.

Denn „Fingerabdrücke" hinterlassen Flecke von Schweiß (Fett und Salz) auf der Oberfläche, die zu Lackierfehlern führen, z. B. zu Verlaufsstörungen der Lackschicht.

3.3.2 Grundierung spritzen

Die Grundierung wird meist mit der HVLP-Spritzpistole aufgetragen; auf kleine Flächen auch mithilfe einer Spraydose.

Zum Spritzen wird das Grundiermaterial
- gründlich aufgerührt,
- mit Verdünnung gemischt (Herstellervorgaben beachten!),
- im Lacksieb gefiltert,
- in die HVLP-Spritzpistole gegeben und
- aufgetragen.

Achtung
Beim Grundieren persönliche Schutzausrüstung tragen und für Abluft sorgen.

Informationen zur persönlichen Schutzausrüstung siehe Kap. 5.2.3.3.

[1] prime (engl.): erst, zuerst

Es werden zuerst die Ecken und Kanten grundiert. Der Winkel der Spritzpistole zur Oberfläche soll 90° betragen, der Spritzabstand ist 20 cm.

Die Hersteller der Grundiermaterialien geben weiterhin vor:
- Düse: 1,4 mm bis 1,8 mm, je nach Material
- Spritzdruck: 1,5 bar[1] bis 1,8 bar

Es soll eine gleichmäßige Schicht gespritzt werden, Schichtdicke ca. 50 µm und es darf kein blankes Metall mehr zu sehen sein – Korrosionsgefahr!

Weitere Informationen zu den Regeln beim Spritzen siehe Kap. 5.7.2.

Die Grundierung muss nach dem Auftragen trocknen (ablüften). Dazu sind die Angaben des Herstellers zu beachten.

Nach dem Trocknen wird die Oberfläche mit Trockenschleifpapier geschliffen, Körnung P 500 bis P 800. Nun können Füller oder Spachtelmasse oder Lack aufgetragen werden.

3.3.3 Materialien zum Grundieren

Für jeden Untergrund gibt es spezielle Materialien zum Grundieren.

Es wird verwendet für Untergründe aus
- Metall: meist 1-K-Grundierung, für besondere Fälle 2-K-Epoxid-Grundierung, z. B. für Oldtimer
- Aluminium und Aluminiumlegierungen: 2-K-Epoxid-Grundierung
- Kunststoff: Kunststoff-Haftvermittler
- Holz: Einlassgrund

Zu den Grundiermaterialien können auch gezählt werden:
- **Wash-Primer:** Wirkt zusätzlich als Ätzmittel, kann also die Metalloberfläche vorbehandeln, für Spot-Repair von Durchschliffstellen bis zum blanken Metall.
- **Wash-Filler:** Grundierung, damit ist auch leichtes Füllern möglich.
- **Haftgrundierung:** Grundierung als Haftvermittler für Kunststoffe.
- **Sealer**[2]: Isoliert Reparaturstellen und feine Kratzer derart, dass nur noch wenig geschliffen werden muss.
- **Grundierfüller** (**Primer-Surfacer**): Vereint Grundierung und Füller in einem Material.

3.3.4 Spritzpistole

Spritzpistolen für die Fahrzeuglackierung können eingeteilt werden nach:
- dem Spritzmaterial, siehe Kap. 3.3.4.1
- der Zufuhr des Spritzmaterials, siehe Kap. 3.3.4.2
- dem Düsen-Innendruck, siehe Kap. 3.3.4.3

3.3.4.1 Spritzpistolen nach dem Spritzmaterial

Für das Spritzmaterial unterscheiden sich die Spritzpistolen nur im Düseneinsatz.

So beträgt der Durchmesser *d* der Düse für
- Basislack: $d = 1{,}2$ mm
- Grundierung, Klarlack und Uni-Lack: $d = 1{,}4$ mm
- Spitzspachtelmasse und Füller: $d \geq 2{,}0$ mm

Allerdings wechselt der Fahrzeuglackierer nicht laufend den Düseneinsatz; für jedes Spritzmaterial steht eine Spritzpistole zur Verfügung.

3.3.4.2 Spritzpistolen nach der Zufuhr des Spritzmaterials

Die Arbeitsweise der Spritzpistole ist unabhängig davon, ob das Spritzmaterial von oben aus einem Fließbecher der Spritzpistole zugeführt wird, oder von unten aus einem Druckkessel oder einem Saugbecher. Jedoch wird die Arbeitsweise des Fahrzeuglackierers davon beeinflusst.

Das Spritzmaterial kann der Spritzpistole zugeführt werden aus einem:
- Fließbecher
- Druckbecher
- Druckkessel

Beim **Fließbecher** fließt das Spritzmaterial selbstständig zur Düse, siehe Bild ➜ 61.1a. Zum Spritzen von Pkws werden meist Spritzpistolen mit Fließbecher verwendet.

Fließbecher gibt es auch mit einem Einwege-Einsatz, siehe Bild ➜ 61.2a. Der Einsatz wird nach dem Spritzen entsorgt; somit entfällt das aufwendige Säubern. Diese Fließbecher gibt es in verschiedenen Größen, siehe Bild ➜ 61.2b.

[1] Einheit für Druck: 1 bar = 100 000 Pa = 0,1 MPa
[2] Sealer (engl.): Versiegler

Beim **Druckbecher** erzeugt der Luftstrom an der Luftdüse vor der Materialdüse Unterdruck; so wird das Spritzmaterial aus dem Becher zur Düse gedrückt, siehe Bild ➜ 1b.

Der Nachteil des Saugbechers ist, dass er beim Spritzen von oben auf die gespritzte Fläche aufsetzen könnte. Aber zum Arbeiten über Kopf werden sie gern eingesetzt.

Ein **Druckkessel** kann größere Mengen Spritzmaterial aufnehmen; das ist ein Vorteil beim Spritzen großer Flächen, z. B. eines Lkws. Durch den Druck im Druckkessel wird das Spritzmaterial zur Düse gedrückt und durch die Druckluft von der Spritzpistole zerstäubt, siehe Bild ➜ 1c.

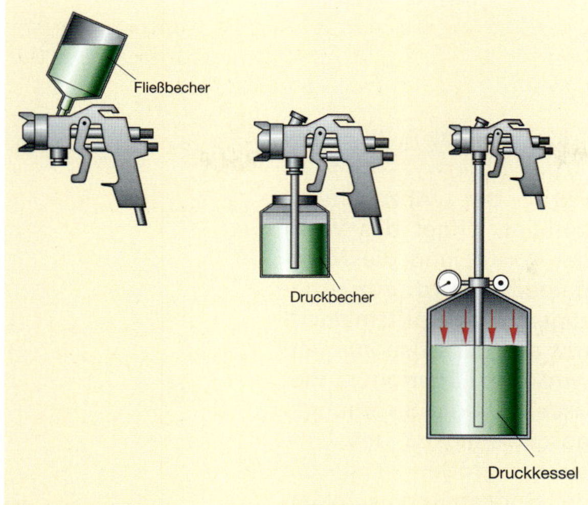

a) Aus einem Fließbecher b) Aus einem Druckbecher c) Aus einem Druckkessel

1 Zuführung des Spritzmaterials

3.3.4.3 Spritzpistolen nach dem Düsen-Innendruck

Früher wurde ausschließlich mit Hochdruck-Spritzpistolen und einem Zerstäuberdruck größer 3 bar gespritzt. Viel Farbe ging im Farbnebel verloren, der sogenannte **Overspray**. Die Umgebungsluft wurde stark verunreinigt – das widerspricht den Bemühungen, die Umwelt zu schützen und Ressourcen zu schonen.

So schreibt die Richtlinie VDI 3456 vor, Spritzpistolen zu verwenden, die mindestens 65 % Spritzmaterial auf die Oberfläche bringen, also wenig Overspray erzeugen.

Diese Forderungen erfüllen:
- Niederdruck-Spritzpistolen
- Spritzpistolen mit optimiertem Hochdruck

Niederdruck-Spritzpistolen
Niederdruck-Spritzpistolen arbeiten mit einem Düseninnendruck von max. 0,7 bar. Diese Spritzpistolen werden von allen Herstellern **HVLP-Spritzpistolen**[1] genannt.

Bild ➜ 62.1 zeigt eine HVLP-Spritzpistole mit Fließbecher. Zum Spritzen werden:
- Druckluftschlauch an den Luftanschluss angeschlossen
- Fließbecher mit Spritzmaterial gefüllt (vorher filtern!)
- Duckluftversorgung eingeschaltet
- Luft-Eingangsdruck auf 2,0 bar eingestellt

a) Einzelteile

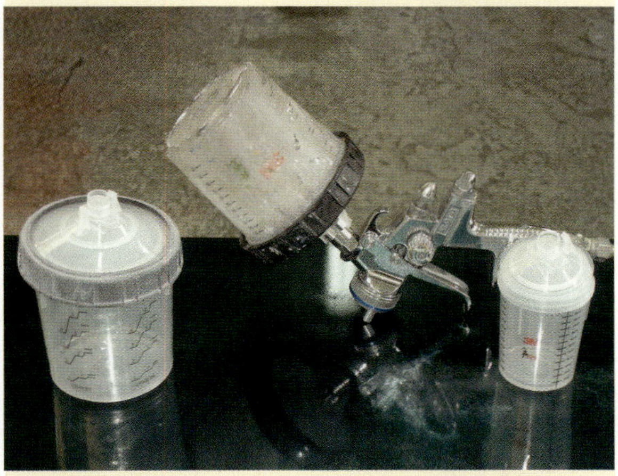
b) Zusammengebaut

2 Fließbecher mit Einsatz

[1] HVLP = **H**igh **V**olume, **L**ow **P**ressure (engl.): hohes Volumen bei niedrigem Druck

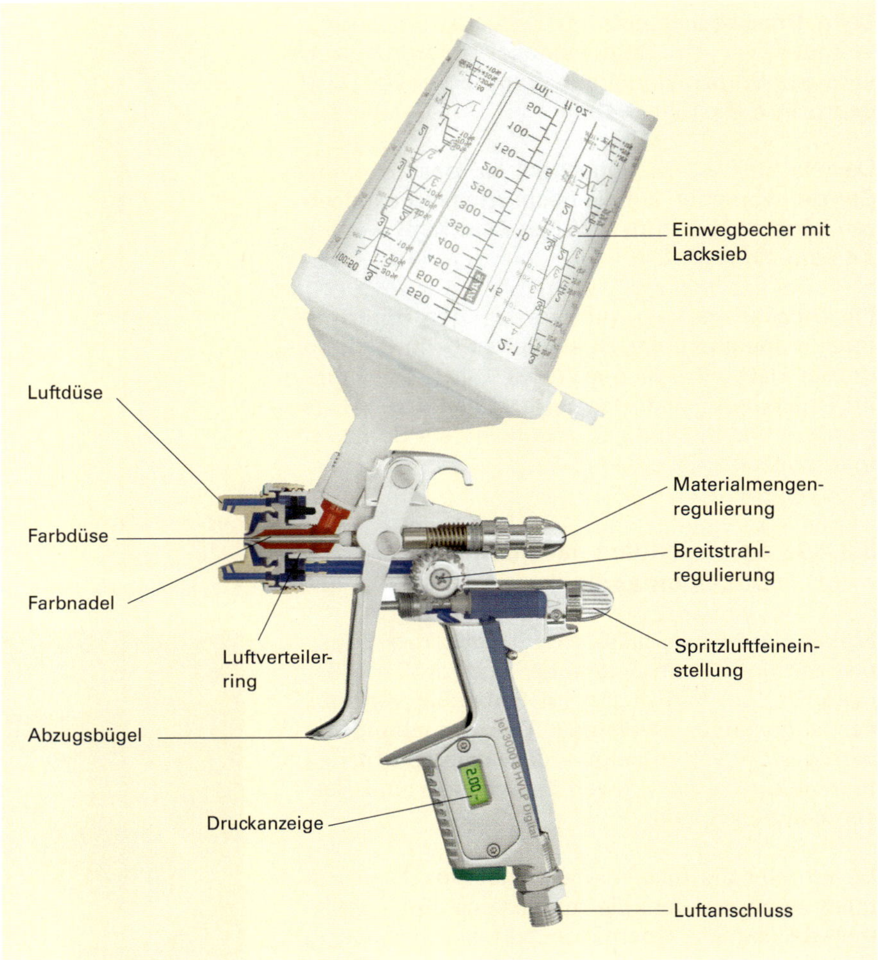

1 HVLP-Spritzpistole mit Fließbecher

Wird der Abzugshebel betätigt, öffnet das Ventil der Vorluft und die Materialnadel wird zurückgezogen. Das Spritzmaterial tritt aus der Düse aus und wird vom Luftstrom mitgerissen. Da die Strömungsgeschwindigkeit des Luftstroms größer ist als die des Spritzmaterials, bilden sich im Luftstrom Tröpfchen – der **Spritznebel**.

Je größer die Strömungsgeschwindigkeit des Luftstroms, umso kleiner die Tröpfchen des Spritzmaterials.

Das Spritzbild lässt sich verändern durch Drehen an den Einstellungen:
- der Menge des Spritzmaterials
- des Rund- und Breitstrahls
- der Druckluft

Vorteile der HVLP-Spritzpistole:
- Mehr als 70 % des Spritzmaterials wird auf die Oberfläche übertragen.
- Es entsteht wenig Sprühnebel (Overspray), deshalb auch oft die Bezeichnung **NR** (**nebelreduziert**).

Nachteile der HVLP-Spritzpistole ergeben sich aus dem geringen Düsen-Innendruck:
- hoher Luftdurchsatz notwendig
- geringer Spritzabstand von 10 cm bis 15 cm
- Arbeitsgeschwindigkeit gering

Spritzpistolen mit optimiertem Hochdruck
Diese Spritzpistolen werden von den Herstellern unterschiedlich genannt; die bekanntesten Namen sind **RP**[1]-, **LVLP**[2]- oder **Mitteldruck-Spritzpistole**.

Der Aufbau dieser Spritzpistolen ist der gleiche wie bei Niederdruck-Spritzpistolen, nur der Durchmesser der Luftkanäle ist größer und der Düseninnendruck beträgt 1,5 bar bis 2,0 bar. Die Strömungsgeschwindigkeit des Luftstroms ist größer als bei Niederdruck-Spritzpistolen; deshalb entstehen kleinere Tröpfchen im Spritznebel.

Der Luft-Eingangsdruck beträgt 2,0 bar bis 2,5 bar. Außerdem ist der Luftdurchsatz geringer als bei Niederdruck-Spritzpistolen; der Spritzabstand beträgt 18 cm bis 23 cm.
Ein geübter Fahrzeuglackierer kann mit der Spritzpistole mit optimiertem Hochdruck schnell und in guter Qualität arbeiten.

[1] RP = **R**educed **P**ressure (engl.): reduzierter Druck
[2] LVLP = **L**ow **V**olume, **L**ow **P**ressure (engl.): wenig Volumen bei niedrigem Druck

3.3.4.4 Spritzpistolen reinigen und warten

Spritzpistolen sind das wichtigste Handwerkszeug des Fahrzeuglackierers. Beim Gebrauch verschmutzen sie und die Düsenelemente können beschädigt werden. Das führt zu fehlerhaftem Spritzstrahl, siehe Bild ➜ 1.

Deshalb müssen Spritzpistolen mindestens ein Mal wöchentlich ausführlich gereinigt werden.

Zum Reinigen und Warten der Spritzpistolen ist das Spezial-Werkzeug zu verwenden, das vom Hersteller mitgeliefert wird.

Außerdem sind sie zu warten:
- nach jedem Spritzen bzw. vor einer großen Pause
- vor jedem Materialwechsel
- bei fehlerhaftem Spritzbild

Die Wartung der Spritzpistolen umfasst:
- Düsensatz wechseln
- Luftverteiler-Ring wechseln
- Farbnadeldichtung wechseln
- Spritzpistole reinigen

Düsensatz wechseln
Der Düsensatz besteht aus Luftdüse, Farbdüse und Farbnadel.

Es ist immer der komplette Düsensatz auszutauschen!

Vorgehen:
- Luftdüse von der Spritzpistole schrauben
- Materialmengen-Regulierung lösen und entnehmen
- Farbnadel aus der Spritzpistole ziehen
- Luftverteiler-Ring und Farbdüsensitz prüfen, ob sie beschädigt sind, Verschmutzungen beseitigen
- zuerst die Farbdüse einsetzen und anziehen
- Luftdüse aufdrehen
- neue Farbnadel einsetzen
- Feder leicht einfetten und einsetzen
- Materialmengen-Regulierung einsetzen und festdrehen, Kontermutter anziehen

	**Spritzstrahl in Ordnung**	
Fehler	**Mögliche Ursache**	**Fehler beseitigen**
Spritzstrahl zu klein		
	Luftbohrungen und -kanäle verunreinigt	Luftdüse reinigen unter Reinigungsflüssigkeit mit geeigneter Reinigungsbürste, danach durch-/trockenblasen
Spritzstrahl schräg bzw. s-förmig		
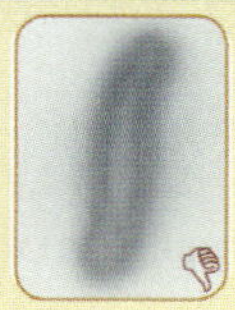	Hornbohrungen verunreinigt	Luftdüse sorgfältig reinigen mit geeignetem Reinigungswerkzeug; ggf. Düsensatz ersetzen
Spritzstrahl sichelförmig		
	Hornbohrungen einseitig oder Stirnbohrungen verunreinigt	Luftdüse reinigen unter Reinigungsflüssigkeit mit geeigneter Reinigungsbürste; danach durch-/trockenblasen
Spritzstrahl einseitig		
	Farbdüsenspitze (Farbdüsenzäpfchen) und/oder Luftdüsenspitze beschädigt	Farb- und Luftdüsenspitze auf Beschädigung prüfen; ggf. Düsensatz ersetzen
Spritzstrahl gespalten		
	Zu hoher Zerstäuberdruck	Eingangsdruck entsprechend dem Material einstellen
	Viskosität des Materials zu gering	Viskosität richtig einstellen; eventuell kleinere Düsengröße verwenden

1 Fehlerhafter Spritzstrahl

Luftverteiler-Ring wechseln:
- Luftdüse abschrauben
- Materialmengen-Regulierung und Farbnadel ausbauen
- Luftverteiler-Ring ausbauen, Achtung: Der alte Luftverteiler-Ring kann nicht wieder eingebaut werden!
- Säubern
- neuen Luftverteiler-Ring einsetzen und eindrücken
- Farbdüse einschrauben und festziehen
- Luftdüse aufsetzen
- Funktion der Rund-/Breitstrahlregulierung prüfen

Farbnadeldichtung wechseln:
- Luftdüse abnehmen
- Materialmengen-Regulierung und Farbnadel ausbauen
- mit langem Innensechskant-Schlüssel Dichtungshalter herausdrehen
- Feder, Scheibe und Dichtung herausnehmen
- Farbnadel einsetzen
- neue Feder, Scheibe und Dichtung einsetzen und mit Dichtungshalter einschrauben
- Materialmengen-Regulierung einschrauben
- Luftdüse aufsetzen

Spritzpistole reinigen
Spritzpistolen werden in speziellen Reinigern maschinell gereinigt, siehe Bild ➜ 1.

Werden sie von Hand gereinigt, ist Vorsicht geboten: Die Chemikalien sind gesundheitsgefährdende Stoffe. Es sind Schutzhandschuhe zu tragen!

Vorgehen:
- Luftdüse abschrauben und in Reinigungsflüssigkeit legen
- Bügel abziehen und Farbnadel zurückziehen, dann Farbdüse ausschrauben und in Reinigungsflüssigkeit legen
- Materialmengen-Regulierung herausschrauben
- Farbnadel herausziehen und in Reinigungsflüssigkeit legen
- Farbkanal, Luftdüse, Farbdüse und Farbnadel jeweils mit Pinsel, Reinigungsbürsten und Reinigungsnadeln reinigen, klarspülen und trockenblasen
- Gewinde und Feder der Materialmengen-Regulierung leicht einfetten
- Farbnadel montieren, Materialmengen-Regulierung nur etwas eindrehen
- bei abgezogenem Bügel und zurückgezogener Farbnadel Farbdüse einschrauben und festziehen
- Luftdüse einschrauben und positionieren
- Spritzpistole abwischen

1 **Spritzpistolen am Automaten reinigen**

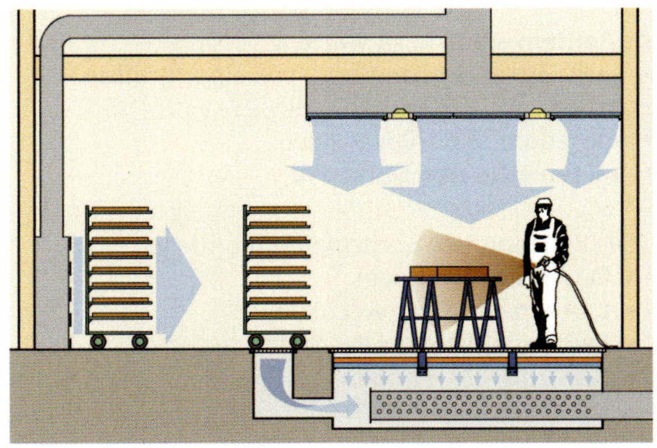

2 **Spritzstand**

3.3.5 Spritzstand

Kleinteile werden meist am Spritzstand gespritzt; dadurch wird die Spritzkabine nicht blockiert.

Der Spritzstand ist eingehaust. Aus der Umgebung wird Frischluft angesaugt, erwärmt und von oben an den Spritzstand geführt, siehe Bild ➜ 2.

Die verschmutzte Luft strömt:
- durch einen Gitterrost im Fußboden
- durch einen Filter, wo sie gereinigt wird
- ins Freie

Der Filter muss regelmäßig gewechselt werden. Gute Anlagen haben einen Wärmetauscher, der die Abwärme der verschmutzten Luft an die angesaugte Frischluft abgibt.

Achtung:
Beim Arbeiten am Spritzstand persönliche Schutzausrüstung tragen!

Die Spritzkabine ist in Kap. 5.8 beschrieben.

3.4 Spachteln

Beim Spachteln werden Unebenheiten geglättet: Dellen und Vertiefungen werden mit einer Masse verfüllt, meist ein 2-Komponenten-Füllmaterial. So entsteht eine glatte Oberfläche.

Zum Spachteln werden vorgestellt:
- Vorgehen, siehe Kap. 3.4.1
- Materialien, siehe Kap. 3.4.2
- Werkzeuge, siehe Kap. 3.4.3

3.4.1 Vorgehen beim Spachteln

Der Untergrund wird angeschliffen und staubfrei gemacht. Darauf achten, dass die Grundierung nicht durchgeschliffen wird (Korrosionsgefahr)!

Dann wird die Oberfläche nochmals mit Silikonentferner entfettet; danach kann gespachtelt werden.

Hinweis:
Der Härter der Spachtelmasse enthält organisches Peroxid, das ätzend und krebserregend ist – deshalb:
- Schutzhandschuhe tragen!
- Spritzer auf der Haut sofort abtupfen und mit Wasser und Seife abwaschen
- Spritzer in die Augen mit viel wässriger Natriumkarbonatlösung oder mit viel Wasser ausspülen – sofort Arzt aufsuchen!

Zum Spachteln werden:
- Spachtelmasse angerührt und aufgetragen, siehe Kap. 3.4.1.1
- Spachtelauftrag getrocknet, siehe Kap. 3.4.1.2
- Spachtelauftrag geschliffen, siehe Kap. 3.4.1.3
- feingespachtelt, siehe Kap. 3.4.1.4

3.4.1.1 Spachtelmasse anrühren und auftragen

Spachtelmasse wird aus zwei Komponenten angerührt, siehe Bild → 1. Dabei sollen beide Komponenten gleichmäßig vermischt werden und es ist darauf zu achten, dass keine Luft eingearbeitet wird; durch Luftblasen entstehen Hohlräume oder Löcher an der Oberfläche.

Ist die Spachtelmasse angerührt, muss sie innerhalb von drei Minuten verarbeitet werden.

Dazu wird ein **Spachtel** verwendet, siehe Bild → 2.

1 Spachtelmasse anrühren

a) Mit Japanspachtel

b) Mit Flächenspachtel

2 Spachtelmasse auftragen

Für große Flächen kann ein Flächenspachtel verwendet werden. Der Spachtel muss stets sauber sein.

Die Spachtelmasse sollte nicht zu dick aufgetragen werden, da sich sonst beim Trocknen Risse bilden.

Lieber zwei Mal dünn spachteln als ein Mal zu dick.

Zum Rand hin soll die Spachtelmasse dünn auslaufen. So erhält man einen guten Übergang zur Lackschicht; das erleichtert das anschließende Schleifen.

Grundsatz:
Gut gespachtelt ist halb geschliffen.

3.4.1.2 Spachtelauftrag trocknen

Dann muss der Spachtelauftrag trocknen. Die Trocknungszeit beträgt 15 min bis 20 min; diese Zeit kann mit einem Infrarot-Trockner verringert werden. Angaben des Herstellers beachten!

Mit dem Finger oder mit der Handfläche kann geprüft werden, ob die Spachtelmasse trocken ist, siehe Bild ➜ 1.

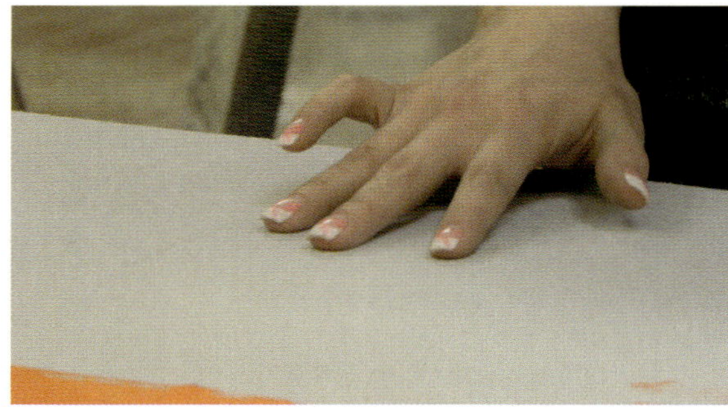

1 Trocknung prüfen

> Achtung:
> Spachtelmasse ist hygroskopisch[1].

Bei hoher Luftfeuchtigkeit sollten Spachtelarbeiten, die längere Zeit nicht bearbeitet werden, mit einer Grundierung abgesperrt werden.

3.4.1.3 Spachtelauftrag schleifen

Der Spachtelauftrag wird geschliffen, um eine glatte Oberfläche zu erhalten. Die Übergänge zur Lackschicht müssen angeglichen werden.

Zum Schleifen des Spachtelauftrags auf großen Flächen empfiehlt sich der Einsatz von Rundschleifern, siehe Bild ➜ 2a. Sind die Flächen nicht so groß, wird der Schwingschleifer eingesetzt. Diese Schleifmaschinen sind mit einer Staubabsaugung ausgestattet.

Danach wird mit dem Handklotz nachgeschliffen, siehe Bild ➜ 2b. Diese Handarbeit ist notwendig, weil bei Schleifmaschinen die Gefahr besteht, dass Wellen eingearbeitet werden.

Beim Schleifen des Spachtelauftrags entsteht viel Staub, besonders beim Schleifen mit Hand. Dieser Staub muss möglichst schnell beseitigt werden. Dafür kann man den Entstauber und den Schlauch der Staubabsaugung verwenden, siehe Bild ➜ 67.1.

> Achtung
> Beim Schleifen Atemschutzmaske tragen.

Der Staub wird sonst eingeatmet und kann die Atemwege schädigen.

Informationen zum Atemschutz siehe Kap. 5.2.3.3.

Abschließend wird grundiert, um den Spachtelauftrag abzusperren.

a) Mit Maschinen

b) Mit Handklotz

2 Spachtelauftrag schleifen

[1] hygroskopisch: Feuchtigkeit anziehen

3.4.1.4 Feinspachteln

Der erste Spachtelauftrag ist meist nicht fehlerfrei.

Fehler können sein:
- Lunker
- Riefen
- grobe Übergänge

Dann muss feingespachtelt werden, siehe Bild → 2. Beim Feinspachteln wird die gesamte Fläche bearbeitet, nicht nur die Ränder.

Bei größeren Fehlern muss eine zweite Schicht Spachtelmasse aufgetragen werden, wenn nötig auch noch weitere Schichten.

1 Staub vom Schleifen des Spachtelauftrags beseitigen

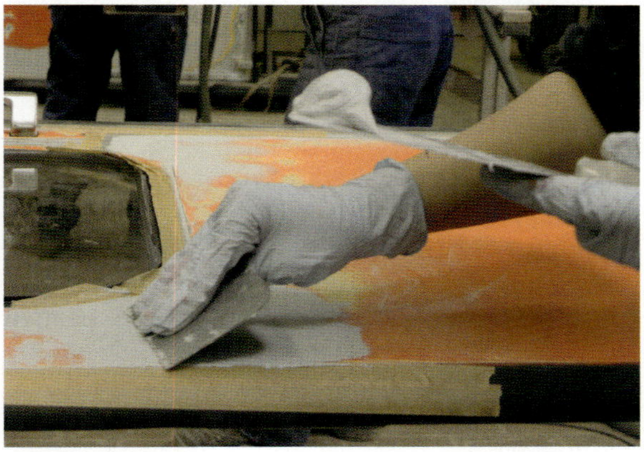

2 Feinspachteln

3.4.2 Materialien zum Spachteln

Zum Spachteln wird Spachtelmasse verwendet:
- Glasfaserspachtelmasse bei großen Vertiefungen, vgl. Kap. 6.4.4
- Füllspachtelmasse für Metall und Holz
- Feinspachtelmasse für Metall und Holz
- Softspachtelmasse, ist leicht schleifbar
- Ziehspachtelmasse
- Alu-Spachtelmasse für Aluminium und verzinkte Oberfläche, hohe Füllkraft
- Metallspachtelmasse, sehr hohe Festigkeit, schwer schleifbar
- Kunststoff-Spachtelmasse für Beschädigungen auf Kunststoff

Spachtelmasse besteht aus zwei Komponenten:
- Grundmasse
- Härter

Unmittelbar vor dem Auftragen werden beide Komponenten miteinander verrührt. Der Härter hat eine rote oder blaue Farbe, siehe Bild → 3. So erkennt man gut, ob Grundmasse und Härter ausreichend vermischt sind.
Spachtelmasse kann auch mit der Spraydose oder der Spritzpistole aufgetragen werden, das sogenannte **Spritzspachteln**. Dabei ist eine große Düse zu verwenden, mind. 2 mm. Spritzspachteln wird eingesetzt bei kleinen Unebenheiten oder als letzter Spachtelauftrag. Die Spritzspachtelmasse wird in mehreren Spritzgängen aufgetragen.

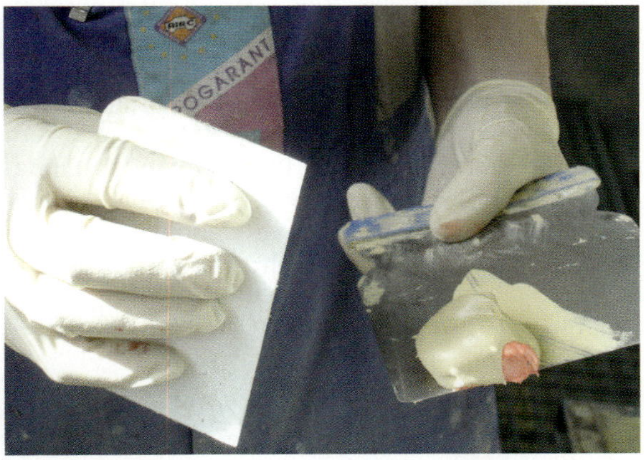

3 Zwei Komponenten der Spachtelmasse – der Härter ist rot

3.4.3 Werkzeuge zum Spachteln

Der Fahrzeuglackierer verwendet Spachtel, um Spachtelmasse zu mischen, aufzutragen, zu verteilen und glatt zu ziehen.

Dazu werden eingesetzt:
- Japanspachtel
- Kunststoffspachtel
- Spachtelbrett
- Gummispachtel

Japanspachtel haben ein rechteckiges, flexibles Edelstahlblatt; der Griff ist mit Kunststoff ummantelt, siehe Bild ➜ 67.3 rechts. Die Ecken sind abgerundet; so wird verhindert, dass eine der Ecken in den Spachtelauftrag Riefen zieht.

Die Blattbreite beträgt zwischen 2 cm bis 26 cm. Der Japanspachtel kann bei geringer Menge Spachtelmasse auch als Spachtelbrett dienen. Es gibt ihn in den Blatthärten weich, mittelhart und hart.

Kunststoffspachtel besteht aus elastischem Kunststoff, ist säure- und laugenbeständig, siehe Bild ➜ 67.3 links. Das Blatt ist weich und flexibel. Daher kann er zum Spachteln ebener Flächen, aber auch bei leichten Rundungen und Wölbungen eingesetzt werden. Auch hier sind die Ecken leicht abgerundet.
Er ist klein, handlich und kann auch mal in die Hosentasche gesteckt werden, ohne Löcher zu reißen. Daher wird der Kunststoffspachtel bevorzugt verwendet.
Allerdings muss der Kunststoffspachtel nach dem Spachteln sofort gereinigt werden.

Das **Spachtelbrett** ist ein Brett zum Anmischen von Spachtelmasse, siehe Bild ➜ 1. Es besteht aus 50 Lagen Spezialpapier. Nach Verwendung der Spachtelmasse wird einfach eine Lage Papier abgerissen und das Spachtelbrett steht erneut zur Verfügung.
Zum Anmischen der Spachtelmasse kann aber auch eine Metallplatte oder fester Karton verwendet werden oder der Japanspachtel.

Der **Gummispachtel** besteht aus mittelhartem oder weichem Gummi. Dadurch kann er gut zum Spachteln von Rundungen und Wölbungen eingesetzt werden, siehe Bild ➜ 2. Außerdem wird er für kleine Reparaturstellen verwendet, damit der umgebende Fahrzeuglack nicht zerkratzt wird.

Weitere Werkzeuge zum Spachteln sind:
- Spritzpistole, vgl. Kap. 3.3.4
- Schleifwerkzeuge, vgl. Kap. 1.5.2
- Infrarot-Trockner, vgl. Kap. 5.6.3

3.5 Füllern

Füllern ist das Füllen kleiner Unebenheiten. Dazu wird ein Füller verwendet.
So soll eine ebene Oberfläche erstellt werden, die dann lackiert werden kann.

1 Spachtelbrett

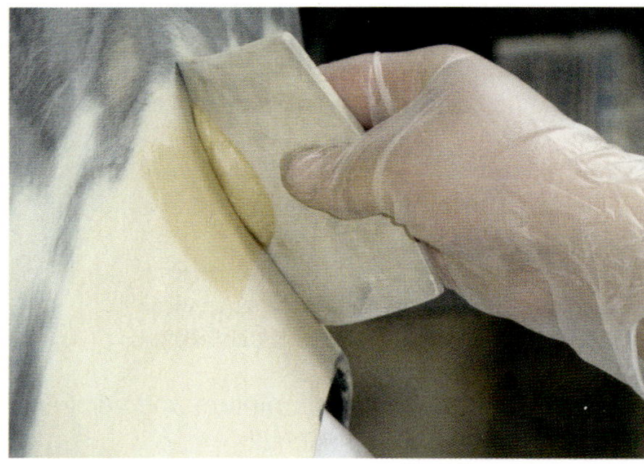

2 Gummispachtel

Beim Füllern sind zu beachten:
- Blanke, durchgeschliffene Stellen müssen vorher grundiert werden.
- Der Untergrund muss sauber und gut vorbereitet sein.
- Nach jedem Spritzgang warten, bis die Fläche matt abgetrocknet ist (Ablüftzeit 5 min bis 10 min bei 20 °C).
- Füllerschicht nur dünn auftragen.

Bei zu hohem Füllerauftrag härtet der Füller nicht richtig durch; dann bilden sich Runzeln (Furchen und Wellen) und Randzonenmarkierungen.

Wenn nötig, mehrere Schichten auftragen!

Dann sind die Ablüftzeiten nach Herstellerangabe einzuhalten.

Je nachdem, wie die Vorarbeit (Spachteln und Schleifen) durchgeführt wurde, ist ein mehr oder weniger füllkräftiges Material erforderlich.

Füller werden unterschieden in:
- Dickschicht-Füller, siehe Kap. 3.5.1
- Nass-in-Nass-Füller, siehe Kap.3.5.2

3.5.1 Dickschicht-Füller

Dickschicht-Füller haben einen hohen Festkörperanteil. Sie gleichen Riefen vom Schleifen aus.

Dickschichtfüller wird mit der Spritzpistole aufgetragen, siehe Bild → 1. Nach dem Trocknen wird er geschliffen.

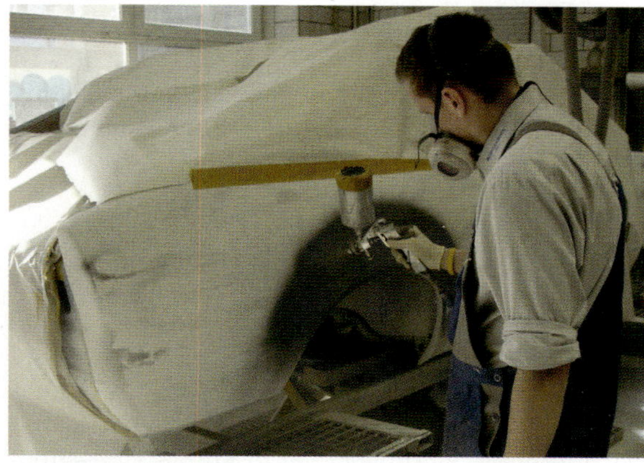

1 Füllern mit Dickschicht-Füller

Achtung:
Durchschliffstellen müssen nochmals grundiert und angeschliffen werden.

3.5.2 Nass-in-Nass-Füller

Hier ist der Festkörperanteil nicht so groß wie beim Dickschicht-Füller. Wenn der Nass-in-Nass-Füller leicht angetrocknet ist, kann sofort lackiert werden.

Nass-in-Nass-Füller müssen nach dem Auftragen nicht geschliffen werden; deshalb werden sie auch als **Nonstop-** oder **Non-Sanding-Füller**[1] bezeichnet.

Wegen dieses Vorteils werden Nass-in-Nass-Füller heutzutage bevorzugt eingesetzt z. B. bei werksgrundierten Ersatzteilen.

2 Pkw-Karosserie mit Kontroll-Lack

3.6 Kontroll-Lack spritzen

Bei hochwertigen Fahrzeugen (Oldtimern) wird nach dem Füllern kontrolliert, ob alle Poren, Unebenheiten und Schleifriefen beseitigt sind. Dazu wird ein Kontroll-Lack verwendet, meist ein schwarzer Acryl-Lack in einer Spraydose.

Der Kontroll-Lack wird auf den nassen Füller gespritzt – Füller und Kontroll-Lack sollen sich vermischen. Würde Kontroll-Lack auf den getrockneten Füller aufgespritzt, würde er zu leicht und zu schnell abgeschliffen.

Nach dem Auftragen trocknet er innerhalb von 2 bis 3 Minuten.

Dann wird geschliffen; der Kontroll-Lack sollte vollkommen verschwinden.

An Stellen, an denen er sichtbar bleibt, ist eine Vertiefung vorhanden – dann muss nachgearbeitet werden: Entweder die Umgebung weiter abschleifen oder nochmals Spachtelmasse auftragen.
Zum Schluss kann die gesamte Oberfläche mit Kontroll-Lack gespritzt werden, siehe Bild → 2. Bei Flächen mit gleichmäßigem Farbton werden großflächige Unebenheiten besser erkannt als bei Flächen mit Flecken von Spachtelmasse und Füller.

Der Kontroll-Lack wird nach dieser Prüfung angeschliffen; dann ist das Fahrzeug fertig zum Lackieren.

[1] non sanding (engl.): ohne Schleifen

3.7 Fahrzeug neu eindecken

Sind alle Unebenheiten und Schadstellen beseitigt, werden die Abklebungen und Abdeckungen entfernt.

Dann wird die Oberfläche gründlich gereinigt:
- Staub abblasen
- mit Siliconentferner abwischen, siehe Bild ➜ 1

Jetzt muss das Fahrzeug neu eingedeckt werden, d. h. neu abgeklebt und abgedeckt.

Das Vorgehen ist ähnlich wie in Kap. 3.1 beschrieben, nur werden diesmal alle Flächen ausgeschnitten, die lackiert werden sollen. Auch die Abklebungen müssen so angebracht sein, dass alle Flächen zum Lackieren zugänglich sind.

Der Fahrzeuglackierer sucht nach dem Farbcode und schreibt die Nummer für seinen Kollegen deutlich auf die Folie des Fensters, siehe Bild ➜ 2.

1 Oberfläche mit Siliconentferner reinigen

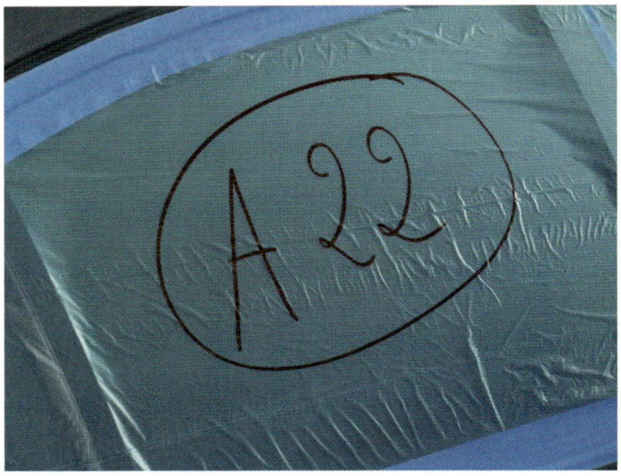

2 Nummer des Farbcodes

3.8 Lernsituation

Ein Kunde möchte seinen Pkw Opel Kadett C Coupé, Baujahr 1978 komplett restaurieren lassen. Es war sein erstes Auto, deshalb ein Liebhaberstück. Seit vielen Jahren stand der Opel in einer Scheune – unbeachtet und ohne Wartung. So war das Fahrzeug in einem schlechten Zustand: Unter anderem waren die Radläufe durchgerostet.

Die Radläufe wurden ersetzt: Neue Bleche sind eingeschweißt durch Punktschweißen. Die Oberfläche der Karosserie um die Radläufe wurde anschließend verzinnt und geschliffen.

Nun soll die Karosserie vorbereitet werden zum Lackieren.

Der Auftrag wird wie folgt ausgeführt:
- Fahrzeugannahme und Schaden begutachten, siehe Kap. 3.8.1
- Arbeitsplanung, siehe Kap. 3.8.2
- Arbeitsauftrag durchführen, siehe Kap. 3.8.3
- Qualitätssicherung, siehe Kap. 3.8.4
- Fahrzeug zum Lackieren übergeben, siehe Kap. 3.8.5

3.8.1 Fahrzeugannahme und Schaden begutachten

Herr Bahrmann, der Jungmeister, übernimmt das Fahrzeug vom Mechaniker für Karosserie-Instandhaltungstechnik und begutachtet die reparierten Stellen: Die Arbeiten wurden in guter Qualität ausgeführt, siehe Bild ➜ 1.

1 Radlauf eingesetzt, verzinnt und geschliffen

3.8.2 Arbeitsplanung

Für die weitere Arbeit wird ein Arbeitsplan erstellt, siehe Bild ➜ 2.

Arbeitsplan						**Datum** 17.09.2010
Auftrags-Nr.			**Schlüssel:** Typ: Opel Kadett C Coupe		**Benennung/Art der Arbeit:** Vorbereiten zum Lackieren	**Mitarbeiter:** Herr Bahrmann
Arbeitsschritt					**Werkzeuge Maschinen Material**	**Bemerkungen UVV**
lfd. Nr.	Vorbereitung	Ausführung	Finish			
1	x			verzinnte Flächen neutralisieren und reinigen	Wasser, Siliconentferner	
2	x			Untergrund anschleifen	Exzenterschleifer, Schleifpapier P 80	
3	x			Abdecken und Abkleben	Abdeckfolie, Klebeband	
4		x		Grundieren	Grundierer, Spritzpistole	
5		x		Grundierung schleifen	Exzenterschleifer, Schleifpapier P 150	
6		x		Spachteln	Spachtelmasse, Japanspachtel, Kunststoffspachtel	
7		x		Spachtelauftrag anschleifen	Exzenterschleifer, Schleifpapier P 100	
8		x		Spachtelstellen grundieren	Grundierer	
9		x		Füllern	Dickschichtfüller, Spritzpistole	
10		x		Füllerauftrag schleifen	Exzenterschleifer, Schleifklotze Schleifpapier P 320	
11		x		Karosserie reinigen	Druckluft	
12		x		Oberfläche prüfen	Kontroll-Lack	
13			x	Kontroll-Lack anschleifen	Exzenterschleifer, Schleifpapier P 500	
14			x	Fahrzeug reingen und neu eindecken	Druckluft, Abdeckfolie, Klebeband	

2 Arbeitsplan

3.8.3 Arbeitsauftrag durchführen

Die Arbeitsschritte aus dem Arbeitsplan sind:
- Vorbereitung
- Grundieren
- Spachteln
- Spachtelauftrag schleifen
- Grundieren
- Füllern
- Fahrzeug reinigen und neu eindecken

Vorbereitung
Zur Vorbereitung zählen:
- verzinnte Flächen der Radläufe mit Wasser neutralisieren und reinigen
- Öffnungen in Heckfenster und Kofferraum abdecken
- Untergrund anschleifen
- Karosserie weitflächig abdecken und abkleben
- Konturen abkleben

Verzinnte Flächen müssen neutralisiert werden: Es werden Reste von Säure abgewaschen, sodass der pH-Wert ≈ 7.

Deshalb muss zum Neutralisieren und Reinigen der Radläufe klares Wasser verwendet werden, ohne Zusätze!

Kanten werden mit einem Spezialband abgeklebt, um beim Spachteln die Kontur herauszuarbeiten, siehe Bild ➜ 1.

Und es werden die angrenzenden Bauteile abgedeckt, siehe Bild ➜ 2.

Grundieren
Zum Grundieren der Radläufe wird eine Epoxy-Gundierung verwendet. Sie wird mit der Spritzpistole aufgespritzt.
Bei den Innen-Radläufen mit seinen Bördelkanten wird die Grundierung mit einem Lackierpinsel aufgetragen.
Die Grundierung muss ca. 20 Minuten trocknen.
Dannn wird die Grundierung angeschliffen, Körnung P 150.

Spachteln
Zum Spachteln wird UP-Spachtelmasse dünn aufgetragen mit einer Kunststoffspachtel, siehe Bild ➜ 3.
Die aufgetragene Spachtelmasse muss ca 20 Minuten durchtrocknen.

1 Kante mit Spezialband abgeklebt

2 Vor dem Grundieren angrenzende Bauteile abdecken

3 Spachteln

Dann wird die durchgetrocknete Spachtelmasse geschliffen, erst mit dem Exzenterschleifer, Körnung P 100, dann mit einem Schleifklotz, Körnung P 320, siehe Bild ➜ 1.
Der Staub wird mit Druckluft abgeblasen.

Grundieren
Es werden die gespachtelten Stellen nochmals grundiert, siehe Bild ➜ 2.

So werden
- Durchschliffstellen geschützt, sodass sie nicht rosten können
- Spachtelmasse abgesperrt; sie kann dannn keine Feuchtigkeit mehr aufnehmen

Zum Grundieren wird wiederum die Epoxy-Grundierung verwendet.

Da die Spachtelmasse nur dünn aufgetragen wurde und der Untergrund sehr rau und uneben ist, wurde mit dem ersten Spachteln keine glatte Oberfläche erzielt.
Deshalb werden durchgeschliffene Stellen ein zweites und drittes Mal grundiert, gespachtelt und geschliffen – nach dem dritten Mal ist die Oberfläche glatt.

Füllern
Gefüllert wird mit einem 2-K-Dickschichtfüller. Es werden drei dünne Schichten aufgetragen, siehe Bild ➜ 3. Dann wird der Füller angeschliffen.

a) Mit Exzenterschleifer

b) Mit Schleifklotz

1 Schleifen der getrockneten Spachtelmasse

3 Dickschichtfüller auftragen

2 Grundierung auftragen

3.8.4 Qualitätssicherung

Im vorgegebenen Arbeitsauftrag sollten nur die Radläufe bearbeitet werden. Jetzt wird kontrolliert, ob die Oberfläche glatt ist und alle Durchschliffstellen beseitigt sind.

Danach wird das gesamte Fahrzeug grundiert und gefüllert, um die Übergänge zu glätten.

Dann wird das Fahrzeug mit einem matten, schwarzen Kontroll-Lack lackiert. Motorraum und Innenraum werden ebenfalls schwarz gespritzt (Kundenwunsch), siehe Bild ➜ 1.

So wird geprüft, ob die Oberfläche noch Dellen oder Beulen hat. Bei Tageslicht wird die Oberfläche in Augenschein genommen; dabei werden keine Fehler festgestellt.

Danach wird die Oberfläche der Karosserie angeschliffen.

1 Kontroll-Schwarz außen, im Motorraum und im Innenraum

3.8.5 Fahrzeug zum Lackieren übergeben

Die Karosserie wird gründlich abgestaubt und neu eingedeckt. Dann wird sie zum Lackieren übergeben.

Übungen

1. Warum müssen vor dem Grundieren Bauteile sorgfältig abgeklebt und abgedeckt werden?
2. Beschreiben Sie das Abkleben und Abdecken einer Fahrzeugtür; der vordere Kotflügel soll lackiert werden.
3. Warum müssen verzinnte Flächen gereinigt werden? Wie werden sie gereinigt?
4. Warum müssen vor dem Grundieren alle Fingerabdrücke beseitigt werden?
5. Welche Aufgaben hat eine Grundierung?
6. Welche Schutzausrüstung muss der Fahrzeuglackierer beim Grundieren tragen?
7. Wie funktioniert eine Spritzpistole?
8. Warum werden in der Fahrzeuglackierung keine Hochdruck-Spritzpistolen eingesetzt?
9. Wie kann das Spritzmaterial der Spritzpistole zugeführt werden?
10. Was ist eine HVLP-Spritzpistole?
11. Was ist zu tun, wenn der Spritzstrahl zu klein ist?
12. Beschreiben Sie, wie Sie den Düsensatz wechseln.
13. Beschreiben Sie, wie Sie die Spritzpistole manuell reinigen.
14. Warum schleift man die Oberfläche vor dem Spachteln an?
15. Welche Aufgabe hat Spachtelmasse?
16. Was ist zu tun, wenn Spachtelmasse in die Augen spritzt?
17. Warum ist Spachtelmasse dünn aufzutragen?
18. Warum muss nach dem Schleifen von Spachtelmasse grundiert werden?
19. Was erreicht man mit Füllern?
20. Warum darf Füller nur dünn aufgetragen werden?
21. Mit welcher Körnung schleift man Füller?
22. Weshalb wird Kontroll-Lack gespritzt?

Lernfeld 4

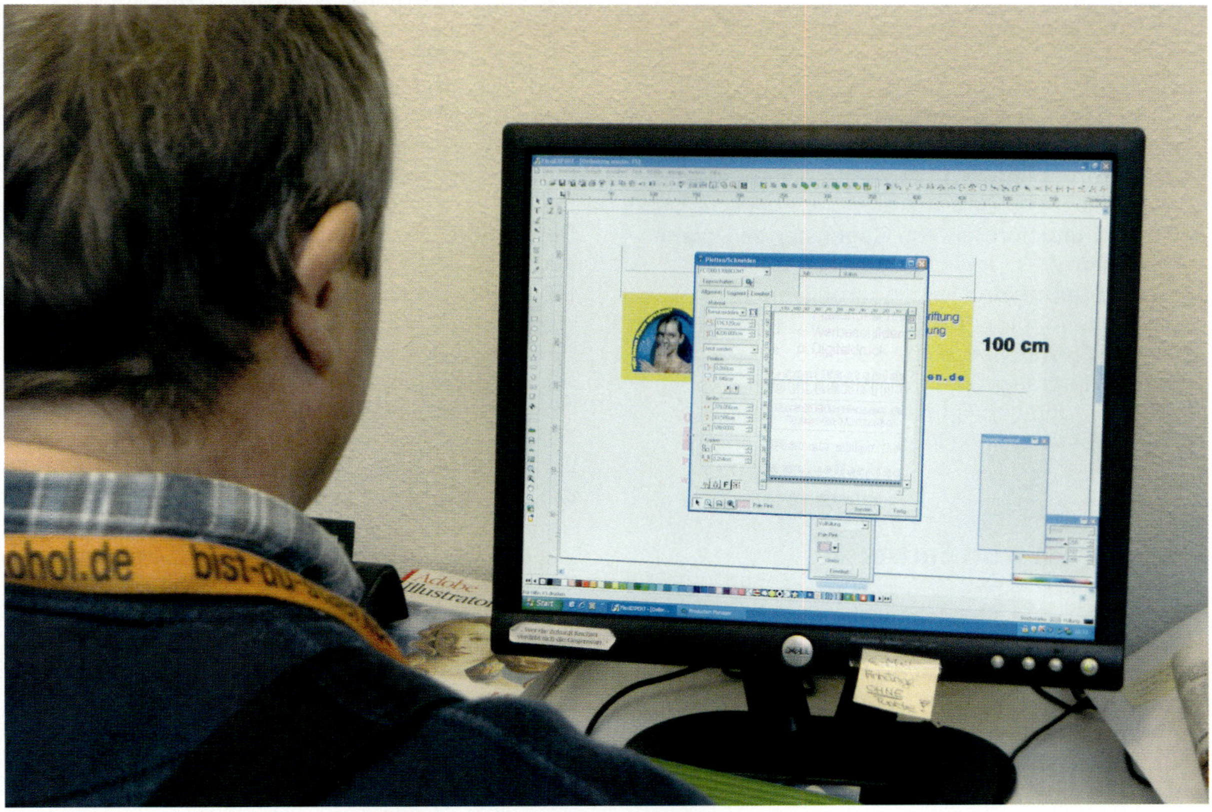

Oberflächen gestalten

Ziele
- Gestaltungsentwürfe nach Kundenvorgaben planen, entwerfen, fertigen und ausführen
- Gestaltungsgrundsätze von Farbe und Form sowie den Einfluss der Oberflächenstruktur auf die optische Wirkung berücksichtigen
- Kennwerte und Daten zur Auswahl von Werk-, Hilfs- und Beschichtungsstoffen ermitteln
- Materialien auf Eigenschaften und Verarbeitungsmöglichkeiten prüfen und unterscheiden
- Oberflächen durch Beschichten und Kleben gestalten
- Ökonomische und fertigungstechnische Möglichkeiten berücksichtigen
- manuelle und digitale Techniken zum Entwerfen, Schneiden und Archivieren nutzen
- Gestaltungsergebnisse nach handwerklicher und ästhetischer Qualität beurteilen und präsentieren
- Umwelt-, Gesundheits- und Arbeitsschutz bei der Ausführung berücksichtigen

Inhalte:
- Licht und Farbe
- Farbenlehre
- Gestaltungselemente
- Skizzen
- räumliche Darstellungen
- Schrift
- Flächen-, Kosten-, Mengenberechnung
- Präsentationstechnik
- Software

4 Oberflächen gestalten

Der Fahrzeuglackierer gestaltet die Oberfläche eines Fahrzeugs, indem er die Karosserie, die Fahrzeugscheiben bzw. die Fahrzeugplane mit Text, Logos und Bildern beschichtet oder beklebt.

In diesem Kapitel werden behandelt:
- Licht und Farbe, siehe Kap. 4.1
- Ordnung der Farben, siehe Kap. 4.2
- Schriftarten und Schriftabwandlungen, siehe Kap. 4.3
- Darstellungsformen von Gegenständen, siehe Kap. 4.4
- Vergrößerung und Verkleinerung, siehe Kap. 4.5
- Entwürfe erstellen, siehe Kap. 4.6
- Entwürfe präsentieren, siehe Kap. 4.7
- Beschriftung von Fahrzeugen, siehe Kap. 4.8
- Lernsituation, siehe Kap. 4.9

4.1 Licht und Farbe

Farbe ist für den Menschen ein wesentlicher Teil seiner Umwelt. In seiner Fähigkeit, Farben zu sehen, ist der Mensch den meisten Lebewesen der Erde überlegen.
Der Mensch kann etwa 200 verschiedene Farbtöne wahrnehmen. Berücksichtigt man zusätzlich unterschiedliche Helligkeiten und Intensitäten der Farbtöne, erhöht sich die Zahl um ein Vielfaches.

Allerdings gibt es individuelle Schwankungen, was die Anzahl der unterscheidbaren Farben angeht. Die Wahrnehmung von Farben hat viel mit Erfahrung und Übung zu tun. Menschen, die in Berufen arbeiten, die mit Farbe gestalten, können Farben differenzierter wahrnehmen als Ungeübte.

Für den Fahrzeuglackierer ist Farbe ein wesentlicher Bestandteil seines Berufes. Er benötigt viel Wissen und Erfahrung, um mit der Vielfalt der Farben umgehen zu können. Hinzu kommen Kreativität und handwerkliches Können bei der Umsetzung verschiedener Gestaltungsaufträge.
Grundlage für die professionelle Anwendung von Farben sind zunächst Grundbegriffe über Farbe.

Es werden folgende Begriffe erklärt:
- Definition Farbe, siehe Kap. 4.1.1
- Licht, siehe Kap. 4.1.2
- additive Farbmischung, siehe Kap. 4.1.3
- Reflexion und Absorption, siehe Kap. 4.1.4
- Subtraktive Farbmischung, siehe Kap. 4.1.5

4.1.1 Definition Farbe

Das Phänomen Farbe ist ein durch das Auge vermittelter Sinneseindruck, eine optische Erscheinung. Die Voraussetzungen für diesen Sinneseindruck sind Lichtstrahlen, die auf ein funktionstüchtiges Auge treffen. So entstehen im Auge Farbreize, die über die Sehnerven in unserem Gehirn die Farbempfindung auslösen.

Der Begriff „Farbe“ wird in der Umgangssprache auch für „Beschichtungsstoff“, „Farbmittel“ und „Pigmente“ verwendet; dies ist jedoch abzulehnen.

Im Folgenden wird „Farbe“ nur für die Empfindung, den Sinneseindruck verwendet.

4.1.2 Licht

Licht ist die Voraussetzung dafür, dass wir Farben sehen können. Licht ist eine physikalische Erscheinung. Die stärkste und wichtigste Lichtquelle ist die Sonne; sie gibt **natürliches Licht**.

Künstliches Licht erhält man beim Verbrennen und beim Glühen von Körpern wie bei elektrischen Glühlampen oder bei der Flamme eines Feuerzeugs.

Lichtquellen senden Licht aus; das ist eine elektromagnetische Strahlung, die sich als Wellen im Raum ausbreitet:
- im Vakuum und in Luft mit einer Geschwindigkeit von ungefähr 300 000 km/s
- im Wasser mit 225 000 km/s
- in Glas mit 200 000 km/s

Der Wellenbereich des sichtbaren Lichts liegt zwischen 380 nm[1] und 750 nm. Diesen Bereich der sichtbaren Strahlung nennt man **Spektrum**, siehe Bild ➜ 77.1.

Jeder Wellenlängenbereich innerhalb dieses Spektrums wird vom Auge als eine bestimmte **Spektralfarbe** wahrgenommen, wobei die Übergänge zwischen den einzelnen Farben fließend sind, siehe Bild 77.1. Die Spektralfarben sind im Licht enthalten.

[1] Die Wellenlänge wird in Nanometer (nm) angegeben.
Umrechnung: 1 nm = 0,000 001 mm = 0,000 000 001 m

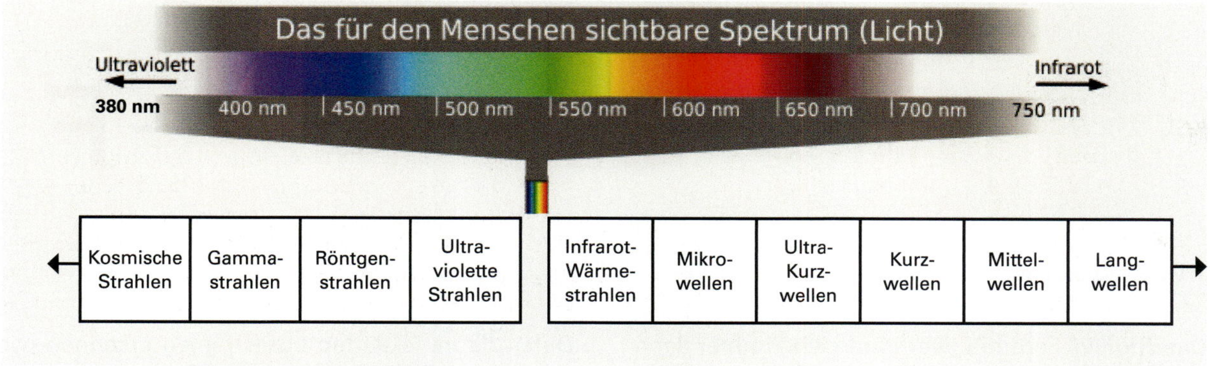

1 Elektromagnetische Wellen mit Farbspektrum

Die Abfolge dieser Farben entspricht dem Farbband des Regenbogens:

- Rot
- Orange
- Gelb
- Grün
- Blau
- Violett

Die Zerlegung des weißen Lichts in die Spektralfarben hat der Physiker Isaak Newton bereits im Jahr 1666 in einem Versuch nachgewiesen.

Versuch:
Das Farbspektrum kann in einem Versuch sichtbar gemacht werden. Dabei lässt man Licht durch ein Glasprisma fallen, siehe Bild ➜ 2. Der Lichtstrahl wird einmal beim Eintritt in das Glasprisma und einmal beim Austritt aus dem Glasprisma gebrochen. Fängt man den gebrochenen Lichtstrahl auf einer weißen Fläche auf, ist das Farbspektrum als leuchtendes Farbband wie bei einem Regenbogen deutlich zu erkennen.

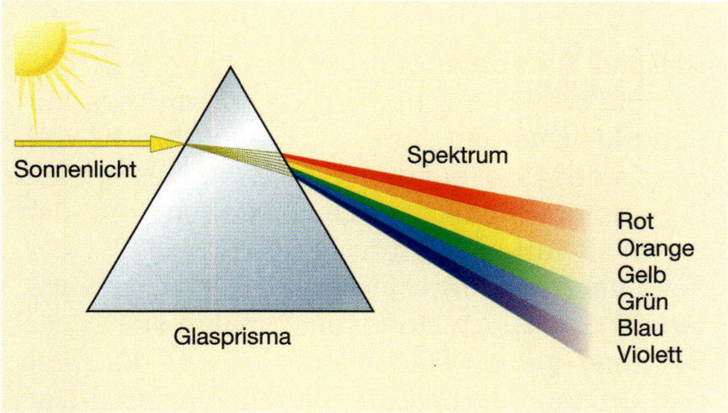

2 Versuch, ein Farbspektrum zu erzeugen

4.1.3 Additive Farbmischung

Werden alle Farben des Farbspektrums durch eine Sammellinse gebündelt, erhält man wieder weißes Licht. Dieses optische Mischen der Farben geschieht durch Hinzufügen, durch Addieren.

Dabei werden Lichtanteile zugefügt, sodass die Helligkeit mit jeder Farbe zunimmt.

Das Mischen mit Lichtfarben bezeichnet man deshalb als additive Farbmischung.

Die Grundfarben der additiven Farbmischung sind die **RGB-Grundfarben**:

- **R**ot (Rotorange)
- **G**rün
- **B**lauviolett

3 Additive Farbmischung

Mischt man diese Grundfarben, ergeben sich aus, vgl. Bild ➜ 3:

Rot	+	Grün	=	Gelb
Blauviolett	+	Rot	=	Magenta (Purpur)
Blauviolett	+	Grün	=	Cyanblau
Endergebnis			=	**Weiß**

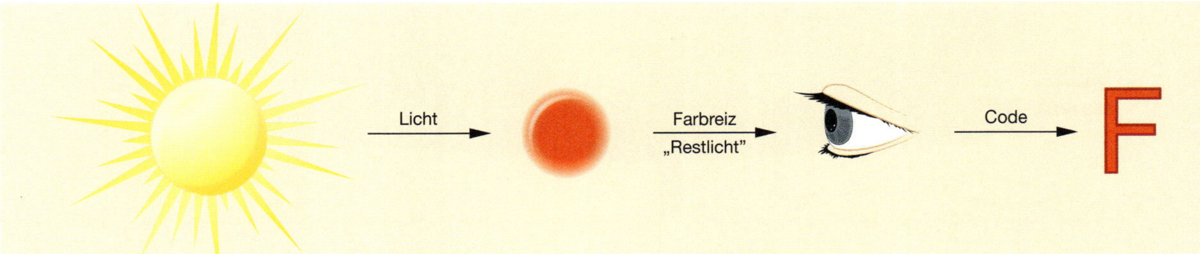

1 Wirkungskette zwischen Licht und Farbempfindung

Das additive Farbmischverfahren wird immer dann angewendet, wenn Licht direkt in das Auge gelangen soll, d. h. ohne Reflexion durch einen Gegenstand.

Beispiel: Computer oder Fernseher
Der Bildschirm erzeugt Farben, indem verschiedene Leuchtstoffe zum Leuchten gebracht werden. Jedes Pixel auf dem Bildschirm besteht aus drei unterschiedlichen Leuchtstoffen, die den drei RGB-Farben entsprechen.
Zeigt der Bildschirm eine weiße Fläche, so leuchten die drei Leuchtstoffe gleichmäßig stark auf. Bei einer gelben Fläche leuchten nur die roten und grünen Leuchtstoffe, die blauvioletten sind dunkel.

4.1.4 Reflexion und Absorption

In Bild ➜ 1 gelangt das Licht auf indirektem Weg, nämlich über den roten Körper, in das Auge. Auf diese Weise nehmen wir die **Lichtfarben** wahr, die nach dem Prinzip der additiven Farbmischung entstehen und deren Grundfarben die RGB-Grundfarben sind.

Um die Farben von Objekten sehen zu können, müssen diese beleuchtet sein. Bei völliger Dunkelheit können wir Gegenstände nicht erkennen.

Fällt aber Licht von der Sonne oder von einer künstlichen Lichtquelle auf einen Gegenstand, so können die Lichtstrahlen:
- vollständig oder zum Teil zurückgeworfen (**reflektiert**) werden, siehe Kap. 4.1.4.1
- vollständig oder zum Teil verschluckt (**absorbiert**) werden, siehe Kap. 4.1.4.2
- durch den Körper hindurchgehen, der Körper ist durchscheinend (**transparent**)

Ein Körper ist nur sichtbar, wenn von ihm zurückgeworfenes Licht in unser Auge gelangt. Das Licht gelangt dabei auf indirektem Weg in unser Auge, siehe Bild ➜ 1.

Durch die reflektierten Lichtstrahlen erkennen wir die farbige Erscheinung eines Körpers, die sogenannten **Körperfarben**.

Die Farbigkeit eines Körpers entsteht dadurch, dass unterschiedliche Anteile des Farbspektrums reflektiert bzw. absorbiert, d. h. verschluckt werden.

Weitere Informationen zu Körperfarben siehe Kap. 4.1.5 und Kap. 4.2.1.

4.1.4.1 Reflexion

Fällt Licht auf eine glatte, ebene Fläche, wird es im gleichen Winkel zurückgestrahlt; es wird reflektiert.

Bei der Reflexion gilt:
Einfallswinkel = Ausfallswinkel

Die Farbigkeit eines Körpers ist abhängig von den reflektierten Anteilen des Farbspektrums. Reflektiert ein Körper alles auffallende Licht, ist er weiß, da das gesamte Spektrum über den indirekten Weg in unser Auge gelangt, siehe Bild ➜ 2.

Neben der Farbigkeit wird auch die Oberflächenerscheinung eines Körpers davon bestimmt, wie die auftreffenden Lichtstrahlen reflektiert werden.

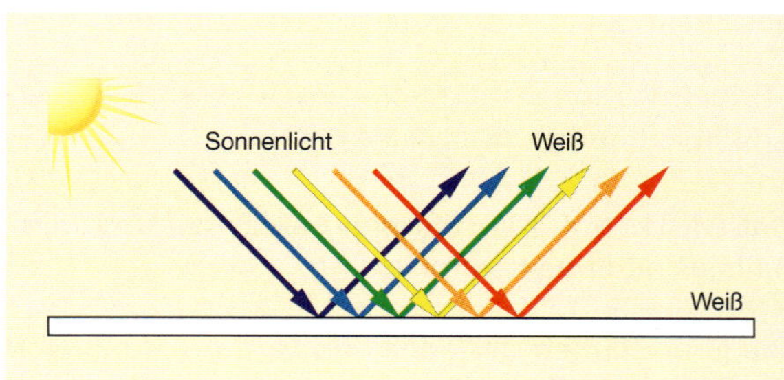

2 Vollständige Reflexion

Je nach Beschaffenheit der Oberfläche werden die Strahlen:
- gerichtet reflektiert
- diffus reflektiert

Gerichtete Reflexion
Voraussetzung für eine gerichtete Reflexion ist eine ebene, polierte Fläche. Von dieser werden die auftreffenden Lichtstrahlen so zurückgeworfen, dass sie nach der Reflexion parallel verlaufen, siehe Bild ➜ 1a. Die Oberfläche erscheint glänzend.

Diffuse Reflexion
Fallen Lichtstrahlen auf eine unebene, raue Oberfläche, so trifft jeder einzelne Lichtstrahl in einem anderen Winkel auf die Erhebungen und Vertiefungen der Oberfläche des Körpers. Dadurch wird jeder Lichtstrahl in einem anderen Winkel und somit in eine andere Richtung reflektiert, siehe Bild ➜ 1b. Die Oberfläche erscheint matt.

4.1.4.2 Absorption

Bei der Absorption werden Lichtstrahlen von bestimmten Oberflächen „verschluckt"; sie werden absorbiert[1]. Lichtstrahlen, die von einem Körper absorbiert werden, können nicht von unserem Auge erfasst werden. Bei vollständiger Absorption des auffallenden Lichts ist ein Körper schwarz, siehe Bild ➜ 2a.

Ein farbiger Körper absorbiert einen Teil der Lichtstrahlen und reflektiert den Rest. Die reflektierten Lichtstrahlen bestimmen die Farbigkeit des Objektes.

Beispiel:
Von einem roten Körper wird die rote Spektralfarbe reflektiert, die anderen Spektralfarben werden absorbiert, siehe Bild ➜ 2b.

4.1.5 Subtraktive Farbmischung

Die Körperfarben sind Absorptionsfarben. Die Pigmente in den Körperfarben absorbieren bestimmte Farbbereiche des Spektrums.

Zur Erinnerung:
Bei der additiven Farbmischung addieren sich die Lichtfarben; deshalb nimmt die Helligkeit zu.

[1] absorbieren (lat.): aufsaugen

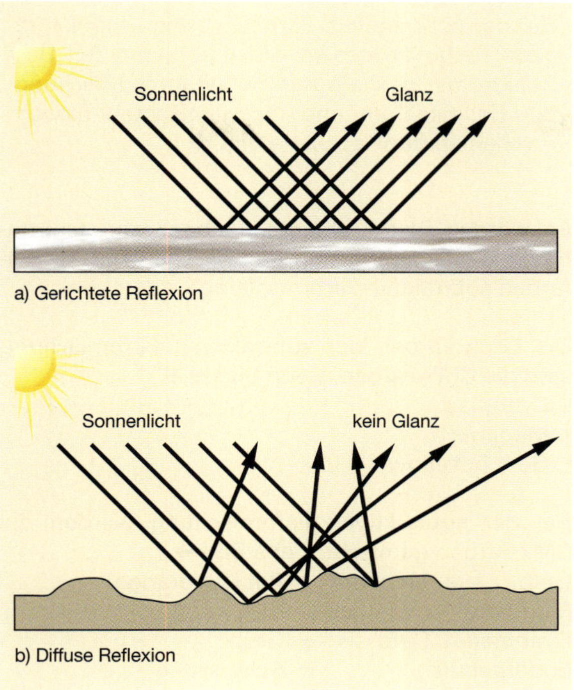

1 Reflexion

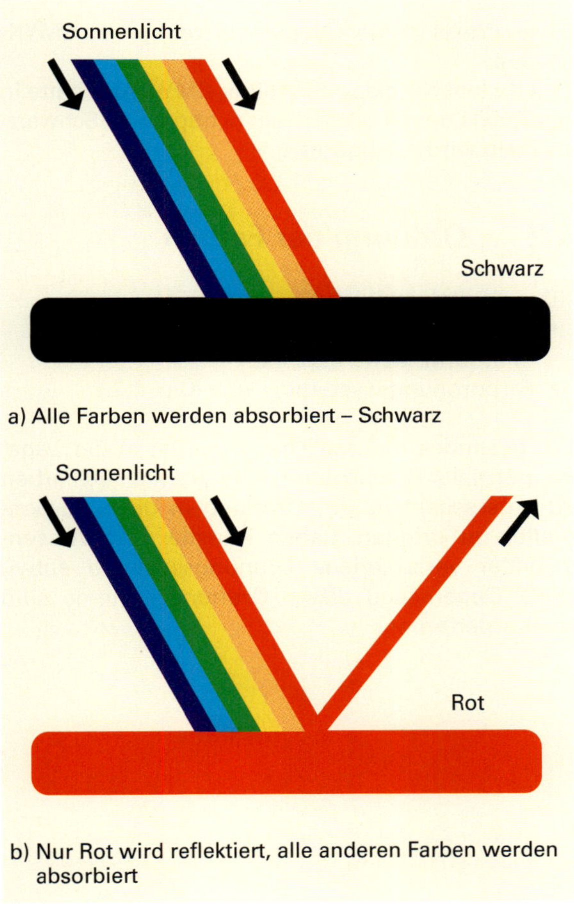

2 Absorption

Bei der subtraktiven Farbmischung umgekehrt: Jede Farbe absorbiert einen anderen Teil des Spektrums; deshalb nimmt bei ihrer Mischung die Helligkeit ab und die gemischten Farben erscheinen dunkler, siehe Bild ➜ 1.

Es werden also Lichtanteile abgezogen (subtrahiert); daher nennt man das Mischen mit Körperfarben subtraktive Farbmischung.

Die Grundfarben der subtraktiven Farbmischung sind die **CMY-Farben**, siehe Bild ➜ 1:
- **C**yanblau
- **M**agenta
- Gelb (=**Y**ellow)

Bei der subtraktiven Farbmischung werden die CMY-Farben gemischt, siehe Bild ➜ 1:

Gelb	+ Magenta	=	Rot (Rotorange)
Magenta	+ Cyanblau	=	Blauviolett
Cyanblau	+ Gelb	=	Grün
Endergebnis		**=**	**Schwarz**

Die subtraktive Farbmischung kommt beispielsweise in der Drucktechnik zur Anwendung.

In der Praxis verwendet man allerdings das **CMYK-Modell**.
Das K steht für black. Ein reiner CMY-Druck hätte in der Praxis des Druckens kein richtig tiefes Schwarz, deshalb wird es zugesetzt.

4.2 Ordnung der Farben

Das Kapitel umfasst:
- Einteilung der Körperfarben nach ihrer Ausmischung, siehe Kap. 4.2.1
- Farbordnungssysteme, siehe Kap. 4.2.2

Ein gesundes menschliches Auge ist in der Lage, bei normaler Beleuchtung mehr als 100 000 Farben zu unterscheiden. Um Ordnung in diese Farbenvielfalt zu bringen, haben Künstler und Wissenschaftler verschiedene Ordnungssysteme entwickelt. Gegenstand dieser Ordnungssysteme sind die Körperfarben.

1 Subtraktive Farbmischung

4.2.1 Einteilung der Körperfarben nach ihrer Ausmischung

Grundlage für die meisten Ordnungssysteme ist die Einteilung der Körperfarben nach ihrer Ausmischung:
- Primärfarben, siehe Kap. 4.2.1.1
- Sekundärfarben, siehe Kap. 4.2.1.2
- Tertiärfarben, siehe Kap. 4.2.1.3
- weitere Mischfarben, siehe Kap. 4.2.1.4

4.2.1.1 Primärfarben

Primärfarben[1] werden auch als **Erstfarben** oder **Grundfarben** bezeichnet, da sie die Grundlage für das Mischen weiterer Farbtöne sind.

Primärfarben lassen sich nicht mehr in einzelne Farben zerlegen und können daher nicht „ermischt" werden.

Die Primärfarben sind:
- Gelb
- Rot
- Blau

[1] primär (franz.): erst...

4.2.1.2 Sekundärfarben

Durch das Mischen von jeweils zwei Primärfarben entstehen die Sekundärfarben[1] (**Zweitfarben**):

- Orange
- Violett
- Grün

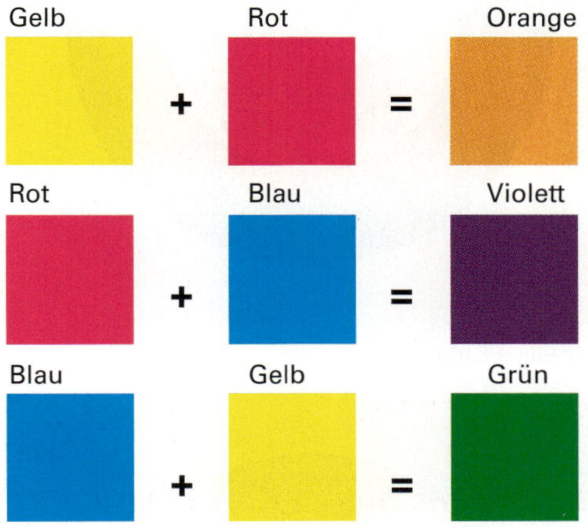

Für ein genaues Ausmischen der Sekundärfarben müssen die Primärfarben die volle Sättigung haben, d. h., sie dürfen weder getrübt noch aufgehellt sein.

4.2.1.3 Tertiärfarben

Aus der Mischung von jeweils zwei Sekundärfarben entstehen die **Drittfarben** oder Tertiärfarben[2]. In den Tertiärfarben sind die überwiegenden Anteile der jeweiligen Ausgangsfarben erkennbar.

> Beispiel:
> So ergibt beispielsweise die Mischung aus Orange und Violett eine Farbe, die überwiegend Rot-Anteile enthält (Rotgrau).

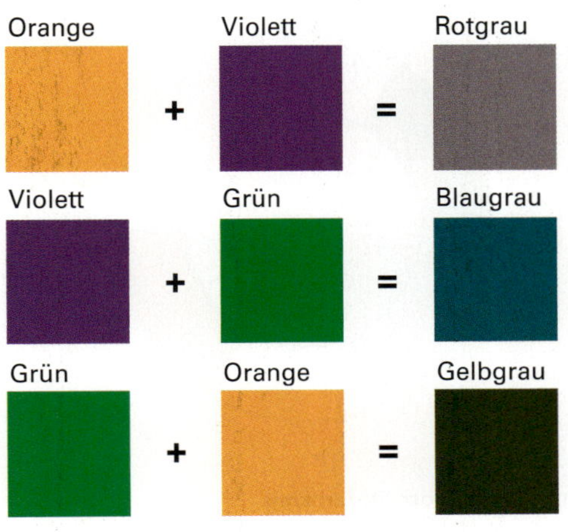

4.2.1.4 Weitere Mischfarben

Primär-, Sekundär- und Tertiärfarben lassen sich beliebig miteinander mischen. Auf diese Weise entstehen verschiedene Zwischenfarben, die ebenfalls in unterschiedliche Farbordnungssysteme integriert werden. Zudem können die Farben mit Weiß aufgehellt oder mit Schwarz abgedunkelt werden.

Durch diese zahlreichen Mischungsmöglichkeiten entstehen vielfältige **Farbtöne** und **Farbreihen**.

4.2.2 Farbordnungssysteme

Farbordnungssysteme

- ordnen die Vielfalt der Farben,
- veranschaulichen die Zusammenhänge zwischen den Farben, indem sie Beziehungen zwischen den Farbtönen und ihren Ausmischungen zu Schwarz und Weiß hin herstellen.

Es existieren Farbordnungssysteme in verschiedenen Formen. Ausgangspunkt sind häufig Farbreihen, Farbdreiecke oder Farbkreise, aus denen dann Farbkörper wie beispielsweise Farbkugeln, -kegel oder -pyramiden entstehen.

Als Ordnungskriterien dienen bei den Farbordnungssystemen, die auf der Einteilung der Körperfarben nach ihrer Ausmischung basieren, die drei Merkmale einer Farbe:

- Farbton
- Helligkeit
- Sättigung

Bunte Farben
Mit diesen drei Merkmalen lassen sich bunte Farben beschreiben.

Der **Farbton** meint bei den Buntfarben die Farbe an sich, z. B. Gelb, Rot oder Blau.

Die **Helligkeit** beschreibt, ob eine Farbe hell oder dunkel ist.

Bei der **Sättigung** der Buntfarben unterscheidet man:

- gesättigte Farben
- ungesättigte Farben

Voll gesättigte Farben können in ihrer Reinheit und Leuchtkraft nicht mehr gesteigert werden. Voll gesättigte Farben sind die Primärfarben und die Sekundärfarben.

[1] sekundär (franz.): zweitrangig
[2] tertiär (franz.): an dritter Stelle

Ungesättigte Farben besitzen nicht die volle Leuchtkraft und Reinheit. Sie sind getrübt, mit Schwarz, Grau oder der jeweiligen Komplementärfarbe, oder sie sind mit Weiß aufgehellt.

Unbunte Farben
Unbunte Farben kennzeichnen sich nur durch das Merkmal Helligkeit. Die Palette der unbunten Farben reicht von Schwarz über die verschiedenen Grauabstufungen bis hin zu Weiß.
Der Übergang von Bunt zu Unbunt ist fließend, z. B. ein blaustichiges oder ein rotstichiges Grau.

In diesem Kapitel werden folgende Farbordnungssysteme im Speziellen erläutert:
- Farbkreise, siehe Kap. 4.2.2.1
- Farbregister, siehe Kap. 4.2.2.2

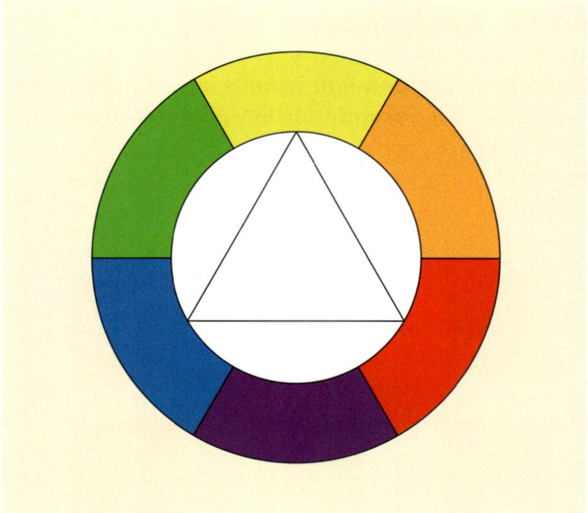
1 Sechsteiliger Farbkreis

4.2.2.1 Farbkreise

Der Farbkreis ist in der Farbenlehre die wichtigste Orientierungshilfe bei der Ordnung der Farben. Er sollte sowohl im Farbton als auch in der Helligkeit eine kontinuierlich ablaufende Reihe zeigen. Dieser Anspruch wird in der Praxis jedoch kaum erreicht, weil die Farbtöne durch die verschiedenen Mischungen beeinträchtigt werden.

Von den vielen Farbkreisen werden vorgestellt:
- sechsteiliger Farbkreis
- zwölfteiliger Farbkreis

Sechsteiliger Farbkreis
Die Primär- und die Sekundärfarben bilden den sechsteiligen Farbkreis. Die Reihenfolge der Farben im sechsteiligen Farbkreis entspricht der Abfolge der Spektralfarben, siehe Bild ➜ 1:
- Gelb als die hellste Farbe wird nach oben gesetzt.
- Dem Gelb gegenüber liegt das Violett als dunkelste Farbe des Farbkreises.
- Die beiden Primärfarben Rot und Blau werden auf einem gleichseitigen Dreieck zu Gelb im Kreis angeordnet, wobei Rot auf der rechten und Blau auf der linken Seite des Dreiecks platziert wird.
- Grün und Orange sind zwischen Gelb und Blau bzw. Gelb und Rot als deren jeweiliges Mischergebnis angeordnet.

Farben, die im Farbkreis nebeneinanderliegen, nennt man **Nebenfarben**. Die Nebenfarben bilden **Farbklänge**, die vom Menschen als angenehm empfunden werden.
Farben, die sich im Farbkreis gegenüberliegen, nennt man **Gegenfarben** oder **Komplementärfarben**, siehe Bild ➜ 2.

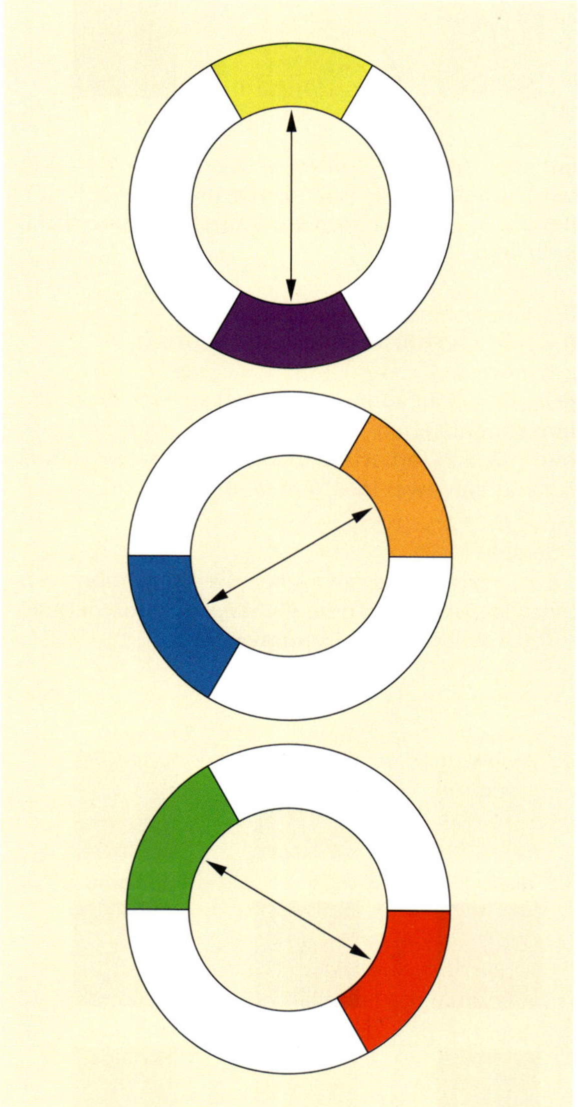
2 Komplementärfarben im Farbkreis

Die Mischung von Komplementärfarben im Farbkreis ergibt ein neutrales Grau. Somit heben sich Komplementärfarben in ihrer Farbintensität gegenseitig auf, sodass man die Intensität, d. h. die Sättigung eines Farbtons, abschwächen kann, wenn man die Komplementärfarbe beimischt. So erreicht man eine Trübung des Farbtons. Auch den Zusammenklang von Komplementärfarben empfinden die meisten Menschen als angenehm.

Zwölfteiliger Farbkreis
Durch das Mischen von Nebenfarben im sechsteiligen Farbkreis entstehen sechs Zwischenfarben. Der Name der jeweils entstandenen Farbe ist eine Kombination aus der Bezeichnung der darin enthaltenen Primär- und Sekundärfarbe, wobei die Primärfarbe vorangestellt wird. Durch die Ausmischung der Zwischenfarben wird der sechsteilige Farbkreis zum zwölfteiligen Farbkreis erweitert, siehe Bild ➜ 1.

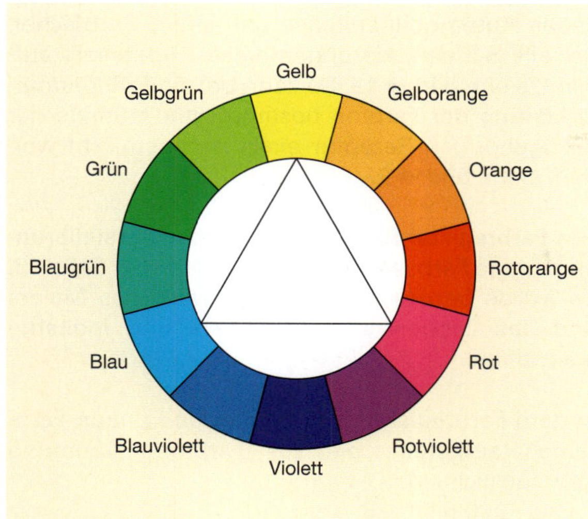

1 Zwölfteiliger Farbkreis

Dieser zwölfteilige Farbkreis geht auf den Maler und Kunstpädagogen **Johannes Itten** zurück und basiert auf dem Mischen von Malfarben. Er verdeutlicht durch die Bezeichnung der Farben deren Beziehung zueinander.

Weitere Farbkreise
Durch weiteres Ausmischen von nebeneinanderliegenden Farben erhält man den 24-teiligen oder den 48-teiligen Farbkreis.

4.2.2.2 Farbregister

Im Handwerk, das mit Farben gestaltet, sind Farbfächer oder Farbregister das geläufigste Farbordnungssystem. Farbregister sind Sammlungen von Farben, die keine Vollständigkeit aufweisen, sondern eine auf den jeweiligen Anwendungsbereich abgestimmte Farbauswahl zeigen, siehe Bild ➜ 2.

2 RAL-Farbregister

Nahezu jeder Farb- und Lackhersteller sowie die Fahrzeugindustrie arbeiten mit eigens ausgesuchten Farbregistern, welche die jeweilige Angebotspalette abbildet.

Jeder Automobilhersteller hat einen Farbfächer, der alle Serienlackierungen dieses Herstellers auflistet, siehe Bild ➜ 1a. So kann bei einer Reparaturlackierung der Farbton bestimmt und mithilfe der dazugehörigen Rezeptur exakt nachgemischt werden, siehe Bild ➜ 2.

Das **Farbregister RAL 840 HR**[1] ist eine herstellerunabhängige Farbsammlung, siehe Bild ➜ 2, Seite 83. Es wurde bereits 1927 für die Praxis des Malers und des Lackierers in Handwerk und Industrie geschaffen.

In dem Farbregister sind die Farben in neun Farbreihen aufgeteilt, die zur Farbtonbestimmung gebräuchlich sind:
- RAL 1000 bis 1028: Gelb
- RAL 2000 bis 2009: Orange
- RAL 3000 bis 3027: Rot
- RAL 4001 bis 4007: Lila/Violett
- RAL 5000 bis 5022: Blau
- RAL 6000 bis 6029: Grün
- RAL 7000 bis 7043: Grau
- RAL 8000 bis 8025: Braun
- RAL 9001 bis 9018: Weiß, Aluminium, Schwarz

Ergänzt werden die vierstelligen Farbnummern durch eine Hilfsbezeichnung.

Beispiel
RAL 3000 Feuerrot

Das RAL-Farbregister entstammt nicht einer wissenschaftlichen Farbsystematik, sondern stellt eine Sammlung von Farben dar, die aus der Praxis entstanden ist. Sie wird laufend überprüft und bei Bedarf ergänzt und erweitert.

Der Zweck des RAL-Farbregisters ist es, für die Praktiker des Lack- und Farbenfachs eine ökonomische Arbeitsgrundlage zu bieten, die eine breite Auswahl bestimmter, stets gleich bleibender Farben enthält.
Die Sammlung enthält insbesondere Farben, die z. B. von wichtigen Institutionen (Bahn, Post, Polizei, Feuerwehr u. a.) benutzt werden oder für bestimmte Zwecke von allgemeinem Interesse sind (z. B. Verkehrsschilder).

Das RAL-Farbregister beinhaltet außerdem Sicherheits- und Signalfarben und kann als Farbvorlage für Gestaltungen dienen.

a) Eines Lackherstellers

b) RAL 840 HR

1 Farbfächer

2 Farbton bestimmen mit Farbfächer

Ein in der Praxis gebräuchliches Instrument bei der Bestimmung und Auswahl von Farben ist der Farbfächer **RAL K7**, siehe Bild ➜ 1b. Dieser zeigt unverbindliche Muster der Farben, die auch im Farbregister RAL 840 HR zu finden sind.

[1] RAL 840 HR: **R**eichs-**A**usschuss für **L**ieferbedingungen, **840** wurde im Jahr 1927 als erste Nummer vergeben; das Register umfasste damals vierzig Farben, **HR** steht für „Hauptregister revidiert": Nach Ende des 2. Weltkrieges wurden einige Farben aus dem Register entfernt, dafür wurden andere aktuelle Farben hinzugefügt.

4.3 Schriftarten und Schriftabwandlungen

Bereits in der Steinzeit benutzten die Menschen zur Verständigung untereinander Hinweiszeichen wie Holzstäbe oder Knochen, um eine bestimmte Richtung zu kennzeichnen. Diese Bildzeichen übermittelten eine bestimmte Information, konnten aber noch nicht als Schrift bezeichnet werden. Die Völker des Orients entwickelten aus den Bildzeichen Bilderschriften, bei denen bestimmte Bilder einen bestimmten Sinn erhielten.

Beispiel
Das Abbild der Sonne bedeutete Vergänglichkeit.

Einen Übergang zwischen Bildern und Buchstaben stellen die sogenannten Lautschriften dar, die es ermöglichten, das Geschriebene zu sprechen.

In der Antike entstanden aus der Fülle der Bilderschriften erste Lautzeichen, aus denen die Griechen das erste Alphabet entwickelten. Geometrische Formen dienten dabei als Grundlage bei der Gestaltung der einzelnen Buchstaben.

Ausgehend von diesem ersten Alphabet der antiken Griechen sind im Laufe der Entwicklungsgeschichte der Schrift zahlreiche Schriftarten entstanden und bis heute ist die Erfindung oder Variation neuer Schriften nicht abgeschlossen.

Zur richtigen Anwendung der einzelnen Schriftformen ist es von großer Bedeutung, die historisch gewachsenen Schriftstile und Schriftcharaktere erkennen zu können.

Ein wichtiger Aspekt der Schriftgestaltung ist die Einheit von Inhalt und Form. Dies bedeutet, die Schriftart so auszuwählen, dass diese im Einklang mit der Aussage des Textes steht.

Beispiele
- Ein sachlicher Text soll von einer zurückhaltenden, neutral wirkenden Schrift übermittelt werden.
- Eine geschwungene Schreibschrift wirkt elegant und edel und eignet sich daher für festliche Anlässe oder kostbare Werbeprodukte, wie z. B. Schmuck.

Bei der Auswahl von Schriften sind weitere Aspekte zu berücksichtigen:
- Zielgruppe, Adressat, Auftraggeber
- Untergrundgröße, Format, Beschaffenheit
- Entfernung (Fernwirkung – Nahwirkung, ruhendes Objekt – bewegliches Objekt)
- Farbgebung (Hintergrund, Umfeld)
- Technische Ausführung und Umsetzbarkeit

Bei der Beschriftung von Fahrzeugen sind außerdem zu bedenken:
- Die Schrift ist der Form des Fahrzeugs anzupassen.
- Ein Fahrzeug ist ein bewegliches Objekt, das sowohl von Nahem als auch aus der Ferne betrachtet wird.

Aufgrund dieser zahlreichen Aspekte, die bei der Schriftgestaltung zu bedenken sind, benötigen die Auszubildenden Informationen über:
- Klassifikation der Schriften, siehe Kap. 4.3.1
- Schriftabwandlungen, siehe Kap. 4.3.2
- Schriftgröße und Flächenaufteilung, siehe Kap. 4.3.3

4.3.1 Klassifikation der Schriften

Wegen der Vielzahl von Schriften werden zur Klassifikation Schriften mit gleichen oder ähnlichen Merkmalen in eine Gruppe eingeteilt.

Die für die Eingruppierung ausschlaggebenden Merkmale einer Schrift sind:
- Duktus
- Serifen
- Rundungen

Duktus
Der Duktus ist der Charakter eines Buchstabens. Der Begriff kommt aus der Kalligrafie[1]. Beim Schreiben mit der Feder wurden die Art des Striches, die Strichdicke und die Strichführung verändert, indem die Feder verschieden gehalten wurde. Zum Beispiel konnten aufwärts führende Striche (**Haarstriche**) mit anderer Strichdicke geschrieben werden als die abwärts führenden Striche (**Grundstriche**), vgl. Bild ➜ 86.1. Die Dicke der Schäfte (Haarstriche und Grundstriche) bestimmt wesentlich den Charakter eines Buchstabens.

[1] Kalligrafie: Schönschreibkunst mit Hand

Serifen

Die Serifen sind die Querstriche am Beginn und am Ende der Schäfte eines Buchstabens, siehe Bild ➜ 2.

Rundungen der Schrift

Die Rundungen können Strichschwellungen haben, die Achse kann gerade sein oder geneigt. Geneigt sind insbesondere die Rundungen bei den Buchstaben o und e.

DIN 16 518 unterteilt die Schriften in elf Gruppen:

- Gruppe I: Venezianische Renaissance-Antiqua
- Gruppe II: Französische Renaissance-Antiqua
- Gruppe III: Barock-Antiqua
- Gruppe IV: Klassizistische Antiqua
- Gruppe V: Serifenbetonte Antiqua
- Gruppe VI: Serifenlose Antiqua
- Gruppe VII: Antiqua-Varianten
- Gruppe VIII: Schreibschriften
- Gruppe IX: Handschriftliche Antiqua
- Gruppe X: Gebrochene Schriften
- Gruppe XI: Fremde Schriften

Schriftgruppe I:

Venezianische Renaissance-Antiqua

Zu dieser Schriftgruppe gehören u. a. Trajanus, Lucida Bright und Golden Type von William Morris.

Beispiel Lucida Bright-Schrift:

ACIMoein

Die Merkmale sind:

- Duktus: Strichdicken der Haarstriche und Grundstriche unterscheiden sich nur wenig.
- Serifen: ein wenig ausgerundet; bei den Versalien M und N sind die oberen Serifen nach beiden Seiten ausgebildet.
- Rundungen: die Achse ist nach links geneigt; der Querstrich des kleinen e liegt schräg.

Schriftgruppe II:

Französische Renaissance-Antiqua

Die bekannteste und wichtigste Schrift dieser Gruppe ist die Garamond.

Beispiel Garamond-Schrift:

ACIMoein

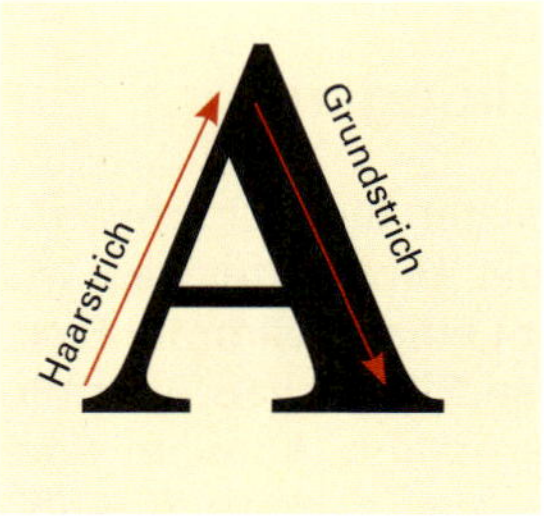

1 Strichdicke und Strichführung

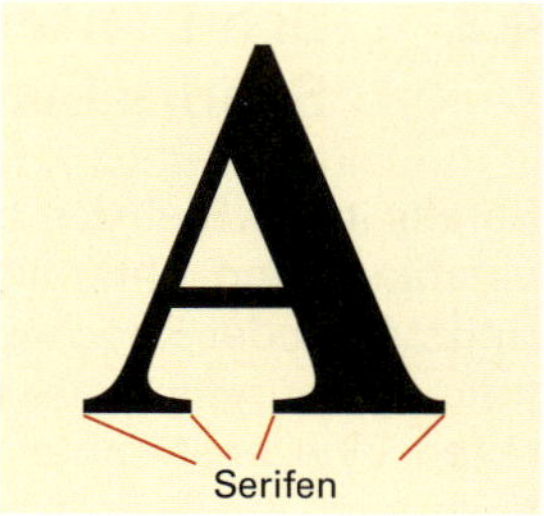

2 Serifen

Die Merkmale sind wie bei der Venezianischen Renaissance-Antiqua, jedoch:

- Duktus: unterschiedliche Strichdicke der Haar- und Grundstriche.
- Der Querstrich des kleinen e liegt waagerecht.

Schriftgruppe III:

Barock-Antiqua

Zu dieser Schriftgruppe gehören u. a. Baskerville und Times.

Beispiel Times-Schrift:

ACIMoein

Die Merkmale sind:

- Duktus: größere Unterschiede in der Strichdicke der Haar- und Grundstriche als bei der Renaissance-Antiqua.
- Serifen: wenig oder gar nicht ausgerundet, bei Kleinbuchstaben oben schräg, unten waagerecht angesetzt.
- Rundungen: mit wenig Strichschwellungen, Achse ist fast senkrecht.

Schriftgruppe IV:

Klassizistische Antiqua

Zu dieser Schriftgruppe gehören u. a. Bodoni, Walbaum und Didot.

Beispiel Bodoni-Schrift:

ACIMoein

Die Merkmale sind:

- Duktus: Haar- und Grundstriche unterscheiden sich kräftig.
- Serifen: waagerecht; Winkel zwischen Serifen und Grundstrichen oder schrägen Haarstrichen sind kaum merklich oder gar nicht ausgerundet.
- Rundungen: mit Strichschwellungen, Achse steht senkrecht.

Schriftgruppe V:
Serifenbetonte Antiqua
Zu dieser Schriftgruppe gehören u. a. Clarendon und Egyptienne.

Beispiel Clarendon-Schrift:
ACIMoein

Die Merkmale sind:
- Duktus: Strichdicken der Haarstriche und Grundstriche unterschieden sich nur wenig.
- Serifen: auffallend betont, Strichdicke wie Haar- und Grundstriche.
- Rundungen: gleiche Strichdicke, Achse steht senkrecht.

Schriftgruppe VI:
Serifenlose Antiqua
Zu dieser Schriftgruppe gehören u. a. Futura, Grotesk, Helvetica und Univers.

Beispiel Helvetica-Schrift:
ACIMoein

Die Merkmale sind:
- Duktus: Strichdicke ist bei einem Teil der Schriftarten einheitlich, bei einem anderen Teil unterschiedlich.
- Serifen: keine.
- Rundungen: gleiche Strichdicke, Achse steht senkrecht.

Schriftgruppe VII:
Antiquavarianten
Dieser Schriftgruppe werden alle Antiqua-Schriften zugeordnet, die weder in den Gruppen I bis VI noch in der Gruppe IX eingeteilt sind. Ihr Duktus weicht von dem der genannten Schriftgruppen ab. Den Kern der Gruppe bilden dekorative Versalschriften[1], das sind Schriften, die nur Großbuchstaben beinhalten.

Beispiel Antiqua-Schrift:
ANTIQUAVARIANTEN

Die Schriften dieser Gruppe sind nur für spezielle Anwendungsgebiete einsetzbar und nicht zu den gängigen Schriften zu zählen, mit denen es der Fahrzeuglackierer zu tun hat.

Schriftgruppe VIII:
Schreibschriften
Auch Schreibschriften bilden eine Gruppe von Schriftarten, die nur in ausgesuchten Fällen für eine Fahrzeugbeschriftung verwendet werden. Es handelt sich bei den Schreibschriften um Schulschriften, die für den Druck aufbereitet sind.

Beispiel Englische Schreibschrift:
Englische Schreibschrift

Schriftgruppe IX:
Handschriftliche Antiqua
Als handschriftliche Antiqua werden Schriften benannt, die, ausgehend von einer Antiqua oder deren Kursivform, das Alphabet in einer persönlichen Weise handschriftlich umsetzen.
Meist sind dies sehr ausgefallene und u. U. recht eigenwillige Schriftarten, deren Einsatzgebiet entsprechend begrenzt ist.

Beispiel handschriftliche Antiqua-Schrift:
Dauphin

Schriftgruppe X:
Gebrochene Schriften
Als gebrochene Schriften werden altdeutsche Schriften bezeichnet. Die Buchstabenelemente dieser Schriften bestehen nicht mehr aus geraden Schäften, die mit gebogenen Linien verbunden werden, sondern sie sind stattdessen oben und unten geknickt bzw. gebrochen und die Bögen begradigt.

Beispiel Alte Schwabacher-Schrift:
ACIMoein

Der Zweig der altdeutschen Schriften muss mit dem Ende des Zweiten Weltkriegs als abgebrochen betrachtet werden. Sie werden auch heute kaum mehr verwendet.

Schriftgruppe XI:
Fremde Schriften
Diese Gruppe umfasst Schriften, die nicht römischen Ursprungs sind. Dazu gehören u. a. die griechische und hebräische oder die arabische Schrift.

[1] Versalien (lat.): Großbuchstaben

4.3.2 Schriftabwandlungen

Hat der Gestalter eine Schriftart für einen bestimmten Zweck ausgesucht, ist es möglich diese abzuwandeln, um den Wünschen des Kunden besser zu entsprechen. Die Schrift wird variiert, ohne die typischen Merkmale der Schriftart zu verändern. Auf diese Weise entsteht eine **Schriftfamilie**.
Variationsmöglichkeiten sind beispielsweise, vgl. Bild ➜ 1:

- Veränderung der Schaftstärken, d. h. der Balkenstärken, von mager zu fett
- Schrägstellung der Buchstaben, auch **kursiv** genannt
- Zusammenschiebung oder Verbreiterung der Buchstaben zu **schmalen** oder **breiten** Schriftformen

Durch solche Veränderungen entsteht ein neues Schriftbild. Mithilfe der Anwendung geometrischer Gesetzmäßigkeiten, wie beispielsweise der Perspektive, können zudem **Schatten- und Raumwirkungen** erzeugt werden, vgl. Bild ➜ 2.

Mit einem Zeichenprogramm ist es möglich, Variationen einer Schrift am PC selbst herzustellen. Dazu werden die acht Anfasser an dem Buchstaben oder dem Wort benutzt, siehe Bild ➜ 3:

- Zieht man das Objekt, d. h. den Buchstaben oder das Wort, an den Eckpunkten, vergrößert oder verkleinert sich der Buchstabe proportional.
- Verwendet man die mittleren Anfasser, werden die Buchstaben oder das Wort in die Höhe oder in die Breite verzerrt. Auf diese Weise entstehen schmale und breite Schriftformen.

Normal

Fahrzeuglackierer (mager)
Fahrzeuglackierer (kursiv)
Fahrzeuglackierer (fett)

Schmal

Fahrzeuglackierer (mager)
Fahrzeuglackierer (kursiv)
Fahrzeuglackierer (fett)

Breit

Fahrzeuglackierer (mager)
Fahrzeuglackierer (kursiv)
Fahrzeuglackierer (fett)

1 Abwandlung der Schrift

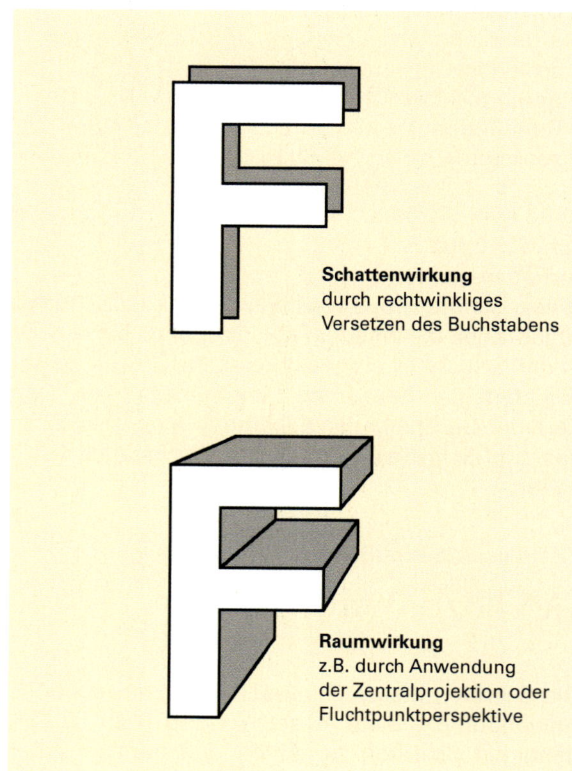

2 Schatten- und Raumwirkung

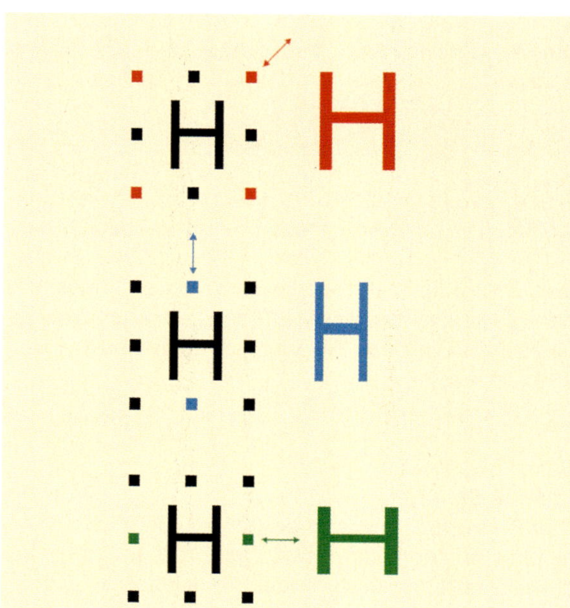

3 Abwandlung der Schrift am Computer

4.3.3 Schriftgröße und Flächenaufteilung

Bei der Schriftgestaltung geht es neben der sachbezogenen, deutlichen Information vor allem darum, das Geschriebene angemessen und klar sichtbar zu machen. Dazu gehören insbesondere die Lesbarkeit und die zu erreichende Aufmerksamkeit bzw. Auffälligkeit.

Dies wird neben der Auswahl der entsprechenden Schriftart und den verschiedenen genannten Gestaltungsmitteln wesentlich von der Flächenaufteilung beeinflusst.

Bei der **Flächenaufteilung** geht es um das Verhältnis von der Schriftfläche zur Restfläche.

Schrift und Fläche müssen in optisch ausgeglichenen Proportionen zueinander stehen, damit das Schriftbild optimal wirkt:

- Günstige Proportionen berücksichtigen das Verhältnis von Schriftfläche zu Gesamtfläche nach optischen Maßstäben. Die Schrift wirkt ausgeglichen, siehe Bild ➜ 1a.
- Eine für die Fläche zu groß gewählte Schrift wirkt aufdringlich und überladen, siehe Bild ➜ 1b.
- Ist die Schrift zu klein, ist sie in größerer Entfernung schlecht lesbar und wirkt unauffällig und verloren, siehe ➜ Bild 1c.

4.4 Darstellung von Gegenständen

Für Entwürfe muss der zu gestaltende Gegenstand zunächst gezeichnet werden. Um einen Gegenstand auf einer ebenen Fläche darzustellen, ist eine Projektion des Gegenstandes erforderlich.

Unter **Projektion**[1] versteht man die Darstellung eines Gegenstandes mithilfe von Projektionslinien.

Ein Gegenstand kann dargestellt werden:
- räumlich, siehe Kap. 4.4.1
- in einzelnen Flächen, siehe Kap. 4.4.2

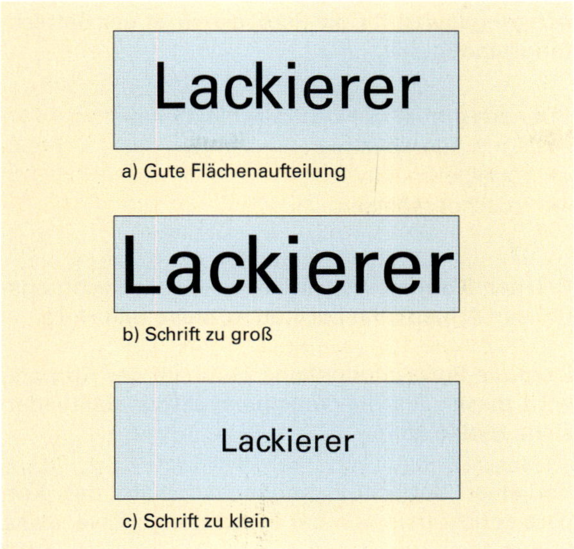

1 Flächenaufteilung

4.4.1 Räumlich wirkende Darstellung von Gegenständen

Für die räumlich wirkende Darstellung von Gegenständen werden verwendet:
- Perspektiven, siehe Kap. 4.4.1.1
- Axonometrien, siehe Kap. 4.4.1.2

4.4.1.1 Perspektivische Darstellung

Die perspektivische[2] Darstellung von Gegenständen erfolgt durch Zentralprojektion.

Die **Zentralprojektion** kommt dem natürlichen Sehen des Menschen am nächsten. Dabei wird der Gegenstand so gelegt, dass die Vorderansicht dem Betrachter frontal zugewandt ist.

Alle parallelen horizontalen Kanten des Gegenstandes liegen auf Strahlen, die sich in der Betrachtungshöhe in einem oder mehreren Punkten treffen. Diese Punkte heißen Fluchtpunkte; deshalb wird die Zentralprojektion auch als **Fluchtpunktperspektive** bezeichnet.

1 projektieren (lat.): entwerfen, planen, vorhaben
2 Perspektive (lat.-nlat.): dem Augenschein entsprechende ebene Darstellung räumlicher Verhältnisse und Gegenstände

Ausgangspunkt für die Perspektive ist der Betrachtungsstandpunkt.

Danach gibt es die Zentralprojektion als:
- Normalperspektive
- Vogelperspektive
- Froschperspektive

Bei der **Normalperspektive** ist die Betrachtungshöhe in Augenhöhe bei 1,65 m, siehe Bild ➜ 1a.

Liegt die Betrachtungshöhe oberhalb des Körpers, wird dieser aus der **Vogelperspektive** abgebildet, siehe Bild ➜ 1b.

Bei einer Betrachtungshöhe unterhalb des Körpers spricht man von der **Froschperspektive**, siehe Bild ➜ 1c.

4.4.1.2 Axonometrische Darstellungen

Bei Entwürfen und technischen Zeichnungen werden meist Axonometrien[1] angewendet. Es entstehen dabei anschauliche Bilder, die allerdings nicht so naturgetreu sind wie bei einer Zentralprojektion. Sie haben jedoch den Vorteil, dass die Maße genau sind und die Darstellungen sind einfach und schnell zu zeichnen.

Zum besseren Lesen der Zeichnung werden verdeckte Umrisse und Kanten vorzugsweise nicht dargestellt.

Folgende Axonometrien sind in DIN ISO 5456-3 genormt:
- isometrische Projektion
- dimetrische Projektion
- schiefwinklige Projektion

Isometrische Projektion
Bei der isometrischen Projektion wird der Gegenstand so gedreht, dass die Kante zwischen Vorderansicht und rechter Seitenansicht dem Betrachter zugewandt ist, siehe Bild ➜ 2. Als Vorderansicht sollte die Ansicht verwendet werden, die für den Entwurf am aussagekräftigsten ist.

Diese Kante ist der Ausgangspunkt für die isometrische Darstellung und wird zuerst im rechten Winkel zu einer waagerechten Grundlinie gezeichnet. Alle Kanten, die von dieser Kante in den Raum fliehen, werden in einem Winkel von 30° parallel zueinander gezeichnet und so die Ansichtsflächen an diese Kante angefügt.

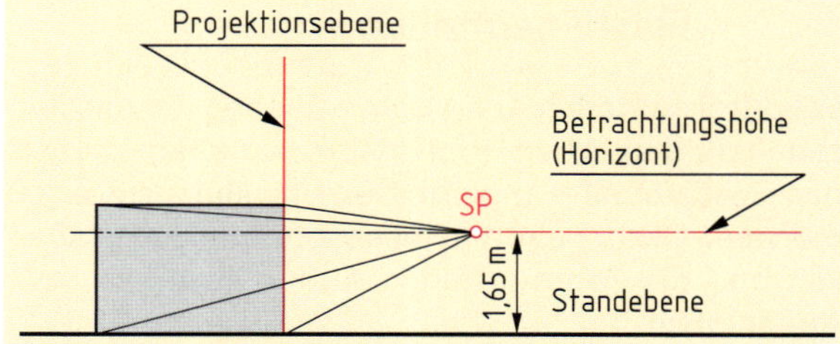

a) Frontalperspektive, Normalperspektive

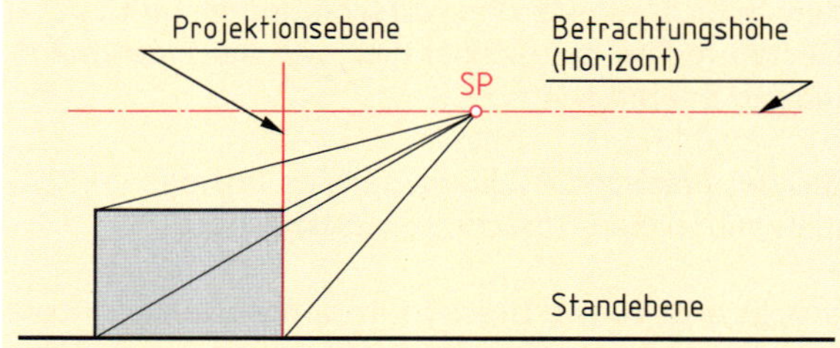

b) Vogelperspektive

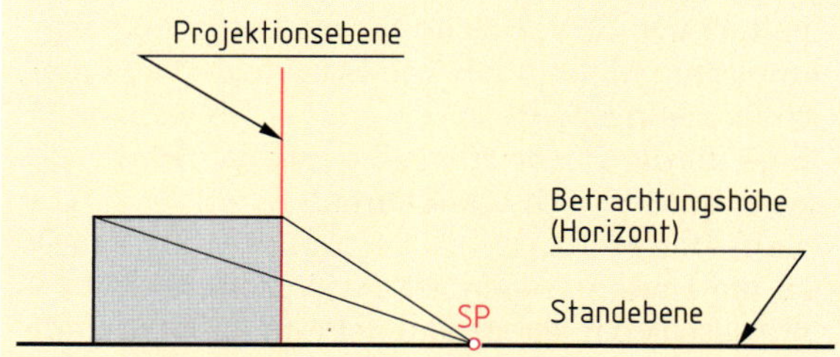

c) Froschperspektive

SP Betrachtungsstandpunkt, Fluchtpunkt

1 Zentralprojektion

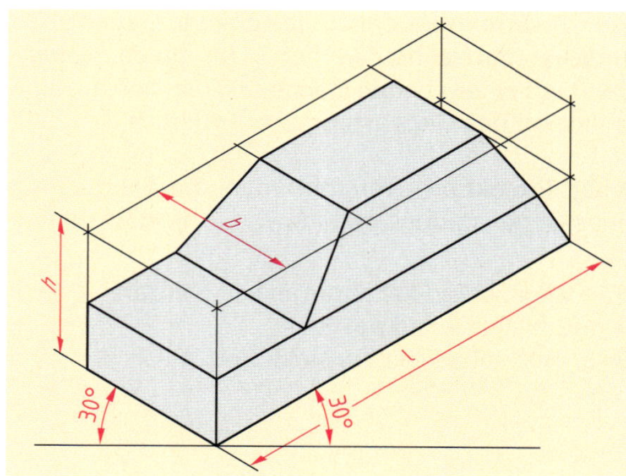

2 Isometrische Projektion

Bei isometrischen Projektionen werden alle drei Dimensionen (Breite, Höhe und Tiefe) in der wahren Größe gezeichnet.

[1] Axonometrie (gr.-nlat.): geometrisches Verfahren, räumliche Gebilde durch Parallelprojektion auf eine Ebene darzustellen

Dimetrische Projektion
Die Ausgangslage des Gegenstandes bei der dimetrischen Projektion ist die gleiche wie bei der isometrischen Projektion: Die Kante zwischen Vorderansicht und rechter Seitenansicht ist dem Betrachter zugewandt. An diese Kante wird die Vorderansicht in einem Winkel von 42° angefügt.

Breite und Höhe werden in wahrer Größe dargestellt. Im Gegensatz zur isometrischen Projektion wird jedoch die Tiefe um die Hälfte verkürzt. Die rechte Seitenansicht wird in einem Winkel von 7° an die Kante angeschlossen, die dem Betrachter zugewandt ist, siehe Bild ➜ 1.

Schiefwinklige Projektion
Schiefwinklige Projektionen sind:
- Kavalierprojektion
- Kabinett-Projektion
- planometrische Projektion

Die **Kabinett-Projektion** ist die realistischste unter den schiefwinkligen Projektionen.

Die Ausgangsposition für die Kabinett-Projektion ist die Vorderansicht. Diese wird in die Abbildungsebene gelegt und in wahrer Größe gezeichnet, siehe Bild ➜ 2. Alle in den Raum, d. h. in die Tiefe, fliehenden Kanten werden in einem Winkel von 45° parallel zueinander gezeichnet und so wird die Seitenansicht an die Vorderansicht seitlich angefügt.

Die Tiefe wird wie bei der dimetrischen Projektion um die Hälfte verkürzt.

Die Kabinett-Projektion ist einfach zu zeichnen und zu bemaßen und ermöglicht eine gute räumliche Vorstellung des Gegenstandes.

4.4.2 Darstellung einzelner Flächen von Gegenständen

Für technische Zeichnungen und Entwürfe ist eine maßgerechte Abbildung unter Umständen von größerer Bedeutung als eine anschauliche Darstellung. In diesem Fall wird der Gegenstand so dargestellt, dass die einzelnen Flächen abgebildet werden.

Es gibt zwei Möglichkeiten, einzelne Flächen eines Gegenstandes darzustellen:
- in seinen Ansichten, siehe Kap. 4.4.2.1
- Abwicklung und Abklappung, siehe Kap. 4.4.2.2

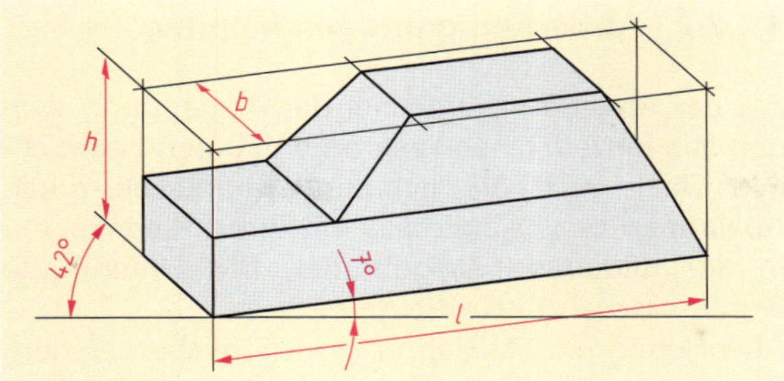

1 Dimetrische Projektion

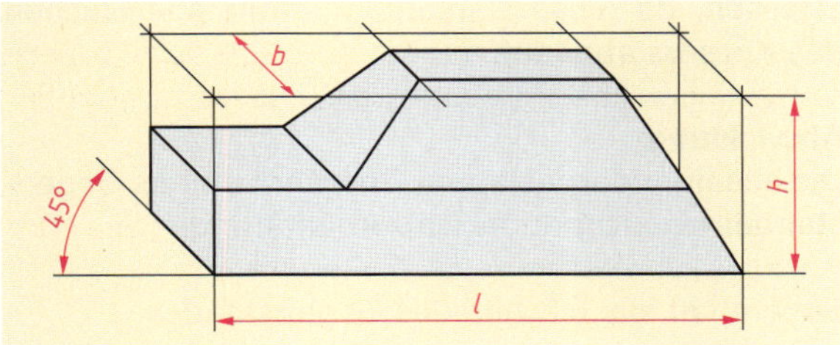

2 Kabinett-Projektion

4.4.2.1 Darstellung eines Gegenstandes in seinen Ansichten

Um einen Gegenstand in seinen Ansichten darzustellen, verwendet man die Normalprojektion. Sie wird auch **rechtwinklige Parallelprojektion** genannt.

Dabei verlaufen die Projektionslinien parallel zueinander und treffen senkrecht auf die Zeichenebene. Die Ansicht des Gegenstandes ist demnach das Bild, das entsteht, wenn man senkrecht auf die Fläche des Gegenstandes blickt, die dem Betrachter zugekehrt ist.

Meist genügen die drei senkrecht zueinanderstehenden Projektionsebenen, um einen Gegenstand in seinen Abmessungen darzustellen. Dabei handelt es sich um die Projektionsebenen der Vorderansicht, der Draufsicht und der Seitenansicht. Die Projektion der Vorderansicht erfolgt direkt in die Zeichenebene. Die Draufsicht und die Seitenansicht werden jeweils um 90° in die Ebene der Vorderansicht geklappt.

Diese Darstellung wird **Dreitafelprojektion** genannt. Die Abmessungen werden in wahrer Größe auf die Zeichenebene gebracht, siehe Bild ➜ 92.1

Die Ansichten werden in einem Koordinatenkreuz mit x- und y-Achse angeordnet.

Es werden angeordnet:
- links oben: Vorderansicht
- links unten: Draufsicht
- rechts oben: Seitenansicht von links oder rechts

4.4.2.2 Abwicklung und Abklappung

Bei der Abwicklung und bei der Abklappung werden alle Einzelflächen zusammenhängend gezeichnet. Dazu wird die gesamte Oberfläche durch Abklappen bzw. Abwickeln mit ihren Biegekanten in der Bildebene ausgebreitet. Die Seitenmaße werden in wahrer Größe gezeichnet.
Abwicklung und Abklappung ermöglichen es dem Betrachter, die Körperverhältnisse mit ihren Ausdehnungen und Maßen mit einem Gesamtblick zu erfassen, da diese Darstellungsform alle Flächen des Körpers abbildet.

Abwicklung
Die auseinandergeklappte Oberfläche eines Gegenstandes bezeichnet man als Abwicklung.

Sie enthält alle Flächen des Gegenstandes:
- Deckfläche
- Grundfläche
- Mantelfläche

Unter Abwicklung versteht man einmal das Konstruktionsverfahren, zum anderen aber auch die fertige Darstellung. Die Abwicklung zeigt den Mantel in seinem Zusammenhang mit den angehängten Grund- und Deckflächen, siehe Bild ➜ 2.

Abklappung
Die Abklappung ist eine andere Möglichkeit der Darstellung. Es werden alle Teile des Mantels um die Grundfläche herum in die Zeichenebene abgeklappt. Die Deckfläche hängt mit der Mantelfläche zusammen, siehe Bild ➜ 3.

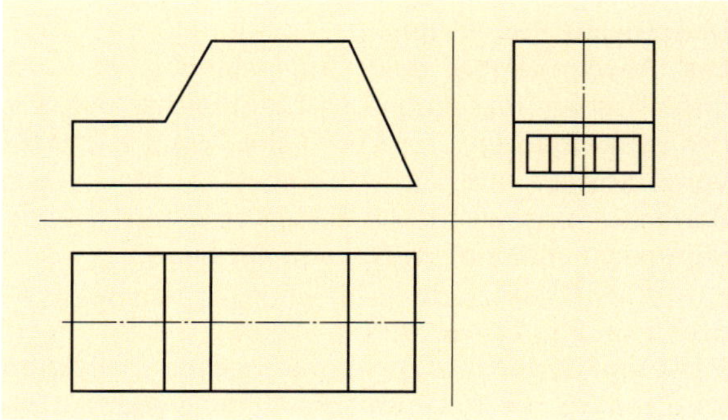
1 Dreitafelprojektion

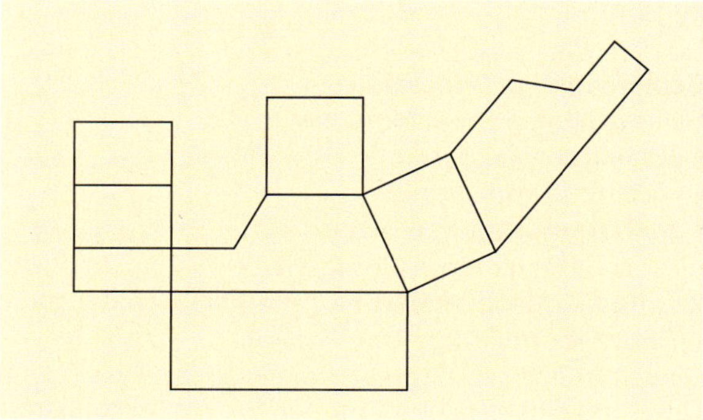
2 Abwicklung

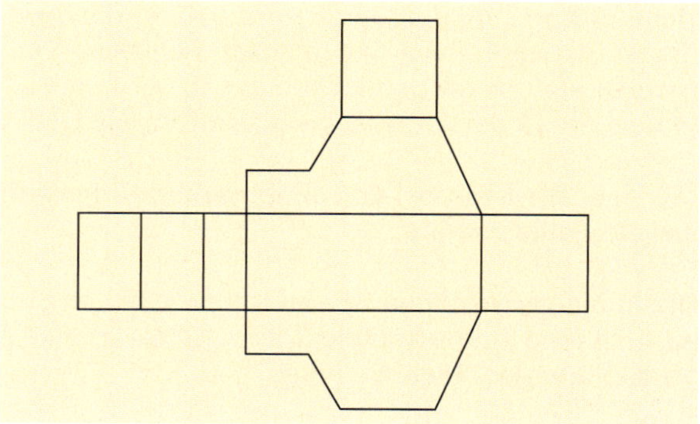
3 Abklappung

4.5 Vergrößerung und Verkleinerung

Zur Gestaltung von Entwürfen sowie zur Ausführung des Entwurfs auf dem zu beschriftenden Objekt liefert der Kunde dem Lackierbetrieb die Vorlage für die gewünschte Beschriftung.
Das Motiv muss in der Regel für die weitere Verwendung in der Größe verändert werden. Meist handelt es sich dabei um eine Vergrößerung.
Zur Vergrößerung oder zur Verkleinerung einer Vorlage gibt es verschiedene Methoden. Die Wahl der Methode richtet sich nach der Form des Motivs.

In diesem Kapitel werden behandelt:
- konstruktive Methode, siehe Kap. 4.5.1
- Rastermethode, siehe Kap. 4.5.2
- mithilfe optischer Geräte, siehe Kap. 4.5.3
- Vergrößerungsfaktor, siehe Kap. 4.5.4
- Rechnen mit Maßstäben, siehe Kap. 4.5.5

4.5.1 Konstruktive Methode zur Vergrößerung

Die konstruktive Methode wird auch **rechnerische Methode** genannt. Sie kommt hauptsächlich bei einfachen Motiven und Logos zum Einsatz, d. h. bei geometrischen Formen. Um das Konstruktionsprinzip solcher Formen zu erkennen, sollte man zunächst eine Kopie der Vorlage anfertigen, in der die geometrischen Formen wie Kreise, Dreiecke, Quadrate, Rechtecke sichtbar werden.
Um nun die Vergrößerung konstruieren zu können, muss man zunächst die Ausgangspunkte für die Konstruktion ermitteln. Diese Ausgangspunkte sind die Eckpunkte der geometrischen Formen oder, im Falle eines Kreises, der Mittelpunkt.

Anschließend misst man die wichtigsten Maße ab. In Bild ➜ 1 sind dies:

- die Seitenlänge *a* des umgebenden Quadrates
- die Seitenlänge *b* der drei kleinen Quadrate aus den Wappen
- der Radius *r* der drei Kreise aus den Wappen und deren jeweilige Mittelpunkte M1, M2, M3
- der Abstand *g* des Mittelpunktes der Kreise vom Quadrat des Wappens
- die Abstände *c* und *d* der beiden äußeren Wappen vom umgebenden Quadrat
- die Abstände *e* und *f* des mittleren Wappens vom umgebenden Quadrat

Die aus der Vorlage abgemessenen Maße werden mithilfe des Vergrößerungsfaktors umgerechnet. Mit diesen errechneten Maßen wird nun mit Zirkel und Lineal die Vergrößerung nach der Vorlage konstruiert:

- Man zeichnet zuerst das umgebende Quadrat.
- Anschließend werden die Abstände *c*, *d* und *e*, *f* als Hilfslinien eingezeichnet.
- Angrenzend an die entsprechenden Hilfslinien zeichnet man die drei Quadrate der Wappen mit der vergrößerten Seitenlänge *b*.
- Die drei Mittelpunkte der Kreise werden als Nächstes eingezeichnet. Der Abstand *g* markiert den Punkt in der Vertikalen, in der Horizontalen liegt M jeweils in der Mitte der drei gezeichneten Quadrate.
- Mit den Kreisbögen werden die drei Wappen vervollständigt; dazu schlägt man um M1, M2 und M3 jeweils einen Kreis mit dem vergrößerten Radius *r*.

4.5.2 Rastermethode

Die Rastermethode ist ein einfaches, aber genaues Verfahren zur Vergrößerung oder zur Verkleinerung von Zeichnungen, Skizzen, Piktogrammen, Logos und auch Schriften.

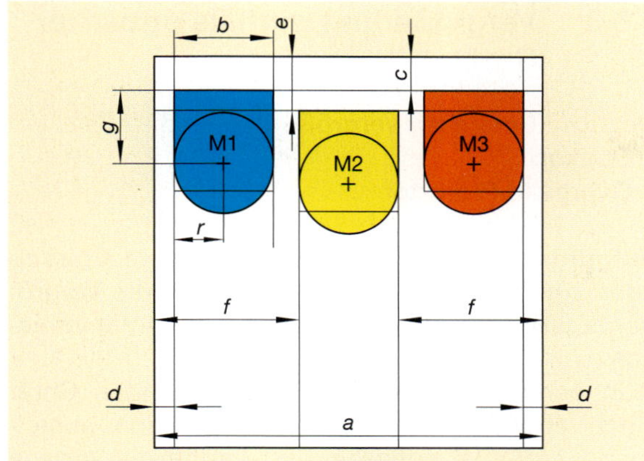

1 Konstruktive Methode zur Vergrößerung

Sie eignet sich insbesondere für komplizierte Motive.
Als Raster wird ein Quadratnetz verwendet.
Die Größe der Quadrate richtet sich nach Größe und Schwierigkeit der Vorlage. Je schwieriger das Motiv ist, umso kleiner müssen die Quadrate sein.

Bild ➜ 2 zeigt, wie mit der Rastermethode ein Buchstabe im Maßstab 2 : 1 vergrößert wird:

- Raster einzeichnen oder als Transparent über das Motiv legen
- Linien des Rasters nummerieren
- Raster im Maßstab 2 : 1 auf ein Zeichenblatt übertragen; Linien ebenfalls nummerieren
- Schnittpunkte zwischen Vorlage und Raster markieren
- Schnittpunkte ins vergrößerte Raster übertragen
- markante Punkte in der Vorlage markieren, z. B. Eckpunkte
- markante Punkte ins vergrößerte Raster übertragen
- im vergrößerten Raster Schnittpunkte und markante Punkte verbinden
- Raster und andere Hilfslinien entfernen
- vergrößertes Motiv nachziehen

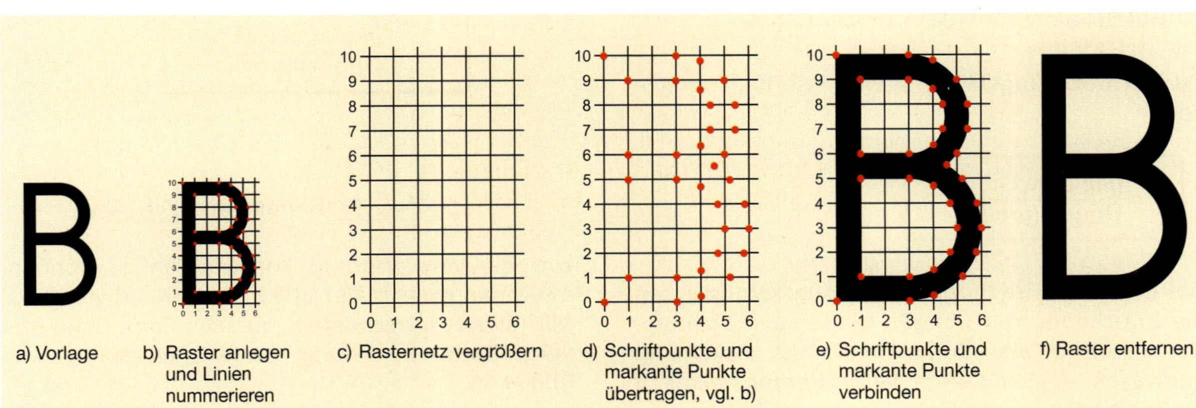

2 Buchstabe „B“ auf das Doppelte vergrößern (= Maßstab 2 : 1)

4.5.3 Vergrößerung mithilfe optischer Geräte

Optische Geräte zur Vergrößerung sind:
- Episkop
- Overhead-Projektor

Aufgrund der Projektorfläche bei einem Episkop oder einem Overhead-Projektor kann die Vergrößerungsvorlage maximal im DIN-A4-Format vorliegen.
Man benötigt neben dem entsprechenden Gerät einen abgedunkelten Raum sowie eine ausreichend große Wandfläche, auf welche die Vorlage projiziert werden kann.
Die Vorlage wird mithilfe von Lichtstrahlen auf der Projektionsfläche vergrößert. Dabei wird das Endergebnis umso größer, je größer der Abstand des Gerätes von der Wand ist.

Um Verzerrungen des Motivs zu vermeiden, muss das Gerät exakt rechtwinklig zur Projektionswand ausgerichtet sein.

Ist das Motiv in der gewünschten Größe auf der Wand projiziert, wird ein Bogen Papier an der Wand befestigt, auf welchem man die Konturen der Vorlage nachzeichnet, siehe Bild ➜ 1.
Diese Methode eignet sich besonders für starke Vergrößerungen.

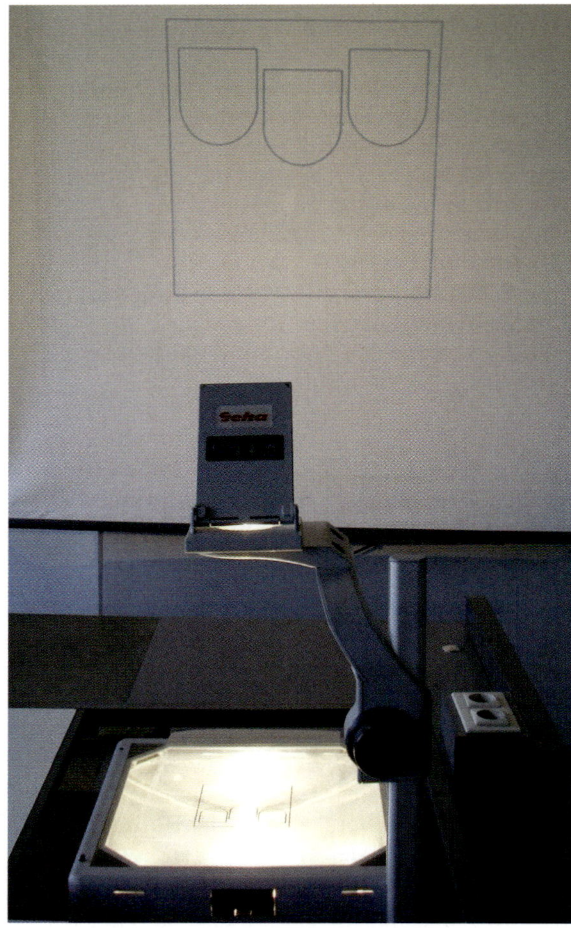

1 Vergrößerung mithilfe eines Overhead-Projektors

4.5.4 Vergrößerungsfaktor

Der Vergrößerungsfaktor ergibt sich aus den Originalmaßen der Vorlage und der gewünschten Größe des Motivs.

Der Vergrößerungsfaktor wird:
- bei der konstruktiven Methode und dem Rasterverfahren errechnet
- bei der Vergrößerung mithilfe optischer Geräte experimentell ermittelt

Der Vergrößerungsfaktor V wird wie folgt errechnet:

$$V = \frac{\text{geplante Größe}}{\text{Originalgröße}}$$

Das Ergebnis wird möglichst günstig gerundet, um die Errechnung der übrigen Maße zu erleichtern. Dann werden alle Originalmaße der Zeichnung gemessen und mit dem Vergrößerungsfaktor V multipliziert.

Beispiel:
Der Buchstabe F soll vergrößert werden. Die Breite des Rahmens beträgt 21 mm; sie soll auf 31 mm vergrößert werden.

Geg.: geplante Größe = 31 mm Ges.: V
Originalgröße = 21 mm

Lösung:

$$V = \frac{\text{geplante Größe}}{\text{Originalgröße}}$$

$$= \frac{31\text{ mm}}{21\text{ mm}}$$

$\underline{V = 1{,}47}$ Runden auf $\underline{\underline{V = 1{,}5}}$

Um die Vergrößerung konstruieren zu können, muss nun jedes Maß mit 1,5 multipliziert werden. Mit diesen errechneten Maßen kann dann die vergrößerte Zeichnung erstellt werden, siehe Bild ➜ 95.1.

4.5.5 Rechnen mit Maßstäben

Fahrzeuglackierer müssen Teilezeichnungen oder Vorlagen für Schriften und Logos „lesen" können, d. h. Maße daraus entnehmen und errechnen.

Beim Maßstabrechnen wird mit folgenden Größen gearbeitet:

- Wirklichkeitsmaß *WM*: wirkliche Länge
- Zeichnungsmaß *ZM*: gezeichnete Länge
- Maßstab *M*: das Verkleinerungs- bzw. das Vergrößerungsverhältnis als Verhältnis von Zeichnungsmaß zu Wirklichkeitsmaß

$$M = \frac{ZM}{WM}$$

M Maßstab
ZM Zeichnungsmaß
WM Wirklichkeitsmaß

Es gilt:

- $M < 1$: Verkleinerung
- $M = 1$: dann ist $ZM = WM$
- $M > 1$: Vergrößerung

Beispiele:

- M 1 : 100:
  Maßstab 1 zu 100, $M = {}^1/_{100} = 0{,}01$ (Verkleinerung)
- M 5 : 1:
  Maßstab 5 zu 1, $M = {}^5/_1 = 5$ (Vergrößerung)

Das **Zeichnungsmaß** kann aus dem Wirklichkeitsmaß errechnet werden, indem man bei Verkleinerungen teilt und bei Vergrößerungen malnimmt.

Beispiel:
Wie lang ist eine Strecke von 20 cm zu zeichnen im Maßstab *M* 1 : 10?

Geg.: $WM = 20$ cm, $M = 1 : 10$ Ges.: *ZM*

Lösung:

$$M = \frac{ZM}{WM} \quad | \cdot WM$$

$$ZM = WM \cdot M$$

$$= 20 \text{ cm} \cdot \frac{1}{10} = \frac{20 \text{ cm}}{10}$$

$$\underline{\underline{ZM = 2 \text{ cm}}}$$

Das **Wirklichkeitsmaß** kann aus dem Zeichnungsmaß errechnet werden, indem man bei Verkleinerungen malnimmt und bei Vergrößerungen teilt.

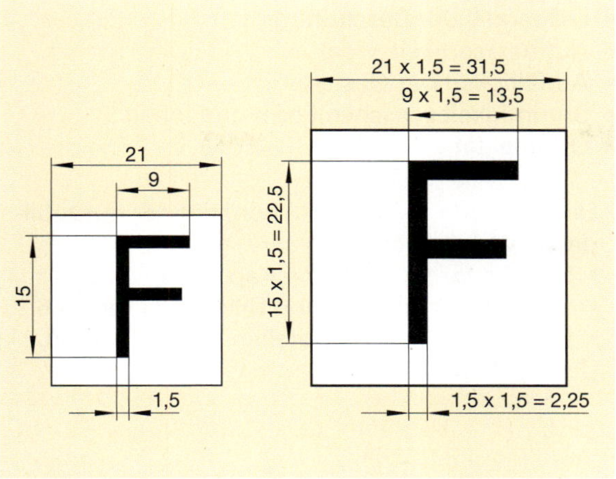

1 Vergrößerung des Buchstaben F

Beispiel:
Wie lang ist eine Strecke in Wirklichkeit, wenn sie 2 cm lang gezeichnet wird und der Maßstab 1 : 10 ist?

Geg.: $ZM = 2$ cm, $M = 1 : 10$ Ges.: *WM*

Lösung:

$$M = \frac{ZM}{WM} \quad | \cdot WM$$

$$ZM = WM \cdot M \quad | : M$$

$$WM = \frac{ZM}{M}$$

$$= \frac{2 \text{ cm}}{1/10} = \frac{2 \text{ cm} \cdot 10}{1}$$

$$= 2 \text{ cm} \cdot 10$$

$$\underline{\underline{WM = 20 \text{ cm}}}$$

4.6 Entwürfe erstellen

Wenn die Vorgaben des Kunden bezüglich der Gestaltung des Fahrzeugs recht vage sind, ist es ratsam, ihm mehrere Entwürfe mit verschiedenen Varianten vorzulegen hinsichtlich der Anordnung und der Größe der einzelnen Komponenten, aber auch verschiedene Farbkombinationen.

So kann der Kunde den für seine Belange besten Entwurf auswählen. Wichtig dabei ist es, den Kunden mit fachmännischem Wissen zu beraten, d. h. die jeweilige Gestaltungsvariante fachlich zu begründen und ihm die Vor- aber auch die Nachteile des jeweiligen Entwurfs zu erläutern.

Wichtige Aspekte dabei sind:
- Lesbarkeit der Beschriftung
- Aufmerksamkeitswert
- Auffälligkeit der Gestaltung
- Stimmigkeit zwischen Form und Inhalt
- Originalität

Um Entwürfe zu erstellen, benötigt der Auszubildende Wissen über:
- Schriftanordnung, siehe Kap. 4.6.1
- Verbindung von Text und Bild, siehe Kap. 4.6.2
- Möglichkeiten zum Erstellen von Entwürfen, siehe Kap. 4.6.3

4.6.1 Schriftanordnung

Texte können auf dem Schriftträger angeordnet sein:
- symmetrisch oder asymmetrisch
- einzeilig oder mehrzeilig
- geradlinig oder schräg

Die Anordnung der Schrift richtet sich nach den Gegebenheiten des Schriftträgers, z. B. Größe und Format der zu beschriftenden Fläche; Bild ➜ 1 zeigt verschiedene Möglichkeiten.

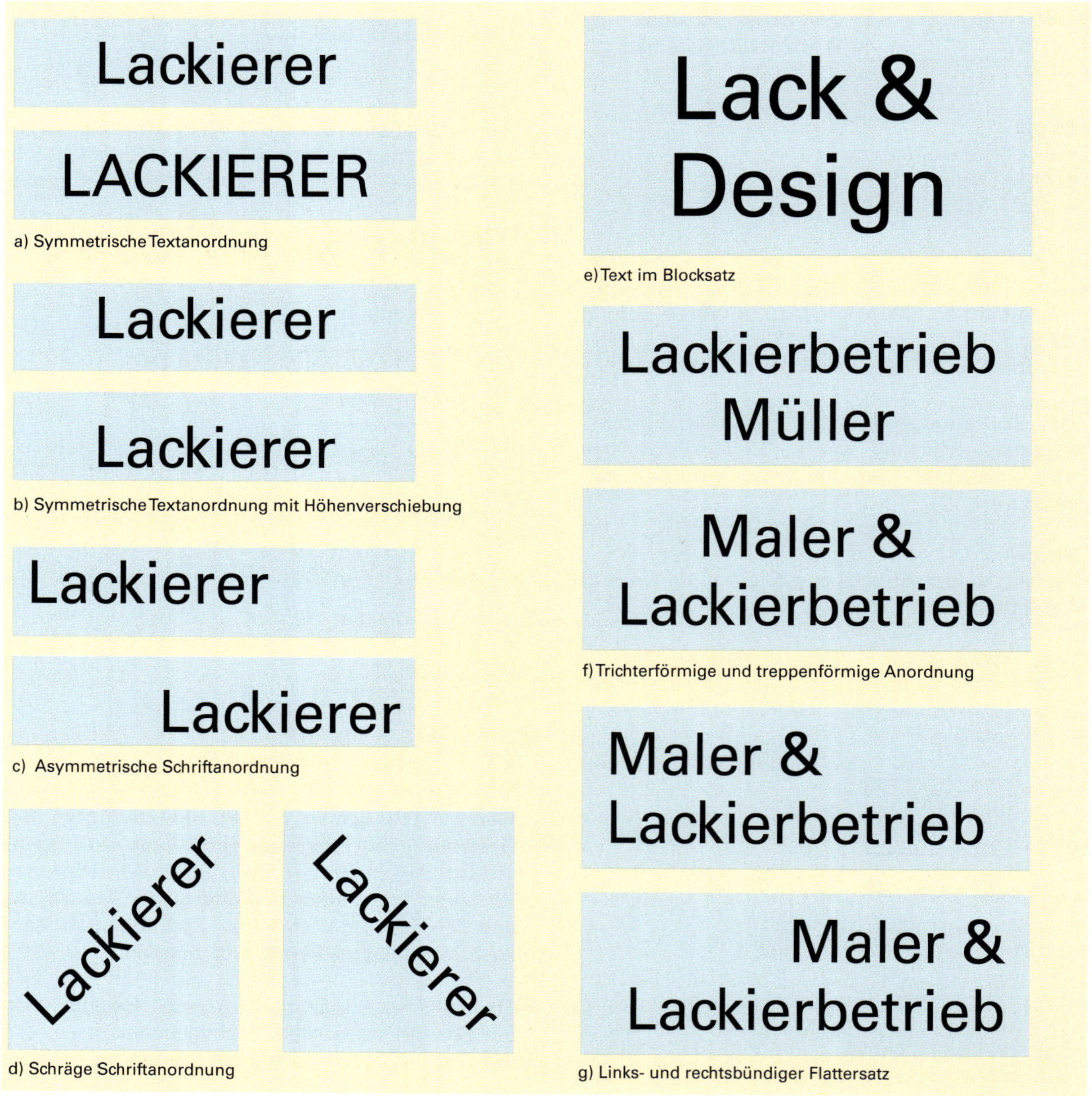

a) Symmetrische Textanordnung
b) Symmetrische Textanordnung mit Höhenverschiebung
c) Asymmetrische Schriftanordnung
d) Schräge Schriftanordnung
e) Text im Blocksatz
f) Trichterförmige und treppenförmige Anordnung
g) Links- und rechtsbündiger Flattersatz

1 Schriftanordnung

4.6.2 Text und Bild verbinden

Bei der Verbindung von Text und Bild soll zwischen diesen ein Zusammenhang hergestellt werden.

Dabei ist Folgendes zu bedenken:
- Bei zu großem Abstand geht der Zusammenhang verloren.
- Bei zu geringem Abstand wirkt das Gesamtbild eingeengt.

Außerdem sind zu beachten:
- Form und Größe des Bildes
- Form und Größe des Textes

Damit Bild und Text eine Einheit bilden, ist es nicht gleichgültig, ob das Logo links oder rechts angeordnet ist.

Beispiel
Die obere Anordnung in Bild ➜ 1 fügt Text und Bild am günstigsten zusammen. Hier zeigt das Auto mit der Motorhaube zur Mitte der Fläche und die Schrift schließt an die Rundung der rechten Ecke des Fahrzeugs an und füllt so nach oben die Lücke, die zum Dach hin entsteht. Auf diese Weise entsteht eine Verbindung zwischen Text und Bild, da das Bild dem Text zugewandt ist.

4.6.3 Entwürfe erstellen

Es gibt zwei Möglichkeiten, die Entwürfe für eine Fahrzeugbeschriftung zu erstellen:
- mithilfe eines Grafikprogramms
- manuell

Bei der Verwendung eines **Grafikprogramms** kann ein Entwurf in Form einer Fotocollage erstellt werden. Dazu wird das Fahrzeug fotografiert und das Bild dann in das Grafikprogramm eingespielt, mit dessen Hilfe sich die Beschriftung in das Foto integrieren lässt. Eine noch bessere Entwurfsgrundlage bietet eine schematische Darstellung des zu beschriftenden Fahrzeugs. Archive mit digitalisierten Fahrzeugabbildungen bieten Entwurfsgrundlagen für nahezu jeden Fahrzeugtyp. Darin sind die Abmessungen des Fahrzeugs maßstabsgetreu dargestellt, sodass Größe und Position der Beschriftung genau festgelegt werden können.

Für die Entwurfspräsentation ist ein Maßstab zu wählen, in dem auch kleinere Gestaltungselemente gut zu erkennen sind.

1 Verbindung von Text und Bild

Bei einer **manuellen Entwurfsgestaltung** kommen die beschriebenen Vergrößerungs- oder Verkleinerungstechniken zum Einsatz. Auch der Fotokopierer kann hier ein geeignetes Hilfsmittel sein, vgl. Kapitel 4.3.5.

4.7 Entwürfe präsentieren

Um die beste Lösung zu finden, ist es ratsam, immer mehrere Entwürfe mit verschiedenen Anordnungen herzustellen. Dem Kunden kann dann eine Auswahl von Lösungsmöglichkeiten präsentiert werden, aus denen er auswählen kann, welche ihm am besten gefällt bzw. welche dem Werbeziel am förderlichsten ist.

Es gibt drei Möglichkeiten, die Entwürfe zur Beschriftung zu erstellen:
- Fotocollage
- Abwicklung als Entwurfsgrundlage
- manuell beschriften

Recht schnell kann ein Entwurf in Form einer **Fotocollage** erstellt werden.

Genauer lässt sich die Beschriftung ausrichten, wenn man eine der vorgestellten Körperdarstellungen auswählt und diese für den zeichnerischen Entwurf oder den am Computer verwendet. Bei einer Beschriftung aller vier Seiten bietet sich die **Abwicklung als Entwurfsgrundlage** an.

Die Abwicklung bildet alle Seiten des Körpers ab und enthält keine Verkürzungen oder perspektivischen Verzerrungen, vgl. Kap. 4.4.2.2.

Für die Darstellung ist ein Maßstab zu wählen, in dem auch kleinere Gestaltungselemente gut zu erkennen sind. Die Maße können der Beschreibung des Fahrzeugs entnommen werden. Fehlende Maße müssen mithilfe des Maßstabrechnens ermittelt werden.

Mithilfe des Grafikprogramms wird dann die Abwicklung gezeichnet und die einzelnen Elemente werden angeordnet. Eine Veränderung von Größe und Position ist am Computer leicht durchzuführen.

4.8 Fahrzeuge beschriften

Im Fahrzeuglackierbetrieb kommen im Wesentlichen folgende Beschriftungstechniken zum Einsatz:
- selbstklebende Folienschrift, siehe Kap. 4.8.1
- mithilfe von Schablonenfolie, siehe Kap. 4.8.2

4.8.1 Selbstklebende Folienschrift

Selbstklebende Folienschriften werden insbesondere für kurzzeitige Beschriftungen verwendet. Deshalb müssen sie sich rückstandslos entfernen lassen. Dennoch bewirken sie einen guten Verbund zu nahezu jedem glatten Untergrund.

Voraussetzung ist, dass der Untergrund sauber, trocken und fettfrei ist.

Mithilfe der Technik des Digitaldrucks lassen sich auch mehrfarbige Motive auf eine selbstklebende Folie aufdrucken und dann auf den Untergrund aufkleben, siehe Bild ➜ 1.

Die Schrift wird in der gewünschten Folienfarbe und -qualität von einem Plotter geschnitten.

Das Material um die Schrift bzw. um das Motiv herum wird anschließend entfernt. Diesen Arbeitsschritt bezeichnet man als **Entgittern**. Die Schrift oder das Motiv bleibt positiv auf dem Trägerpapier stehen.

Um das Motiv auf den Untergrund zu übertragen, wird dieses mit Übertragungsfolie versehen. Die Übertragungsfolie wird gerade so fest mit einer

1 Selbstklebende Folienschrift

Rakel angedrückt, dass die bedruckte Folie bzw. bei einer Schrift die einzelnen Buchstaben daran haften bleiben.

Die Übertragungsfolie hat eine geringere Klebekraft als die bedruckte Folie oder die Folienschrift, damit sie sich leicht wieder ablösen lässt.

Die Übertragungsfolie soll möglichst glatt und ohne Falten auf die Folienschrift aufgezogen werden. Anschließend wird die Folie umgedreht und das Trägerpapier in einem flachen Winkel abgezogen. Dabei ist darauf zu achten, dass das Trägerpapier gleichmäßig abrollt und keine Knicke oder Falten in der Folie verursacht.

Die Folie wird dann über dem Untergrund in der gewünschten Position ausgerichtet und an einer Ecke angedrückt. Von dieser Ecke ausgehend das Motiv mit einer Rakel in überlappenden Strichen fest andrücken. Abschließend wird die Übertragungsfolie von der selbstklebenden Folie entfernt, welche auf dem Untergrund zurückbleibt.
Bei großen Aufklebern wird schrittweise vorgegangen; Beispiel siehe Kap. 4.9.3.5.

4.8.2 Schablonenfolie

Die Beschriftung mithilfe von Schablonenfolien und Farbe bietet sich an, wenn eine haltbare und langfristige Beschriftung gewünscht wird. Schablonenfolie wird als Maske eingesetzt und nach der Beschriftung wieder entfernt.
Schablonenfolien haben einen neutralen Farbton, z. B. Grau, damit der Fahrzeuglackierer erkennt, wo sich die Folie befindet und nicht über die Ränder hinaus lackiert, malt oder rollt. Sie sind transparent, um durch die Folie hindurchzusehen; dies erleichtert das Positionieren der Schablonen, wenn das Fahrzeug mit mehreren Farben beschriftet werden soll.

Damit die Folie plan auf dem Untergrund anliegt und gut haftet, muss das Material flexibel sein. Eine zu starre Folie haftet nicht ausreichend am Untergrund. Infolgedessen kann Farbe unter die Schablonenfolie laufen und die Konturen der Beschriftung werden unscharf.

Von großer Bedeutung ist außerdem der Klebstoff der Schablonenfolie.

Der Klebstoff soll:
- eine geringe Endklebekraft besitzen
- resistent sein gegen Lösemittel

Eine **geringe Endklebekraft** bewirkt, dass sich die Folie nach dem Beschriften wieder rückstandslos vom Untergrund entfernen lässt. Die Klebekraft darf deshalb nicht zu stark sein. Sie darf aber auch nicht zu schwach sein; das führt dazu, dass sich die Folie leicht vom Untergrund ablöst und Farbe dahinter läuft.

Der Klebstoff der Schablonenfolie muss auch lösemittelresistent sein, da die verwendeten Lacke und Farben meist lösemittelhaltig sind. Bei einem nicht lösemittelresistenten Klebstoff wird die Folie angegriffen und die Schnittkanten wellen sich, was unscharfe Konturen zur Folge hat. Im Zweifelsfall empfiehlt es sich, vorher einen Test durchzuführen.

Vorgehen:
- Schrift plotten
- Buchstaben von der Trägerfolie ausheben
- Übertragungsfolie aufkleben
- Trägerfolie abziehen
- Schrift ausrichten
- Übertragungsfolie mit Schablone auf die Fahrzeugoberfläche kleben
- Übertragungsfolie vorsichtig abziehen
- Schablone mit Farbe überstreichen
- die Schablone vorsichtig von der Fahrzeugoberfläche entfernen

Ein Beispiel zum Beschriften einer Fahrzeugplane mithilfe einer Schablonenfolie finden Sie in Kapitel 4.9.3.

4.9 Lernsituation

Eine Firma, die Fahrzeuge, Planen und anderes beschriftet, möchte die Plane ihres eigenen Lkws beschriften.

Die Beschriftung soll umfassen:
- Grafik, die bereits auf Werbeschildern und den Briefbögen abgedruckt ist
- Firmenname mit Internetadresse
- Leistungen

Mit diesen Vorgaben wird ein Mitarbeiter beauftragt, die Plane zu beschriften.

Der Auftrag wird nach folgender Vorgehensweise ausgeführt:
- Auftragsannahme, siehe Kap. 4.9.1
- Arbeitsplanung, siehe Kap. 4.9.2
- Arbeitsauftrag durchführen, siehe Kap. 4.9.3
- Qualitätssicherung, siehe Kap. 4.9.4
- Fahrzeugplane an den Kunden übergeben, siehe Kap. 4.9.5

4.9.1 Auftragsannahme

Der Mitarbeiter nimmt den Auftrag entgegen. Die Grafik wurde bereits in Auftrag gegeben und liegt als Digitaldruck vor, auf einer weißen, selbstklebenden Folie aufgedruckt und ausgeschnitten, siehe Bild ➜ 1.

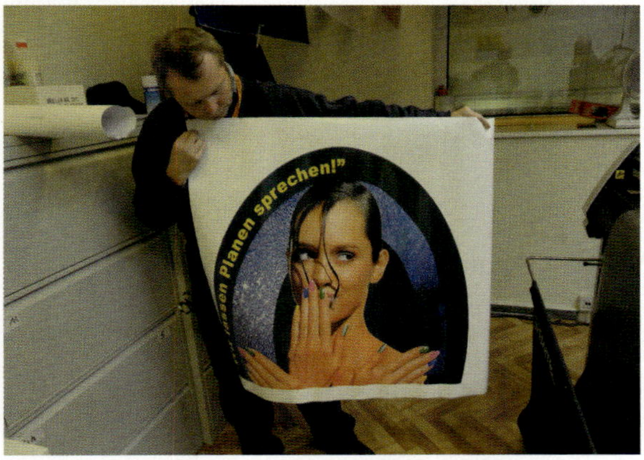

1 Digitaldruck auf selbstklebender Folie

4.9.2 Arbeitsplanung

Arbeitsplanung						**Datum**
Auftrags-Nr				**Schlüssel:** Fabrikat: Baujahr: Farbcode: KFZ Halter:	**Benennung/Art der Arbeit:** Plane beschriften	**Mitarbeiter**
Arbeitsschritt					**Werkzeuge** **Maschinen** **Material**	**Bemerkungen** **UVV**
lfd. Nr.	Vorbereitung	Beschriftung	Finish			
1	x			Entwurf erstellen	PC	
2	x			Schablonenfolie erstellen – plotten – entgittern	Plotter, Cuttermesser, Schablonenfolie	
3	x			Beschriftung vorbereiten – Untergrund reinigen – Übertragungsfolie aufbringen und zuschneiden – Folien platzieren und fixieren – Trägerfolie abziehen und abschneiden – Schablonenfolie aufbringen – Übertragungsfolie abziehen – Grafik und nicht zu beschriftende Flächen abdecken	Reinigungsmittel, Schere, Rakel, Abdeckpapier, Übertragungsfolie	
4		x		Beschriftung ausführen – Kanten der Buchstaben nochmals festdrücken – Farbe durchrühren, aufrollen und trocknen lassen – Abdeckungen entfernen – Schablonenfolie abziehen – Buchstaben entgittern und ausgelaufene Kanten korrigieren	Rakel, Planenfarbe, Cuttermesser, Verdünnung	
5		x		Grafik aufkleben	Rakel	

1 Arbeitsplan

4.9.3 Arbeitsauftrag durchführen

Aus der Arbeitsplanung ergeben sich folgende Arbeitsschritte:

- Entwurf erstellen, siehe Kap. 4.9.3.1
- Schablonenfolien erstellen, siehe Kap. 4.9.3.2
- Beschriftung vorbereiten, siehe Kap. 4.9.3.3
- Beschriftung ausführen, siehe Kap. 4.9.3.4
- Grafik aufkleben, siehe Kap. 4.9.3.5

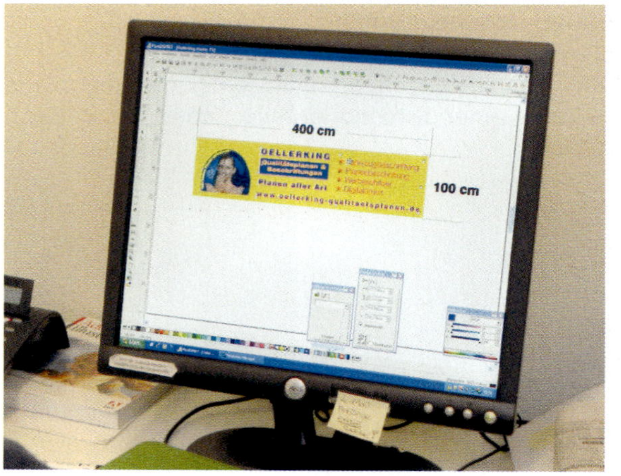

2 Entwurf

4.9.3.1 Entwurf erstellen

Der Mitarbeiter erstellt mehrere Entwürfe. Nach Rücksprache mit dem Firmeninhaber fällt die Entscheidung für den Entwurf in Bild ➜ 2.

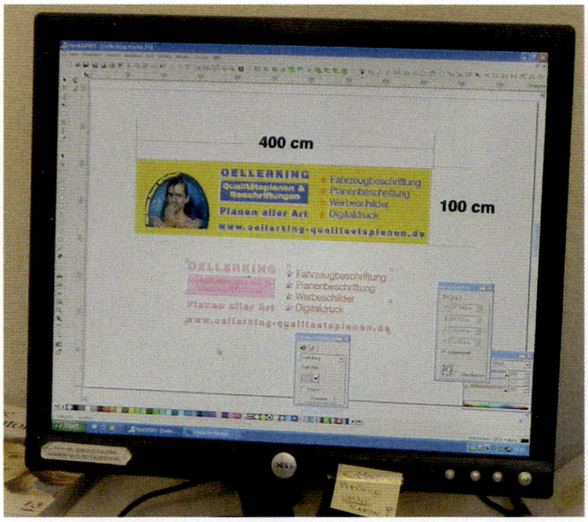

1 Datei herausziehen zum Plotten

2 Schablonenfolie in den Plotter legen

Nun wird die Datei zum Plotten hergestellt. Dazu wird die Beschriftung aus dem Entwurf entnommen und daruntergestellt, siehe die rote Schrift in Bild ➜ 1.

Achtung
Korrekturlesen!
Ein Rechtschreibfehler auf der Fahrzeugplane wird teuer.

Die Beschriftung ist jetzt bereit zum Plotten.

3 Schablonen ausschneiden auf einem Plotter

4.9.3.2 Schablonenfolien erstellen

Die Folie wird:
- geplottet
- entgittert

Vor dem **Plotten** muss die Folienrolle eingelegt werden, siehe Bild ➜ 2. Für die Beschriftung sollte eine Schablonenfolie eingesetzt werden, die für Planen geeignet ist.

Am Computer wird dann der Befehl gegeben, die Schrift zu plotten. Der Schneidkopf des Plotters fährt über die Folie und schneidet die Konturen der Schrift in die Folie, für das Auge kaum sichtbar, siehe Bild ➜ 3.

Dann werden die Buchstaben ausgehoben – die Schrift wird **entgittert,** sodass ein Negativbild entsteht, siehe Bild ➜ 4.

4 Schablonenfolie entgittern

4.9.3.3 Beschriftung vorbereiten

Zum Vorbereiten gehören:
- Untergrund reinigen
- Übertragungsfolie auf die Schablone aufbringen und zuschneiden
- Folien platzieren und fixieren
- Trägerfolie abziehen und abschneiden
- Schablonenfolie aufbringen
- Übertragungsfolie abziehen
- Grafik und nicht zu beschriftende Flächen abdecken

Der Untergrund muss **gründlich gereinigt** werden, damit er fett- und staubfrei ist. Das verwendete Reinigungsmittel darf aber die Plane nicht angreifen.

Dann werden **Übertragungsfolien** auf die Schablone und die Grafik **aufgebracht**, siehe Bild ➜ 1. Überschüssige Folie wird **abgeschnitten**, siehe Bild ➜ 2. Es genügt ein breiter Rand, der verhindert, dass die Lackierrolle beim Lackieren die freie Fläche beschmutzt.

Die Übertragungsfolie ist transparent, damit die Schablonenfolie problemlos auf der Plane platziert werden kann. Die Farbe der Übertragungsfolie ist auf die Schablonenfolie abgestimmt.

Als Nächstes werden die Folien **platziert und fixiert**, siehe Bild ➜ 3.

Dann wird die Trägerfolie vorsichtig abgezogen. Bei großflächigen und langen Folien geschieht das in mehreren Arbeitsschritten, siehe Bild ➜ 4. Bei jedem Schritt wird die Trägerfolie abgeschnitten – damit werden später die Grafik und die Flächen abgedeckt, die nicht beschriftet werden.

4 Trägerfolie abziehen

a) Auf die Schrift

b) Auf die Grafik

1 Übertragungsfolie aufbringen

2 Folie zuschneiden

3 Folien platzieren

Mithilfe von Übertragungsfolie wird die **Schablonenfolie aufgebracht** und mit einer Rakel fest angedrückt, siehe Bild ➜ 1.

Dann wird die **Übertragungsfolie abgezogen,** siehe Bild ➜ 2. Sie darf nicht zu stark haften, da sich sonst beim Abziehen die Schablone ablöst.

Die Grafik und die frei bleibende, **nicht zu beschriftende Fläche** werden komplett **abgeklebt**, siehe Bild ➜ 3. Dafür kann die Trägerfolie verwendet werden, die von der Schablonenfolie abgezogen wurde.

4.9.3.4 Beschriftung aufbringen

Die Beschriftung bringt man in folgenden Schritten auf:

- Kanten der Buchstaben nochmals festdrücken
- Farbe durchrühren, aufrollen und trocknen lassen
- Abdeckungen entfernen
- Schablonenfolie abziehen
- Buchstaben ausheben und ausgelaufene Kanten korrigieren

Nachdem die Beschriftung vorbereitet ist, werden nochmals die Kanten der Buchstaben **fest angedrückt**. Dies kann man mit dem Fingernagel tun, sollte dabei aber Handschuhe tragen, um keine Fettrückstände auf der Oberfläche zu hinterlassen. Geeignet sind auch spezielle Filzrakel oder eine Kunststoffrakel, die man in ein fusselfreies Tuch einhüllt, siehe Bild ➜ 4. Das Festdrücken der Kanten mit der Rakel ist wichtig, damit keine Farbe unterlaufen kann und man scharfe Konturen erzielt.

Jetzt wird die **Planenfarbe gut durchgerührt** und dann mit der Rolle über die komplette Maske verteilt; zuerst die blaue Farbe, dann die rote Farbe für die Sterne, siehe Bild ➜ 5.

5 Planenfarbe aufrollen

1 Schablonenfolie aufbringen

2 Übertragungsfolie abziehen

3 Grafik abdecken

4 Kanten fest andrücken

Dann werden die **Abdeckungen abgenommen**.

> Farbkleckse und Verunreinigungen sind sofort mit Verdünnung zu beseitigen.

Nachdem die Farbe ausreichend getrocknet ist, wird die Schablonenfolie möglichst schnell wieder abgezogen, siehe Bild ➜ 1. Je länger die Folie auf dem Untergrund klebt, desto größer ist die Gefahr, dass Kleberückstände auf dem Untergrund zurückbleiben. Vor allem an den Kanten der Buchstaben lassen sich die Rückstände dann kaum entfernen, ohne die Konturen zu verwischen.
Allerdings muss die Farbe ausreichend getrocknet sein. Ist die Farbe noch zu feucht, kann sie an den Kanten beim Ablösen der Folie Fäden ziehen und die Konturen können ausfransen. Bei vollständiger Aushärtung der Farbe kann sie an den Konturen abplatzen.
Trocknungszeiten können dem technischen Merkblatt entnommen werden.

Dann werden kleine Unsauberkeiten beseitigt; an den Rändern kann mithilfe von Klebeband die scharfe Kontur hergestellt werden, siehe Bild ➜ 2. Und es wird die Schrift ausgehoben, siehe Bild ➜ 3.

1 **Schablonenfolie abziehen**

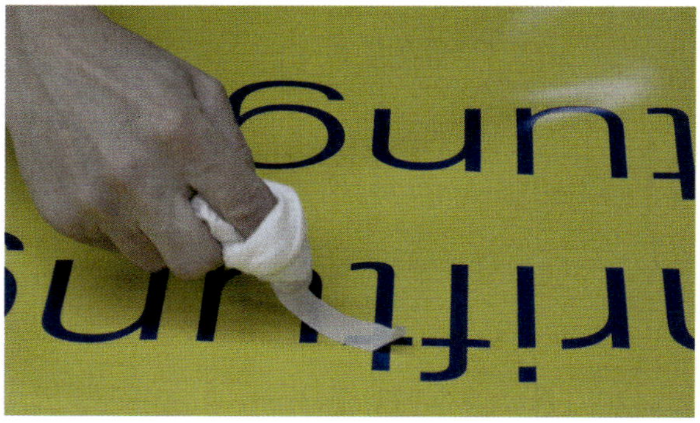

2 **Unsauberkeiten beseitigen**

3 **Schrift entgittern**

4.9.3.5 Grafik aufkleben

Die Grafik ist bereits platziert, fixiert und mit Übertragungsfolie beklebt.
Jetzt wird die Trägerfolie in einem flachen Winkel abgezogen.

Bei dem großen Format der Grafik wird die Trägerfolie nicht komplett abgezogen, sondern stückchenweise. Dazu wird ein Klebebandstreifen in der Mitte über die gesamte Breite des Motivs geklebt, siehe Bild ➜ 4.
Zunächst wird nur der obere Teil bis zum Klebeband vom Trägerpapier gelöst und das Trägerpapier abgeschnitten, siehe Bild ➜ 5.

5 **Trägerpapier stückweise abziehen und abschneiden**

4 **Klebebandstreifen in der Mitte aufkleben**

Die obere Hälfte des Motivs wird dann mit der Filzrakel in überlappenden Strichen fest angedrückt, siehe Bild ➜ 1.

Anschließend verfährt man mit der unteren Hälfte gleichermaßen.

Zuletzt wird die Übertragungsfolie von dem gesamten Motiv entfernt, siehe Bild ➜ 2.

Auf diese Weise entsteht nach und nach die komplette Beschriftung in der gewünschten farbigen Erscheinung, siehe Bild ➜ 3.

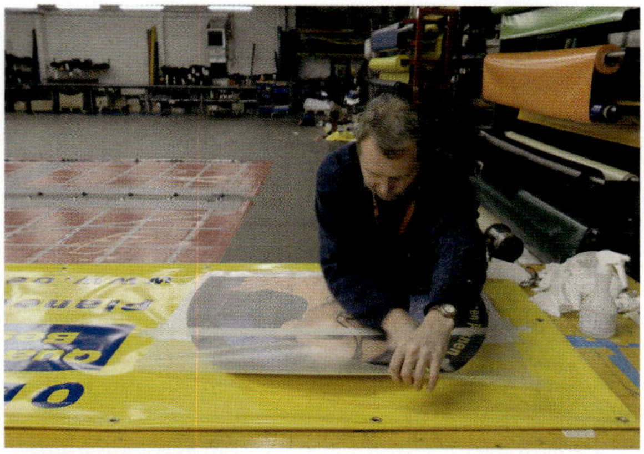

1 Folie mit Grafik andrücken

4.9.4 Qualitätssicherung

Die Plane wird nochmals begutachtet, ob die Kanten der Buchstaben sauber und keine Farb- oder Schmutzflecke entstanden sind. Diese Unsauberkeiten werden beseitigt.

Hier sollte es keine Fehler mehr geben; trotzdem werden nochmals überprüft:
- die Schrift auf Rechtschreibfehler
- Stand von Grafik und Buchstaben
- Farbton der Schriftfarbe

Bei Fehlern dieser Art kann diese Plane nicht an den Kunden übergeben werden – es muss eine neue Plane beschriftet werden.

2 Übertragungsfolie entfernen

4.9.5 Fahrzeugplane an den Kunden übergeben

Die Fahrzeugplane wurde für die eigene Firma beschriftet; so erfolgt die Übergabe intern. Nun können die Kollegen die Plane am Fahrzeug befestigen.

Aber Vorsicht:
Die Farbe muss völlig austrocknen – das kann ein oder zwei Tage dauern.
Erst dann ist die Beschriftung wetter- und abriebfest.

3 Endergebnis

Übungen

1. Was ist Farbe?
2. Wie nennt man das Farbband, das bei der Zerlegung von weißem Licht entsteht, und wie entsteht es?
3. Wie nennt man die Mischung mit Lichtfarben und welche sind die Grundfarben dieser Farbmischung?
4. Auf welche Weise kommt das farbige Aussehen eines Objekts zustande?
5. Welche zwei Arten von Reflexion unterscheidet man?
6. Wie erscheint ein Objekt, wenn es alles auffallende Licht absorbiert?
7. Welchen Teil der Lichtstrahlung reflektiert ein rotes Objekt?
8. Wie nennt man die Mischung mit Körperfarben und welche sind die Grundfarben dieser Farbmischung?
9. Welche Farben sind die Primärfarben?
10. Welche Farben sind die Sekundärfarben?
11. Wozu dienen Farbordnungssysteme?
12. Welche drei Merkmale hat eine Farbe?
13. Wie verändert sich eine Farbe, wenn man Weiß hinzugibt?
14. Welche Farben bilden den 6-teiligen Farbkreis?
15. Wie nennt man Farben, die sich im Farbkreis gegenüberliegen?
16. Welche Farben liegen sich im 6-teiligen Farbkreis gegenüber?
17. Wie entsteht aus dem 6-teiligen der 12-teilige Farbkreis?
18. Welches ist der hellste und welches der dunkelste Farbton im 12-teiligen Farbkreis?
19. Was sind Farbregister?
20. Was bedeutet in der Schriftgestaltung die Einheit von Inhalt und Form?
21. Welche Aspekte sind bei der Auswahl von Schriften zu berücksichtigen?
22. Was ist bei der Beschriftung von Fahrzeugen zu bedenken?
23. Welche drei Merkmale werden zur Klassifizierung von Schriften herangezogen?
24. Mit welchem Fachbegriff werden Großbuchstaben bezeichnet?
25. Was sind Serifen?
26. Wie kann man eine Schrift variieren?
27. Welche Möglichkeiten gibt es, um einen Gegenstand räumlich darzustellen?
28. Welche zwei Möglichkeiten gibt es, einzelne Flächen eines Gegenstandes abzubilden?
29. Mithilfe welcher Methoden lässt sich ein Motiv vergrößern?
30. Wie wird der Vergrößerungsfaktor errechnet?
31. Mit welchen Größen wird beim Rechnen mit Maßstäben gearbeitet?
32. Welche Beschriftungstechnik eignet sich insbesondere für kurzzeitige Beschriftungen?
33. Was bedeutet „entgittern"?
34. In welchen Fällen ist eine Beschriftung mit Schablonenfolien gut geeignet?
35. Welche Eigenschaften soll der Klebstoff bei Schablonenfolien haben?
36. Welche Arbeitsschritte werden bei einer Beschriftung mit Schablonenfolie ausgeführt?
37. Warum ist die richtige Trockenzeit für das Abziehen der Schablonenfolie nach der Lackierung von großer Bedeutung?
38. Welche Aspekte sind bei der Gestaltung von Entwürfen wichtig?
39. Die wirklichen Maße eines Lkw-Aufbaus betragen: Länge = 8,00 m, Breite = 3,00 m, Höhe = 2,50 m.
    In der Entwurfszeichnung sind die Kanten in folgender Größe gezeichnet:
    Länge = 40,0 cm, Breite = 15,0 cm,
    Höhe = 12,5 cm.
    Berechnen Sie den verwendeten Maßstab.
40. Das Firmenzeichen einer Lackiererfirma hat die Maße: Länge = 65 mm, Höhe = 52 mm
    Für die Werbung ist das Firmenzeichen in den Maßstäben zu zeichnen:
    a) 2 : 1, b) 4 : 1, c) 10 : 1, d) 25 : 1
    Berechnen Sie die Zeichnungsmaße in Zentimetern.
41. Ein Schriftzug ist auf einem Schild zu positionieren. Die Maße des Schildes sind:
    Länge = 30 cm, Breite = 20 cm.
    Der Schriftzug liegt in einer Länge von 66 cm vor. In welchem Maßstab ist der Schriftzug zu verkleinern, damit er mit einem seitlichen Abstand von 4 cm auf das Schild passt?
42. Auf dem Ausschnitt einer Motorhaube soll ein Logo eingepasst und auslackiert werden. Die Breite des Logos ist vom Kunden mit 500 mm vorgegeben. Das Verhältnis Breite zu Höhe beträgt 2 : 1. Berechnen Sie die Höhe des Logos.
43. Vergrößern Sie das abgebildete Firmenzeichen im Maßstab 1 : 2 auf ein DIN-A4-Blatt. Wählen Sie dazu eine der vorgestellten Vergrößerungstechniken aus Kap. 4.5 aus.

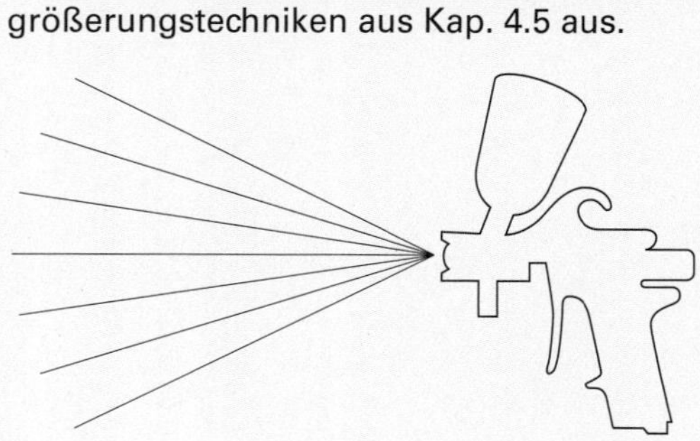

Lernfeld 5

Erstbeschichtungen ausführen

Ziele:
- nach Kundenauftrag die Erstbeschichtung auf Neuteilen planen und ausführen
- Kundenwünsche berücksichtigen und dokumentieren
- Untergrund vorbehandeln
- Beschichtungssystem bestimmen und Spritzverfahren und Arbeitsablauf festlegen
- Kennwerte und Daten von Werk-, Hilfs- und Beschichtungsstoffen ermitteln und vergleichen
- Erstbeschichtung nach Qualitätskriterien überprüfen
- Werkzeuge, Geräte, Maschinen und Anlagen anwendungsbezogen einsetzen, reinigen und pflegen
- Zeitaufwand und Materialeinsatz ermitteln und Preis berechnen
- ergonomische, ökonomische, ökologische und klimatische Aspekte beachten
- Bestimmungen der Arbeitssicherheit und der Unfallverhütung anwenden
- Entscheidungen dokumentieren und begründen
- Arbeitsergebnisse präsentieren und bewerten

Inhalte:
- Prüfmethoden
- Abdecken und Abkleben
- Arbeitshilfen
- Atemschutz
- Herstellervorschriften
- Merkblätter, technische Richtlinien und Normen
- Bedienungsanleitungen
- fremdsprachliche Fachbegriffe
- Einstelldaten
- Mischungsverhältnisse
- Schichtdicke ermitteln
- Beschichtungssysteme
- Lacktrocknung
- Entsorgung

5 Erstbeschichtungen an Fahrzeugen ausführen

Bei der Erstlackierung werden Fahrzeugteile zum ersten Mal lackiert.
Das geschieht im Automobilwerk, bei der Teilelackierung, oft sogar bei der handwerklichen Reparaturlackierung.

Fahrzeugteile, die Erstbeschichtungen erhalten, können sein:
- unbeschichtet, aber abgenutzt, unansehnlich, korrodiert bzw. leicht beschädigt
- phosphatiert, verzinkt bzw. mit Transportgrundierungen vorbeschichtet
- roh bzw. neu, kurzzeitig gelagert und maßgefertigt für die unmittelbar folgende Montage

In diesem Kapitel werden behandelt:
- Voraussetzungen für die Erstlackierung, siehe Kap. 5.1
- Bestandteile des Fahrzeuglacks, siehe Kap. 5.2
- Einteilung der Fahrzeuglacke, siehe Kap. 5.3
- Kenndaten von Fahrzeuglack, siehe Kap. 5.4
- Lackaufbau für Fahrzeuge, siehe Kap. 5.5
- Lack trocknen, siehe Kap. 5.6
- Lackierverfahren, siehe Kap. 5.7
- Geräte und Einrichtungen, siehe Kap. 5.8
- Lack prüfen, siehe Kap.5.9
- Entsorgung, siehe Kap. 5.10
- Lernsituation, siehe Kap. 5.11

5.1 Voraussetzungen für die Erstbeschichtung

In Kap. 1 und Kap. 2 ist beschrieben, wie metallische und nichtmetallische Untergründe bearbeitet werden. Hier eine Zusammenfassung.

Anforderungen an blanke Metalle:
- Normreinheitsklasse bei Stahl
- ohne Korrosion
- staubfrei, fett- und ölfrei, sauber und trocken
- angeschliffen

Anforderungen an vorbeschichtete Metalle:
- ohne Transportgrundierung
- bleibende Grundierungen angeschliffen
- staubfrei, fett- und ölfrei, sauber und trocken
- Vorbeschichtung unbeschädigt

Anforderungen an Kunststoffe:
- unbeschädigt
- gründlich gereinigt, Trennmittel beseitigt
- Weichschaum-Kunststoffteile getempert und angeschliffen

5.2 Bestandteile des Fahrzeuglacks

Fahrzeuglacke sind lösemittelhaltige und wasserverdünnbare Anstrichstoffe mit solchen Bindemitteln, die nach ihrer Trocknung einen geschlossenporigen Film bilden. Der Film verbessert das äußere Erscheinungsbild und schützt die Oberfläche vor Korrosion.

Lack**farben** enthalten zusätzlich Pigmente.

Fahrzeuglack besteht aus:
- Bindemittel, siehe Kap. 5.2.1
- Farbmittel, siehe Kap. 5.2.2
- Lösemittel, siehe Kap. 5.2.3
- Additive, siehe Kap. 5.2.4

5.2.1 Bindemittel im Fahrzeuglack

Bindemittel werden auch **Filmbildner** genannt.

Wichtige Bindemittel sind:
- Acrylharz
- Phenolharz
- Melaminharz
- Epoxidharz

Alle Bindemittel:
- sorgen für Haftung oder Adhäsion auf dem Untergrund oder der Grundierung
- sind verantwortlich für den inneren Zusammenhalt (Kohäsion) im Trockenfilm
- sorgen für Glanz und Oberflächengüte
- gewährleisten mechanische Festigkeit und Härte, insbes. Abriebfestigkeit
- verantworten chemische und Witterungsbeständigkeit
- bestimmen die Trocknungsart

Lackbindemittel bestehen aus langkettigen oder teilvernetzten, meist organischen Verbindungen, die aktive oder funktionelle Gruppen enthalten, die die Fähigkeit zum Vernetzen besitzen.

Bindemittel gibt es als
- reaktive Bindemittel: sie trocknen bzw. erhärten chemisch, z. B. Bindemittel in 2-K-Lacken, Alkydharze und Leinöl
- reversible und dispergierte Bindemittel: trocknen physikalisch
- Pulverlackbindemittel: trocknen ebenfalls physikalisch

Reversibel ist ein Bindemittel dann, wenn es nach Trocknung wieder mit demselben Lösemittel angelöst werden kann, in dem es sich auch bei der Herstellung gelöst hat.

5.2.2 Farbmittel im Fahrzeuglack

Farbmittel sind für die Farbgebung verantwortlich. Das einfallende Licht wird an der Oberfläche der Pigmente reflektiert oder absorbiert.

Farbmittel:
- sorgen für den richtigen Farbton
- haben lasierende Wirkung oder Deckkraft
- verantworten das Verhalten beim Mischen der Farbe
- müssen licht- und UV-beständig sein
- dürfen nicht korrodieren (oxidieren)

Farbmittel werden unterschieden in:
- lösliche Farbmittel, siehe Kap. 5.2.2.1
- unlösliche Farbmittel, siehe Kap. 5.2.2.2

5.2.2.1 Lösliche Farbmittel

Lösliche Farbmittel sind Farbstoffe, die erst Deckkraft erlangen durch den Zusatz von Füllstoffen, z. B. Talkum, Magnesia oder Kreide. Ohne diese Zusätze färben sie lediglich die Bindemittel und Lösemittel ein.

Farbstoffe ohne Zusatz von Füllstoffen bleiben stets lasierend.

5.2.2.2 Unlösliche Farbmittel

Unlösliche Farbmittel sind die sogenannten **Pigmente**. Sie sind pulverförmig, mikronisiert bzw. fein vermahlen, Größe von 0,01 µm bis 2 µm. Ihre Mikrostruktur ist sehr unterschiedlich, vgl. Bild ➜ 1.

Den Pigmentanteil im Anstrichstoff bezeichnet man als **Pigmentvolumenkonzentration (*PVK*)**. Das ***PVK*** gibt das prozentuale Verhältnis des Pigmentvolumens zum Gesamtvolumen der nichtflüchtigen Anteile (Festkörperanteil) eines Beschichtungsstoffes wieder:

$$PVK = \frac{\text{Pigmentvolumen} \cdot 100\ \%}{\text{Pigmentvolumen} + \text{Bindemittelvolumen}}$$

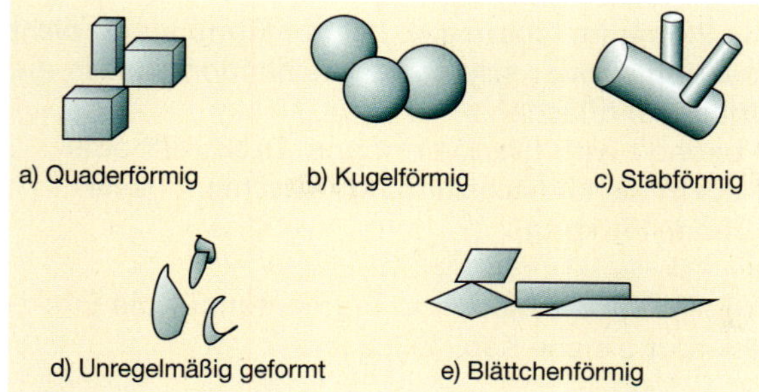

1 Mikrostrukturen von Pigmenten

Bezeichnung	Farbton
Anorganische Pigmente	
Titandioxid	Weiß
Eisenoxide	Gelb, Rot, Schwarz
Chrom(III)oxid	Grün
Ruß	Schwarz
Organische Pigmente	
Phthalacyanin-Pigmente	Grün, Blau
Azopigmente	Gelb, Rot
Perylen-Pigmente	Rot
Chinacridon-Pigmente	Rot
Diketopyrolopyrol-Pigmente	Orange, Rot

2 Pigmente

Pigmente können organisch oder anorganisch, bunt oder unbunt sein. Sie werden meist während der Farben- und Lackherstellung pulverförmig und dispergiert der Bindemittellösung zugesetzt.

Die synthetischen anorganischen Pigmente sind Metallverbindungen, Komplexverbindungen, Metallpulver oder Metallblättchen, siehe Bild ➜ 2. Sie ordnen sich z. T. schuppenförmig im Anstrichfilm an.

Pigmente besitzen:
- Färbevermögen
- Deckvermögen

Das **Färbevermögen** bezeichnet die Fähigkeit einer Pigmentart, innerhalb der Mischung mit anderen Pigmenten den Farbton des Anstrichstoffes einheitlich und ohne Schlieren zu verändern. Es wird bei Weißpigmenten als **Aufhellvermögen** bezeichnet.

Das **Deckvermögen** beschreibt die Fähigkeit der Pigmente im Anstrichstoff, Farbtonunterschiede gegenüber dem Untergrund gleichmäßig zu überdecken.

Die Pigmente lagern sich bei der Filmbildung dicht zusammen oder schuppig aufeinander, sodass die Untergrundfläche
- bedeckt wird (Deckvermögen, Deckkraft) oder
- durch die Filmschicht hindurchscheint (**lasierende Wirkung**).

Weitere Informationen zu Pigmenten für die Effektlackierung siehe Kap. 10.2.3.

5.2.3 Lösemittel im Fahrzeuglack

Das Lösemittel ist ein Bestandteil des Lacks, das:
- das Bindemittel auflöst
- nach dem Auftragen aus dem Nassfilm verdunstet
- verantwortlich ist für die Verarbeitungsviskosität
- die Trockenzeit beeinflusst

Man unterscheidet als Lösemittel:
- Wasser, siehe Kap. 5.2.3.1
- organische Lösemittel, siehe Kap. 5.2.3.2

5.2.3.1 Wasser als Lösemittel im Fahrzeuglack

Wasser ist ein polares Lösemittel, das imstande ist, Substanzen mit einfacher oder makromolekularer Struktur aufzulösen. Kristalline und amorphe Stoffe werden in Wasser gelöst, indem das polare Wassermolekül auf deren Struktur elektrostatisch einwirkt und ihre Einzelbausteine in Lösung bringt.

Bei festen Stoffen mit hoher Molekularmasse und bei Flüssigkeiten, die sich mit Wasser nicht mischen lassen, werden sogenannte Emulgatoren zugegeben – das minimiert die Oberflächenspannung des Wassers. Diese festen Stoffe bzw. Flüssigkeiten schweben dann im Wasser, man spricht dann von einer **Dispersion**.

Flüssig-flüssig-Dispersionen sind **Emulsionen**, während Fest-flüssig-Dispersionen **Suspensionen** sind, wozu die lösemittelreduzierten Lacke (Wasserlacke) zählen.

5.2.3.2 Organische Lösemittel im Fahrzeuglack

Organische Lösemittel werden immer noch mehrheitlich in der Lackproduktion eingesetzt. Selbst lösemittelreduzierte Lacke kommen ohne sie nicht aus, auch wenn Wasser zur Weiterverdünnung eingesetzt wird.

Verdünnung	Inhaltsstoffe
Nitroverdünnung	Alkohol, Ester, Aromate, Ketone, Aceton, Benzol Spiritus
Spezialverdünnung für Polyurethanharzlacke	Ketone, Ester, Ether, Dekalin
Spezialverdünnung für Epoxidharzlacke	Ketone, Ester, Ether, Alkohole
Verdünner für Polymerisatharzlacke	Ketone, Ester, Ether
Verdünner für Chlorkautschuklackfarben	Ketone, Ester, Aromaten, Ether, chlorierte Kohlenwasserstoffe
Waschverdünnung	Benzin, Testbenzin, Petroleum
Universalverdünnung für Alkydharz-und Nitrocelluloselacke	Gemisch aus Nitroverdünnung, Terpentin und Testbenzin
organische Abbeizfluide	Methylenchlorid, Aromate und Tetralin sowie Verdickungsmittel und Emulgatoren

1 Verdünnungen

Die VOC-Verordnung[1] schreibt die Verringerung organischer Lösemittel bei der Herstellung vor.

Seit dem 1. Jan. 2008 dürfen nur noch VOC-konforme Anstrich- bzw. Grundbeschichtungsstoffe verwendet werden – das gilt natürlich auch für Fahrzeuglacke.

Zu den organischen Lösemitteln zählen:
- Benzin-Kohlenwasserstoff-Gemische aus Alkanen und Zykloalkanen (Testbenzin)
- aromatische Kohlenwasserstoffe (Benzol, Toluol, Styrol, Xylol)
- Alkohole (Spiritus oder vergälltes Ethanol, Methanol, Butanol, Methylbenzylalkohol)
- flüchtige, niedrigmolekulare Ester (Essigsäureethylester, Methylacetat)
- Ether (Diethylether, Methylethylether, Tetrahydrofuran)
- Aceton und andere Ketone (z. B. Cyclohexanon)
- organische Säuren (Essigsäure, Propionsäure)
- Terpen-Kohlenwasserstoffe (Isopren, Terpentin)
- ölige Lösemittel (Diesel)

Lösemittelgemische heißen **Verdünnung** oder Verdünner, Beispiele siehe Bild ➜ 1.

[1] VOC = volatil organic compounds (engl.): flüchtige organische Bestandteile

Organische Lösemittel sind leicht entzündlich, können der Gesundheit schaden und/oder reizende Wirkung auf Haut, Augen und Atemwege haben.

Achtung:
Organische Lösemittel sind flüchtige Stoffe; sie werden den Gefahrstoffen zugeordnet.

Sie sind in Gefahrenklassen nach der Betriebssicherheitsverordnung (BetrSichV) eingeordnet (ehemals Verordnung für brennbare Flüssigkeiten VbF). Daher müssen Schutz- und Unfallverhütungsvorschriften strengstens beim Umgang mit Lösemitteln beachtet werden. Zur Lagerung sind Spezialgebinde aus Metall oder Kunststoff im geschlossenen Zustand zu verwenden.

Informationen zu:
- Gefahrstoffverordnung, siehe Kap. 2.6.2
- persönliche Schutzausrüstung, siehe Kap. 5.2.3.3

Die **Flüchtigkeit** der Lösemittel wird mithilfe der Verdunstungszahl (*VZ*) ermittelt, siehe Bild ➜ 1. Eine bestimmte Menge des betreffenden Lösemittels wird auf eine Verdunstungsschale gegossen und die Zeit der vollständigen Verdunstung gemessen. Parallel dazu führt man dieselbe Messung mit Diethylether durch, dem leichtflüchtigsten Stoff.

Die **Verdunstungszahl** gibt an, um wie viel langsamer ein Lösemittel bei 20 °C und 1 bar (= 1013 hPa) Luftdruck verdunstet im Vergleich zu Diethylether.

Beispiel
10 ml Diethylether verdunsten in 40 s.
Ein anderes, zu vermessendes Lösemittel verdunstet in 240 s.
Dann berechnet sich die Verdunstungszahl wie folgt:

$$VZ = \frac{240\ \text{s}}{40\ \text{s}}\ ;\ \underline{\underline{VZ = 6}}$$

Das unbekannte Lösemittel hat die Verdunstungszahl = 6.

Bild ➜ 2 zeigt eine Auswahl von Lösemitteln. Danach könnte es sich bei dem Lösemittel aus dem Beispiel oben mit der Verdunstungszahl *VZ* = 6 um Toluol handeln (*Kp* = 110 °C).

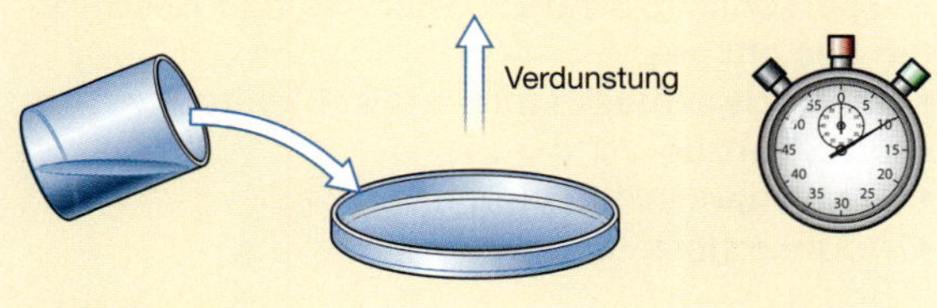

1 Verdunstungszahl ermitteln

Lösemittel	**Flüchtigkeit *VZ***	**Siedepunkt in °C**	**Flammpunkt in °C**	**Gefahrklasse**	**Verwendung**
Diethylether (Vergleichssubstanz)	1	34	-35	hochentzündlich	Polymerisatharzlack Polyurethanharzlack
Aceton	2,1	56	-19	leichtentzündlich	Nitrocelluloselack Epoxidharzlack
Toluol	6,1	110	5	leichtentzündlich	Öllack Alkydharzlack Chlorkautschuklack
Ethanol	8,3	78	11	leichtentzündlich	Nitrocelluloselack Naturharzlack
Monostyrol	16	146	31	entzündlich	ungesättigter Polyesterharzlack
Terpentinöl	38	155 ... 165	32	entzündlich	Öllack, Alkydharzlack
Testbenzin	60	98 ... 196	39	entzündlich	Öllack, Alkydharzlack
Wasser	80	100	--	keine	wasserlösliche und wasserhaltige Anstrichstoffe

2 Lösemittel, Auswahl, geordnet nach Verdunstungszahl

Nach der Verdunstungszahl werden Lösemittel in Flüchtigkeitsgruppen nach Bild ➜ 1 eingeteilt.

Auch kann man die Lösemittel einteilen nach dem Siedepunkt *Kp* in:
- *Kp* < 100 °C: Niedrigsieder
- *Kp* = 100 °C bis 150 °C: Mittelsieder
- *Kp* > 150 °C: Hochsieder

Verdunstungszahl	Flüchtigkeitsgruppe
< 10	leichtflüchtig
10 ... < 35	mittelflüchtig
35 ... 50	schwerflüchtig
> 50	sehr schwerflüchtig

1 Flüchtigkeitsgruppen von Lösemitteln

5.2.3.3 Persönliche Schutzausrüstung

Organische Lösemittel können der Gesundheit schaden und Haut, Augen und Atemwege reizen.

Deshalb ist beim Beschichten eine persönliche Schutzausrüstung zu tragen.

Bei Nichtanwenden der persönlichen Schutzausrüstung gefährdet man die eigene Gesundheit.

Die persönliche Schutzausrüstung zum Beschichten besteht aus:
- Atemschutzmaske mit Aktivkohlefilter
- Schutzanzug
- Schutzhandschuhe
- Augenschutz

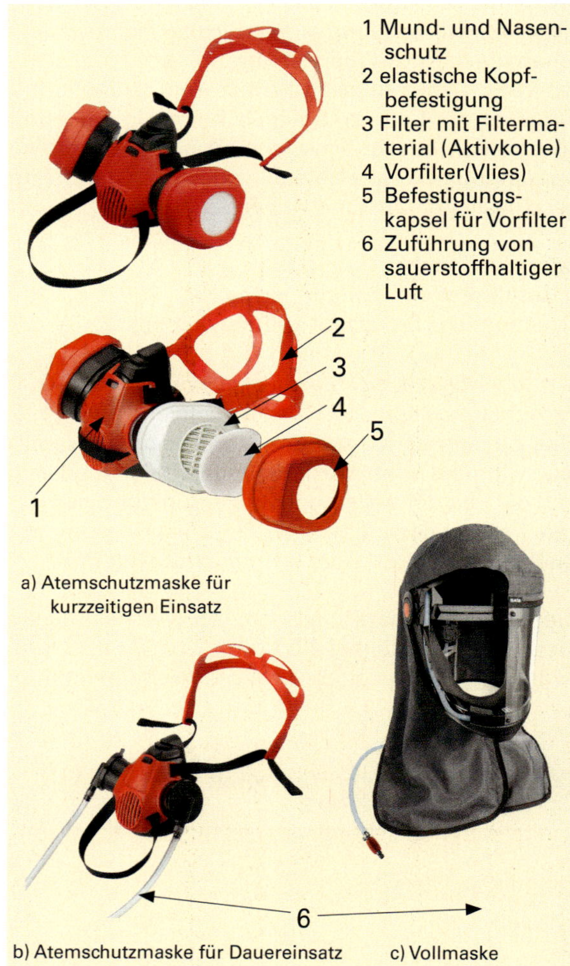

2 Atemschutz zum Lackieren

Atemschutzmaske mit Aktivkohlefilter
Eine Atemschutzmaske mit Aktivkohlefilter schützt vor dem Einatmen organischer Lösemitteldämpfe und Lack-Aerosole. Die eingebauten Filter tragen die Kennfarbe braun und den Kennbuchstaben A. Die Funktionsdauer von Atemfiltern ist dann erschöpft, wenn Geruch, Reizung oder Geschmack wahrgenommen wird. Sollte dies der Fall sein, so muss sofort der Filter ausgetauscht werden.

Schutzanzug
Für Spritz- oder Sprühverfahren muss der Arbeitgeber einen Schutzanzug zur Verfügung zu stellen, siehe Bild ➜ 3.

Der Arbeitnehmer ist verpflichtet, diesen Schutzanzug zu tragen.

Der Schutzanzug hat dichte Bündchen an Armen und Beinen und eine Kapuze mit Gummizügen. So ist der gesamte Körper und die Haare vor dem Eindringen von Gefahrstoffen geschützt.

Schutzhandschuhe
Zum Lackieren werden Latexhandschuhe verwendet. Sie vermeiden, dass die Haut gereizt wird oder austrocknet.

3 Schutzanzug zum Lackieren

Nach dem Lackieren muss die Haut gereinigt werden. Dazu verwendet man Waschpasten, lacklösende Reinigungsflüssigkeit und Hautcremes.

Achtung:
Zur Hautreinigung auf keinen Fall Lösemittel verwenden.

Lösemittel entziehen der Haut das natürliche Fett, reizen sie und können unter Umständen in die Blutbahn gelangen.

Informationen zum Hautschutzplan, siehe Kap. 11.4.

Augenschutz
Beim Heißspritzen und beim Spritzen stark reizender oder ätzender Beschichtungsstoffe (z. B. säurehärtender Lack) ist Augenschutz zu tragen, siehe Bild ➜ 1.

1 **Augenschutz und Schutzmaske**

5.2.4 Additive

Additive sind Zusatzstoffe, die bei der Herstellung des Anstrichstoffs in kleinen Mengen zugesetzt werden. Sie können aber auch als Beschichtungshilfsstoffe der zubereiteten Lackmischung zugesetzt werden.

Additive
- verbessern entscheidende Eigenschaften, z. B. die Haltbarkeit,
- verhindern unerwünschte Erscheinungen, z. B. Absetzen der Festkörperanteile, Schaumbildung, Hautbildung, schlechter Verlauf auf dem Untergrund,
- leiten gewollte chemische Reaktionen ein.

Die wichtigsten Additive sind:
- Weichmacher
- Sikkative
- Hautverhütungsmittel
- Verdickungsmittel
- Emulgatoren
- Schaum- und Blasenverhütungsmittel
- Mattierungsmittel
- UV-Absorber
- Biozide
- Inhibitoren

Weichmacher erhöhen auf physikalischem Wege die Elastizität und Plastizität des Anstrichstoffes, z. B. bei Nitrocelluloselacken, Kautschuklackfarben und Kunststoffdispersionen.

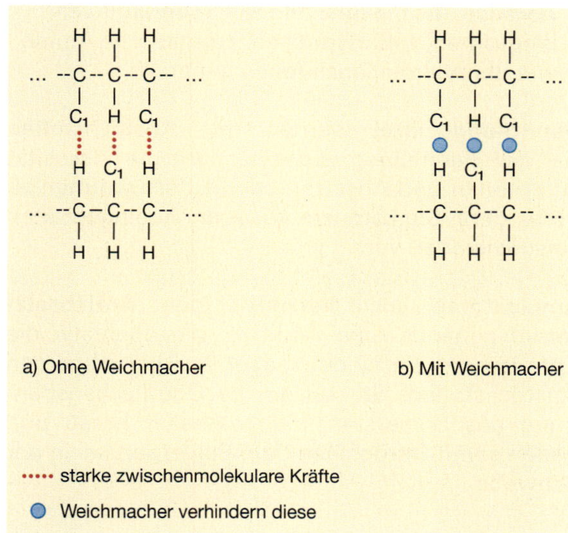

2 **Anstrichstoff mit und ohne Weichmacher**

Sie können durch Schichten diffundieren und deren Eigenschaften verändern. Bild ➜ 2 zeigt die Wirkung der Weichmacher am Beispiel von PVC im PVC/PVAC-Lack.

Im Bild ➜ 2a sind zwischen den PVC-Makromolekülen aufgrund der in ihnen herrschenden positiven und negativen Ladungsschwerpunkte starke zwischenmolekulare Kräfte, sogenannte „kristalline Bereiche", ausgebildet, während das die Weichmachermoleküle durch Einlagerung in die Gesamtstruktur verhindern, siehe Bild ➜ 2b.

Somit ermöglichen die Weichmacher den einzelnen Makromolekülen eine größere Bewegungsfreiheit, was sich in höherer Plastizität, Zähigkeit und Elastizität sowie geringerer Härte zeigt.

Unter **Sikkativen** oder **Trockenstoffen** versteht man Metallseifen, die organisch sind und sich in organischen Löse- bzw. Flüssigbindemitteln lösen, z. B. Kalzium- oder Zinkoctanat. Sikkative beschleunigen die oxidative Trocknung von z. B. Ölfarben oder langöligen Alkydharzfarben.

Hautverhütungsmittel vermeiden insbesondere bei oxidativ trocknenden Anstrichstoffen die Hautbildung, die durch Sikkativanreicherung unter der Lackoberfläche ausgelöst wurde.

Das geschieht durch:
- Abdecken des Anstrichstoffs mit Lösemitteln wie Aromaten, die diese Reaktion hemmen
- Additive, die die Reaktion mit Sauerstoff verlangsamen, z. B. Hydrazine, aromatische Amine wie Benzylamin, auch Anilin genannt

Verdickungsmittel werden den Anstrichstoffen bei der Herstellung zugesetzt, um die Viskosität zu erhöhen und Absetzen oder Aufschwimmen zu verhindern. Sie kommen vor allem in eingedickten Anstrichstoffen vor.

Emulgatoren, auch **Netzmittel** oder **Antiabsetzmittel** genannt, sind Additive, die ebenfalls die Entmischung verhindern, aber nur bei dispersen Anstrichstoffen. Sie setzen die Oberflächenspannung des Dispersionsmittels Wasser herab und halten somit Öltröpfchen oder Pulverpartikel in der Schwebe.

Schaum- und Blasenverhütungsmittel werden auch **Entschäumer** genannt. Sie werden dem Anstrichstoff zugesetzt, damit sich die innere Spannung und die Oberfläche des Flüssigfilms so verändern, dass eingeschlossene Luft leicht entweichen kann.

Mattierungsmittel sollen einen zu hohen Glanzgrad der Lackoberflächen verhindern durch:
- Mischung unverträglicher, vor allem ineinander nicht löslicher Stoffe, ohne chemische Reaktionen auszulösen, die den Lackfilm zerstören
- chemische Substanzen, die den geschlossenporigen Trockenfilm so beeinflussen, dass ein matter Effekt entsteht
- Überpigmentierung bis zu dem Maße, dass sich noch nicht die Eigenschaften der Filmschicht ändern

An matten Oberflächen, die rau, bindemittelarm und pigmentreich sind, werden die Lichtstrahlen gestreut zurückgeworfen.

Informationen zu matten Lacken, siehe Kap. 10.3.2.

UV-Absorber, auch **Lichtschutzmittel** genannt, wandeln die energiereichen UV-Strahlen in energieärmere Wärme. Sie werden eingesetzt, wenn pigmentierte Anstrichfilme oder transparente Anstriche licht- bzw. UV-empfindliche Untergründe bedecken, v. a. Holz und bestimmte Kunststoffe wie Hart-PVC.

Biozide schützen Anstrichstoffe ohne Bakterizide und Fungizide. Diese Anstrichstoffe sind vor allem wasserhaltig, auch lösemittelreduziert und somit nicht lange haltbar. Um aber Holz und Holzwerkstoffe vor Insektenbefall zu schützen, werden Insektizide zugegeben. Biozide zählen mit den Antioxidantien zu den Konservierungsmitteln.

Informationen zu
- Befall von Holz, siehe Kap. 2.3.1.2
- Holzschutz, siehe Kap. 2.3.1.5

Inhibitoren, auch **Bremser** genannt, benötigt man bei der Trocknung der Reaktionslacke, damit diese Makromolekülbildungen nicht beschleunigt als Kettenreaktion verlaufen und so Oberflächenspannungen im Anstrichfilm verursachen. Bei Mischpolymerisatharzlacken wird durch sie nach der Abfüllung ins Gebinde vorerst die begonnene Polymerisation unterbrochen. Diese setzt sich dann nach dem Auftragen durch Initiatoren und/oder Katalysatoren automatisch fort.

5.3 Einteilung der Fahrzeuglacke

Fahrzeuglacke können eingeteilt werden nach:
- Art des Lösemittels, siehe Kap. 5.3.1
- Art des Bindemittels, siehe Kap. 5.3.2
- Art der Trocknung, siehe Kap. 5.3.3
- Art des Untergrunds, siehe Kap. 5.3.4
- Anzahl der Komponenten, siehe Kap. 5.3.5
- Aussehen und Oberflächenstruktur, siehe Kap. 5.3.6

5.3.1 Fahrzeuglack nach Art des Lösemittels

Fahrzeuglack nach Art des Lösemittels

- lösemittelreduzierter Lack (Wasserlacke)
- lösemittellöslicher Lack
- lösemittelfreier auch wasserfreier Lack (Pulverlacke)

1 Fahrzeuglack nach Art des Lösemittels

Die Vielzahl an Fahrzeugen erfordert auch eine Vielzahl an Fahrzeuglacken. Im Begriff „Fahrzeuglacke“ fasst man Lacke und Lackfarben zusammen – in der Einleitung zu Kap. 2 sind sie noch unterschieden.

Lack gibt es, siehe Bild ➜ 1:
- lösemittelreduziert, siehe Kap. 5.3.1.1
- lösemittellöslich, siehe Kap. 5.3.1.2
- als Pulverlack, siehe Kap. 5.3.1.3

5.3.1.1 Lösemittelreduzierter Lack

Lösemittelreduzierte Lacke sind die sogenannten **Wasserlacke**. Der Gesamtlösemittelanteil setzt sich zusammen aus 90 % Wasser und 10 % organischen Lösemitteln.

Achtung:
Mit dem Begriff „lösemittelreduziert“ sind nur die organischen Lösemittel gemeint.

Organische Lösemittel kann man nicht einfach durch Wasser ersetzen, denn die verwendeten Lackbindemittel lösen sich nicht in Wasser. Man kann auch nicht auf wasserlösliche Bindemittel ausweichen – der Lackfilm würde wasserlöslich bleiben.

Es können aber Lackbindemittel in feinen Tröpfchen oder Teilchen mit einer Größe von 0,1 µm bis 10 µm in Wasser fein verteilt werden. Emulgatoren stabilisieren dann den Schwebezustand. Bei der Trocknung ist aber mit einer geringfügigen Farbtonveränderung zu rechnen.

5.3.1.2 Lösemittellöslicher Lack

In lösemittellöslichen Lacken werden die Bindemittel in organischen Lösemitteln gelöst, bevor man in ihrem weiteren Herstellungsprozess noch andere Bestandteile zusetzt. Man nennt sie auch nur **Lösemittellacke**.

Lösemittellöslicher Lack

ölhaltige	reversible	Zweikomponenten oder Reaktionslacke	Sonstige (irreversible) Lacke
Öllacke Alkydharz-lacke Leinöl-Firnis	Nitrocellu-loselacke Spiritus-lacke Schelllack PVC/PVAC-Mischpoly-merisat-harzlacke Bitumen-u. Asphalt-lacke Kautschuk-lack	Polyacrylatharz-lacke ungesättigte Polyesterharz-lacke Epoxidharzlacke Polyurethan-harzlacke säurehärtende Melaminharz-lacke	Silicone

2 Lösemittellöslicher Lack

Es gibt sie als Ein-Komponenten-Lack und Zwei-Komponenten-Lack, siehe Bild ➜ 2.

Achtung:
Mit dem Begriff „Lösemittel“ sind nur die organischen Lösemittel gemeint.

Lösemittellösliche Lacke können sein:
- ölhaltig
- reversibel

Ölhaltiger Lack enthält Naturöle wie z. B. Kienöl oder Leinöl mit Fettsäuren und Fettsäureestern.

Öle sind selbst Bindemittel, wie in den Ölfarben, oder sie sind in Kunstharzen eingebettet, was in deren Herstellungsprozess erreicht wird. Die Kunstharze sind die Alkydharze.

Informationen zu:
- Öllack und Ölfarbe, siehe Kap. 5.3.2.1
- Alkydharzlack, siehe Kap. 5.3.2.2

Reversibler Lack kann nach Trocknung wieder mit demselben Lösemittel angelöst werden, welches bei der Herstellung zum Lösen des Bindemittels verwendet wurde. Er trocknet ausschließlich physikalisch durch Lösemittelverdunstung, aber in sehr unterschiedlichen Trockenzeiten. Lackierungen mit reversiblem Lack lassen sich mithilfe des Lösemitteltests prüfen und mit Abbeizern entschichten.

Informationen zum Lösemitteltest, siehe Kap. 7.2.5.

5.3.1.3 Pulverlack

Unter Pulverlack versteht man einen Einschichtlack, der elektrisch leitfähig ist, und durch elektrostatisches Spritzen trocken aufgetragen wird. Anschließend wird er auf der Beschichtungsfläche eingebrannt. Die Schichtdicke beträgt 50 µm bis 120 µm.

Vor dem Einbrennen ist Pulverlack thermoplastisch, danach duromer; die Trocknung erfolgt durch Schmelzen/Erstarren.

Vorteile von Pulverlacken:
- 100%iger Festkörpergehalt bzw. absolute Lösemittelfreiheit, siehe Bild ➜ 1
- Overspray kann fast vollständig zurückgewonnen werden

Nachteile:
- komplexe Lackieranlage notwendig
- Pulverbeschichtungen sind bislang irreparabel

Somit ist ihr Einsatz im Handwerk begrenzt.

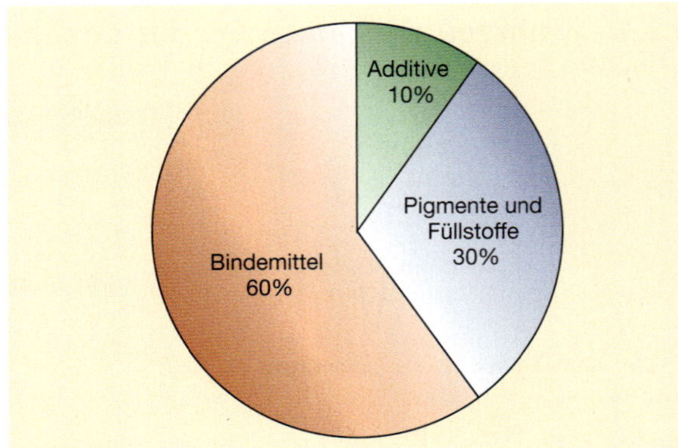

1 Bestandteile von Pulverlack

Zu den Pulverlacken gehören:
- kratzfeste Lacke
- Slurry-Lacke

Kratzfeste Lacke sollten besser kratzunempfindliche Lacke genannt werden. Ihnen ist Wachs zugegeben, insbesondere Hartparaffin. Das Wachs schwimmt in der Aufschmelzphase an die Flüssigfilmoberfläche, die dadurch beim Abkühlen glatt und kratzunempfindlich wird. Nachteile: Eine so gehärtete Lackfläche ist nur eingeschränkt überlackierbar.

Weitere Informationen zu kratzfesten Lacken siehe Kap. 7.4.6.

Slurry-Lacke werden auch **Powder-Slurry-Lacke** oder **Pulverslurrys** genannt. Es sind Pulverlacke, bei denen Kleinstpulverteilchen mit einem Durchmesser von 3 µm in wässrige Lösemittel eingearbeitet werden. Sie können mit konventionellen HD-Spritzanlagen aufgetragen werden. Die Dicke des Trockenfilms beträgt 35 µm bis 50 µm.

5.3.2 Fahrzeuglack nach Art der Bindemittel

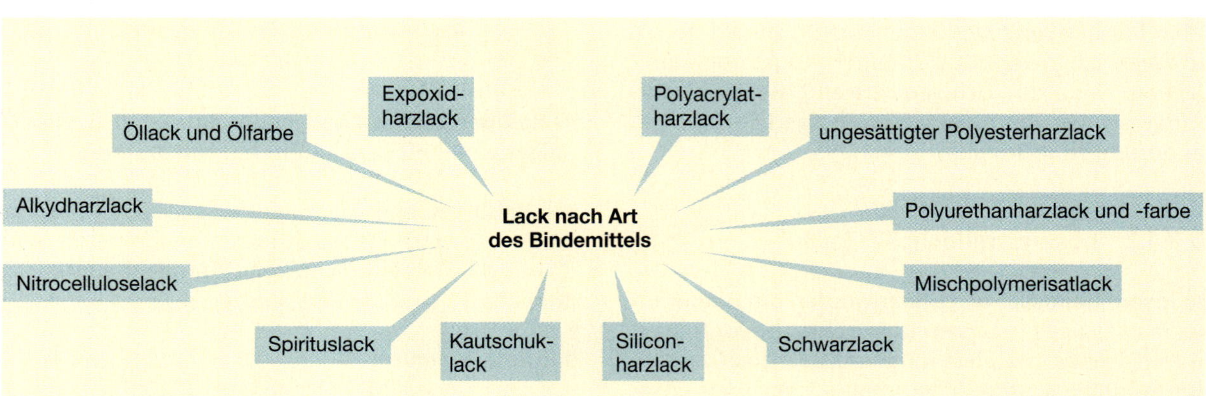

2 Lack nach Art des Bindemittels

Die meisten Anstrichstoffe werden nach dem Bindemittel benannt, das in ihnen enthalten ist.

Lacke werden nach der Art des Bindemittels eingeteilt in, siehe Bild → 116.2:
- Öllack und Ölfarbe, siehe Kap. 5.3.2.1
- Alkydharzlack, siehe Kap. 5.3.2.2
- Nitrocelluloselack, siehe Kap. 5.3.2.3
- Spirituslacke, siehe Kap. 5.3.2.4
- Kautschuklack, siehe Kap. 5.3.2.5
- Siliconharzlacke, siehe Kap.5.3.2.6
- Schwarzlack, siehe Kap. 5.3.2.7
- Mischpolymerisatharzlacke, siehe Kap. 5.3.2.8
- Polyurethanharzlack und Polyurethanharzlackfarbe, siehe Kap. 5.3.2.9
- ungesättigte Polyesterharzlacke, siehe Kap. 5.3.2.10
- Polyacrylatharzlack, siehe Kap. 5.3.2.11
- Epoxidharzlacke, siehe Kap. 5.3.2.12

5.3.2.1 Öllack und Ölfarbe

Bindemittel von Öllack und Ölfarbe sind Leinöl-Standöl bzw. ein Leinöl-Alkydharz-Gemisch. Ölfarben und Öllacke trocknen oxidativ, wenn das Lösemittel verdunstet ist, was bis zu sechs Tage dauern kann. Sie sind gegenüber Laugen und alkalischem Untergrund empfindlich; dann verseifen[1] sie.

Aus diesen Gründen werden Ölfarben und Öllacke bei der Fahrzeuglackierung nur noch in Ausnahmen eingesetzt, z. B. bei Restaurierung von Oldtimern. In vielen Fällen werden sie heute ersetzt durch Alkydharzlackfarbe und Alkydharzlack.

5.3.2.2 Alkydharzlack und Alkydharzlackfarbe

Alkydharzfarbe und Alkydharzlack haben Bindemittel aus öl- und fettsäurehaltigem Alkydharz[2]. Alkydharze sind gesättigte Polyester. Die Öligkeit der Alkydharze wird v. a. von Leinöl bestimmt, welches sich in den Polyestermolekülen einlagert.

Alkydharzerzeugnisse verseifen, sind hygroskopisch[3], trocknen langsam (Durchhärtung erst nach 20 h bis 24 h) und sind teilweise nicht lösemittelbeständig.
Deshalb werden Alkydharzlackfarben und -lacke nur noch eingesetzt für:
- Holzflächen
- als Uni-Lack und Klarlack
- für die Restaurierung von Oldtimern und Schienenfahrzeugen

5.3.2.3 Nitrocelluloselack und Nitrocelluloselackfarbe

Zellulosenitrat entsteht bei der Nitrierung von wässrigem Brei aus Holzzellulose. Dazu wird Nitriersäure eingesetzt, ein Gemisch aus konzentrierter Salpetersäure und konzentrierter Schwefelsäure.

Nitrocellulose (**NC**) löst sich in den Lösemitteln Benzol und Aceton auf; dieses Gemisch verdunstet sehr schnell, ist aber gesundheitsschädigend, reizend und hochentzündlich.

NC-Lacke gelten aufgrund der Gefahrstoffhäufung bei ihrer Zusammensetzung als die gefährlichsten Lacke für Mensch und Umwelt.

Seine Viskosität kann mit Nitroverdünnung eingestellt werden. Als Farbmittel werden synthetische Pigmente, Teer- und Korrosionsschutzpigmente zugegeben.

Durch schnelle physikalische Trocknung entsteht ein harter, spröder Anstrich, der aber polierfähig ist. Ohne hinreichende Grundierung neigt dieser zum Unterrosten.

NC-Lack wird bei Fahrzeugen für die Holz-Innenverkleidung und als Absperrlack gegen wasserlösliche Flecken und entharzte Holzflächen eingesetzt.

NC-Lacke und -lackfarben gelten als reversibel, d. h., sie können mithilfe eines lösemittelhaltigen Abbeizers entschichtet werden.

5.3.2.4 Spirituslack und Schellackfarbe

Diese Anstrichstoffe enthalten das Bindemittel Schellack, ein Ausscheidungsprodukt der Schildlaus.
Das Lösemittel ist Spiritus, ein Gemisch aus Methanol und Ethanol, das sehr schnell und vollständig verdunstet. Und es enthält Naturpigmente. So gilt die Beschichtung mit diesen Lacken als physiologisch unbedenklich.

Diese Lacke werden zur Wassertropfen-Lackierung eingesetzt, vgl. Kap. 10.3.1.7.

1 Verseifen: Lauge spaltet Öl und Fett in Glyzerin und Seife
2 al-cid: aus Alkohol und Säure, engl. acid
3 hygroskopisch: ziehen Feuchtigkeit an

5.3.2.5 Kautschuklackfarbe

Kautschuklackfarben sind Anstrichstoffe, deren Bindemittel hochelastisch ist. Das führt zu einem wasserundurchlässigen druckfesten Trockenfilm, der sehr gute konservierende Eigenschaften hat, wasserdicht ist, chemikalienbeständig, schwer entflammbar und hitzebeständig.
An Fahrzeugen werden Kautschukfarben zum Unterbodenschutz eingesetzt.

5.3.2.6 Siliconharzlackfarbe

Siliconharzlackfarben besitzen ein siliziumorganisches Bindemittel (Silicon). Silicon verbindet die Vorteile von Silizium und organischen Kunststoffen: Silizium ist hitzebeständig, organische Kunststoffe sind wasserabweisend.
Daher finden Siliconharzlackfarben Verwendung v. a. in der industriellen Pulverbeschichtung als Einbrennlack für Auspuffanlagen und Motoren, aber auch als Korrosionsschutzlack auf metallischen Werkstoffen.

Als Pigmente dienen hierbei v. a. Zinkstaub, Aluminiumpulver, Grafit und Siliziumkarbid.

5.3.2.7 Schwarzlack

Schwarzlacke sind Bitumenlackfarbe, Teer-Pech-Kombinationslack und Asphaltlack. Es sind sehr weiche und lösemittelempfindliche, aber wasserdichte, reversible Anstrichstoffe, die in Fahrzeugen zur Unterbodenpflege und Hohlraumkonservierung eingesetzt werden.

> Achtung:
> Diese Anstrichstoffe sind grundwasserschädigend.

5.3.2.8 Polymerisatharzlack

Polymerisatharzlacke bestehen aus einem Bindemittel, welches durch Polymerisation hergestellt wurde, oder aus einem Gemisch verschiedener Polymerisate, z. B. Polyvinylbutyral/Polyacrylatharz, Polyvinylchlorid/Polyvinylacetat (PVC/PVAC) oder Polymethacrylat (Acryl)/Polyurethanharz (AY/PUR). Sie sind robust und vielseitig einsetzbar.
Mit Inhibitoren wird die Kettenbildungsreaktion vor Abfüllung und Versand zunächst unterbrochen. Die Polymerisation wird erst nach dem Auftragen auf der Beschichtungsfläche beendet.

Polymerisatharzlacke sind weichelastisch, anlösbar bis zähelastisch hart und schleifbar. Als Farbmittel dienen synthetische organische Pigmente.

In der Fahrzeuglackierung wird v. a. das System Polyacrylatharz/Polyurethan bei Grundierungen eingesetzt.

5.3.2.9 Polyurethanharzlack und Polyurethanharzlackfarbe

Polyurethanharzlacke sind auch unter dem Namen **PUR-Lack** oder **DD-Lack** (Härter: **D**esmodur, Stammlack: **D**esmophen) bekannt. Die Bindemittel entstehen durch Polyaddition von Polyisocyanaten mit mehrwertigen Alkoholen.

Diese Anstrichstoffe können als 1-K-Lack oder als 2-K-Lack verwendet werden.

Bei der chemischen Trocknung durch Polyaddition entstehen räumlich vernetzte Makromoleküle, die hohe Stabilität und Festigkeit aufweisen.

Beschichtungen aus PUR- bzw. DD-Lacken sind sehr elastisch, hoch abriebfest, besonders wetterbeständig und beständig gegenüber allen Chemikalien, die auf Karosserien auftreffen wie Öl, Fett, Schmutz, Lösemittel, Waschmittel, Wachs, Alkohol, Salz und Säure. Und sie weisen eine hohe Glanzbeständigkeit auf.

PUR-Lack für die Fahrzeuglackierung gibt es als:
- lösemittelhaltigen Zwei-Komponenten-PUR-Lack
- lösemittelfreien Ein-Komponenten-PUR-Lack
- wasserverdünnbaren Ein-Komponenten-PUR-Lack
- feuchtigkeitshärtenden Ein-Komponenten-PUR-Lack

> Achtung:
> Zu viel Härter, zu dicke Nassfilmschicht und zu hohe Feuchtigkeit verursachen im PUR-Anstrich kleine Blasen und Krater (Auskocher).

5.3.2.10 Ungesättigter Polyesterharzlack und Polyesterharzlackfarbe

Ungesättigter Polyesterharz, kurz **UP-Lack**, ist in der Regel ein Zwei-Komponenten-Lack, dessen Bindemittel reaktiv ist und durch Polykondensation aus ungesättigten Dicarbonsäuren und Glykolen (mehrwertige Alkohole) hergestellt wird.

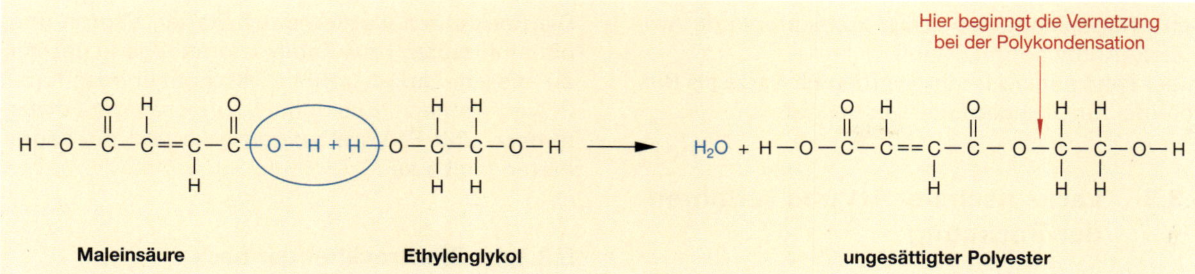

1 Herstellungsreaktion für ungesättigte Polyester

Da die Monomere den Reaktionspartnern einer Veresterungsreaktion gleichkommen, werden die entstandenen Reaktionsprodukte als **Polyester** bezeichnet. Weil die Doppelbindungen, die am Anfang des organischen Säuremoleküls stehen, von der Vernetzungsreaktion nicht betroffen sind, bleiben diese Polyester ungesättigt und können in einer anschließenden Polyaddition die vielzahligen monomeren Lösemittelmoleküle des Monostyrols binden und die Vernetzung verfestigen, siehe Bild ➜ 1.

Der Härter ist organisches Peroxid und dient hierbei nur als Initiator (Anreger); er wird aber ebenfalls mit eingebunden.
So ergeben sich hochfeste, schleifbare Beschichtungen. Sie werden vor allem als Gießharz bei der Herstellung von Laminat sowie bei der Holzversiegelung eingesetzt, auch als Siegellack.

Ungesättigte Polyesterharze werden in der Fahrzeuglackierung als glasfaserverstärkter Kunststoff (GFK-UP) und als UP-2-Spachtel und Füller eingesetzt.

5.3.2.11 Polyacrylatharzlack

Polyacrylatharzlack, kurz **AY-Lack**, wird mittels Polymerisation aus monomeren Acrylsäureestern (Acrylate) oder monomeren Methacrylsäureestern (Methacrylaten) hergestellt. Er dient als Bindemittel physikalisch trocknender 1-K-Anstrichsysteme und 2-K-Lacke, die durch Polyaddition erhärten.

Durch die Zugabe weiterer Bindemittel wie Epoxidharz, Phenolharz oder Alkydharz stellt man wärmetrocknende Acrylharze her – gut für die Reparaturlackierung, weil das Fahrzeug dem Kunden schnell wieder zur Verfügung steht.

Als 1-K-System sind AY-Lacke thermoplastisch und reversibel.
AY-Lack ist geeignet für unifarbene, metallicfarbene, thermoplastische und duromere ein-, zwei- und mehrschichtige Lackierungen.

Sie sind lösemittelhaltig oder auch lösemittelreduziert und können in den herkömmlichen Nassspritzverfahren aufgetragen werden und sie sind in Effektlacken enthalten.
Sie lassen sich auch relativ problemlos mit anderen KH-Lacken kombinieren.

Deshalb werden bei der Fahrzeuglackierung die Polyacrylatharzlacke am meisten verwendet.

5.3.2.12 Epoxidharzlack und Epoxidharzlackfarbe

Ein Epoxidharz (**EP**) besteht aus Polyether und wird entweder durch katalytische Polymerisation von Epoxiden hergestellt oder durch Umsetzung von Epoxiden mit zweiwertigen Alkoholen. Durch die Zugabe eines einwertigen Alkohols wird die Polymerisation gestoppt, sodass das Epoxidharz auch noch für Folgereaktionen wie die Lacktrocknung reaktiv bleibt.
Epoxidharze sind härtbare Kunstharze, die je nach Reinheit der Ausgangsstoffe hellgelb bis dunkelbraun gefärbt sind. Bei der chemischen Erhärtung durch Polyaddition schrumpfen sie nur und ergeben einen sehr harten, strapazierfähigen und schleifbaren Trockenfilm.
Alle Epoxidharze sind abriebfest, wetterfest, chemikalienbeständig, duroplastisch, auch in der Kälte temperaturbeständig und haben gute Bindung zu Glasfasern, Fiberglas und GFK.
Durch Veresterung mit Fettsäuren entstehen Epoxidharzester-Lacke (**EPE-Lacke**).
Als Farbmittel werden in EP/EPE-Anstrichen Metallpigmente wie Eisenglimmer und Aluminiumpulver eingesetzt, aber auch organische und anorganische Kunstpigmente, die aber nach langjähriger Bewitterung kreiden.

Achtung:
Es ist notwendig, Schutzmaske und Latexschutzhandschuhe beim Verarbeiten von EP-Lacken zu tragen.

Denn Härter enthalten meist krebserregende Aromaten (Anthylbenzol, Xylol).
In der Fahrzeuglackierung werden EP-Harze als Bindemittel für Grundierfüller verwendet.

5.3.3 Lacke nach der Art und Verfahren der Trocknung

Informationen zur Lacktrocknung siehe Kap. 5.6.

Nach Art der Trocknung werden Fahrzeuglacke eingeteilt in:
- oxidativ trocknende Lacke, siehe Kap.5.3.3.1
- lufttrocknende Lacke, siehe Kap. 5.3.3.2
- durch Makromolekülbildung erhärtende Lacke, siehe Kap. 5.3.3.3
- ofentrocknende Lacke, siehe Kap. 5.3.3.4
- Einbrennlacke, siehe Kap. 5.3.3.5
- säurehärtende Lacke, siehe Kap.5.3.3.6
- UV-härtende Lacke, siehe Kap. 5.3.3.7

5.3.3.1 Oxidativ trocknender Lack

Oxidativ trocknende Lacke enthalten Bindemittel, welche bei ihrer Trocknung Luftsauerstoff aufnehmen und unter Volumenvergrößerung oxidieren. Gleichzeitig verdunstet das Lösemittel.

Zu ihnen zählen die Öllacke und Alkydharzlacke, siehe Kap. 5.3.2.1 und Kap. 5.3.2.2.

5.3.3.2 Lufttrocknender Lack

Lufttrocknende Lacke sind Lacke, die ausschließlich durch Lösemittelverdunstung aushärten. In ihnen bleibt die Bindemittelstruktur auch nach der Trocknung erhalten.

Man unterscheidet:
- reversible, lufttrocknende Lacke wie NC-Lack oder Spirituslack
- irreversible, lufttrocknende Lacke wie Siliconharzlack

5.3.3.3 Durch Makromolekülbildung erhärtender Lack

Durch Makromolekülbildung erhärtende Lacke bilden erst während des Trocknungsprozesses riesige Moleküle aus.

Diese riesigen Moleküle (Makromoleküle) entstehen aus monomeren oder teilvernetzten Molekülen innerhalb der Polymerisation, Polykondensation oder Polyaddition im Trockenfilm.

Die Reaktionen werden durch Härter, Säuren und/ oder Initiatoren bzw. Katalysatoren ingang gesetzt. Zu diesen Lacken zählen Mischpolymerisatharz-, Polyacrylatharz-, Epoxidharz-, ungesättigte Polyesterharz- und Polyurethanharzlacke und die säurehärtenden Lacke.

5.3.3.4 Ofentrocknender Lack

Ofentrocknende Lacke werden auch **forciert trocknende Lacke** genannt. Sie trocknen vorrangig sehr schnell im Temperaturbereich von 30 °C bis 80 °C. Dabei wird die Reaktion zur Makromolekülbildung beschleunigt.

Der Lack wird aber nicht aufgeschmolzen und brennt nicht in die Oberfläche ein.
Zur Trocknung werden Trockenkammern oder Heizstrahler eingesetzt.

5.3.3.5 Einbrennlack

Einbrennlacke sind vor allem als Pulverlacke, die im elektrostatischen Pulverbeschichtungsverfahren aufgetragen werden. Das Pulver enthält sowohl die im Bindemittel eingehüllten Pigmente als auch Härterteilchen in feinster pulverisierter Form. Dieses Gemenge schmilzt im Trockenofen bei einer Temperatur ab 180 °C.
Dabei bildet sich eine makromolekulare und homogene Schmelzfilmschicht, die nach Abschluss der Reaktion zu einer äußerst strapazierfähigen Lackierung erstarrt.

Einbrennlacke können aber auch flüssig aufgetragen werden. Allerdings wird bei alkydharzhaltigen Melamin-, Harnstoffharz- bzw. Phenolharzlacken der Nassfilm angetrocknet (Ablüften) und bei einer Temperatur von ca.120 °C eingebrannt.

5.3.3.6 Säurehärtender Lack und Lackfarbe

Unter säurehärtendem Lack, kurz **SH-Lack**, versteht man einen Ein- oder Zwei-Komponenten-Lack mit den Bindemitteln Phenolharz, Melaminharz und/ oder Harnstoffharz sowie kurzöligem Alkydharz. Sie härten bei Normaltemperatur oder auch bei Erwärmung nach Zugabe einer Säure oder eines sauren Härters unter Polykondensation aus.
Säurehärtende Lacke sind eine Kombination aus Alkydharz mit Melamin-Harnstoffharz-Lack, kurz **MF-Lack**, oder mit Phenolharzlack.
Säurehärtende Lacke können in organischen Lösemitteln gelöst sein oder wasserhaltig (SH-Wasser- oder SH-Hydrolack).

Sie erreichen bei zweischichtigem Auftrag (Grund- und Deckbeschichtung) eine Schichtdicke von 20 µm bis 60 µm.
Sie besitzen eine hohe Füllkraft (MS > 50 %), sind hart, abriebfest, chemikalienbeständig. Deshalb werden sie als Einbrennlack auf Metallen, z. B. als Motorlack eingesetzt.
Säurehärtende Lacke wirken sauer und setzen Formaldehyd frei.

Achtung:
Bei der Verarbeitung sind Schutzvorkehrungen zu treffen; technische Merkblätter beachten.

5.3.3.7 UV-härtender Lack

UV-härtender Lack enthält Urethanacrylat als Reaktivverdünner, das mithilfe von ultraviolettem Licht (UV-Licht) gehärtet wird. UV-härtender Lack verbindet die exzellenten Eigenschaften von PUR-Systemen mit der Umweltfreundlichkeit und Wirtschaftlichkeit der UV-Technologie.
Ultraviolettes Licht wirkt bei der Trocknung auf das Urethanacrylat, verwandelt es zu Radikalen, die ihrerseits Radikalstellen als aktive Zentren in bereits vorvernetzten Molekülen des Bindemittels ausbilden. Diese Moleküle bilden dann in Kettenreaktion eine makromolekulare Trockenschicht aus, die hart und fest sowie strapazierfähig ist.
In jüngster Zeit wurden Bindemittel auf Allophanatbasis entwickelt, das frei ist von Urethanacrylat. Es ist auf vielen Untergründen einsetzbar. Es eignet sich beispielsweise für die Beschichtung von Kunststoff und Metall.

Nachteile von UV-härtendem Lack:
- UV-Klarlacks ist nicht immer mit dem darunterliegenden Basislack verträglich.
- Mit dem UV-Licht sind nicht immer die „Schattenzonen" der dreidimensionalen Automobilkarosserie zu erreichen.

5.3.4 Lacke nach Art des Untergrunds

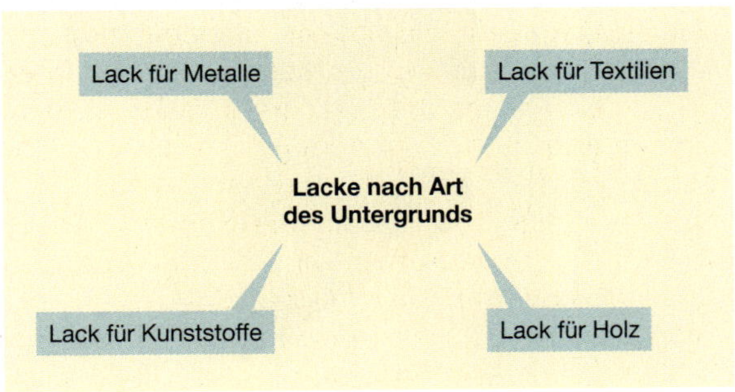

1 Lacke nach Art des Untergrundes

Die Lackbestandteile dürfen weder unverträglich mit den Untergrundmaterialien sein, noch darf die Lackierung in ihrem Schichtenaufbau die Eigenschaften des Untergrunds beeinträchtigen.

Beispiele:
- Metalllackierungen dürfen nicht unterrosten.
- Das Lacklösemittel darf nicht den Untergrund eines thermoplastischen Kunststoffs anlösen.
- atmungsaktive Textilien können einseitig vermodern, wenn sie den Austausch der Feuchtigkeit nicht mehr realisieren können.

Aber auch der Untergrund darf die Lackierung nicht schädigen.

Beispiel
Die Saugfähigkeit des Untergrunds muss eingeschränkt werden, deren Kapillare ansonsten die in Lösemitteln gelösten Bindemittel in das Untergrundmaterial ziehen würden; der Lack würde „versaufen".

Deshalb ist es wichtig, bei der Fahrzeuglackierung die Art des Untergrunds zu beachten.

Die Untergründe bei der Fahrzeuglackierung sind, siehe Bild ➔ 1:
- Metall, siehe Kap. 5.3.4.1
- Kunststoff, siehe Kap. 5.3.4.2
- Holz, siehe Kap. 5.3.4.3
- beschichtete Textilien, siehe Kap. 5.3.4.4

5.3.4.1 Lack für Metalle

In der heutigen Zeit sind die Fahrzeug- und Industrielacke weitgehend auf allen metallischen Untergründen einsetzbar.

Gründe:
- Durch Kombination von Bindemitteln sind diese Lacke auf Metall sehr gut haftfähig und äußerst strapazierfähig gegenüber äußeren Einflüssen, sie zeigen aber keine chemische Reaktion mit den Metallen.
- Die eingesetzten Grundbeschichtungsstoffe und Füller verhindern Unterrostung und Haftungsstörungen.

Moderne Lacke für Metall, gibt es als Ein- oder Zwei-Komponenten-Lack.

Sie haben folgende Eigenschaften:
- luft-, wärme-, UV- oder ofentrocknend
- farblos und pigmentiert in allen Farbtönen
- glatt oder fein bis grob strukturiert
- mit Hammerschlag-, Metall- oder anderen Effekten
- gute Antihafteigenschaften nach außen
- sehr gute Gleiteigenschaften
- hohe Härte und Verschleißfestigkeit
- hervorragend korrosionsschützend

Die Lackierung muss das Metall vor Korrosion und Verschleiß schützen und den Bewegungen der Beschichtungsfläche standhalten, z. B. Ausdehnung bei Erwärmung oder geringfügige Blechverformung.

5.3.4.2 Lack für Kunststoffe

Kunststoffe können durch entsprechende Pigmentierung eingefärbt werden, sie werden aber auch mit Lack beschichtet, denn der Lack
- schützt die Beschichtung der Kunststoffoberflächen
- verbessert die Beständigkeit gegen Witterung, Licht und mechanische sowie chemische Einwirkung
- überdeckt herstellungsbedingte Fehler und Unebenheiten der Kunststoffoberflächen
- passt die Farbe des Kunststoffs an die Farbe der Metallteile an

Dabei muss unterschieden werden zwischen:
- Elastomeren
- Duromeren
- Thermoplaste

Elastomere werden kaum lackiert. Bei **Duromeren** gibt es kaum Probleme, denn auf die glatte Oberfläche lassen sich mit konventionellen Spritzverfahren die Flüssiglacke gut auftragen.
Probleme gibt es bei **Thermoplaste** und Schaumstoffen.

Sie sind **vor** dem Lackieren auf ihre Lackierbarkeit zu prüfen.

Wichtig sind:
- sorgfältige Vorbereitung der Beschichtungsfläche
- gewissenhafte Auswahl des Beschichtungssystems

Für das Beschichten von Kunststoffen sind die Mehrzahl der unter Kap. 5.3.1 genannten Lacke im Einsatz.

Aber die Tendenz geht hierbei zu den Wasserlacken, da bei ihnen von vornherein das Problem „Anlösen der Oberfläche" ausgeschlossen werden kann. Einbrennlacke werden für die Kunststoffbeschichtung ausgeschlossen. Kunststofflacke gibt es lösemittelhaltig und wasserhaltig, jeweils als 2-K-Lack oder 1-K-Lack lufttrocknend.

5.3.4.3 Lack für Holz

Eine Holzbeschichtung hat zwei Grundanliegen, siehe Bild ➜ 1. Sie muss:
- wasserabweisend (hydrophob) sein, d. h. Wasser von außen daran hindern, zur Holzsubstanz vorzudringen
- gewährleisten, dass die im Holz vorhandene Feuchtigkeit nach außen abgegeben wird.

Nur so wird verhindert, dass die feuchte Holzsubstanz von Schädlingen befallen wird, die das Holzerzeugnis zuerst unansehnlich machen und dann langsam zerstören.

An Lack für Holz werden Anforderungen gestellt:
- das Holz vor Befall mit Schädlingen schützen
- das Holz vor Aufnahme zu großer Feuchtigkeit bewahren und damit das Quellen und Schwinden vermeiden
- die Oberflächenfestigkeit und Härte verstärken, um den Abrieb zu minimieren
- die natürliche Rauigkeit der Holzoberfläche überdecken oder hervorheben
- Holzfläche farbig gestalten
- als Klar- oder Politurlack die ästhetische Holzmaserung betonen
- wetter-, kälte- und wärmebeständig sein
- wisch-, wasser- und scheuerfest sowie strapazierfähig und pflegeleicht sein
- durch Filterung der UV-Strahlung ein Verfärben des Holzes verhindern
- Verträglichkeit mit den Inhaltsstoffen des Holzes

1 Grundanliegen der Holzlackierung

Lack für Holz gibt es als:

- Ein-Komponenten-Lack auf der Basis von langöligen Alkydharzen, Nitrocellulose und der Kombination beider
- Spirituslack oder Schellackfarbe
- Polymerisatharzlack
- Ein-Komponenten-Lack der Reaktionslacke, insbesondere PUR und UP
- Zwei-Komponenten-Lack auf der Basis von ungesättigten Polyesterharzen, Polyurethanharzen (DD-Lacke) und Polyacrylatharzen

Es bieten sich auch Kombinationsmöglichkeiten.

5.3.4.4 Lack für Textilien

Viele Textilien sind sehr reißfest und können den üblichen mechanischen Beanspruchungen standhalten, insbesondere Gewebe und Gewirke (Wollgewebe). Textilien, die außen eingesetzt werden, sind außerdem Verschmutzungen und der Witterung ausgesetzt, vor allem Niederschlag, Sonne und Kälte.

> Textilien müssen vor diesen äußeren Einflüssen geschützt werden, z. B. durch:
> - Textilausrüstung
> - Textilbeschichtung

Bei der **Textilausrüstung** werden die Textilen optisch nicht verändert, weil nur die Fasern mit organischen oder siliziumorganischen Bindemitteln getränkt und umhüllt werden, ohne eine geschlossene Filmschicht zu bilden – sie werden **imprägniert**.

Bei der **Textilbeschichtung** werden die Textilien mit einem sichtbaren Kunststoff beschichtet. So werden physikalische und chemische Eigenschaften der Textilien verändert, z. B. werden sie wasserdicht, abriebfest, chemikalienbeständig und schmutzabweisend, aber auch weicher oder härter sowie oft feuerfester als im unbeschichteten Zustand, Beispiel Nano-Beschichtung, siehe Bild ➜ 1. Selbst die Oberflächenstruktur kann sich völlig verändern.

> Beispiel, siehe Bild ➜ 2
> War das Textilerzeugnis vor der Beschichtung noch als grobes Jutegewebe zu erkennen, erscheint es danach im Leder-Outfit – Kunstleder.

Der Beschichtungsstoff kann sein:

- fest (Folien oder Pulver)
- flüssig (Textillack)
- pastös (Schlagschaum)

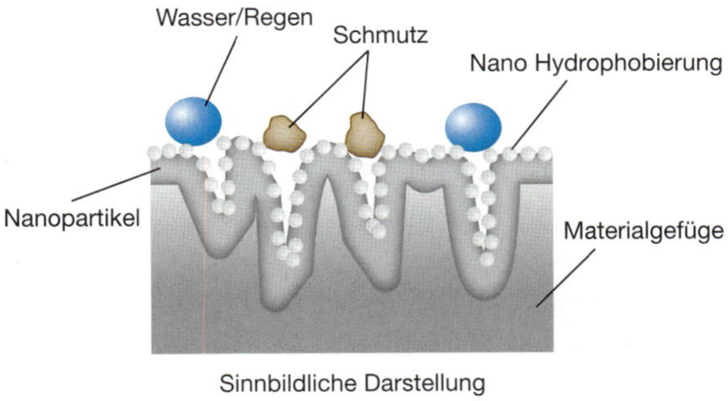

1 Nano-Beschichtungen

2 Kunstleder im Auto

5.3.5 Lack nach Anzahl der Komponenten

3 Lack nach Anzahl der Komponenten

> Nach Anzahl und Art der Komponenten werden Fahrzeuglacke eingeteilt in, siehe Bild ➜ 3:
> - Ein-Komponenten-Lack, siehe Kap. 5.3.5.1
> - Zwei-Kompenten-Lack, siehe Kap. 5.3.5.2

5.3.5.1 Ein-Komponenten-Lack

Der Ein-Komponenten-Lack besteht nur aus einer Komponente, welche sich klassisch aus den vier Lackbestandteilen zusammensetzt. Er wird kurz **1-K-Lack** genannt, siehe Bild ➜ 1. Härter ist nicht notwendig, da der Lack physikalisch trocknet.

Ein-Komponenten-Lacke sind reversible und irreversible Anstrichstoffe.

Die Kohäsion in der Trockenfilmschicht der Lackierung mit Ein-Komponenten-Lacken erfolgt durch:
- zwischenmolekulare elektrostatische Kräfte
- chemische Kettenbildung oder Vernetzung bei der Fortsetzung von Polymerisation oder Polykondensation nach Anregung durch einen Initiator

Zu den Ein-Komponenten-Lacken gehören Polyurethanharz-1-K-Lack, Polyacrylatharz-1-K-Lack und -Dispersionslack, Polyesterharz-1-K-Lack, Epoxidharz-1-K-Lack und Epoxidharzesterlacke sowie die Einbrennlacke.

5.3.5.2 Zwei-Kompenten-Lack

Zwei-Kompenten-Lacke, kurz **2-K-Lacke**, bestehen aus zwei Komponenten, siehe Bild ➜ 2:
- Stammlack
- Härter

Hierzu zählen auch die **säurehärtenden Lacke**, kurz **SH-Lacke**.

Sie bilden irreversible Lackierungen durch Polyaddition, Polymerisation oder durch Polykondensation oder, bei SH-Lack, durch eine Säure-Base-Reaktion eines organischen Bindemittels mit einer sauren Härterflüssigkeit.

Bei Polymerisation und Polykondensation regen Initiatoren die Fortsetzung zur Makromolekülbildung an. Die Initiatoren befinden sich meist im Härter. Sie verursachen aktive Zentren an den Bindemittelmolekülen.

Bei SH-Lacken reicht die Säurestärke aus, um die Reaktion ingangzusetzen.

Zu den Zweikomponentenlacken gehören Polyurethanharz-2-K-Lacke, Polyacrylatharz-2-K-Lacke, Polyesterharz-2-K-Lacke, Epoxidharz-2-K-Lacke und Epoxidharzdispersionslacke sowie die SH-Lacke.

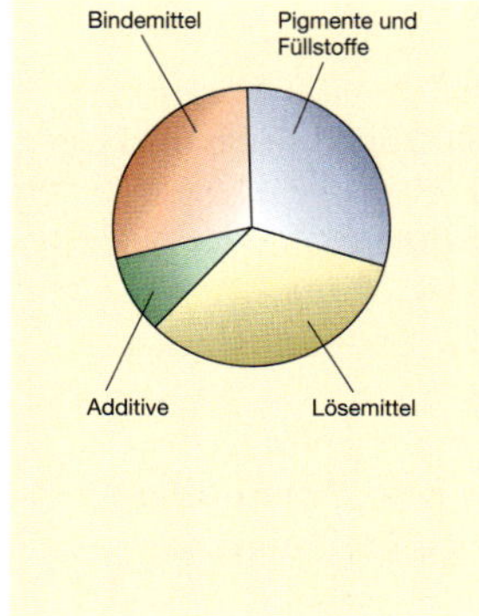

1 Ein-Komponenten-Lack

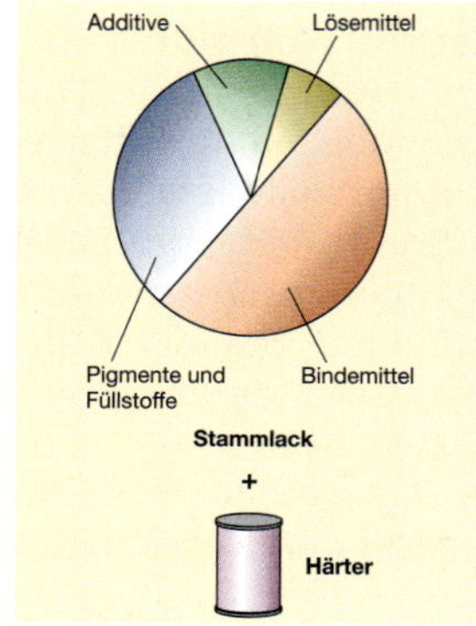

2 Zwei-Komponenten-Lack

5.3.6 Lacke nach Aussehen und Oberflächenstruktur

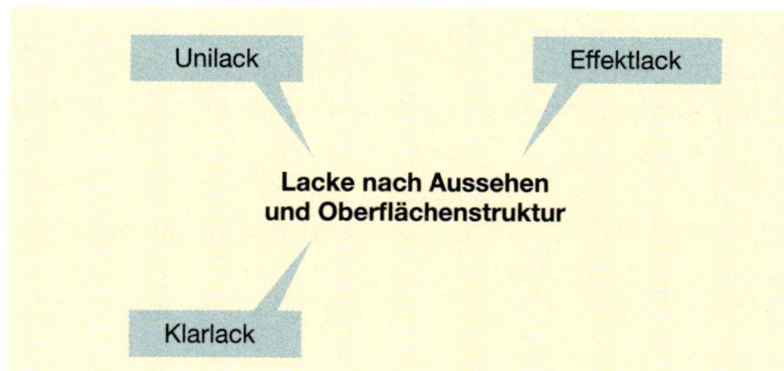

3 Lacke nach Aussehen und Oberflächenstruktur

Nach Aussehen und Oberflächenstruktur werden Fahrzeuglacke eingeteilt in, siehe Bild ➜ 3:
- Uni-Lack, siehe Kap. 5.3.6.1
- Klarlack, siehe Kap. 5.3.6.2
- Effektlack, siehe Kap. 5.3.6.3

5.3.6.1 Uni-Lack

Uni-Lacke, exakt unifarbene Lacke, sind Lacke mit verschiedenen Bindemitteln, die klassische Farbpigmente enthalten, ohne dass bei ihnen die Reflexion verstärkt wird. Dadurch sind diese Lacke wenig farbbeständig gegenüber der UV-Strahlung des Lichtes und erwärmen sich durch Absorption von IR-Strahlung schneller als beispielsweise die Metalliclacke.

Uni-Lacke auf Acryl- oder PUR/Acryl-Basis werden auch als MS-, HS- oder VHS-Lacke angeboten.

5.3.6.2 Klarlack

Klarlack ist transparent (pigmentlose) und hat sehr gute Eigenschaften gegenüber äußeren Einflüssen wie Stöße, Schläge, Licht, Chemikalien und Witterung. Deshalb bildet der Klarlack die äußere Hülle der Fahrzeuglackierung.

Klarlack gibt es als:
- 1-K-Klarlack, z. B. Alkydharzklarlack und wasserverdünnbarer Acrylharz-Dispersionslack
- 2-K-Klarlack, z. B. Polyacrylatharz-2-K-Klarlack und Acryl-PUR-Klarlack, sowie zum Lackieren von Holz der DD-Lack und der UP-2-K-Klarlack

Klarlacke auf Acryl- oder PUR/Acryl-Basis werden auch als MS-, HS- oder VHS-Lacke angeboten.

5.3.6.3 Effektlack

Effektlacke sind handelsübliche Lacke, bei deren Trocknung sich ein optischer Effekt einstellt (oft zusätzlich zum Glanz) oder verstärkt wird. Prinzipiell zählt **Metalliclack** dazu; Metalliclack hat sich allerdings immer mehr als „Standard-Lack" durchgesetzt.

Weitere Informationen zur Effektlackierung siehe Kap. 10.2.

5.4 Kenndaten von Fahrzeuglack

Wichtige Kenndaten eines Fahrzeuglacks sind:
- Spritzviskosität, siehe Kap. 5.4.1
- Anteil flüchtiger organischer Stoffe, siehe Kap. 5.4.2
- Festkörpergehalt, siehe Kap. 5.4.3
- Ergiebigkeit, siehe Kap. 5.4.4
- Materialverbrauch, siehe Kap. 5.4.5
- Trockenfilmschichtdicke, siehe Kap. 5.4.6
- Nassfilmschichtdicke, siehe Kap. 5.4.7
- Topfzeit, siehe Kap. 5.4.8
- Mischungsverhältnis, siehe Kap. 5.4.9

5.4.1 Spritzviskosität

Spritzviskosität ist die Viskosität (das Fließverhalten) des Lackes, welche für Spritzverfahren notwendig ist. Lacke müssen für die Spritzverfahren dünnflüssiger sein als beim Streichen oder Rollen, weil sie sowohl enge Kanäle innerhalb der Spritzpistole passieren als auch zu feinem Spritznebel zerstäubt werden müssen.

DIN-Auslaufbecher ISO-Auslaufbecher

a) Auslaufbecher

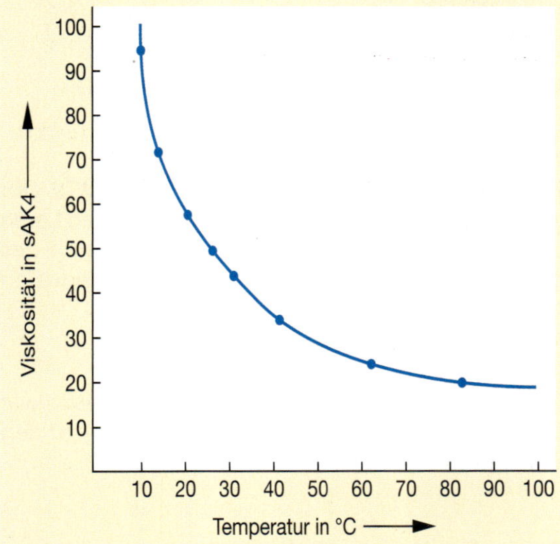

b) Viskositäts-Temperatur-Diagramm

1 DIN-Auslaufbecher 4 mm

Oft reicht die vom Hersteller eingestellte Viskosität des Lacks nicht aus, dann müssen Verdünnung, Einstellzusatz oder VE-Wasser zugegeben werden – die Spritzviskosität wird eingestellt.

Bei einer Temperatur um die 20 °C wird die Spritzviskosität eingestellt, indem der Lack exakt nach Herstellerangaben gemischt wird.

Weicht die Temperatur stark ab, muss die Spritzviskosität mithilfe des DIN-Auslaufbechers[1] eingestellt werden, siehe Bild ➜ 1. Der Auslaufbecher wird mit 100 ml Fahrzeuglack gefüllt, der dann durch eine Öffnung von 4 mm Durchmesser ausläuft. Dabei wird die Zeit gemessen, bis der Auslaufbecher leer ist. Diese Zeit ist das indirekte Maß der Viskosität in Sekunden.

[1] DIN-Auslaufbecher werden heute immer noch gerne verwendet, obwohl im Jahr 1996 die DIN 53 211 ersetzt wurde durch DIN EN ISO 2431; Auslaufbecher siehe Bild ➜ 1a.

Bild ➜ 1 zeigt die Spritzviskosität im DIN-Auslaufbecher 4 mm bei 20 °C für verschiedene Fahrzeuglacke.

Es gilt:
Je höher die Temperatur, umso dünnflüssiger der Fahrzeuglack, umso kürzer die gemessene Zeit, desto geringer die Spritzviskosität, vgl. Bild ➜ 1b, Seite 19.

Achtung
In gewissen Zeitabständen sollte die Viskosität von Lagermaterialien stichprobenartig überprüft werden, insbesondere wenn die Fahrzeuglacke relativ alt sind.

5.4.2 Anteil flüchtiger organischer Stoffe

Der Anteil flüchtiger organischer Stoffe (***VOC***)[1] gibt den flüchtigen Anteil jedes lösemittelhaltigen Lacks in Gramm pro Liter an, aber auch den Anteil des organischen Lösemittels an den lösemittelreduzierten Wasserlacken.
Beispiele siehe Bild ➜ 2.

In der VOC-Verordnung wird festgeschrieben, wie groß der Anteil an Lösemitteln sein darf, die zu den Gefahrstoffen gehören.

5.4.3 Festkörpergehalt

Der Festkörpergehalt ist der nichtflüchtige Anteil im Fahrzeuglack; Abkürzungen: ***nfA***, ***FK*** oder ***FG***. Das ist der Anteil, der während der Trocknung die Filmschicht bildet, i. d. R. Bindemittel, Pigmente, Füllstoffe und Additive. Dieser Anteil wird vor Einstellung der Spritzviskosität und vor dem Auftragen bestimmt, also im Lieferzustand im unangebrochenen Gebinde.

Der Festkörpergehalt wird in Masse-% oder Vol.-% angegeben, Beispiele siehe Bild ➜ 3. Für eine Umrechnung wäre die Dichteangabe für den gesamten Festkörperanteil nötig.

Der Festkörpergehalt wird bestimmt, wenn die Zusammensetzung des Materials unbekannt ist oder die Qualitätsansprüche von produzierten Materialien es erfordern.

Fahrzeuglack	**Spritzviskosität** in s
lösemittelhaltiger PUR-Basislack	22
wasserverdünnbarer PUR-Basislack	22 ... 26
lösemittelhaltiger 2-K-Fahrzeuglack (AY/PUR-Gemisch)	17 ... 19
lösemittelhaltiger 2-K-Klarlack (AY/PUR-Gemisch)	17 ... 18
wasserverdünnbarer 2-K-Acrylklarlack	22 ... 24

1 Spritzviskosität im DIN-Auslaufbecher 4 mm bei 20 °C

Fahrzeuglack	***VOC*** in g/l
lösemittelhaltiger PUR-Basislack	420 ... 500 (= 56,0 Vol% ... 66,7 Vol%)
wasserverdünnbarer PUR-Basislack	230 ... 420 (= 30,7 Vol% ... 56,0 Vol%)
lösemittelhaltiger 2-K-Fahrzeuglack (AY/PUR-Gemisch)	410 ... 520 (= 54,7 Vol% ... 69,3 Vol%)
lösemittelhaltiger 2-K-Klarlack (AY/PUR-Gemisch)	≈ 513 (= 68,4 Vol%)

2 Anteil flüchtiger organischer Stoffe (*VOC*)

Fahrzeuglack	***FK*** in Masse-%
lösemittelhaltiger PUR-Basislack	22 ... 37
wasserverdünnbarer PUR-Basislack	19 ... 24
lösemittelhaltiger 2-K-Fahrzeuglack (AY/PUR-Gemisch)	45 ... 70
lösemittelhaltiger 2-K-Klarlack (AY/PUR-Gemisch)	≈ 48
wasserverdünnbarer 2-K-Acrylklarlack	≈ 42

3 Festkörpergehalt (FK)

Zusätzlich müssen angegeben werden:
- die Temperatur, i. d. R. 105 °C
- die Trocknungsdauer, i. d. R. 2 Stunden

[1] VOC = volatil organic compounds (engl.): flüchtige organische Bestandteile

5.4.4 Ergiebigkeit

Die Ergiebigkeit (***E***) gibt die Fläche an, die mit 1 Liter oder 1 Kilogramm Fahrzeuglack in einem Spritzgang qualitätsgerecht bedeckt werden kann. Daher gibt der Hersteller auch eine konkrete Trockenschichtdicke als Zusatz zur Ergiebigkeit an, die als Richtwert für einen Spritzgang dienen soll. So gibt E_{55} die Ergiebigkeit an für 55 µm Trockenschichtdicke; Beispiele siehe Bild ➜ 1.
Beim Rechnen mit diesen Ergiebigkeiten muss notfalls mittels indirektem Proportionsansatz der Ergiebigkeitswert für eine andere geforderte Trockenschichtdicke umgerechnet werden.

Die Ergiebigkeit ist der reziproke Wert des Materialverbrauchs.

Formel und Rechenbeispiel siehe Kap. 5.4.10.

Fahrzeuglack	*E* in m²/l
lösemittelhaltiger PUR-Basislack	8,25 bei 25 µm Trockenschicht
wasserverdünnbarer PUR-Basislack	15,5 bei 15 µm Trockenschicht
lösemittelhaltiger 2-K-Fahrzeuglack (AY/PUR-Gemisch)	7,5 bei 55 µm Trockenschicht
lösemittelhaltiger 2-K-Klarlack (AY/PUR-Gemisch)	7,9 bei 55 µm Trockenschicht
wasserverdünnbarer 2-K-Acrylklarlack	9,4 bei 55 µm Trockenschicht

1 Ergiebigkeit (*E*)

5.4.5 Materialverbrauch

Materialverbrauch (***MV***) ist die Menge des betreffenden Lackes, die nach einem Spritzgang genau einen Quadratmeter der Beschichtungsfläche ausreichend mit der geforderten Filmschichtdicke bedeckt. Sie ist ebenfalls an eine Angabe der Trockenschichtdicke gebunden, da der Materialverbrauch proportional mit ihr steigt. MV_{55} gibt den Materialverbrauch für eine erreichte Trockenschichtdicke von 55 µm an.
Er wird in ml/m² oder in kg/m² angegeben. Beispiele siehe Bild ➜ 2.

Fahrzeuglack	*MV* in l/m²
lösemittelhaltiger PUR-Basislack	0,121 bei 25 µm Trockenschicht
wasserverdünnbarer PUR-Basislack	0,065 bei 15 µm Trockenschicht
lösemittelhaltiger 2-K-Fahrzeuglack (AY/PUR-Gemisch)	0,133 bei 55 µm Trockenschicht
lösemittelhaltiger 2-K-Klarlack (AY/PUR-Gemisch)	0,127 bei 55 µm Trockenschicht
wasserverdünnbarer 2-K-Acrylklarlack	0,106 bei 55 µm Trockenschicht

2 Materialverbrauch (*MV*)

5.4.6 Trockenfilmschichtdicke

Die Trockenfilmschichtdicke (d_T) ist die Dicke der Trockenschicht, die aus der aufgetragenen Nassschichtdicke durch den Trocknungsprozess entsteht. Sie resultiert bei der Trocknung aus der Menge an Festkörperbestandteilen und wird in µm angegeben, Beispiele siehe Bild ➜ 3.

Sie ist die Hauptforderung an die Beschichtung, wird in der Praxis auch erreicht, wenn die geforderte Spritzviskosität eingehalten wird und die erforderlichen Spritzgänge ordnungsgemäß ausgeführt werden.

Man kann Trockenfilmschichtdicke mit geeigneten Messgeräten prüfen, siehe Kap. 5.9.2.2.

Fahrzeuglack	d_T in µm
lösemittelhaltiger PUR-Basislack	33 ... 44
wasserverdünnbarer PUR-Basislack	44 ... 70
lösemittelhaltiger 2-K-Fahrzeuglack (AY/PUR-Gemisch)	31 ... 45
lösemittelhaltiger 2-K-Klarlack (AY/PUR-Gemisch)	32
wasserverdünnbarer 2-K-Acrylklarlack	keine Angabe

3 Trockenfilmschichtdicke (d_T) bei 100 ml Fahrzeuglack auf 1 m² Fläche

5.4.7 Nassfilmschichtdicke

Die Nassfilmschichtdicke (***d_N***) von 100 µm ist die Dicke der Nassfilmschicht, die aus 100 ml Fahrzeuglack auf 1 m^2 Spritzfläche gleichmäßig verteilt wurde. Der Nassfilm enthält, im Gegensatz zum Trockenfilm, noch alle Bestandteile des Lacks, auch die flüchtigen. Er stellt also 100 % des Lacks in einer bestimmten Filmschichtdicke in µm dar, Beispiele siehe Bild ➜ 1.

Die Nassfilmschichtdicke wird erreicht, wenn die vorgeschriebenen Parameter des Spritzverfahrens eingehalten werden. Das ist notwendig, um nach der Trocknung die notwendige Trockenfilmschichtdicke zu erreichen.

Man kann auch die Nassfilmschichtdicke mit geeigneten Messmethoden überprüfen, siehe Kap. 5.9.2.1.

Fahrzeuglack	d_N in µm
lösemittelhaltiger PUR-Basislack	100
wasserverdünnbarer PUR-Basislack	100
lösemittelhaltiger 2-K-Fahrzeuglack (AY/PUR-Gemisch)	100
lösemittelhaltiger 2-K-Klarlack (AY/PUR-Gemisch)	100
wasserverdünnbarer 2-K-Acrylklarlack	100

1 Nassfilmschichtdicke (d_N) bei 100 ml Fahrzeuglack auf 1 m^2 Fläche

5.4.8 Topfzeit

Die Topfzeit wird auch **Potlife** genannt. Sie ist die Zeit, die dem Fahrzeuglackierer nach Anmischen eines Zweikomponenten-Lacks zur Verarbeitung bleibt. Sie hängt von der Temperatur bei der Verarbeitung ab. In der Regel wird sie für die Raumtemperatur 20 °C angegeben, siehe Bild ➜ 2.

Wird die Topfzeit überschritten, ist mit Beschichtungsfehlern und mangelnder Verarbeitbarkeit des Lacks zu rechnen.

Die Topfzeit hängt stark davon ab, wie exakt der 2-K-Lack angemischt wurde.

Fahrzeuglack	**Topfzeit** in h
lösemittelhaltiger PUR-Basislack	keine
wasserverdünnbarer PUR-Basislack	keine
lösemittelhaltiger 2-K-Fahrzeuglack (AY/PUR-Gemisch)	6
lösemittelhaltiger 2-K-Klarlack (AY/PUR-Gemisch)	4 ... 5
wasserverdünnbarer 2-K-Acrylklarlack	1

2 Topfzeit bei 20 °C

5.4.9 Mischungsverhältnis

Das Mischungsverhältnis (***MiV***) wird von den Herstellern im Produktinformationsblatt angegeben, um einen sachgerechten Einsatz des Lackgemischs zu garantieren. An diese Angaben muss sich der Fahrzeuglackierer unbedingt halten, um unliebsamen Lackierfehlern vorzubeugen.

Mischungsverhältnisse werden in Volumenanteilen angegeben, z. B. *MiV* = 2 : 1 : 1, oder prozentual, z. B. Zugabe von 50 % Einstellzusatz.

Auch gemischte Angaben sind möglich.

Beispiele für das Mischungsverhältnis siehe Bild ➜ 3, ein Rechenbeispiel siehe Kap. 5.4.10.

Fahrzeuglack	***MiV***
lösemittelhaltiger PUR-Basislack	kein Härter, 50 % verdünnen
wasserverdünnbarer PUR-Basislack	Kein Härter, 10 % VE-Wasser
lösemittelhaltiger 2-K-Fahrzeuglack (AY/PUR-Gemisch)	2 : 1 : 14,3 %
lösemittelhaltiger 2-K-Klarlack (AY/PUR-Gemisch)	3 : 1 : 20 %
wasserverdünnbarer 2-K-Acrylklarlack	3 : 1 : 0,3

3 Mischungsverhältnis (*MiV*)

Beispiel: *MiV* = 2 : 1 : 10 %
Dieses Lackgemisch besteht aus:
- 2 Teile Stammlack
- 1 Teil Härter
- Einstellzusatz, 10 % von Stammlack + Härter

1. Grundformel

$$VOC + FK = 100\,\text{Vol.-\%}$$

VOC flüchtiger Anteil in Vol.-%
FK Festkörperanteil in Vol.-%

Abgeleitete Formeln:

$$d_T = \frac{d_N\,(100 - VOC)}{100}$$

d_T Trockenfilmschichtdicke
d_N Nassfilmschichtdicke in µm

$$d_T = 10\,MV \cdot FK$$

MV Materialverbrauch in l/m² oder in kg/m²

2. Grundformel

$$E = \frac{1}{MV}$$

E Ergiebigkeit in m²/l oder in m²/kg
MV Materialverbrauch in l/m² oder in kg/m²

3. Grundformel

$$d_T = \frac{d_N \cdot FK}{100\,\text{Vol.-\%}}$$

d_T Trockenfilmschichtdicke in µm
d_N Nassfilmschichtdicke in µm
FK Festkörperanteil in Vol.-%

Abgeleitete Formeln:

$$d_T = \frac{10\,FK}{E}$$

E Ergiebigkeit in m²/l oder in m²/kg

$$MV = \frac{1}{E}$$

MV Materialverbrauch in l/m² oder in kg/m²

$$d_T = \frac{10\,(100 - VOC)}{E}$$

VOC flüchtiger Anteil in Vol.-%

$$d_N = \frac{100\,d_T}{100 - VOC}$$

$$d_T = 10\,MV \cdot (100 - VOC)$$

$$d_N = 1000\,MV$$

1 Formeln zu den Kenndaten von Fahrzeuglack

5.4.10 Formeln und Rechenbeispiele

Die Formeln in Bild ➜ 1, zeigen den mathematischen Zusammenhang zwischen den Kenndaten.

> Achtung:
> Die Rechnung mit abgeleiteten Formeln erfolgt ohne Maßeinheiten; sie müssen aber im Ergebnis mit angegeben werden.

1. Rechenbeispiel
Ein lösemittelhaltiger 2-K-Klarlack soll auf eine Beschichtungsfläche von 1,20 m² aufgetragen werden. Dabei soll eine Trockenschichtdicke von insgesamt 100 µm erreicht werden.

Zu berechnen sind:
a) Ergiebigkeit für 100 µm
b) Lackmenge in Liter
c) Festkörperanteil in Vol.-%
d) aufzutragende Dicke der Nassfilmschicht in µm

Geg.: E_{55} = 7,9 m²/l (vgl. Bild 21.1)
Trockenschicht = 100 µm
A = 1,2 m²
VOC = 68,4 Vol.-%

Ges.: a) E_{40}
b) V_L
c) FK
d) d_N

Lösungen:

a) Ergiebigkeit für Trockenschicht 100 µm
Indirekter Proportionalansatz

$$E_{55} \cdot 55\ \mu m = E_{100} \cdot 100\ \mu m$$

$$E_{100} = \frac{55\ \mu m \cdot E_{55}}{100\ \mu m} = \frac{55\ \mu m \cdot 7{,}9\ m^2/l}{100\ \mu m}$$

$$\underline{\underline{E_{100} = 4{,}35\ m^2/l}}$$

b) Lackmenge

$$V_L = \frac{A}{E_{40}} = \frac{1{,}2\ m^2}{4{,}35\ m^2/l}$$

$$\underline{\underline{V_L = 0{,}276\ l}}$$

c) Festkörperanteil

$$VOC + FK = 100\ Vol.\text{-}\%$$

$$FK = 100\ Vol.\text{-}\% - VOC = 100\ Vol.\text{-}\% - 68{,}4\ Vol.\text{-}\%$$

$$\underline{\underline{FK = 31{,}6\ Vol.\text{-}\%}}$$

d) Dicke der Nassfilmschicht

$$d_N = 1000\ MV \quad \text{und} \quad MV = \frac{1}{E_{100}}$$

(Achtung: Diese Rechnung wird ohne Einheiten ausgeführt; im Ergebnis wird sie aber hingeschrieben.)

$$d_N = 1000 \cdot \frac{1}{E_{100}} = \frac{1000}{4{,}35}$$

$$\underline{\underline{d_N = 230\ \mu m}}$$

2. Rechenbeispiel

Von einem Lackgemisch werden V_M = 141 ml benötigt.
Es soll im Mischungsverhältnis MiV = 3 : 1 : 20 % angerührt werden.
Zu berechnen sind die Volumen des Stammlacks (V_{ST}), des Härters (V_H) und des Verdünners (V_V).

Geg.: V_M = 141 ml
MiV = 3 : 1 : 20 %

Ges.: V_{ST}, V_H, V_V

Lösung:

$$V_M = V_{ST} + V_H + V_V$$

V_V ist 20 % von ($V_{ST} + V_H$), also ist:

$$V_V = 0{,}2\ (V_{ST} + V_H)$$

$$V_M = V_{ST} + V_H + 0{,}2\ (V_{ST} + V_H) = 1{,}2\ (V_{ST} + V_H)$$

$$V_{ST} + V_H = \frac{V_M}{1{,}2} = \frac{141\ ml}{1{,}2}$$

$$\underline{V_{ST} + V_H = 118\ ml}$$

Mit dem MiV ist vorgegeben:

$$V_{ST} + V_H = 3x + 1x$$

$$118\ ml = 4x$$

$$x = \frac{118\ ml}{4}$$

$$\underline{x = 29{,}5\ ml}$$

Daraus ergeben sich:

$$V_{ST} = 3x = 3 \cdot 29{,}5\ ml \qquad \underline{\underline{V_{ST} = 88{,}5\ ml}}$$

$$V_H = 1x = 1 \cdot 29{,}5\ ml \qquad \underline{\underline{V_H = 29{,}5\ ml}}$$

$$V_V = V_M - (V_{ST} + V_H) = 141\ ml - (88{,}5\ ml + 29{,}5\ ml)$$

$$\underline{\underline{V_V = 23\ ml}}$$

5.5 Lackierungsaufbau für Fahrzeuge

Der Lackierungsaufbau ist die Lackierung im ausgehärteten Zustand. Er bezeichnet die gesamte Schichtenfolge.

Die Lackierung besteht aus:
- nicht sichtbaren Schichten
- sichtbaren Deck- und Klarlackschichten,

Nicht sichtbare Schichten der Lackierung sind nötig:
- für die Haftung, z. B. Kunststoffgrundierung, aber auch für die Phosphatierung
- zum Korrosionsschutz, z. B. Wash-Primer oder kathodische Tauchlackierung
- für das Schließen von Löchern, z. B. Spachtelmasse
- für das Füllen von Unebenheiten, z. B. Füller

Sichtbare Schichten der Lackierung sind die Deckschichten und die Klarlackschichten. Sie dienen:
- dem schönen Aussehen und der Kennzeichnung, z. B. Deck- oder Basislack
- dem Schutz vor äußeren Einflüssen und Glanz, z. B. Klarlack

5.5.1 Klassischer Lackierungsaufbau

Der klassische Lackaufbau in der Fahrzeuglackierung besteht aus den Schichten, siehe Bild → 1:
- Grundbeschichtung
- Füller
- Basislack
- Schlusslack

Die **Grundbeschichtung** besteht aus ausgehärteten Spezialpolymeren und Korrosionsschutzpigmenten und besitzt eine Trockenschichtdicke von 20 µm bis 80 µm, Kunststoffhaftprimer bis maximal 10 µm, Fillsealer 10 µm bis 15 µm und HS-Grundiermittel bis maximal 250 µm.
Sie hat die Aufgabe, den metallischen Untergrund vor Korrosion zu schützen und zu gewährleisten, dass die folgenden Schichten gut haften.
Füller besteht aus Füllstoffen, z. T. getönt, und gut schleifbaren Kunstharzen wie Epoxidharz oder einem Gemisch aus Polyacrylatharz und Polyurethanharz. Er ist verantwortlich für den Ausgleich (das Auffüllen) von noch vorhandenen geringen Unebenheiten und für die Haftvermittlung zu den Lackschichten. Nach einem Spritzgang beträgt die Dicke der Trockenschicht 20 µm bis 50 µm, je nach Notwendigkeit und Art des Füllers.
In mehreren Spritzgängen erreicht man mit HS-Füllern bis 300 µm.

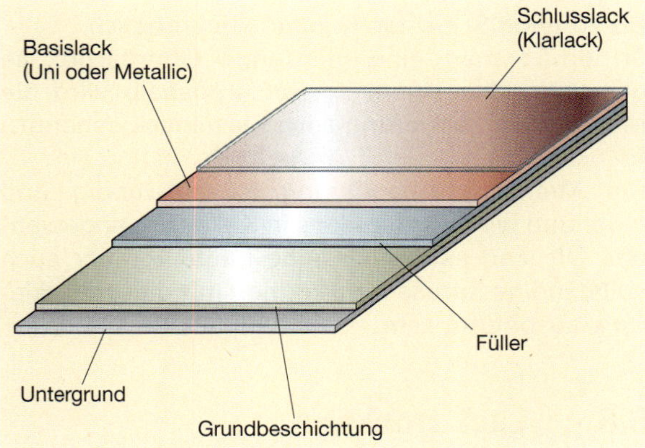

1 Klassischer Fz-Lackierungsaufbau

Basislack ist ein Unilack oder ein Metalliclack. Je nachdem besteht er aus synthetischen Pigmenten oder einem Gemisch aus diesen und Aluminiumplättchen sowie einem Polyacrylatharz-Polyurethanharz-Gemisch bzw. anderen Spezialpolymeren. Er ist verantwortlich für
- den richtigen Farbton,
- die Deckkraft,
- bei Einschicht-Systemen auch für den Glanz und die Belastbarkeit durch äußere Einflüsse.

Seine Trockenschichtdicke beträgt 15 µm bis 60 µm. Die **Schlusslackschicht** ist der Klarlack. Er ist verantwortlich für den Glanz und die Belastbarkeit durch äußere Einflüsse. Er besteht lediglich aus dem ausgehärteten Polyacrylat-Polyurethanharz-Gemisch und weist nach zwei Spritzgängen eine Trockenschichtdicke von 40 µm bis 60 µm auf.
Es gibt neben dem klassischen Schichtenaufbau auch Mehrschichtsysteme, die aus bis zu fünf Lackschichten bestehen. Weil in dem Lackierungsaufbau zwei Lackschichten vorkommen, spricht man vom **Zweischichtsystem**.

5.5.2 Vereinfachter Lackierungsaufbau

In der Praxis wird oft das **Ein-Schicht-System** als Lackierungsaufbau verwendet mit:
- **Grundierfüller**, bestehend aus einer Kombination von Grundiermaterial und Füller
- **Decklack**, bestehend aus einer Kombination von Basislack und Schlusslack

5.5.3 Mehrschicht-Lackierung

Eine Mehrschicht-Lackierung wird hergestellt wie ein klassischer Lackierungsaufbau, jedoch wird der Schlusslack
- mit Hand angeschliffen, nass mit Schleifpapier, Körnung bis P 2500
- nochmals mit Klarlack lackiert
- wieder mit Hand angeschliffen usw.

Bis zu zwölf Schichten Klarlack sind möglich.
So erhält man eine glänzende Oberfläche; sie glänzt wie bei einem Klavier – deshalb wird die Mehrschicht-Lackierung auch **Klavierlack** genannt.

Die Mehrschicht-Lackierung ist aufwendig und teuer und wird nur für Pkws in Kleinserie angewendet. Oft sind es nur einzelne Bauteile, aber auch vollständige Karosserien können mit dieser Lackierung ausgeführt sein.

5.6 Lack trocknen

Unter Lack trocknen versteht man den Übergang vom Nassfilm zum Trockenfilm und die damit verbundene Verfestigung (**Aushärtung**). Dieser Übergang verläuft meist über mehrere Stufen.

In diesem Kapitel werden behandelt:
- Trockengrade, siehe Kap. 5.6.1
- Trocknungsarten, siehe Kap. 5.6.2
- Geräte zur Lacktrocknung, siehe Kap. 5.6.3

5.6.1 Trockengrade

Trockengrade sind die Stadien, die der Anstrichstoff bei der Trocknung durchläuft.

In der Praxis werden vier Trockengrade verwendet:
- Anziehen
- Staubtrockenheit
- Grifffestigkeit
- Durchtrocknung

Beim **Anziehen** wird der Lackfilm zähflüssig, lässt sich kaum noch verstreichen oder Spritzen; es erfolgt kein Verlauf mehr. Der Lack sollte in aller Eile aufgebracht werden.
Bei der **Staubtrockenheit** ist der Anstrichstoff an der äußersten Oberfläche bereits soweit abgebunden, dass kein Staub mehr kleben bleibt.
Grifffestigkeit bedeutet, dass der Anstrich mehrheitlich durchgetrocknet ist; bei leichter Berührung mit der Hand bleibt diese nicht mehr kleben und reißt den Film nicht mehr auf.

Durchtrocknung bedeutet, dass die Trockenfilmschicht vollkommen durchgehärtet ist; alle chemischen Reaktionen und physikalischen Vorgänge sind abgeschlossen; es ist kein Lösemittel mehr enthalten. Die Durchtrocknung wird auch als **Strapazierfähigkeit**, **Montagefähigkeit** oder **Überstreichbarkeit** bezeichnet.

5.6.2 Trocknungsarten

Im Kap. 5.3.3 sind die Lacke nach der Art der Trocknung eingeteilt; jetzt werden die Arten der Lacktrocknung beschrieben.

Folgende Arten der Lacktrocknung werden unterschieden:
- physikalische Trocknung, siehe Kap. 5.6.2.1
- chemische Trocknung, siehe Kap. 5.6.2.2
- gemischte Trocknung, siehe Kap. 5.6.2.3

5.6.2.1 Physikalische Lacktrocknung

Unter physikalischer Lacktrocknung versteht man die Aushärtung eines Lackes, ohne dass dabei eine chemische Reaktion abläuft, also ohne stoffliche Veränderung des Lackbindemittels.

Zur physikalischen Lacktrocknung zählen:
- Lösemittelverdunstung
- Schmelzen und Erstarren
- kalter Fluss

Verdunstung des Lösemittels im Fahrzeuglack
Lösemittel für Fahrzeuglack sind Wasser und organische Lösemittel. Diese Lösemittel gehören zu den flüchtigen Stoffen. Sie entweichen aus dem Nassfilm, wenn Verdunstungsfaktoren vorhanden sind:
Zu den Verdunstungsfaktoren zählen:
- Wärme, verbunden mit Temperaturanstieg bis unterhalb des Siedepunkts
- mit diesem Lösemittel ungesättigte Luft
- Luftbewegung
- Licht bzw. UV-Strahlung

Die Lösemittelmoleküle diffundieren zuerst an die Oberfläche des Nassfilms und gehen dann in die von ihnen noch nicht gesättigte Luft über, siehe Bild ➜ 133.1a. Damit wird gleichzeitig im Nassfilm der Platz geschaffen für eine innige Berührung der Bindemittelmoleküle oder -molekülverbände und für die anschließende Vernetzung, Verkettung oder Auskristallisierung.

Lösemittelverdunstung ist die einfachste Art der Lacktrocknung. Sie führt zum Schwinden des Anstrichfilms, und zwar zum selben Prozentsatz, den der Lösemittelanteil im Lack besitzt (siehe auch Rechenbeispiel im Kap. 5.4).

Beispiele hierfür sind alle reversiblen Anstrichstoffe, vgl. Kap. 5.2.2, und der irreversible Siliconlack.

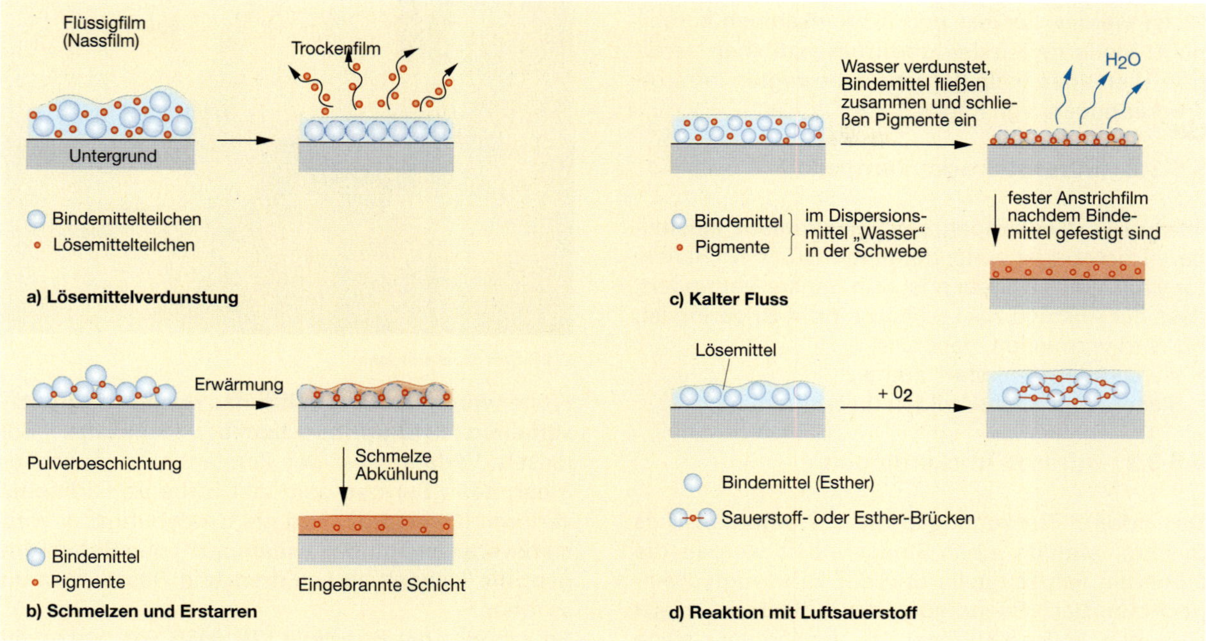

1 Physikalische Trocknung von Fahrzeuglack

Schmelzen und Erstarren von Fahrzeuglack
Pulverbeschichtete Oberflächen werden in einer Trocknungs- oder Einbrennanlage auf eine Temperatur bis 200 °C erhitzt. Dabei schmelzen die Pulverpartikel zusammen und erstarren bei der anschließenden Abkühlung zu einem festen, sehr strapazierfähigen Anstrichfilm, siehe Bild ➜ 1b. Diesen Prozess bezeichnet man auch als **Einbrennen**.

Kalter Fluss
Dispergierte Systeme (Emulsionen oder Suspensionen) trocknen in zwei Stufen, vgl. Bild ➜ 1c:
- Das Lösemittel verlässt den Nassfilm.
- Die noch flüssigen Bindemittelteilchen fließen bei Raumtemperatur (im „kalten" Zustand) zusammen und bilden nach Erhärtung die Trockenfilmschicht.

5.6.2.2 Chemische Lacktrocknung

Bei der chemischen Lacktrocknung verändert sich die ursprüngliche Zusammensetzung der Bindemittel und/oder seine Struktur durch den Ablauf einer einfachen oder stufenweisen chemischen Reaktion. Auch kurz nach der Herstellung unterbundene chemische Reaktionen können durch Initiatoren oder Katalysatoren wieder ingang kommen.

Eine chemische Reaktion kann erfolgen mit:
- Luftbestandteilen, z. B. eine Oxidation
- anderen dem Lackgemisch zugesetzten Stoffen, z. B. eine Polyaddition mit einem Härter

5.6.2.3 Gemischte Lacktrocknung

Beim Trocknen der Fahrzeuglacke und Füller läuft sowohl eine chemische Reaktion ab (meist Polyaddition) als auch eine Lösemittelverdunstung. Man spricht daher von gemischter Trocknung.

5.6.3 Geräte zur Lacktrocknung

Fahrzeuglacke und Füller können sowohl an der Luft bei Raumtemperatur aushärten, als auch mithilfe von Wärme oder Strahlung (UV- oder IR-Strahlung). Letzteres nennt man **forcierte Trocknung**. Sie verkürzt die Trocknungszeit erheblich. Dazu sind allerdings technische Hilfsmittel notwendig.

Lack kann getrocknet werden:
- in einer Trockenkabine, siehe Kap. 5.6.3.1
- mit Infrarot-Trockenlampen, siehe Kap. 5.6.3.2
- mit Infrarot-Trockenbogen, siehe Kap. 5.6.3.3
- Trockengebläse, siehe Kap. 5.6.3.4

5.6.3.1 Trockenkabine

Die Trockenkabine ist ein komplex aufgebautes System. Kernstück ist ein Lufterhitzer, der dem Zuluftventilator nachgeschaltet ist. Damit kann bis zu 55 °C warme Zuluft den Trocknungsvorgang beschleunigen. Beheizt wird die Trockenkabine in der Regel mit Erdgas oder Heizöl, aber auch mit Stadtgas. Elektrische Heizungen sind unrentabel, da die zu erbringende Heizleistung 200 kW bis 250 kW beträgt.

Meist werden Lackier- und Trockenkabinen kombiniert. Moderne Lackier- und Trockenkabinen verfügen über einen vollautomatisch bewegten Infrarot-Trockenbogen, vgl. Kap. 5.6.3.3.

5.6.3.2 Infrarot-Trockenlampen

Infrarot-Trockenlampen sind elektronisch einstellbare Trocknungsgeräte, deren Kernstück ein Reflektorschirm mit IR-Stäben ist. Ein Sensor verhindert, dass der Abstand zur Lackfläche nicht zu gering ist. So wird vermieden, dass sich

- die Lackfläche zu stark aufheizt,
- Blasen oder Kocher bilden (Lackierfehler).

5.6.3.3 Infrarot-Trockenbogen

Der Infrarot-Trockenbogen ist ein automatisches System. Mithilfe einer Steuereinheit werden die lackierten Fahrzeugteile und der Fahrzeugtyp eingegeben. Nach Beendigung der Lackierarbeit setzt sich der IR-Trockenbogen in Bewegung, siehe Bild ➜ 1.
Er überstreicht mithilfe einer Führungsschiene alle lackierten Bereiche, verharrt dort bis zur Aushärtung und wählt den Abstand zur betreffenden Lackfläche selbstständig optimal aus.
Es dauert nicht mehr als 90 Minuten, bis ein komplett lackierter Pkw getrocknet ist. Die erreichte Qualität ist sehr hoch.

5.6.3.4 Trockengebläse

Trockengebläse sind Kleingebläse mit inneren Heizwendeln, die an Stativen befestigt sind und Warmluft erzeugen. Sie werden bei kleinflächigen Reparaturstellen eingesetzt.

5.7 Lackierverfahren zur Erstbeschichtung

In der Fahrzeuglackierung wird zum Lackieren das Spritzverfahren am häufigsten verwendet. Es wird in einer geschlossenen, fest installierten oder offenen transportablen Spritzanlage durchgeführt. Von den Spritzverfahren gibt es viele Varianten.

5.7.1 Spritzverfahren

Spritzverfahren werden angewandt, um:

- besonders gleichmäßige, schöne Oberflächen zu erzielen
- große Beschichtungsflächen oder große Stückzahlen mit geringem Zeitaufwand zu lackieren
- einheitliche Nass- und Trockenschichtdicken zu erzielen
- höchste Qualitätskriterien zu erfüllen

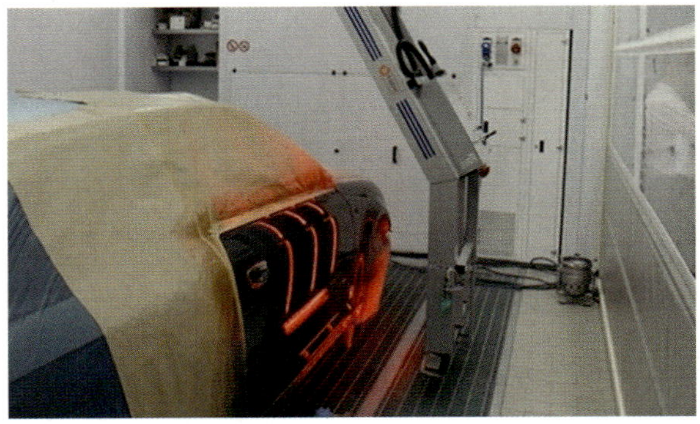

1 Infrarot-Trockenbogen

Früher wurde ausschließlich das **Hochdruck-Spritzverfahren (HD-Spritzverfahren)** eingesetzt. Bei diesem Verfahren ist der Zerstäuberdruck größer 3 bar; beim Spritzen geht viel Farbe im Farbnebel verloren (Overspray) und die Umgebungsluft wird stark verunreinigt. Das widerspricht den Bemühungen, die Umwelt zu schützen und Ressourcen zu schonen.
So schreibt die Richtlinie VDI 3456 vor, Spritzverfahren einzusetzen, die mindestens 65 % Spritzmaterial auf die Oberfläche bringen, also wenig Overspray erzeugen – beim HD-Spritzverfahren sind es nur 35 % bis 40 %.
Deshalb wird heute das konventionelle HD-Spritzverfahren zum Lackieren mit der klassischen HD-Pistole nicht mehr eingesetzt.

Spritzverfahren in der Fahrzeuglackierung sind:

- Airless-Spritzverfahren, siehe Kap. 5.7.2
- Spraymix-Spritzverfahren, siehe Kap. 5.7.3
- HD-Spritzverfahren mit RP-Pistole, siehe Kap. 5.7.4
- HD-Spritzverfahren mit HVLP-Pistole, siehe Kap. 5.7.5

5.7.2 Airless-Spritzverfahren

Das Airless-Spritzverfahren ist ein Höchstdruck-Spritzverfahren. Das Spritzmaterial wird mit einem Druck von 150 bar bis 300 bar in die Spritzpistole gedrückt und entweicht durch eine gehärtete Schlitzdüse mit einem Arbeitsdruck von 4,5 bar bis 6 bar.
Beim Austritt ins Freie wird das Spritzgut durch Materialdruck und Beschleunigung zerstäubt. Die Zerstäubung erfolgt ohne Zugabe von Druckluft – deshalb „airless[1]“.
Das Airless-Verfahren kann mit Airless-Spritzpistolen, Elektromembranspritzpistolen oder als Elektrostatikverfahren mit entsprechenden Pistolen durchgeführt werden. Es wird vor allem für große Flächen angewendet, z. B. bei Nutzfahrzeugen.

[1] airless (engl.): ohne Luft

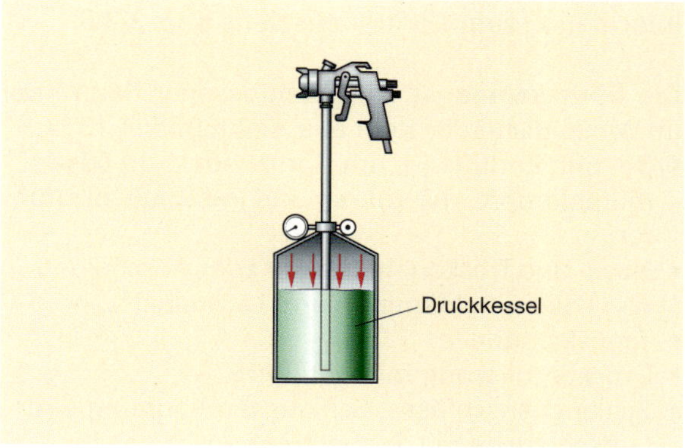

1 **RP-Spritzverfahren**

5.7.3 Spraymix-Spritzverfahren

Das Spraymix-Spritzverfahren stellt eine Ergänzung zum Airless-Spritzverfahren dar. Hier gibt es einen weiteren Schlauchanschluss an der Spritzpistole für die Druckluftzufuhr.
So kann gewählt werden zwischen:
- purem Airless-Spritzen
- druckluftunterstütztem Spritzen

Beim druckluftunterstützten Spritzen zerstäubt die aus der Luftdüse austretende Druckluft das Spritzgut, ähnlich wie beim HD-Spritzverfahren. Das Spritzgut wird mit einem Druck von 50 bar bis 150 bar durch die Pistole gefördert.

5.7.4 HD-Spritzverfahren mit RP-Pistole

Das RP-Spritzverfahren[1] ähnelt dem HD-Verfahren: Das Spritzmaterial im Becher wird unter Druck gesetzt; so wird es an die Düse gedrückt und zerstäubt, siehe Bild ➜ 1.
Jedoch arbeitet das RP-Verfahren mit verringertem (optimiertem) Spritzdruck – der Düseninnendruck beträgt etwa 2 bar. Vorteil des verringerten Düsendrucks: Es bildet sich weniger Spritznebel, sodass mehr Spritzgut auf die Oberfläche gelangt und die Umgebungsluft weniger belastet wird.

5.7.5 HD-Spritzverfahren mit HVLP-Pistole

Beim HVLP-Verfahren[2] ist ebenfalls der Spritznebel reduziert. Der Spritzdruck beträgt 0,7 bar. Bei diesem geringen Spritzdruck muss der Abstand zur Oberfläche ca. 15 cm betragen. In Kap. 3.3.4.3 ist die HVLP-Spritzpistole ausführlich beschrieben.

[1] RP = reduced pressure (engl.): reduzierter Druck
[2] HVLP = high volume low pressure (engl.): großes Volumen bei niedrigem Druck

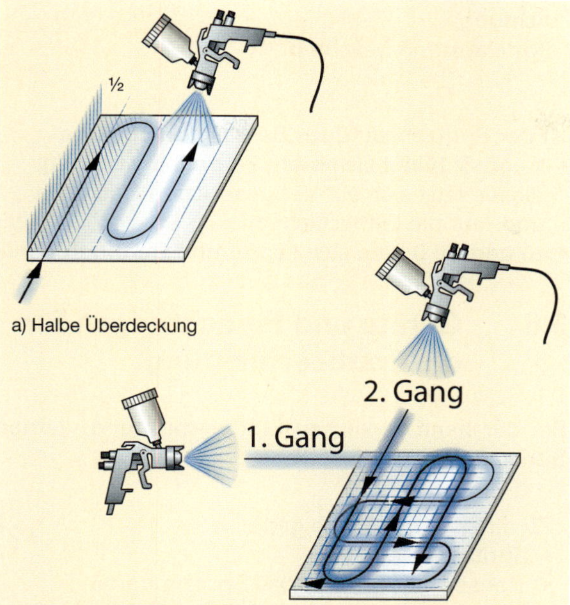

a) Halbe Überdeckung
b) Waagerecht-senkrecht spritzen

2 **Spritzgänge**

5.7.6 Regeln beim Spritzen

Die wichtigsten Regeln beim Spritzen sind:
- Der Anstrichstoff ist auf Spritzviskosität einzustellen; siehe Gebrauchsanweisung auf dem Gebinde oder technisches Merkblatt. Diese ist schnell und zweckmäßig mit dem DIN-Auslaufbecher zu ermitteln bzw. zu überprüfen.
- Beim Spritzen wird die Spritzpistole im 90°-Winkel gleichmäßig schnell über die Beschichtungsfläche geführt. Die Bewegungsgeschwindigkeit hängt vom Mengendurchfluss ab.
- Der Abstand zwischen Pistole und Beschichtungsfläche sollte gleichbleibend 20 cm bis 50 cm betragen.
- Beim Spritzen werden gleichmäßige parallele Streifen hergestellt, die sich zur Hälfte überdecken, siehe Bild ➜ 2a. Dabei wird die Pistole stets über den Rand hinausgeführt.
- Vor dem Beschichten einer Fläche werden stets die Kanten gespritzt. Bei Außenecken wird die Spritzpistole direkt auf die Ecke gehalten, während man bei Innenecken jede in der Ecke zusammentreffende Fläche einzeln spritzt, d. h. mit Ecke endend, mit Ecke beginnend. An der Ecke wird zunächst ein senkrechter Streifen gespritzt, dann wird der Spritzvorgang waagerecht fortgesetzt.

Werden die erforderliche Schichtdicke und Deckkraft im ersten Spritzgang nicht erreicht, spritzt man weitere Schichten. Dann sollte der Spritzgang gewechselt werden zwischen waagerecht und senkrecht, siehe Bild ➜ 2b.

Achtung:
Spritzabstand beachten.

Ist der Spritzabstand zur Beschichtungsfläche
- zu groß: bildet sich mehr Farbnebel als nötig; dieser setzt sich auf der gespritzten Fläche ab und raut die Filmschicht an
- zu gering: bilden sich Läufer und Gardinen

5.8 Geräte und Einrichtungen für die Erstbeschichtung

Bei der handwerklichen Erstbeschichtung werden Spritzanlagen eingesetzt.

Zu einer Spritzanlage gehören:
- Spritzpistole
- Transportsystem für das Spritzmaterial
- Einrichtungen zum Arbeits- und Umweltschutz

Die **Spritzpistole** ist das unmittelbare Arbeitselement für den Lackierer. Für die Erstlackierung werden HVLP- oder RP-Spritzpistolen verwendet.

Informationen zu Spritzpistolen siehe Kap. 3.3.4 und Kap. 10.3.3.

Zum **Transportsystem für das Spritzmaterial** gehören:
- Luft- und/oder Anstrichstoffschläuche aus PP oder PVC
- Schnelltrennverbindungen aus Messing
- Manometer
- Absperr- und Regelarmaturen
- Kompressor
- Gebläse
- elektrische Membranpumpe oder pneumatische Kolbenpumpe
- Reservoir für Lack (kompatible Gebinde, Kellertanks)
- Druckkessel

Zu den **Einrichtungen zum Arbeits- und Umweltschutz** zählen:
- geschlossene Kabinen oder Spritzstände
- Be-und Entlüftung
- Nass-und Trockenabscheider
- Brandmelder
- Signalgeber bei Betriebsstörungen

Letztere können aufgrund des ortsflexiblen Einsatzes an offenen Spritzanlagen nicht berücksichtigt werden. Hier spielt die Sicherung und Einrichtung des Arbeitsplatzes eine besondere Rolle.

Information zum Spritzstand siehe Kap. 3.3.5.

Die **Spritzkabine** ist ein geschlossener Raum, der im Wesentlichen besteht aus, siehe Bild ➜ 137.1:
- Be- und Entlüftung, um Spritznebel und Lösemitteldämpfe abzuführen und Frischluft zuzuführen
- Nass- und Trockenabscheider zum Abscheiden von Lösemitteldämpfen und Lacknebel
- Tageslichtquelle
- Druckregulierung mit Luftfiltern
- Schlauchanschlüsse, Schlauchaufhängung und Luftschläuche mit Schnelltrennanschluss für Spritzpistolen, ebenfalls rechts
- hydraulische Hebebühne für Fahrzeuge
- flexibles Trockengebläse
- glatte, gut zu reinigende Außenwände (Leichtmetall)
- Rolltor ggf. mit eingebauter Tür und Seitentür
- ausreichende Arbeitsplattform (Gitterroste)

Moderne Spritzkabinen sind mit Trockenkabinen kombiniert oder mit IR-Bögen ausgestattet.

Auf Spritzständen werden Kleinteile gespritzt, vgl. Kap. 3.3.5.

5.9 Lack prüfen

Um die Qualität der Erstbeschichtung zu sichern, sind ständig verbesserte Prüfmethoden in der Lackierwerkstatt nötig.

Für nachfolgende Qualitätskriterien gibt es in der modernen Fahrzeuglackierung anwendbare Werkstatt-Prüfmethoden und Prüfgeräte.

Der Lack wird geprüft auf:
- Lackierfehler, siehe Kap. 5.9.1
- Schichtdicke, siehe Kap. 5.9.2
- Farbton, siehe Kap. 5.9.3
- Deckkraft, siehe Kap. 5.9.4

5.9.1 Lack auf Lackierfehler prüfen

Die Prüfung auf Lackierfehler erfolgt optisch durch Augenschein und setzt gute berufliche Fachkompetenz voraus, insbesondere Ursachenkenntnis. Ihre Behebung kommt zumeist einer Reparaturlackierung oder Finisharbeit gleich.

Informationen zu Lackierfehler siehe Kap. 7.15.

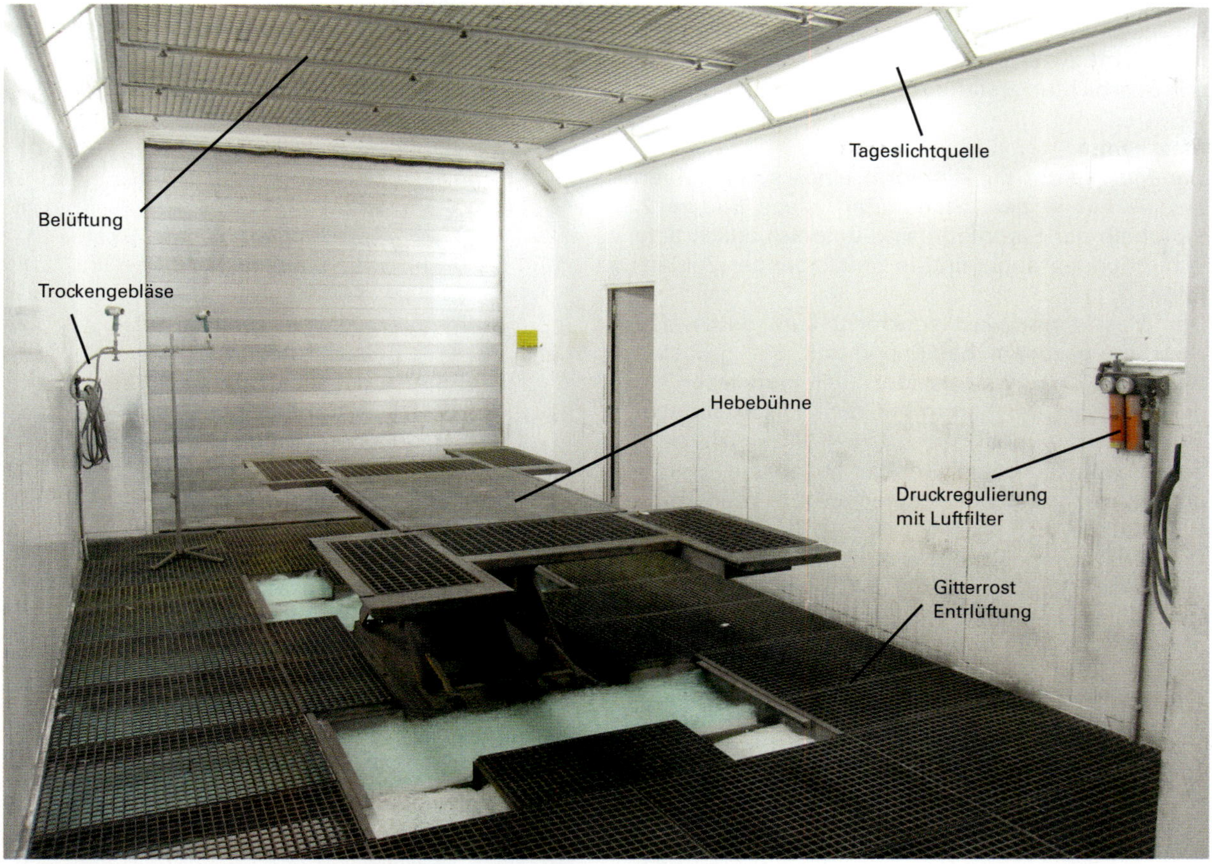

1 Spritzkabine

5.9.2 Dicke der Lackschicht prüfen

Die Dicke der Filmschicht einer Lackierung muss über die gesamte Beschichtungsfläche einheitlich stark sein. Und vor einer Reparaturlackierung muss der Lackierer die Dicke der vorhandenen Lackierung kennen.

Zu diesem Zwecke gibt es verschiedene Messmethoden und Messinstrumente.

Es ist zu unterscheiden zwischen der Dicke des:
- Nassfilms, siehe Kap. 5.9.2.1
- Trockenfilms, siehe Kap. 5.9.2.2

5.9.2.1 Dicke des Nassfilms ermitteln

In der Praxis ermittelt man die Dicke des Nassfilms nur noch selten, da man mit den vorhandenen Messinstrumenten den Nassfilm beschädigt. Aber bei Einführung neuer Lacke kann es wichtig sein, die aufgetragene Dicke des Nassfilms zu kennen; auch Berufsanfänger müssen sie ab und zu ermitteln.

Zwei Nachteile hat die Ermittlung der Dicke des Nassfilms jedoch:
- der Nassfilm wird beschädigt; deshalb ist Nacharbeit nötig
- ein Schluss auf die Dicke der Trockenschicht ist nur indirekt durch Berechnung möglich

Die Dicke des Nassfilms kann ermittelt werden mit:
- Doppelrad-Nassfilm-Dickenmesser
- Messkamm

Doppelrad-Nassfilm-Dickenmesser

Der Doppelrad-Nassfilm-Dickenmesser wird auch als **Inmont-Rad** bezeichnet. Er besteht aus einer exzentrischen Innenscheibe, welche zwischen zwei größeren konzentrischen Rädern gelagert ist, siehe Bild ➜ 138.1.

Das Doppelrad wird über den Nassfilm gerollt. Man betrachtet die Drehskala und liest die Dicke des Nassfilms dort ab, wo die Innenscheibe zuerst benetzt wird.
Die Genauigkeit beträgt ±2,5 µm bzw. 2,5 % des Skala-Endwertes.

Dieses Gerät steht in verschiedenen Modellen mit insgesamt zwölf Messbereichen für unterschiedliche Beschichtungsstoffe zur Verfügung.

Messkamm

Der Messkamm hat die Form eines sechseckigen Lineals mit je zwei Standfüßen, siehe Bild ➜ 2. Innerhalb der Standfüße sind unterschiedlich tiefe Einkerbungen angereiht, in aufsteigender Zahlenfolge.

Der Messkamm wird senkrecht kurz durch den Nassfilm gezogen, beginnend mit der gröbsten Skala. Die Dicke wird vor der Stelle abgelesen, an der erstmalig der Kamm mit dem Beschichtungsstoff benetzt wurde.

Die Genauigkeit ist hier weniger gut, da die Schichtdicke *d* nur als Bereich angegeben werden kann, z. B. 50 µm bis 75 µm.

Der Messkamm besteht aus rostfreiem Stahl. Es gibt auch Messkämme aus PVC, die aber nur bis 60 °C einsetzbar sind.

5.9.2.2 Dicke des Trockenfilms ermitteln

Wesentlich wichtiger ist es, nach der Fertigstellung der Lackierung sich als Lackierer eine Übersicht über die Dicke des Trockenfilms an verschiedenen Stellen der Lackoberfläche zu verschaffen, um notfalls im Rahmen der Finisharbeiten noch zu korrigieren.

Die Dicke des Trockenfilms kann ermittelt werden mit:
- Messuhr
- Magnet-Schichtdickenmessgerät
- Universal-Schichtdickenmessgerät

Messuhr

Die Messuhr funktioniert auf rein mechanischem Prinzip, siehe Bild ➜ 3:
- der Trockenfilm wird angeritzt bis auf die darunter befindliche Schicht oder bis auf den Untergrund
- der Messfühler gleitet in den Spalt hinein
- der Zeiger wird durch ein Zahngetriebe bewegt und zeigt die Schichtdicke an

Leider wird dabei der Lack beschädigt. Um eine Neulackierung nicht zu beschädigen, muss dann ein Vergleichsobjekt mitgespritzt werden.

Dieser Aufwand ist sehr hoch, sodass die Messuhr nur bei der Reparaturlackierung verwendet wird, nicht bei Neulackierungen.

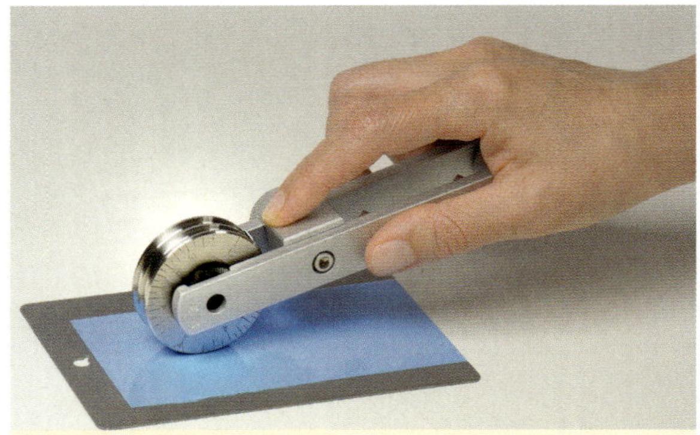

a) Handhabung

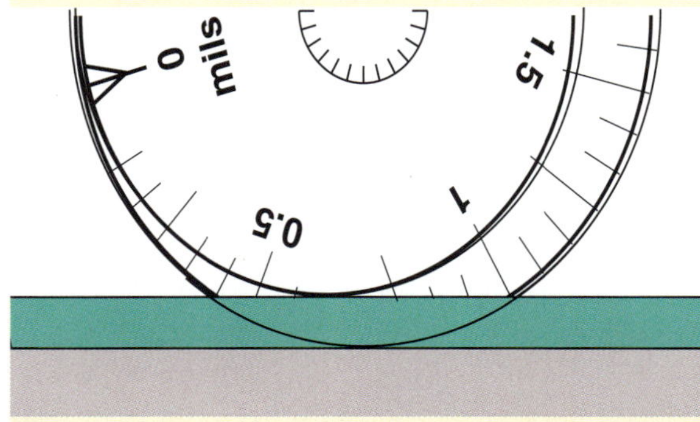

b) Nassschichtdicke ablesen

1 Doppelrad-Nassfilm-Dickenmesser

2 Messkamm

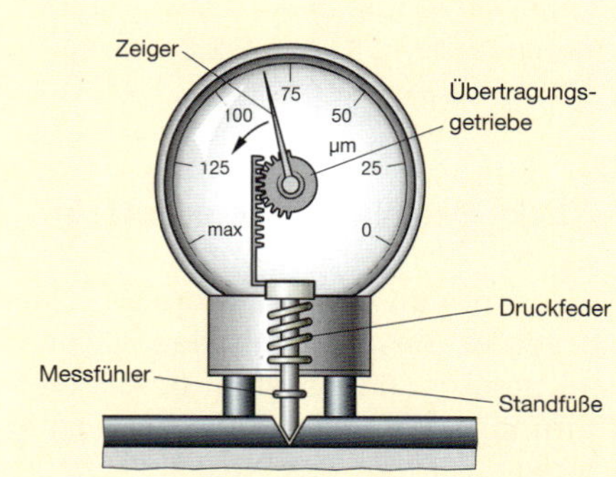

3 Messuhr

Magnet-Schichtdickenmessgerät
Mit einem Magnet-Schichtdickenmessgerät kann die Dicke des Trockenfilms ermittelt werden, ohne die Lackschicht zu zerstören.
Ein Magnetfeld durchdringt den Trockenfilm und zeigt die Schichtdicke an:

- nach hörbarem Signal an einer festen Skala, siehe Bild ➜ 1a
- per Zeiger, siehe Bild ➜ 1b
- digital

Die Magnet-Schichtdickenmessgeräte sind genauer als die Messuhr, bequemer in der Handhabung, aber teurer in der Anschaffung. Leider sind sie nur bei Untergrund aus Eisenmetall einsetzbar.

Universal-Schichtdickenmessgerät
Mit einem Universal-Schichtdickenmessgerät kann die Dicke des Trockenfilms ermittelt werden, ohne die Lackschicht zu zerstören.

Weiterer Vorteil:
Diese Messgeräte messen die Dicke der Trockenschicht auch auf nichteisen- oder nichtmetallischem Untergrund wie Leichtmetall, Holz oder Kunststoff.
Die Messung basiert auf dem Echolot-Prinzip mit einem Laserstrahl: Der Laserstrahl wird vom Messgerät ausgesandt, durchdringt die Filmschicht und wird vom Untergrund lotrecht reflektiert.

Das Messgerät enthält Sensoren; die

- die Energieschwächung messen oder
- die Zeit, die der Laserstrahl benötigt für den Weg vom Messgerät zum Untergrund und zurück.

Ein Mikro-Prozessor berechnet aus dem Messergebnis die Schichtdicke und zeigt die Daten an; Bild ➜ 2 zeigt ein solches Messgerät.

Der Messbereich reicht von 2 µm bis 2000 µm.

Zusätzlich können Messoptionen integriert sein wie Glanzmessung, Haftung, Eindringhärte. Manche Messgeräte können auch Defekte ermitteln, die mikroskopisch klein sind wie Poren, Krater, Risse, Bläschen und Abblätterungen.

5.9.3 Farbton des Lacks prüfen

Der Farbton der Originallackierung wird nach dem Farbtoncode bestimmt, der im Fahrzeug zu finden ist, vgl. Kap. 7.3.

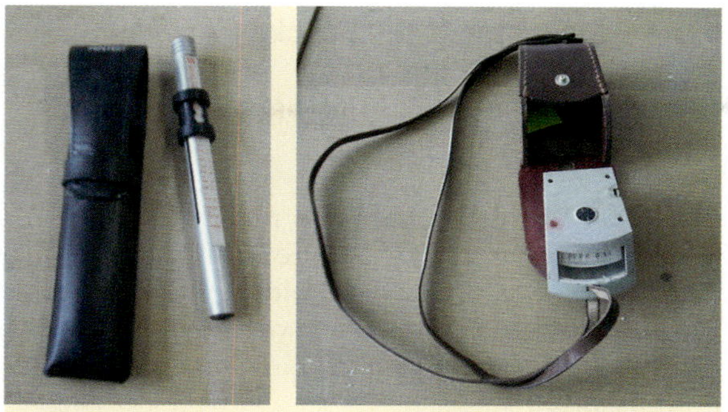

a) Mit akustischem Signalgeber
b) Mit Zeigeranzeige

1 Magnet-Schichtdickenmessgeräte

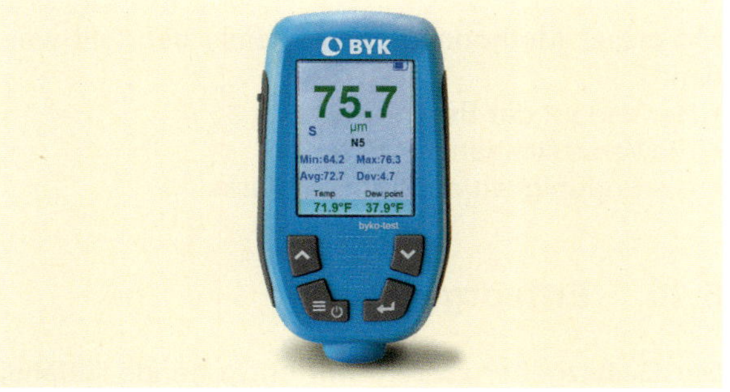

2 Universal- Schichtdickenmessgerät

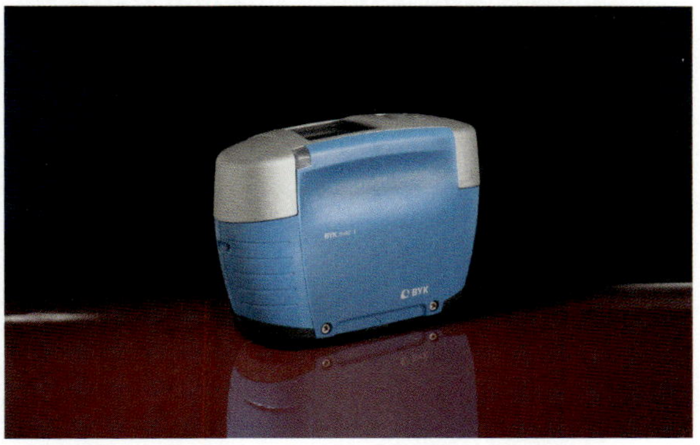

3 Farbtonmessgerät für Effekt- und Metalliclack

Manchmal kann aber der Farbtoncode nicht ermittelt werden, z. B. bei:

- alten Fahrzeugen
- wenn das Fahrzeug mit einem anderen Farbton lackiert wurde, als der Originalfarbton

Dann wird der Farbton mit dem Farbtonmessgerät bestimmt, siehe Bild ➜ 3.

Das Farbtonmessgerät besitzt einen Prüfkopf mit elastischem Rand, durch den zielgerichtet ein rotierender Lichtstrahl von einer Tageslichtquelle auf die Lackfläche fällt und von dort wieder reflektiert wird. Die diffuse Reflexion wird von einem Sensor aufgefangen und elektronisch ausgewertet.

5.9.4 Deckkraft des Lackes prüfen

Bild ➜ 1 zeigt ein Beispiel für einen Lack, der wenig Deckkraft besitzt.

Die Deckkraft des Lackes kann man prüfen, indem man den Fahrzeuglack auf eine Prüfkarte aufträgt, siehe Bild ➜ 2a. Dazu dient eine Spiralrakel oder ein automatisches Filmaufziehgerät. Die Prüfkarte ist eine Normprüfkarte oder eine saugende Penetrationskarte[1].

Wenn der Fahrzeuglack trocken ist, wird das Ergebnis mit dem Auge oder mit einem Messgerät bewertet, siehe Bild ➜ 2b.

Mit dieser Methode können ebenso beurteilt werden:
- der Verlauf der Beschichtung
- die Verstreichbarkeit
- die Ergiebigkeit des Fahrzeuglacks

5.10 Entsorgung

Der Gesetzgeber schreibt für entstehende Abfälle, Emissionen und Immissionen Entsorgungsrichtlinien und Grenzwerte (MEK- und MIK-Werte) vor. Bild ➜ 3 zeigt die Entsorgungsrichtlinien für anfallende feste Abfälle auf.

1 Lack mit wenig Deckkraft

a) Aufziehen des Lackes, hier mit einer Rakel

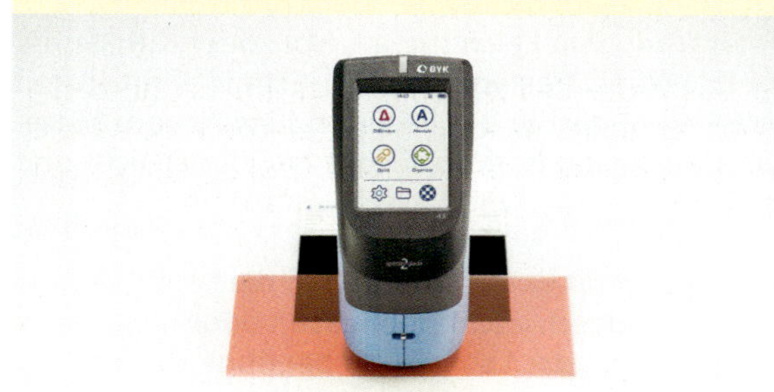

b) Messen der Deckkraft

2 Deckkraft der Lackierung prüfen

[1] Penetration (lat.): das Eindringen

Entsorgung als	Abfälle
Sortierfähiger Gewerbemüll	getrocknete Lackreste, Lacksiebe, verbrauchte Schleifmittel, gefüllte Staubsäcke, getrocknete Spachtelmassen, verbrauchte A-Kohlefilter, verbrauchte Poliertücher, verschmutzte Abklebe- und Abdeckmaterialien, Kehricht, verschmutzte Schutzhandschuhe
Wertstoff	entkernte Kunststoffmischbecher, kunststoffausgekleidete Papierverpackungen, Kunststoffetiketten und -verpackungen, gereinigte restefreie Kunststoffkanister und PE-Gebinde, die wasserhaltige Beschichtungs- und Hilfsstoffe enthielten, plastomere Kunststoffreste und Bruch, Schleifmittelverpackungen, leicht verschmutzte Gummi- und Latexhandschuhe, Spraydosen und gereinigte restefreie Kunststoffsprühflaschen, deren Inhalte keine Gefahrstoffe waren, Folienreste
Sondermüll	Reste und leere Gebinde lösemittel- oder gefahrstoffhaltiger Beschichtungsstoffe und Beschichtungshilfsstoffe, Reinigungsmittel- und Verdünnungsmittelreste, nicht abgebundene Spachtelkomponenten, Reste von Abbeizern, Bleichmittel u. Beizen, Spraydosen, deren Inhalt Gefahrstoffe waren
Altpapier	nicht verschmutzte Abdeckpapierreste, Papp-, Karton- und Papierverpackungsreste, trockene Staubbindetücher, Knüllpapier
Giftmüll	Holzschutzmittelreste, Reste konzentrierter Säuren und Basen, Schwermetallpigmente

3 Entsorgung fester Abfälle

5.11 Lernsituation

Bei einem Mercedes Sprinter soll ein neues Seitenteil eingeschweißt und anschließend lackiert werden. Bevor es eingeschweißt wird, wird die Innenseite lackiert.

Dabei wird wie folgt vorgegangen:
- Auftrag annehmen und neues Seitenteil begutachten, siehe Kap. 5.11.1
- Arbeitsplanung, siehe Kap. 5.11.2
- Arbeitsauftrag durchführen, siehe Kap. 5.11.3
- Qualitätssicherung, siehe Kap. 5.11.4
- Seitenteil zum Einbau übergeben, siehe Kap. 5.11.5

1 Seitenteil für den Mercedes Sprinter

5.11.1 Auftrag annehmen und neues Seitenteil begutachten

Herr Bahrmann, der Jungmeister, erhält den Auftrag, das Seitenteil vom Lager zu holen und die Innenseite zu lackieren.

Da das Seitenteil schon länger im Lager aufbewahrt ist, sollte es kontrolliert werden, ob es evtl. verformt ist. Dann wird es auf Böcke gelegt, siehe Bild ➜ 1.

5.11.2 Arbeitsplanung

Es wird ein Arbeitsplan erstellt, siehe Bild ➜ 2.

Arbeitsplanung						**Datum:** 10. 07. 2010
Auftrags- Nr.: 02/05-09				**Zeichnungs- Nr:** 7786	**Benennung/Art der Arbeit:**	**Mitarbeiter:**
ARBEITSSCHRITT					**Betriebsmittel Maschinen Werkzeuge Hilfsmittel**	**Bemerkungen Prüfmittel Einstellwerte Schutzmaßnahmen**
Lfd. Nr.	Vorbereitung	Lackieren	Nachbereitung			
1	x			reinigen	Abstauber, dreilagige Putztücher, Silikonentferner	
2	x			anschleifen	Handschleifklotz, Schleifpapier P 500	
3	x			reinigen	Abblaspistole, Silikonentferner	
4		x		grundieren	Spritzpistole, 1-K-Füllprimer	
5		x		lackieren	Spritzpistole, 2-K-Acryl-Lack	2 Spritzgänge
6			x	im Ofen trocknen	Trockenraum	

2 Arbeitsplan

5.11.3 Arbeitsauftrag durchführen

Die Arbeitsschritte aus dem Arbeitsplan werden zusammengefasst:
- Innenseite reinigen
- Oberfläche anschleifen
- Oberfläche entfetten
- Innenseite grundieren
- Innenseite lackieren
- Neuteil in der Trockenkabine trocknen

5.11.3.1 Innenseite reinigen

Zunächst muss die **Innenseite gründlich gereinigt** werden. Dazu wird die Oberfläche von Kleberesten von Aufklebern des Herstellers entfernt sowie von Staub und anderem Schmutz mit Silikonentferner befreit, siehe Bild ➜ 1.

Danach wird **mit Hand angeschliffen**, Körnung P 500, siehe Bild ➜ 2. Die Oberfläche muss nicht 100%ig glatt sein, denn das Beschichtungsobjekt stellt die hintere Seite dar, die man nicht sieht.

Der **Staub wird abgeblasen**, siehe Bild ➜ 3. Dann wird die Oberfläche nochmals mit Silikonentferner entfettet, um Fingerabdrücke zu beseitigen, welche die Haftfähigkeit beeinflussen würden.

Dann wird die Innenseite des Beschichtungsobjektes mit 1-K-Füllprimer **grundiert**, siehe Bild ➜ 4. Dieses Material wird vorher 50 % verdünnt und auf eine Spritzviskosität von etwa 20 s/DIN 4 mm/20 °C eingestellt. Zum Füllern wird eine RP-Pistole verwendet mit einer Düsenweite von 1,3 mm bis 1,4 mm. Gespritzt wird mit einem Druck von 2 bar.

4 Grundieren

a) Von Kleberesten

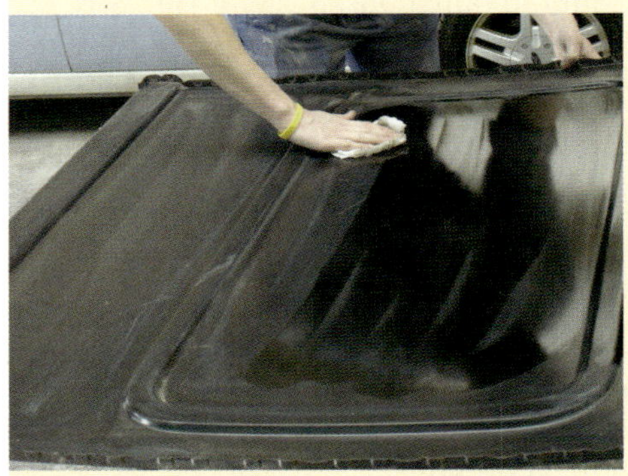

b) Von Staub und Schmutz

1 Innenseite reinigen

2 Oberfläche mit Hand anschleifen

3 Staub abblasen

Es wird in zwei Spritzgängen grundiert; die Ablüftzeit beträgt 3 min.

So erreicht man eine Trockenschichtdicke von 30 µm bis 50 µm.

Auf einen Anschliff der Grundbeschichtung wird verzichtet. Stattdessen wird die Beschichtungsfläche mit einem Staubbindetuch abgewischt.

Dann wird die **Innenseite lackiert**, siehe Bild ➜ 1. Zunächst wird lösemittelhaltiger 2-K-Einschicht-Lack auf Polyacrylatbasis im gewünschten Farbton an der Computerwaage eingewogen, danach im Mischungsverhältnis Stammkomponente und Härter von 2 : 1 gemischt und auf eine Spritzviskosität von ca. 19 s/DIN 4 mm/20 °C eingestellt.

Lackiert wird mit einer RP-Spritzpistole mit 1,3 mm bis 1,4 mm Düsenweite. Der Spritzdruck beträgt 2 bar.
Nach 4 min Ablüftzeit wird ein zweites Mal lackiert. Damit wird eine Trockenschichtdicke von 50 µm bis 60 µm erzielt.

5.11.3.6 Neuteil in der Trockenkabine trocknen

Das erstbeschichtete Neuteil wird nun **in der Trockenkabine getrocknet**. Es wird sachgemäß platziert, siehe Bild ➜ 2. Dort wird es 45 min bei 60°C wärmegetrocknet.

Die Polyaddition wird durch die Wärmezufuhr unterstützt, nachdem sich die Filmbildung vollzogen hat. Der Lack „fließt", wird glatt und härtet aus.

5.11.4 Qualitätssicherung

Nach der Trocknung wird das Fahrzeugteil visuell geprüft, um eventuell entstandene Lackierfehler zu erkennen.

1 Lackieren

2 Erstbeschichtetes Neuteil in der Trockenkabine platzieren

Lackierfehler wie Läufer- und Gardinenbildung oder Staubeinschlüsse werden poliert und nochmals lackiert.

Informationen zu Lackierfehlern und deren Beseitigung siehe Kap. 7.15.

5.11.5 Seitenteil zum Einbau übergeben

Das erstbeschichtete Seitenteil wird nun dem Mechatroniker übergeben, der es in das Fahrzeug einbauen kann. Dann kann die Außenseite lackiert werden.

Übungen

1. Was ist der Unterschied zwischen Lack und Lackfarbe?
2. Welche Aufgaben haben Bindemittel im Fahrzeuglack?
3. Welche Farbtöne gehen von folgenden Pigmenten aus:
   - Titandioxid (TiO_2)
   - Chrom(III)oxid (Cr_2O_3)
   - Azopigmente
4. Was versteht man unter Färbevermögen und Deckvermögen von Pigmenten?
5. Warum dürfen nur noch VOC-konforme Anstrich- und Grundbeschichtungsstoffe verwendet werden?
6. 25 ml eines Lösemittels verdunsten innerhalb von 13 min 50 s. Bei gleichen Bedingungen verdunsten 25 ml Diethylester in 1 min 40 s.
   a) Berechnen Sie die Verdunstungszahl des Lösemittels.
   b) Um welches Lösemittel handelt es sich?
   c) In welche Flüchtigkeitsgruppe ist das Lösemittel einzuordnen?
7. Warum dürfen Lösemittel nicht zur Hautreinigung verwendet werden?
8. Was gehört zur persönlichen Schutzausrüstung und wann muss sie getragen werden?
9. Was sind Additive?
10. Welche Aufgaben haben Sikkative und Emulgatoren?
11. Was ist ein Wasserlack?
12. Was ist ein reversibler Lack?
13. Welche Vorteile haben Pulverlacke, welche Nachteile?
14. Weshalb werden bei der Fahrzeuglackierung am häufigsten Polyacrylatharzlacke verwendet?
15. Welche Nachteile haben UV-härtende Lacke?
16. Welche Anforderungen werden an Lack für Holz gestellt?
17. Wie unterscheidet sich Uni-Lack von Effektlack?
18. Wann benutzt man den DIN-Auslaufbecher?
19. Was gibt die Abkürzung VOC an?
20. Welche Bestandteile des Lacks gehören zum Festkörpergehalt?
21. Eine verzinkte Blechplatte 42,5 cm x 63 cm soll beidseitig mit elfenbeinfarbenem, lösemittelhaltigem PUR-Basislack gespritzt werden. Dabei wird eine einheitliche Trockenschicht von 60 µm angestrebt. Berechnen Sie:
    a) die benötigte Materialmenge in ml
    b) die erforderliche Nassschichtdicke in µm
22. Für eine Lackierarbeit werden 185 ml lösemittelhaltiger 2-K-Fahrzeuglack benötigt. Berechnen Sie die Volumen der zuzugebenden Einzelkomponenten Stammlack, Härter und Einstellzusatz. (Hinweis: Verwenden Sie dazu das Mischungsverhältnis aus Bild 128.3)
23. Welche Aufgaben haben die einzelnen Schichten beim klassischen Lackierungsaufbau für Fahrzeuge?
24. Beschreiben Sie die vier Trockengrade.
25. Beschreiben Sie die Verdunstung des Lösemittels im Fahrzeuglack.
26. Was versteht man unter „kalter Fluss"?
27. Was ist eine forcierte Trocknung?
28. Beschreiben Sie das RP-Spritzverfahren.
29. Welche Regeln gelten beim Spritzen?
30. Welche Bauteile gehören in eine Spritzkabine?
31. Beschreiben Sie die Funktion des Universal-Schichtdickenmessgerätes.
32. Welche Abfälle entsorgen Sie im Sondermüll?

Lernfeld 6

Instandsetzungsmaßnahmen durchführen

Ziele:
- Instandsetzungsmaßnahmen an Fahrzeugen, Fahrzeugbauteilen zur Vorbereitung einer Beschichtung bzw. einer Lackierung
- Schadensumfang ermitteln, Instandsetzungsfähigkeit und Instandsetzungsverfahren bestimmen
- Material- und Arbeitsaufwand berechnen
- Tragfähigkeit von Untergründen zur Befestigung von Bauteilen und Baugruppen prüfen
- Montieren und Demontieren
- Werk- und Hilfsstoffe, Werkzeuge, Geräte und Maschinen zum Instandsetzen von Fahrzeugbauteilen und Fahrzeugen auswählen
- elektrische, elektronische, mechanische, pneumatische und hydraulische Bauteile, Baugruppen und Bausysteme aus- und einbauen und die Funktion prüfen
- Sicherheits- und Herstellervorschriften und UVV berücksichtigen
- eigene Arbeit prüfen, protokollieren und beurteilen

Inhalte:
- Fahrzeugformen, Fahrzeugtypen
- Funktion von Fahrzeugbauteilen, -baugruppen, -systemen
- Sicht- und Tastprüfung
- Schadensbilder, Schadensbericht, Ersatzteilermittlung
- Zubehörteile, Profile
- Demontage und Montage
- Spaltmaße
- Prüftechniken
- Geräuschprüfung, Funktionsprüfung
- Ausbeultechniken
- Verzinnen
- Trenntechniken
- Umform-, Füge-, Klebetechniken
- Glasarbeiten
- Laminieren
- Hardware, Software

6 Instandsetzungsmaßnahmen durchführen

Durch Instandsetzungsmaßnahmen an Fahrzeugen und Fahrzeugteilen wird der Sollzustand in technischer und optischer Hinsicht wieder hergestellt, vgl. Kap. 13.5.1.2.
Instandsetzen wird auch **Reparieren** genannt.

Es gilt der Grundsatz:
Reparieren vor Erneuern

Gründe:
- ökologisch: Ressourcen und Energie, die zur Herstellung der Neuteile benötigt werden, werden gespart.
- ökonomisch: Bei einem kleinen Schaden muss nicht immer ein großes Bauteil ersetzt werden.
- technisch: Korrosionsschutz wiederherstellen nach dem Trennen von Originalverbindungen oder nach dem Heraustrennen eines Karosserieteils

In diesem Kapitel werden behandelt:
- Prüfen, siehe Kap. 6.1
- Demontage und Montage von Karosserieteilen, siehe Kap. 6.2
- Umformen von Metall, siehe Kap. 6.3
- Reparatur von Bauteilen aus Kunststoff, siehe Kap. 6.4
- Fahrzeugscheiben, siehe Kap. 6.5
- Schaltpläne, siehe Kap. 6.6
- Lernsituation, siehe Kap. 6.7

6.1 Prüfen

Durch Prüfen wird der IST-Zustand mit dem SOLL-Zustand verglichen. Dabei kann geprüft werden, ob bestimmte Eigenschaften wie Farbe, Masse, Temperatur, Form, Druck, Geräusche oder Länge den Anforderungen entsprechen.

Es gibt, vgl. Bild ➔ 3:
- subjektives Prüfen, siehe Kap. 6.1.1
- objektives Prüfen, siehe Kap. 6.1.2

6.1.1 Subjektives Prüfen

Subjektives Prüfen erfolgt durch Sinneswahrnehmung wie:
- Hören
- Fühlen
- Sehen

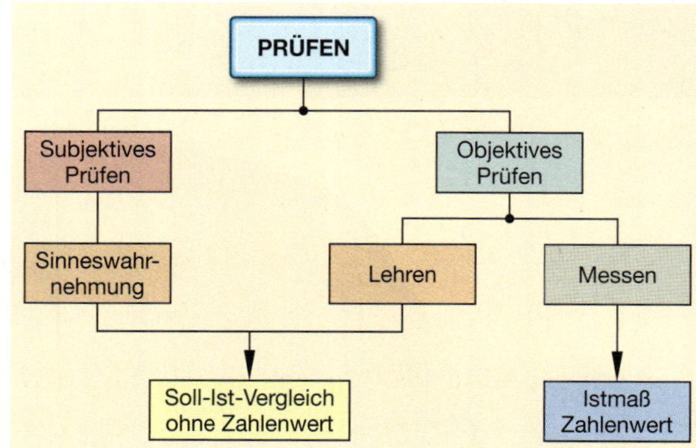

1 Prüfarten

Durch **Hören** werden Geräuschprüfungen am Fahrzeug vorgenommen. Untypische Geräusche geben Hinweise auf Funktionsstörungen. So erzeugen das Öffnen und Schließen von Türen, Hauben und Klappen beim Kfz charakteristische Geräusche. Hört man veränderte Geräusche, so ergeben sich Hinweise auf Lage- und Formveränderung.
Durch **Fühlen** mit der Handfläche kann der Fachmann feststellen, ob die Form der Karosseriefläche verändert ist.
Durch **Sehen** kann man eine Sichtprüfung durchführen. Die Sichtprüfung bildet die Grundlage, bei beschädigten Fahrzeugen den Reparaturaufwand festzustellen, vgl. Kap. 13.5.2.1.

6.1.2 Objektives Prüfen

Das objektive Prüfen wird mit Prüfmitteln durchgeführt.

Geprüft werden sollte bei 20 °C, der sogenannten Prüf-Bezugstemperatur.

Im Fahrzeuglackierbetrieb werden oft Längen und Winkel geprüft.

Längen und Winkel können geprüft werden durch:
- Messen, siehe Kap. 6.1.2.1
- Lehren, siehe Kap. 6.1.2.2

6.1.2.1 Messen

Beim Messen wird eine Länge oder ein Winkel mit einem Maß auf dem Messgerät verglichen. Das Ergebnis des Messens ist immer das IST-Maß als Zahlenwert mit Maßeinheit.

Um große und kleine Zahlenwerte der Maßeinheiten einfach darzustellen, verwendet man Vorsätze nach Bild ➜ 1.

Beispiele:
0,000 001 m = 0,001 mm = 1 μm
1000 g = 1 kg

Vervielfachung		deka	hekto	kilo	Mega	Giga
	multipliziert:	10	10^2	10^3	10^6	10^9
Verkleinerung		dezi	centi	milli	mikro μ	
	dividiert:	10	10^2	10^3	10^6	

1 Vorsätze vor Maßeinheiten

6.1.2.2 Lehren

Beim Lehren wird der Gegenstand mit der Lehre verglichen:
- die Lehre hat das SOLL-Maß
- der Gegenstand das IST-Maß

Durch Lehren stellt man fest, ob der Gegenstand gut oder schlecht ist; das Ergebnis des Lehrens ergibt keinen Zahlenwert.

6.1.3 Prüfmittel

So wie beim objektiven Prüfen in Messen und Lehren unterschieden wird, werden entsprechend auch die Prüfmittel unterteilt.

Prüfmittel werden unterteilt in, siehe Bild ➜ 2:
- Messgeräte, siehe Kap. 6.1.3.1
- Lehren, siehe Kap. 6.1.3.2

Achtung:
Hier sind zu unterscheiden:
- das Lehren ➜ Prüfverfahren
- die Lehre ➜ Prüfmittel, Mz.: die Lehren

6.1.3.1 Messgeräte

Mit Messgeräten werden Längen und Winkel auf das IST-Maß geprüft.

Messgeräte gibt es als, vgl. Bild ➜ 2:
- Maßverkörperung, siehe Kap. 6.1.3.1.1
- anzeigende Messgeräte, siehe Kap. 6.1.3.1.2

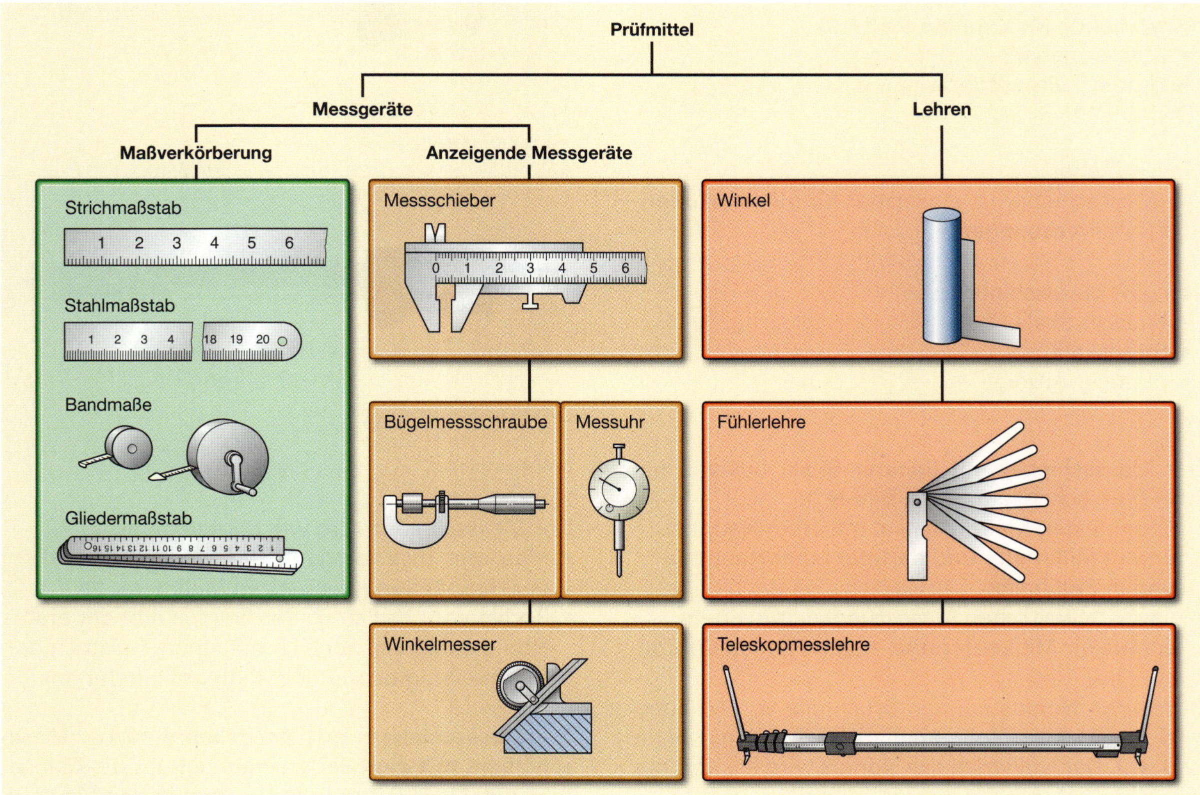

2 Prüfmittel für Längen und Winkel

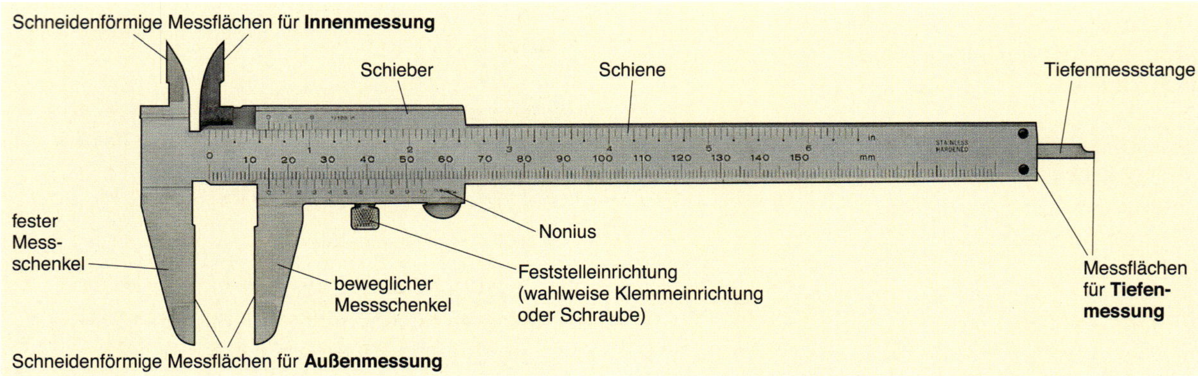

1 Messschieber

6.1.3.1.1 Maßverkörperungen

Maßverkörperungen verkörpern die Messgröße durch einen festen Abstand von Strichen, z. B. beim Stahlmaßstab, Gliedermaßstab, Bandmaß.

6.1.3.1.2 Anzeigende Messgeräte

Anzeigende Messgeräte zeigen bei analoger Anzeige den Messwert an einer Strichskala durch eine bewegliche Marke oder einen Zeiger an. Bei digitaler Anzeige wird der Messwert in Ziffern in einem Anzeigefenster dargestellt.

Anzeigende Messgeräte sind z. B.:
- Messschieber
- Ultraschallmessgerät

Messschieber
Der Messschieber ist einsetzbar für Innen-, Außen- und Tiefenmessungen.

Es gibt Messschieber mit:
- linearer Skala
- Rundskala
- digitaler Anzeige

Der **Messschieber mit linearer Skala** besteht aus zwei Messschenkeln, siehe Bild ➜ 1:
- einem festen Messschenkel mit einer Hauptteilung in Millimeter und darüber einer Hauptteilung in Zoll (inch)
- einem beweglichen Messschenkel mit einem Nonius für Millimeter und einem Nonius für Zoll

Durch den **Nonius** können Bruchteile von Millimetern bzw. von Zoll abgelesen werden, siehe Bild ➜ 2. Der Nullstrich des Nonius wird als Komma betrachtet, er teilt die ganzen Millimeter von Zehntelmillimeter.

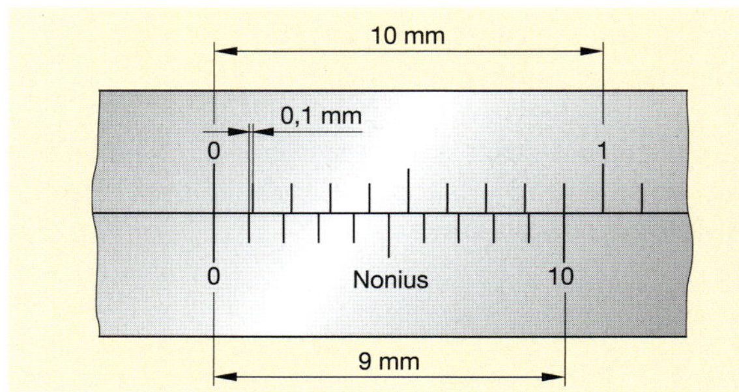

2 Nonius am Messschieber

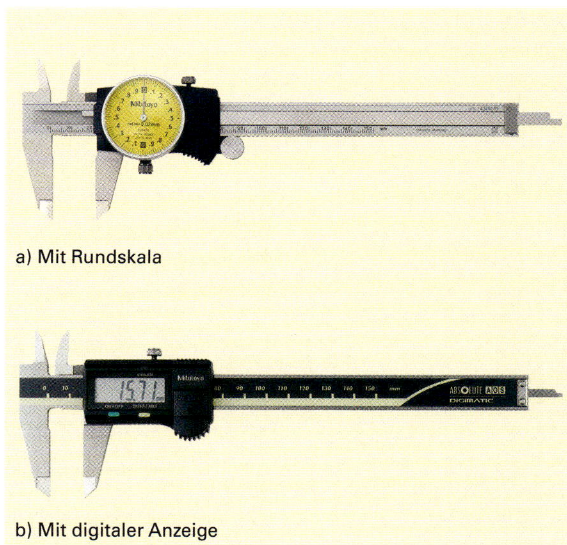

a) Mit Rundskala

b) Mit digitaler Anzeige

3 Messschieber

Der Messschieber wird wie folgt abgelesen:
- Man liest links vom Nullstrich des Nonius auf der Hauptteilung die ganzen Millimeter ab.
- Rechts vom Nullstrich des Nonius gibt der erste Noniusteilstrich, der sich mit einem Teilstrich der Hauptteilung deckt, die Zehntelmillimeter an.

Bei **Messschiebern mit Rundskala** und bei **Messschiebern mit digitaler Anzeige** beträgt die Ablesegenauigkeit $^{1}/_{100}$ mm oder $^{2}/_{100}$ mm je nach Modell, siehe Bild ➜ 3.

Das Ablesen der Messwerte ist bei diesen Messschiebern einfach und Ablesefehler kommen kaum vor.

Ultraschallmessgerät
Das Ultraschallmessgerät nimmt Ultraschallgeräusche auf und wandelt sie um in Geräusche, die das menschliche Ohr hören kann.

Ultraschallgeräusche entstehen an Fahrzeugen bei:
- metallischer Reibung, z. B. durch schadhafte Motorlager, Radlager oder Getriebe
- Strömungsvorgängen von Flüssigkeiten und Gasen, z. B. durch undichte Schläuche, Schlauchverbindungen, Auspuffanlagen oder defekte Dichtungen
- hohen Fahrgeschwindigkeiten, z. B. im undichten Fahrzeuginnenraum durch Wind oder bei Luftturbulenzen an Außenspiegel, Dachreling, Antennen usw.

Mit dem Empfänger des Ultraschallmessgerätes lassen sich durch die entstehenden Ultraschallgeräusche die Fehlerstellen lokalisieren, siehe Bild ➜ 1. Dabei können die Messungen durchgeführt werden
- in der Werkstatt: bei metallischer Reibung, bei Strömungsvorgängen von Flüssigkeiten und Gasen, bei undichten Fahrzeuginnenräumen
- bei einer Probefahrt: Windgeräusche durch Luftturbulenzen

Bei Dichtigkeitsmessungen von Fahrzeuginnenräumen ist ein Ultraschallsender erforderlich. Der Ultraschallsender wird in den Fahrgast- oder Kofferraum möglichst in die Nähe der vermuteten Undichtigkeit gelegt. Dabei müssen alle Öffnungen wie Fenster, Türen, Schiebedach geschlossen sein. Mit dem Empfänger des Ultraschallmessgerätes werden die Stellen untersucht, an denen Undichtigkeiten möglich sind oder vermutet werden. An undichten Stellen ertönt ein deutliches Signal, siehe Bild ➜ 2.
Diese Methode der Fehlersuche kann von einem Mitarbeiter in der Werkstatt erfolgen und erspart zeitaufwendige Dichtigkeitsuntersuchengen durch Probefahrten, die in der Regel sogar von zwei Mitarbeitern durchgeführt werden müssen.

6.1.3.2 Lehren als Prüfmittel

Mit Lehren als Prüfmittel werden Formen und Maße geprüft.

Danach sind die Lehren eingeteilt in:
- Formlehren
- Maßlehren

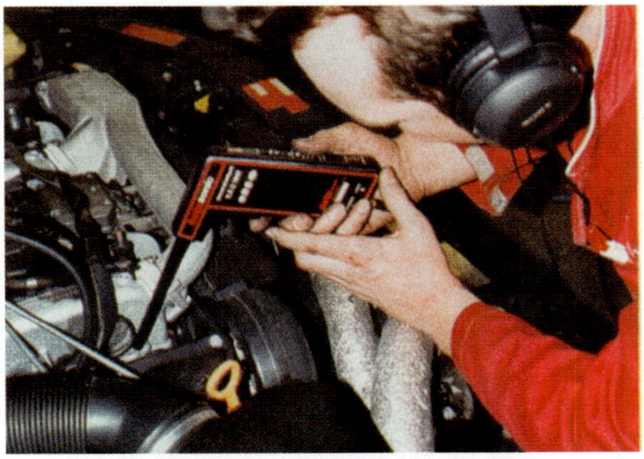

1 Ultraschallmessung nur mit dem Ultraschallempfänger

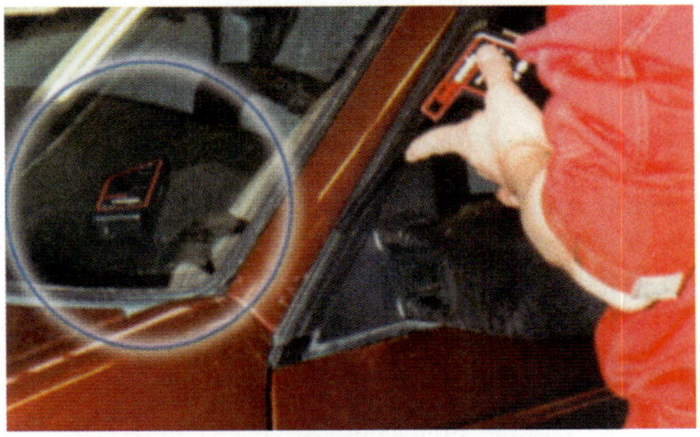

2 Ultraschallmessung mit dem Ultraschallsender und dem Ultraschallempfänger

Formlehren verwendet man zum Prüfen von Winkel, Rundungen und speziellen Karosserieformen. Ein Beispiel ist der Winkel, siehe Bild ➜ 147.2.
Maßlehren verwendet man zum Prüfen von bestimmten Maßen, z. B. Spaltmaße an Türen und Klappen. Beispiele sind die Fühlerlehre und die Teleskopmesslehre, siehe Bild ➜ 147.2.

6.1.3.3 Fehler beim Prüfen

Fehler können durch das Prüfmittel entstehen, wenn Messgeräte oder Lehren beschädigt oder abgenutzt sind.

Darum müssen Messgeräte und Lehren gepflegt, sorgfältig behandelt und von Zeit zu Zeit überprüft werden.

Auch der Prüfer kann Fehler machen:
- ungenaues Anlegen des Messgeräts oder der Lehre
- zu starker Druck beim Messen und Lehren
- ungenaues Ablesen des Messgerätes
- verschmutzte Prüfgegenstände
- falsche Prüf-Bezugstemperatur

Zerteilen	Spanen		Abtragen	Zerlegen	Reinigen
	mit geometrisch bestimmten Schneiden	mit geometrisch unbestimmten Schneiden			
Scherschneiden, Keilschneiden	Sägen, Bohren	Schleifen, Trennschleifen	thermisches Trennen, chemisches Trennen	Lösen von Verbindungen, Entleeren	mechanisches Reinigen, Lösemittel-Reinigen

1 Trennverfahren für die Instandsetzung von Fahrzeugen

6.2 Demontage und Montage von Karosserieteilen

Ist ein Bauteil eines Fahrzeuges defekt und für die Instandsetzung nicht zugänglich, muss es demontiert werden. Danach wird es repariert oder ausgetauscht und wieder in das Fahrzeug montiert. Informationen zum Zerlegen siehe Kap. 6.2.1.5.

Um die Demontage und Montage von Karosserieteilen durchführen zu können, müssen Informationen vorhanden sein über:
- Trennen, siehe Kap. 6.2.1
- Fügen, siehe Kap. 6.2.2

6.2.1 Trennen

Bei der Instandsetzung von Fahrzeugen werden folgende Trennverfahren eingesetzt, vgl. Bild ➜ 1:
- Zerteilen, siehe Kap. 6.2.1.1
- Spanen mit geometrisch bestimmten Schneiden, siehe Kap. 6.2.1.2
- Spanen mit geometrisch unbestimmten Schneiden, siehe Kap. 6.2.1.3
- Abtragen, siehe Kap. 6.2.1.4
- Zerlegen, siehe Kap. 6.2.1.5
- Reinigen, siehe Kap. 6.2.1.6

6.2.1.1 Zerteilen

Durch Zerteilen werden Werkstücke spanlos getrennt. Dabei muss die Zusammenhangskraft (Kohäsion) des Werkstoffs überwunden werden. Hierbei wirkt der Keil als Kraftübersetzer, siehe Bild ➜ 2.

Die Hauptkraft F_H wird mithilfe des Kräfteparallelogramms in zwei Seitenkräfte F_S zerlegt: Die Seitenkräfte F_S stehen senkrecht zu den Keilflächen; ihre Größe wird beeinflusst durch die Hauptkraft F_H und den Keilwinkel β. Je kleiner der Keilwinkel β ist, desto größer sind die Seitenkräfte F_S und damit die Trennkräfte.

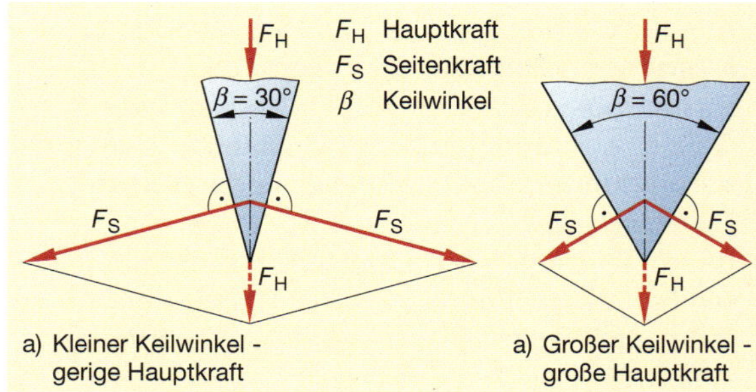

2 Keil als Kraftübersetzer

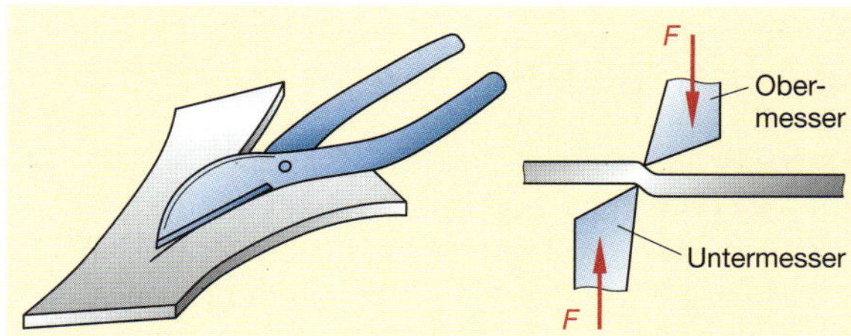

3 Scherschneiden

Das würde bedeuten, dass der Keilwinkel β sehr klein gewählt werden sollte. Man muss jedoch einen Kompromiss eingehen.

Je höher die Festigkeit der zu trennenden Werkstoffe, desto größer muss der Keilwinkel β sein.

Der größere Keilwinkel erhöht die Werkzeugeinsatzzeit (Standzeit). Gleichzeitig erhöht sich allerdings die Hauptkraft F_H.

Beim Zerteilen werden zwei Arbeitstechniken unterschieden:
- Scherschneiden, siehe Kap. 6.2.1.1.1
- Keilschneiden, siehe Kap. 6.2.1.1.2

6.2.1.1.1 Scherschneiden

Scherschneiden ist das Zerteilen zwischen zwei Schneiden, die sich aneinander vorbeibewegen, siehe Bild ➜ 3.

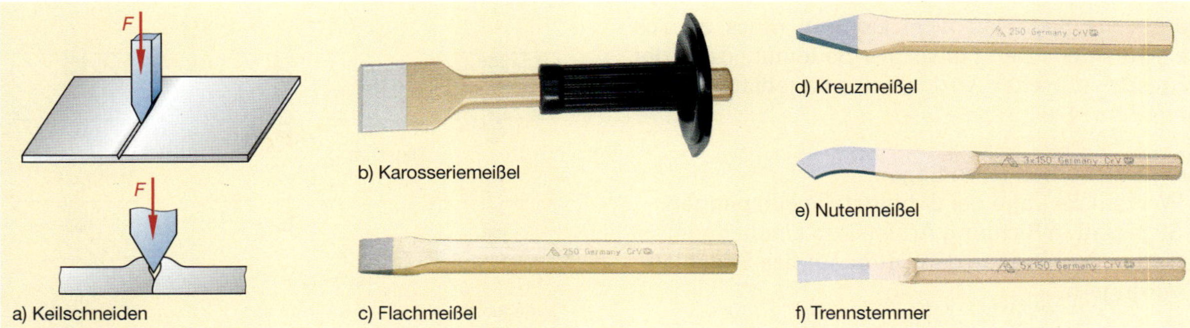

1 Keilschneiden und Meißel

Arbeitssicherheit beim Scherschneiden:
- Lederhandschuhe benutzen.
- Schnittrichtung immer vom Körper weg.
- Beim Abschneiden kleiner Blechecken Schutzbrille tragen.
- Schnittkanten entgraten.
- Schutz anderer Mitarbeiter beachten.

6.2.1.1.2 Keilschneiden

Keilschneiden ist das Zerteilen durch ein keilförmiges Werkzeug (Meißel), das in das Werkstück hineingetrieben wird, bis das Werkstück entlang der vorgesehenen Trennungslinie zerteilt ist, siehe Bild ➜ 1.

Arbeitssicherheit beim Keilschneiden:
- Meißelhaltung und Hammerführung beachten.
- Hammer auf festen Sitz prüfen.
- Schutzbrille tragen.
- Meißelkopf darf keinen „Bart" haben.
- Schutzwände verwenden, um andere Personen zu schützen.
- Schutzhandschuhe tragen.

6.2.1.2 Spanen mit geometrisch bestimmten Schneiden

Das Spanen ist das mechanische Abtrennen von Spänen mit keilförmigen Werkzeugschneiden. Die geometrisch bestimmte Werkzeugschneide ist in Form und Größe festgelegt.

> Die wichtigsten Verfahren des Spanens mit geometrisch bestimmten Schneiden sind:
> - Sägen, siehe Kap. 6.2.1.2.1
> - Bohren, siehe Kap. 6.2.1.2.2
> - Gewindeschneiden, siehe Kap. 6.2.1.2.3
> - Fräsen, siehe Kap. 6.2.1.2.4

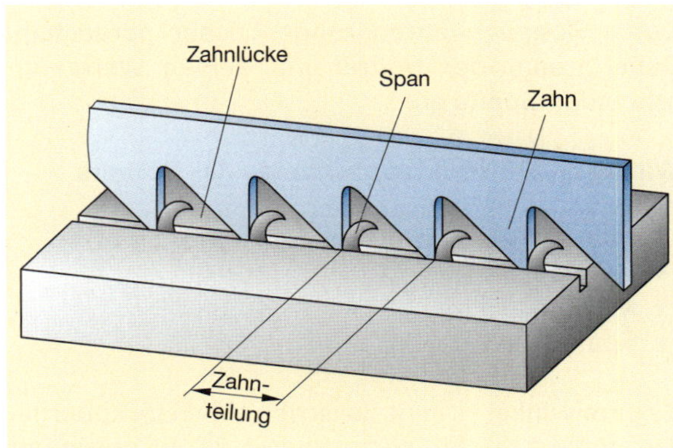

2 Sägeblatt

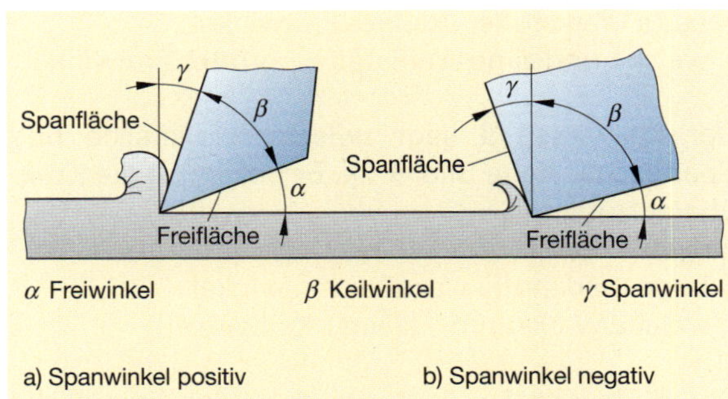

3 Winkel am Schneidkeil

6.2.1.2.1 Sägen

Durch Sägen werden von einem Sägeblatt Werkstücke geschlitzt oder geteilt. Bei einem Sägeblatt sind viele Schneidkeile aneinandergereiht, siehe Bild ➜ 2. Dadurch trennen mehrere Zähne gleichzeitig Späne ab; die gesamte Schnittbelastung verteilt sich auf mehrere Zähne und sorgt für eine hohe Standzeit des Sägeblattes und für einen sauberen Schnitt ohne erhebliche Blechverformung.

Bild ➜ 3 zeigt die Winkel am Schneidkeil.

Damit das Sägeblatt nicht klemmt, muss es sich freischneiden. Der Freischnitt bedeutet, dass der Sägeschnitt breiter wird, als das Sägeblatt dick ist, siehe Bild ➜ 1.

Arbeitssicherheit beim Sägen:
- Werkstücke nahe der Schnittstelle einspannen.
- Sägeblatt in Richtung Arbeitshub einspannen.
- Gegen Schnittende den Druck auf das Sägeblatt verringern.

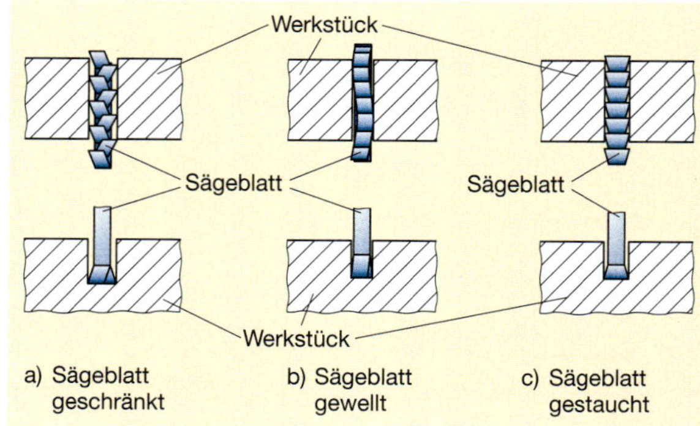

1 Freischnitt

6.2.1.2.2 Bohren

Durch Bohren werden runde Löcher hergestellt. Dabei trennt der Bohrer mit seinen Werkzeugschneiden Späne ab.

Winkel an der Werkzeugschneide des Bohrers

An der Werkzeugschneide des Bohrers gibt es:
- Freiwinkel α
- Keilwinkel β
- Spanwinkel γ

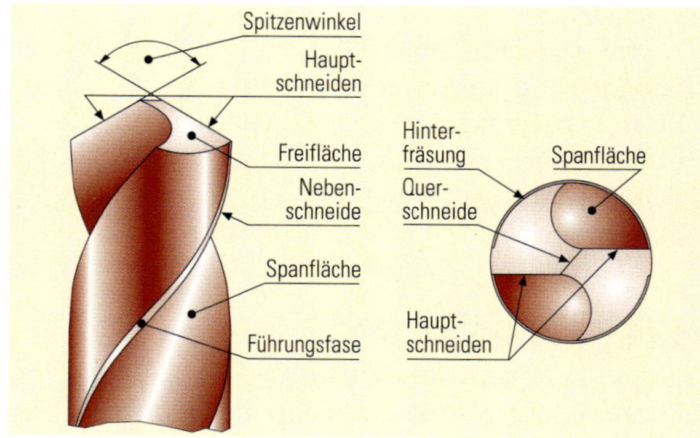

2 Winkel an der Werkzeugschneide des Bohrers

Der **Freiwinkel** α liegt zwischen Werkstückoberfläche und Freifläche, siehe Bild ➜ 2a. Er verringert die Reibung.
Es gilt:
- harte Werkstoffe – kleiner Freiwinkel
- weiche und zähe Werkstoffe – großer Freiwinkel

Der **Keilwinkel** β liegt zwischen Freifläche und Spanfläche, siehe Bild ➜ 2a. Er bestimmt die Kraftübersetzung.
Es gilt:
- harte Werkstoffe – großer Keilwinkel
- weiche Werkstoffe – kleiner Keilwinkel

Der **Spanwinkel** γ liegt zwischen der Spanfläche und einer Senkrechten zur Werkstückoberfläche, siehe Bild ➜ 2a.

Werkstoff	Maximale Schnittgeschwindigkeit v_c in $^m/_{min}$
Baustahl ($R_m \leq 700$ N/mm²)	30 … 35
Gusseisen	15 … 25
Aluminium	32 … 40
Duroplaste	16 … 20

3 Maximale Schnittgeschwindigkeit für verschiedene Werkstoffe

Bewegungen des Bohrers

Die Spanabnahme beim Bohren erfolgt durch zwei gleichzeitige Bewegungen:
- Schnittbewegung
- Vorschubbewegung

Die **Schnittbewegung** erfolgt durch das Drehen der Bohrspindel, siehe Bild ➜ 2b. Aus der Drehzahl des Bohrers und des Bohrerdurchmessers lässt sich die Schnittgeschwindigkeit berechnen:

$$v_c = d \cdot \pi \cdot n$$

v_c Schnittgeschwindigkeit in $^m/_{min}$
d Durchmesser des Bohrers in m
n Drehzahl des Bohrers in $^1/_{min}$

Die maximale Schnittgeschwindigkeit ist für jeden Werkstoff vorgegeben, die Werte finden Sie in Tabellenbüchern; Bild ➜ 3 zeigt eine Auswahl.

Sind Bohrerdurchmesser und maximale Schnittgeschwindigkeit gegeben, kann die zulässige Drehzahl des Bohrers berechnet werden:

$$n_{zul} = \frac{v_{cmax}}{d \cdot \pi}$$

n_{zul} zulässige Drehzahl des Bohrers in $^1/_{min}$
v_{cmax} maximale Schnittgeschwindigkeit in $^m/_{min}$
d Durchmesser des Bohrers in m

Die **Vorschubbewegung** erfolgt in axialer Richtung des Bohrers, siehe Bild ➜ 2b. Der Vorschub ist der Weg in mm, den der Bohrer pro Umdrehung in das Werkstück eindringt.

Spiralbohrer
Zum Bohren werden Bohrer verwendet; in Fahrzeuglackierbetrieben sind das meist Spiralbohrer.

Der Spiralbohrer besteht aus, siehe Bild ➜ 1:
- Bohrerschaft
- Schneidenteil

Der zylindrische **Bohrerschaft** wird ins Bohrfutter der Bohrmaschine gespannt. Bis zu einem Bohrerdurchmesser von 12 mm ist der Bohrerschaft zylindrisch.
Bohrer mit großem Durchmesser haben einen Kegelschaft.

Der **Schneidenteil** besteht aus:
- zwei Hauptschneiden
- zwei Nebenschneiden
- einer Querschneide
- einer Spannut

Die **Hauptschneiden** sind an der Stirnseite des Spiralbohrers angeordnet, siehe Bild ➜ 2; sie verrichten die Hauptspanabnahme. Die Hauptschneiden bilden eine Spitze, den Winkel nennt man **Spitzenwinkel**. Der Spitzenwinkel ist unterschiedlich groß für die Bearbeitung verschiedener Werkstoffe.
Die **Nebenschneiden** führen den Bohrer im Bohrloch und glätten die Bohrwandung, siehe Bild ➜ 2.

Die **Querschneide** quetscht und schabt den Werkstoff, siehe Bild ➜ 2. Dazu ist viel Kraft notwendig, etwa ein Drittel der Vorschubkraft. Bei einer Bohrung mit großem Durchmesser kann man erst einmal ein kleines Loch bohren, das nennt man **Vorbohren**. So wird wenig Kraft für den Vorschub benötigt.
Die **Spannut** leitet den Span aus dem Bohrloch und Kühlmittel zu den Haupt- und Nebenschneiden, siehe Bild ➜ 2.

Arbeitssicherheit beim Bohren
Beim Bohren sind zu beachten:
- Eng anliegende Arbeitskleidung tragen.
- Bei langen Haaren Haarnetz oder entsprechende Kopfbekleidung tragen.
- Schutzbrille tragen.
- Kleine Werkstücke in den Maschinenschraubstock fest einspannen.

6.2.1.2.3 Gewindeschneiden

Durch Gewindeschneiden werden spiralförmige Kerben erzeugt
- in ein Loch: Innengewinde
- in einen Bolzen: Außengewinde

Im Handwerk werden Gewinde meist von Hand hergestellt.

Hier sollen vorgestellt werden:
- Innengewinde schneiden
- Innengewinde formen
- Außengewinde schneiden

Innengewinde schneiden
Innengewinde werden in ein Loch geschnitten, in das sogenannte **Kernloch**.
Zum Gewindeschneiden von Hand können verwendet werden (d = Gewinde-Nenndurchmesser):
- Muttergewindebohrer (Einzelschneider), siehe Bild ➜ 3: für Gewindetiefe $t < 1{,}5d$
- dreiteiliger Gewindebohrersatz, siehe Bild ➜ 154.1a: für Gewindetiefe $t \geq 1{,}5d$
- zweiteiliger Gewindebohrersatz, siehe Bild ➜ 154.1b: für Feingewinde

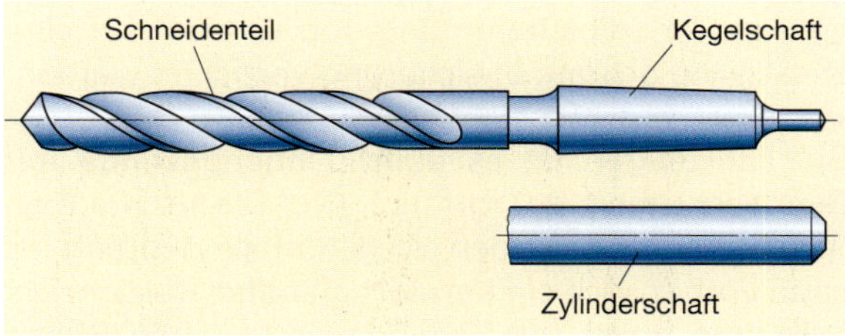

1 Spiralbohrer

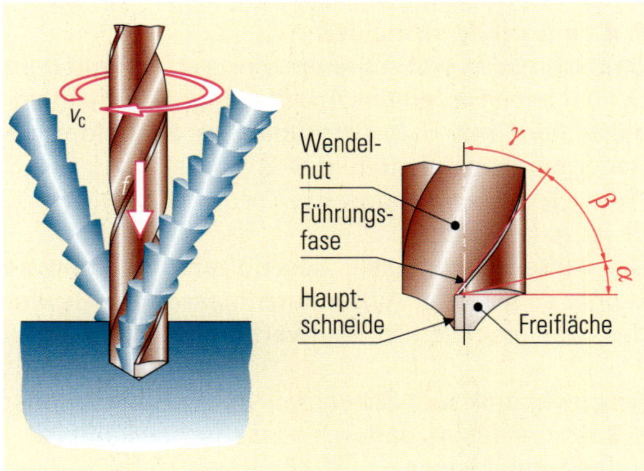

2 Schneidenteil am Spiralbohrer

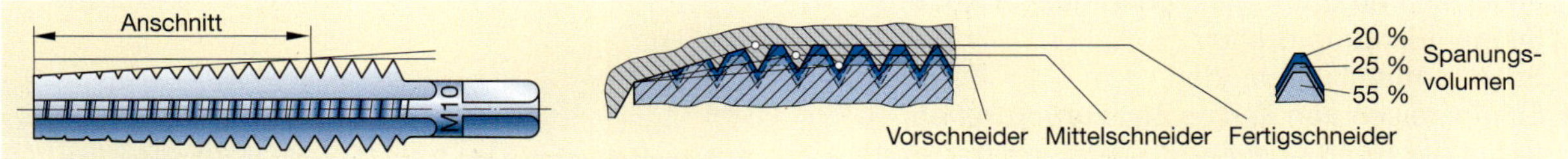

3 Muttergewindebohrer

Arbeitsgänge beim Schneiden des Innengewindes:

1. Kernloch anreißen und körnen.
2. Kernloch bohren; den Kernlochdurchmesser d_k nach Gewindetabelle ermitteln. Achtung: Der Kernlochdurchmesser d_k ist etwas größer als der Kerndurchmesser des Gewindes, weil der Werkstoff beim Schneiden sich ins Gewindeprofil des Gewindebohrers drückt (Werkstoffaufwerfung).
3. Kernloch mit 90°-Kegelsenker ansenken, dadurch besserer Anschnitt für den Gewindebohrer und keine Gratbildung am ersten Gewindegang.
4. Gewindebohrer mit Windeisen ein bis zwei Gewindegänge eindrehen, mit Winkel rechtwinklig ausrichten, siehe Bild ➜ 2.
5. Schmiermittel verwenden.
6. Gewindebohrer von Zeit zu Zeit zurückdrehen, damit der Span bricht und Schmiermittel an die Gewindegänge fließen kann.

Innengewinde formen

In gut formbare Werkstoffe können Innengewinde auch geformt, d. h. spanlos hergestellt werden. Beim spanlosen Gewindeformen wird der Werkstoff verdichtet und kaltverfestigt. Die Gewinde erhalten dadurch eine hohe Ausreißfestigkeit. Aufgrund der engen Gewindepassung ergibt sich eine große Selbsthemmung und es kann auf eine zusätzliche Schraubensicherung verzichtet werden.

Bei Fahrzeugen ist es üblich, Innengewinde mit Blechschrauben zu formen. Die Blechschrauben werden einfach in den Werkstoff eingedreht; es kann vorher auch ein Kernloch gebohrt werden. Die Schraube formt ihr Gegengewinde, ohne Späne abzutrennen.

Außengewinde schneiden

Das Schneiden von Außengewinde erfolgt mit dem Schneideisen in einem Arbeitsgang. Das Schneideisen wird mit Halteschrauben im Schneideisenhalter befestigt, siehe Bild ➜ 3.

Es ist zu beachten:
Der Außendurchmesser des Bolzens muss etwas kleiner sein als der Außendurchmesser des Gewindes, weil eine Werkstoffaufwerfung entsteht.

Arbeitstechnik zum Schneiden von Außengewinde:

- Bolzen anfasen, dadurch besserer Anschnitt für das Schneideisen.
- Schneideisen rechtwinklig zur Werkstückachse ansetzen und unter gleichmäßigem Druck in Schneidrichtung drehen.
- Schmiermittel verwenden.
- Schneideisen von Zeit zu Zeit zurückdrehen, damit der Span bricht und Schmiermittel an die Gewindegänge fließen kann.

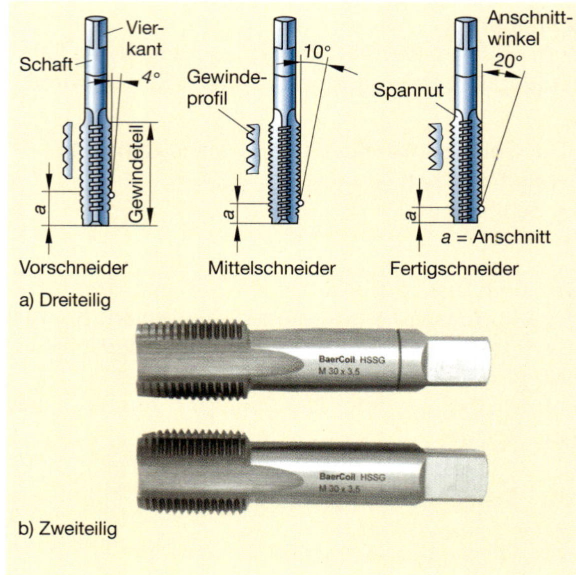

1 Gewindebohrersatz

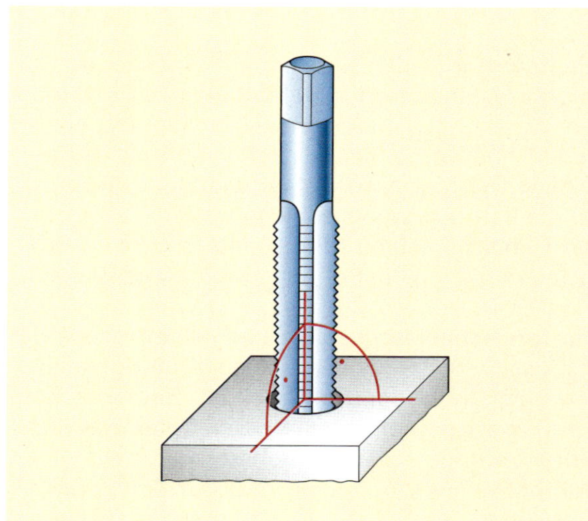

2 Ausrichten des Gewindebohrers

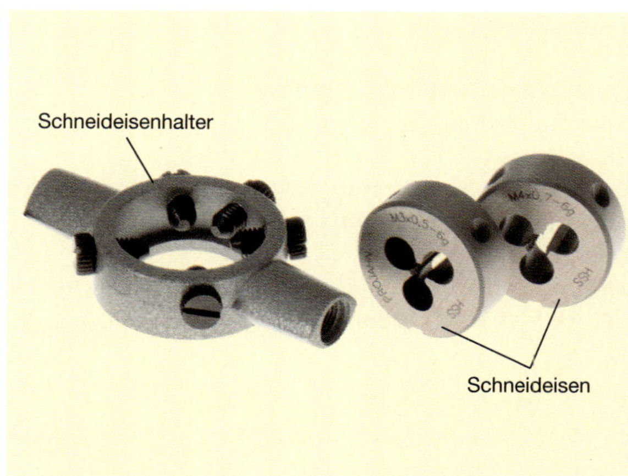

3 Schneideisenhalter mit Schneideisen zum Schneiden von Außengewinde

6.2.1.2.4 Fräsen

Beim Fräsen erfolgt das Spanen mit Schneiden, die an der Stirn- oder Mantelfläche von Drehkörpern angeordnet sind. Während des Spanens sind mehrere Schneiden nacheinander im Eingriff.

Bei der Karosseriereparatur wird der **Schweißpunktfräser** eingesetzt, um Schweißpunkte zu entfernen, siehe Bild ➜ 1. Mit Schweißpunkten werden Bleche verbunden, die sich überlappen; das geschieht mithilfe des Fügeverfahrens Punktschweißen.

Informationen zum Punktschweißen siehe Kap. 6.2.2.2.2.

Arbeitssicherheit beim Fräsen:
- Augenschutz und Gehörschutz tragen.
- Erforderlichen Luftdruck einstellen.
- Frästiefe einstellen.
- Zentrierspitze fest im Mittelpunkt des Schweißpunktes ansetzen.
- Beim Lösen des Oberbleches Handschuhe tragen.

1 Schweißpunkte entfernen mit dem Schweißpunktfräser

2 Trennschleifen

6.2.1.3 Spanen mit geometrisch unbestimmten Schneiden

Das Spanen ist das mechanische Abtrennen von Spänen mit keilförmigen Werkzeugschneiden. Bei der geometrisch unbestimmten Schneide ergeben sich Form und Größe der Schneide zufällig.

Zum Spanen mit geometrisch unbestimmten Schneiden gehören:
- Schleifen, siehe Kap. 6.2.1.3.1
- Trennschleifen, siehe Kap. 6.2.1.3.2

6.2.1.3.1 Schleifen

Schleifen ist ein Spanen mit geometrisch unbestimmten Schneiden, weil sich Anzahl, Lage und Form der Schneiden beim Schleifen ständig ändern. Damit ist die Schleifscheibe selbstschärfend.

Während des Schleifens erhöht sich die Schnittkraft an den stumpfer werdenden Schneiden und bricht die stumpfen Schneiden heraus; dadurch werden neue scharfe Schneiden freigelegt.

Schleifen wird zur Feinbearbeitung von Oberflächen eingesetzt.

6.2.1.3.2 Trennschleifen

Zum Trennschleifen wird ein Winkelschleifer mit einer dünnen Trennscheibe bestückt. Die Schnittbewegung der Trennscheibe erzeugt durch Schleifen eine dünne Schnittfuge.

Das Trennschleifen mit dem Winkelschleifer dient zum Trennen von Werkstücken, die auch besonders hart sein können, siehe Bild ➜ 2.

Die Trennscheibe ist für den radialen Druck auf die Schnittfläche ausgelegt.

Die Trennscheibe darf nicht auf axialen Druck belastet werden, da sie dann brechen könnte.

Bei den hohen Schnittgeschwindigkeiten von bis zu 120 m/s ist ein Scheibenbruch besonders gefährlich. Die einzelnen Teile der zerbrochenen Scheibe fliegen mit hoher Geschwindigkeit durch die Luft und können so schlimme Verletzungen hervorrufen.

Die Trennscheibe muss ausgewählt werden nach der:
- Zugänglichkeit der Trennstelle (Scheibendurchmesser)
- Schnittbreite (Scheibendicke)
- zu trennenden Werkstoffart
- Standzeit (Scheibenwerkstoff)

Arbeitssicherheit beim Trennschleifen:
- Nie ohne angebaute Schutzhaube arbeiten.
- Augenschutz und Gehörschutz tragen.
- Handschuhe und Schutzkleidung tragen.
- Umgebung (Personen und Bauteile) vor Schleifstrahl schützen.
- Nicht in der Nähe explosiver Stoffe schleifen.
- Elektrische Kabel nicht beschädigen.

6.2.1.4 Abtragen

Zum Abtragen gehört das thermische Trennen. Beim thermischen Trennen wird der Werkstoff durch Wärme geschmolzen, teilweise verdampft und anschließend aus der Schnittfuge geblasen.

Als thermische Trennverfahren setzt man ein:
- Brennschneiden
- Plasmaschneiden

Beim **Brennschneiden** wird Metall durch einen Sauerstoffstrahl getrennt; das zu trennende Material muss brennbar sein.

Beim **Plasmaschneiden** wird Metall durch einen Plasmastrahl getrennt; das zu trennende Material muss elektrisch leitend sein.

6.2.1.5 Zerlegen

Sollen an einem Fahrzeug wegen Korrosions- oder Unfallschäden Instandsetzungsarbeiten durchgeführt werden, müssen meistens Baugruppen zerlegt werden. Das Zerlegen beinhaltet das Lösen von kraft-, form- und stoffschlüssigen Verbindungen, z. B. Schrauben-, Niet-, Falz-, Löt- oder Klebeverbindungen.

Das Zerlegen wird auch als **Demontage** bezeichnet. Bei umfangreichem Zerlegen sollten nicht codierte bzw. nicht genormte Bauteile gekennzeichnet und sachgerecht gelagert werden, um die Montage und evtl. Nachbestellungen nicht zu verzögern.

Beim Zerlegen von Verbindungen an Fahrzeugen sind die Herstellervorschriften zu beachten, damit die Fahrzeugsicherheit und evtl. die Gewährleistung erhalten bleiben, siehe Kap. 5.4.

6.2.1.6 Trennen durch Reinigen

Trennen durch Reinigen beinhaltet:
- mechanisches Reinigen
- Lösemittelreinigen
- chemisches Reinigen
- thermisches Reinigen

Das mechanische Reinigen der Lackoberflächen eines Fahrzeuges kann von Hand oder maschinell in Waschanlagen erfolgen, vgl. Kap. 11.2.

Zur Vor- und Hauptwäsche werden chemische und auch lösemittelhaltige Stoffe verwendet.
Zur Reinigung des Innenraumes eines Fahrzeuges benutzt man Bürsten, Pinsel, Schwämme, Tücher und Heißluftpistolen. Dazu werden als Reiniger auch chemische und lösungsmittelhaltige Stoffe eingesetzt.

6.2.2 Fügen

Beim Fügen werden zwei oder mehr Werkstücke zusammengebracht.

Der Fahrzeuglackierer setzt folgende Fügeverfahren ein, siehe Bild ➜ 1:
- Fügen durch lösbare Verbindungen, siehe Kap. 6.2.2.1
- Fügen durch unlösbare Verbindungen, siehe Kap. 6.2.2.2

Lösbare Verbindungen		**Unlösbare Verbindungen**			
Zusammensetzen	An-/Einpressen	An-/Einpressen	Fügen durch Umformen	Fügen durch Stoffverbindung	Fügen mit einem nichtmetallischen Werkstoff
Art des Zusammenhalts					
Form-/Kraftschluss	Kraftschluss	Kraftschluss	Form-/Kraftschluss	Stoffschluss	Adhäsion, Kohäsion
Beispiele					
Klemmverbindung	Schrauben	Nageln	Nieten	Schweißen, Löten	Kleben

1 Einteilung des Fügens nach lösbaren und unlösbaren Verbindungen

6.2.2.1 Lösbare Verbindungen

Eine lösbare Verbindung ist eine durch Fügen hergestellte Verbindung, die sich wieder lösen lässt, ohne dass die Werkstücke und/oder die Hilfsfügeteile beschädigt werden. Sie wird durch Schrauben, Muttern, Splinte, Keile, Stifte u. a. hergestellt.

Die wichtigste lösbare Verbindung ist die Schraubenverbindung, deshalb wird sie ausführlich vorgestellt.

Schraubenverbindung
Bei einer Schraubenverbindung wird ein Bauteil mit einer Schraube oder mit mehreren Schrauben an ein anderes Bauteil angeschraubt. Das Bauteil kann auch wieder abgeschraubt werden, ohne dass die Schraube zerstört wird. Deshalb ist das Schrauben eine lösbare Verbindung.

Beim **Anschrauben** passiert Folgendes:
Die Schrauben werden angezogen; je fester die Schrauben angezogen werden, umso mehr werden sie auseinandergezogen.

Die Schrauben wirken wie Zugfedern, sie möchten gern wieder in ihre Ausgangslage zurück. Dabei pressen sie die Bauteile aneinander. Die Schrauben sind also ständig „vorgespannt". Deshalb heißt diese Zugkraft **Vorspannkraft**, siehe Bild ➜ 1.

An der Schraubenverbindung treten weitere Kräfte auf; Bild ➜ 2 zeigt die Kräfte am Beispiel einer Radbefestigung.

Diese Kräfte sind:
- Betriebskraft
- Normalkraft
- Reibkraft

Bei einer Radschraube ist die **Betriebskraft** F_B die Kraft, die beim Betrieb des Fahrzeugs erzeugt wird, also beim Stehen (Gewichtskraft) und Fahren (Umfangskraft).

Die **Normalkraft** F_N wird für Berechnungen benötigt. Die Normalkraft ist die Kraft, die Rad und Vorderachse zusammendrückt. Sie ergibt sich aus der Vorspannkraft.

Die **Reibkraft** F_R zwischen Rad und Radnabe entsteht durch die Normalkraft. Die Reibkraft ist genau so groß wie die Betriebskraft, allerdings entgegengesetzt gerichtet. Durch die Reibkraft dreht sich das Rad gemeinsam mit der Radnabe.
Die **Schrauben** können unter verschiedenen Gesichtspunkten eingeteilt werden.

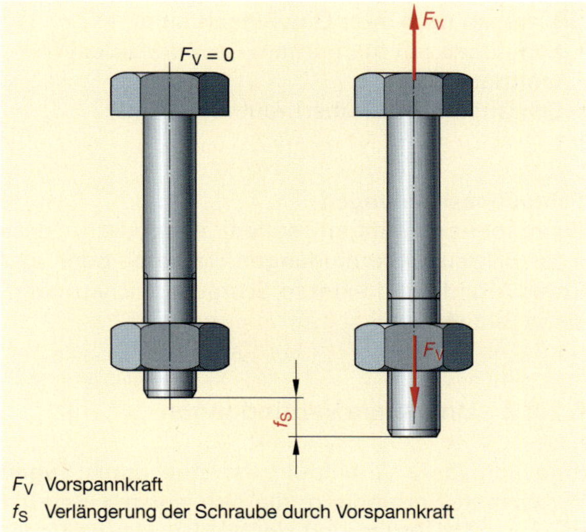

1 Vorspannkraft in der Schraube

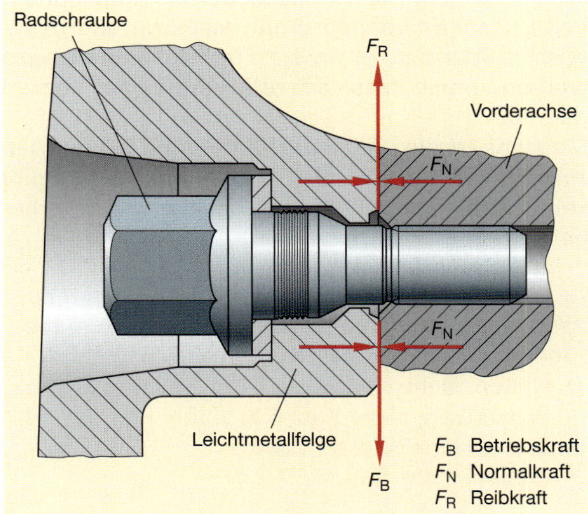

2 Kräfte an der Schraubenverbindung einer Radbefestigung

Üblich ist die Einteilung nach ihrer:
- geometrischen Grundform
- Gewindeart

Schrauben nach ihrer **geometrischen Grundform** sind, siehe Bild ➜ 158.1:
- Kopfschrauben
- Sechskantschrauben
- Zylinderschrauben
- Senkschrauben
- Linsenschrauben
- Radschrauben
- Stiftschrauben
- Gewindestifte
- Verschlussschrauben

Schrauben nach ihrer **Gewindeart** sind:
- Schrauben mit metrischem Gewinde oder Whitworthgewinde
- Schrauben mit Blechschraubengewinde

Schraubensicherungen
Schraubensicherungen sollen verhindern, dass sich Schraubenverbindungen lockern oder gar lösen. Üblich sind externe Schraubensicherungen, siehe Bild ➜ 2.

6.2.2.2 Unlösbare Verbindungen

Eine unlösbare Verbindung ist eine durch Fügen hergestellte Verbindung, die sich nur mit Beschädigung oder Zerstörung der Werkstücke und/oder des Hilfsfügeteils wieder lösen lässt. Die gefügten Teile sind sehr sicher und dauerhaft miteinander verbunden. Es können große statische und dynamische Belastungen an der Fügestelle übertragen werden, ohne dass sich die Verbindung lockert oder löst.
Meistens ist die unlösbare Verbindung billiger herzustellen als eine lösbare Verbindung, und es gibt keine Verbindungselemente, die die Masse erhöhen.

Von den unlösbaren Verbindungen sollen in diesem Kapitel behandelt werden, vgl. Bild 156.1:
- Nieten, siehe Kap. 6.2.2.2.1
- Schweißen, siehe Kap. 6.2.2.2.2
- Löten, siehe Kap. 6.2.2.2.3
- Kleben, siehe Kap. 6.2.2.2.4

6.2.2.2.1 Nieten

Nieten ist eine unlösbare Verbindung, da die Nietverbindung nur getrennt werden kann, wenn der Niet zerstört wird.
Beim Fügen durch Nieten wird ein Vollniet oder ein Hohlniet als Hilfsfügeteil gestaucht oder ein Hohlniet wird an seinen überstehenden Enden umgelegt, siehe Bild ➜ 159.1. Es entsteht eine kraft- und formschlüssige Verbindung.
Der Nietwerkstoff muss duktil[1] sein, da der Schaft beim Stauchen des Schließkopfes stark umgeformt wird. Nietwerkstoff und Werkstoff der zu verbindenden Werkstücke sollten gleich sein, damit keine elektrochemische Korrosion auftreten kann. Andernfalls müssen die unterschiedlichen Werkstoffe voneinander isoliert werden.

[1] duktil (lat.): dehnbar, verformbar

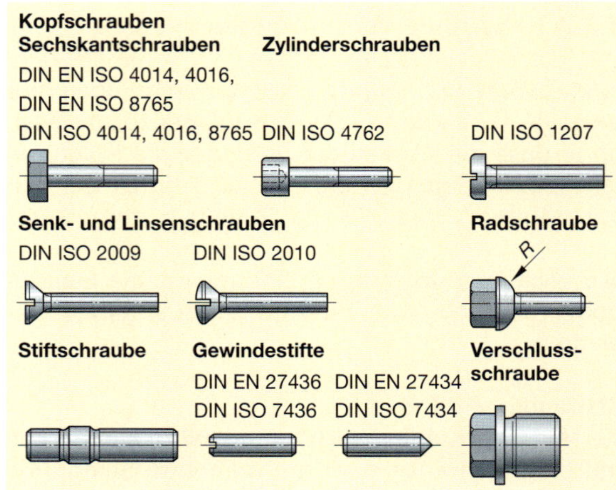

1 Schrauben nach ihrer geometrischen Grundform

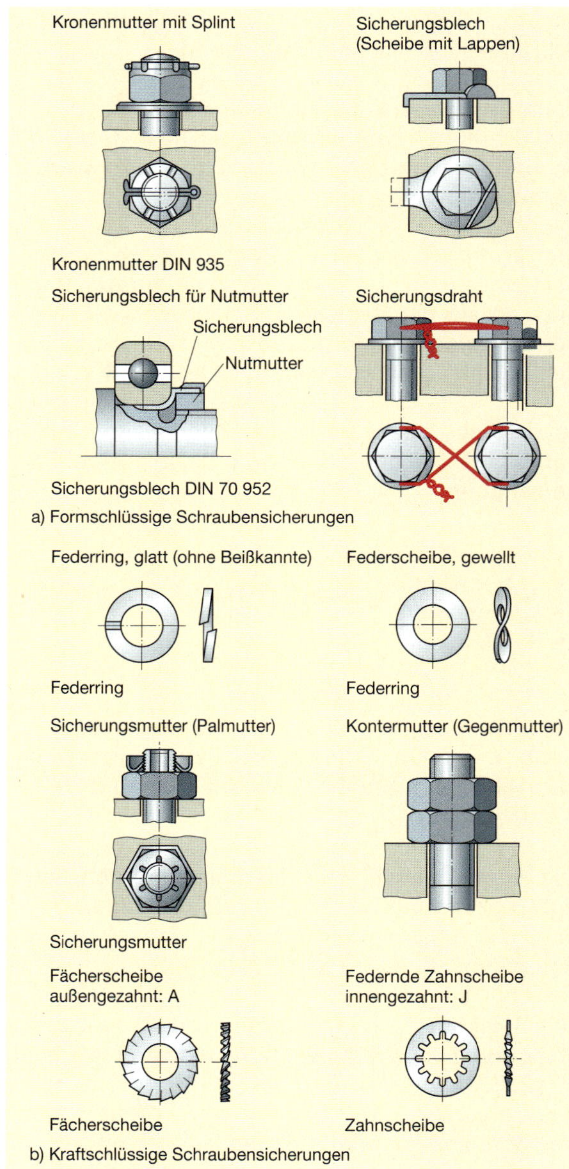

2 Externe Schraubensicherung

6.2.2.2.2 Schweißen

Beim Schweißen werden gleiche oder ähnliche Werkstoffe derart vereinigt, dass Schweißstelle und Grundmaterial zusammen ein durchgehend gleichartiges und gleichwertiges Ganzes bilden. Eine Trennung ist nur durch Schädigung oder Zerstörung der Fügeteile möglich. Die Schweißverbindung ist daher stoffschlüssig und unlösbar.
Heute gibt es mehr als hundert Schweißverfahren.

Von den Fahrzeuglackierern werden häufig eingesetzt:
- Widerstandspressschweißen
- Schutzgasschweißen

Widerstandspressschweißen
Beim Widerstandspressschweißen wird die zum Verschweißen erforderliche Energie aus Wärme und Anpresskraft gewonnen. Bei diesem Verfahren entsteht die Wärme durch elektrischen Strom und den elektrischen Widerstand in der Schweißzone.
Ein Verfahren des Widerstandspressschweißens ist das **Punktschweißen**. Damit werden überlappende Dünnbleche geschweißt. Zum Punktschweißen wird eine Punktschweißzange verwendet. Schweißstrom und Schweißdauer werden am Stromsteuergerät eingestellt und die Elektrodenkraft an der Punktschweißzange. An den Berührungsflächen zwischen den Werkstücken wird der Werkstoff teigig geschmolzen und durch die Anpresskraft der Elektroden wird die Schmelze gehalten und es kommt zur linsenförmigen Verschweißung. Es entsteht ein Schweißpunkt.
Zur Erhöhung der Elektrodenstandzeit oder auch beim Punktschweißen von dickeren Blechen oder von Mehrfachlagen verwendet man auch wassergekühlte Elektroden.

Achtung:
- Elektroden sorgfältig ausrichten.
- Für Geräteeinstellung sind Probeschweißung und Ausknüpfprobe erforderlich.

Die Elektroden müssen so ausgerichtet sein, dass sie mit ihren Spitzen genau übereinanderliegen, um den Schweißpunkt richtig zu setzen.
Zur Probeschweißung werden Blechstreifen durch Punktschweißen verbunden und zur Prüfung der Verbindungsfestigkeit unter Schälbelastung voneinander getrennt (Ausknüpfprobe).

Das Schweißgerät ist richtig eingestellt, wenn die Ausknüpfprobe ergibt:
- Der Schweißpunkt reißt aus dem einen Blech aus und es bildet sich ein Loch.
- Auf dem zweiten Blech soll der komplette Schweißpunkt verbleiben.

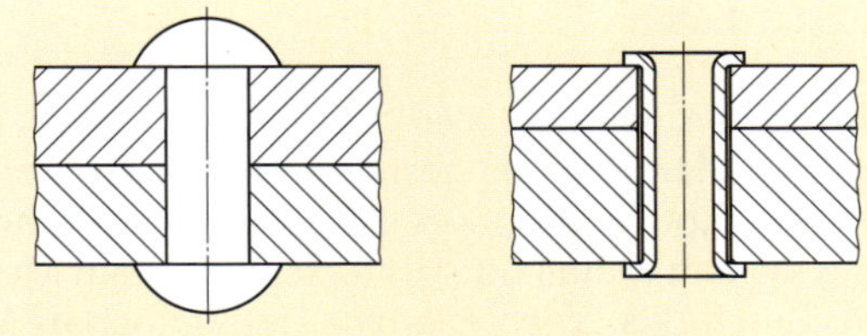

1 Vollniet und Hohlniet

Schutzgasschweißen
Unter Schutzgasschweißen sind alle Lichtbogen-Schmelzschweißverfahren zusammengefasst, bei denen Lichtbogen, Elektrode und Schmelzbad durch ein zusätzlich zugeführtes Schutzgas gegen die Atmosphäre abgeschirmt sind. So wird verhindert, dass in der Schweißnaht Nitride und Oxide entstehen. Nitride und Oxide bewirken in der Schweißnaht eine Qualitätsminderung, z. B. verringerte Festigkeit, vergrößerte Sprödigkeit.

Die Temperatur beim Schutzgasschweißen liegt zwischen 2000 °C und 8000 °C.

Das Schutzgasschweißen ist eingeteilt in:
- Wolfram-Schutzgasschweißen
- Metall-Schutzgasschweißen

Beim **Wolfram-Schutzgasschweißen (WSG-Schweißen)** brennt zwischen einer fast nicht abschmelzenden Wolfram-Elektrode und dem Werkstück der Lichtbogen in einer Schutzgasatmosphäre ab. Es gibt zwei Verfahren:
- Wolfram-Inertgasschweißen (WIG-Schweißen)
- Plasmaschweißen (WP-Schweißen)

Beim **Metall-Schutzgasschweißen (MSG-Schweißen)** brennt der Lichtbogen zwischen einer abschmelzenden Drahtelektrode und dem Werkstück in einer Schutzgasatmosphäre ab. Es gibt drei Verfahren:
- Metall-Inertgasschweißen (MIG-Schweißen)
- Metall-Aktivgasschweißen (MAG-Schweißen)
- Plasma-Metallschutzgasschweißen (MSGP-Schweißen)

Arbeitsschutz beim Schweißen:
- Schutzkleidung tragen; besonders die Augen schützen.
- Raum gut be- und entlüften; wenn nötig, sind die freigesetzten Gase, Rauche und Stäube abzusaugen.
- Schweißplatz abschirmen, sodass Außenstehende nicht in die Flamme sehen können; Funken und Spritzer von Schweißmaterial dürfen nicht nach außen dringen.

6.2.2.2.3 Löten

Beim Löten werden Werkstoffe aus Metall mit einem Bindemittel aus geschmolzenem Zusatzmetall, dem Lot, verbunden. Die Werkstoffe können aus gleichem Metall oder unterschiedlichem Metall sein. Durch das Löten entsteht eine unlösbare Verbindung, die sich nur mit Beschädigung oder Zerstörung der Werkstücke und des Lots trennen lässt.

Lote sind Legierungen aus Zinn, Kupfer, Blei und Silber. Die Schmelztemperatur des Lots liegt unterhalb der Schmelztemperatur der Fügeteile.
Der Lötvorgang erfolgt in den Stufen:

- Benetzen: Flüssiges Lot breitet sich auf der Oberfläche der Fügeteile aus.
- Fließen: Lot fließt in den Lötspalt.
- Binden: Atome des flüssigen Lots diffundieren in die Randzone der Fügeteile und umgekehrt, in den Fügeteilen und im Lot entsteht eine Legierung.

Beim Löten werden die Fügeteile auf Arbeitstemperatur erwärmt. Die Arbeitstemperatur ist die niedrigste Temperatur an der Oberfläche der Fügeteile, bei der das Lot benetzen, fließen und binden kann.

Nach der Arbeitstemperatur lässt sich Löten in zwei Verfahren unterteilen:
- Weichlöten
- Hartlöten

Beim **Weichlöten** ist die Arbeitstemperatur kleiner 450 °C. Bei dieser geringen Temperatur wird nur wenig Legierung aus Lot und Fügeteil gebildet. Deshalb sind Verbindungen mit Weichlot temperaturempfindlich und nicht so fest wie Hartlotverbindungen.
Der Fahrzeuglackierer verwendet das Weichlöten als **Auftragslöten**. Dabei werden letzte Karosserie-Unebenheiten nach dem Ausbeulen ausgeglichen. Dieses Auftragslöten wird **Verzinnen** oder **Verschwemmen** genannt.

Arbeitsablauf des Verzinnens von Stahlblech:
- Eine metallisch reine Blechoberfläche mit großem Übergang erzeugen.
- Bleifreie Verzinnungspaste auftragen.
- Bleifreies Schwemmzinn auswählen.
- Schwemmzinn auftragen und verteilen.
- Oberfläche glätten.

Beim **Hartlöten** ist die Arbeitstemperatur größer 450 °C. Durch die hohe Temperatur verbessert sich die Bildung der Legierung aus Lot und Fügeteil; die Verbindung durch Hartlöten ist fester als beim Weichlöten.

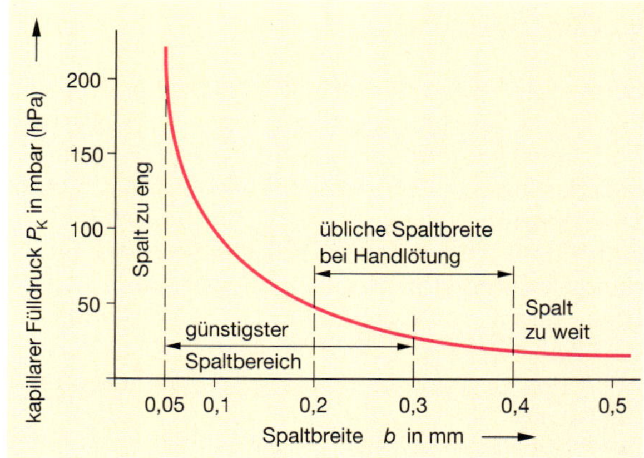

1 Fülldruck p_K in Abhängigkeit von der Lötspaltbreite *b*

Beim Hartlöten dient entweder ein gasbetriebener Brenner (**Flammlöten**) als Wärmequelle oder ein Lichtbogen (**Schutzgaslöten**).

Damit eine durchgängige Legierungsschicht entsteht, sollte der **Lötspalt** 0,05 mm bis 0,3 mm breit und parallel sein. Dann wird das flüssige Lot in den Lötspalt hineingezogen (Kapillarwirkung[1]) und füllt ihn gleichmäßig aus. Ist der Lötspalt zu breit, ist der Sog (kapillarer Fülldruck) nur unzureichend, siehe Bild ➜ 1.

Flussmittel lösen vor dem Lötvorgang die Oxidschicht von den Fügeteilen und verhindern die Neubildung von Oxid während des Lötvorgangs. Die Auswahl der Flussmittel erfolgt nach dem Werkstoff der Fügeteile und nach dem Arbeitstemperaturbereich des Lotes.

Vorgehen beim Löten:
- Lötflächen säubern.
- Flussmittel auftragen.
- Fügeteile fixieren – Lötspalt gleichmäßig 0,05 mm bis 0,2 mm.
- Lötstelle gleichmäßig erwärmen.
- Lot aufbringen – Lot schmilzt und füllt den Lötspalt aus.
- Werkstück abkühlen lassen.
- Flussmittel entfernen.

Gefahren entstehen beim Löten durch die Wärme und die giftigen und ätzenden Bestandteile in Lot und Flussmittel. Deshalb sind beim Löten zu beachten:
- Schutzkleidung und Schutzbrille tragen.
- Arbeitsplatz gut lüften; giftige Dämpfe absaugen.
- Brennbare Stoffe in der Umgebung des Arbeitsplatzes schützen.

[1] Kapillarwirkung: Saugwirkung in einem haarfeinen Röhrchen aufgrund der Adhäsion

6.2.2.2.4 Kleben

Kleben ist das Fügen von Werkstücken mit einem nichtmetallischen Klebstoff. Das Material der Werkstücke kann gleich oder unterschiedlich sein. Es entsteht ein Verbundwerkstoff als unlösbare Verbindung. Die Verbindung ist nur mit Beschädigung oder Zerstörung der Werkstücke oder der Klebschicht wieder zu trennen.

Die Festigkeit der Klebverbindung hängt ab von, siehe Bild ➜ 1:
- der Eigenfestigkeit des Klebstoffs (Kohäsion)
- den Bindekräften zwischen Klebstoffschicht und der Oberfläche der Fügeteile (Adhäsion)

Kleben wird nach DIN 8593-8 in zwei Gruppen nach der Art des Abbindens eingeteilt.

Danach gibt es Kleben mit:
- physikalisch abbindenden Klebstoffen
- chemisch abbindenden Klebstoffen

Kleben mit physikalisch abbindenden Klebstoffen
Beim Kleben mit physikalisch abbindenden Klebstoffen erfolgt das Abbinden durch Abkühlen oder Verdunsten von Lösungs- oder Dispersionsmitteln. Es ist weiter unterteilt in:
- Nasskleben
- Kontaktkleben
- Aktivierkleben
- Haftkleben

Das **Aktivierkleben** gewinnt zunehmend an Bedeutung. Es werden Klebstofffilme durch äußere Einwirkung klebfähig gemacht; sie werden aktiviert. Die häufigste Anwendung ist das Wärmeaktivierverfahren, auch **Schmelzkleben** genannt. Es wird ein fester und lösemittelfreier Klebstoff erwärmt und als Schmelze auf die Fügeteile aufgetragen. Bei Abkühlung erfolgt das Abbinden. Die Klebstoffe beim Schmelzkleben werden auch **Hotmelts** genannt.
Häufig werden die reaktiven Hotmelts eingesetzt. Sie basieren auf Duroplast. Schmelzen und Erstarren können sie nur im unvernetzten Zustand. Nachdem ein Härter aktiviert ist, kommt es zur dreidimensionalen Vernetzung. Danach ist der Klebstoff als Duroplast nicht mehr schmelzbar.

Kleben mit chemisch abbindenden Klebstoffen
Das Kleben mit chemisch abbindenden Klebstoffen wird auch **Reaktionskleben** genannt, weil der Klebstoff durch eine chemische Reaktion abbindet. Chemisch reagierende Systeme enthalten kleine Ausgangsmoleküle, die in der Reaktionsphase große Makromoleküle bilden.

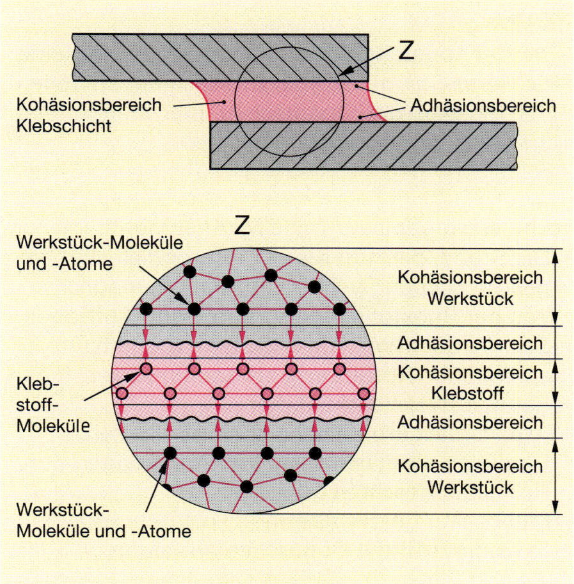

1 Zusammenhalt der Klebeverbindung

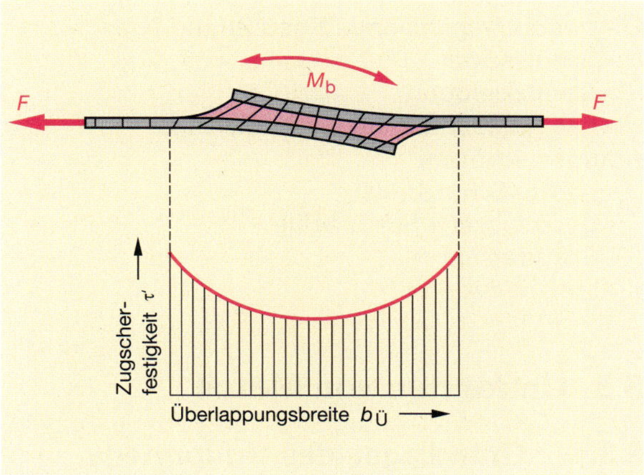

2 Zugscherbeanspruchung einer Klebschicht

Dadurch wird der Klebstoff verfestigt. Die Makromoleküle werden gebildet durch Polymerisation, Polyaddition und Polykondensation.

Die chemische Reaktion wird durch Härter eingeleitet.

Beanspruchung von Klebverbindungen:
- Zugscherbeanspruchung hat bei Klebungen die größte Bedeutung. Die Kraft wirkt parallel zur Klebstoffschicht und verteilt sich auf die Klebfläche. Es ist allerdings zu beachten, dass die Kraftverteilung nicht gleichmäßig ist – es bilden sich an den Enden der Fügeteile Spannungsspitzen, siehe Bild ➜ 2.
- Druckbeanspruchung ist bei Klebverbindungen problemlos.
- Zugbeanspruchung und Schälbeanspruchung sollten vermieden werden.

Achtung:
Bei der Herstellung einer Klebverbindung sind die Herstellervorschriften zu beachten; auf jeden Fall müssen die Oberflächen mechanisch und chemisch gereinigt werden.

Technisch organisatorische Maßnahmen:

- Die Stoffe, die zum Kleben erforderlich sind, im geschlossenen System verarbeiten, möglichst von der Rohstoffanlieferung bis zum Auftragen.
- Schadstoffe direkt am Arbeitsplatz durch entsprechende Absaugung erfassen und beseitigen.
- Raum ausreichend belüften.
- Arbeitsplatz ordentlich und sauber halten.
- Empfehlungen, Hinweise und Anleitungen der Hersteller beachten.
- Mitarbeiter unterweisen.
- Explosionsfähige Gemische vermeiden.

Persönliche Schutzmaßnahmen:

- Haut schützen
  - zweckentsprechende Handschuhe
  - Schutzsalbe
  - Schutzkleidung
  - geeignete Mittel für die Hautpflege
- Augen schützen
  - leichte Schutzbrille
  - geschlossene Schutzbrille
  - Schutzschild
- Atemschutzgerät

6.3 Umformen von Metall

6.3.1 Grundlagen des Umformens

In der Metalltechnik versteht man unter Umformen, wenn ein fester Körper plastisch verformt wird. Masse und Zusammenhalt des festen Körpers bleiben dabei erhalten.
Es müssen also in jedem Fall Kräfte wirken, die die Elastizitätsgrenze überschreiten, siehe Bild ➜ 1.
Der elastische Bereich wird durch die hookesche Gerade[1] dargestellt. Nach oben wird diese Gerade durch die Streckgrenze R_{eH} beendet. Je steiler die hookesche Gerade ist, umso größer ist die Steifigkeit des Werkstoffs und damit die Kraft zur elastischen Verformung. Das Maß für die Steifigkeit des Werkstoffes ist der **Elastizitätsmodul**.

Der Elastizitätsmodul wird auch kurz E-Modul genannt. Er ist eine Materialkonstante, siehe Bild ➜ 2. Der **E-Modul** ist im elastischen Bereich das Verhältnis der Spannung zur Dehnung.

[1] hookesche Gerade: benannt nach dem engl. Physiker Sir Robert Hooke (1635-1703)

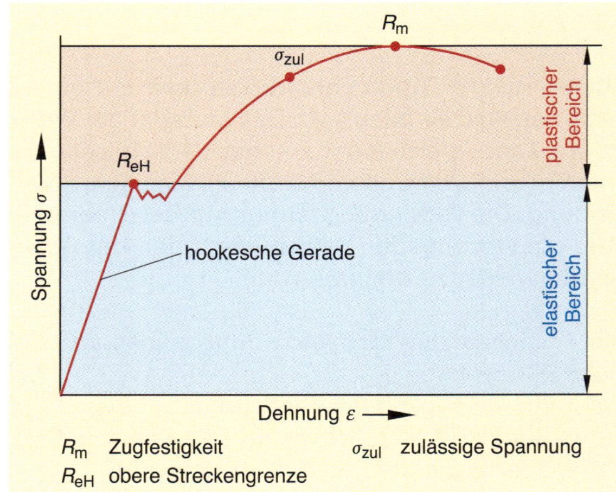

1 Spannungs-Dehnungs-Schaubild von Stahl

Material	E-Modul in N/mm²	Material	E-Modul in N/mm²
Stahl	210 000	GFK	7000 bis 45 000
Kupfer	126 000	Elastomere	10 bis 100
Aluminium	72 000	Epoxid	2500
Glas	50 000 bis 90 000	Polypropylen	1000 bis 2000

2 Elastizitätsmodul (E-Modul)

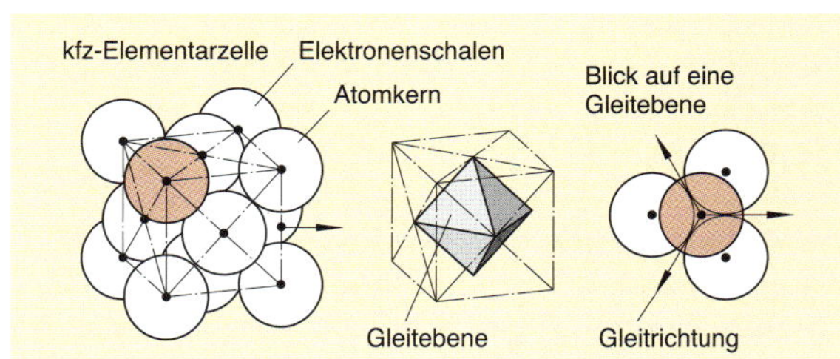

3 Gleitebenen und Gleitrichtungen im kfz-Ionengitter

$$E = \frac{\sigma}{\varepsilon}$$

E Elastizitätsmodul in N/mm²
σ Zugspannung in N/mm²
ε Dehnung in %

Je kleiner der E-Modul ist, desto leichter lässt sich der Werkstoff elastisch verformen.
Oberhalb der Streckgrenze R_{eH} beginnt der Umformbereich (plastischer Bereich).
Der Umformbereich endet bei einer zulässigen Spannung σ_{zul}. Die zulässige Spannung σ_{zul} muss kleiner sein als die Zugfestigkeit R_m, damit das Material beim Umformen nicht zerstört wird.
Jede plastische Verformung setzt eine Veränderung der Gefügeanordnung voraus. Die erforderlichen von außen eingeleiteten Umformkräfte sorgen im Gefüge für Zug- und/oder Druckspannungen, die wiederum die Metall-Ionen auf Gleitebenen innerhalb der Kristallite verschieben, siehe Bild ➜ 3.

Durch diese Ionenbewegung werden bei stärkeren Umformungen zum Teil Gleitebenen blockiert und die Raumgitter verzerren sich. Die Folge ist eine Kaltverfestigung.

In der Metallverarbeitung ist diese Kaltverfestigung häufig erwünscht. Man nutzt sie als Blech-, Rand- und Profilversteifung in Form von Sicken, Absetzungen, Abkantungen usw.

Bei der Instandsetzung ist besonders darauf zu achten, dass keine Wärme in den Bereich der erwünschten Kaltverfestigung gebracht wird.

Bei ca. 500 °C bis 600 °C setzt bei Stahl schon die Rekristallisation ein, sodass die Verspannungen im Gefüge abgebaut werden und damit die Kaltverfestigung.

Beim Instandsetzen von Karosserieteilen wird das Umformen unterschieden in:
- Umformen durch Biegen, siehe Kap. 6.3.2
- Umformen durch Richten, siehe Kap. 6.3.3

6.3.2 Umformen durch Biegen

Soll ein Werkstück gebogen werden, muss in einem Abstand von der Biegestelle eine Kraft wirken. Dadurch entsteht ein Biegemoment.

Bild → 1 zeigt, dass beim Biegen:
- der Außenbereich sich verlängert
- der Innenbereich sich verkürzt
- dazwischen eine neutrale Faser liegt

Der **Außenbereich verlängert sich**, er wird gezogen: Es entstehen Zugspannungen. Dabei verringert sich der Querschnitt im Außenbereich.

Der **Innenbereich verkürzt sich**, er wird zusammengedrückt: Es entstehen Druckspannungen. Dabei vergrößert sich der Querschnitt im Innenbereich.

Zwischen dem Außenbereich und dem Innenbereich liegt eine **neutrale Faser**, die weder gestreckt noch gestaucht wird. Die Länge der neutralen Faser ändert sich nicht und auch der Querschnitt bleibt erhalten. Deshalb wird bei der Ermittlung der gestreckten Länge von Biegeteilen immer die Länge der neutralen Faser berechnet.

Der **Biegeradius** ist der Innenradius des gebogenen Bauteils, siehe Bild → 2.

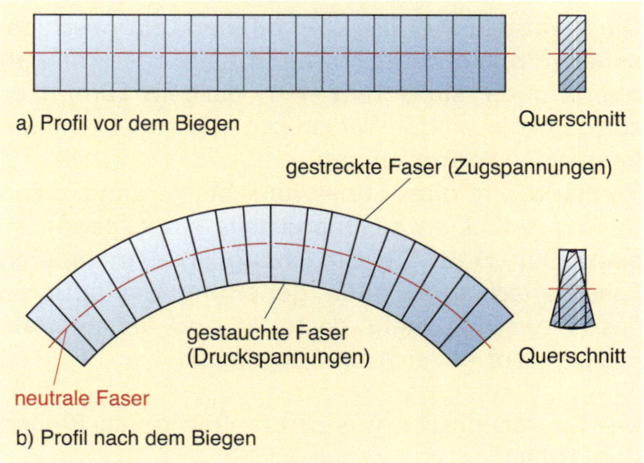

1 Querschnittsänderung beim Biegen

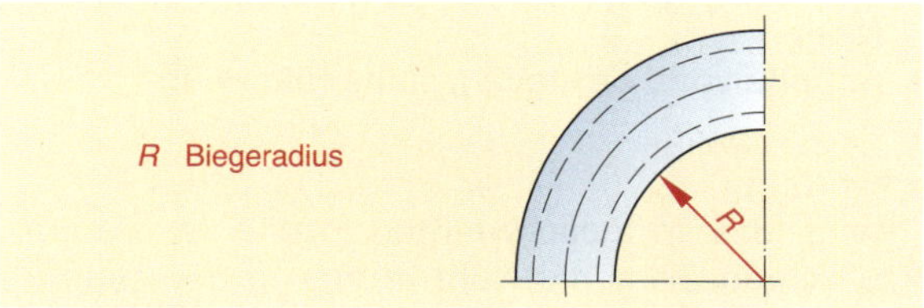

2 Biegeradius

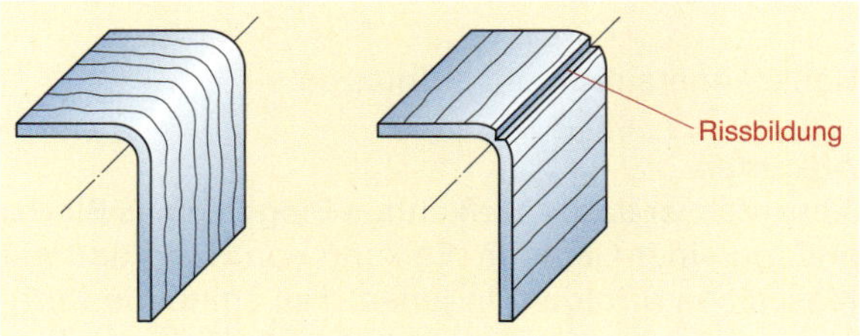

3 Lage der Biegeachse zur Walzrichtung

Je kleiner der Biegeradius ist, desto weiter verlagert sich die neutrale Faser nach innen. Der Biegeradius darf allerdings nicht zu klein gewählt werden, weil sonst in dem verformten Gefüge die Zug- und Druckspannungen die Bruchgrenze des Werkstoffs überschreiten und Risse entstehen. Deshalb sind zulässige kleinste Biegeradien festgelegt.
Die Größe des zulässigen kleinsten Biegeradius ist auch von der Lage der Biegeachse zur Walzrichtung des Blechs abhängig. Durch das Blech-Herstellungsverfahren Walzen bilden sich Fasern in Längsrichtung mit linienartigen Randbereichen, die geringere Festigkeit haben, siehe Bild → 3.

Deshalb sollte die Biegeachse möglichst rechtwinklig zur Walzrichtung liegen oder es muss ein größerer Biegeradius gewählt werden.

Werden die Fasern durch Zug und Druck beansprucht versuchen sie in Richtung der neutralen Faser auszuweichen.

Die neutrale Faser liegt bei offenen und geschlossenen Profilen meistens außerhalb des Materialquerschnitts, siehe Bild ➜ 1; deshalb kommt es zum Einknicken der Werkstücke und somit zu unerwünschten Verformungen.
Verstärkt wird dieser unerwünschte Vorgang, wenn das Werkstück an der Biegestelle eingespannt ist, siehe Bild ➜ 2: Die Stauchung an dem inneren Faserbereich wird dann gehemmt, die äußeren Fasern werden mehr gestreckt und die neutrale Faser verschiebt sich zur Biegeachse.

Die Querschnittsform wird erhalten durch Biegen der Profile:
- ohne Füllstoffe mit Profilwalzen, siehe Bild ➜ 3a
- mithilfe von Füllstoffen, z. B. Sand oder Spiralfeder
- mithilfe von Formteilen, siehe Bild ➜ 3b

Achtung:
Beim Biegen geschweißter Profile ist darauf zu achten, dass die Naht immer in der neutralen Faser liegt, damit sie nicht gestreckt und gestaucht wird.

Sonst könnte die Naht aufplatzen.

Abkanten
Abkanten ist das scharfkantige Biegen eines Blechs entlang einer Geraden. Es kann von Hand und mit Maschinen erfolgen. In jedem Fall sollte die Kerbwirkung vermieden werden, die durch einen Riss entstehen kann.

Achtung Kerbwirkung:
Dünnes Stahlblech und Blech aus Aluminiumlegierung immer mit Bleistift, Filzstift o. Ä. anreißen, niemals mit einer Reißnadel.

6.3.3 Umformen durch Richten

Durch Richten werden unerwünschten Verformungen an Karosserieteilen beseitigt. Karosserien und Karosserieteile können durch Unfall, Unwetter oder andere Streck- und Krafteinwirkung verformt sein, zu erkennen an Beulen und Dellen.

Eine **Beule** ist nach außen verformt, eine **Delle** nach innen.

Das fachgerechte Richten lässt technisch und optisch wieder ein einwandfreies Bauteil entstehen. Gleichzeitig werden Rohstoffe und Energie eingespart, da keine Neuteile hergestellt werden müssen.

1 Lage der neutralen Faser in Profilen

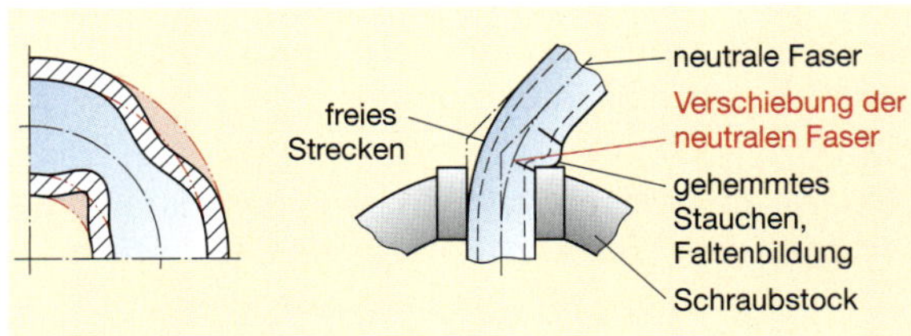

2 Einknicken des Profils beim Biegen

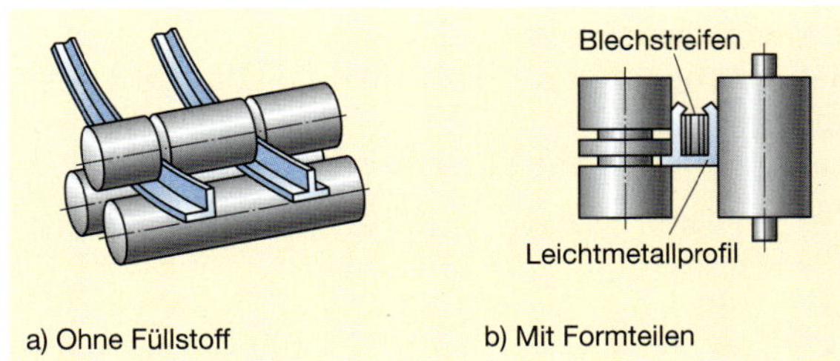

3 Profilbiegen mit Profilwalzen

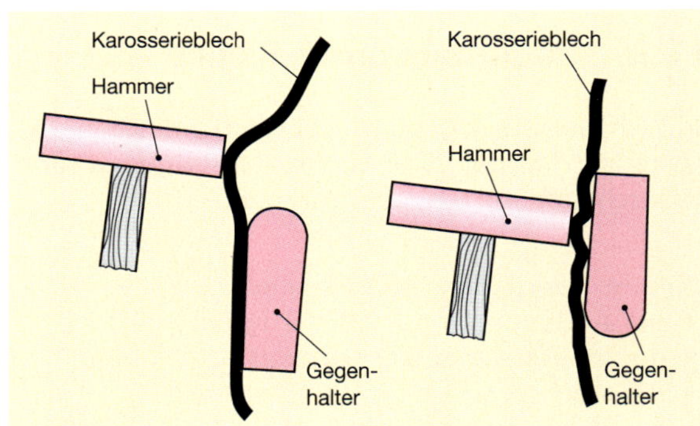

4 Mechanisches Richten an der Karosserie

Das Richten lässt sich grundsätzlich in drei Verfahren einteilen:
- mechanisches Richten, siehe Kap. 6.3.3.1
- thermisches Richten, siehe Kap. 6.3.3.2
- mechanisch-thermisches Richten, siehe Kap. 6.3.3.3

6.3.3.1 Mechanisches Richten

Das mechanische Richten wird an Karosserien oder Karosserieteilen immer nur bei kleinen Verformungen angewendet, da die Bleche in der Gesamtkonstruktion eingespannt sind. Die Bleche können deshalb nicht gestreckt werden, sondern der Werkstoff wird eingestaucht. Das ist ohne Wärme nur begrenzt möglich, siehe Bild ➜ 4.

Die Stahlbleche müssen immer mit einem Gegenhalter gerichtet werde, um einen möglichst großen Teil der Hammerkraft zum Umformen und nicht zum elastischen Durchfedern einzusetzen.

Bei Stahlblech muss die Ausbeularbeit immer am Dellenrand beginnen und spiralförmig nach innen geführt werden.

Beim mechanischen Richten von Karosserieteilen aus Aluminiumlegierungen sind in jedem Fall die Hersteller-Reparaturanleitungen zu beachten.

Informationen zum lackierfreien Ausbeulen siehe Kap. 11.1.

6.3.3.2 Thermisches Richten

Beim thermischen Richten (Richten durch Wärme) werden die inneren Kräfte genutzt, die durch die Werkstoffausdehnung durch Wärmen entstehen. Weiche Beulen und flache Dellen an Karosserien oder Karosserieteilen lassen sich durch großflächiges Wärmen oder durch Wärmepunkte thermisch richten.

6.3.3.3 Mechanisch-thermisches Richten

Das mechanisch-thermische Richten kann nach zwei Stauchtechniken unterschieden werden:
- indirektes Stauchen
- direktes Stauchen

Das **indirekte Stauchen** wird zum Richten großflächiger weicher Dellen oder Beulen angewendet. Der überdehnte Werkstoff soll durch Stauchung und Schrumpfung verkürzt werden. Zunächst wird in der Mitte der Verformung ein Wärmepunkt gesetzt. Danach wird vom Rand her spiralförmig zur Mitte mit einem Aluminiumhammer und Gegenhalter der Werkstoff zum erwärmten Bereich getrieben und gestaucht, siehe Bild ➜ 1a.

Durch Abkühlung des Wärmepunktes mit Wasser wird die Schrumpfung auf den gewünschten Bereich begrenzt.

Das **direkte Stauchen** wird zum Richten kleiner, harter Dellen oder Beulen angewendet. Bei dieser Art der Verformung ist durch starke Überdehnung des Bleches relativ viel Werkstoff einzustauchen.

Das Blech im gesamten Verformungsbereich wird erwärmt. Abhängig von der Größe der Verformung muss eine Wärmebarriere angelegt werden, um die Erwärmung örtlich zu begrenzen, siehe Bild ➜ 1b.

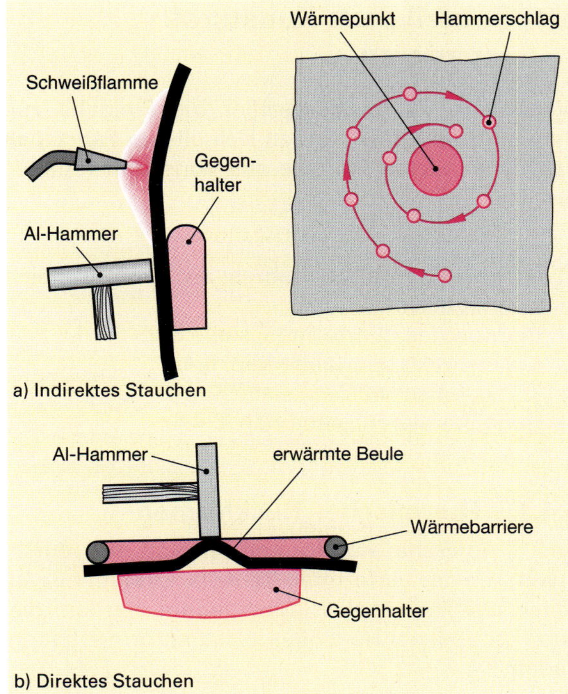

1 Mechanisch-thermisches Richten

Als Wärmebarriere eignet sich eine spezielle Abdämmpaste oder auch ein mit Wasser getränktes Papier.
Mit dem Aluminiumhammer wird der erwärmte überschüssige Werkstoff eingestaucht. Durch Abkühlen des eingestauchten Bereichs mit Wasser findet eine zusätzliche Schrumpfung statt.

Vorsicht beim thermischen Richten und mechanisch-thermischen Richten von Blech aus Stahl mit hoher Streckgrenze, aus Aluminium und Aluminiumlegierungen und aus aushärtbaren Aluminiumlegierungen!

Thermisches Richten und mechanisch-thermisches Richten dürfen bei Blechen aus Stahl mit hoher Streckgrenze nur dann eingesetzt werden, wenn die Hersteller-Reparaturanleitungen dies ausdrücklich erlauben.

Aluminium und Aluminiumlegierungen weisen keine Glühfarben auf. Daher werden am Rand der Erwärmungszone Thermofarben im Abstand von ca. 25 mm aufgetragen. Die Thermofarben verändern bei bestimmten Temperaturen ihren Farbton und zeigen so die Blechtemperatur an.

Bei aushärtbaren Aluminiumlegierungen sind die Herstellerangaben für die zulässigen Temperaturen zu beachten, damit es nicht zur Minderung der Festigkeit kommt.

6.4 Bauteile aus Kunststoff reparieren

Wenn vom Fahrzeughersteller die Freigabe zur Reparatur erfolgt ist, lassen sich alle im Fahrzeugbau verwendeten Bauteile aus Kunststoff reparieren.

Folgende Reparaturverfahren an Kunststoffteilen sind üblich:
- thermisches Rückformen, siehe Kap. 6.4.1
- Kunststoffkleben, siehe Kap. 6.4.2
- Kunststoffschweißen, siehe Kap. 6.4.3
- Handlaminieren, siehe Kap. 6.4.4

6.4.1 Thermisches Rückformen

Das thermische Rückformen erfolgt nur durch Erwärmen des verformten Bauteils. Es kann nur an Teilen aus Thermoplast durchgeführt werden, die ihre Form bei der Herstellung als Erstform erhalten haben.

Ist so ein Thermoplastbauteil durch mechanische Belastung verformt, z. B. durch einen „Parkplatzrempler", kann es mit Wärme rückgeformt werden. Thermoplaste haben den sogenannten **Memory-Effekt**, d. h., dass die Thermoplaste bei Erwärmung auf Umformtemperatur ihre Erstform wieder einnehmen.

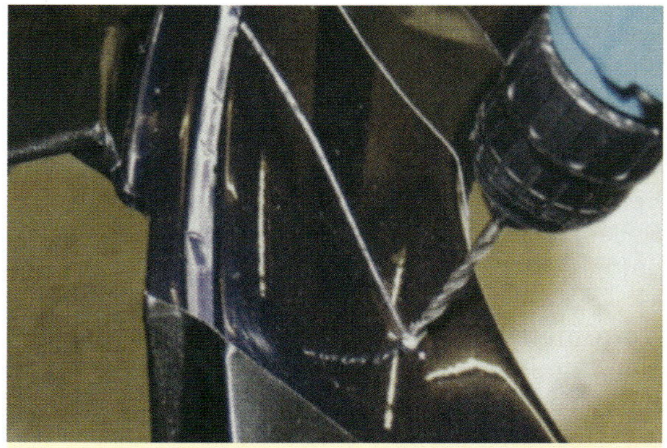
a) Rissende aufbohren

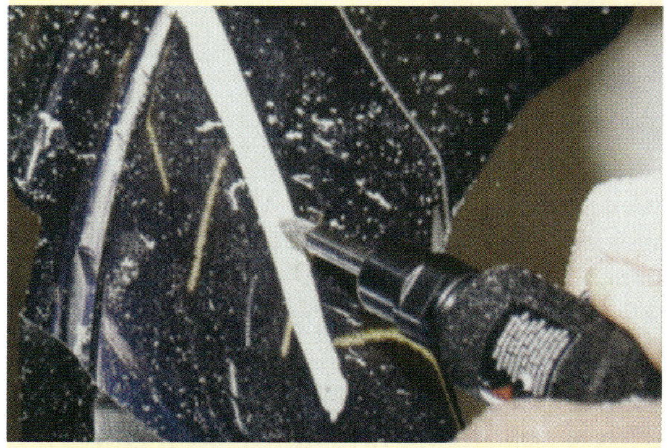
b) Flächen beidseitig mit Fächerscheibe anschleifen

1 Vorarbeiten zum Kunststoffkleben

6.4.2 Kunststoffkleben

Für das Kunststoffkleben werden für Fahrzeuge Reparatursysteme mit Zwei-Komponenten-Klebstoff angeboten. Damit können fast alle Bauteile aus Kunststoff geklebt werden.

Die Reparatursysteme enthalten weiterhin Kunststoffreiniger, Haftvermittler und Verstärkungen (Glasfasergewebe, Metallstreifen).

Mit folgenden Arbeitsschritten kann ein Riss im Kunststoffteil repariert werden:
- Vorarbeiten
- Kunststoffkleben
- lackierfähige Oberfläche herstellen

Vorarbeiten:
- Mit Hochdruckreiniger vorreinigen, danach mit Wärme trocknen.
- Beidseitiges Reinigen der Schadstelle mit Kunststoffreiniger.
- Riss-Ende mit 5-mm-Bohrer aufbohren, um zu verhindern, dass sich der Riss durch Spannungen fortsetzt, siehe Bild ➜ 1a.
- Vorderseite abkleben, um Beschädigung des Lacks zu begrenzen.
- Flächen beidseitig mit Fächerscheibe anschleifen (Körnung P 120), siehe Bild ➜ 1b.
- Mit Fräser beidseitig die Risskanten brechen, um die Klebfläche zu vergrößern.
- Klebflächen reinigen und Haftvermittler aufbringen (Primern).

Kunststoffkleben:
- Zwei-Komponenten-Klebstoff auf Rückseite auftragen und als Verstärkung Glasfasergewebe einarbeiten, siehe Bild ➔ 1a.
- Vorderseite mit Zwei-Komponenten-Klebstoff so verfüllen, dass in der Mitte ein leichtes Übermaß entsteht, siehe Bild ➔ 1b.
- Randzonen mit einem Spachtel verstreichen, siehe Bild ➔ 1c.
- Aushärtung bei Zimmertemperatur oder mit Infrarotstrahler.

Lackierfähige Oberfläche herstellen:
- Vorderseite mit Schleifmaschine schleifen, Körnung P 120. Dabei langsame Drehzahl wählen, damit der Klebstoff nicht verschmiert, siehe Bild ➔ 2a.
- Feinschliff mit Körnung P 320 und mit Kunststoffreiniger reinigen, siehe Bild ➔ 2b.

6.4.3 Kunststoffschweißen

Das Kunststoffschweißen erfolgt durch Wärme und Druck. Dabei werden die Kunststoffteile im Schweißbereich und der Schweißstab bis zum teigigen Zustand erwärmt und zusammengedrückt. Kunststoffschweißen kann nur an Bauteilen aus Thermoplast durchgeführt werden. Der Schweißstab als Zusatzmaterial muss aus dem gleichen Thermoplast bestehen wie das zu reparierende Bauteil.

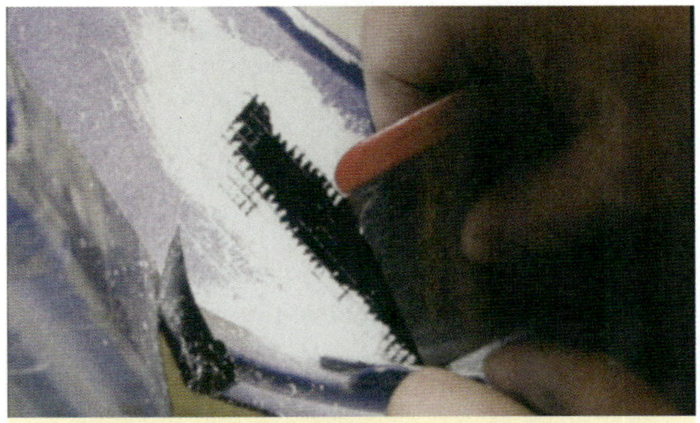

a) Auf der Rückseite Klebstoff auftragen und Glasfasergewebe einarbeiten

b) Vorderseite mit Klebstoff verfüllen

c) Randzone mit Spachtel verstreichen

1 Kunststoffkleben

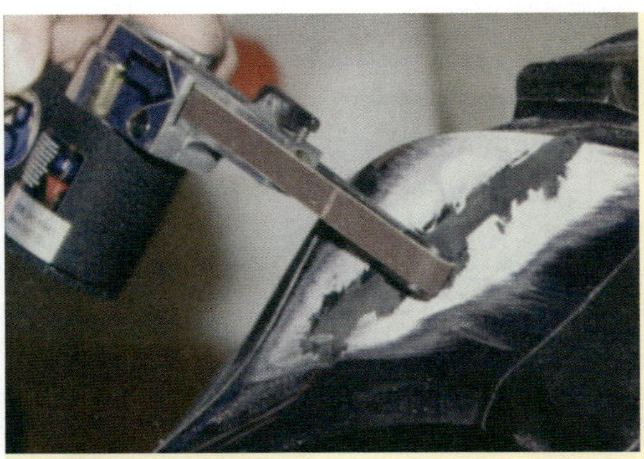

a) Vorderseite schleifen

b) Feingeschliffen

2 Lackierfähige Oberfläche herstellen

Ein Riss im Kunststoffteil kann mit folgenden Arbeitsschritten repariert werden:
- Vorarbeiten
- Kunststoffschweißen
- lackierfähige Oberfläche herstellen

Vorarbeiten:
- Mit Hochdruckreiniger vorreinigen, danach mit Wärme trocknen.
- Schadenstelle mit Kunststoffreiniger beidseitig reinigen.
- Kunststoffart identifizieren anhand von ISO-Code oder Liste der Reparaturanleitung und entsprechenden Schweißstab auswählen.
- Riss-Ende mit 5-mm-Bohrer aufbohren; das verhindert, dass sich der Riss durch Spannungen fortsetzt.
- Vorderseite mit Textilklebeband abkleben, um den Lack nicht zu beschädigen.
- Flächen beidseitig anschleifen (Körnung P 120), siehe Bild ➔ 1.
- Risskanten mit Fräser oder Schaber anschrägen, um die Form der Schweißfuge anzupassen an den Schweißstab.
- Die Oxidschichten von Schweißfuge und Schweißstab mit einer Klinge entfernen und darauf achten, dass kein Öl, Fett und Handschweiß in den Schweißbereich kommen.

Kunststoffschweißen:
- Schweißkolben oder Heißluftföhn als Wärmequelle verwenden.
- Bei langen Rissen an einigen Stellen ohne Zusatz heften, damit sich der Riss während des Kunststoffschweißens nicht erweitert.
- Schweißfuge und Schweißstab zusammen erwärmen bis zum teigigen Zustand und Schweißstab senkrecht mit gleichmäßiger Kraft in die Schweißfuge drücken.
- Bei einwandfreier Kunststoffschweißung bildet sich an beiden Seiten eine gleichmäßige Schweißraupe.
- In Abhängigkeit der Größe und Lage der Schadensstelle wird als Verstärkung z. B. ein Aluminiumgewebe von der Rückseite mit eingeschweißt. Das Aluminiumgewebe muss den Riss um 5 mm bis 7 mm überlappen. Es wird mit Klebeband fixiert und von der Mitte ausgehend vollständig in das Kunststoffteil eingearbeitet, siehe Bild ➔ 2.

Lackierfähige Oberfläche herstellen
- Vorderseite mit Fächerscheibe bei langsamer Drehzahl schleifen, Körnung P 120; Achtung: Klebstoff kann verschmieren.
- Feinschliff mit Körnung P 320 und Reinigen mit Kunststoffreiniger, siehe Bild ➔ 3.

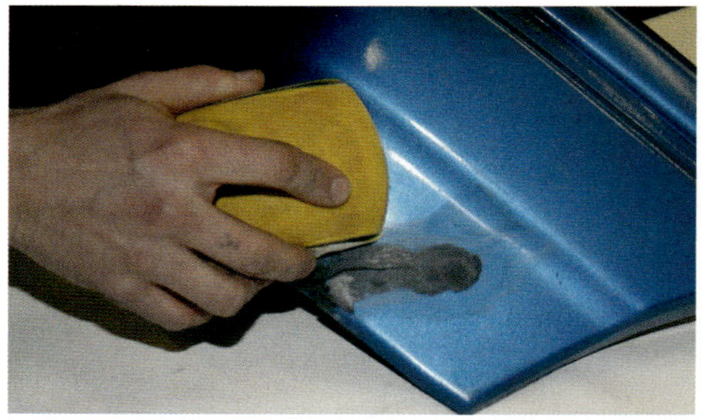

1 Vorarbeiten zum Kunststoffschweißen

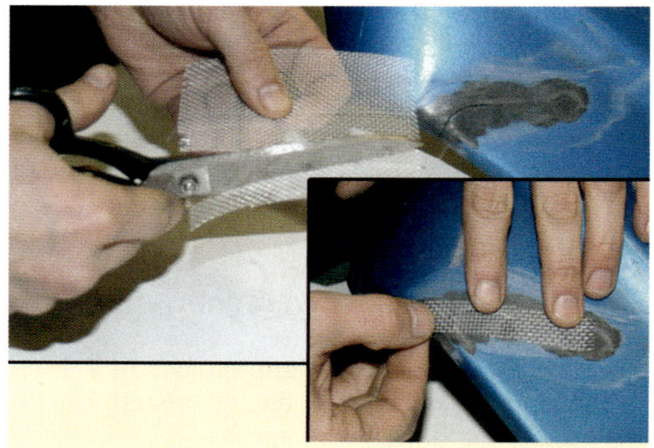

a) Aluminiumgewebe zuschneiden

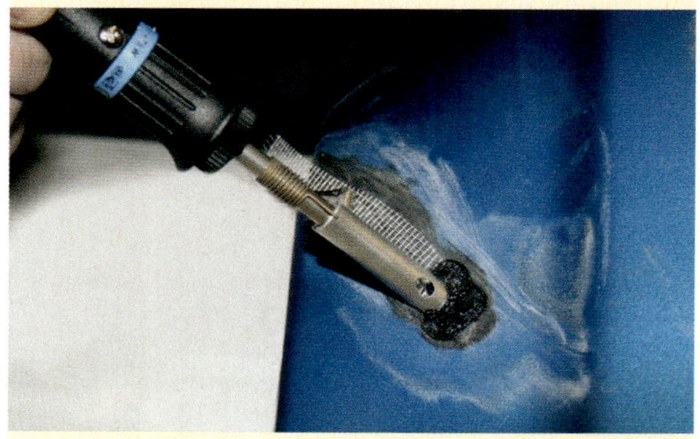

b) Aluminiumgewebe in das Kunststoffteil einarbeiten

2 Verstärkung mit Aluminiumgewebe

3 Feinschliff

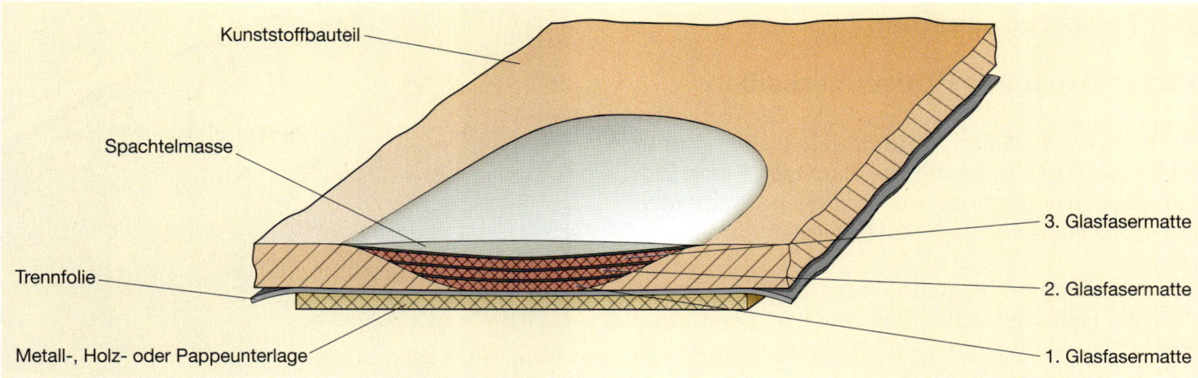

1 Reparatur eines Kunststoffbauteils durch Handlaminieren

6.4.4 Handlaminieren

Durch Handlaminieren wird ein faserverstärkter Kunststoff (FVK) hergestellt. Es wird von den Fahrzeuglackierern zur Reparatur von Bauteilen aus FVK aus Duroplaste angewendet. Wenn an FVK-Bauteile durch einen Unfall Löcher entstanden sind, können diese durch Handlaminieren geschlossen werden. Voraussetzung ist, dass die Rückseite des beschädigten Bauteils zugänglich ist.

Mit folgenden Arbeitsschritten kann durch Handlaminieren eine Kunststoffreparatur (Loch im Kunststoffbauteil) am Fahrzeug durchgeführt werden, siehe Bild ➜ 1:
- Vorarbeiten
- Handlaminieren
- lackierfähige Oberfläche herstellen

Vorarbeiten:
- Mit Hochdruckreiniger vorreinigen, danach mit Wärme trocknen.
- Schadensstelle mit Kunststoffreiniger reinigen.
- Vorderseite mit Textilklebeband abkleben, um den Lack nicht zu beschädigen.
- Die zu laminierende Fläche anschleifen und dabei die Ränder der Bruchstelle flach anschrägen; das ergibt einen sanften Übergang und Vergrößerung der Laminierfläche.
- Schleifstaub entfernen.
- An der Rückseite der Schadensstelle wird eine Trennfolie befestigt, die mit Metall-, Holz- oder Pappeunterlage versehen ist; so sackt das Laminat nicht durch.
- Abhängig von der Dicke des zu reparierenden Bauteiles mehrere Glasfasermatten als Verstärkungseinlagen zuschneiden. Die erste Glasfasermatte muss größer als die Beschädigung sein, jede weitere immer größer als die vorherige. Jede einzelne Glasfasermatte hat dadurch eine Verbindung mit dem beschädigten Kunststoffbauteil.

Handlaminieren:
- Harz und Härter nach Herstellerangabe mischen. Bei Bedarf Glasfaserabschnitte beimischen, das Harz wird dann dickflüssiger (Vorteil beim Laminieren an senkrechten Flächen).
- Angemischtes Harz mit Pinsel auf die zu laminierende Fläche auftragen und die erste Glasfasermatte einlegen und leicht andrücken. Danach mit Rolle oder Pinsel verdichten, damit die Luft entweichen kann und ein einwandfreier Verbund entsteht.
- Weitere Glasfasermatten mit angemischtem Harz aufbringen und verdichten.
- Das Handlaminieren ist beendet, wenn nur noch eine kleine Vertiefung im Bereich der ehemaligen Bruchstelle vorhanden ist. Diese Vertiefung ist erforderlich, damit bei der Oberflächenbearbeitung keine Glasfasern freigelegt werden.
- Das Harz härtet bei Raumtemperatur durch Reaktion mit dem Härter aus.
- Mit einem Heizstrahler kann das Harz bis max. 60 °C erwärmt werden; das beschleunigt das Aushärten.
- Ist das Harz ausgehärtet, wird von der Rückseite die Unterlage mit der Trennfolie entfernt.

Lackierfähige Oberfläche herstellen:
- Auf die Vorderseite wird eine Zwei-Komponenten-Spachtelmasse aufgebracht; maximaler Spachtelauftrag 2 mm, sonst kann es zu Spannungsrissen kommen.
- Wenn ein Spachtelauftrag nicht ausreicht, muss ein zweiter aufgebracht werden; vorher wird der erste Auftrag nach Aushärtung angeschliffen.
- Vorderseite mit Fächerscheibe bei langsamer Drehzahl schleifen, Körnung P 120.
- Feinschliff mit Körnung P 320 und Reinigen.

6.5 Fahrzeugscheiben

6.5.1 Arten von Fahrzeugscheiben

Die Fahrzeugscheiben werden seit vielen Jahren geklebt und bilden so mit der Karosserie eine Einheit. Dadurch gehören sie zu den mittragenden und somit zu den sicherheitsrelevanten Karosserieteilen.
Fahrzeugscheiben bestehen aus Sicherheitsglas. Sicherheitsglas ist schlagfest und bei Zerstörung ist die Verletzungsgefahr durch Glassplitter gering im Vergleich zu Fensterglas.

Es gibt zwei Arten von Sicherheitsglas für Fahrzeugscheiben:
- Einscheibensicherheitsglas, siehe Kap. 6.5.1.1
- Verbundsicherheitsglas, siehe Kap. 6.5.1.2

6.5.1.1 Einscheibensicherheitsglas

Das Einscheibensicherheitsglas (**ESG**) wird nach seiner Herstellung auch **vorgespanntes Glas** genannt. Die Vorspannung erreicht man durch einseitiges Erwärmen der fertigen Scheibe mit anschließendem Abschrecken. Dadurch entstehen an der Scheibenoberfläche Druckspannungen und es erhöht sich die Schlagfestigkeit gegenüber normalem Glas erheblich. Durch Stoß oder Schlag können unzählige feine Risse entstehen und die Scheibe undurchsichtig machen, siehe Bild ➜ 1a.
Wird das Einscheibensicherheitsglas zerstört, zerfällt es in kleine Glaskrümel – das vermindert die Verletzungsgefahr.

6.5.1.2 Verbundsicherheitsglas

Das Verbundsicherheitsglas (**VSG**) ist ein Mehrscheibensicherheitsglas. Es werden zwei oder mehr Glasscheiben mit durchsichtigen, weichen Kunststofffolien miteinander verklebt, siehe Bild ➜ 2. Wird die Scheibe zerstört, zersplittert sie an der Stoßstelle und die Splitter bleiben an der Kunststofffolie kleben, siehe Bild ➜ 1b. Die Verletzungsgefahr durch Glassplitter ist gering und die Sicht wird nicht so stark behindert wie bei zerstörtem vorgespannten Glas.

6.5.2 Fahrzeugscheiben austrennen

Das Austrennen geklebter Fahrzeugscheiben erfolgt nach Herstellervorschriften. Darin sind für die einzelnen Fahrzeugscheiben die Arbeitsschritte mit dem entsprechenden Spezialwerkzeug festgelegt.

a) Einscheibensicherheitsglas copyright Saint-Gobain Sekurit

b) Verbundsicherheitsglas copyright Saint-Gobain Sekurit

1 Bruch von Fahrzeugscheiben

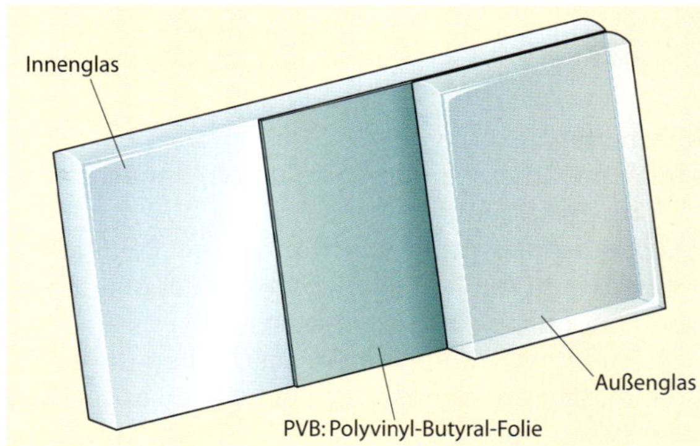

2 Verbundsicherheitsglas

Es gibt mehrere Möglichkeiten, die Fahrzeugscheibe auszutrennen.

Die Klebverbindung der Fahrzeugscheibe kann zerstört werden mit:
- Heizdraht
- Draht
- Schneidmesser

Mit Erstmontage der Fahrzeugscheibe ist ein **Heizdraht** eingelegt. Der Heizdraht wird an die Autobatterie angeschlossen; durch Erwärmung wird die Klebverbindung gelöst.

Bei der **Draht-Zieh-Methode** wird die Klebschicht durchstochen, ein Draht durchgeführt und durch Hin- und Herbewegen die Klebverbindung durchgeschnitten.

Ein **Schneidmesser,** kalt oder beheizt, wird elektrisch oder pneumatisch angetrieben. Durch oszillierende Bewegung des Schneidmessers wird die Klebverbindung durchgeschnitten.

6.5.3 Fahrzeugscheibe einkleben

Beim Einkleben der Fahrzeugscheiben sind die Herstellervorschriften zu beachten. Darin sind die zu verwendende Kleberart und die einzelnen Arbeitsschritte festgelegt.

Üblich sind folgende Kleberarten:
- Ein-Komponenten-Kleber
- Zwei-Komponenten-Kleber

Die **Ein-Komponenten-Kleber** härten durch Luftfeuchtigkeit und Wärme aus. Bei zu geringer Luftfeuchtigkeit und zu geringer Temperatur verlangsamt sich die Aushärtung und es kann zu einer erheblichen Verlängerung der Aushärtezeit in der Werkstatt kommen.

Beim **Zwei-Komponenten-Kleber** findet die Mischung der Komponenten im Mischkopf statt. Die Aushärtung erfolgt chemisch, unabhängig von Luftfeuchtigkeit und Temperatur. Daher ist eine kurze Aushärtezeit in der Werkstatt gewährleistet.

Zum Einkleben der Fahrzeugscheibe sind folgende Arbeitsschritte erforderlich:
- Noch vorhandene Kleberraupe auf ca. 2 mm zurückschneiden, bei Lackbeschädigung muss Primer aufgebracht werden.
- Flächen und neue Scheibe reinigen.
- Kleberraupe auf Scheibe oder Karosserieflansch auftragen.
- Scheibe mithilfe von Saughebern einsetzen und leicht andrücken.
- Überschüssige Kleberreste entfernen.
- Vorgeschriebene Aushärtezeit abwarten.

Informationen zur Scheibenreparatur siehe Kap. 11.1.4.

6.6 Schaltpläne

Wenn eine Fehlersuche oder Reparatur an der elektrischen, pneumatischen oder hydraulischen Anlage eines Fahrzeugs vorgenommen werden muss, benötigt der Fahrzeuglackierer Informationen aus den technischen Unterlagen des Fahrzeugherstellers. Dabei sind Schaltpläne die wichtigste Informationsquelle. Hierdurch werden das Verständnis und die Beschreibung der Anlagen im Fahrzeug erleichtert.

In den technischen Unterlagen der Fahrzeughersteller findet man Schaltpläne für:
- elektrische Anlagen, siehe Kap. 6.6.1
- fluidtechnische Anlagen, siehe Kap. 6.6.2

6.6.1 Schaltpläne für elektrische Anlagen

Bei Schaltplänen für elektrische Anlagen können folgende Schaltplanarten unterschieden werden:
- Übersichtsschaltplan, siehe Kap. 6.6.1.1
- Anschlussplan, siehe Kap. 6.6.1.2
- Stromlaufplan, siehe Kap. 6.6.1.3

6.6.1.1 Übersichtsschaltplan

Der Übersichtsschaltplan vermittelt einen Überblick über die Zusammenhänge der elektrischen Geräte einer Schaltung.

Es werden nur die wesentlichen Geräte durch Quadrate, Rechtecke oder Kreise mit Kennzeichen und Gerätebezeichnungen dargestellt. Die Verbindung der elektrischen Bauteile ist meistens einpolig gezeichnet, siehe Bild → 1.

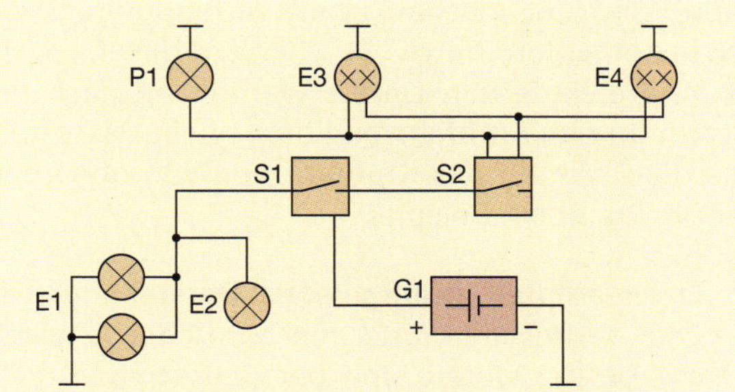

E1 Instrumentenbeleuchtung
E2 Kennzeichenleuchte
E3 Fern-Abblendscheinwerfer links
E4 Fern-Abblendscheinwerfer rechts
G1 Batterie
P1 Fernlichtanzeigeleuchte
S1 Lichtschalter
S2 Abblendschalter

1 Übersichtsschaltplan

6.6.1.2 Anschlussplan

Für den Anschlussplan gibt es zwei Darstellungsarten:
- Anschlussplan in zusammenhängender Darstellung
- Anschlussplan in aufgelöster Darstellung

Der **Anschlussplan in zusammenhängender Darstellung** zeigt die einzelnen elektrischen Geräte mit den Leitungen und Klemmenbezeichnungen, siehe Bild ➜ 1a.

Beim **Anschlussplan in aufgelöster Darstellung** werden keine durchgehenden Leitungen gezeichnet. Die Klemmenbezeichnungen erhalten nur Zielhinweise, siehe Bild ➜ 1b.

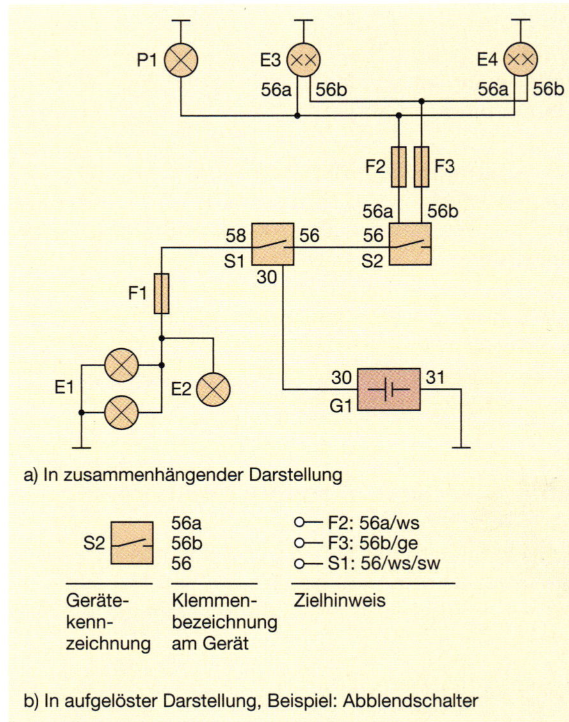

1 Anschlussplan

6.6.1.3 Stromlaufplan

Im Stromlaufplan wird die Schaltung mit allen Einzelheiten dargestellt, sodass die Wirkungsweise der einzelnen Stromkreise erklärt ist.
Dazu gehören:
- Klemmenbezeichnungen
- Gerätebezeichnungen
- Geräteliste

Der Stromlaufplan eignet sich gut für die Fehlersuche.

Für den Stromlaufplan gibt es zwei Darstellungsarten:
- zusammenhängende Darstellung
- aufgelöste Darstellung

Der **Stromlaufplan in zusammenhängender Darstellung** wird für einfache Schaltungen verwendet. Es werden die einzelnen Teile der Geräte zusammenhängend mit Innenschaltungen dargestellt. Dabei sind die mechanischen Verbindungen von Schaltelementen durch Strichlinien gekennzeichnet. Die elektrischen Geräte werden oft nach der Anordnung im Kraftfahrzeug dargestellt. Man stellt sich die Sicht auf das Kraftfahrzeug von oben vor; Bild ➜ 2 zeigt ein Beispiel.

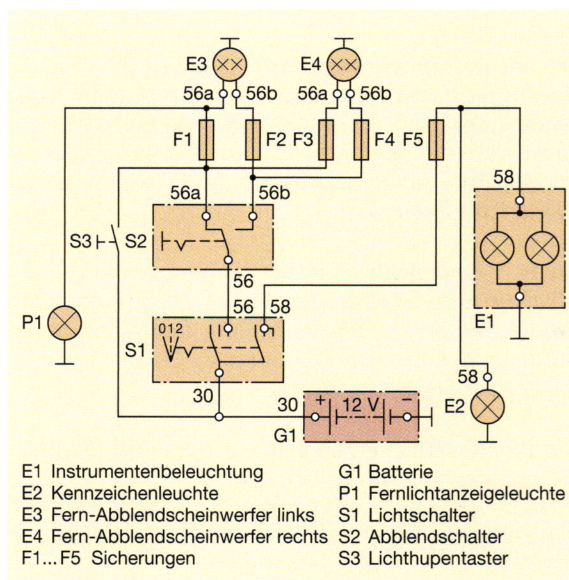

2 Stromlaufplan in zusammenhängender Darstellung

Im **Stromlaufplan in aufgelöster Darstellung** werden die räumlichen und mechanischen Zusammenhänge der Geräte und der Baugruppen nicht berücksichtigt. Vorrang hat die klare, geradlinige und kreuzungsfreie Anordnung der Stromwege. Es werden sogar die einzelnen Teile der Geräte getrennt dargestellt, damit jeder Stromweg leicht nachvollzogen werden kann.

Die Plus- und Minusleitungen werden als parallele Linien gezeichnet; üblich ist:
- Plusleitung: oben
- Minusleitung: unten

Ausnahme: Plusleitung links und Minusleitung rechts.

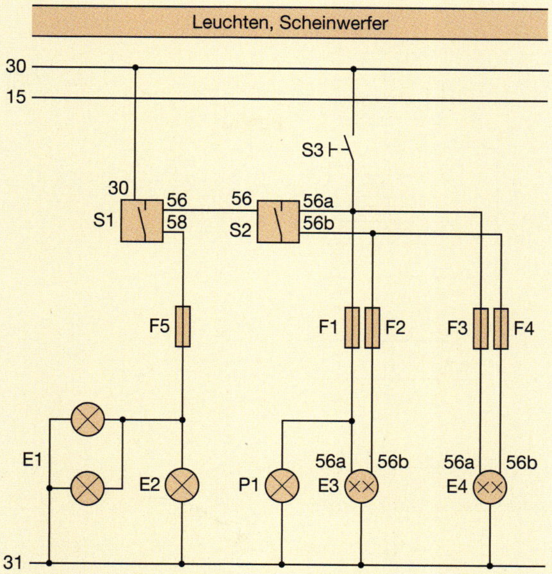

E1 Instrumentenbeleuchtung
E2 Kennzeichenleuchte
E3 Fern-Abblendscheinwerfer links
E4 Fern-Abblendscheinwerfer rechts
F1...F5 Sicherungen
P1 Fernlichtanzeigeleuchte
S1 Lichtschalter
S2 Abblendschalter
S3 Lichthupentaster

1 Stromlaufplan in aufgelöster Darstellung

Am oberen Rand sind Abschnittskennzeichnungen mit Hinweisen vorhanden wie Leuchten, Scheinwerfer; so sind die einzelnen Schaltungskreise leicht zu finden; Bild ➜ 1 zeigt ein Beispiel.

Alle Geräte, Teile oder Schaltzeichen werden in den Schaltplänen mit Kennbuchstaben und einer Zählnummer nach DIN EN 61 346-1 benannt, siehe Bilder ➜ 2a und ➜ 2b.
Die Klemmen werden nach DIN 72 552 mit Anschlusskennzeichen gekennzeichnet, siehe Bild ➜ 2c.

6.6.2 Schaltpläne für fluidtechnische Anlagen

6.6.2.1 Arten von fluidtechnischen Anlagen

Bei fluidtechnischen Anlagen wird die Energie durch ein unter Druck stehendes Medium innerhalb eines Schaltkreises übertragen. Als Medium verwendet man gasförmige oder flüssige Stoffe.

Nach dem Medium der Energieübertragung unterscheidet man fluidtechnische Anlagen in:
- aeromechanische Anlagen, siehe Kap. 6.6.2.1.1
- hydromechanische Anlagen, siehe Kap. 6.6.2.1.2

S2 56a o– F2 : 56a /ws	
S2	Gerätekennzeichnung mit Buchstaben und Zählnummer
56a	Klemmenbezeichnung am Gerät
o–	Leitungssymbol
F2 : 56a	Zielgerät mit Klemmenbezeichnung (durch Doppelpunkt getrennt)
/ws	Leitungsfarbe, falls vorgesehen (immer durch Schrägstrich getrennt)

a) Gerätekennzeichnung und Zielhinweise

Kennbuchstabe	Art des Betriebsmittels	Beispiele
E	Verschiedenes	Beleuchtungseinrichtung, Heizeinrichtung
F	Schutzeinrichtungen	Sicherung
G	Generatoren, Stromversorgungen	Rotierende Generatoren, rotierende Frequenzwandler, Batterien
H	Meldeeinrichtungen	Optische und akustische Meldegeräte
S	Schalter für Steuerkreise, Wähler	Steuerschalter, Tastschalter, Grenztaster, Wahlschalter, Wähler, Koppelstufe

b) Kennbuchstaben für die Kennzeichnung von Betriebsmitteln nach DIN EN 81 346-2 – Beispiele

Klemme	Bedeutung
15	Batterie Plus über Schalter
30	Eingang von Batterie + direkt
31	Rückleitung an Batterie Minus oder an Masse direkt
56a	Fernlicht und Anzeigelampe
56b	Abblendlicht
58	Begrenzungs-, Schluss-, Kennzeichen-, Instrumentenleuchten

c) Klemmenbezeichnung nach DIN 72 552 – Beispiele

2 Kennzeichnung von Geräten und Klemmen

6.6.2.1.1 Aeromechanische Anlage

Aeromechanik ist die Lehre vom Gleichgewicht und von der Bewegung der Gase. Eine ältere, aber immer noch übliche Bezeichnung ist **Pneumatik**.
Als Medium wird aufbereitete Luft verwendet. Das hat den Vorteil, dass man keine Rückleitungen benötigt – die Abluft wird in die Atmosphäre entlassen. Weil die Luft kompressibel ist, sind nur kleine Energien übertragbar, aber es ist eine gute Dämpfung vorhanden.

6.6.2.1.2 Hydromechanische Anlagen

Hydromechanik ist die Lehre von der Mechanik der Flüssigkeiten. Eine ältere, aber immer noch übliche Bezeichnung ist **Hydraulik**.
Hydromechanik wird unterschieden in:
- Hydrostatik, die Lehre vom Gleichgewicht der Kräfte in ruhenden Flüssigkeiten
- Hydrodynamik, die Lehre der Bewegungsgesetze strömender Flüssigkeiten

Als Medium wird eine vom Hersteller vorgeschriebene Hydraulikflüssigkeit verwendet, die ölhaltig ist, damit bei der Energieübertragung gleichzeitig eine Schmierung erfolgt. Die Hydraulikflüssigkeiten sind nahezu inkompressibel (1 % bis 2 % je 10 MPa). Daher wird die Hydromechanik für die Übertragung großer Energien verwendet.

6.6.2.2 Aufbau der Schaltpläne für Anlagen der Fluidtechnik

Die grafischen Symbole und Schaltpläne sind in DIN ISO 1219-1 und DIN ISO 1219-2 genormt.
Der Aufbau der Schaltpläne für Anlagen der Fluidtechnik muss übersichtlich sein und alle Bauteile sowie die dazugehörigen Verbindungen sind darzustellen. Die räumliche Anordnung der Bauteile braucht nicht berücksichtigt werden. Die Leitungen sollen kreuzungsfrei gezeichnet werden.
Folgende Systematik ist anzuwenden:
- Symbole der Bauteile von unten nach oben und von links nach rechts in fortlaufender Reihenfolge anordnen
- Energiequellen unten links
- Steuerungselemente in fortlaufender Reihenfolge aufwärts von links nach rechts
- Antriebe oben von links nach rechts

Die Symbole werden dargestellt für:
- Aeromechanik: Bauteile in der Ausgangsstellung der Anlage mit Druckbeaufschlagung
- Hydromechanik: Bauteile in der Ausgangsstellung der Anlage

Folgende Bezeichnungen sind festgelegt:
- Anlagen-Nr.: Ziffern 1 ..., nur wenn der Schaltkreis aus mehreren Anlagen besteht
- Schaltkreis-Nr.: Ziffern 0 ...
- Bauteilart-Bezeichnung:
  P Pumpe und Kompressor **S** Signalaufnehmer
  A Antriebe **V** Ventile
  M Antriebsmotoren **Z** anderer Bauteile
- Bauteil-Nr.: Ziffern 1 ...
- Leitungsbezeichnung:
  P Druckversorgungsleitung
  T Rücklaufleitung (Hydraulik)
  L Leckageleitung (Hydraulik)

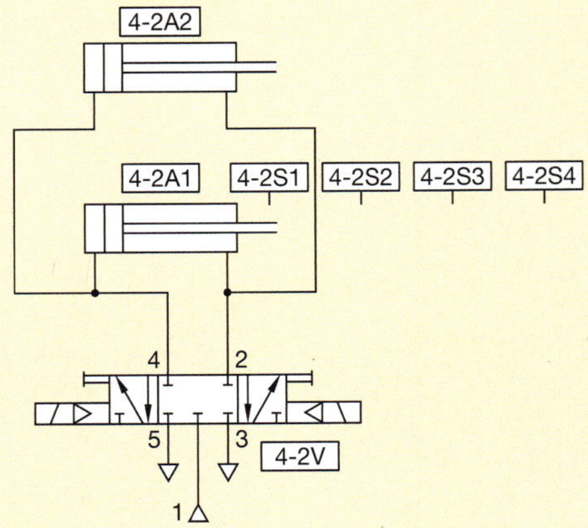

a) Aeromechanische Anlage

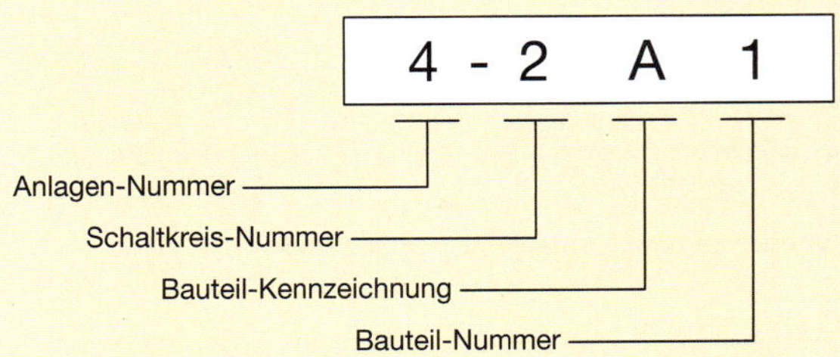

b) Bauteilbezeichnung

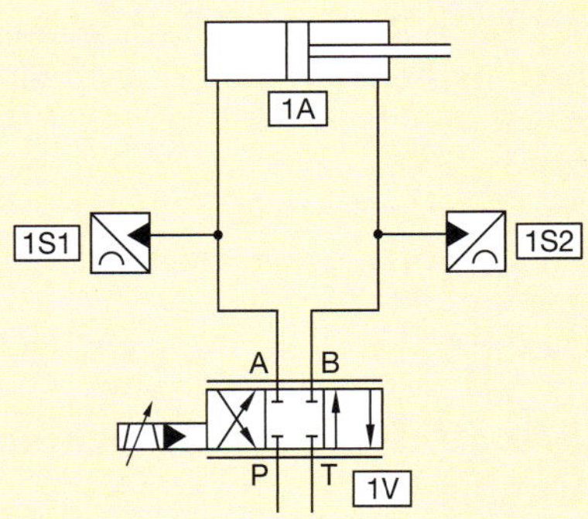

c) Hydromechanische Anlage

1 Bauteile im Schaltplan für Anlagen der Fluidtechnik – normgerechte Kennzeichnung nach DIN ISO 1219-2

Die Volumenstromrichtung wird wie folgt dargestellt:
- Aeromechanik: gleichseitiges Dreieck unausgefüllt
- Hydromechanik: gleichseitiges Dreieck ausgefüllt

Die Anschlüsse am Symbol müssen auf dem Schaltplan mit den Angaben gekennzeichnet werden, mit denen sie am Bauteil markiert sind, siehe Bild → 1.

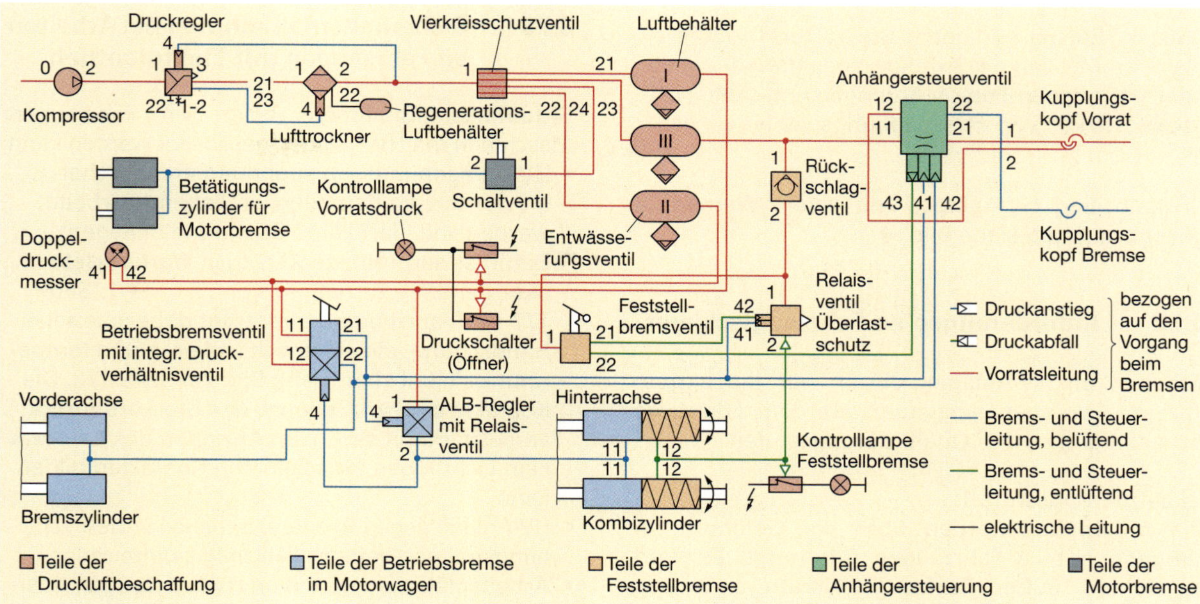

1 Zweikreis-Druckluftbremsanlage mit hydraulischer Übertragungseinrichtung für Nutzfahrzeuge ohne Anhänger

Eine vereinfachte Darstellung der Schaltpläne für Bremsenanlagen und andere pneumatische und hydraulische Anlagen in Kraftfahrzeugen ist in DIN 74 253 festgelegt und in Tabellenbüchern dargestellt und erklärt, Beispiel siehe Bild ➜ 1.

Achtung
Fahrzeughersteller können in ihren technischen Unterlagen bei den Schaltplänen von den genormten Kennzeichnungen abweichen. Es muss dann bei der Instandsetzung auf jeden Fall nach den Herstellerunterlagen verfahren werden.

6.7 Fahrzeuge mit Elektroantrieb

6.7.1 Gefahren des elektrischen Stroms für den Menschen

Die Funktionen des menschlichen Körpers, besonders seine Bewegungen, werden durch kleine elektrische Impulse gesteuert. Werden diese Impulse durch äußere Einwirkung elektrischer Spannungen und dadurch erzeugter Ströme gestört, kann der Körper mit seinen Organen unkontrollierbar reagieren.

Schon Ströme ab 0,5 mA können bereits deutlich spürbar sein und Folgen zeigen.

Der Widerstand des menschlichen Körpers bei unterschiedlichen Wegen von Strömen kann der Tabelle in Bild ➜ 2 entnommen werden.

Angaben finden sich in der EU-Richtlinie ECE R 100, in der sicherheitstechnische Anforderungen an den Elektroantrieb von Straßenfahrzeugen festgelegt sind.

Merke: Der Körperwiderstand ist bei niedriger Spannung wesentlich höher als bei hoher Spannung.

Beispielrechnung:
Nach dem ohmschen Gesetz ergibt sich:

$$I = \frac{U}{R}$$

I elektrische Stromstärke
U elektrische Spannung
R elektrischer Widerstand

Bei einer Spannung von 12 V und einem Körperwiderstand von 60 000 Ω ergibt sich:

$$I = \frac{12\,\text{V}}{60\,000\,\Omega} = 0{,}002\,\text{A} = \underline{0{,}2\,\text{mA}}$$

Bei einer Spannung von 400 V und einem Körperwiderstand von 1000 Ω ergibt sich:

$$I = \frac{400\,\text{V}}{1000\,\Omega} = 0{,}4\,\text{A} = \underline{400\,\text{mA}}$$

Weg des Stroms	Körperwiderstand *R* in Ω
von einer Hand zur anderen Hand	1000
von Hand zur Brust	450
von Hand zum Fuß	1000

2 Körperwiderstand des menschlichen Körpers bei unterschiedlichen Wegen des elektrischen Stroms

Merke: Bereits bei einem Strom von I = 50 mA können Muskelverkrampfungen eintreten, die es der betroffenen Person unmöglich machen, sich selbstständig von der Spannungsquelle zu lösen.

Deshalb sind HV-Anlagen mit einem Warnschild gekennzeichnet, siehe Bild → 1.

6.7.2 Anforderungen an Fahrzeuglackierer

Arbeiten an HV-Anlagen dürfen nur durch qualifizierte Personen ausgeführt werden. Für diese Arbeiten gibt es drei Qualifizierungsstufen.

Qualifizierungsstufe 1:
Die Mitarbeiter werden über die Gefahren im Umgang mit HV-Fahrzeugen informiert. Es wird empfohlen, außer Fahrzeuglackierern auch beispielsweise Verkaufspersonal zu schulen.
Technisches Personal ist nach Absolvieren der Qualifizierungsstufe 1 berechtigt, Arbeiten auszuführen, die nicht mit dem HV-System des Fahrzeugs/der Maschine in Verbindung stehen. Diese Personen dürfen also beispielsweise an der Karosserie arbeiten, Service-Dienstleistungen ausführen, Reifen wechseln und Ähnliches.

Qualifizierungsstufe 2:
Nach Absolvieren der Qualifikationsstufe 2 ist der Mitarbeiter berechtigt, folgende Arbeiten auszuführen:
- HV-Systeme freischalten und in Betrieb nehmen
- HV-Komponenten ausbauen und tauschen

Qualifizierungsstufe 3:
Inhaber der Qualifizierungsstufe 3 sind berechtigt, an HV-Systemen zu arbeiten, die unter Spannung stehen. Stellt ein Inhaber der Qualifizierungsstufe 2 beim Freischalten fest, dass noch eine Spannung anliegt, so muss die Fehleruntersuchung von einem Mitarbeiter mit Qualifizierungsstufe 3 durchgeführt werden.

1 Warnschild für Hochvoltanlagen

6.7.3 Sicherheitsmaßnahmen bei Arbeiten an Fahrzeugen mit Elektroantrieb

Sicherheitsmaßnahmen, bevor an Fahrzeugen/Maschinen mit HV-Anlagen gearbeitet werden kann:
- HV-Anlagen müssen spannungsfrei geschaltet werden; an Bauteilen, an denen gearbeitet werden soll, darf keine Spannung anliegen. Dafür ist der Trennstecker, auch **Wartungsstecker** genannt, zu ziehen, siehe Bild → 1, Seite 177. Der Fahrzeuglackierer trägt dabei spezielle Handschuhe, die elektrisch isolieren und temperaturresistent sind, siehe Bild 2a, Seite 178. Die Kontakte sind im Gehäuse des Steckers zurückversetzt, damit sich beim Abziehen des Steckers kein Lichtbogen zwischen den Kontakten bilden kann.
- HV-Anlage gegen Wiedereinschalten sichern; spannungsfrei geschaltetes Fahrzeug kennzeichnen.
- Arbeitsplätze, an denen an HV-Fahrzeugen gearbeitet wird, sind durch Absperrbänder kenntlich zu machen. In manchen Firmen werden solche Arbeiten in getrennten Boxen durchgeführt.
- Spannungsfreiheit feststellen, prüfen; Aufsteller auf dem Fahrzeug zeigen an, ob es spannungsfrei geschaltet ist, siehe Bild → 1b, Seite 178.
- Fahrzeug erden und kurzschließen, falls erforderlich/sinnvoll; Betriebsvorschriften beachten!
- Bauteile, die unter Spannung stehen, gegen versehentliche Berührung sichern, beispielsweise durch Abdecken.
- Aus Sicherheitsgründen auch die 12-Volt-Batterie abklemmen.
- Potenzialausgleichsprüfung; die schwarze Messspitze wird dabei an die Karosserie gehalten, die rote an das Gehäuse des HV-Bauteils, siehe Bild → 2, Seite 178. Dabei darf kein Übergangswiderstand messbar sein.
- Um Rettungskräfte bei Unfällen darüber zu informieren, wo sich die HV-Komponenten in HV-Fahrzeugen befinden, stellen die Fahrzeughersteller ihren Kunden Rettungskarten zur Verfügung. Diese sollen gut erreichbar im Fahrzeug mitgeführt werden, z. B. unter der Sonnenblende auf der Fahrerseite. Rettungskarten stehen auf Herstellerseiten und verschiedenen Portalen zum Download zur Verfügung, siehe Bild → 1, Seite 179.

- Mitarbeiter, die an HV-Fahrzeugen arbeiten, sind verpflichtet, sich über Maßnahmen zur Sicherheit und damit zur Isolation zu informieren. Unbedingt Handschuhe tragen, siehe oben! Zur Isolation des menschlichen Körpers gegen schädliche Spannungen und daraus entstehende Ströme sind zum Beispiel Sicherheitshandschuhe der Klasse 0 zu tragen. Diese müssen vor dem Anziehen durch Aufblasen auf Dichtigkeit geprüft werden. Sind die Sicherheitshandschuhe undicht, zeigt sich das durch Entweichen der Luft. Nur wenn die Handschuhe dicht sind, isolieren sie gegen die elektrische Spannung.
- HV-Leitungen prüfen, ob sie beschädigt sind.

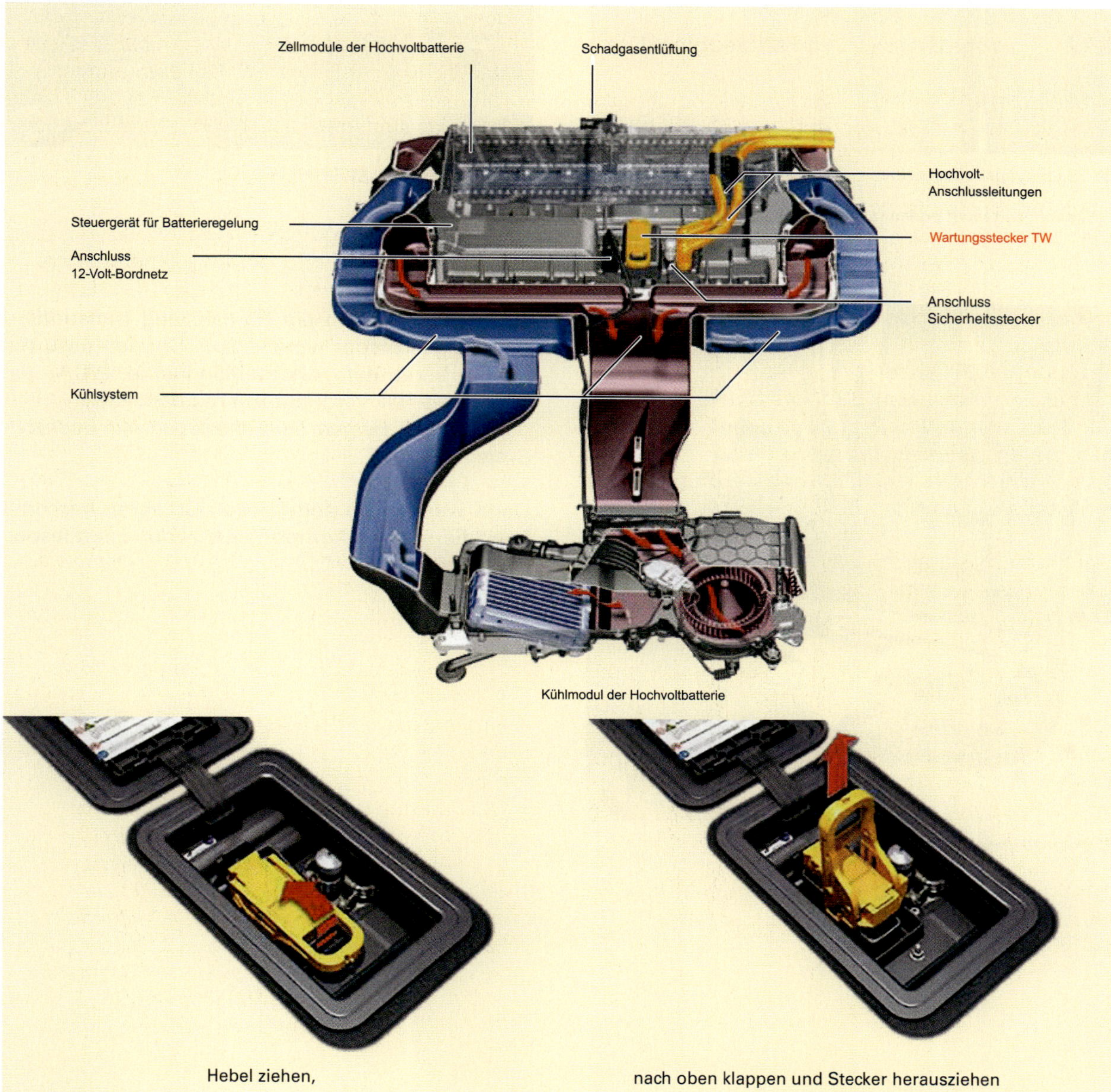

1 Wartungsstecker

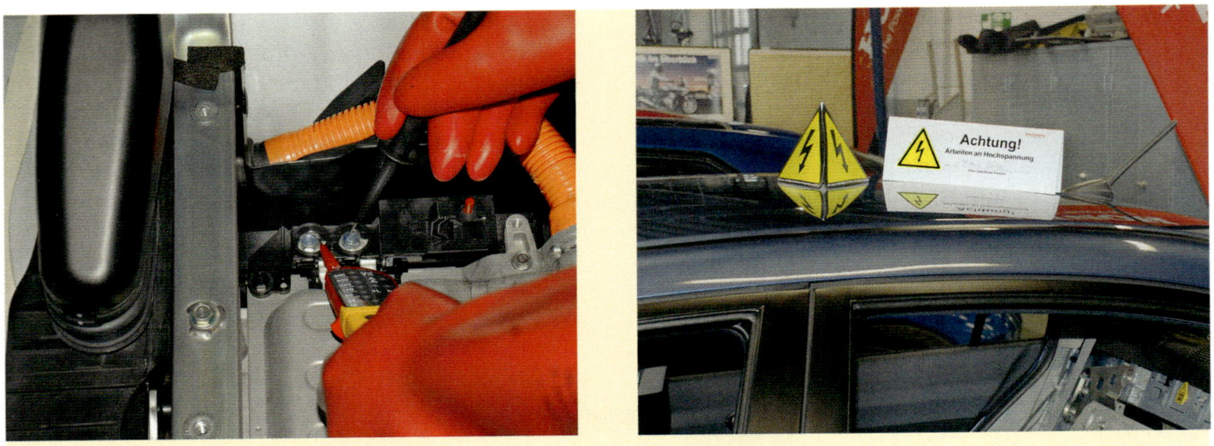

a) Spannungsfreiheit prüfen

b) Mit Aufstellern kennzeichnen

1 Spannungsfreiheit prüfen (a) und mithilfe von Aufstellern kennzeichnen (b)

2 Potenzialausgleichsprüfung

Gleiches gilt, wenn ein HV-Fahrzeug transportiert oder abgeschleppt werden soll. Speziell dazu hat der Verband der Automobilindustrie (VDA) ein Download-PDF veröffentlicht mit dem Titel: *„Unfallhilfe & Bergen bei Fahrzeugen mit Hochvolt-Systemen“.*

Darin werden die potenziellen Gefahren beschrieben, die von HV-Komponenten und -Energiespeichern ausgehen.

e-up!
(ab 2013)

Antrieb und Hochvoltsystem deaktivieren

Antrieb und Hochvoltsystem deaktivieren
(Motorraum zugänglich)

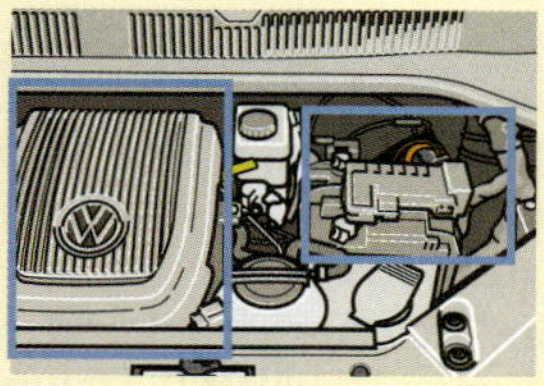

1. **12-V-Batterie abklemmen**
2. **Designabdeckung entfernen**

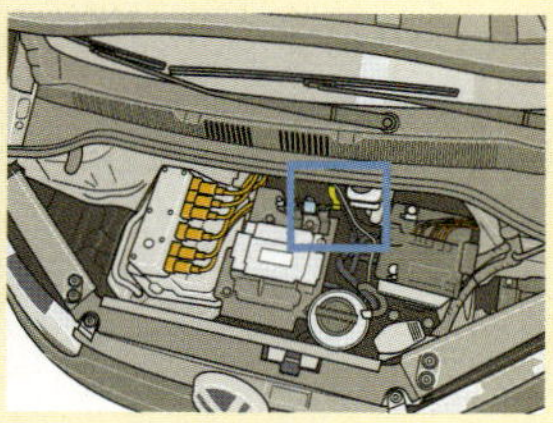

3. **Rettungstrennstelle lokalisieren**

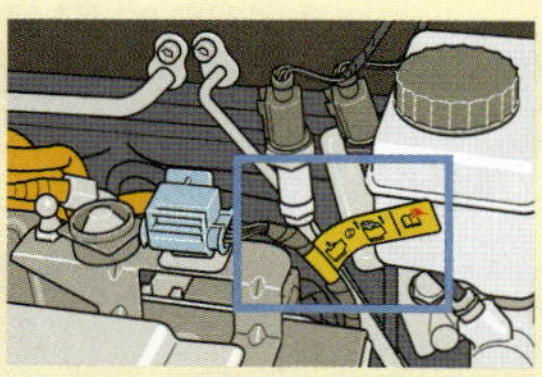

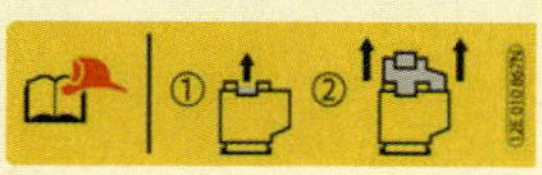

4. **Rettungstrennstelle öffnen**
   Vorgehensweise ist auf dem Label beschrieben!

Das Hochvoltsystem ist nach dem Deaktivieren innerhalb von ca. 20 Sekunden spannungsfrei. Die passiven Sicherheitssysteme wie Airbags und Gurtstraffer sind dann deaktiviert.

U

e-up! (ab 2013)

An der Ladesäule angeschlossenes Fahrzeug

Fahrzeug entriegeln. Das Ladekabel vom Fahrzeug trennen und ggf. bei schweren Unfällen das Hochvoltsystem des Fahrzeugs deaktivieren (siehe unter „Fahrzeug deaktivieren“)!

Stand: 11/2013, Volkswagen AG Seite 3 von 3

1 Auszug aus einer Rettungskarte

6.8 Fahrerassistenzsysteme in der Werkstatt justieren

Werden Veränderungen an Fahrzeugbaugruppen vorgenommen, die sich auf die Position der verschiedenen Sensoren auswirken, ist deren Neujustage zwingend erforderlich. So verändert sich zum Beispiel bei Karosseriemontagearbeiten die Lage der ACC[1]-Sensoren und beim Wechsel der Frontscheibe die Lage der Frontkameras.
Auch Arbeiten am Fahrwerk wirken sich auf die Messgenauigkeit aus. Hier ist die Hinterachse als spurführende Achse besonders wichtig.

Im Folgenden wird exemplarisch die **Justage der Frontkamera** vorgestellt. Diese Arbeit gehört zu den häufigsten Justagearbeiten im Werkstattalltag.

Zur **Vorbereitung** gehören folgende Arbeiten:
Fahrzeug steht auf einer ebenen Standfläche
Fahrwerksgeometrie in Ordnung (Achsvermessung)
Lenkrad in Geradeausstellung
Reifendruck ist in Ordnung
Fahrzeug vollgetankt > 90 %
Fahrzeug ist unbeladen
Reserverad (wenn vorhanden) und Bordwerkzeug
Servicevorschriften des Herstellers beachten

Beispiel 1
Justage mit dem CSC-Tool der Fa. Hella Gutmann und dem Diagnosegerät Mega Macs 66:

- Fahrzeug und Einstelltafel stehen auf einer geraden Standfläche; Höhenstand prüfen
- Diagnosegerät anschließen und das Einstellprogramm wählen, siehe Bild → 1
- die fahrzeugspezifischen Anweisungen lesen
- die richtige Justagetafel montieren (lt. Diagnosegerät)
- den Abstand der Tafel vor dem Fahrzeug nach Vorgabe ausrichten
- die Laser an der Hinterachse montieren und ausrichten, siehe Bild → 1, Seite 181
- die Laser auf die vorderen Skalen richten und die Tafel auf gleichen Wert einstellen
- die Laser auf die Spiegel richten und an den hinteren Skalen den gleichen Wert einstellen (Ausrichtung der Hochachse)
- die Tafel feststellen und dann mit dem Lineal die Tafel in der Höhe justieren (Wert lt. Diagnosegerät) Libellen in *x*- und *y*-Achse prüfen.
- die weitere Justage wird jetzt vom Diagnosegerät durchgeführt
- die Dokumentation der Justage im Diagnosegerät ausdrucken

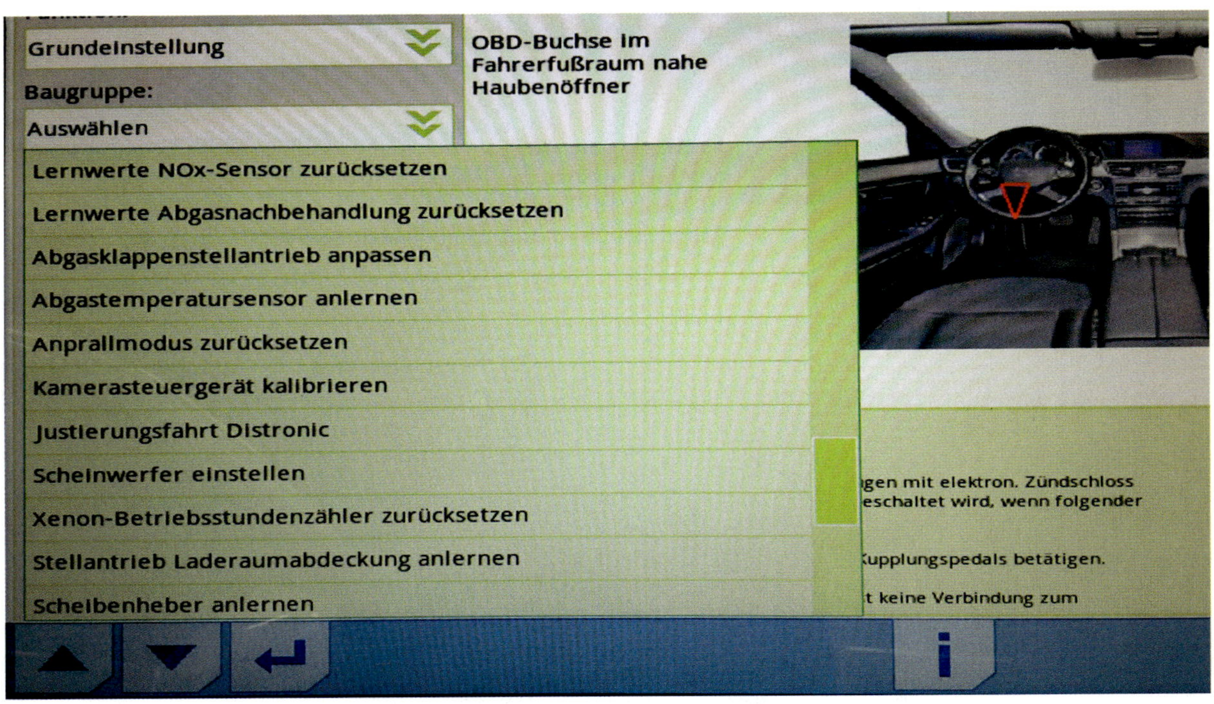

1 Einstellprogramm wählen

[1] ACC = Adaptive Cruise Control (engl.): Abstandsregeltempomat

1 Laser an der Hinterachse montieren und ausrichten

Beispiel 2

Justage mit Herstellergeräten Einstelltafel Fa. Beissbarth, 3D-Achsmessgerät Bosch FWA 4630 und Diagnosegerät

- Vorbereitung des Fahrzeuges wie unter 1.
- Felgenschlagkompensation durchführen
- die vorderen Reflektoren demontieren
- die Justagevorrichtung im vom Hersteller vorgegebenen Abstand ausrichten, z. B. 150 cm
- die Höhe der Achsmessbühne messen (Offset) und die Fahrzeughöhe messen, hier: Unterkante des Kotflügels zur Standfläche
- die Höhe der Tafel auf den vom Achsmessgerät vorgegebenen Wert kurbeln, siehe Bild → 1, Seite 182
- die Libellen in *x*- und *y*-Achse prüfen, Tafel auf Standfläche blockieren
- Feinjustage der Tafel nach Anzeige zusätzlich in der Hochachse, siehe Bild → 2, Seite 182
- Die Kamerajustage erfolgt nach Eingabe der Fahrzeughöhe durch den Diagnosetester; hierbei die Herstellerangaben beachten
- Protokoll erstellen, festgehalten werden Nickwinkel, Gierwinkel und Wankwinkel, Justagedatum und Kilometerstand, Bild → 3, Seite 182

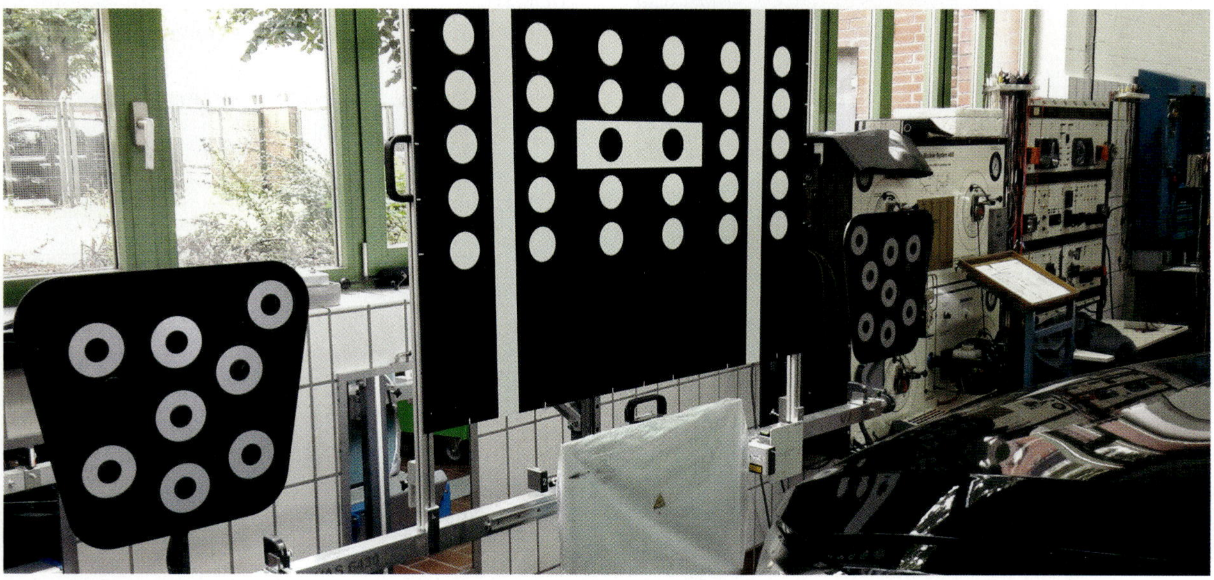

2 Messstand für Beispiel 2

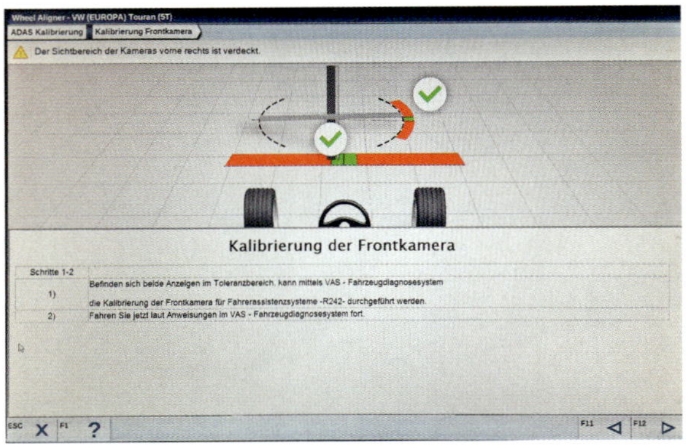

1 **Ausrichtung der Tafel im Programm des Achsmessgerätes**

2 **Ausrichtung der Tafel zum 3D-Achsmesstand**

Statische Kalibrierung: Nickwinkel:	0,35°
Statische Kalibrierung: Gierwinkel:	0,48°
Statische Kalibrierung: Wankwinkel:	0,25°

3 **Ergebnis der Korrekturwerte im Diagnosegerät**

6.9 Lernsituation

Der Pkw eines Kunden hat einen Schaden durch einen Auffahrunfall.
Es sind beschädigt, vgl. Bild ➜ 4:

- ein Scheinwerfer
- die Frontscheibe
- Karosserieteile des Vorderwagens

Der Auftrag wird nach folgender Vorgehensweise ausgeführt:

- Fahrzeugannahme und Schaden begutachten, siehe Kap. 6.9.1
- Arbeitsplanung, siehe Kap. 6.9.2
- Arbeitsauftrag durchführen, siehe Kap. 6.9.3
- Qualitätssicherung, siehe Kap. 6.9.4
- Fahrzeug an den Kunden übergeben, siehe Kap. 6.9.5

6.9.1 Fahrzeugannahme und Schaden begutachten

Im Fahrzeuglackierbetrieb wird mit dem Kunden ein Annahmegespräch durchgeführt. Es kommt zum Arbeitsauftrag durch Direktannahme.
Weitere Informationen zur Fahrzeugannahme siehe Kap. 13.3.2.3.

Der Meister hat festgestellt, dass durch den Aufprall beim Auffahrunfall neben den offensichtlichen Schäden des Scheinwerfers, der Frontscheibe und der Karosserie auch die Bremsleitung beschädigt ist.
Die Bremsleitung ist eingeknickt. Sie darf nicht rückverformt werden, da es zur Kaltverfestigung kommt und kleine Risse entstehen könnten.

4 **Pkw des Kunden**

Baugruppen der Kraftwagen

- **Fahrzeugaufbau**
  - **Karosserie**
    - Motorraum
    - Insassenraum
    - Gepäckraum, Laderaum
    - Türen und Klappen
    - Verglasung
    - spezielle Ausrüstung
  - **Nutzaufbau**
    - offen geschlossen teiloffen
    - fest
    - wechselbar (Absetz-/Abrollbehälter)
    - spezielle Ausrüstung
- **Triebwerk**
  - **Kraftmaschine**
    - Ottomotor
    - Dieselmotor
    - Wankelmotor
    - Gasturbine
    - Elektromotor
    - Hybridantrieb
  - **Kraftübertragung**
    - Kupplung
    - Getriebe
    - Gelenkwellen
    - Ausgleichsgetriebe
    - Radantrieb
- **Fahrwerk**
  - Räder
  - Radaufhängungen
  - Federung
  - Schwingungsdämpfung
  - Lenkung
  - Bremsen
- **Elektrik/Elektronik**
  - Motorelektrik
  - Motorelektronik
  - Beleuchtungs-, Signal- und Kontrolleinrichtung
  - Sicherheitselektronik
  - Komfortelektronik
  - elektronische Steuerungs- und Regelungssysteme

1 Baugruppen der Kraftwagen

Die Sicherheit des Fahrzeugs wäre dann nicht mehr gewährleistet; deshalb wird bei solchen Beschädigungen generell die Bremsleitung ausgetauscht.

Das Gesamtsystem Kraftfahrzeug ist in verschiedene Baugruppen eingeteilt, die getrennt voneinander einzeln betrachtet werden können. Dadurch ist die Funktion des gesamten Kraftfahrzeuges leichter zu erkennen.

6.9.1.1 Beschädigte Teile in das Gesamtsystem Kraftfahrzeug einordnen

Die Baugruppen der Kraftfahrzeuge können in vier Hauptgruppen eingeteilt werden, siehe ➜ Bild 1:
- Fahrzeugaufbau
- Triebwerk
- Fahrwerk
- Elektrik/Elektronik

In Bild ➜ 2 ist die reale Lage der vier Hauptgruppen eines Pkws gezeigt.

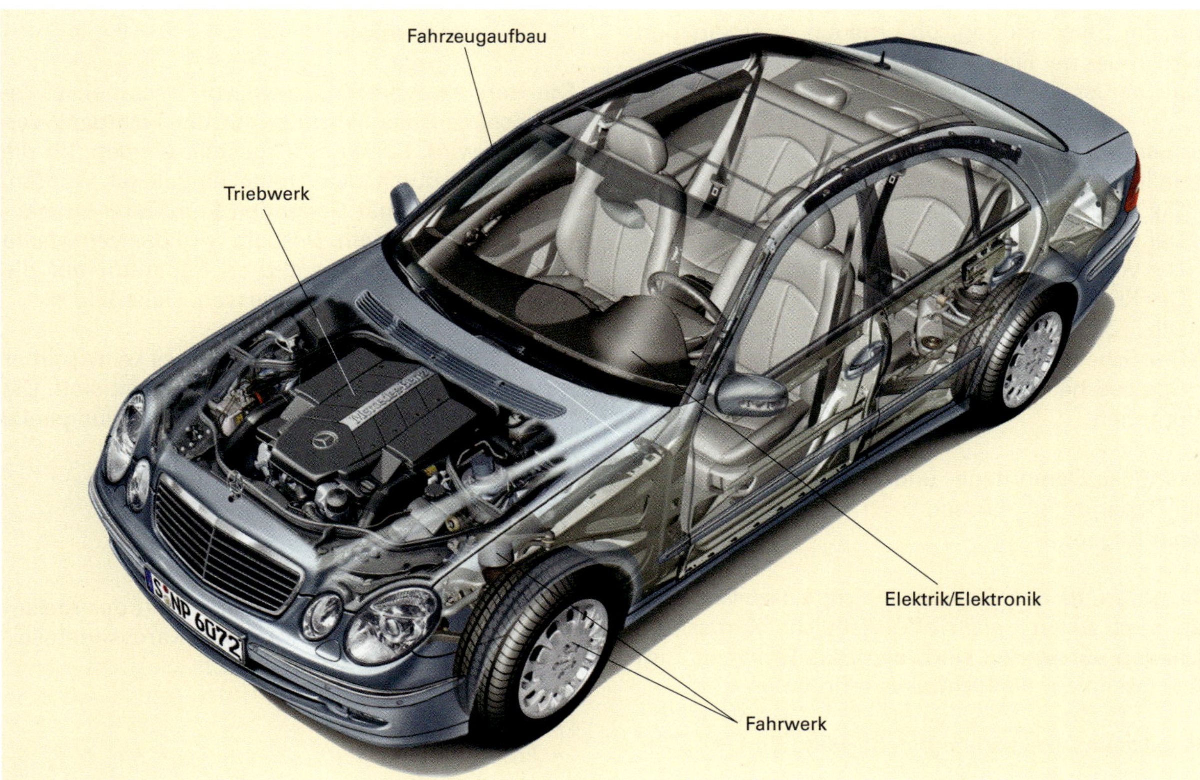

2 Reale Lage der Hauptgruppen zueinander, Beispiel Pkw

Die beschädigten Teile des zu reparierenden Pkws sind den vier Hauptgruppen wie folgt zuzuordnen:

- Karosserieteile des Vorderwagens: Fahrzeugaufbau
- Frontscheibe: Fahrzeugaufbau
- Scheinwerfer: Elektrik/Elektronik
- Bremsleitung: Fahrwerk

6.9.1.2 Kostenvoranschlag erstellen

Die Ergebnisse der Schadensbegutachtung wurden in ein EDV-Kalkulationsprogramm eingegeben. Danach wird ein Kostenvoranschlag mit dem für diesen Betrieb ermittelten Stundenverrechnungssatz und den Material- und Ersatzteilkosten erstellt, siehe Kap. 13.5.2.3.

6.9.2 Arbeitsplanung

Durch den Auffahrunfall wurden beschädigt:

- Karosserieteile:
  - Motorhaube
  - Stoßfänger vorn
  - Vorderkotflügel rechts
  - Kühlergrill
  - Frontscheibe
- Scheinwerfer vorn rechts
- Bremsleitung

Vor der Entscheidung, ob erneuert oder repariert wird, muss der Fahrzeuglackierer untersuchen, was machbar ist und was rentabel ist.

Folgende Entscheidung ist für die Instandsetzung gefallen:

- Die Motorhaube wird erneuert.
- Der Stoßfänger vorn wird repariert.
- Der Vorderkotflügel rechts wird gerichtet.
- Der Kühlergrill wird erneuert.
- Die Frontscheibe wird erneuert.
- Der Scheinwerfer vorn rechts wird erneuert.
- Das beschädigte Stück der Bremsleitung wird erneuert.

Alle diese Demontage- und Montagearbeiten und die Reparaturen müssen nach Herstellervorschriften erfolgen!

Da aufgrund des Schadens nicht auszuschließen ist, dass weitere nicht offensichtliche Karosserieschäden vorhanden sind, wird das Fahrzeug zum Vermessen auf die Richtbank genommen.

Es wird ein Arbeitsplan erstellt, siehe Bild ➜ 185.1.

1 Vermessen auf der Richtbank

6.9.3 Arbeitsauftrag durchführen

Die Arbeitsschritte der Arbeitsplanung werden zusammengefasst in:

- Fahrzeug auf der Richtbank vermessen, siehe Kap. 6.7.3.1
- Karosserieteile erneuern, siehe Kap. 6.7.3.2
- Karosserieteile reparieren, siehe Kap. 6.7.3.3
- Scheinwerfer vorn rechts erneuern, siehe Kap. 6.7.3.4
- Bremsleitung erneuern, siehe Kap. 6.7.3.5

6.9.3.1 Fahrzeug auf der Richtbank vermessen

Die Herstellervorschrift sieht vor, dass bei mittleren Schäden das Fahrzeug auf der Richtbank vermessen wird. So kann festgestellt werden, ob die Kräfte, die durch den Unfall eingeleitet wurden, Schäden an primär tragenden Karosserie-Elementen verursacht haben. Deshalb wird das verunfallte Fahrzeug vor der eigentlichen Reparatur auf die Richtbank gesetzt und vermessen, siehe Bild ➜ 1.

Das Ergebnis der Messung zeigt, dass keine primär tragenden Karosserie-Elemente verformt sind. Die Unfallfolgen sind begrenzt auf Verkleidungsteile und auf mittragende Karosserieteile.

6.9.3.2 Karosserieteile erneuern

Nach der Schadensbegutachtung hat der Meister entschieden, dass folgende Karosserieteile erneuert werden sollen:

- Motorhaube
- Kühlergrill
- Frontscheibe

Arbeitsplanung							**Datum:** 14.12
Auftrags-Nr. 555-22					**Rechnungs-Nr.**	**Benennung** Unfallinstandsetzung zur Vorbereitung einer Lackierung	**Mitarbeiter** Klein, Kurt Werkzeug
Arbeitsschritt						Betriebsmittel, Werkzeug Werkzeugmaschine	Bemerkungen, Prüfmittel Einstellwerte
lfd. Nr.	Vorbereitung	Trennen	Umformen	Fügen			
1	X				Fahrzeug auf Richtbank mit Scherenhebebühne setzen und vermessen	Richtbank mit Scherenhebebühne und Messeinrichtung	Keine primären Karosserieteile verformt
2					Motorhaube erneuern:	Innensechskantschlüssel 6 mm Schlitz-Schraubendreher Innensechskantschlüssel 6mm Schlitz-Schraubendreher	Gleichmäßiger Haubenspalt
	X				• Schlauch der Scheibenwaschanlage lösen		
	X				• Haubenaufsteller ausrasten		
		X			• Motorhaube ausbauen		
				X	• Motorhaube einbauen		
3					Kühlergrill erneuern	Klammerbefestigung	
4					Frontscheibe erneuern:	Schlitz-Schraubendreher Kreuzschlitz-Schraubendreher Griff für Stahldraht Griff mit Ahle Stahldraht Zweikomponentenkleber Reiniger Saugheber	Schutzbrille tragen Lackbeschädigung vermeiden Überschüssige Klebereste entfernen
	X				• Ausbauen innen: Windlaufrahmenverkleidung, Innenspiegel, Regensensor		
	X				• Ausbauen außen: Scheibenwischerblätter, Windlaufgitter. Untere Leisten des Windlaufrahmens Zierleiste der Frontscheibe. Untere Leiste der Frontscheibe		
	X				• Umrandung des Windlaufrahmens mit Klebeband abkleben		
		X			• Frontscheibe ausbauen		
				X	• Vorhandene Kleberaupe auf ca. 2 mm zurückschneiden		
				X	• Fläche und Scheibe reinigen		
				X	• Kleberaupe auf Scheibe auftragen		
				X	• Scheibe einsetzen		
5					Stoßfänger vorn reparieren:	Innensechskantschlüssel 6 mm Schlitz-Schraubendreher Maulschlüssel 10 mm Kunststoffreiniger Bohrer 5 mm Fächer-Schleifmaschine Körnung P120 Zweikomponentenklebstoff 0,8 mm Stahlblech Fächer-Schleifmaschine Körnung P120 und P320 Kunststoffreiniger	Lackbeschädigung vermeiden Langsame Schleifdrehzahl Stoßfängereinbau erfolgt nach Austausch des Scheinwerfers
	X				• Stoßfänger ausbauen, Stoßfänger reinigen, Rissende aufbohren Flächen anschleifen, Reinigen und primern		
				X	• Kunstoffkleben, Verstärkung einlegen		
	X				• Lackierfähige Oberfläche herstellen: Fläche schleifen, reinigen		
6					Vorderkotflügel rechts reparieren:	Maulschlüssel 10 mm Innensechskantschlüssel 6 mm Schlitz-Schraubendreher, Messer Stahlhammer, Gegenhalter bleifreie Verzinnungspaste rotierende Drahtbürste Propangasbrenner bleifreies Schwemmzinn Löthölzer, Karosseriefeile	Keine Kunststofflappen zum Flussmittel abwischen benutzen Vorderkotflügeleinbau erfolgt nach Austausch des Scheinwerfers Ausbau unter lfd. Nr. 7
	X				• Ausbauen, Scheinwerferblock Schmutzfänger vorn Unterbodenzierleiste. Untere Zierleiste Windschutzscheibe. Obere Zierleiste Kotflügel, Zusatzblinker-Lufteingangsstutzen		
		X			• Ausbau , Außenblech Kotflügel		
				X	• mechanisch richten und verzinnen		
7					Scheinwerfer vorn rechts erneuern:	Maulschlüssel 10 mm Innensechskantschlüssel 6mm Schlitz-Schraubendreher Dichtungsmasse	
				X	Einbau von: Scheinwerfer, Stoßfänger, Vorderkotflügel		Scheinwerfereinbau erfolgt mit Einbau von Stoßfänger, Vorderkotflügel
8					Scheinwerfer einstellen: Richtiger Reifendruck, Fahrzeug auf ebene Fläche stellen, Räder in Geradeausstellung stellen, Motor starten, Licht einstellen	Scheinwerfer-Einstellgerät	Einstellen Abblendlicht führt automatisch zur Einstellung Fernlicht
9					Bremsleitung erneuern:	Maulschlüssel 13 mm Bremsflüssigkeit Druckentlüftungsgerät	Entlüftung fertig, wenn neue Bremsflüssigkeit klar und blasenfrei ausströmt
		X			• Defekte Leitung ausbauen		
				X	• Neue Leitung einbauen		
					• Spülen		
					• mit Bremsflüssigkeit füllen und Entlüften		

1 Arbeitsplan

Motorhaube erneuern
Die Motorhaube besteht aus einem Doppelblech, das durch Kleben, Falzen und Druckfügen miteinander verbunden ist. Das Außenblech ist aus ausgehärtetem Aluminium und das Innenblech aus durch Kaltverfestigung gehärtetem Aluminium.

Durch den Auffahrunfall hat sich ein scharfkantiger Knick im Außenblech gebildet. Das Richten wäre sehr aufwendig und ein einwandfreies Ergebnis nicht gesichert, darum wird die Motorhaube erneuert. Die Scharniere werden weiter benutzt.

Es wird zuerst der Schlauch der Scheibenwaschanlage gelöst und der Haubenaufsteller ausgerastet. Dann wird die Motorhaube ausgebaut, indem die Schrauben am Scharnier ausgeschraubt werden.

Der Einbau der neuen Motorhaube erfolgt in umgekehrter Reihenfolge.

Kühlergrill erneuern
Der Kühlergrill ist durch den Auffahrunfall stark verformt und aus der Klammerbefestigung herausgerissen. Ein einwandfreies Richten ist nicht möglich, darum wird der Kühlergrill erneuert.

Der neue Kühlergrill wird mit der Klammerbefestigung eingesetzt.

Frontscheibe erneuern
Die Frontscheibe ist gerissen, sie muss erneuert werden.
Der Ausbau erfolgt mit dem Schneidmesser (Bild ➜ 1) oder der Draht-Zieh-Methode.

Folgende Arbeiten sind erforderlich:
- Ausbauen innen:
  - Windlaufrahmenverkleidung
  - Innenspiegel
  - Regensensor
- Ausbauen außen:
  - Scheibenwischerblätter
  - Windlaufgitter
  - untere Leisten des Windlaufrahmens
  - Zierleiste der Frontscheibe
  - untere Leiste der Frontscheibe
- Umrandung des Windlaufrahmens mit Klebeband abkleben
- Frontscheibe mit Schneidmesser oder Stahlsaite austrennen, vgl. Bild ➜ 1
- Frontscheibe einbauen, es wird ein Zwei-Komponenten-Kleber verwendet

1 Ausbau Frontscheibe

6.9.3.3 Karosserieteile reparieren

Folgende Karosserieteile sollen repariert werden:
- Stoßfänger vorn
- Vorderkotflügel rechts

Stoßfänger vorn reparieren
Der Stoßfänger besteht aus Thermoplast. Die Befestigungslasche oben links ist eingerissen. Der Riss soll durch Kunststoffkleben repariert werden.

Folgende Arbeiten sind erforderlich:
- Ausbau des Stoßfängers vorn nach Herstellervorschrift
- Reparatur durch Kunststoffkleben; als Verstärkung wird ein Stahlblech mit 0,8 mm Dicke eingearbeitet.

Der Einbau des Stoßfängers erfolgt erst nach dem Austausch des Scheinwerfers vorne links.

Vorderkotflügel rechts reparieren
Der Vorderkotflügel rechts ist zusammengesetzt aus einem Außenblech und einem Innenblech. Das Außenblech besteht aus Stahlblech und das Innenblech aus Stahlblech mit hoher Elastizitätsgrenze.

Nur das Außenblech des Vorderkotflügels hat durch den Auffahrunfall eine Delle erhalten. Die Delle soll gerichtet werden. Dazu wird das Außenblech des rechten Vorderkotflügels nach Herstellervorschrift ausgebaut.

Das Außenblech des Vorderkotflügels ist geschraubt und mit Dichtmasse geklebt.

Folgende Arbeiten sind erforderlich:
- Ausbauen:
  - teilweise den Vorderstoßfänger
  - Scheinwerferblock
  - Schmutzfänger vorn
  - Unterbodenzierleiste vorne
  - untere Zierleiste Windschutzscheibe
  - obere Zierleiste Kotflügel
  - Zusatzblinker
  - Lufteingangsstutzen
  - Außenblech des Kotflügels durch Schrauben entfernen und Dichtungsschicht durchschneiden
- Reparatur des Außenblechs des Kotflügels durch mechanisches Richten; anschließend wird das gerichtete Blech verzinnt.
- Der Einbau des Außenblechs des Kotflügels erfolgt mit dem Austausch des Scheinwerfers vorne rechts.

6.9.3.4 Scheinwerfer vorn rechts erneuern

Der Scheinwerfer vorn rechts ist durch den Auffahrunfall zerstört und muss erneuert werden. Ausgebaut ist der Scheinwerferblock bereits bei der Demontage des Außenblechs des Kotflügels. Vor dem Einbau des neuen Scheinwerferblocks muss der Fahrzeuglackierer den Schaltplan für die elektrische Anlage mit dem Scheinwerfer einsehen, um die Anschlüsse herzustellen.

In den Herstellerunterlagen findet man einen Anschlussplan in zusammenhängender Darstellung und einen Anschlussplan in aufgelöster Darstellung.

In beiden Schaltplänen sind die entsprechenden Anschlüsse dargestellt.

Nach dem Einbau des Scheinwerfers muss das Fern- und Abblendlicht eingestellt werden.
Folgende Vorgehensweise ist vorgeschrieben:
- Reifendruck überprüfen und ggf. korrigieren
- Fahrzeug auf eine ebene Fläche stellen
- Räder in Geradeausstellung stellen
- Motor starten
- Licht einstellen nach Scheinwerfer-Einstellgerät

Es ist zu beachten, dass das Einstellen des Abblendlichtes gleichzeitig zur Einstellung des Fernlichtes führt.

6.9.3.5 Bremsleitung erneuern

Die defekte Bremsleitung vom rechten Vorderrad bis zur Hydraulikeinheit muss erneuert werden. Aus dem Schaltplan für die Bremsanlage lassen sich alle erforderlichen Anschlüsse und Bauteile bestimmen.
Zur Reparatur wird das Fahrzeug auf die Hebebühne genommen. So kann gleichzeitig die Bremsleitung geprüft werden, ob sie dicht ist.

Nach der Reparatur muss die Bremsanlage gespült und wieder mit der vorgeschriebenen Bremsflüssigkeit gefüllt und entlüftet werden. Das Entlüften erfolgt mithilfe eines separaten Druckentlüftungsgeräts, welches an den Ausgleichsbehälter der Bremsanlage angeschlossen wird. Das Druckentlüftungsgerät baut einen Druck von 200 kPa bis 400 kPa auf. Das Entlüften erfolgt dann über die einzelnen Entlüftungsventile der Radzylinder. Die Entlüftung ist jeweils abgeschlossen, wenn neue Bremsflüssigkeit klar und blasenfrei ausströmt.

6.9.4 Qualitätssicherung

Ist der Arbeitsauftrag durchgeführt, erfolgt die Qualitätssicherung.
Dazu gehören:
- vorgesehene Arbeitsschritte mit der durchgeführten Arbeit vergleichen
- Auftrag abzeichnen
- Probefahrt

Anhand des Arbeitsplanes wird die durchgeführte Arbeit kontrolliert. Bei dieser umfangreichen Reparatur wird zusätzlich der Meister das Arbeitsergebnis begutachten. Er vergleicht noch einmal den erteilten Auftrag des Kunden mit der ausgeführten Arbeit. Nach eingehender Kontrolle zeichnet der Meister den Auftrag ab als ausgeführt.

Vor der Übergabe des Fahrzeugs an den Kunden macht der Meister noch eine Probefahrt, um die sicherheitsrelevanten Funktionen zu überprüfen.
Weitere Informationen zur Qualitätssicherung finden Sie im Kap. 13.5.4.4.

6.9.5 Fahrzeug an den Kunden übergeben und Rechnung erstellen

Dem Kunden wird das saubere, instand gesetzte Fahrzeug übergeben. Die durchgeführten Arbeiten werden vom Meister erläutert.

Weitere Informationen zur Fahrzeugübergabe finden sie im Kap. 13.5.2.1.
Wenn sich während der Instandsetzung keine weiteren zusätzlichen Arbeiten ergeben, erfolgt die Rechnungsstellung nach dem Kostenvoranschlag. Für die Ermittlung der tatsächlich entstandenen Personal- und Sachkosten ist eine Nachkalkulation erforderlich, um festzustellen, ob dieser Auftrag mit Verlust oder Gewinn abgewickelt wurde. Darum muss der tatsächliche Material- und Arbeitsaufwand berechnet werden.

Der Materialaufwand für diesen Auftrag ergibt sich aus:
Anzahl der Ersatzteile
- Anteil des Reparaturmaterials wie Bleche, Kleber, Schweiß- und Lötmaterial
- Anteil des Kleinmaterials wie Putzlappen, Reinigungsmittel

Für die Berechnung des Arbeitsaufwandes muss die auftragsbezogene Arbeitszeit einschließlich der Pausen festgehalten werden für:
- Meister
- Gesellen
- Auszubildende

Zum Festhalten der tatsächlichen Arbeitszeit können elektronische Einrichtungen oder auch handschriftliche Aufzeichnungen verwendet werden.

Übungen

1. Messen Sie die Breite eines Pkw-Reifens in mm und rechnen Sie dieses Maß um in µm, cm, dm und m.
2. Wie wird die Dichtigkeit von Fahrzeuginnenräumen mit dem Ultraschallmessgerät in der Werkstatt gemessen?
3. Wodurch entstehen Fehler beim Prüfen?
4. Warum hängt die Kraftübersetzung des Keiles vom Keilwinkel ab?
5. Berechnen Sie die zulässige Drehzahl eines Bohrers mit 8 mm Durchmesser; es soll in Aluminium gebohrt werden.
6. Beschreiben Sie das Schneiden eines Innengewindes mit folgenden Maßen: $d = 6$ mm, $t = 5$ mm.
7. Wie werden Bleche mithilfe des Schweißpunktfräsers getrennt, die durch Punktschweißen miteinander verbunden sind?
8. Nennen Sie Maßnahmen zur Arbeitssicherheit beim Trennschleifen.
9. Wie entsteht bei einer Schraubenverbindung die Vorspannkraft?
10. Wie kann bei Nietverbindungen elektrochemische Korrosion verhindert werden?
11. Beschreiben Sie die „Ausknüpfprobe" beim Punktschweißen.
12. Nennen Sie Arbeitsschutzmaßnahmen beim Schweißen.
13. Welchen Zweck erfüllt das Verzinnen und wie ist der Arbeitsablauf des Verzinnens von Stahlblech?
14. Beschreiben Sie das Hartlöten bei der Karosseriereparatur.
15. Welche Bedeutung haben die Adhäsionskräfte und die Kohäsionskräfte beim Kleben?
16. Berechnen Sie die maximale Dehnung im elastischen Bereich in % für ein
    a) kaltgewalztes Tiefziehblech DC 04 mit $R_{eH} = 300$ MPa (N/mm²)
    b) höherfestes Tiefziehblech H 400 LA mit $R_{eH} = 400$ MPa (N/mm²)
17. Was ist bei der Instandsetzung kaltverfestigter Karosserieteile zu beachten?
18. Was ist beim Anreißen von Kantungslinien zu beachten?
19. Beschreiben Sie das mechanische Richten an der Karosserie.
20. Bei welchen Werkstoffen sind auf jeden Fall die Herstellerangaben vor dem Richten mit Wärme zu beachten?
21. Ein Karosserieteil aus Kunststoff. Beschreiben Sie die Reparatur durch Kunststoffkleben.
22. In einem FVK-Karosseriebauteil sind durch einen Unfall Löcher entstanden. Beschreiben Sie die Reparatur durch Handlaminieren.
23. Wie wird eine Fahrzeugscheibe ausgetrennt?
24. Wie wird eine Fahrzeugscheibe mit einem Zwei-Komponenten-Kleber eingeklebt?
25. Warum wird für die Fehlersuche gern der Stromlaufplan verwendet?
26. Welche Merkmale in Schaltplänen für Anlagen der Fluidtechnik lassen erkennen, ob es sich um eine aeromechanische Anlage oder um eine hydromechanische Anlage handelt?
27. Beschreiben Sie einen vollständigen Kundenauftrag nach folgender Systematik:
    - Fahrzeugannahme und Schaden begutachten
    - beschädigtes Teil in das Gesamtsystem Kraftfahrzeug einordnen
    - Kostenvoranschlag erstellen
    - Arbeitsplanung
    - Arbeitsauftrag durchführen
    - Qualitätssicherung
    - Fahrzeug an Kunden übergeben und Rechnung erstellen

Hinweise für den Kundenauftrag:
- Pkw frei wählbar
- Beschädigt ist die Kofferraumklappe
- es soll bis zur lackierfähigen Oberfläche ausgebeult werden

Lernfeld 7

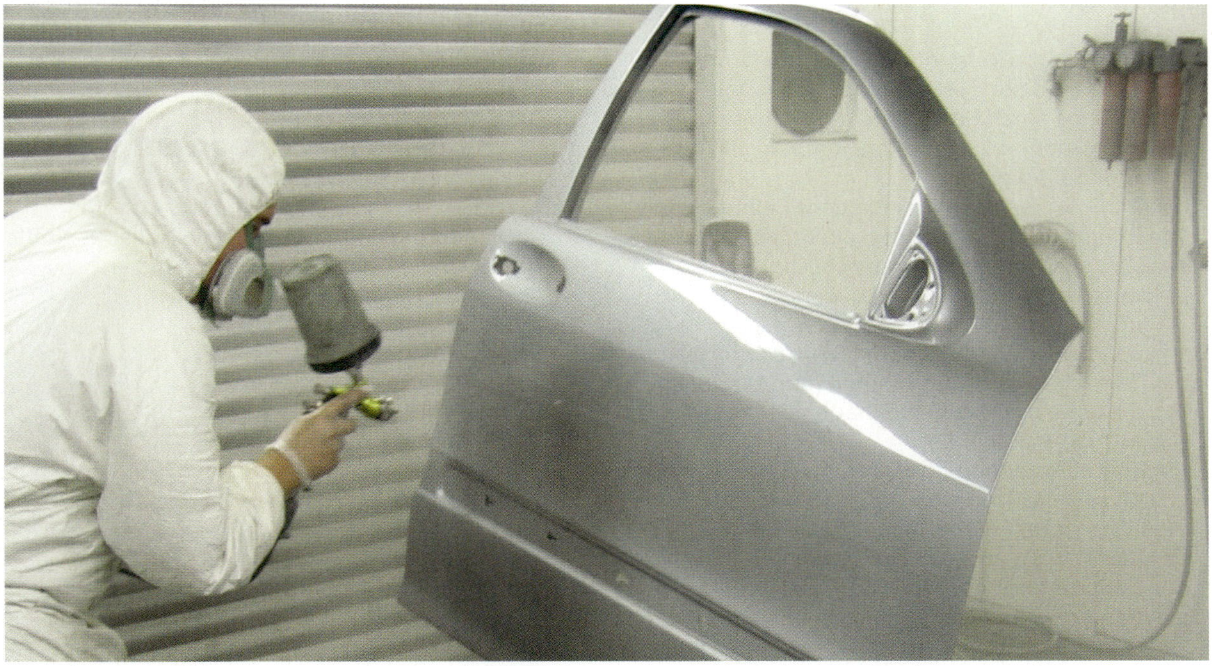

Reparaturlackierungen ausführen

Ziele:
Der Auszubildende soll:
- nach Kundenauftrag eine Reparaturlackierung planen und diese ausführen
- den Schaden aufnehmen
- in Abhängigkeit von Art und Zustand des Untergrundes die Oberflächenvorbehandlung festlegen und eine Reparaturempfehlung nach wirtschaftlichen und ökologischen Kriterien erarbeiten
- sich für Arbeitsmaterialien, Arbeitstechniken, Werkzeuge, Geräte und Anlagen zur Anpassung von Farbton, Oberflächeneffekt und Struktur an unbeschädigten Flächen entscheiden
- Sicherheits- und Herstellervorschriften berücksichtigen und Geräte und Anlagen energiesparend einsetzen
- Zeitaufwand ermitteln, Materialeinsatz und Preise berechnen
- die Bestimmungen der Arbeitssicherheit, des Gesundheits- und Umweltschutzes anwenden
- Entscheidungen begründen, dokumentieren, präsentieren und Ergebnisse bewerten
- die fertiggestellten Arbeiten übergeben und den Kunden über Instandhaltungsintervalle, Serviceleistungen und Garantieleistungen informieren.

Inhalte:
- Lacksysteme
- Korrosionsschutz
- Grundiermaterial, Spachtelmaterial, Füllmaterial
- Schleifsysteme
- Spritztechnik
- beschleunigte Trocknung
- Lackierfehler
- Repair-Systeme
- Additive
- Farbtonmessung
- Metamerie
- Mischbank
- Arbeitsplatzgrenzwerte (maximale Arbeitsplatzkonzentration)
- Merkblätter, technische Richtlinien, Normen
- branchenübliche Software
- Arbeitshilfen, Arbeitsbühnen

7 Reparaturlackierungen ausführen

Die Reparaturlackierung ist eine Lackierung, die vorgenommen wird, um beschädigte Lackierungen zu reparieren.

Ein neues Fahrzeug ist nach der Auslieferung aus dem Werk mit einer Serienlackierung lackiert, d. h., die Fahrzeuge eines Herstellers haben ihren Lack in einem Automobilwerk erhalten, vgl. Kap. 13.2:
- in laufender Folge
- unter immer gleichen (genormten) Bedingungen wie Temperatur, Luftfeuchtigkeit, Beleuchtung
- zum Teil auch ganz ohne menschliche Arbeit, in voll automatisierten Lackierstraßen

Der Lackierer möchte nun mit seiner Reparaturlackierung eine Lackfläche herstellen, die so aussieht, als hätte es nie einen Schaden gegeben.

Reparaturlackierungen finden in einem Handwerksbetrieb statt, in dem nicht dieselben Bedingungen herrschen wie in einem Automobilwerk:
- der Lack ist von anderen Herstellern
- der Lack wird mit der Hand aufgetragen
- Lichtquellen sind unterschiedlich
- Umgebungstemperatur und Luftfeuchtigkeit können schwanken

In diesem Kapitel werden behandelt:
- Ursachen und Arten von Lackschäden, siehe Kap. 7.1
- Altlackierung prüfen, siehe Kap. 7.2
- Farbton der Originallackierung ermitteln, siehe Kap. 7.3
- Lacksysteme erkennen, siehe Kap. 7.4
- Bindemittel der Lackierung erkennen, siehe Kap. 7.5
- Abkleben, siehe Kap. 7.6
- Verfahren der Reparaturlackierung, siehe Kap. 7.7
- Korrosionsschutz, siehe Kap. 7.8
- Materialien zur Reparaturlackierung, siehe Kap. 7.9
- Arbeitsplatzgrenzwerte, siehe Kap. 7.10
- Lackmischbank und Waage, siehe Kap. 7.11
- Farbton eines Lacks angleichen, siehe Kap. 7.12
- Werkzeuge und Geräte zur Reparaturlackierung, siehe Kap. 7.13
- Vorgehen bei der Reparaturlackierung, siehe Kap. 7.14
- Lackierfehler, siehe Kap. 7.15
- Finisharbeiten, siehe Kap. 7.16
- Lernsituation, siehe Kap. 7.17

Eine Reparaturlackierung wird ausgeführt:
- um den Ausgangszustand der Lackierung wieder herzustellen (Werterhaltung/Unfallschaden)
- damit der Verschleiß des Fahrzeugs verringert wird (Rost)

7.1 Ursachen und Arten von Lackschäden

Lackschäden entstehen durch physikalische Kräfte oder chemische Faktoren:
- Stein- oder Hagelschlag
- Zusammenstoß oder Rempler
- Verwitterung
- Rost
- Vogelkot
- Rückstände von Aufklebern

Als Schadensbilder zeigen sich dann:
- Kratzer (z. B. Einparkschäden)
- Risse, Löcher
- Rostnarben

Nach der Reparatur von Schäden am Karosserieblech ist anschließend auch eine Reparaturlackierung notwendig. Informationen zur Reparatur von metallischen und nichtmetallischen Karosserieteilen siehe Kap. 6.3 und Kap. 6.4.

7.2 Altlackierung prüfen

Bevor der Fahrzeuglackierer mit einer Reparatur eines Fahrzeugteils beginnen kann, muss er die Altlackierung als Untergrund für eine Neubeschichtung prüfen.

Dafür gibt es folgende Verfahren:
- Klebebandabrisstest, siehe Kap. 7.2.1
- Gitterschnittprüfung, siehe Kap. 7.2.2
- Durchschleiftest, siehe Kap. 7.2.3
- Lösemitteltest, siehe Kap. 7.2.4
- Fingernagelprobe, siehe Kap. 7.2.5

7.2.1 Klebebandabrisstest

Der Klebebandabrisstest ist ein einfacher Test, um die Haftfestigkeit der Altlackierung zu prüfen. Die Haftung wird oft auch mit **Adhäsion** bezeichnet.

Vorgehen:
- Klebebandstreifen mit einer hohen Klebkraft werden in der Nähe der Reparaturstelle aufgeklebt.
- Dann werden die Klebebandstreifen ruckartig abgerissen, siehe Bild ➜ 1.

Verbleibt die Altlackierung als Untergrund haften, ohne dass sich die Altlackierung löst, ist die Haftung für eine Neubeschichtung in einem ausreichenden Maß gegeben.

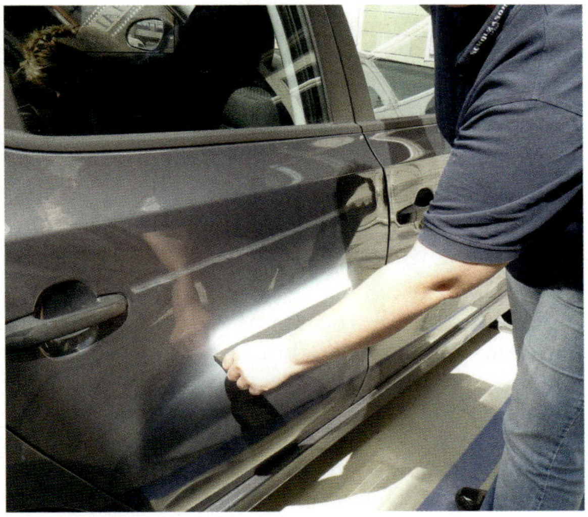

1 Klebebandabrisstest

7.2.2 Gitterschnittprüfung

Die Gitterschnittprüfung ist eine international angewendete Prüfmethode, festgelegt in DIN EN ISO 2409. Damit können die Haftfestigkeit von Lack geprüft und Rückschlüsse auf die Sprödigkeit der Beschichtung gezogen werden.
Die Gitterschnittprüfung wird vor allem auf metallischen Untergründen angewendet. Sie findet aber in der Praxis des Fahrzeuglackierers nur selten Anwendung, da:
- ein gewisser technischer Aufwand betrieben werden muss
- der Klebebandabrisstest zu einer inhaltlich ähnlichen Aussage führt

Bei der Gitterschnittprüfung werden im Lackaufbau parallele Schnitte bis auf den Untergrund angebracht. Dafür wird ein Gitterschnittgerät verwendet, ein Einschneiden- oder ein Mehrschneidengerät siehe Bild ➜ 2.

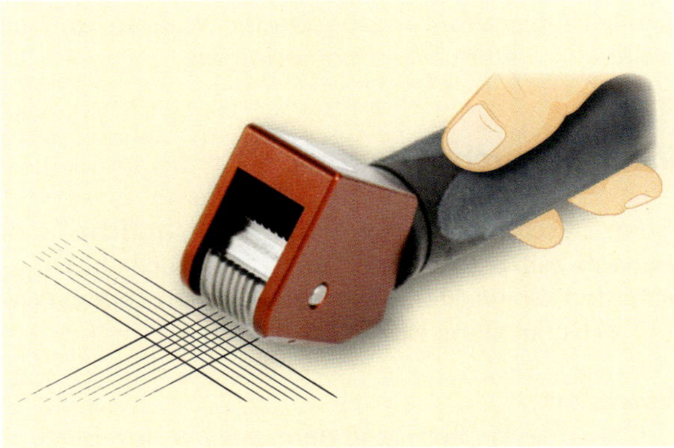

2 Mehrschneidenmesser zur Gitterschnittprüfung

Haftung	Beschreibung	Oberfläche	Gitterschnitt-Kennwert
Sehr gut	Die Schnittränder sind vollkommen glatt; kein Teilstück des Anstrichs ist abgeplatzt.	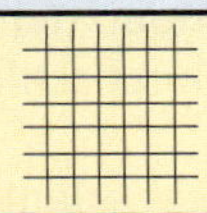	0
Gut	An den Schnittpunkten der Gitterlinien sind kleine Splitter des Anstrichs abgeplatzt; abgeplatzte Fläche nicht größer als 5 % der Teilstücke.	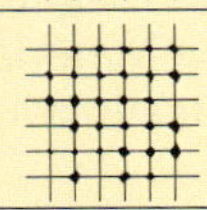	1
Mäßig	Der Anstrich ist längs der Schnittränder und/oder an den Schnittpunkten der Gitterlinien abgeplatzt; abgeplatzte Fläche größer 5 % bis 15 % der Teilstücke.	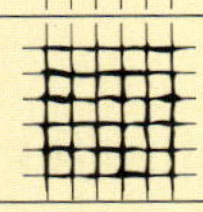	2
Schlecht	Der Anstrich ist längs der Schnittränder teilweise oder ganz in breiten Streifen abgeplatzt und/oder der Anstrich ist von einzelnen Teilstücken ganz oder teilweise abgeplatzt; abgeplatzte Fläche größer 15 % bis 35 % der Teilstücke.	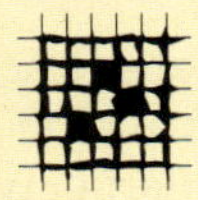	3
Sehr schlecht	Der Anstrich ist längs der Schnittränder in breiten Streifen und/oder von einzelnen Teilstücken ganz oder teilweise abgeplatzt; abgeplatzte Fläche größer 35 % bis 65 % der Teilstücke.	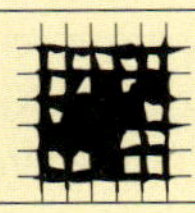	4
Äußerst schlecht	Abgeplatzte Fläche, die nicht mehr mit Kennwert 4 beschrieben werden kann; abgeplatzte Fläche mehr als 65 %.		5

3 Gitterschnitttest nach DIN EN ISO 2409

Der Abstand der parallelen Schnitte wird nach folgender Regel festgelegt:

Beschichtungsdicke in µm	Abstand der Schneiden in mm
≤ 60	1
> 60 … 120	2
< 120	3

Dann werden im rechten Winkel dazu weitere parallele Schnitte angebracht, sodass sich die Schnitte kreuzen.

Nach der Anzahl der abgeplatzten Quadrate und dem Erscheinungsbild wird der Gitterschnitt-Kennwert zugeordnet, siehe Bild ➜ 191.3.
Eine Altbeschichtung ab dem Gitterschnitt-Kennwert 2 sollte mithilfe eines entsprechenden Entschichtungsverfahren abgetragen werden und es sollte ein neuer Lackaufbau erfolgen.

7.2.3 Durchschleiftest

Beim Durchschleiftest wird der Lack im Schadensbereich mit Schleifpapier bis zum Blech durchgeschliffen. So werden die verschiedenen Lackschichten sichtbar, siehe Bild ➜ 1.

Vorgehen:
- Mit Schleifpapier P 240 den Lack bis zum Blech durchschleifen.
- Anschließend mit Trockenschleifpapier P 600 bis P 800 anschleifen, bis einzelne Lackschichten erkennbar sind.
- An den Übergängen der verschiedenen Lackschichten den Durchschliff anpolieren.

Der Durchschleiftest erlaubt Rückschlüsse auf:
- die verwendeten Materialien des Lackaufbaus
- die ungefähre Bestimmung der Dicke der einzelnen Schichten

7.2.4 Lösemitteltest

Um die Lösemittelverträglichkeit der Altbeschichtung zu überprüfen, kann ein Lösemitteltest durchgeführt werden. Hierbei wird ein Lappen mit Lösemittel, z. B. mit Nitroverdünnung, getränkt und in einem nicht sichtbaren Karosseriebereich auf den Lack gelegt. Der Lappen verbleibt dort nun ca. eine Minute.

Bleibt der Lack unverändert, ist er lösemittelunempfindlich und kann problemlos überlackiert werden.

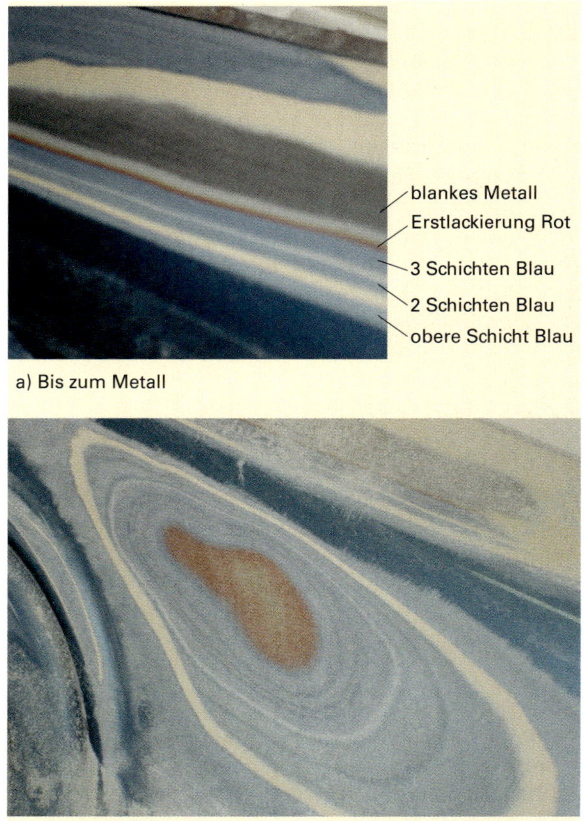

a) Bis zum Metall

b) Bis zur Erstlackierung

1 Durchschleiftest

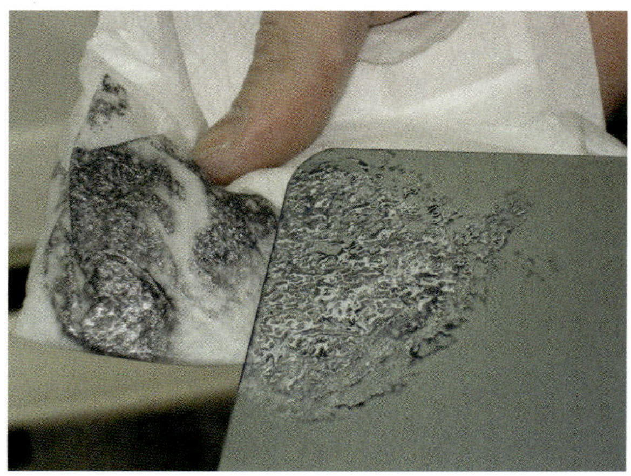

2 Lösemitteltest

Bilden sich Kräusel in der Altlackierung, muss diese bis auf den Untergrund entfernt werden, siehe Bild ➜ 2.

Zusätzlich muss dann die Umgebung der eigentlichen Reparaturstelle mit entsprechenden Grundierungen isoliert werden, da diese Umgebung auch noch lösemittelempfindlich ist.

7.2.5 Fingernagelprobe

Die Fingernagelprobe wird ähnlich wie der Lösemitteltest durchgeführt. Löst die Altbeschichtung nicht sofort an, so kann sie doch nach einer gewissen Einwirkzeit der Nitroverdünnung langsam erweichen.

Das kann geprüft werden, indem man mit dem Fingernagel über die Altbeschichtung geht. Lässt sie sich durch die mechanische Belastung mit dem Fingernagel verformen, ist sie „schmierig", d. h. nicht lösemittelbeständig, siehe Bild ➜ 1.
Dann muss die Altlackierung entschichtet werden.

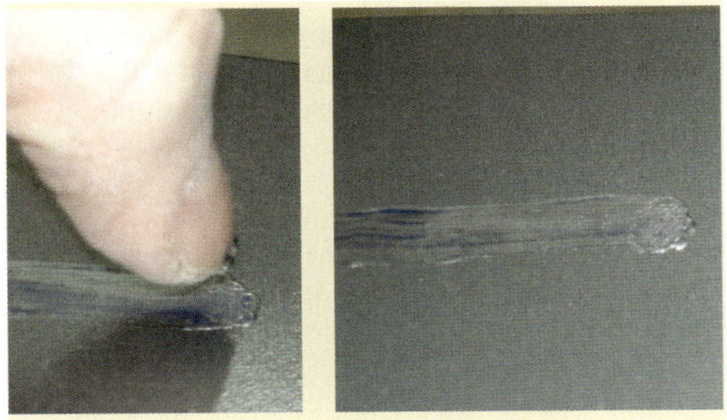

a) Probe b) Ergebnis

1 Fingernagelprobe

7.3 Farbton der Originallackierung ermitteln

Der Farbton der Originallackierung muss exakt ermittelt werden, damit der Reparaturlack im selben Farbton gemischt werden kann.
Gründe:
- Die Hersteller können keinen gleichbleibenden Farbton garantieren; selbst innerhalb einer Serie nicht.
- Ausländische Hersteller verwenden Lacke, die sich von Lacken einheimischer Hersteller unterscheiden.

Der Farbton eines Fahrzeugs kann bestimmt werden durch:
- Farbcode, siehe Kap. 7.3.1
- Farbtonkarten, siehe Kap. 7.3.2
- elektronische Messung, siehe Kap. 7.3.3

2 Farbcode eines VW Golf auf einem Zettel im Kofferraum

7.3.1 Farbcode

Der Farbcode gibt an, welchen Farbton der Fahrzeughersteller in der Serienlackierung verwendet hat.

Beispiel in Bild ➜ 2: LA7W

Der Farbcode ist auf kleinen Plättchen oder Zetteln notiert, die je nach Automarke an verschiedenen Stellen im Pkw angebracht sind, z. B. im Motorraum oder im Kofferraum. Dazu schaut der Auszubildende an die entsprechende Stelle im Auto.

7.3.2 Farbtonkarten

Jeder Lackhersteller erstellt auch Farbtonkarten; das sind Musterkarten, bespritzt mit dem jeweiligen Lack, siehe Bild ➜ 3.

3 Farbtonkarten des Lackherstellers

Mit den Farbtonkarten wird die Altlackierung per Augenschein verglichen; das sollte bei Tageslicht oder mittels einer Tageslichtlampe erfolgen, siehe Bild ➜ 1. Grund: Metamerie.

Von **Metamerie**[1] spricht man, wenn der Lack bei Sonnenlicht anders erscheint, als bei elektrischem Licht, oder der Farbton sich ändert je nach Betrachtungswinkel.

7.3.3 Farbton elektronisch messen

Mit einer speziellen Messsonde in Verbindung mit einem Computer ist das Auffinden und Mischen der jeweiligen Farbrezeptur mit moderner Technik möglich. Man kann mit diesem Messwerkzeug die Farbtöne von Uni- und Metalleffektlacken ermitteln. Die Messung findet im Messkopf statt – aus drei unterschiedlichen Winkeln, um ein möglichst präzises Messergebnis zu erlangen.

Zum Messen sind folgende Geräte notwendig:
- mobiles Messgerät
- PC mit spezieller Software und Farbtondatenbank
- Drucker

Das Farbtonmessgerät ist mobil, d. h., es wird zum Objekt getragen, siehe Bild ➜ 2. So ein Farbtonmessgerät kann bis zu 100 000 Farbtöne erfassen, unabhängig von der Automarke. Die Rezeptur wird dann automatisch berechnet, ausgedruckt und archiviert.

Besteht zwischen dem ermittelten Farbton und dem Farbton der Altlackierung ein Unterschied, korrigiert die Software die gespeicherte Mischformel umgehend und das umständliche Nachnuancieren ist nicht mehr notwendig.

Arbeitsschritte zur elektronischen Farbtonermittlung sind:
- die zu messenden Stellen reinigen (polieren)
- mit der Messsonde neben der Schadstelle den Farbton messen
- die Mischformel vom PC anzeigen und ausdrucken lassen
- die Materialien für den Reparaturlack entsprechend der Mischformel auf der Waage abwiegen

Achtung:
Farbton **nicht** im direkten Sonnenschein vergleichen.

[1] Metamerie von Metamer (griech.) aus der Tiermedizin: in hintereinanderliegende Abschnitte gegliedert

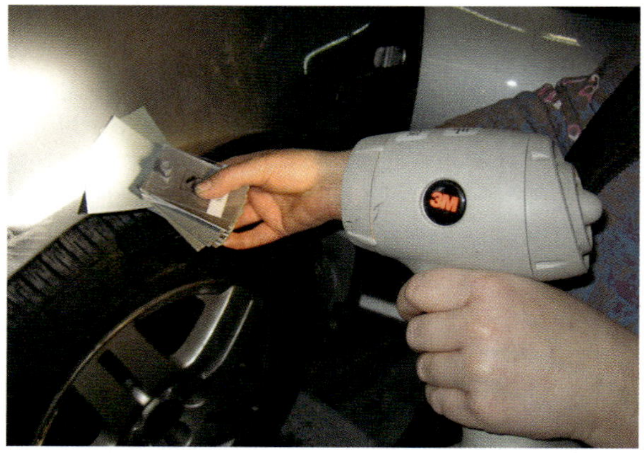

1 Farbton messen mittels Farbtonfächer und Tageslichtlampe

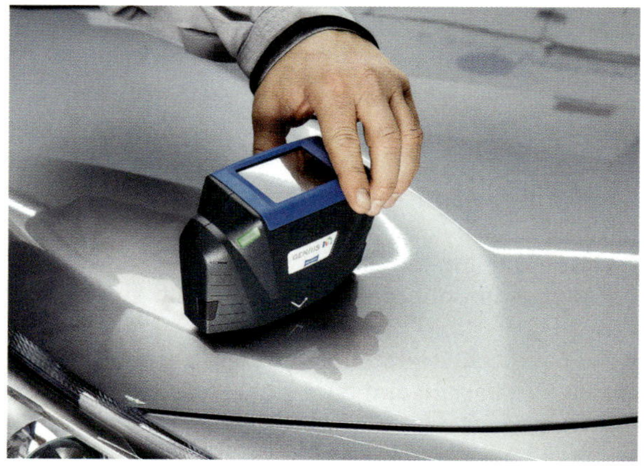

2 Farbtonmessgerät

7.4 Lacksysteme erkennen

Die unterschiedlichen Lacksysteme sind in Kap. 5.3 und in Kap. 10.2.3 beschrieben. Der Lackierer muss sie erkennen, damit die Reparaturlackierung sich in Oberflächenbeschaffenheit und Farbton nicht von der Altlackierung unterscheidet.

Auch ist der Lackierer dafür verantwortlich, dass seine Reparaturlackierung auf dem entsprechenden Untergrund hält.

Die wichtigsten Lacksysteme, die der Lackierer erkennen muss, sind:
- Uni-Lacksystem, siehe Kap. 7.4.1
- Metallic-Lacksystem, siehe Kap. 7.4.2
- Drei-Schicht-Lacksystem mit eingefärbtem Vorlack, siehe Kap. 7.4.3
- Drei-Schicht-Lacksystem mit eingefärbtem Klarlack, siehe Kap. 7.4.4
- Lacksystem mit Eigenrezeptur, siehe Kap. 7.4.5
- Slurry-, Pulver- und UV-Strahlen härtende Lacksysteme, siehe Kap. 7.4.6
- kratzfeste Lacksysteme, siehe Kap. 7.4.7

7.4.1 Uni-Lacksystem erkennen

Ein Uni-Lacksystem kann mithilfe des Farbcodes des Herstellers bestimmt werden, vgl. Kap. 7.3.1. Außerdem erkennt man ein Uni-Lacksystem daran, dass der metallische Glanz der Pigmente fehlt.

Um festzustellen, um welches Uni-Lacksystem es sich handelt, schleift man vorsichtig an einer nicht sichtbaren Stelle mit nassem Schleifpapier P 1000:

- Färbt sich das Wasser am Schleifpapier in Wagenfarbe, dann handelt es sich um einen Unilack ohne Klarlack (Ein-Schicht-Unilack).
- Färbt sich das Wasser nicht, sondern bleibt klar, handelt es sich um einen Unilack mit einer Schicht Klarlack (Zwei-Schicht-Unilack).

7.4.2 Metallic-Lacksystem erkennen

Ein modernes Metallic-Lacksystem besteht aus zwei Schichten. Dieses Lacksystem ist am häufigsten an Pkws zu finden; somit muss es auch am häufigsten repariert werden. Metallic-Lacksysteme können mithilfe des Farbcodes des Herstellers bestimmt werden, vgl. Kap. 7.3.1.

Außerdem erkennt man ein Zwei-Schicht-Metallic-Lacksystem:

- am metallischen Glanz der feinen Aluminiumpigmente im Basislack
- an der „Tiefe" in der Schicht durch den Klarlack
- am Flop-Effekt (Hell-dunkel-Effekt)

Informationen zu Metalleffekt-Pigmenten und zum Flop-Effekt siehe Kap. 10.2.3.2.

7.4.3 Drei-Schicht-Lacksystem mit eingefärbtem Vorlack erkennen

Ein Drei-Schicht-Lacksystem mit eingefärbtem Vorlack kann mithilfe des Farbcodes des Herstellers bestimmt werden, vgl. Kap. 7.3.1.

Außerdem erkennt man solche Lacksysteme am Flip-Flop-Effekt, d. h. dem Farbwechsel je nach Betrachtungswinkel.

Informationen zu Flip-Flop-Effekt-Pigmenten siehe Kap. 10.2.3.3.

Bei Schleifarbeiten für die Reparaturlackierung sind die unterschiedlichen Lackschichten dann eindeutig zu erkennen und in Verbindung mit dem Farbcode des Herstellers kann der exakte Farbton für den Vorlack gefunden werden.

7.4.4 Drei-Schicht-Lacksystem mit eingefärbtem Klarlack erkennen

Ein Drei-Schicht-Lacksystem mit eingefärbtem Klarlack kann mithilfe des Farbcodes des Herstellers bestimmt werden, vgl. Kap. 7.3.1. Außerdem erkennt man solche Lacksysteme am brillanten Lackstand und der brillanten Lackoberfläche.

Beispiel: Candy-Lacksysteme
Sie erreichen ihre Brillanz durch einen gefärbten, lasierenden Klarlack. Auf einen farbigen Metallic-Vorlack wird eingefärbter Klarlack gespritzt, der dann auch wieder mit einer schützenden Klarlackschicht überzogen werden kann.

Informationen zum Candy-Effekt siehe Kap. 10.2.4.

7.4.5 Lacksystem mit Eigenrezeptur erkennen

Überwiegend handelt es sich hierbei um Effektlacke mit Eigenrezeptur, also **Nicht-Serienlacke**.

Man erkennt sie an:

- außergewöhnlichen Pigmenten und Farbtönen
- besondere Größe und auch Farbe der Pigmente, z. B. Gold

Diese Pigmente werden als **Flakes**[1] bezeichnet. Sie benötigen mehrere Schichten Klarlack, um eine glatte Oberfläche zu erreichen.

Eine fachmännische Reparatur der Lackierung mit einem Nicht-Serienlack kann nur erfolgen, wenn bei der Herstellung die Lackrezeptur genau dokumentiert wurde.

7.4.6 Slurry-, Pulver- und UV-Strahlenhärtende Lacksysteme erkennen

Slurry-, Pulver- und UV-Strahlenhärtende Lacke sind in Kap. 5.3.1.4 beschrieben. Solche Lacksysteme können vom Lackierer nicht erkannt werden.

Für die Reparaturlackierung ist das Erkennen nicht so wichtig, denn die Bindemittel dieser Lacksysteme bestehen aus Acrylaten und Polyurethanen.

[1] Flake (engl.): Flocke

Der Fahrzeuglackierer kann dann auf die gängigen, handelsüblichen Materialien für die Reparaturlacksysteme zurückgreifen.

7.4.7 Kratzfeste Lacksysteme erkennen

Seit Anfang 2000 werden von einigen Autoherstellern auch Klarlacksysteme eingesetzt, die eine hohe Kratzbeständigkeit gegen kleine Kratzer bieten. Diese Lacke sind unter unterschiedlichen Bezeichnungen auf dem Markt, die jedoch alle denselben Effekt beschreiben: Vermeidung von Mikrokratzern auf der Lackoberfläche.

Einen kratzfesten Lack erkennt man an der schwer zu schleifenden Lackoberfläche und damit an dem Mehraufwand an Schleifzeit und Schleifmaterial.

Beispiel:
Bei der Bezeichnung des Lacks eines Mercedes bezeichnet das „C“ vor der Zahlenkombination des Farbcodes das kratzfeste Material.

7.5 Bindemittel der Lackierung erkennen

Der Fahrzeuglackierer muss auch die Bindemittel der Lackierung erkennen, damit er eine fachmännische Reparatur durchführen kann. Die Löse- und Verdünnungsmittel des Reparaturlacks können die Altlackierung lösen und zerstören, weil die Bindemittel nicht lösemittelresistent sind, also angelöst werden, d. h., sie sind reversibel[1].

Die Bindemittel der Lacksysteme sind in Kap. 5.2.1 beschrieben.

Der Fahrzeuglackierer muss folgende Bindemittel der Altlackierung unterscheiden können:
- Nitrocellulose, siehe Kap. 7.5.1
- Alkydharz, siehe Kap. 7.5.2
- thermoplastische Acrylharze, siehe Kap. 7.5.3
- Acrylate, Polyurethane und deren Mischformen, siehe Kap. 7.5.4

7.5.1 Nitrocellulose-Bindemittel erkennen

In den Anfängen der Massenproduktion von Autos (Ford T) wurde Decklack verwendet, der aus reiner Nitrocellulose, später auch in Kombination mit Alkydharz (Nitrokombilack) und organischen Lösemitteln, bestand.

Er war bis in die 1960er und 1970er Jahre ein beliebter Serien- und auch Reparaturlack für die Basislack-Bindemittel.
Spachtel und Füller mit Nitrocellulose wurden auch bis in die 1990er Jahre verwendet. Heute wird Lack mit Nitrocellulose nur noch bei der Restaurierung von Oldtimern eingesetzt.

Nitrocellulose kann mithilfe des Lösemitteltests erkannt werden, vgl. Kap. 7.2.4.

7.5.2 Alkydharz-Bindemittel erkennen

Der Kunstharzlack, oder auch **KH-Lack**, ist, wie (fast) alle anderen Lacke auch, künstlich hergestellt. Die aus den 1960er Jahren übernommene Bezeichnung „Kunstharz“ meint aber hauptsächlich den Alkydharzlack mit einem Anteil an langsam an der Luft trocknenden Ölen.

Um die Trocknung zu beschleunigen, wird dieser Lack dann in Kombination mit Melaminharzen verwendet, der bei hohen Temperaturen, bis 120 °C, beschleunigt getrocknet werden kann. Dieser Lack wird deswegen auch als **Einbrennlack** bezeichnet. Auch als zweikomponentiges Alkydharz gibt es diesen Lack auf dem Markt, ihm werden zur Trocknung Isozyanate zugegeben.

Alkydharz kann mithilfe des Lösemitteltests erkannt werden, vgl. Kap. 7.2.4. Alkydharz ist nur z. T. reversibel, d. h., Einbrennlack und zweikomponentiger Alkydharz lassen sich nicht wieder lösen. Er ist Basis des Bindemittels im Ein-Schicht-Uni-Lack für besonders wirtschaftliche Reparaturen.

7.5.3 Bindemittel aus thermoplastischem Acrylharz erkennen

Thermoplastische Acrylharze (**TPA**) sind Polymerisate oder Mischpolymerisate. Sie können in Lösemitteln oder in Wasser dispergiert[2] als Bindemittel für Lacke verwendet werden. TPA wurden bis in die 1980er Jahre von Fiat, Rolls-Royce und hauptsächlich US-amerikanischen Autoherstellern verwendet.

TPA schmelzen bei Wärme, sind reversibel und können mithilfe des Lösemitteltests erkannt werden, vgl. Kap. 7.2.4. Vor dem Farbcode steht der Buchstabe „A“.

[1] reversibel (lat.): umkehrbar
[2] dispergiert (lat.): verbreitet, hier: fein verteilt

7.5.4 Acrylat- und Polyurethan-Bindemittel erkennen

Heutzutage auf dem Markt befindliche Bindemittel für Automobillacke sind überwiegend aus Acrylaten und Polyurethanen gewonnene Kunststoffe. Das heißt, dass europäische Autos, die etwa 15 Jahre und jünger sind, in der Regel mit diesem Bindemittelsystem lackiert wurden.

7.6 Abkleben bei Reparaturlackierungen

Alle Fahrzeugteile, die vor dem Overspray geschützt werden sollen, müssen abgedeckt werden.

Als **Overspray** wird der Lacknebel bezeichnet, der nicht auf das zu lackierende Teil gelangt, sondern in die Umgebungsluft kommt und sich dann im ungünstigsten Fall als feiner Nebel auf die Karosserie legt. Diesen Lacknebel muss dann der Lackierer zeit- und kostenaufwendig auspolieren.

Je nach Arbeitsumfang werden nur die umliegenden Teilbereiche abgeklebt: Beim Schleifen und Spachteln wird nicht abgeklebt, es fällt nur Schleifstaub und Schmutzwasser an.

Vor dem Lackieren mit der Pistole muss jedoch das Auto großflächig abgeklebt werden, siehe Bild ➜ 1. Denn auch in einer Lackierkabine mit funktionierender Absaugung kann sich feiner Farbnebel auf anderen Fahrzeugteilen absetzen.

Zum Abkleben werden benötigt:
- Abdeckmaterial, siehe Kap. 7.6.1
- Klebeband, siehe Kap. 7.6.2

7.6.1 Abdeckmaterial

Abdeckmaterialien sind:
- durchschlagsicheres Papier, d. h., es ist wasser- und lösemittelfest
- Kunststofffolie
- wiederverwendbare (Kunststoff-)Decke
- flüssige Schutzfilme

Meist kommen Folien in Kombination mit Papier zum Einsatz, siehe Bild ➜ 2.

Die Klebebänder sorgen für ein sicheres Haften des Abdeckmaterials, siehe dazu Kap. 7.6.2.

Weitere Informationen siehe Kap. 3.1.

1 Abkleben vor dem Lackieren

a) Abdeckarbeiten mit Papier

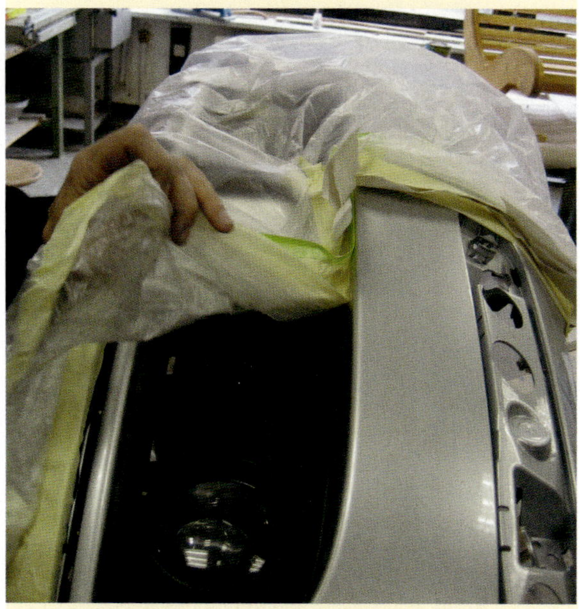

b) Mit Folie bei Lackierarbeiten

2 Abdeckmaterial

7.6.2 Klebeband

Das zum Abkleben verwendete Klebeband gibt es in verschiedenen Ausführungen; je nach Untergrund muss das richtige verwendet werden. Für Zierlinien gibt es Klebebänder, die das Unterkriechen der Farbe verhindert.

Klebebänder müssen sein:
- lösemittelbeständig
- wasserbeständig
- hitzebeständig wegen des Heizstrahlers und Ofens
- vom Untergrund gut lösbar

Abgeklebt werden:
- Karosseriefugen
- Gummilippen, Dichtgummis
- geklebte Scheiben
- bei Mehrfarben- und Designlackierungen
- scharfe Farblinien, Kurven

Bei **Spot-Repair** wird die Lackierung nur knapp um die reparierte Stelle herum ausgeführt. Es ist möglich, dass dies hinterher zu sehen ist.

Deswegen sollte möglichst bis an eine Kante heran abgeklebt werden; dies kann ein Türfalz oder eine Zierleiste sein, siehe Bild ➜ 1.

Weitere Informationen zum Spot-Repair siehe Kap. 11.1.5.

Achtung:
Bevor der Lack vollständig durchgehärtet ist, Klebeband mit dem Abdeckmaterial vorsichtig entfernen.

So können die Übergangszonen des Klarlacks noch ineinanderfließen und es gibt keine Kanten.

Damit keine Füllerkanten durch das Klebeband entstehen, werden mit dem Klebeband sogenannte **Bördelkanten** geklebt.

Dabei wird das Klebeband nicht mit der Kante direkt auf die Altlackierung geklebt, sondern das Klebeband wird einmal herumgeschlagen, sodass eine überhängende Kante entsteht, siehe Bild ➜ 2.

So kann ein kleiner Teil des Lacknebels unter die Kante gelangen und einen feinen Übergang zwischen den Lackschichten ausbilden.

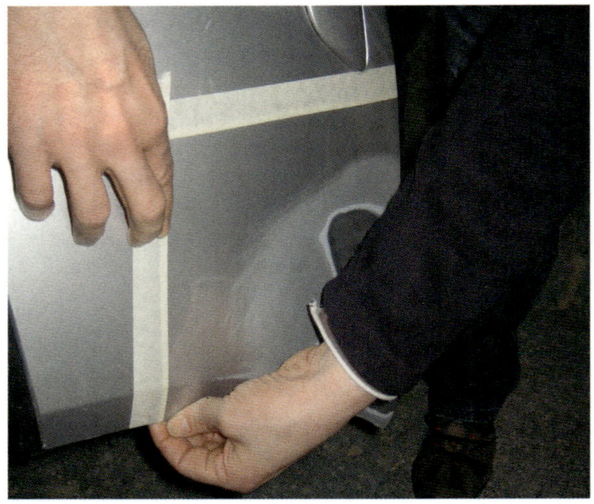

1 Kleine Teilfläche abkleben

2 Kleben einer Bördelkante (zur Veranschaulichung)

7.7 Verfahren der Reparaturlackierung

Als Reparaturlackierung bezeichnet man jede Lackiertätigkeit mit den entsprechenden Vorarbeiten, mit der eine schadhafte Altlackierung ausgebessert, sprich: repariert, wird.

Dazu zählen:
- Spot-Repair
- Beilackierung
- Lackierung ganzer Teile oder Karosserien

Bei der Reparaturlackierung müssen Gesetze bezüglich der Luftreinhaltung, dem Gewässerschutz und Vorschriften zum Arbeits- und Gesundheitsschutz beachtet und angewendet werden.

Das beinhaltet:
- alle Lackierarbeiten mit Spritzmaske durchführen
- nur in Spritzkabine mit eingeschalteter Absaugung oder bei Unterflurabsaugung lackieren
- Schleifarbeiten mit Staubabsaugung und Staubmaske durchführen
- Müll umweltgerecht entsorgen

Reparaturlackierungen werden ausgeführt als:
- Ganzlackierung, siehe Kap. 7.7.1
- Teillackierung, siehe Kap. 7.7.2

7.7.1 Ganzlackierung

Bei der Ganzlackierung wird das gesamte Fahrzeug lackiert, siehe Bild ➜ 1. Sie wird in der Praxis im Vergleich zu Teillackierungen nicht so häufig durchgeführt, denn Autos mit einer Lackierung, die komplett lädiert ist, sind meistens so alt, dass eine Ganzlackierung wirtschaftlich unrentabel ist.

Daher findet man Ganzlackierungen oft nur bei:
- Fahrzeugrestaurierung, also bei Oldtimern
- Sonder- und Effektlackierungen

Informationen zu Ganzlackierungen siehe Kap. 9, zu Sonder- und Effektlackierungen siehe Kap. 10.

7.7.2 Teillackierung

Bei der Teillackierung wird nur eine Teilfläche der Karosserie des Autos lackiert. Sie wird an Fahrzeugen mit Unfallschaden oder ähnlichem Schaden ausgeführt.

Beachte:
Die Teillackierung ist im Vergleich zur Ganzlackierung die umweltfreundlichere Methode, da weniger Emissionen die Umwelt und den Menschen belasten.

Die betroffenen Karosserieteile können lackiert werden:
- teilweise, siehe Kap. 7.7.2.1
- vollständig, siehe Kap. 7.7.2.2

Ob ein Karosserieteil vollständig lackiert wird, oder nur ein Teilbereich, das entscheidet die Wirtschaftlichkeit.

7.7.2.1 Teilbereiche eines Karosserieteils lackieren

Teilbereiche von Karosserieflächen sind nur lackierbar, falls die Form des Teils eine Unterteilung der Lackfläche ermöglicht, z. B. an stark ausgeprägten Kanten, Sicken oder an Zierleisten. Sonst sind Farbtonunterschiede zwischen der Serien- und der Reparaturlackierung zu offensichtlich.

1 Ganzlackierung eines Pkw

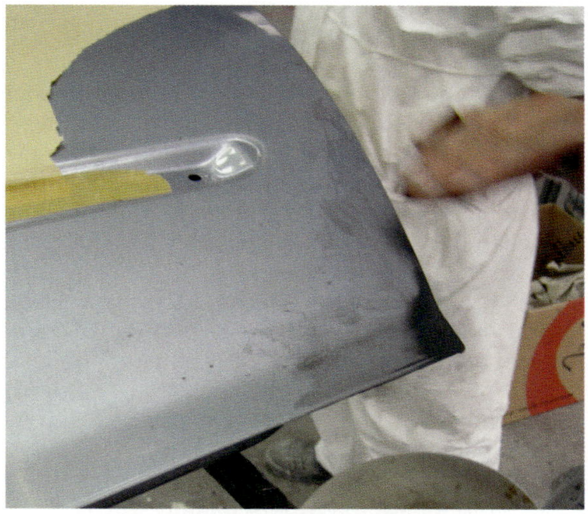

2 Teilbereich einer demontierten Autotür wird zur Reparaturlackierung vorbereitet

An liegenden Flächen (Dach, Motorhaube) ist eine Teillackierung wegen schwieriger Farbtonangleichung nicht sinnvoll.

Teilbereiche können lackiert werden, wenn das Karosserieteil:
- demontiert ist
- am Fahrzeug eingebaut ist

Teilbereiche eines demontierten Karosserieteils lackieren
Um ein Karosserieteil reparieren zu können, muss dieses Teil oftmals ausgebaut sein. Dieses ausgebaute Teil muss dann aber nicht vollständig lackiert werden, sondern es reicht, die reparierten Teilflächen abzukleben und nur einen Teilbereich zu lackieren, siehe Beispiel Autotür in Bild ➜ 2.

1 Teilbereich am Fahrzeug lackieren

Teilbereich eines Karosserieteils am Fahrzeug lackieren

Wenn die zu reparierende Stelle an einem Teil der Karosserie so klein ist, dass dieses nicht demontiert werden muss, ist es kostengünstiger, einfach die Karosserie abzudecken, den zu reparierenden Teil abzukleben und das ganze Fahrzeug in die Kabine zu stellen und dort zu lackieren, siehe Bild ➜ 1.

Ist eine zu lackierende Fläche besonders klein, spricht man vom **Spot-Repair**, der Punkt- oder Fleckreparatur, siehe Bild ➜ 2.

Aus technischen und wirtschaftlichen Gründen ist Spot-Repair nur sinnvoll bei:

- Schäden bis zu einer Größe von ca. 4 cm x 4 cm
- bei Stoßfängern mit Streifschaden
- maximal einer Schadstelle pro Teil
- Zwei-Schicht-Lackierungen

Wenn sich ein Schaden nahe einer Kante befindet und sich der Farbton für die Spot-Lackierung eignet, ist dort ein Spot-Repair sinnvoll, siehe Bild ➜ 3.

Auch für Spot-Repair gilt:
An liegenden Flächen (Dach, Motorhaube) ist eine Teillackierung wegen schwieriger Farbtonangleichung nicht sinnvoll.

Solche kleinen Reparaturen werden immer häufiger auch von Firmen durchgeführt, die sich auf diese Art der Lackschadensbehebung spezialisiert haben. Sie haben eine mobile Werkstatt, d. h., alle zu einer solchen Reparatur notwendigen Werkzeuge, Geräte und Materialien befinden sich in einem Kleinbus und die Werkstatt kommt zum Kunden und seinem Fahrzeug; dort werden diese Reparaturen ausgeführt.

Weitere Informationen zum Spot-Repair siehe Kap. 11.1.5.

2 Spot-Repair

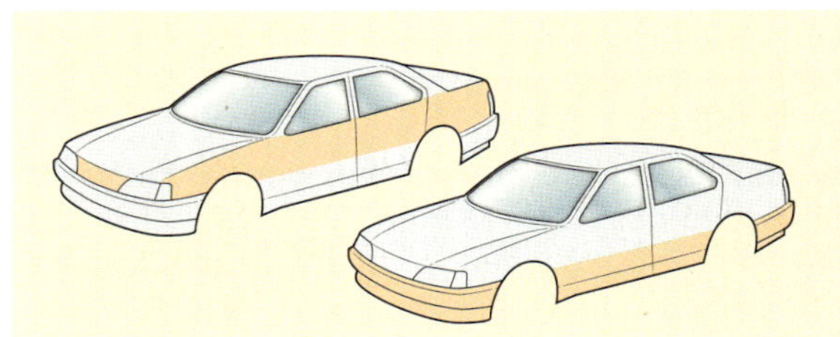

3 Flächen, die sich für Spot-Repair eignen

4 Reparierte Tür eines Pkws vollständig lackieren

7.7.2.2 Karosserieteile vollständig lackieren

Ist der zu lackierende Schaden großflächig, aber leicht zu erreichen und es fallen keine aufwendigen Reparaturen an, oder das Karosserieteil kann nicht demontiert werden (z. B. Dachholm), dann kann auch ein ganzes Teil montiert am Wagen lackiert werden.
Ein Karosserieteil wird vollständig lackiert, wenn:
- die Teillackierung unwirtschaftlich ist
- es liegende Flächen sind, siehe Bild ➜ 1
- keine Unterteilung der Lackfläche vorhanden ist
- es nicht demontierbar ist
- es als Neuteil eingebaut werden soll; siehe dazu Kap. 5.11
- es demontiert und repariert wurde, siehe Bild ➜ 200.4
- es im Fahrzeug eingebaut, also nicht demontiert ist, siehe Bild ➜ 2

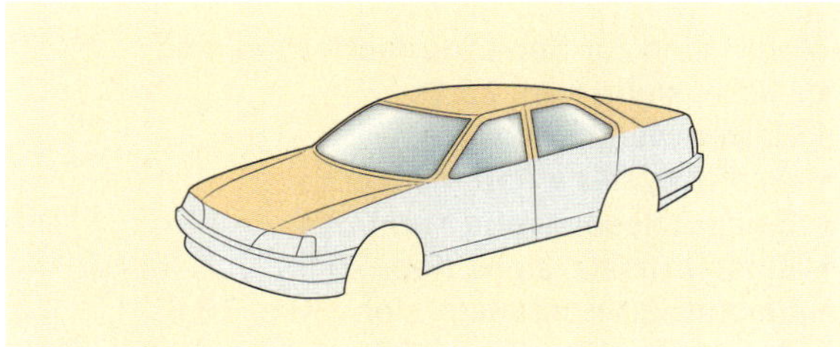

1 Liegende Flächen am Pkw

2 Fahrzeugtür am Fahrzeug lackieren

7.8 Korrosionsschutz

Korrosion bedeutet die Zerstörung von Werkstoffen durch Umwelteinflüsse. Lange Zeit verstand man unter diesem Begriff nur die Oberflächenveränderung von Metall; inzwischen wird dieser Begriff aber auch für die Veränderung von Kunststoff, Glas oder von weiteren Baustoffen verwendet.

Hauptsächlich die energiereiche Sonnenstrahlung, aggressiver Sauerstoff, aber auch Hitze und Kälte können Veränderungen an der Oberfläche und auch direkt in Werkstoffen verursachen, bis hin zu seiner vollständigen Zerstörung.

Also muss der Fahrzeuglackierer auch mit einer Reparaturlackierung dafür sorgen, dass das Material vor zerstörerischen Umwelteinflüssen geschützt ist. Mit einer Grundierung schafft er die Voraussetzungen für eine lange Lebensdauer des lackierten Teils.

Moderne Klar- und Basislacke sind immer noch wasserdampfdurchlässig, d. h., der unter diesen Lackschichten liegende Stahl muss unbedingt auch vor Korrosion geschützt werden. Besonders Karosseriestellen, die ab Werk eine rosthemmende Zinkschicht haben, müssen bei der Reparaturlackierung erneut eine Rotschutzschicht erhalten, damit es nicht unter dem Lack anfängt zu rosten.

Weitere Informationen zur Korrosion siehe Kapitel 1.2.

7.9 Materialien zur Reparaturlackierung

Mit diesen Materialien können, unter Berücksichtigung der unterschiedlichen Untergründe, fachmännische Reparaturlackierungen in einer Werkstatt durchgeführt werden.

Der Lackierer muss nun aus der Vielfalt an handelsüblichen Materialien diejenigen aussuchen und verwenden, die ein optimales Ergebnis ermöglichen und gleichzeitig aber auch ökonomische und ökologische Aspekte berücksichtigen.
Entscheidend für die Verwendung der Materialien für die Reparatur sind jedoch deren Inhaltsstoffe wie Bindemittel, Pigmente und Zusatzstoffe.

Achtung:
- Die Inhaltsstoffe eines Reparaturlacks müssen sich mit dem auf der Fläche befindlichen Material „vertragen".
- Sie dürfen den ursprünglichen Lack nicht wieder anlösen.
- Es sollen keine Abrisskanten zwischen Alt- und Neulackierung entstehen.
- Der reparierte Teil des Lackes muss genau so haltbar sein wie der Altlack.

Materialien zur Reparaturlackierung sind:
- Lacke, siehe Kap. 7.9.1
- Härter, siehe Kap. 7.9.2
- Additive, siehe Kap. 7.9.3
- Beispritzlöser, siehe Kap. 7.9.4
- Einstellzusatz, siehe Kap. 7.9.5
- Elastifizierungszusatz, siehe Kap. 7.9.6
- Aktivator, siehe Kap. 7.9.7
- Reiniger, siehe Kap. 7.9.8
- VE-Wasser, siehe Kap. 7.9.9

7.9.1 Lacke für die Reparaturlackierung

Die Lackhersteller bieten neben ihren Produkten für die industrielle Produktion in Fabriken auch spezielle Lacksysteme für die Fahrzeugreparaturlackierung an.

Lacksysteme für die Fahrzeugreparaturlackierung sind:
- Readymix, siehe Kap. 7.9.1.1
- wasserverdünnbare Lacke, siehe Kap. 7.9.1.2
- Medium-, High- und Very-High-Solid-Materialien, siehe Kap. 7.9.1.3
- UV-härtende Lacke, siehe Kap. 7.9.1.4
- Nitrocellulose-Kombinationslacke, siehe Kap. 7.9.1.5

7.9.1.1 Readymix

Der Lackierer kann sich einen Einschicht- oder einen Basislack für die Reparatur direkt beim Hersteller fertig ausgemischt bestellen, indem er den entsprechenden Farbcode ermittelt, das wird als Readymix bezeichnet.
Dann wird dem Lackierer ein Basislack geliefert, der in Farbton und Inhaltsstoffen genau zu dem Originallack passt.
Das ist jedoch zeitaufwendig und auch kostenintensiv, da in der Regel die Menge von 1 Liter bestellt werden muss und der nicht verbrauchte Rest des Lacks dann entsorgt wird.

7.9.1.2 Wasserverdünnbare Lacke

Die europäische Gesetzgebung, die VOC-Norm[1] zwingt die Hersteller von Lacken, die krebserregenden organischen Lösemittel Toluol, Xyluol, Benzol in ihren Lacken zu reduzieren. Als „Ersatz" hat sich Wasser als Löse- und Verdünnungsmittel für die wasserverdünnbaren Basislacke weiter durchgesetzt, vgl. Kap. 5.3.1.2.

Die gängigsten Bindemittel für die Reparatur sind Acrylate, Polyurethane und deren Mischpolymerisate. Sie sind vergleichbar mit denen in der Werkslackierung und ihnen kann völlig entmineralisiertes Wasser (VE-Wasser) als Verdünnungs- und Lösemittel zugesetzt werden.

Seit mehreren Jahren werden diese wasserverdünnbaren Lacke hauptsächlich für Basislacke erfolgreich verwendet; der wasserverdünnbare Klarlack hat sich noch nicht durchgesetzt.

7.9.1.3 Medium-, High- und Very-High-Solid-Materialien

Neben dem Einsatz von Wasser zur Reduzierung von Lösemitteln können auch Materialien verwendet werden, bei denen der Festkörperanteil erhöht ist. Grundierung, Füller, Decklack und Klarlack können als Solid[2]-Materialien eingesetzt werden.

Diese Materialien haben alle im Vergleich zu den „konventionellen" Materialien gemeinsam, dass sie deutlich weniger schädliche Löse- und Verdünnungsmittel emittieren und gleichzeitig aber einen höheren Festkörper- bzw. Bindemittelanteil haben.

Der Lackierer kann also in einem Spritzgang viel mehr Material auf den Untergrund bringen und es wird weniger Overspray produziert.

In der Reparaturlackierung kann noch gewählt werden zwischen:
- Medium-Solid-Lack
- High-Solid-Lack
- Very-High-Solid-Lack

Medium-Solid-Lack (MS-Lack) ist vom Lackierer einfach zu verarbeiten, da er in mehreren dünnen Schichten nacheinander lackiert wird. Er muss nach geltenden EU-Richtlinien einen Festkörpergehalt von mind. 55 % haben.

High-Solid-Lack (HS-Lack) ist noch ergiebiger als ein MS-Lack, Festkörpergehalt bis zu 65 %. Er kann sogar nur mit den entsprechenden Härtern ohne Verdünnung verarbeitet werden.

Very-High-Solid-Lack (VHS-Lack) hat einen Festkörpergehalt bis zu 80 %. Er hat wenig Verdünnungsmittel, aber sehr viel Bindemittel. Deshalb ist er schwierig zu verarbeiten und hat sich für die Fahrzeugreparaturlackierung noch nicht durchgesetzt.

[1] VOC = **V**olatile **O**rganic **C**ompounds (engl.): flüchtige organische Bestandteile
[2] solid (engl.): Festkörper

7.9.1.4 UV-härtende Materialien

Einige Lackhersteller bieten inzwischen Materialien an, die durch energiereiche, ultraviolette Strahlung härten. In den Materialien befinden sich sogenannte Fotoinitiatoren, die nach der Bestrahlung mit einer UV-Lampe die Aushärtung, also die Vernetzung des Bindemittels in Gang setzten.

Es gibt bereits UV-härtende
- Spachtelmassen
- Füller
- Klarlacke

Spachtelmasse und Füller müssen lasierend („durchscheinend") sein, damit die Strahlung in der gesamten Schicht wirken kann.

Diese Materialien härten binnen weniger Minuten in der gesamten Schicht; das bedeutet eine wesentliche Zeitersparnis für den Lackierer. Weiterhin benötigen UV-härtende Materialien wenig oder keine Lösemittel und sind deshalb sehr umweltfreundlich.

Damit der Lack auch härtet, wenn ein Schatten bei der Belichtung auf die Fläche fällt, werden auch **Kombinationsprodukte** angeboten, die zusätzlich durch Isocyanate aushärten. So ist gewährleistet, dass der Lack tatsächlich nach 24 Stunden trocken ist.

Nachteilig wirkt sich jedoch der hohe Preis aus.

Es müssen bei der Verarbeitung strengstens die Sicherheitsaspekte beachtet werden, denn die UV-Strahlen können Augen und Haut schädigen.

Deshalb sind immer zu tragen:
- eine entsprechende Schutzbrille
- Handschuhe
- Lackieroverall

7.9.1.5 Nitrocellulose-Kombinationslacke

Heute werden Nitrolack in Sprühdosen in Baumärkten angeboten. Allerdings liefert die **Lackierung mit Sprühdose** eine schlechte Qualität der Lackoberfläche.

Zudem ist der Nitrocellulose-Kombinationslack durch Lösemittel wieder lösbar.

Beliebt ist auch der kleine **Reparatur-Lackstift,** eingesetzt für z. B. Steinschlagschäden. Auch er enthält z. T. noch Nitrocellulose.

> Reparaturlackierungen mit Sprühdose oder Reparatur-Lackstift sind nicht fachgerecht.

Der Fachmann verwendet Nitrocellulose-Kombinationslack nicht mehr für die Reparatur. Grund: Diese Lacke sind den modernen Lacken unterlegen in Oberflächenqualität, Haltbarkeit, Schichtdicke und wegen des hohen Lösemittelanteils (bis zu 80 %).
In Kombination mit Alkyd- und Acrylharzen werden Celluloselacke noch als Basislack eingesetzt.

7.9.2 Härter

Es gibt Lacke, die aus zwei Komponenten bestehen:
- Stammlack
- Härter

Diese Lacke werden kurz **2-K-Lacke** genannt.

Der Stammlack härtet nur durch Mischung mit dem Härter.
Bei 2-K-Klarlacken gibt es unterschiedliche Härter, die als Flüssigkeit zum Stammlack dazugegeben werden.

Es gibt Härter:
- kurz: schnell trocknend
- normal: normal trocknend
- lang: langsam trocknend

Ein **langer Härter** kommt auf großen Flächen zum Einsatz, damit das Bindemittel genug Zeit hat, ineinanderzufließen und sich eine glatte Oberfläche bilden kann. Auch bei hoher Umgebungstemperatur wird der lange Härter verwendet, damit das Lösemittel aus der Lackschicht verdampfen kann und keine Lufteinschlüsse entstehen.

7.9.3 Additive

Additive sind Zusatzstoffe, die Beschichtungsstoffen oder Lacken in kleinen Mengen zugegeben werden, um:
- bestimmte Eigenschaften zu erreichen
- unerwünschte Eigenschaften zu verhindern
- chemische Reaktionen einzuleiten

Additive sind z. B. Weichmacher, Thixotropiemittel[1], Mattierungsmittel, Fungizide[2].
Weitere Informationen zu Additiven s. Kap. 5.2.4

[1] Thixotropie (griech.): Eigenschaft gewisser Gele, sich durch Rühren oder Schütteln zu verflüssigen.
[2] Fungizid (lat.): Mittel zur Pilzbekämpfung

7.9.4 Beispritzlöser

Der Beispritzlöser ist ein besonderes Gemisch von Lösemitteln, welches in der Beilackierung Verwendung findet.

Hierbei wird der alte Klarlack im Rand eines Spot-Repairs durch Beispritzlöser oberflächlich angelöst. Dadurch können Alt- und Neulackierung ineinanderfließen, sodass es später im Klarlack nicht zu Abrisskanten kommt.

Die Handhabung bedarf jedoch viel Übung, da bei zu großzügiger Verwendung auch die Altlackierung sich zu stark anlöst und Läufer bekommen kann.

7.9.5 Einstellzusatz

Der Einstellzusatz ist flüssig und wird dem Lack zugegeben, um die „Offenzeit", also die Verzögerung der Hautbildung des Lackfilms, und die Verlaufseigenschaften zu beeinflussen. Diese Einstellzusätze haben eine ähnliche Wirkung wie die verschiedenen Härter bei 2-K-Lacken und werden vorrangig bei 1-K-Decklacken verwendet.

Es gibt Einstellzusätze in der Version:
- kurz: für kalte Umgebungstemperatur (Winter)
- mittel: für normale Temperatur der Umgebung (20 °C)
- lang und extra lang: bei sommerlichen Temperaturen

Lange und extra lange Einstellzusätze sorgen dafür, dass eine besonders glatte Lackoberfläche entsteht, weil die Bindemittelteilchen zusammenfließen können.

7.9.6 Elastifizierungszusatz

Elastifizierungszusätze (Weichmacher) sind flüssig und werden Lacken zugegeben, die eine besondere Elastizität haben müssen, z. B. thermoplastische Acryllacke. Sie werden auch dem Lack für die Reparaturlackierung auf Kunststoffen zugesetzt, z. B. bei Spoilern.

7.9.7 Aktivator

Der Aktivator ist flüssig und findet zusätzlich zum Härter bei 2-K-Lacken Verwendung. Er bewirkt bei niedriger Temperatur eine schnelle Trocknung des Lacks.

7.9.8 Reiniger

Als Reiniger werden häufig **Silikonentferner** eingesetzt. Silikonentferner setzt sich als Gemisch aus verschiedenen Verdünnungsmitteln zusammen, die Öl, Fett und Silicon ablösen, ohne das Bindemittel des Füllers oder des Lacks anzulösen.
Die Reiniger müssen dann rückstandsfrei aus Ritzen und Falzen verdunsten.

7.9.9 VE-Wasser

VE-Wasser ist völlig entmineralisiertes Wasser, d. h. destilliertes Wasser. Es wird als Verdünnungsmittel für wasserverdünnbare Lacke eingesetzt, weil nur Wasser ohne mineralische Zusätze das Lackmaterial nicht negativ beeinflusst.

7.10 Arbeitsplatzgrenzwerte

Die TRGS[1] 900 setzen durch den Arbeitsplatzgrenzwert (**AGW**) fest, bei welcher Konzentration eines Stoffes als Gas, Dampf oder Schwebstoff in der Luft am Arbeitsplatz akute oder chronische Schäden an der Gesundheit nicht zu erwarten sind. Dieser AGW ersetzt somit den lange bekannten und verwendeten **MAK-Wert**[2].
Die AGW sind Mittelwerte, die gelten für:
- eine achtstündige Tätigkeit
- an fünf Tagen in der Woche

Die Konzentration eines Stoffes wird in mg/m^3 oder in ml/m^3 (statt ml/m^3 auch ppm) angegeben.

Folgende Parameter werden berücksichtigt:
- Dichte der Stäube
- lösliche, ultrafeine und grobdisperse Stoffe
- Ort der Probenentnahme
- Verhältnis von Jahres- und Schichtmittelwert

Es werden zwei Kategorien unterschieden:
- Kategorie 1: Stoffe mit örtlich begrenzter Wirkung oder atemwegssensibilisierende Stoffe
- Kategorie 2: resorptiv wirksame Stoffe, d. h. Stoffe, die über die Lunge oder die Haut aufgenommen werden können

Stoffe, für die keine AGW festgelegt sind, sind nach heutigem Stand des Wissens nicht gesundheitsgefährdend; das sind beispielsweise:
- Aluminium
- Eisen(I+II)oxid (= "Rost")
- Titandioxid

[1] TRGS: **T**echnischen **R**egeln für **G**efahr**s**toffe
[2] MAK: **M**aximale **A**rbeitsplatz-**K**onzentration

Bild ➜ 1 zeigt Beispiele für Arbeitsplatzgrenzwerte nach TRGS 900 für Stoffe, die als gesundheitsgefährdend einzustufen sind und mit denen der Fahrzeuglackierer möglicherweise Kontakt hat.

Beachten Sie:
Je kleiner der AGW, desto giftiger ist der Stoff.

7.11 Lackmischbank und Waage

Die **Lackmischbank** ist ein großes Regal mit Lackgebinden. In diesem Regal befinden sich die Basisfarben, aus denen sich eine nahezu unbegrenzte Zahl weiterer Farbtöne mischen lässt, siehe Bild ➜ 2.

Die festen Bestandteile eines Lacks folgen der Schwerkraft, setzen sich am Boden des Gebindes ab und verkeilen ineinander.

Deshalb müssen viele Lacke mindestens zweimal am Tag aufgerührt werden.

Empfohlen wird das Aufrühren morgens und mittags je 15 Minuten.
In mancher Lackmischbank ist ein automatisches Rührwerk eingebaut. So kann der gesamte Lackbestand gleichzeitig und gleichmäßig aufgerührt werden. Bei Dosenwechsel sollte zusätzlich von Hand aufgerührt werden.
Es gibt auch Lacke, die nur geschüttelt werden müssen, bevor sie verarbeitet werden.

Mithilfe einer **Präzisionswaage** lässt sich der gewünschte Farbton mischen. Moderne Waagen rechnen direkt die vorher gewählte Menge an Lack in die Formel um, dass jede beliebige Lackmenge mit der richtigen Rezeptur (Pigmente und Verdünnungsmittel) angegeben wird.

7.12 Farbton eines Lacks angleichen

Ist ein Auto schon ein paar Jahre alt, so ist auch der Lack in dieser Zeit den schädlichen Umwelteinflüssen ausgesetzt. Dabei können besonders die Strahlen der Sonne den Lack verändern, vgl. Kapitel 10.2.2.2.
Das bedeutet, dass der Farbton des Lacks auf der Karosserie deutlich abweichen kann von dem Farbton, der in dem Farbcode des Herstellers angegeben ist. Darum muss der Lackierer meist seinen gemischten Farbton dem Farbton der Altlackierung angleichen.

Schadstoff	AGW in mg/m³	in ml/m³ (ppm)	Verwendung/ Einsatz
n-Butylacrylat	11	2	Kunststoff in Acryllacken
Dibenzoylperoxid	5		Härter für Acrylkunststoffe
Toluol	190	50	Lösemittel (aromatischer Kohlenwasserstoff)
Triisobutylphosphat	50		Entschäumer in Lacken

1 Beispiele für Arbeitsplatzgrenzwerte (AGW)

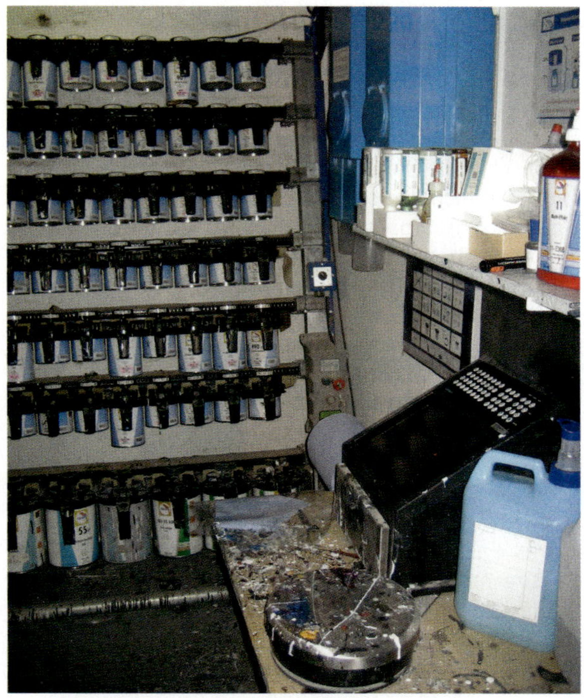

2 Lackmischbank (Hintergrund) mit Waage

Der Farbton kann angeglichen werden durch:
- Mischlack, siehe Kap. 7.12.1
- Nuancieren, siehe Kap. 7.12.2
- Beilackieren, siehe Kap. 7.12.3

7.12.1 Farbton durch Mischlack angleichen

Ziel der Farbtonangleichung muss es sein, über die Wahl der Mischlacke einen möglichst gleichen Farbton bei unterschiedlichen Lichtquellen nachzumischen.
Entweder wird der Farbton der Altlackierung nachgemischt oder ein fertig gemischter Farbton wird zur Angleichung nachgetönt.

Die Hersteller von Lacken haben ihre Auswahl an Mischlacken und/oder Pigmentpasten in den Lackmischbänken so ausgewählt, dass aus den zur Verfügung stehenden Lacken jeder beliebige Originalfarbton zusammengestellt werden kann.

Tipp:
In ein Blatt Papier wird ein rechteckiges Loch geschnitten und auf die Altlackierung gelegt. Das Papier deckt nun störende Einflüsse an den Rändern ab, sodass in der Mitte der Farbton des Altlacks mit der Farbtonkarte verglichen werden kann.

7.12.2 Nuancieren des Farbtons

Der durch das Messgerät gemessene und zur Verwendung vorgeschlagene Farbton wird nun gemischt und zunächst auf ein Probeblech lackiert. Dieses Blech muss jedoch mit der Grundierung und dem entsprechenden Füller vorbereitet sein, mit dem auch das Fahrzeug beschichtet wird. Nach der Trocknung kann dann per Augenschein kontrolliert werden, ob der Farbton „passt".

Stimmt der nachgemischte Farbton nicht genau mit dem Farbton des Altlacks überein, muss nuanciert werden.
Die Mischlacke können in der Werkstatt nicht genau in der Mischung zugegeben werden, dass sie exakt der Originallackierung gleichen. So hat die nuancierte Farbe dann jeweils auch ein spezifisches Farbverhalten bei wechselndem Licht.
Durch die Mischung von verschiedenen Farbtönen muss dieser Effekt minimiert werden. In Verbindung mit Computer und entsprechender Software wird die beste Kombination von unterschiedlichen Farbtönen ermittelt. In die Programme des Computers ist das unterschiedliche Verhalten der einzelnen Mischungen unter unterschiedlichen Lichtverhältnissen programmiert.

Uni- und Metalliclacke werden nach den gleichen Regeln nuanciert.

Allerdings besitzen Metallic-Lacke zwei Farbwirkungen:
- die Draufsicht: Betrachtung aus dem rechten Winkel
- die Schrägsicht: Betrachtung aus einem spitzen Winkel

Deshalb müssen Metallic-Basislacke auf beide Wirkungen hin abgestimmt werden.

Farbtonabweichungen können unterschiedlich angeglichen werden durch:
- Anwenden von bestimmten Spritztechniken
- den Einsatz von Verdünnung

Nuancieren mittels Spritztechniken
Der Farbton eines Metallic-Lacks wird heller, wenn der Spritzabstand zum Objekt vergrößert wird. Zusätzlich kann der Spritzdruck erhöht werden und die Ablüftzeit eines Basislacks wird um wenige Minuten verlängert.
Wenn mit einer kleinen Düse und mit großer Strahlbreite lackiert wird, kann der Farbton auch heller werden.

Nuancieren durch den Einsatz von Verdünnung
Durch eine schnell verdunstende Verdünnung und eine geringe Spritzviskosität kann ebenfalls der Farbton heller werden.

7.12.3 Beilackieren

Als Beilackierung wird eine Farbtonangleichung bezeichnet, bei der in einer Fläche eine möglichst übergangslose Anpassung von Alt- und Neulackierung erreicht wird.
Hierbei kann es notwendig werden, dass auch Teilflächen lackiert werden, die nicht beschädigt sind.
Vorgehensweise bei der Beilackierung:
- Vorarbeiten wie Reinigen und Schleifen; der angrenzende Klarlackbereich muss ganz fein mit angeschliffen werden.
- Spachtel, Grundierung und Füller auftragen.
- Basislack in (zwei) dünnen Schichten auftragen.
- Ständig prüfen, ob der Farbton stimmt.
- Den Farbton mit Spritzdruckeinstellung korrigieren, bis gute Deckkraft erzielt wird.
- Von innen nach außen lackieren, d. h. vom Inneren der Schadstelle nach außen zur Kante hin, damit der Farbnebel sich nicht in der Fläche absetzt.
- Nur den letzten Spritzgang im Basislack von außen nach innen führen.
- Anschließend Klarlack über die lackierte Stelle lackieren.
- Den restlichen Klarlack mit 50 % Beispritzverdünnung mischen zu einer Verdünnung-Klarlack-Mischung.
- Verdünnung-Klarlack-Mischung vorsichtig in der Randzone zwischen altem und neuem Klarlack aufsprühen.
- Anschließend vorsichtig über die gesamte zu reparierende Fläche nebeln; dabei behutsam vorgehen, sonst löst sich der Klarlack zu stark und das Material beginnt zu „laufen".
- Ablüften lassen.

Beispiel:
Wurde ein Kotflügel repariert und erhält eine Reparaturlackierung, so muss eventuell auch die folgende Türfläche mitlackiert werden.

Die Beispritzverdünnung stellt so den Übergang zwischen Alt- und Neulackierung her, dass bei späterem Polieren z. B. der Lackfilm keinen Schaden nimmt.

Kleine Farbtondifferenzen kann man durch geringeren oder größeren Spritzdruck ausgleichen. Dabei wird der Basislack auslaufend von der reparierten Stelle auf die umliegende Fläche mit abnehmendem Druck aufgetragen.

Die Übergangsstelle von altem und neuem Klarlack wird danach poliert, um sie anzugleichen.

7.13 Werkzeuge und Geräte zur Reparaturlackierung

Die Werkzeuge für die Reparaturlackierung sind bereits in anderen Kapiteln beschrieben:
- Schleifwerkzeuge, siehe Kap. 1.5.2
- Spachtel, siehe Kap. 3.4.3
- Staubbindetuch, siehe Kap. 1.5.1.2
- Spritzpistolen, siehe Kap. 3.3.4 und Kap. 10.3.3.1

Geräte zur Reparaturlackierung sind:
- Lackierständer, siehe Kap. 7.13.1
- Infrarottrockner, siehe Kap. 7.13.2

7.13.1 Lackierständer

Kleine und unhandliche, aber auch große, einzelne Teile müssen so zum Lackieren in einer Arbeitshöhe platziert werden, dass alle Bereiche bequem mit der Lackierpistole beschichtet werden können. Damit das erreicht wird, ist der Fantasie des Lackierers keine Grenze gesetzt: an Wäscheleinen, Haken etc. können die Teile gehängt werden.

Käuflich zu erwerben sind jedoch Lackierständer, die auf die Bedürfnisse in einer Lackiererei abgestimmt sind, siehe Bild ➜ 1.

Die Lackierständer sind in der Regel aus verzinktem Stahl. So können sie nicht rosten, wenn sie mit Wasserlack besprüht werden und der Lackierstaub, der sich ansammelt, kann auch wieder entfernt werden.

1 Lackierständer

2 Infrarottrockner

Die Lackierständer haben große, hitzebeständige Räder und sind auch auf Gitterrosten fahr- und drehbar. Meist werden sie durch einen Fußhebel bedient.

Durch eine variabel einstellbare Drehachse kann von jeder Seite lackiert werden.

7.13.2 Infrarottrockner

Infrarottrockner sind auf einem Gestell festgeschraubte Lampen, die Licht im Infrarotwellenbereich ausstrahlen, siehe Bild ➜ 2.

Die Lichtstrahlen durchdringen die nasse Lackschicht, erhitzen den Untergrund und trocknen und härten so den Lack. Man spricht in diesem Zusammenhang von der **beschleunigten Trocknung** oder von der **forcierten Trocknung**.

Infrarottrockner werden hauptsächlich eingesetzt, um lackierte Fahrzeugteile und kleine Flächen zu trocknen. Auch große Flächen können damit getrocknet werden, siehe Bild ➜ 1.

Vorteile dieser Geräte sind:
- Mobilität
- direkte Energieumsetzung für die Trocknung
- genaue, automatische Steuerungsmöglichkeit für den Trocknungsvorgang
- gute Durchhärtung und schnelle Trocknung von High-Solid-Lacken
- hoher Energiewirkungsgrad (Energie- und Zeitersparnis)

Achtung:
Beim Trocknen sollte die Temperatur nicht mehr als 80 °C erreichen.

Sonst können sich Kunststoffteile verziehen.

Weitere Informationen zum Infrarottrockner siehe Kap. 5.6.3.

7.14 Vorgehen bei der Reparaturlackierung

Die Reparaturlackierung wird häufig in Autolackierwerkstätten durchgeführt.

Die Reparaturlackierung ist abhängig von:
- Untergrund, siehe Kap. 7.14.1
- Altlackierung, siehe Kap. 7.14.2

7.14.1 Reparaturlackierung, abhängig vom Untergrund

Die Vorgehensweise und die eingesetzten Materialien in der Reparaturlackierung sind abhängig vom Untergrund. Besondere Beachtung muss der Lackierer dabei den Vorarbeiten und Grundiermaterialien schenken.

Untergründe für die Reparaturlackierung sind:
- Stahl, siehe Kap. 7.14.1.1
- Zink, siehe Kap 7.14.1.2
- Aluminium-Knetlegierung, siehe Kap. 7.14.1.3
- Zinn, siehe Kap7.14.1.4
- Kunststoff, siehe Kap. 7.14.1.5

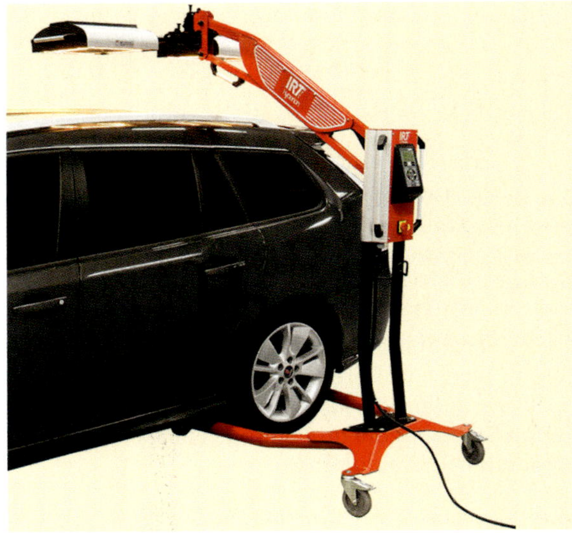

1 Infrarottrockner

7.14.1.1 Reparaturlackierung auf Stahl

Reines Stahlblech findet der Lackierer vor, wenn er für die Reparaturlackierung die Werkslackierung bzw. den kompletten Altlack abgeschliffen hat.

Ersatzteil aus Stahl mit Werksgrundierung lackieren
Die Werksgrundierung ist auf Ersatzteilen, die erstmals lackiert werden (Erstbeschichtung). Sie dient als Transportschutz vom Händler zum Lackierer. Die Werksgrundierung ist kein ausreichender Korrosionsschutz, deswegen empfiehlt es sich, diese Grundierung vorher komplett abzuschleifen.

Vorgehen bei der Reparaturlackierung:
- Werksgrundierung komplett abschleifen
- Stahluntergrund säubern und entfetten
- Rostschutzgrundierung lackieren
- Füller lackieren
- Decklackaufbau

Weitere Informationen zur Erstbeschichtung siehe Kap. 5.

Ersatzteil aus Stahl mit Altlackierung neu lackieren
Für die Lackierung von Ersatzteilen aus Stahl muss unterschieden werden:
- Altlackierung in gutem Zustand
- Altlackierung mit Dellen und Beulen

Vorgehen bei der Reparaturlackierung auf Stahl mit Altlackierung in gutem Zustand, lösemittelfest:
- alten Lack oberflächlich anschleifen (z. B. Körnung P 240 bis P 320)
- Decklackaufbau

Vorgehen bei der Reparaturlackierung auf Stahl mit Altlackierung mit Dellen und Löchern:
- alten Lack bis auf das blanke Blech entfernen
  - 1. Schritt: Schleifen mit Exzenterschleifer, Körnung P 120
  - 2. Schritt: Schleifen mit Körnung P 240 bis P 320 von Hand
- Dellen ausbeulen und Löcher mit Spachtelmasse verschließen
- Spachtelmasse schleifen
- Grundierfüller auflackieren
- Decklackaufbau

Informationen zum Ausbeulen der Dellen siehe Kap. 11.1.1.

7.14.1.2 Reparaturlackierung auf Zink

Im Karosseriebau werden Stahlbleche immer öfter vor der Lackierung mit einer sehr dünnen galvanischen Zinkschicht versehen. Das Zink dient als Schutzschicht und bei Feuchtigkeit schützt es den Stahl vor Rost.

Die Zinkschicht auf Ersatzteilen wird elektrogalvanisch aufgebracht. Sie ist sehr dünn und darf nicht angeschliffen werden.

Die Zinkschicht auf Ersatzteilen wird nur mit einem Lösemittel entfettet.

Diese Zinkschicht reicht als Verankerung für die 2-K-Polyurethan-Grundierung aus. Wenn sie jedoch beim Transport zerkratzt wurde, muss an diesen Stellen neuer Rostschutz aufgebracht werden.

Vorgehen bei der Reparaturlackierung auf galvanisch aufgebrachtem Zink auf Ersatzteilen:
- Zinkuntergrund säubern und entfetten
- spezielle, für Zink geeignete Epoxid- oder 2-K-Polyurethan-Haftgrundierung lackieren
- Füller lackieren
- Decklackaufbau

Vorgehen bei der Reparaturlackierung auf feuerverzinkten Flächen:
- alten Lack bis auf die Zinkschicht entfernen (abschleifen/abbeizen mit Abbeizer)
- Zinkuntergrund mit einer ammoniakhaltigen Netzmittelwäsche säubern und entfetten (Wasser + 5 % Ammoniaklösung + 1 Tropfen Spülmittel)
- spezielle, für Zink geeignete Epoxid- oder 2-K-Polyurethan-Haftgrundierung lackieren
- Füller lackieren
- Decklackaufbau

7.14.1.3 Reparaturlackierung auf Aluminium-Knetlegierung

Reines Aluminium ist sehr weich, deswegen werden in geringen Mengen andere Metalle zugesetzt, z. B. Magnesium oder Kupfer, um für den Karosseriebau geeignete Härten zu erzielen. Dieses Aluminium wird dann als Knetlegierung bezeichnet.

Aluminium-Knetlegierungen finden als Profile für Aufbauten oder ganze Bordwände an Lastkraftwagen Verwendung, aber auch im modernen Karosseriebau, z. B. bei Audi.
Man unterscheidet Aluminium-Knetlegierungen nach der Härte in:
- weich
- mittelhart
- hart

Diese Eigenschaft muss besonders beim Schleifen für eine Reparaturlackierung berücksichtigt werden.
Auch ist die Oxidschicht auf der Oberfläche von Aluminium nicht als Anstrichuntergrund geeignet und muss vor einer Lackierung vollständig entfernt werden.

Vorgehen bei der Reparaturlackierung auf Aluminium:
- alten Lack bis auf das blanke Aluminium entfernen
- Aluminiumuntergrund sorgfältig säubern und entfetten
- Schleifen:
  - Aluminium weich: wenig anschleifen; trocken, von Hand schleifen, Körnung P 240 oder mit rotem Schleifpad
  - Aluminium mittelhart: intensives Anschleifen; Exzenterschleifer, Körnung P 120 bis P 240
  - Aluminium hart: besonders starkes Anschleifen; Exzenterschleifer, Körnung P 120 bis P 180
- spezielle, für Aluminium geeignete 2-K-Polyurethan-Haftgrundierung lackieren
- Füller lackieren
- Decklackaufbau

Im Übrigen ist ein Aluminiumuntergrund so zu behandeln wie ein Stahluntergrund.

Achtung:
Aluminiumuntergrund darf nur mit Werkzeugen und Schleifmaterialien bearbeitet werden, die noch nicht mit Stahl in Berührung gekommen sind.

Feine Stahlpartikel können auf dem Aluminium Korrosion verursachen.

7.14.1.4 Reparaturlackierung auf Zinn

Bei besonders tiefen oder stark belasteten Reparaturstellen oder beim Tuning werden Reparaturstellen und Schweißpunkte vom Karosseriebauer mit Schwemmzinn geschwemmt, siehe Bild ➜ 1.

Dabei wird eine Verzinnungspaste (ein Flussmittel) verwendet, die Öle und Paraffine enthält. Diese Öle und Paraffine lassen keine Spachtelmasse oder Grundierung haften.

Deshalb muss eine verzinnte Fläche vor einer weiteren Bearbeitung unbedingt sorgfältig gereinigt werden. Dies geschieht mit klarem Wasser, vgl. Kap. 3.7.3.

Vorgehen bei der Reparaturlackierung auf Zinn:
- Reinigen, wie oben beschrieben
- mit der Maschine und mit Schleifpapier Körnung P 240 schleifen
- Schleifriefen oder Löcher im Zinn mit Feinspachtel spachteln
- mit feinem Schleifpapier Körnung P 320 trocken schleifen
- Rostschutzgrundierung der umliegenden Stahlflächen aufbringen

Achtung:
Bei Schleifarbeiten eine Feinstaubmaske und Handschuhe tragen.

Zinn enthält Blei; Blei ist ein Schwermetall und besonders gesundheitsgefährlich.

7.14.1.5 Reparaturlackierung auf Kunststoff

Kunststoff hat die Vorteile:
- geringe Masse
- flexible Formgebung

Deshalb hat sich Kunststoff in vielfältiger Art im Fahrzeugbau durchgesetzt; z. B. bei Kotflügeln und Stoßfängern.

Der Untergrund Kunststoff kann sein:
- unbeschichtet
- beschichtet mit Rissen und Löchern, siehe Bild ➜ 2

1 Radlauf neu eingeschweißt, verzinnt und geschliffen

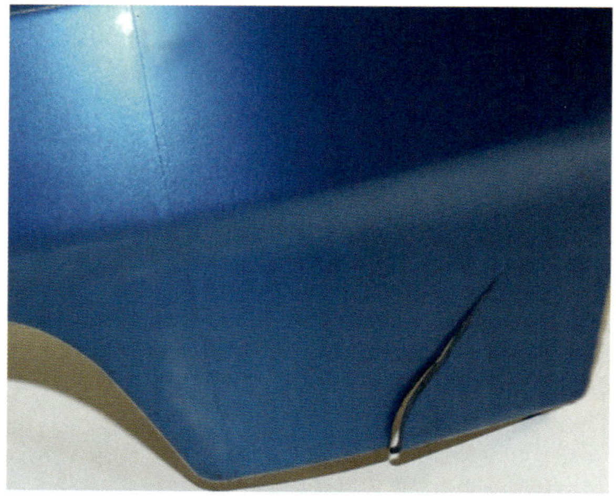

2 Stoßfänger aus Kunststoff mit Riss

Vorgehen bei der Reparaturlackierung auf Kunststoffuntergrund unbeschichtet:
- Oberfläche säubern und entfetten
- tempern, also für 30 min bei 60 °C in den Ofen legen
- sorgfältig mit Universalreiniger für Kunststoffe entfetten
- Kunststoff-Grundierung lackieren
- Kunststofffüller lackieren
- Decklackaufbau

Vorgehen bei der Reparaturlackierung auf Kunststoffuntergrund **mit Rissen und Löchern**:
- alten Lack entfernen
- Risse V-förmig ausschleifen, die Enden anbohren, vgl. Kap. 6.4.2 und Kap. 6.4.3
- Löcher mit Kunststoffspachtel direkt auf unbeschichteten Kunststoff ausspachteln
- mit Kunststofffüller lackieren
- Decklackaufbau

7.14.2 Reparaturlackierung, abhängig von der Altlackierung

Um ein optimales Reparaturergebnis zu erzielen, muss der Lackierer wissen, um welches Lacksystem es sich bei der Altlackierung handelt.

Altlackierungen, die repariert werden, sind:
- Ein-Schicht-Uni-Decklackierung, siehe Kap. 7.14.2.1
- Zwei-Schicht-Uni-Decklackierung
- Zwei-Schicht-Metalliclack
- matte Lacke
- Drei- oder Mehr-Schicht-System
- Effektlack mit Eigenrezeptur
- thermoplastische Acrylharzlackierung
- Pulverlack, Slurrylack und UV-härtendem Lack
- kratzfester Lack
- Kunstharz
- Nitrocellulose-Kombinationslack

Ein-Schicht-Uni-Decklackierung reparieren
Der Lackierer muss zunächst die Mischformel für die gesuchte Farbe herausfinden, dann den Farbton auf der Waage auswiegen und anschließend gut umrühren, damit sich die Pigmente gleichmäßig verteilen.
Durch eine Farbtonprobe (Spritzmuster auf Blech) kann man beurteilen, ob der Farbton stimmt.

Nach den üblichen Vorarbeiten:
- Altlackierung bis auf den Untergrund abschleifen mit Exzenterschleifer und Körnung P 120
- mit Körnung P 240 feinschleifen
- Grundierung lackieren, je nach Untergrund
- trocknen und reinigen
- Füller lackieren
- schleifen mit P 400 bis P 800, trocknen und reinigen

Weiteres Vorgehen, Beilackierung, vgl. Kap. 7.12.3:
- Altlackfläche in der Randzone zur Reparaturstelle mit feinem Schleifpapier anschleifen, Körnung P 1000 oder mit Schleifpad ultrafein
- Fläche mit Siliconentferner und einem Staubbindetuch gründlich reinigen
- in den Übergangszonen einen Gang Basislack auftragen; so wird eine Wolkenbildung zwischen Alt- und Neulackierung vermieden
- in zwei Spritzgängen Basislack auf die Reparaturstelle deckend auftragen
- Basislack auf ca. 18 DIN-Sekunden einstellen und mit geringem Spritzdruck auslaufend in die Fläche spritzen

Zwei-Schicht-Uni-Decklackierung reparieren
Vorgehen:
- Vorarbeiten wie bei Ein-Schicht-Uni-Decklackierung
- 10 min bis 15 min ablüften
- das gesamte Teil mit einer Schicht 2-K-Klarlack lackieren

Zwei-Schicht-Metalliclack reparieren
Vorgehen:
- Vorarbeiten wie bei Ein-Schicht-Uni-Decklackierung
- Altlackierung bis auf den Untergrund abschleifen mit Exzenterschleifer und Körnung P 120
- mit Körnung P 240 feinschleifen
- Grundierung lackieren, je nach Untergrund
- trocknen und reinigen
- Füller lackieren
- mit P 400 bis P 800 nass schleifen und reinigen

Weiteres Vorgehen:
- einkomponentigen Wasserbasislack auftragen
- 5 min ablüften; der Basislack wird matt, das sog. **Mattfallen**
- zweite Schicht Basislack auftragen
- wiederum warten, bis eine matte Oberfläche entsteht, siehe Bild ➜ 1
- 2-K-Klarlack in zwei Spritzgängen auflackieren

Die Schicht aus Klarlack bietet dann den Schutz vor chemischen und physikalischen Einflüssen, den dieses Lacksystem auszeichnet.

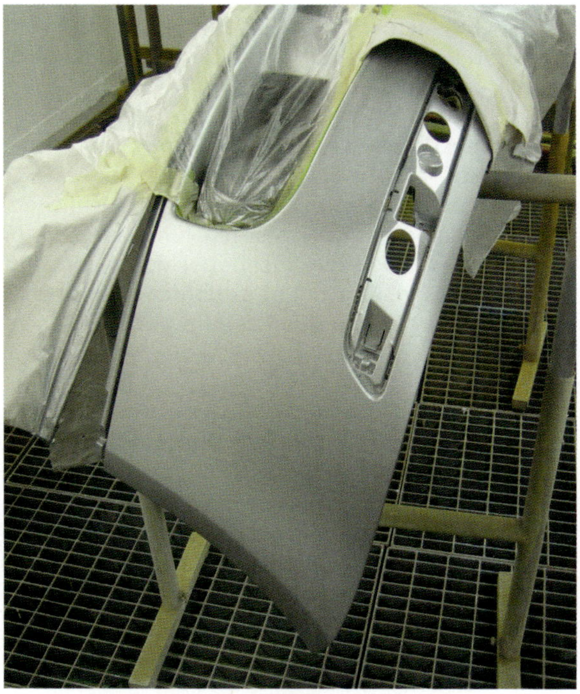

1 Matter Basislack, fertig zum Klarlackauftrag

Lackierung mit mattem Lack reparieren
Matte Lacke erhalten ihre seidenglänzende Oberfläche dadurch, dass dem Klarlack Mattierungsmittel zugefügt sind. Diese Lacke werden ab Werk schon matt eingestellt, oder es werden nach Eigenrezeptur Mattierungsmittel einem Klarlack dazugegeben. Es wird empfohlen, das ganze Teil zu lackieren, da matte Lacke an der Übergangszone zwischen Alt- und Neulack nicht poliert werden können.

Drei- oder Mehrschichtlackierung reparieren
Die Reparatur eines Drei- oder Mehrschichtsystems wird wie die Reparatur eines Zweischichtsystems durchgeführt.

Sie unterscheidet sich nur durch die:
- zusätzliche farbige Vorlackschicht bei einem Flip-Flop-Lack
- eingefärbte Klarlackschicht beim Candylack

Ein Drei- oder Mehrschichtlack benötigt mehrere Schichten von Klarlack, wenn sich besonders große Metallpigmente im Lack befinden.

Wie viele Schichten das sind, muss vom Lackierer individuell herausgefunden werden.

Effektlack mit Eigenrezeptur reparieren
Die Rezeptur, also die genaue Zusammensetzung, eines selbst hergestellten Farbtons sollte penibel notiert werden, damit später eine Reparatur durch Nachmischen des Farbtons möglich wird.

Diese „Eigenkreationen" können nämlich vom Lackierer nicht am Computer mittels eines Farbcodes gemischt werden.

Thermoplastische Acrylharzlackierung (TPA) reparieren
Eine Reparaturlackierung mit den gebräuchlichen, lösemittelhaltigen Lacksystemen führt zur Zerstörung des TPA, weil die Lösemittel den Kunststoff wieder anlösen, ihn sogar zerstören. Besonders aggressiv wirken die Inhaltsstoffe von UP-Spachtelmasse.

Daher muss die zu spachtelnde Stelle vorher metallisch blank geschliffen werden. Weiterhin muss die TPA vor der Reparaturlackierung fein geschliffen werden. Füller und Klarlacke benötigen dann auch noch spezielle elastifizierende Zusätze.

Empfehlenswert ist deshalb, die oberste Lackschicht auf dem gesamten Teil mit Körnung P 80 bis P 120 komplett abzuschleifen. Dann kann mit den gewohnten Materialien neu lackiert werden, ohne dass Risse im Lack oder andere Probleme auftreten.

Lackierung mit Pulverlack, Slurry-Lack oder UV-härtende Lack reparieren
Die Lagerung und Verarbeitung von Pulver- und Slurry-Lack ist sehr aufwendig und teuer und somit für eine Reparaturlackierung durch einen Handwerksbetrieb auszuschließen.
Der Lackierer kann aber seine gewohnten Werkzeuge und Materialien verwenden, weil die Bindemittel seines Reparaturlackes und die der Pulver-, Slurry- und UV-härtende Lacke chemisch sehr ähnlich sind.
Bei der Reparaturlackierung ist vorzugehen, wie bei einer Zwei-Schicht-Metalliclackierung.

Lackierung mit kratzfestem Lack reparieren
Bei der Bearbeitung von kratzfesten Lacken entstehen deutlich längere Richtzeiten. Für die Reparaturlackierung heißt das natürlich, dass für diese Lackoberfläche eine andere Kalkulation und Arbeitsweise im Betrieb zugrunde gelegt werden muss.

Es fallen an:
- höherer Schleif- und Polieraufwand (feinerer Schliff)
- Schleifmittel mit besonders dicht gestreutem Schleifkorn (teures Material)
- Berechnung eines höheren Werts für die Schleif- und Polierarbeiten

Von einem Spot-Repair wird sogar abgeraten.

Der Lackierer sollte eine großflächige Beilackierung bis zur nächsten Kante oder Sicke durchführen, da Abrisskanten im Klarlack zwischen Alt- und Neulackierung möglich sind.

Beispiel:
Der Lackierer muss das Dach komplett lackieren, obwohl nur ein kleiner Bereich der C-Säule beschädigt ist.

Dieser Mehraufwand darf jedoch in Rechnung gestellt werden.

Arbeitsweise:
- Vorarbeiten wie bei Ein-Schicht-Decklackierung
- Altlackierung bis auf den Untergrund abschleifen mit speziellen, für kratzfeste Lacke geeigneten Schleifpapieren und Exzenterschleifer
- mit Schleifpapier Körnung P 240 und Handschleifklotz feinschleifen
- Grundierung lackieren, je nach Untergrund
- schleifen und reinigen
- Füller lackieren
- bis in die Blendingzonen[1] schleifen, da sonst der Klarlack nicht haftet
- Basis- und Klarlackschichten lackieren

Die Lackhersteller bieten inzwischen kratzfeste HS-Klarlacke an, die speziell für die Reparatur kratzfester Lacke geeignet sind, weil sie ähnliche kratzfeste Eigenschaften haben.

Lackierung mit Kunstharzlack reparieren
Kunstharzlack ist ein Alkydharzlack mit einem Anteil an langsam an der Luft trocknenden Ölen.

Allgemein gilt:
Bestehen Zweifel bezüglich der Verträglichkeit von Altlackierung und Reparaturlack, sollte die Altlackierung des ganzen Teils abgeschliffen und neu lackiert werden, oder bis zu einer Kante oder Sicke.

Kunstharz- oder auch Alkydharzlacke können meist unproblematisch mit den gebräuchlichen Materialien zur Reparaturlackierung lackiert werden.

Lackierung mit Nitrocellulose-Kombinationslack reparieren
Für die Reparatur von diesen Lacken wird empfohlen, das ganze zu reparierende Teil bis auf das blanke Blech zu schleifen und dann einen Schichtaufbau mit den gebräuchlichen Acryl-/Polyurethanprodukten durchzuführen.
Falls jedoch ein Oldtimer-Liebhaber sein Auto mit dem Original-Lack versehen möchte, muss man wie folgt vorgehen:
- Nitrocellulose-Haftgrund spritzen
- mit Nitrocellulose-Spachtelmasse glätten
- Haftgrund und Spachtelmasse trocknen und schleifen
- mind. drei Schichten Nitrocellulose-Füller lackieren
- gesamtes Teil schleifen
- mind. drei Schichten Nitrocellulose-Decklack lackieren
- Decklack trocknen lassen
- Decklack mit Schleifpapier P 1000 schleifen
- eine sehr dünne Schicht verdünnten Nitrodecklack oder reiner Nitroverdünnung auf den Decklack spritzen; dadurch lösen die Decklackschichten an und die Oberfläche verfließt
- mit Schleifpaste polieren

7.15 Lackierfehler

Lackierfehler sind Fehler in einer Lackierung, die direkt beim Vorgang der Reparatur entstehen können.

Die häufigsten Lackierfehler sind:
- Blasenbildung
- Kocher
- mangelnde Deckkraft
- Farbtonabweichungen
- Wolkenbildung
- Haftungsstörung des Klarlacks
- Silikonkrater
- Läufer
- Wasserflecken

Viele weitere Schadensbilder können z. B. aus einer mangelhaften Vorbereitung zur Lackierung resultieren, diese sind jedoch nicht Thema in diesem Lernfeld.

Blasenbildung
Blasen sind Lufteinschlüsse im Lackfilm mit Oberflächenstörungen, siehe Bild ➜ 1.

1 Lackierfehler: Blasenbildung

[1] Blendingzone: große Übergangszonen zwischen der Alt- und Neulackierung

Ursachen der Blasenbildung:
- Untergrund war nicht ausreichend ausgetrocknet
- Poren (z. B. im Spachtel) wurden nicht ausgeschliffen
- Polyester-Materialien sind nicht abgesperrt
- Kondenswasser hat sich bei Temperaturschwankungen gebildet
- zu kurze Ablüftzeit

So kann Blasenbildung vermieden werden:
- Grundierung und Füller ausreichend trocknen lassen
- Untergrund sorgfältig reinigen
- Polyester-Produkte isolieren
- sorgfältig Poren ausschleifen und spachteln
- Kondenswasserbildung vermeiden

- Öl- und Wasserabscheider regelmäßig überprüfen
- zum Reinigen nur VE-Wasser (destilliertes Wasser) einsetzen

Bei Blasenbildung muss die entsprechende Stelle ausgeschliffen und neu lackiert werden.

Kocher
Kocher sind Krater und Lufteinschlüsse in der Lackoberfläche mit Oberflächenstörungen, siehe Bild ➜ 1.

Ursachen von Kochern:
- Füller nicht vollständig durchgetrocknet
- Lösemittel in zu hohen Schichtdicken eingeschlossen (nicht vollständig verdunstet)
- Härter und Verdünnung nicht abgestimmt
- zu dicke Materialschichten

So können Kocher vermieden werden:
- Schichtdicke verringern
- Trockenvorgang regelmäßig überprüfen
- Herstellerangaben beachten

Bei Kochern müssen die entsprechenden Stellen abgeschliffen und neu lackiert werden. Nach der Durchtrocknung ohne Schleifen nochmals mit Klarlack lackieren (innerhalb von 24 Std.).

Mangelnde Deckkraft
Bei mangelnder Deckkraft ist kein einheitliches Spritzbild vorhanden, Untergrund oder Füller sind sichtbar, siehe Bild ➜ 2.

Ursachen mangelnder Deckkraft:
- kein einheitlicher Untergrund
- Lackmaterial nicht ausreichend aufgerührt
- Schichtdicke zu gering
- Viskosität zu niedrig

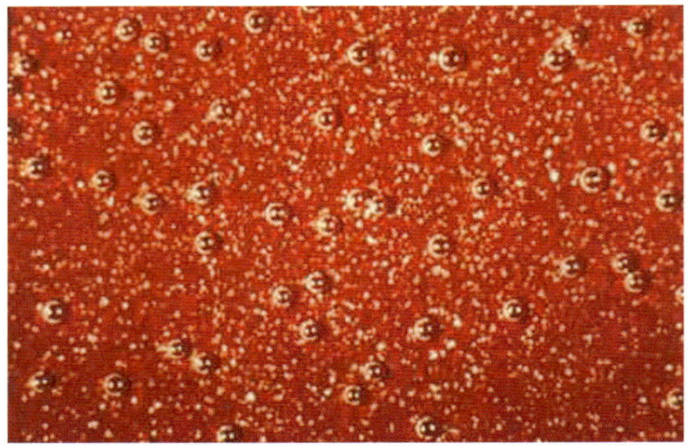

1 Lackierfehler: Kocher

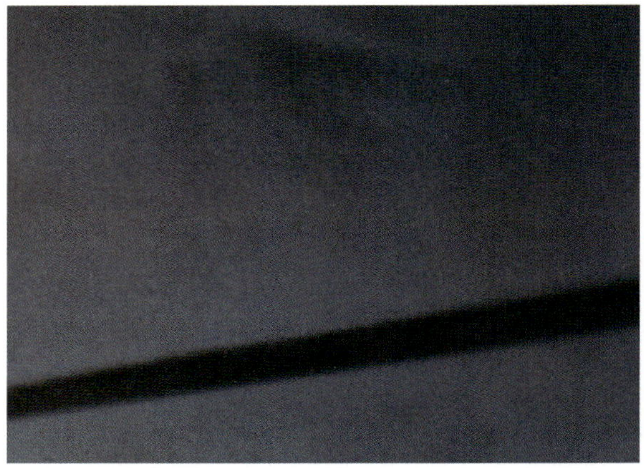

2 Lackierfehler: mangelnde Deckkraft

3 Lackierfehler: Farbtonabweichung

So erzielt man eine gute Deckkraft:
- Viskosität und Schichtdicke nach Herstellerangaben
- getönte Grundierung vorlackieren

Bei mangelnder Deckkraft muss geschliffen und neu lackiert werden.

Farbtonabweichungen
Bei Farbtonabweichungen scheinen die Lackflächen im Vergleich zum Originallack heller oder dunkler, siehe Tür in Bild ➜ 3.

Ursachen von Farbtonabweichungen sind:
- Spritztechnik: zu nass, zu trocken, zu dünn
- Spritzpistole: Spritzdruck/Düse nicht nach Herstellerangaben
- aufwendige Serienlackierung (Mehrfachnuancen/Metamerie)
- Untergrund ist zu dunkel
- Basislack nicht ausreichend aufgerührt

So können Farbtonabweichungen vermieden werden:
- Grundierung nach Herstellerangaben verwenden
- vorher Musterblech lackieren
- Beilackierung

Bei Farbtonabweichungen müssen die entsprechenden Stellen angeschliffen, nachnuanciert und lackiert werden; angrenzende Teile sind zu polieren.

Wolkenbildung

Der Basislack ist ungleichmäßig aufgetragen. Diese ungleichmäßige Verteilung der Aluminiumpigmente auf der Oberfläche lässt helle und dunkle Bereiche entstehen, die aussehen wie Wolken an einem Himmel, siehe Bild ➜ 1.

Ursachen der Wolkenbildung sind:
- Viskosität des Lackes zu niedrig
- Pistole fehlerhaft geführt
- Ablüftzeiten zu kurz
- Spritzdruck nicht genau
- Verdünner nicht geeignet

So wird Wolkenbildung vermieden:
- Spritzpistole parallel zum Untergrund führen
- geeignete Düse wählen
- geeigneten Verdünner verwenden (Herstellerangaben)
- Verarbeitungsvorschriften beachten

Bei Wolkenbildung müssen die entsprechenden Stellen des Basislacks angeschliffen und mit Basislack und Klarlack neu lackiert werden.

Haftungsstörungen des Klarlacks

Der Klarlack platzt in großen und kleinen Stücken vom Basislack ab, siehe Bild ➜ 2.
Ursachen der Haftungsstörungen des Klarlacks:
- Basislack in zu hoher Schichtdicke aufgetragen
- zu kurze Ablüftzeiten des Basislacks
- Mischungsverhältnis Klarlack/Härter falsch

So können Haftungsstörungen vermieden werden:
- Schichtstärke des Basislacks verringern (Herstellerangaben)
- Ablüftzeiten einhalten (Herstellerangaben)
- Mischungsverhältnis Klarlack/Härter einhalten (Herstellerangaben)

1 Lackierfehler: Wolkenbildung

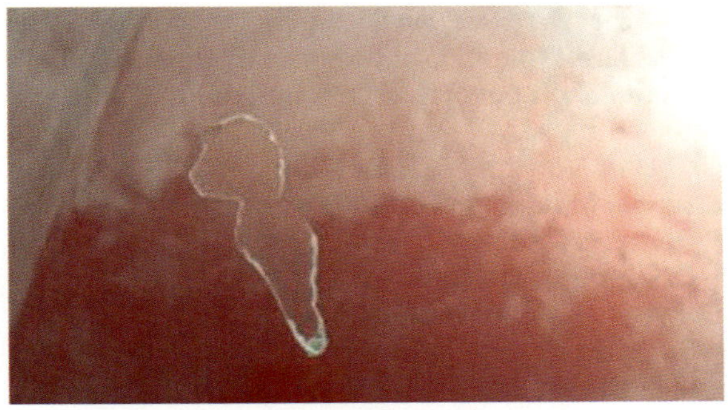

2 Lackierfehler: Haftstörung des Klarlacks

3 Lackierfehler: Siliconkrater

Ist die Haftung des Klarlacks gestört, müssen die betreffenden Stellen nachgeschliffen und neu lackiert werden.

Siliconkrater

Sillconkrater sind kleine Stellen im Klarlack, die aussehen, als wäre dort mit einer Nadel hineingestochen worden, siehe Bild ➜ 3.

Ursachen für Siliconkrater:
- Verschmutzungen durch Silicon, z. B. Handcreme, silikonhaltige Dichtungsmasse
- Spritzluft durch Ölrückstände verunreinigt
- Feuchtigkeitseinwirkung während der Trocknung
- zu kurze Ablüftzeit

So werden Siliconkrater vermieden:
- silikonfreie Handcremes verwenden
- Sauberkeit
- sorgfältige Reinigung des Untergrundes vor Lackierbeginn
- regelmäßige Pflege der Spritzanlage

Bei Siliconkratern müssen die betreffenden Stellen abgeschliffen, sorgfältig gesäubert und neu lackiert werden.

Läufer
Läufer sind Bereiche mit überschüssigem Lack, der nicht an der Oberfläche haftet, sondern der Schwerkraft folgend, herunterläuft, siehe Bild ➜ 1. Sie entstehen bevorzugt an Kanten und Ecken.

Ursachen von Läufern sind:
- zu viel Material auf die Fläche gespritzt
- Spritzviskosität zu gering
- falsche Spritztechnik
- Zwischenablüftzeiten nicht beachtet
- Spritzdruck nicht einwandfrei
- falsche Verdünnung oder zu niedrige Viskosität

So können Läufer vermieden werden:
- Verarbeitung nach Herstellerangaben
- einwandfreie Spritzpistolen verwenden
- Mischungsverhältnis Härter/Verdünnung nach Herstellerangaben wählen

Läufer müssen ausgeschliffen werden. Die Handhabung der Spritzpistole muss geübt werden.

Wasserflecken
Wasserflecken sind fast durchsichtige, gräuliche Flecken in der Klarlackschicht, siehe Bild ➜ 2.

Ursachen der Wasserflecken sind:
- zu hohe Schichtdicke und zu kurze Trockenzeit
- Härtungsfehler oder Härter nicht mehr brauchbar
- nicht geeignete Verdünnung eingesetzt
- Schleifwasserrückstände

So können Wasserflecken vermieden werden:
- Trockenzeiten einhalten
- Härter und Verdünnung überprüfen
- Verarbeitung nach Herstellerangaben
- genügend ausblasen und trocknen lassen

Bei Wasserflecken müssen die entsprechenden Stellen abgeschliffen und ein neuer Lackaufbau hergestellt werden.

1 Lackierfehler: Läufer

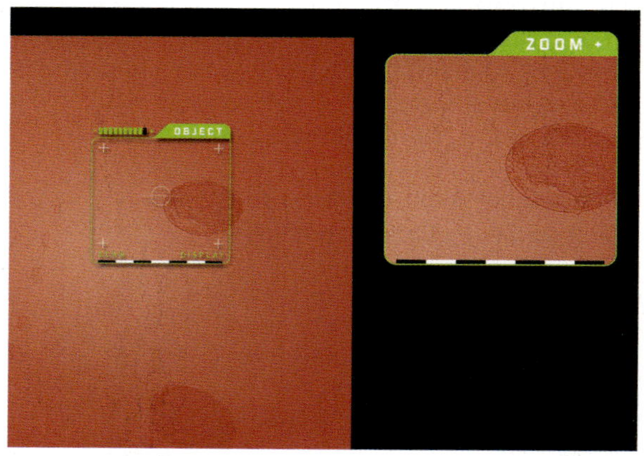

2 Lackierfehler: Wasserflecken

Fehler bei der Reparaturlackierung vermeiden
Fehler bei der Reparaturlackierung können vermieden werden durch folgende Maßnahmen:
- Werkzeuge und Geräte regelmäßig prüfen, z. B. die Waage eichen.
- Ein Musterblech zur Farbtonkontrolle lackieren und auch archivieren; immer die gleiche Anzahl von Schichten auftragen wie später am Auto.
- Farbton immer bei Tages- oder Sonnenlicht abstimmen, nicht aber unter direkter Sonneneinstrahlung.
- Gleichmäßige Lackierbewegungen und den richtigen Abstand zum Blech beachten.
- Hinweise auf technischen Merkblättern beachten; die Menge des Lösemittels hat Einfluss auf den Farbton bei Metallic-Lackierungen.
- Rührintervalle der Lackmischanlage einhalten.
- Beim Abtönen die Mischlacke aus der Formel verwenden.
- Beim Mischen nur kleine Mengen zugeben – etwas hinzufügen kann man später immer noch.

7.16 Finisharbeiten

Die abschließenden Arbeiten nennt man auch Finish. Ziel ist es, ein fehlerfreies Äußeres der reparierten Lackstelle am Fahrzeug herzustellen.

In diesem Arbeitsgang werden alle Spuren der Reparatur beseitigt.

Finisharbeiten werden unterteilt in:
- Arbeiten am Fahrzeug
- Oberflächenfinish
- Serviceleistungen

Arbeiten am Fahrzeug
Mit den Arbeiten am Fahrzeug wird die Straßentauglichkeit des Fahrzeugs nach StVZO wieder hergestellt.

Dazu werden am Fahrzeug:
- Abdeckpapiere und Klebebänder rückstandslos entfernt und entsorgt
- demontierte Teile wieder montiert
- alle Steckverbindungen zusammengesteckt
- die Batterie angeklemmt
- alle Schalter (Licht/Radio) und Lampen im Innenbereich auf ihre Funktion geprüft
- die Spur eingestellt
- Licht eingestellt

Oberflächenfinish
Oberflächenfinish ist ein allgemeiner Begriff für den letzten Arbeitsschritt an der Reparaturlackierung vor der Auslieferung an den Kunden. Es handelt sich hierbei um die Behandlung der äußeren Lackschicht, meistens also dem Klarlack.

An dieser Stelle werden Lackierfehler, die ohne weitere Lackiertätigkeiten behoben werden können, beseitigt. Dazu zählen: Läufer, Staubeinschlüsse und unter Umständen auch Kocher.

Außerdem sollte mindestens das angrenzende Karosserieteil ebenfalls mit poliert werden, damit die reparierte Stelle nicht zu sehr mit dem meistens eher stumpfen Altlack in Kontrast steht.

Serviceleistungen
Nach dem Oberflächenfinish folgen Arbeiten, die nicht zum Arbeitsauftrag gehören, aber von vielen Werkstätten als Service durchgeführt werden:
- gesamtes Autos in einer Waschanlage reinigen
- Innenraum reinigen (saugen)
- zur betrieblichen Qualitätskontrolle dem Kunden einen Fragebogen übergeben über seine Zufriedenheit mit der geleisteten Arbeit

7.17 Lernsituation

Ein Kunde bringt sein beschädigtes Auto in die Lackierwerkstatt. Es handelt sich um einen VW-Golf V, 1,6 FSI, silbermetallic.

Er beschreibt die Ursache für den Schaden:
Mit einem beladenen Einkaufswagen ist er auf dem Parkplatz eines Baumarkts gegen den Stoßfänger seines Autos gerollt. Dabei wurde der Lack des Stoßfängers vorne links beschädigt.

Der Kunde gibt den Auftrag, eine Reparaturlackierung dieses Teils durchzuführen, dabei jedoch besonders kostengünstig zu arbeiten.

Um den Schaden zu beheben, muss der Auszubildende wie folgt vorgehen:
- Fahrzeugannahme und Schadensbegutachtung, siehe Kap. 7.17.1
- Arbeitsplanung, siehe Kap. 7.17.2
- Arbeitsauftrag ausführen, siehe Kap. 7.17.3
- Qualitätssicherung, siehe Kap. 7.17.4
- Fahrzeug an den Kunden übergeben, siehe Kap. 7.17.5

7.17.1 Fahrzeugannahme und Schaden begutachten

Der Meister und der Auszubildende lassen sich gemeinsam vom Kunden den Schaden zeigen.

Sie sehen, dass der Lack abgeschabt ist auf einer Länge von ca. 15 cm bis auf den Kunststoffuntergrund, siehe Bild ➜ 1.

7.17.2 Arbeitsplanung

Dann wird ein Arbeitsplan erstellt, siehe Bild ➜ 218.1.

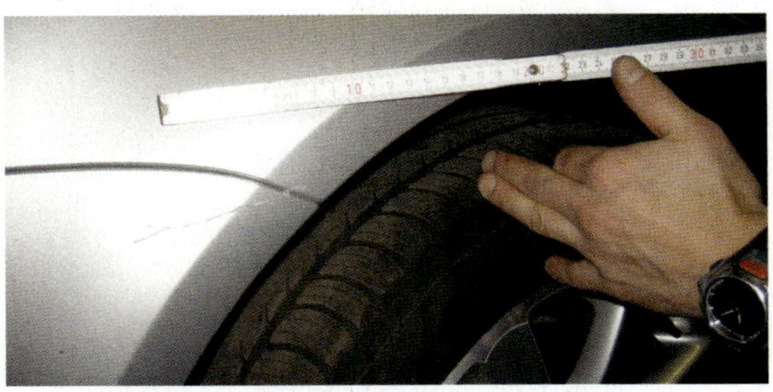

1 Beschädigter Stoßfänger

Arbeitsplanung						Datum 17.09.2009
Auftrags-Nr. 1769				**Schlüssel:** Fabrikat: Volkswagen (VW) Baujahr: 2005 Farbcode: LA7W KFZ Halter: H. Ohlhoff	**Benennung/Art der Arbeit:** Reparaturlackierung Stoßfänger vorne links Kunststoff	**Mitarbeiter** Weigt, Joachim
Arbeitsschritt					**Werkzeuge** **Maschinen** **Material**	**Bemerkungen** **UVV**
lfd. Nr.	Vor-berei-tung	Lackie-rung	Fi-nish			
1	x			Fahrzeug anheben auf Arbeitshöhe	Hebebühne	nur geschultes Personal über 18 Jahre, Sicherheitsschuhe
2	x			Demontage Stoßfänger, Sichtprüfung	Demontageanleitung, Schraubendreher, Schraubenschlüssel	alle Teile eines Fahrzeugs zusammen lagern
3	x			Reinigung Stoßfänger	Schwamm, Wasser, Lösemittel	grober Schmutz Atemschutzmaske
4	x			Untergrund schleifen, Teil 1	Exenterschleifer, Schleifklotz, Trockenschleifpapier Körnung P 120	Staubmaske
5	x			Untergrund schleifen, Teil 2	Nassschleifpapier Körnung P 400	Kunststoff „köpfen“
6	x			Untergrund tempern	30 min bei 60 °C im Ofen	Austreiben von Restwasser, Löse- und Trennmitteln
7	x			Abkleben, nicht zu lackierende Flächen	Cuttermesser, Papier, Klebeband	Bördelkante kleben
8	x			Untergrund entfetten	Lappen, Lösemittel	Atemschutzmaske, Schutzbrille, Hautschutz: Creme, Handschuhe
9	x			Untergrund entstauben	Staubbindetuch	
10		x		Grundieren 1-K-Kunststoffhaftprimer spritzen	HVLP-Spritzpistole, 1,2 mm bis 1,3 mm 0,7 bar Zerstäuberdruck Kunststoffgrundierung	nur dünne Schicht und kurze Ablüftzeit (max. 20 min)
11		x		Füllern Füller spritzen	Füllerpistole HVLP-Spritzpistole 1,5 mm bis 1,7 mm 0,7 bar Zerstäuberdruck	
12		x		Kontrollschwarz auftragen, Füller schleifen	Kontrollschwarz, Exenterschleifer mit Schleifpapier Körnung P 400 oder P 800 / oder Schleifpad, fein	schleifen, bis Kontrollschwarz weg ist nicht durchschleifen!
13	x			Farbton ermitteln	Tagesleuchtlampe, Farbtonkarten Info-Zettel Kofferraum	Farbtonnummer: LA7W
14	x			Farbton nachmischen	Basislacke, VE-Wasser, Lackmischbank, Waage Becher	Schutzbrille, Handschuhe,
15	x			Untergrund entfetten und entstauben	Lösemittel, Staubbindetuch	Atemschutzmaske, Hautschutz (Handschuhe, Creme)

1 Arbeitsplan **(Fortsetzung siehe Seite 219)**

Arbeitsplanung						**Datum** 17.09.2009
Auftrags-Nr. 1769				**Schlüssel:** Fabrikat: Volkswagen (VW) Baujahr: 2005 Farbcode: LA7W KFZ Halter: H. Ohlhoff	**Benennung/Art der Arbeit:** Reparaturlackierung StOßfänger vorne links Kunststoff	**Mitarbeiter** Weigt, Joachim
Arbeitsschritt					**Werkzeuge** **Maschinen** **Material**	**Bemerkungen** **UVV**
lfd. Nr.	Vorbereitung	Lackierung	Finish			
16		x		Basislack spritzen	HVLP-Spritzpistole 1,3 mm, Lackmaterial, 0,7 bar Zerstäuberdruck	Atemschutzmaske, Lackieroverall, Handschuhe, Sicherheitsschuhe
17		x		Basislack trocknen	Kabine	nur bis der Lack matt wird, (ca. 5 bis 7 min)
18		x		Klarlack spritzen	HVLP-Spritzpistole 1,3 mm, Lackmaterial: 0,7 bar Zerstäuberdruck Stammlack, Härter, Verdünnungsmittel 3 : 1 + 10 %	Atemschutzmaske, Lackieroverall, Handschuhe, Sicherheitsschuhe
19		x		Klarlack trocknen	Kombi-Kabine	auf Trockenvorgang einstellen
20			x	Lackierfehler beseitigen	Lackhobel, Einhand-Exenterschleifer, Schleifblüte, Schleifpapiere Körnung P 1000 bis P 3000	
21			x	Lackfläche polieren	Exenterschleifmaschinen, Poliermaschine, Polierschwamm, flüssige Schleif- und Poliermittel	
22			x	Montage und Funktionsprüfung	Stoßfänger anbringen	alle Verbindungen wieder herstellen Prüfung von Licht etc.
23			x	Übergabe an den Kunden		

1 Arbeitsplan (Fortsetzung von Seite 218)

7.17.3 Arbeitsauftrag ausführen

Die Arbeitsschritte des Arbeitsplans beinhalten:
- zur Lackierung vorbereiten, siehe Kap. 7.17.3.1
- Lackieren, siehe Kap. 7.17.3.2
- Finisharbeiten, siehe Kap. 7.17.3.3

7.17.3.1 Stoßfänger zur Lackierung vorbereiten

Der Stoßfänger wird für die Lackierung vorbereitet.

Dazu wird der Stoßfänger:
- demontiert und in Augenschein genommen
- gereinigt
- geschliffen
- gereinigt
- getempert
- abgeklebt
- von Staub befreit

Stoßfänger demontieren und in Augenschein nehmen

Der Wagen wird in die Werkstatt gefahren und mit der Hebebühne angehoben. Dann wird der Stoßfänger demontiert und auch von der Rückseite genau in Augenschein genommen, damit alle Schäden erkannt werden.

Weitere Informationen zu Demontieren siehe Kapitel 6.2.1.5 und Montieren siehe Kap. 6.2.2.

Stoßfänger reinigen

Zunächst wird der Stoßfänger von groben Verunreinigungen befreit wie Insekten, Sand. Dazu kann man einen Lappen und Leitungswasser verwenden, siehe Bild ➜ 1.

Aber auch Siliconentferner kommt zum Einsatz, wenn hartnäckige Verunreinigungen zu sehen sind (z. B. Teerflecken).

Stoßfänger schleifen

Da der Lack beschädigt ist, muss er mit Trockenschleifpapier Körnung P 80 oder P 120 und mit einem druckluftbetriebenen Exzenterschleifer komplett bis auf den Untergrund heruntergeschliffen werden, siehe Bild ➜ 2.

Anschließend wird mit feinem Nassschleifpapier Körnung P 400 die Kunststoffoberfläche glatt geschliffen (geköpft). Hochstehende Kunststofffasern werden dadurch abgeschliffen, sie stehen sonst im Lackfilm hoch und verhindern eine glatte Fläche.

Reparaturstelle reinigen

Jetzt erneut alles mit Reinigungslösung abwischen und ablüften lassen.
Wird der Kunststoff mit Wasser gereinigt oder geschliffen, muss beachtet werden, dass Kunststoff wasseranziehend (hydrophil) sein kann. Das kann dazu führen, dass die Lackschicht abplatzt.

Stoßfänger tempern

Empfohlen wird als nächster Arbeitsschritt das Tempern des Kunststoffes. Dazu wird der Stoßfänger bei 60 °C für 30 min in den Ofen gelegt und anschließend wird der Kunststoff sorgfältig mit einem sauberen Lappen und einem Kunststoffreiniger gereinigt, siehe Bild ➜ 3.

1 Reinigung des gesamten Teils mit Wasser

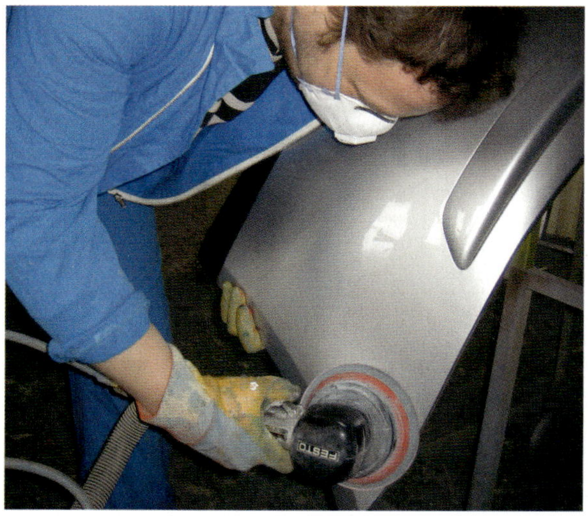

2 Altlackierung entfernen

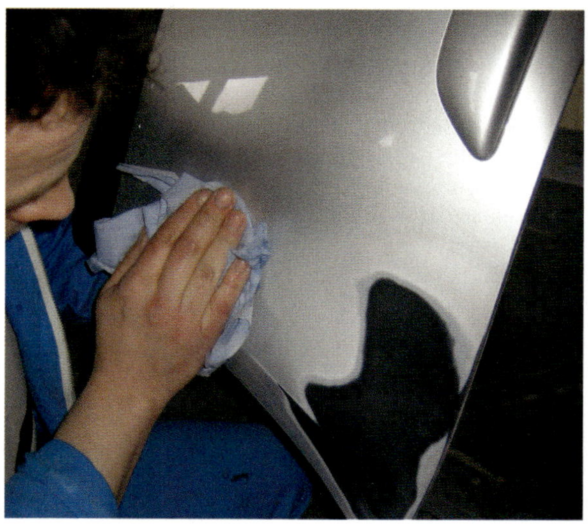

3 Staub entfernen mit Tuch

Reparaturstelle abkleben
Nun wird die Reparaturstelle bis zur nächsten Kante abgeklebt, siehe Bild ➜ 1. Dann sieht man die Übergänge zwischen Alt- und Reparaturlackierung nicht.
Rund um die Reparaturstelle wird beim Abkleben großzügig Platz gelassen, damit keine harten Füllerkanten durch das Klebeband zurückbleiben.

Merke:
Schraubenlöcher im Stoßfänger werden vor der Lackierung mit Klebeband verschlossen, sonst setzen sich die Gewinde mit Farbnebel zu.

Staub entfernen
Mit einem Tuch oder der Druckluftpistole gründlich alle Flächen, Kanten und Ecken entstauben.

1 **Abgeklebte Reparaturstelle**

7.17.3.2 Stoßfänger lackieren

Das Lackieren des Stoßfängers wird durchgeführt in den Schritten:
- Grundierung auftragen
- Füller auftragen
- Kontrollschwarz auftragen
- Füller und Kontrollschwarz schleifen
- Reinigen
- Farbton ermitteln
- Basislack mischen
- Basislack auftragen
- Klarlack auftragen
- Lackierpistole reinigen

Grundierung auftragen
Die farblose Kunststoffgrundierung besonders dünn und gleichmäßig in einem einzigen Spritzgang auf den Stoßfänger auftragen, siehe Bild ➜ 2. Um eine gute Haftung zu erreichen, sollte die Grundierung nicht länger als 20 min getrocknet werden (also nicht über Nacht). Danach wird ohne Zwischenschliff weitergearbeitet.

2 **Farblose Grundierung auftragen**

Füller auftragen
Zunächst wird an den Kanten und Ecken mit Füller vorgenebelt, dann in gleichmäßigen, überlappenden, waagerechten Lackierbewegungen auf die Fläche aufgespritzt.

Achtung:
- Füller nicht zu dick auftragen
- die Füllerschicht sollte gleichmäßig nass sein, ohne jedoch abzulaufen, siehe Bild ➜ 3

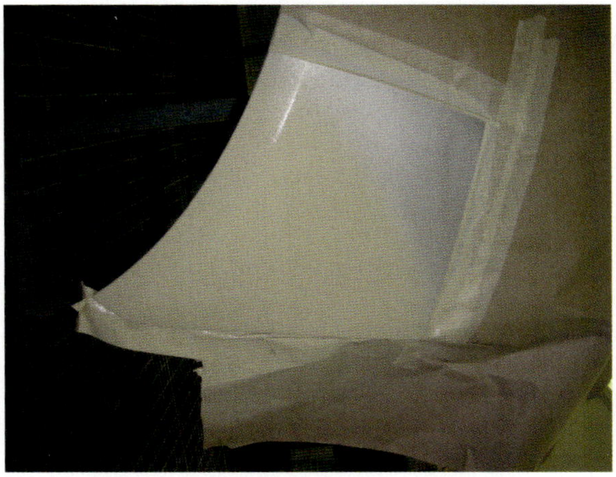

3 **Füller, kurz nach dem Auftragen**

Den Füller in zwei bis drei Spritzgängen mit Zwischenabluft von etwa 5 min auftragen und dann 40 min lang bei 60 °C trocknen lassen.

Kontrollschwarz auftragen
Auf den Füller Kontrollschwarz aufnebeln und kurz trocknen lassen.

Füller und Kontrollschwarz schleifen
Den Füller mit Schleifpapier/Schleipad Körnung P 800 bis P 1000 schleifen. Mithilfe des Kontrollschwarz erkennt man, an welchen Stellen noch nicht geschliffen wurde, siehe Bild ➜ 1. Sollte der Füller durchgeschliffen werden, muss mit dem jeweiligen Füller nachgebessert werden.

Reinigen
Die Fläche wird danach mit spezieller Reinigungsverdünnung gereinigt.

Achtung:
Die Reinigungsverdünnung muss für wasserverdünnbaren Basislack geeignet sein.

Nun ist der Kunststoffstoßfänger so weit vorbereitet, dass der Basislack und anschließend der Klarlack aufgetragen werden können. Diese beiden Lackiervorgänge können jedoch aus wirtschaftlichen Gründen zusammen mit der Lackierung des Kotflügels in einer Kabine und einem Arbeitsgang stattfinden. So bereitet unser Auszubildender zunächst den Kotflügel bis zur Lackierung vor.

Farbton ermitteln
Im Golf des Kunden befindet sich ein Zettel unter der Kofferraumabdeckung beim Reserverad. Dort findet man den Farbtoncode des Herstellers mit der Bezeichnung: LA 7W. Nun kann die Rezeptur des Lacks ausgedruckt werden. Diese Rezeptur hängt dann neben der Waage und die richtigen Mengen werden gewogen, siehe Bild ➜ 2.

Basislack mischen
Mittels des Farbtoncodes wird nun der Basislack an der Mischbank und mithilfe der Waage gemischt.

Sind alle Zutaten im Becher, wird der Lack mit einem Rührstab gut durchgerührt, damit sich die Pigmente gleichmäßig im Lack verteilen. Bei Bedarf kann noch max. 10 % Basislack-Verdünnung (VE-Wasser) zugegeben werden, siehe Bild ➜ 3.

Nun wird die Lackierpistole mit etwas Reinigungsverdünnung durchgeblasen, um sie zu reinigen und damit ein gleichmäßiges Spritzbild und korrekte Einstellung gewährleistet sind. Danach den Lack durch ein Lacksieb in den Pistolenbecher gießen, siehe Bild ➜ 223.1.

1 Schleifen des Füllers, sichtbar hier: Kontrollschwarznebel

VOLKSWAGEN PKW 730360
LA7W PRATA REFLEX-MET. Grau (effekt)
STANDOHYD BASECOAT Formeldatum 16.12.2004 Variante

	Produkt		Menge	Kum. Menge
1	WB311	SATINSILBER	147,0 g	147,0 g
2	WB393	GROBSILBER	146,9 g	293,9 g
3	WB009	METALLIC-ADDITIV	9,8 g	303,7 g
4	WB364	SCHWARZTONER	1,5 g	305,2 g
5	WB358	VELOURSBLAU	0,5 g	305,7 g
		Gesamt	305,7 g	
		Menge	0,30 l	

2 Farbtonrezeptur des VW-Golf

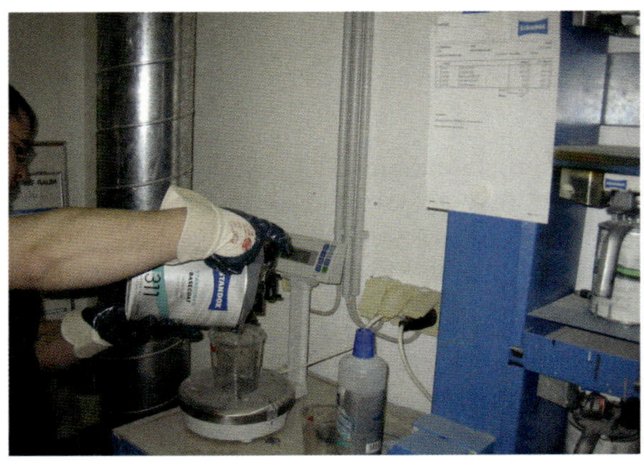

3 Basislack anmischen auf der Waage

Basislack auftragen
Vorgehen:
- die Ecken und Kanten vornebeln
- gleichmäßig, aber noch nicht deckend, die Fläche lackieren
- Sprühstrahl auf senkrecht/oval einstellen

Die Lackierpistole waagerecht immer im rechten Winkel zur Oberfläche führen, bei gleichmäßiger Geschwindigkeit den Abstand von ca. 10 cm bis 15 cm einhalten.

Den Druckluftschlauch in der linken Hand mitführen, wenn man mit der rechten Hand lackiert, siehe Bild ➜ 2.

Nach der ersten Schicht etwa 5 min ablüften lassen, bis der Lack leicht matt geworden ist.

Dann direkt die zweite Schicht Basislack deckend auftragen und wieder ablüften lassen, etwa 5 min bis 10 min.

Achtung:
Vor dem zweiten Spritzgang sollte man kontrollieren, ob noch genug Farbe in der Pistole ist.

Klarlack auftragen
Wenn der Basislack ganz matt geworden ist, muss sofort der Klarlack aufgetragen werden.

Achtung:
Der Basislack wird vorher nicht geschliffen, abgewischt oder gereinigt.

Als Klarlack wird ein High-Solid-Lack gewählt. Er ist sehr ergiebig (hohe Schichtdicke mit einem Spritzgang) und wird nur mit speziellen HS-Härtern im Verhältnis 3 : 1 gemischt (Herstellerangaben beachten).

Der Klarlack wird gründlich umgerührt, dabei aber Blasenbildung vermeiden, und dann durch ein Lacksieb in den Pistolenbecher gegeben.

Auch der Klarlack wird erst an Kanten und Ecken vorgenebelt und dann nach kurzem Ablüften (2 min bis 3 min) in zwei Spritzgängen gleichmäßig aufgetragen, siehe Bild ➜ 3. Zwischen den beiden Spritzgängen die vorgegebene Ablüftzeit einhalten, so lange, bis der Klarlack beim Berühren leichte Fäden zieht.

Lackierpistole reinigen
Um eine Lackierpistole lange funktionstüchtig zu halten, ist die sorgfältige Reinigung unumgänglich. Dazu gibt es Pistolen-Reinigungsautomaten. Die Pistole wird sofort nach Gebrauch oberflächlich gereinigt, und danach in den Automaten gebracht (ca. 2 min bis 3 min), vgl. Kap. 3.3.4.4.

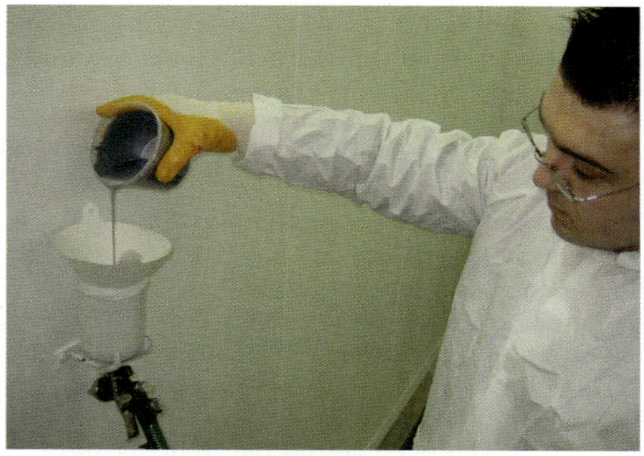

1 Einfüllen des Basislacks in die Pistole

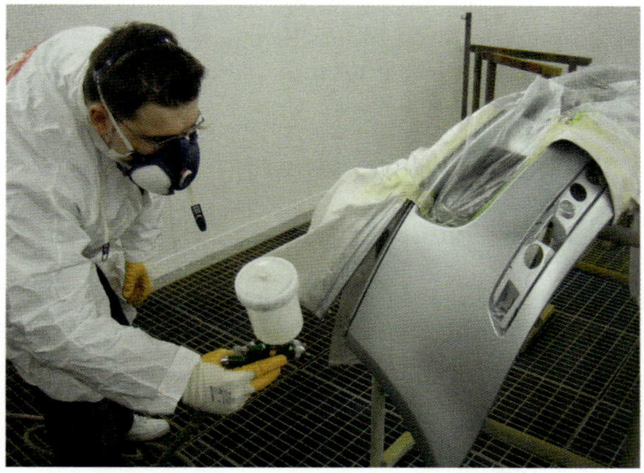

2 Basislack auftragen

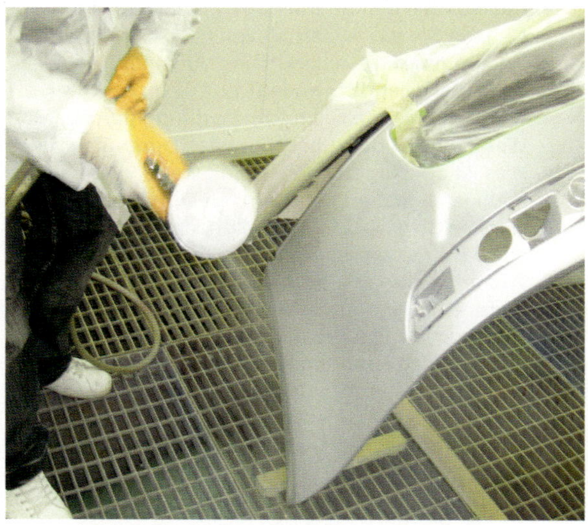

3 Klarlack auftragen

7.17.3.3 Finisharbeiten

Als Fisharbeiten fallen an:
- Oberflächenfinish
- Stoßfänger montieren
- Funktionsprüfung

Oberflächenfinish
Nach dem Trocknen wird der Stoßfänger begutachtet; z. B werden Staubeinschlüsse mit Poliermaschine und Polierpaste behandelt, siehe Bild ➜ 1.

Stoßfänger montieren
Nun werden alle Steckverbindungen (Kabel) wieder zusammengefügt und der Stoßfänger montiert. Auch hier sollten zwei Mitarbeiter zusammenarbeiten, damit keine Schäden durch Anecken entstehen.

Funktionsprüfung
Nach der Montage muss die Batterie wieder angeklemmt werden, und es wird eine Funktionsprüfung der Beleuchtung und der technischen Aggregate im Stoßfänger vorgenommen, z. B. Einparkhilfen, Abstandsmesser.

7.17.4 Qualitätssicherung

Der Kunde und der Meister begutachten danach gemeinsam die ausgeführte Arbeit.
Dabei sind zwei Faktoren wichtig:
- Ist der Farbtonunterschied zwischen Alt- und Reparaturlackierung möglichst gering?
- Stimmt die handwerkliche Qualität der Arbeit?

1 Auspolieren von Staubeinschlüssen

7.17.5 Fahrzeug an den Kunden übergeben

Nachdem der Kunde keine Beanstandungen hat, ist der Wagen fertig zur Übergabe.

Übungen

1. Erklären Sie den Begriff Reparaturlackierung.
2. Nennen Sie vier Ursachen von Lackschäden.
3. Warum muss die Altlackierung vor einer Neubeschichtung geprüft werden?
4. Warum wird eine Gitterschnittprüfung durchgeführt?
5. Was kann mit dem „Lösemitteltest" geprüft werden?
6. Was ist der Fingernageltest und warum wird er am häufigsten in der Praxis durchgeführt?
7. Nennen Sie zwei Möglichkeiten, um den Farbton eines Fahrzeugs zu ermitteln.
8. Wie erkennt man ein Uni-Lacksystem?
9. Warum sind umfangreiche Abdeckarbeiten an einem Fahrzeug vor einer Reparaturlackierung notwendig?
10. Nennen Sie vier unterschiedliche Materialien zum Abdecken eines Kfz vor einer Lackierung.
11. Nennen Sie vier Eigenschaften, die ein Klebeband für die Reparaturlackierung haben muss.
12. Erklären Sie den Begriff Bördelkante.
13. Nennen Sie drei Maßnahmen zum Gesundheitsschutz, die vor einer Reparaturlackierung getroffen werden müssen.
14. Wann muss ein Karosserieteil vollständig lackiert werden?
15. Warum muss als erste Schicht ein Korrosionsschutz auf Stahl aufgebracht werden?
16. Nennen Sie drei Anforderungen, die Materialien zur Reparaturlackierung erfüllen müssen, damit sie verwendet werden können.
17. Was wird als Readymix bezeichnet?
18. Übersetzten Sie den Begriff High-Solid.
19. Erklären Sie, was mit einem kurzen Härter erreicht werden kann.
20. Erklären Sie den Begriff AGW.
21. Nennen Sie zwei Möglichkeiten, einen Mischlack im Farbton dem Originallack anzugleichen.
22. Erklären Sie den Begriff Beilackierung.
23. Wozu wird ein Infrarottrockner eingesetzt?
24. Welche Grundierung ist auf Aluminiumuntergründen notwendig?
25. Warum müssen verzinnte Flächen vor einer Reparaturlackierung besonders gründlich gereinigt werden?
26. Nennen Sie zwei Möglichkeiten, eine TPA-Lackierung zu reparieren.
27. Was muss bei einer Reparaturlackierung auf kratzfesten Lacken beachtet werden?
28. Erklären Sie, wie es zu den sogenannten Kochern im Lack kommt, und nennen Sie Möglichkeiten, diese zu reparieren.
29. Nennen Sie fünf Maßnahmen, die der Lackierer treffen kann, damit Fehler bei einer Reparaturlackierung vermieden werden können.
30. Wie kommt es zu Haftungsstörungen des Klarlacks bei Metalliclackierungen?
31. Nennen Sie zwei Serviceleistungen, die nach einem Lackfinish noch durchgeführt werden können.

Lernfeld 8

Objekte gestalten

Ziele:
- Kundenauftrag planen
- Gestaltungsentwürfe erarbeiten und manuelle und digitale Techniken nutzen
- Gestaltungsgrundsätze von Form und Farbe berücksichtigen und Farbtöne mischen
- Materialbedarf und Zeitbedarf kalkulieren und Kundenauftrag planen
- Gestaltungsentwürfe präsentieren
- Entwürfe ausführen mittels Zeichentechniken, Übertragungstechniken und Gestaltungstechniken und Werkstoffe, Beschichtungsstoffe, Werkzeuge und Geräte einsetzen
- Produktinformationen und Verarbeitungshinweise beachten und Umwelt-, Gesundheits- und Arbeitsschutz berücksichtigen
- Arbeitsergebnis dokumentieren, präsentieren und beurteilen

Inhalte:
- Kontraste
- Farbplan
- Farbtonregister, Farbcodierung
- Schrift
- Folien
- Zierlinien, Zierstreifen, Zierfelder
- Materialberechnung, Lohnberechnung
- Vergrößerungstechniken
- Maßstabrechnen

8 Objekte gestalten

Motorräder, Pkws, Lkws oder Busse können mit Tribals, Ornamenten und Schriftzügen im Folienschnittverfahren, mit Airbrushmotiven oder mit Bildern oder Strukturen im Wassertransferverfahren gestaltet werden. Viele Kunden möchten ihr Fahrzeug nach persönlichen Wünschen umgestalten und ihnen eine eigene Note geben oder mit ihnen werben.
Das Gestalten von Objekten setzt voraus, dass Grundkenntnisse im Umgang mit manuellen und digitalen Entwurfstechniken beherrscht werden.

In diesem Kapitel werden behandelt:
- Gestaltungsmittel, siehe Kap. 8.1
- Farbkontraste, siehe Kap. 8.2
- Farbplan, siehe Kap. 8.3
- Farbharmonie, siehe Kap. 8.4
- Farbklänge, siehe Kap. 8.5
- Farbintensität, siehe Kap. 8.6
- Helligkeit von Farben, siehe Kap. 8.7
- Glanz, siehe Kap. 8.8
- Sehgewohnheiten, siehe Kap. 8.9
- Folien, siehe Kap. 8.10
- Spritzlackierung mit Schablone, siehe Kap. 8.11
- Zierlinien, Zierstreifen, Zierfelder, siehe Kap. 8.12
- Lernsituation, siehe Kap. 8.13

8.1 Gestaltungsmittel

Objekte können gestaltet werden mithilfe von Punkten, Linien und Flächen, sowie von Schriften, Ornamenten, Tribals[1], Schmuckelementen, Grafiken und Fotografien – die Möglichkeiten sind vielfältig.

Diese Gestaltungsmittel werden beeinflusst durch:
- Größe
- Anzahl und Menge
- Stellung und Neigung
- Form
- Farbe
- Helligkeit
- Struktur
- Kontrast
- Proportionen
- Rhythmus
- Werkstoff und Trägerstoff

[1] Tribal (lat.-engl.): Stammeszeichen, Tattoo, das früher eine traditionelle religiöse oder soziokulturelle Bedeutung hatte

Die **Größe** der Gestaltungsmittel richtet sich nach der auf dem Fahrzeug zur Verfügung stehenden Fläche und der Menge der darauf verteilten Objekte.

Die **Menge bzw. Anzahl** der verwendeten Gestaltungsmittel ergibt sich aus dem Gestaltungsentwurf und dem Zusammenspiel der einzelnen Elemente. Auch hier wird die Menge durch die zur Verfügung stehende Fläche begrenzt.

Mit der **Stellung** der Gestaltungsmittel ist gemeint, dass Formen, aber auch Schrift, positiv oder negativ geneigt sein können. Geometrische Grundformen und Schriftzüge lassen sich entsprechend kippen.

Formen können einerseits die geometrischen Grundformen wie Rechteck, Kreis und Dreieck sein. Es kann auch nach amorphen Formen gestaltet werden; diese werden als unregelmäßig bezeichnet, weil sie in keines der geometrischen Grundmuster passen.

Farben sind normiert mit dem Ziel, sie eindeutig zu definieren und darüber zu kommunizieren. Sie werden eingesetzt, um:
- Wahrnehmung zu verbessern
- Ordnung zu schaffen
- Orientierung zu fördern
- Sicherheit zu erhöhen
- Leistungsbereitschaft zu steigern
- Abwechselung zu schaffen
- Erholung für das Auge zu bieten

Die Variation der **Helligkeit** ist eine Möglichkeit, z. B. Flächen durch verschiedene Graustufen oder monochrome Farbnuancen zu unterscheiden.

Die **Oberflächenstruktur,** auch **Textur** genannt, spielt bei Fahrzeugen eine große Rolle, weil sie den Oberflächeneindruck beeinflusst. Eine glänzende Fläche sieht anders aus, als eine matte oder eine genarbte. Mit dem Kontrast der Oberflächenstrukturen arbeiten die Fahrzeughersteller verstärkt im Innenbereich der Fahrzeuge.

Kontraste sind vielseitig anzuwenden. Sie können in Bezug auf verschiedene Formen, Farben, Größen, Strukturen und Werkstoffe eingesetzt werden. Kontraste beleben die Gestaltung.

Proportionen werden bei Formen angewandt. Das Länge-Breite-Verhältnis ist ein proportionales Verhältnis. Aber auch zwei oder mehrere Objekte können unterschiedliche Proportionen haben.

Der **Rhythmus** ist wichtig, wenn sich Gestaltungsmittel wiederholen. Flächen können sich z. B. regelmäßig oder in einem bestimmten Rhythmus wiederholen.

Werkstoffe und Trägerstoffe sind eng verbunden mit der Oberflächenstruktur. So kann eine Aluminiumfläche variieren und glänzend, gleichmäßig matt oder gebürstet eingesetzt werden. Auch das Zusammenspiel oder der Kontrast von Holz, Metall, Kunststoff und Glas ist sehr reizvoll.

8.2 Farbkontraste

Ein Farbkontrast ist ein auffälliger Unterschied, ein Gegensatz zwischen
- mindestens zwei Farbflächen oder
- einer Farbe zu einem Ton wie Weiß, Grau oder Schwarz.

Allgemein sind Farbkontraste immer dann vorhanden, wenn Flächen oder Objekte aufeinandertreffen, die unterschiedliche gefärbt sind.

Farbkontraste entscheiden darüber, inwieweit zwei Farben getrennt voneinander wahrgenommen werden können. Sie können aber auch Informationen vermitteln oder Aufmerksamkeit erzeugen.

Beispiele:
- Verkehrsampel Rot, Gelb, Grün = Halten, Achtung, Fahren
- Stoppschild oder Flatterband = Rot, Weiß

Bekannte Farbkontraste sind:
- Farbe-an-sich-Kontrast, siehe Kap. 8.2.1
- Hell-dunkel-Kontrast, siehe Kap. 8.2.2
- Bunt-unbunt-Kontrast, siehe Kap. 8.2.3
- Kalt-warm-Kontrast, siehe Kap. 8.2.4
- Komplementärkontrast, siehe Kap. 8.2.5
- Qualitätskontrast, siehe Kap. 8.2.6
- Quantitätskontrast, siehe Kap. 8.2.7
- Simultankontrast, siehe Kap. 8.2.8
- Sukzessivkontrast, siehe Kap. 8.2.9

8.2.1 Farbe-an-sich-Kontrast

Der Farbe-an-sich-Kontrast entsteht automatisch, sobald mehrere deutlich unterschiedliche Farben aufeinandertreffen. Die Verwendung der gesättigten Farben Rot, Gelb und Blau erzeugen einen starken Farbe-an-sich-Kontrast, der bunt und laut wirkt, siehe Bild ➜ 1a.

1 Farbe-an-sich-Kontrast

2 Hell-dunkel-Kontrast

Werden Sekundärfarben verwendet, schwächt sich der Farbe-an-sich-Kontrast ab. Bild ➜ 1b zeigt den Farbe-an-sich-Kontrast mit den Farben Grün, Orange und Violett.
Beim Farbe-an-sich-Kontrast steht immer die Buntheit im Vordergrund. Es ist einer der einfachsten Farbkontraste, da er leicht zu erkennen ist und keine großen Ansprüche an die Differenzierung von Farben stellt.

8.2.2 Hell-dunkel-Kontrast

Der Hell-dunkel-Kontrast entsteht durch die unterschiedliche Helligkeit von zwei Farben.

Beispiel, vgl. Bild ➜ 2:
Schwarz und Weiß oder unterschiedlich helle Graustufen

Der Hell-dunkel-Kontrast
- verstärkt Konturen von Schriften – oder verstärkt sie nicht, wenn der Kontrast zu gering ist, siehe Bild ➜ 227.2,
- hebt Objekte hervor, siehe Bild ➜ 1,
- erzeugt Plastizität und Spannung, siehe Bild ➜ 2.

Der korrekte Einsatz des Hell-dunkel-Kontrastes entscheidet, wie gut ein Text gelesen werden kann. Hat die Farbe der Schrift gleiche Helligkeit wie die Farbe des Hintergrunds, ist der Text nur schwer oder gar nicht lesbar.

Die Helligkeit der Farbe bewirkt eine scheinbare Größenänderung einer Form. Helle Schriften auf dunkler Fläche wirken größer als gleich große dunkle Schriften auf heller Fläche. Dieser Effekt entsteht, weil eine helle Fläche die dunkle Fläche überstrahlt.
Bei gleicher Größe wirken dunkle Objekte schwerer als helle.

Helle Flächen wirken vermeintlich näher, drängen sich in den Vordergrund, Flächen in dunklen Farbtönen weichen scheinbar zurück, siehe Bild ➜ 3.

8.2.3 Bunt-unbunt-Kontrast

Beim Bunt-unbunt-Kontrast werden leuchtende Farben wie Gelb, Grün oder Rot mit „unbunten Farben" wie Weiß, Grau oder Schwarz kombiniert.

Beispiel:
Ein leuchtendes Orange mit Grau, siehe Bild ➜ 4.

Weitere Informationen zu bunten und unbunten Farben siehe Kap. 4.2.2.

Mit steigendem Grauanteil sinkt die Leuchtkraft einer Farbe, siehe Bild ➜ 5.
Eine Farbe wie Orange wirkt neben einer unbunten schwarzen, grauen oder weißen Fläche auf den Betrachter besonders leuchtend, siehe Bild ➜ 4. Alle leuchtenden, kräftigen Farben haben eine große Strahlkraft, siehe Bild ➜ 6.

Grautöne, Schwarz und Weiß haben eine geringe Strahlkraft. Sie können beim Bunt-unbunt-Kontrast als Gegenton zu leuchtenden Farben wie Gelb, Grün oder Rot eingesetzt werden, siehe Bild ➜ 6.

Es gilt, vgl. Bild ➜ 7:
- Weiß gibt Farben Raum zum „Atmen".
- Schwarz bringt Farben zum Leuchten, weil es selbst in den Hintergrund tritt.

1 **Objekte hervorheben**

2 **Plastizität und Spannung**

3 **Nah- und Fernwirkung von Farben**

4 **Bunt-unbunt-Kontrast, hier: Orange und Grau**

5 **Grauanteile**

6 **Grautöne als Gegenton zu leuchtenden Farben**

a) Weiß gibt Farben Raum zum Atmen
b) Schwarz bringt Farben zum Leuchten

7 **Bunt-unbunt-Kontrast mit Weiß und Schwarz**

8.2.4 Kalt-warm-Kontrast

Der Kalt-warm-Kontrast wird subjektiv und emotional wahrgenommen.

Menschen empfinden Farben, vgl. Bild ➜ 1:
- Blau, Grün und Violett als kalt
- Gelb, Orange und Rot als warm

Blaugrün wird als die kälteste Farbe empfunden und Rotorange als die wärmste.

Man kann vermuten, dass unser menschliches Farbempfinden in ganz elementaren Erlebnissen seinen Ursprung hat, wie
- Kälte = Wasser
- Eis = Blau
- Wärme = Feuer = Orange, Rot

Beispiel:
Beim Händewaschen erkennt man:
- Kaltwasser: blau
- Warmwasser: rot

8.2.5 Komplementärkontrast

Als Komplementärfarben bezeichnet man die Ergänzungsfarben. Diese liegen sich auf dem Farbkreis nach Itten diametral gegenüber, siehe Bild ➜ 2.
Weitere Informationen zum Farbkreis siehe Kap. 4.2.2.1.

Beispiele, siehe Bild ➜ 3:
- Rot – Grün
- Gelb – Violett
- Blau – Orange

Bei diesen Kombinationen verstärken sich die Farben gegenseitig in ihrer Leuchtkraft.

Jedoch sollte mit diesem Kontrast vorsichtig umgegangen werden. Er kann auch ein „Flimmern" erzeugen, besonders wenn beide Farben gleiche Helligkeit und Sättigung haben.

Beispiel:
Bei grüner Schrift auf rotem Hintergrund beginnen die Farben zu verschwimmen, siehe Bild ➜ 4.

Wenn man aber die Helligkeit verändert, kann man in der Regel Komplementärfarben gut und harmonisch miteinander kombinieren. Auch Text kann so mit einem Komplementärkontrast gestaltet werden.

a) Fahrzeug in zweifarbiger Lackierung im Kalt-warm-Kontrast (Grün-Ockergelb)

b) Oben warme, unten kalte Farben

1 Kalt-warm-Kontrast

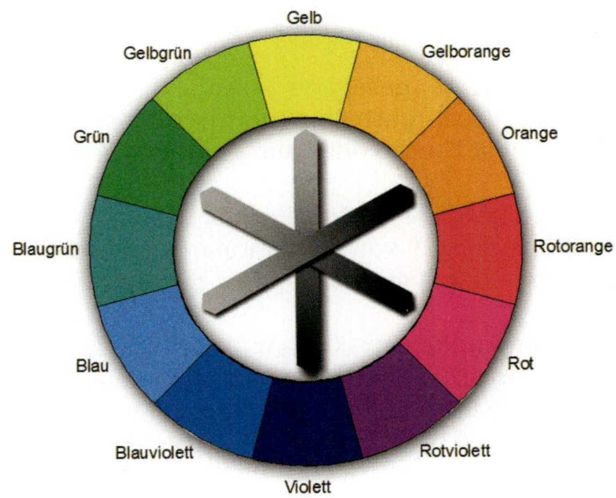

2 Komplementärfarben im Farbkreis nach Itten

3 Komplementärkontrast

4 Flimmern der Komplementärfarben Rot und Grün

Beispiel Orange und Blau, siehe Bild ➜ 1:
Der blaue Hintergrund ist abgedunkelt und der orangene Hintergrund ist aufgehellt.

8.2.6 Qualitätskontrast

Die Qualität einer Farbe wird von ihrem Reinheits- oder Sättigungsgrad bestimmt.
Der Qualitätskontrast beruht auf dem Gegensatz zwischen
- gesättigten, leuchtenden Farben und
- stumpfen, gebrochenen Farben.

Wird eine reine, gesättigte Farbe einer getrübten Farbe gegenübergestellt, nimmt man einen Unterschied in der Leuchtkraft wahr, siehe Bild ➜ 2.

Weitere Beispiele, siehe Bild ➜ 3:
- Die Leuchtkraft von Rot nimmt mit dem Schwarzanteil ab; der Kontrast zu Gelb nimmt zu.
- Die Leuchtkraft von Grün nimmt mit dem Schwarzanteil ab; der Kontrast zum dunklen Violett wird ebenfalls schwächer.
- Die Leuchtkraft von Blau nimmt mit dem Schwarzanteil ab; der Kontrast zu Pastellorange bleibt gut.

Die Trübung der reinen Farben ist die Verminderung ihrer Intensität.

Die Leuchtkraft kann verändert werden durch:
- Beimischen von Weiß:
  Das ergibt kühlere, frischere und freundlichere Farben, siehe Bild ➜ 4b.
- Beimischen von Schwarz:
  Das führt zum Verlust der Leuchtkraft und zu stumpfen und dunklen Farben, siehe Bild ➜ 2.
- Vermischen einer Farbe mit der Komplementärfarbe: Das ergibt ein dunkles, getöntes Grau bis Umbra, siehe Bild ➜ 4c.

8.2.7 Quantitätskontrast

Der Quantitätskontrast beschreibt die unterschiedliche Wirkung von Farben in Bezug auf ihre Flächengröße und berücksichtigt dabei auch die Leuchtkraft (Qualität).
Wenn zwei unterschiedlich intensive Farbflächen in einem bestimmten proportionalen Verhältnis zueinander stehen, wird diese Konstellation als harmonisch empfunden. Deshalb spricht man auch von **Mengenkontrast** oder **Proportionskontrast**.

1 Komplementärkontrast mit abgedunkelten und aufgehelltem Hintergrund

Links: reine Farbe, rechts: gebrochene, stumpfe Farbe

2 Qualitätskontrast

3 Qualitätskontrast – weitere Beispiele

a) Beimischen von Schwarz

b) Beimischen von Weiß

c) Beimischen eines Komplementärtons, hier Orange

4 Qualitätskontrast durch Verändern der Leuchtkraft

Beispiel:
Ein farbiger Akzent wird von einer großen dezenten Fläche aufgefangen, siehe Bild ➔ 1.

Die optische Gewichtigkeit der beiden Farben nimmt man als ausgeglichen wahr: Drei Mengenanteile Grau fangen einen Anteil Rot auf.
So wirkt die Farbaufteilung harmonisch.

Beispiele für den Quantitätskontrast mit gesättigten Farben, siehe Bild ➔ 2:
- 1 Teil Gelb = etwa 3 Teile Violett
- 1 Teil Orange = 2 Teile Blau
- 1 Teil Rot = 1 Teil Grün

Achtung:
Diese Verhältnisangaben beziehen sich nur auf gesättigte Farben.

Auf diese Art ergibt die Kombination von jeweils zwei Farben ein harmonisches Gleichgewicht.
Der Qualitätskontrast hängt oft direkt mit dem Quantitätskontrast zusammen: Man setzt eine leuchtende Farbe als Akzent und eine zurückhaltende Farbe als Flächenfarbe ein.

8.2.8 Simultankontrast

Der Simultankontrast[1] beschreibt die Wechselwirkung von nebeneinanderliegenden Farbflächen und verdeutlicht die Veränderung des objektiv vorhandenen Kontrastes, d. h. die Minderung bzw. Steigerung.
Farben werden also subjektiv unterschiedlich wahrgenommen, abhängig von ihrer Umgebungsfarbe. Das menschliche Auge bzw. Gehirn versucht, Unterschiede zwischen Farben zu erkennen und gegebenenfalls zur besseren Unterscheidung zu verstärken.

Beispiele:
- Vor einem dunklen Hintergrund wirkt eine Farbe heller und vor einem hellen Hintergrund dunkler, siehe Bild ➔ 3.
- Durch die Kombination mit unbunten Farben, besonders mit Schwarz, wirken bunte Farben leuchtender.

Der Farbton kann sich für unser Auge je nach Umgebungsfarbe verändern. In Bild ➔ 4a scheinen die Flächen A und B deutlich unterschiedlich. In Bild ➔ 4b erkennt man, dass die beiden Flächen die gleiche Helligkeit haben.

[1] simultan (lat.): gleichzeitig, wechselseitig

1 Quantitätskontrast

2 Ausgeglichene Flächenverhältnisse zwischen verschiedenen Farben

3 Simultankontrast

a) Flächen A und B scheinen unterschiedlich

b) Mithilfe zweier Balken erkennt man: Die Flächen A und B haben den gleichen Farbton.

4 Simultankontrast mit Grau

Das Auge erzeugt einen Unterschied, der in Bild 227.4b verschwindet, wenn man die beiden Flächen des Schachbretts durch zwei Balken verbindet. Dann funktioniert die Täuschung nicht mehr.

Ein weiteres Beispiel zum Simultankontakt zeigt Bild ➜ 1: Legt man auf ein großes rotes Quadrat ein kleines neutral graues Quadrat, stellt man fest, dass sich das graue Quadrat in ein rötliches, warmes Grau verwandelt.

Der Simultankontrast ist also eher eine optische Täuschung, als ein Gestaltungsmittel.

Er beschreibt die Veränderung der Farbwirkung, die bei der Gestaltung berücksichtigt werden muss.

8.2.9 Sukzessivkontrast

Beim Sukzessivkontrast[1] handelt es sich ebenfalls um eine Täuschung: Ein Nachbild entsteht nach intensiver Betrachtung einer Farbfläche.
Schließt man die Augen oder sieht auf eine neutral weiße Fläche, nimmt man die Komplementärfarbe als Nachbild wahr, siehe Bild ➜ 2.

An den Stellen der Netzhaut (Retina), auf die längere Zeit intensive Licht- bzw. Farbreize wirken, entstehen Nachbilder. Die Farbrezeptoren (Zäpfchen) ermüden und sind überreizt. Nach dem Bildwechsel auf die weiße Fläche können sich die Sehzellen nicht so schnell erholen und keine neuen Sinneseindrücke ans Gehirn senden. Der biochemische Prozess ist noch nicht abgeschlossen. Somit wird das komplementäre Nachbild gesehen.

8.3 Farbplan

Ein Farbplan ist eine Struktur, die man einer Gestaltung zugrunde legt: Man entscheidet zu Beginn, mit welchen Farbkontrasten oder -effekten man arbeiten möchte.

Dazu sollte man wissen, wie Farben aufeinander wirken, welche Farben zusammenpassen, wie sie sich gegenseitig beeinflussen können.

Bei einem Farbplan geht man meist so vor:
- vorgegebene Farben feststellen, z. B. feste Farben einer Firma oder Wunschfarben des Kunden
- passende Ergänzungsfarben aussuchen
- diese nach den Regeln der Farbharmonie aufeinander abstimmen

[1] sukzessiv: allmählich (eintretend), sukzessive: allmählich, nach und nach

Das Rot scheint das Grau so zu beeinflussen, dass dieses rötlich erscheint.

1 Simultankontrast mit Rot und Grau

Betrachten Sie ca. 20 s das grüne Quadrat; schauen Sie danach auf die nebenstehende weiße Fläche: Sie sehen ein blassrotes Quadrat.

2 Sukzessivkontrast

8.4 Farbharmonie

Farbe, Musik und Sprache sind für uns Menschen fast von gleicher Bedeutung in Bezug auf Harmonie:
- angenehme Farben, Stimmen oder Musik beruhigen
- disharmonische Farben sorgen für Missstimmung und regen auf

Als harmonisch bezeichnet man ein Farbenspiel, bei dem zwischen den Farben eine ausgewogene ästhetische Beziehung und Ordnung besteht.
In Bild ➜ 3 wird ein Auto in einem perfekten Verhältnis zwischen leuchtenden und gedeckten Farben und deren Flächenverhältnis zueinander dargestellt (Qualitäts- und Quantitätskontrast).

3 Farbharmonie mit einer dominanten Farbe

Die Farbharmonie stellt jedoch immer eine subjektive Empfindung des Betrachters dar.

Mit unauffälligen Farben ist eine harmonische Abstimmung leicht realisierbar, wirkt aber mit der Zeit weniger aufregend, siehe Bild ➜ 1.

Eine **Disharmonie** stellt sich ein, wenn unserem Auge etwas Widersprüchliches oder Störendes dargeboten wird, Beispiel siehe Bild ➜ 2.
Harmonie entsteht, wenn sich die Farbklänge auf die klassischen, ästhetischen Gesetze der Farbgebung aus der Natur zurückführen lassen.

Auch wenn das persönliche Farbempfinden in die Gesamtwirkung einfließt, sind die meisten Harmonien unabhängig vom Geschmack des Betrachters.

Losgelöst vom Farbkreis gibt es auch andere Systematiken, um Farben harmonisch miteinander zu kombinieren:
- monochrome Farbharmonie
- Farben nur aus der warmen oder nur aus der kalten Farbpalette
- benachbarte Farben im Farbkreis
- eine Farbe mit der Nebenfarbe der Komplementärfarbe
- eine Farbe mit den Nebenfarben der Komplementärfarbe
- Farben gleicher Sättigung

Bei der **monochromen Farbharmonie** werden unterschiedliche Helligkeiten bzw. Sättigungen eines einzigen Farbtons verwendet. Dies kann hilfreich sein, wenn ein Text vor einem farbigen Hintergrund dargestellt werden soll.

Hierbei kann eine helle Version der Farbe (fast weiß) und die gleiche Farbe in geringer Sättigung als Hintergrund verwendet werden, siehe Bild ➜ 3a.

1 Farbharmonie mit dezenten Farben

2 Disharmonie von Farben

a) Monochrome Farbharmonie

b) Farben aus dem warmen und aus dem kalten Farbspektrum

c) Benachbarte Farben im Farbkreis

d) Eine Farbe mit der Nebenfarbe der Komplementärfarbe

e) Eine Farbe mit den Nebenfarben der Komplementärfarbe

f) Farben gleicher Sättigung

3 Weitere Farbharmonien

Alle **Farben aus dem warmen sowie Farben aus dem kalten Farbspektrum** passen untereinander sehr harmonisch zusammen. Sie lassen sich beliebig miteinander kombinieren, siehe Bild ➜ 233.3b.

Benachbarte Farben im Farbkreis passen immer harmonisch zusammen, da sie eine starke Verwandtschaft miteinander haben, siehe Bild ➜ 233.3c.
Komplementäre Farben können eine auffällige und charakteristische Farbharmonie erzeugen. Häufig wird aber ein besserer Effekt erzielt, wenn man Farben verwendet, die einander nicht genau gegenüberliegen, also **eine Farbe und die Nebenfarbe der Komplementärfarbe**, siehe Bild ➜ 233.3d.

Bei der Farbharmonie **einer Farbe und den zwei benachbarten Farben der Komplementärfarbe** ergeben sich Variationen durch die Veränderung der Helligkeit und Sättigung zweier Farben, siehe Bild ➜ 233.3e.
Farben, die die **gleiche Strahlkraft oder Sättigung** haben, passen sehr harmonisch zusammen. Sie wirken in der Kombination frisch, kraftvoll und lebendig, siehe Bild ➜ 233.3f.

8.5 Farbklänge

Ein Farbklang ist die Kombination mehrerer Farben, die sich nach verschiedenen Kontrasten und den Gesetzen der Ästhetik ergeben. Man kann sie aus dem Farbkreis von Itten ableiten, vgl. Kap. 4.2.2.1.

Selten werden Farben einzeln und isoliert von der Umgebung wahrgenommen oder eingesetzt.

Farben wirken also immer in Verbindung mit anderen Farben oder ihrer direkten Umgebung. Die Kombination von Farben wird komplexer und damit schwieriger, je mehr Farben miteinander in Beziehung gesetzt werden.

Beispiel:
Die Wirkung der Farben der Innenausstattung (Armaturen, Sitzpolster, Türverkleidung, Fußraum) und der Außenfarbe eines Autos, siehe Bild ➜ 1.

Hier wird die Komplexität der verschiedenen Farben und Materialien deutlich. In einem Farbplan kann man das Zusammenspiel aller Komponenten harmonisch abstimmen:

- Das erste Auto ist in warmen gedeckten Farben gestaltet, sowohl die Lackfarbe, als auch die Leder- und Innenausstattung sind aufeinander abgestimmt.
- Beim zweiten Fahrzeug dominiert ein kräftiger Rot-Ton als Lackfarbe. Da die Farbe schon sehr viel Aufmerksamkeit erzeugt, hat man sich im Innenraum farblich stark zurückgehalten und ausschließlich neutrale Grautöne und schwarzes Leder verwendet.
- Das dritte Auto hat eine leuchtend blaumetallicfarbene Lackierung, die Innenausstattung ist in Cremeweiß und Schwarz, das Leder in Cremeweiß und Blau abgesetzt. Hier ergänzen sich überwiegend kalte Farben.

Es gibt folgende Farbklänge:
- Zweiklang, siehe Kap. 8.5.1
- Dreiklang, siehe Kap. 8.5.2
- Vierklang, siehe Kap. 8.5.3

1 Farbklang der Lackierung und der passenden Farben der Innenausstattung

8.5.1 Farb-Zweiklang

Farb-Zweiklänge ergeben sich, wenn zwei unterschiedliche Farben direkt aufeinandertreffen. Sie orientieren sich im Wesentlichen an den Kontrasten hell-dunkel, bunt-unbunt, komplementär, kaltwarm und Qualität-Quantität, siehe Bild ➔ 1.

8.5.2 Farb-Dreiklang

Farb-Dreiklänge entstehen meist als gleichschenkliges Dreieck im zwölfteiligen ittenschen Farbkreis, vgl. Kap. 4.2.2.1.

> Beispiel:
> Der klassische Dreiklang, Gelb-Rot-Blau, ergibt sich durch einen gleichmäßigen Abstand der Farben zueinander, siehe Bild ➔ 2.

Auch Violett, Orange und Grün bilden einen Dreiklang, siehe Bild ➔ 2.

Ein weiterer Farb-Dreiklang wird durch ein spitzwinkliges Dreieck gebildet, das aus einer Farbe, der Komplementärfarbe und deren Nachbarfarbe entsteht.

> Beispiel:
> Komplementärfarben Grün und Rot + die Nachbarfarbe Violett, siehe Bild ➔ 3.

Ein weiterer Farb-Dreiklang ergibt sich, indem man eine Farbe und die zwei benachbarten Farben der Komplementärfarbe verwendet, siehe Bild ➔ 4. Es können auch Helligkeit und Sättigung zweier Farben verändert werden.

a) Grün–Rot

b) Cremeweiß–Grau

c) Violett–Türkisblau

1 Farb-Zweiklänge

a) Zwölfteiliger Farbkreis

b) Auszüge

2 Farb-Dreiklänge

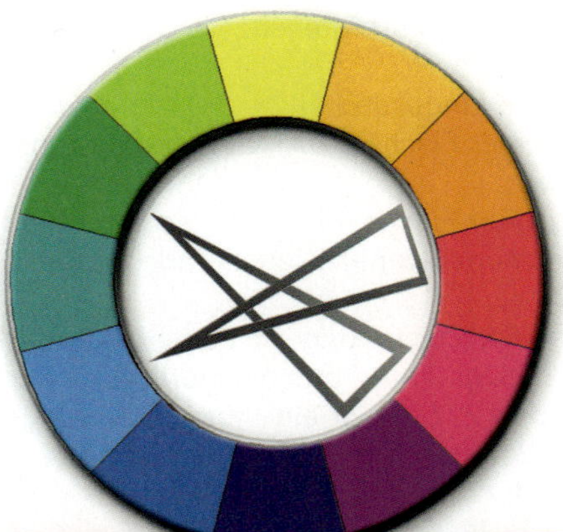

3 Farb-Dreiklang mit Komplementärfarben und Nachbarfarbe

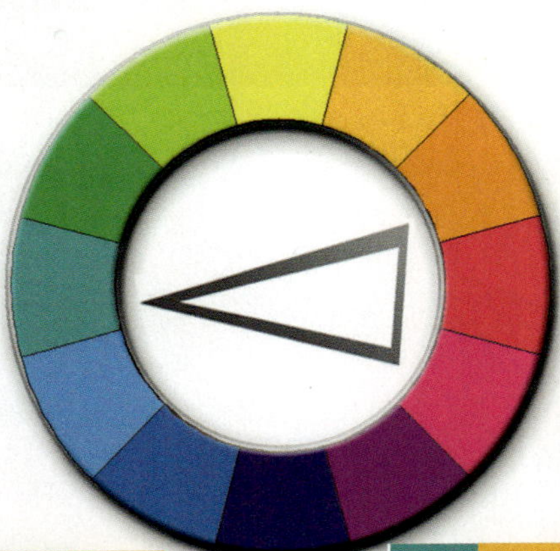

4 Farb-Dreiklang mit einer Ausgangsfarbe und zwei Nebenfarben des Komplementärfarbtons

8.5.3 Farb-Vierklang

Farb-Vierklänge entstehen, wenn man zwei Komplementärfarbpaare auswählt, die senkrecht zueinander stehen und somit ein Rechteck bilden.

Beispiel:
Die Komplementärfarben Grün und Rot + die Komplementärfarben Blau und Orange, siehe Bild ➜ 1.

Andere Farb-Vierklänge entstehen, wenn die Farben im zwölfteiligen Farbkreis ein Trapez bilden; immer gelagert am Mittelpunkt des Kreises siehe Bild ➜ 2a.

Das funktioniert auch mit getrübten Farben, also Farben, die man nicht direkt im Farbkreis findet. Die Sättigung und Helligkeit wird dabei verändert, siehe Bild ➜ 2c.

8.6 Farbintensität

Die Intensität eines Farbtons definiert die Leuchtkraft oder Reinheit einer Farbe und damit z. B. den Unterschied des Farbtones zu den neutralen Farben Schwarz, Weiß oder Grau. Die Sättigung ist erreicht, wenn die Leuchtkraft nicht mehr gesteigert werden kann.

Sie ist, neben dem Farbton selbst und der Helligkeit, eine der drei vom Menschen als grundlegend empfundenen Eigenschaften einer Farbe.

Die Begriffe Buntheit, Farbigkeit, Farbtiefe, Sättigung, Brillanz beschreiben ähnliche Eigenschaften wie der Begriff Farbintensität.

Es werden eingesetzt:
- auf kleiner Fläche als Akzentgeber: intensive Farben
- auf großer Fläche: Erdtöne, Pastelltöne oder gebrochene, weniger leuchtende Farben

Ziel der Farbgestaltung ist es, leuchtende Farben und zurückhaltende Töne harmonisch zu kombinieren. Bild ➜ 237.1 zeigt ein Beispiel, wie leuchtende Farben der Beschriftung kombiniert werden können mit der dezenten Lackierung in Silbergrau.

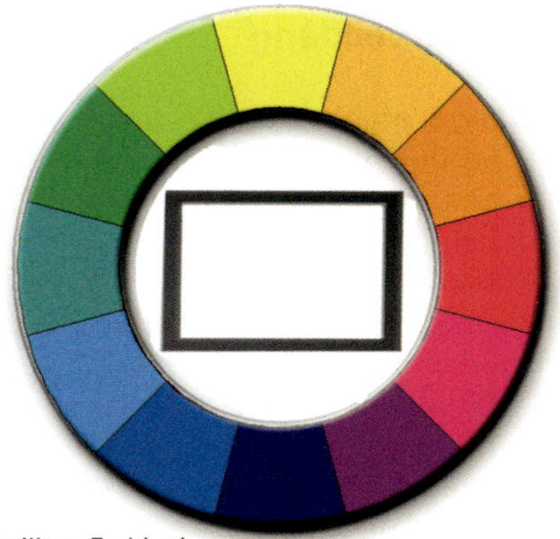

a) Zwölfteiliger Farbkreis

b) Auszüge

1 Farb-Vierklang, über ein Rechteck verbunden

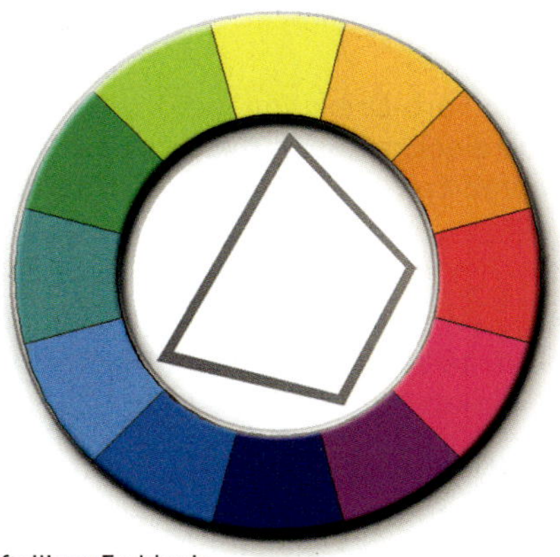

a) Zwölfteiliger Farbkreis

b) Auszug

c) Mit ungetrübten Farben und getrübten Farben

2 Farb-Vierklang, über ein Trapez verbunden

8.7 Helligkeit von Farben

Während eine schwarze Fläche das auftreffende Licht fast vollständig verschluckt, reflektiert eine weiße Fläche den größten Teil, vgl. Kap. 4.1.4.

Den Anteil des abgegebenen Lichts und damit die unterschiedliche Helligkeit der Farben drückt der **Reflexionsgrad** aus. Er wird in Prozent oder als Zahl ohne Einheit angegeben.

Die Reflexionsgrade liegen am weitesten auseinander bei Schwarz und Weiß.
- Weiß: Reflexionsgrad ist fast 100 % bzw. 1
- Schwarz: Reflexionsgrad nahezu 0 % bzw. 0

Beispiel:
Bei einem Reflexionsgrad von 70 Prozent bzw. von 0,7 werden 70 Prozent des auftreffenden Lichts reflektiert.

Gelb ist die hellste Farbe im Farbkreis und Violett die dunkelste.

Messungen des Reflexionsgrades mit Farbmessgeräten werden nach DIN 5033 bewertet.

Informationen zum Farbmessgerät siehe Kap. 7.3.3.

8.8 Glanz

Glanz ist die Eigenschaft einer Oberfläche, Licht ganz bzw. teilweise spiegelnd zu reflektieren; so assoziiert man mit einem starken Glanz im Material eine metallische Oberfläche.

Verschiedene Metalleffektpigmente, Interferenzpigmente, Perlglanzpigmente geben Fahrzeuglacken einen metallischen Glanz.

Der Glanzgrad ist ein Parameter, der einen Farbton entscheidend beeinflussen kann.

Als allgemeine Richtlinie zur Beurteilung des Glanzgrades gilt:
Je größer der Glanz, desto dunkler erscheint der Farbton.

Umgekehrt erscheint die Oberfläche umso heller, je geringer der Glanz ist.

Der Glanzgrad wird mithilfe eines Glanzgradmessgerätes (Reflektometer) ermittelt.

1 Farbintensive Werbeschrift auf Silbergrau

Messwinkel in °	Reflektometerwert	Glanzgrad
60	≥ 60	glänzend
60 ... 85	< 60 ... 10	mittlerer Glanz
85	< 10 ... 5	matt
85	< 5	stumpfmatt

2 Glanzgrad

Glanz wird in Glanzeinheiten gemessen, diese beinhalten:
- den Messwinkel, bei dem der Glanz gemessen wurde
- den Glanzwert, auch **Reflektometerwert**, siehe Bild ➜ 2

Beispiel:
Eine Messung bei einem Messwinkel = 60° ergibt den Wert = 42,7. Das bedeutet, dass die Oberfläche einen mittleren Glanz hat.

Eine 60°-Geometrie wird von der ASTM (American Society for Testing and Materials) Standard D523 zur Bewertung des Glanzes empfohlen.

8.9 Sehgewohnheiten

Sehgewohnheiten werden beeinflusst durch persönlichen Geschmack und durch Selektion. Sie ergeben sich durch die eigene „Seherziehung" auch durch die Sozialerziehung. Die Sehgewohnheiten ändern sich durch viele Einflüsse, z. B. durch das Fernsehen, durch die Darstellung und das Tempo von Computerspielen, das Lesen.

Sehgewohnheiten werden beeinflusst von:
- Form und Gestalt, siehe Kap. 8.9.1
- Wahrnehmung, siehe Kap. 8.9.2
- räumliches Sehen, siehe Kap. 8.9.3
- Ergänzen und Reduzieren, siehe Kap. 8.9.4
- horizontal und vertikal, siehe Kap. 8.9.5
- optische Mitte und optischer Ausgleich, siehe Kap. 8.9.6
- Symmetrie, siehe Kap. 8.9.7
- Figur und Grund, siehe Kap. 8.9.8
- Leserichtung, siehe Kap. 8.9.9
- Licht und Schatten, siehe Kap. 8.9.10
- visuelle Schwerkraft, siehe Kap. 8.9.11

8.9.1 Form und Gestalt

Die Wahrnehmung einer Form und einer Gestalt hängt von der Routine ab, wie unser Auge diese erkennt und einordnet. Als Gestalt bezeichnet man die äußere Form, den Umriss und das gesamte Erscheinungsbild von Gegenständen und Lebewesen.

Beim Arbeiten mit Form und Gestalt sind zu beachten:
- Geschlossenheit
- Nähe
- Gleichheit

Geschlossenheit drückt aus, dass zusammenstehende Formen, die zusammen einen glatten Verlauf bilden, eine hohe Aufmerksamkeit erzeugen.

Nähe verdeutlicht, dass in einem Muster benachbarte Formen als eine einzige Form bzw. Gestalt wahrgenommen werden.

Gleichheit besagt, dass in einem Muster mit unterschiedlichen Teilen alle ähnlichen Elemente als zusammengehörig empfunden werden.

Zum Gestalten eines Entwurfs wird empfohlen, einfache Formen mit klaren Elementen zu wählen.

Gründe:
- Eine Form ist umso deutlicher, je klarer ihre Elemente sind.
- Einfache Formen haben Vorrang gegenüber komplexen Formen.

8.9.2 Wahrnehmung

Der erste Eindruck ist der Entscheidende.

Und deshalb gilt:
Wer mit seinem Entwurf langweilt, findet keine Beachtung.

Der Gestalter muss also innovativ, bildhaft und anschaulich denken und mit seinem Entwurf die Aufmerksamkeit des Betrachters steigern durch eine besondere Formensprache und mit gutem Farbempfinden.

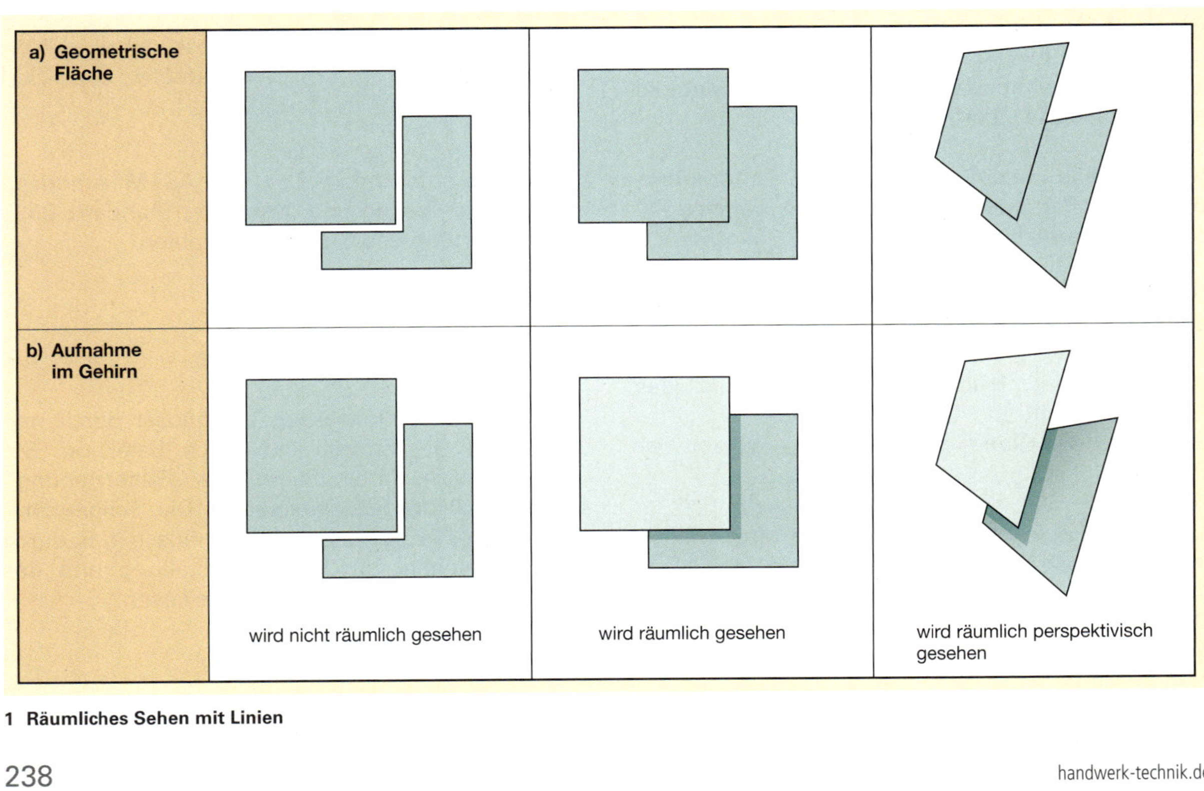

1 Räumliches Sehen mit Linien

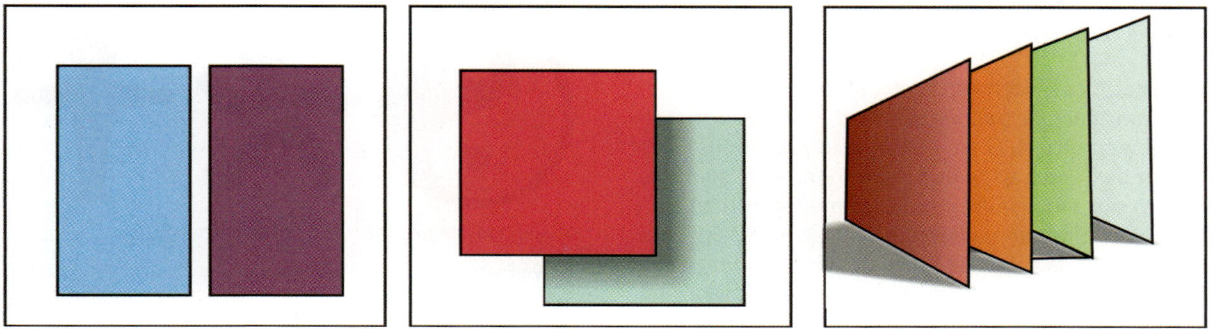

a) Violett wirkt näher als Hellblau
b) Rot wirkt näher als Grün
c) Rot wirkt näher als Orange, Orange wirkt näher als Grün, Dunkelgrün wirkt näher als Hellgrün

1 Räumliches Sehen durch Hell-Dunkel und durch Farben

8.9.3 Räumliches Sehen

Wir versuchen stets, Formen als Formen im Raum zu sehen und stellen räumliche Zusammenhänge her, auch wenn diese nicht vorhanden sind. Das Gehirn strukturiert damit Bilder, um sie besser „verstehen“ zu können.

Wir unterscheiden dabei:
- Vordergrund
- Hintergrund

In Bild ➜ 238.1a sind verschiedene Linien dargestellt, die geometrische Flächen bilden, Bild ➜ 238.1b zeigt, was das Gehirn daraus macht.

Dunkle Flächen werden oft als „weiter vorn“ empfunden, helle Flächen als „weiter entfernt“, siehe Bild ➜ 1. Außerdem werden Rot-Töne als nah erlebt, blaue sowie grüne Töne als weiter entfernt.

8.9.4 Ergänzen und Reduzieren

Oft denken wir weiter als wir sehen können. Unser Gehirn bzw. unsere visuellen Erfahrungen und Grundsätze komplettieren fehlende Teile. Dies findet zum Beispiel Anwendung bei der Entwicklung von Logos oder Piktogrammen. Stimmt die Silhouette eines Objektes mit einem bekannten Bild überein, wird es damit gleichgesetzt, siehe Bild ➜ 2.

8.9.5 Horizontal und vertikal

Wird ein Objekt horizontal (waagerecht oder liegend) dargestellt, so wirkt es auf den Betrachter solide, erdverbunden, ruhig und ausgeglichen.

Wird es vertikal (aufrecht oder stehend) dargestellt, wirkt es wacklig oder instabil, siehe Bild ➜ 3.

2 Bekannte Piktogramme

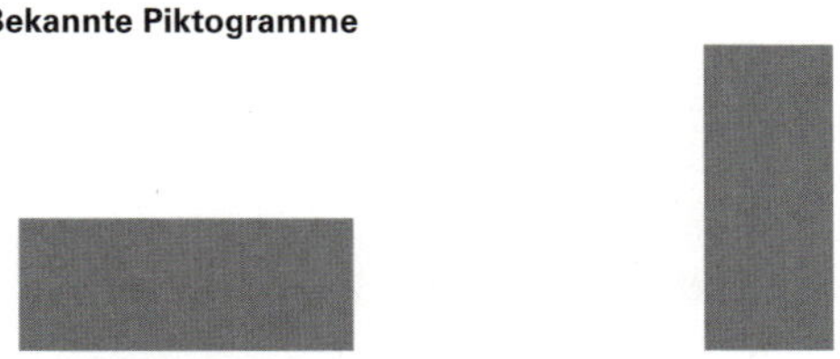

a) Horizontal – stabil
b) Vertikal – instabil

3 Stabile und instabile Wirkung

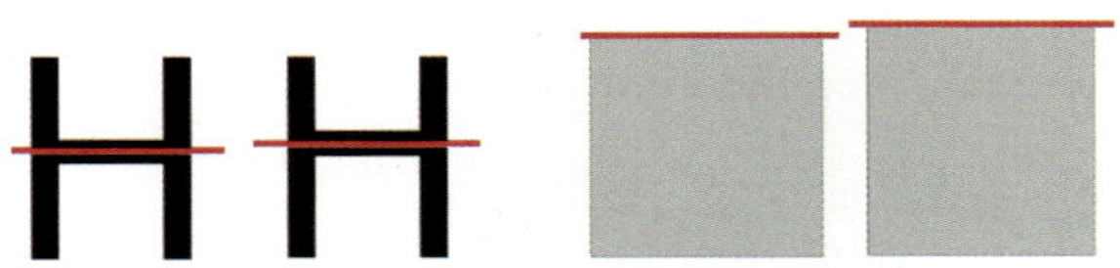

geometrische Mitte
optische Mitte
optischer Ausgleich

4 Optische Mitte und optischer Ausgleich

8.9.6 Optische Mitte und optischer Ausgleich

Die optische Mitte weicht von der geometrischen Mitte ein wenig ab.

Die optische Mitte wird ca. 3 % über der geometrischen Mitte empfunden.

Die Sehschärfe ist in horizontaler Richtung stärker ausgeprägt. Geometrisch exakte Quadrate wirken daher subjektiv zu niedrig und müssen in der Vertikalen etwas vergrößert werden, um quadratisch zu wirken, siehe Bild ➜ 4.

8.9.7 Symmetrie

Symmetrische Formen sind Formen, die an einer Symmetrieachse gespiegelt sind. Sie suggerieren Ausgewogenheit, Gleichgewicht und Stabilität. Sie lassen sich leichter wiedererkennen, weil sich das Gehirn nur eine Hälfte der Form merken muss.
In einem Muster werden symmetrische Formen bevorzugt. Gespiegelte Formen wie das Jing-und-Jang-Zeichen und das rote Ampelmännchen sind leichter wiederzuerkennen als das grüne Ampelmännchen, siehe Bild ➜ 1.

8.9.8 Figur und Grund

Eine Figur steht bei einer Darstellung gegenüber Schrift stets im Vordergrund und zeichnet sich durch starke visuelle Kraft aus.

Man kann sagen:
Die Figur ist das Hauptmerkmal eines Bildes, einer Illustration oder Grafik.

Der Hintergrund ist die äußere Begrenzung der Darstellung; er ist der Grafik und der Schrift untergeordnet.

8.9.9 Leserichtung

In unserem Kulturkreis wird von links nach rechts gelesen. Das gilt auch für nichttextliche Darstellungen. Ein Bild, in das unser Blick links oben einsteigen kann, empfinden wir angenehm.

Beispiel:
Das Logo einer Bank wird als aufsteigender Pfeil von links unten nach rechts oben wahrgenommen – wie ein steigender Börsenkurs, siehe Bild ➜ 2a. Würde das Logo um 90° gedreht, würde es als abfallend empfunden und an einen schlechten Börsenkurs erinnern, siehe Bild ➜ 2b.

a) Jing-und-Jang-Zeichen b) Ampelmännchen

1 Symmetrie

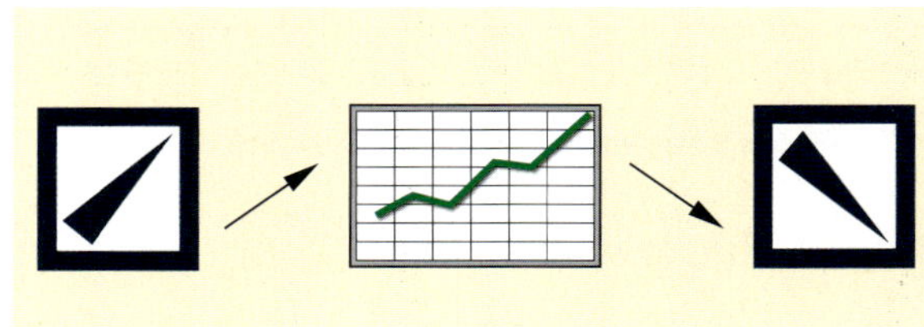

a) Aufsteigend – positive Wahrnehmung b) Abfallend – negative Wahrnehmung

2 Leserichtung

a) Gewohnter Lichteinfall und Schattenwurf b) Logo mit Schatten

3 Licht und Schatten

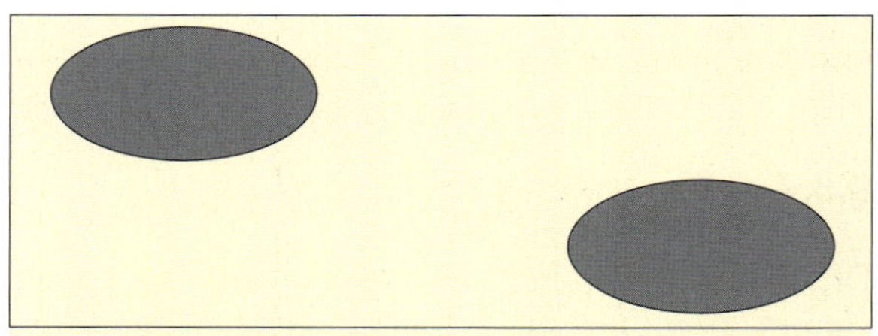

a) Objekt am oberen Rand scheint zu schweben b) Objekt steht fest am Boden

4 Visuelle Schwerkraft

8.9.10 Licht und Schatten

Für das Auge ist der natürliche Lichteinfall in Bildern von links oben nach rechts unten, wie er schon in der klassischen Malerei eingesetzt wurde.

Wenn ein Werbeschriftzug mit einem Schatten versehen werden soll, empfiehlt es sich, diesen rechts unter der Schrift zu platzieren, siehe Bild ➜ 3.

8.9.11 Visuelle Schwerkraft

Jeder von uns kann die visuelle Schwerkraft wahrnehmen. Liegt beispielsweise eine Form auf dem unteren Rand einer Fläche, so wird dieses als ruhig, stabil und statisch empfunden. Wird diese Form hingegen am oberen Rand der Fläche platziert, so wird sie als schwebend und instabil empfunden.
Es wirkt die visuelle Schwerkraft, siehe Bild ➜ 4.
Diese Grunderfahrung sollte man bei Gestaltungen berücksichtigen.

8.10 Folien

Folien gibt es in vielen Farben, siehe Bild ➜ 1. Die Farben entsprechen häufig denen des Pantone-Farbsystems oder sind identisch mit RAL-Farben (RAL 1016 bis RAL 9017). Pantone-Farben, HKS Farben oder auch RAL Farben sind genormte Farbtöne unterschiedlicher Normsysteme, die sowohl als Lackfarben oder Folienfarben gehandelt werden und vom Farbton niemals abweichen dürfen, weil man sich auf die Farbtongenauigkeit verlässt. Weitere Informationen zum RAL-Farbregister siehe Kap. 4.2.2.2.

In diesem Kapitel werden behandelt:
- Folien zum Bekleben von Fahrzeugen, siehe Kap. 8.10.1
- Geräte und Werkzeuge zum Folienkleben, siehe Kap. 8.10.2
- Ausrichten, Übertragen und Aufziehen der Folien, siehe Kap. 8.10.3

8.10.1 Folien zum Bekleben von Fahrzeugen

Folien zum Bekleben von Fahrzeugen bestehen meist aus PVC. Für die Werbung werden sie auf die Außenfläche der Fahrzeuge geklebt.
Zum Bekleben von Fahrzeugen sollten Folien verwendet werden, die nach ISO 9001 zertifiziert sind; das garantiert die genannten Eigenschaften bis zu 7 Jahre.
Die Folien werden in der Breite von 0,30 m bis 1,20 m geliefert und in der Länge von 6,25 m bis 50 m. Die Materialstärke beträgt zwischen 60 µm und 90 µm.

Unterschiede zu anderen Folien gibt es:
- bei den Anforderungen, siehe Kap. 8.10.1.1
- bei den Arten, siehe Kap. 8.10.1.2
- beim Verkleben, siehe Kap. 8.10.1.3

8.10.1.1 Anforderungen an Folien

Da die Folien auf die Außenfläche des Fahrzeugs geklebt werden, müssen sie sein:
- witterungsbeständig, d. h., die Folie wird nicht spröde, weil der Weichmacher nicht so schnell entweicht
- licht- und farbbeständig
- beständig gegen UV-Strahlen
- glänzend
- reib-, reiß- und stoßfest

Zudem sollten die Folien nicht zu teuer sein.

1 Farben von Folien zum Bekleben von Fahrzeugen

8.10.1.2 Arten von Folien

Zum Bekleben von Fahrzeugen werden verwendet:
- Polymerfolien
- Mattfolien
- Flip-Flop-Folien
- Metalleffekt-Plotterfolien
- Metallic-Plotterfolien
- metallisierende Folien
- gegossene Metallic-Plotterfolien
- Carbonfolie mit 3D-Struktur
- Übertragungsfolien

Polymerfolien sind aus PVC. Sie sind das Standardmaterial für die Beschriftung auf Fahrzeugen und großen Werbeflächen. Diese Folien können sein:
- polymer kalandriert
- gegossen

Polymer kalandrierte[1] Folien können sich bei zu starker Dehnung zurückziehen. Sie sind bedingt elastisch.

Dies passiert bei der **gegossenen** Folie nicht: Sie verhalten sich plastisch und sind daher spannungsfrei. Eine gegossene Folie ist wesentlich teurer in der Herstellung.

Mattfolien bestehen aus mattem PVC und werden zum Mattieren von Oberflächen eingesetzt.

Flip-Flop-Folien haben einen ähnlichen Effekt wie Flip-Flop-Lack: Je nach Lichteinfall changiert die Farbe in verschiedenen Metallictönen. Der Metalliceffekt entsteht durch Interferenz, also durch Überlagerung von Lichtwellen, sodass der Betrachter Licht mit unterschiedlicher Wellenlänge sehen kann, je nach Betrachtungswinkel.

Metalleffekt-Plotterfolie sind PVC Folien, denen in der Herstellung Metallic-Pigmente beigemischt werden, um besondere Effekte zu erzielen.

[1] Kalandrieren: Kunststoff zu Folie auswalzen

Metallic-Plotterfolie besteht aus dünn gewalzter Aluminium- oder Kupferfolie und enthält keinen Kunststoff. Sie ist sehr haltbar, aber auch wesentlich teurer als PVC Folien. Sie eignen sich gut für auffällige Schilderbeschriftungen, jedoch nicht für Fahrzeugbeschriftungen.

Metallisierende Folien sind gegossene PVC-Folien mit silberglänzender, metallbeschichteter Oberfläche. Die Folie ist verformbar und kann auf nahezu jeder Oberfläche verwendet werden. Starke Verformungen können nur bedingt ausgeführt werden, weil die Metalloberfläche bei starker Dehnung matt werden kann.

Gegossene Metallic-Plotterfolien haben einen auffälligen Metalleffekt durch eine grobe Metallic-Körnung. Diese Folien sind sehr ausdrucksstark und haben eine hohe Farbbrillanz.

Sehr gerne wird zur auffällige Gestaltung von sportlichen Fahrzeugen **Carbonfolie mit 3D-Struktur** eingesetzt. Sie hat eine fühlbare Oberflächenstruktur, siehe Bild ➜ 1. Diese Folie ist selbstklebend, lässt sich sehr leicht auftragen, ist nach dem Aufkleben noch korrigierbar, da zu 100 % dehnbar, und sie lässt sich rückstandslos entfernen. Sie ist sehr lange haltbar, gut witterungsbeständig und kann überlackiert werden. Allerdings ist sie recht empfindlich gegen mechanische Beschädigungen; sie kann nicht ausgebessert werden.

Übertragungsfolie ist eine Polymerfolie, sie hat keine glatte, sondern eine leicht genoppte oder geprägte Oberfläche und Klebefläche, damit sie nicht zu stark klebt. Übertragungsfolie, auch **Application-Tape** oder **Montagefolie** genannt, benötigt man zum Übertragen der geplotteten und entgitterten Schriftzüge und Motive auf Fahrzeuge oder Schilder.

Transparente Übertragungsfolien bestehen z. B. aus einer einseitig geprägten Polypropylen- oder PVC-Folie mit guter Planlage, hoher Formstabilität und geringer Längsdehnung. Aufgrund der genoppten oder geprägten Oberfläche lässt sich die Folie leicht und ohne statische Aufladung von der Rolle abwickeln.

Übertragungsfolie gibt es auch mit Silicon-Papierabdeckung mit rückseitigem Karodruck, der den Zuschnitt und die Montage der Folie erleichtert.
Für die Nassverklebung ist auch ein lateximprägniertes Spezialpapier geeignet, das mit einem Kautschukkleber mit mittlerer Klebkraft beschichtet ist.

Übertragungsfolien altern nicht, sind beständig bei UV-Strahlung und haben eine hohe Sofort-Haftung.

1 Carbonfolie mit 3D-Struktur

8.10.1.3 Folien verkleben

Das Bekleben mit Folien funktioniert durch die unterschiedlich starke Klebkraft der verschiedenen Schichten. Die Klebkraft zwischen der Folie und der Wachsschicht des Trägers ist niedriger als die zwischen dem Folienornament und der transparenten Übertragungsfolie. Die Adhäsionskraft zwischen Lack und Folie ist wiederum höher als die zwischen Übertragungsfolie und Folienornament. So kann das Motiv jeweils auf dem gewünschten Untergrund haften.

Folien können verklebt werden:
- trocken
- nass

Folien trocken verkleben
Trocken werden z. B. vollflächig zu verklebende Folien aufgezogen. Es gibt Folien, die über eine verzögerte Anfangshaftung verfügen. Sie haften erst nach einigen Minuten. Sie werden aufgelegt, und man kann sie noch einige Minuten auf der Fahrzeugoberfläche in die richtige Position schieben. Das ist bei großen Objekten vorteilhaft.

Mit dem Trockenklebeverfahren kann auch ein Fahrzeug komplett mit einer Folie überzogen; etwa so, als ob ein großer Aufkleber über das Auto geklebt wird. Das ist möglich, weil sich die Folien mithilfe eines Heißluftföhnes stark dehnen lassen, sodass sie sich faltenfrei auch über Rundungen der Karosserie ziehen lassen. Oft werden **Taxis** mit cremefarbener Folie beklebt; nach dem Taxibetrieb wird die Folie entfernt und der Pkw kann wieder gut verkauft werden.

Auch eine **Matt-Optik** kann erzeugt werden, indem eine matte Folie aufgeklebt wird.

Folien nass verkleben

Nass verklebt werden durchbrochene Motive wie Folienschrift und Werbegrafik. Vorteil: Die Motive lassen sich so lange in Position schieben, solange der Wasserfilm zwischen Folie und Lackoberfläche nicht abreißt, siehe Bild → 1. So kann die geplottete Folie schwimmend ausgerichtet werden.
Hat das Objekt die richtige Position, rollt man das Wasser unter der Folie mit einer Hartgummirolle heraus. Da die PVC-Folie diffusionsfähig ist, verdunstet das Wasser innerhalb eines Tages, sodass dann die volle Klebkraft erreicht ist.

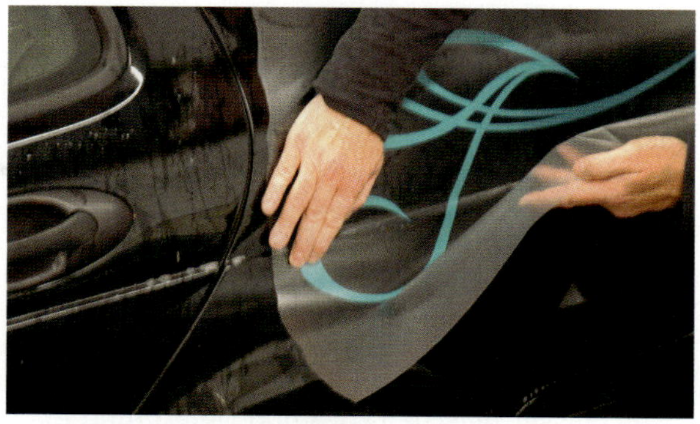

1 Schwimmend verklebte Folie

8.10.2 Geräte und Werkzeuge zum Folienkleben

Zur Planung und Ausführung der Beschriftung eines Fahrzeugs mit selbstklebender, maschinell geschnittener Folie sind notwendig:
- Schneideplotter, siehe Kap. 8.10.2.1
- Computer mit Vektorgrafik und Schneidesoftware, siehe Kap. 8.10.2.2
- Werkzeuge, siehe Kap. 8.10.2.3

8.10.2.1 Schneideplotter

Ein Schneideplotter ist ähnlich wie ein Tintenstrahldrucker. Statt eines Druckkopfes hat der Schneideplotter ein Schneidemesser. Damit schneidet er die Linien, die er als EPS-Datei vom Computer erhält.
Ein Schneideplotter kann Linien, aber keine Flächen schneiden.
Die Folie wird von elektrischen Servomotoren im Zusammenspiel mit dem Messer bewegt. Während die Servomotoren die Folie absolut exakt wie ein Roboter in alle Richtungen bewegt, kann das Messer die Folienoberfläche einschneiden.
Nachdem alle Linien geschnitten sind, bleibt der Plotter stehen und man kann die geschnittene Folie herausnehmen.

Weitere Informationen zum Plotten siehe Kap. 4.9.3.2.

8.10.2.2 Computer mit Vektorgrafik- und Schneidesoftware

Das Motiv des Kunden wird in einem Vektorgrafikprogramm wie Freehand, Illustrator oder Corel Draw nachgezeichnet oder als fertige Vektorgrafik vom Kunden geladen.
Man wandelt die Vektorgrafik dann in ein EPS-Format (Outlinegrafik) um, weil der Schneideplotter nur Außenlinien eines Motivs, aber keine Flächen (Pixelgrafiken) erkennen kann.

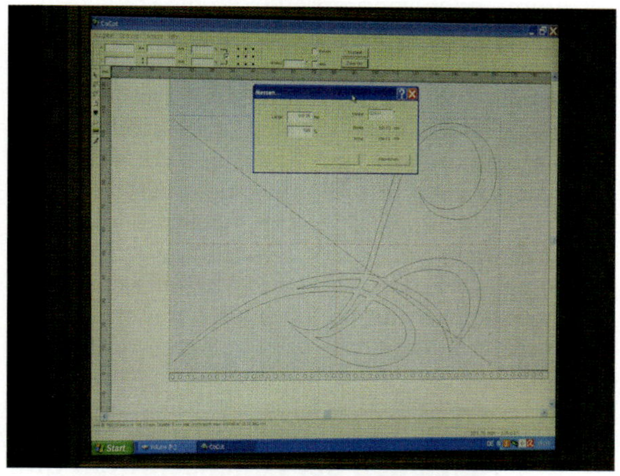

2 Arbeitsoberfläche eines Plottersoftwareprogramms

Kunststoffrakel hart	 hart  mit einseitigem Filzüberzug
Rakel	 mit Rolle  mit Gummilippe für Nassverklebung
Gummi- oder Neoprenrolle	
Skalpell mit Klinge	
Blasenentferner	
Folienabschneider	
Aluminium-Profilschiene mit Maßeinteilung	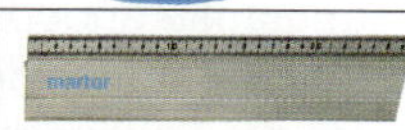
Stahlschiene	
Schneidunterlage	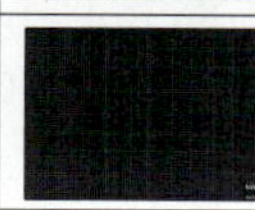

3 Werkzeuge zum Folienkleben

In einem Schneideprogramm wird das Motiv bzw. der Schriftzug aufgerufen und an die notwendige Größe, Länge, Breite der Fahrzeugoberfläche angepasst.

8.10.2.3 Werkzeuge zum Folienkleben

Als Werkzeuge zum Folienkleben benötigt man folgende Werkzeuge, siehe Bild ➜ 243.3:

- verschiedene Rakel, um die Folie zu glätten und das Wasser zwischen Folie und Untergrund zu verdrängen
- Gummi- oder Neoprenrolle, um die Folie anzudrücken und Luftblasen und ggf. Wasser zwischen Folie und Untergrund herauszudrücken
- Skalpell, Cuttermesser zum Entgittern
- Blasenentferner, um Blasen aufzustechen
- Folienabschneider zum Schneiden von Folienbahnen; Klinge und Gleitfuß haben einen 45°-Winkel und sind verletzungssicher im Griff eingebettet
- Aluminium-Profilschiene mit Maßeinteilung; Schneiderillen sorgen für einen geraden Schnitt
- Schneidunterlage

8.10.3 Ausrichten, Übertragen und Aufziehen der Folienschriften und Folienmotive

Die ausgeplotteten Folienschriften und Logos werden mithilfe eines Bandmaßes und Klebebändern ausgerichtet, siehe Bild ➜ 1.

> Achtung!
> Das Motiv sollte so ausgerichtet werden, dass es nicht zu oft über Türspalten zerschnitten werden muss.

Der Gesamteindruck leidet, je öfter das Motiv unterbrochen wird.
Vorgehen beim Folienkleben:

- Eine Ecke der Transferfolie mit der Schrift wird auf den Lack aufgeklebt und die Trägerfolie langsam von dort aus nach unten weggezogen, siehe Bild ➜ 2.
- Mit der Hand, einem Tuch, einer Gummirakel oder einer Neoprenrolle wird die transparente Übertragungsfolie angedrückt.
- Die Übertragungsfolie wird nun flach abgezogen, sodass die Folienschrift oder das Ornament nicht mit abgezogen wird, siehe Bild ➜ 245.1.
- Am Ende wird die Beklebung fest angedrückt und eventuell Blasen eingestochen, die Luft herausgedrückt.

Weitere Informationen siehe Kap. 4.9.3.5.

a) Bandmaß c) Winkel-Dreieck

c) Lineal

d) Klebeband

1 Hilfsmittel zum Ausrichten der Klebefolie

2 Trägerfolie entfernen

8.11 Spritzlackierung mit Schablone

Alternativ zum Folienkleben kann das Motiv auslackiert werden. Diese Technik ist in Kap. 4.8.2 und Kap. 4.9.3 ausführlich beschrieben.

8.12 Zierlinien, Zierstreifen, Zierfelder

Zierlinien
Eine Zierlinie ist eine einfache oder doppelte farbig abgesetzte Linie auf der Fahrzeugoberfläche, um die Karosserieform oder eine bestimmte Kante am Fahrzeug zu betonen oder gar zu kaschieren, siehe Bild ➜ 2.
Die Farbe der Zierlinie unterscheidet sich meist deutlich vom Farbton des Lackuntergrundes.
Für die Zierlinie wird das spezielle Linienband, das **Zierlinienband**, aufgeklebt, siehe Bild ➜ 3.

Das ist der Unterschied zum Pinstriping, wo die Zierlinien mit einem speziellen Langhaarpinseln aufgebracht werden, vgl. Kap. 10.3.1.1.

Das Zierlinienband besteht aus hochflexiblem, reißfestem und sehr dünnem Schutzband. Das Trägermaterial hat eine Höhe von ca. 0,12 mm und lässt ein fast kantenfreies Auslackieren dieses Bandes zu. Man spürt fast keine Kante, wenn man nach dem Trocknen mit der Hand über die dünn auslackierte Linie streicht.

Das Zierlinienband
- wird eingesetzt, um verschiedenfarbig zu lackierende Flächen zu trennen,
- ist geeignet zum Begrenzen von parallel angelegten Streifen, auch mit unterschiedlicher Breite,
- kann auch stark gekrümmte Linien nachbilden, siehe Bild ➜ 3,
- hinterlässt eine scharfe exakte Kontur des aufgetragenen Lackes,
- lässt sich auch auf unebenen Flächen aufkleben,
- hinterlässt keine Klebefalten,
- ist beständig gegen Wasser und Lösemittel,
- vermeidet Klebespuren.

Zierstreifen
Zierstreifen gibt es in allen Farben und in allen Formen, z. B. als:
- dezente, schmale, gerade Streifen
- breite Streifen (bis zu 20 cm breit), die in Längsrichtung über das gesamte Auto angebracht sind
- geschwungene Linien und florale Motive

1 **Übertragungsfolie von der Folienschrift entfernen**

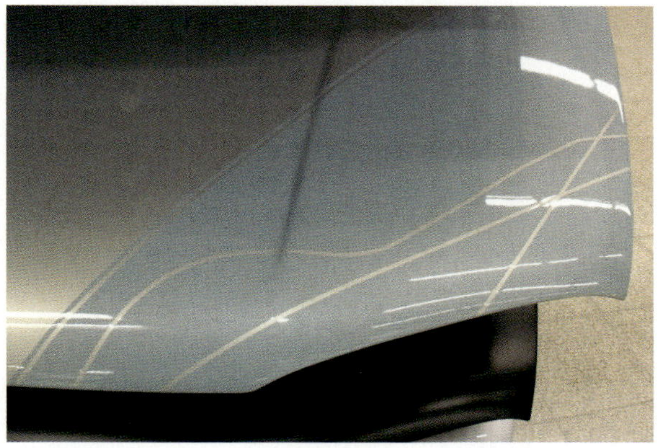

2 **Zierlinien**

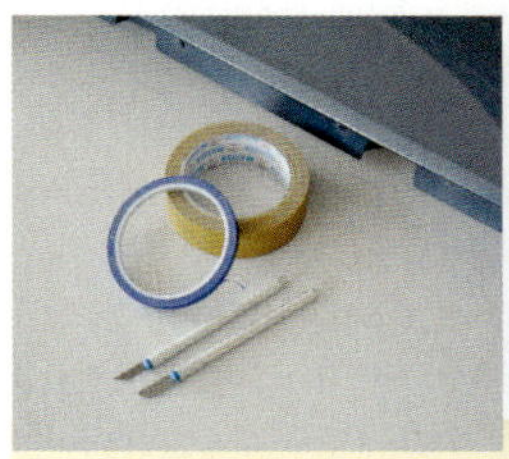

a) Einfaches Linienband

b) Aufkleben des einfachen Linienbandes

Stark gekrümmte Linien, gestaltet mit dem Zierlinienband

3 **Zierlinienband**

Die besonders elegante oder schnittige Form einer Karosserie kann durch einen silbernen oder hellen Streifen unterstützt werden, wie am Roadster in Bild ➜ 1.

Zierfelder
Ein Zierfeld ist breiter als ein Zierstreifen und muss nicht längs betont sein: Die Fläche kann auch rund aussehen, siehe Bild ➜ 2.

8.13 Lernsituation

Eine Kundin gibt einer Fahrzeuglackiererei den Auftrag, ihren Pkw Saab (Kombi) durch ein mehrteiliges Ornament umgestalten zu lassen.

Der Auftrag wird nach folgender Vorgehensweise ausgeführt:
- Fahrzeugannahme, siehe Kap. 8.13.1
- Arbeitsplanung, siehe Kap. 8.13.2
- Arbeitsauftrag durchführen, siehe Kap. 8.13.3
- Qualitätssicherung, siehe Kap. 8.13.4
- Fahrzeug an die Kundin übergeben, siehe Kap. 8.13.5

8.13.1 Fahrzeugannahme

Ein Mitarbeiter des Lackierbetriebes bespricht mit der Kundin, wie ihr Pkw gestaltet werden kann. Da der Pkw ein Leasingfahrzeug ist, müssen alle Elemente bei Rückgabe des Fahrzeugs wieder entfernt werden können.
Der Kundin wird gezeigt, dass das Fahrzeug mit Folie beklebt werden kann – das sieht gut aus und Folien können wieder entfernt werden.

Aus einer Sammlung von Motiven sucht die Kundin ein geschwungenes Ornament aus, siehe Bild ➜ 3. Dieses Ornament soll auf den hinteren Kotflügel jeweils auf beiden Seiten aufgeklebt werden.

Mit der Arbeit könnte sofort begonnen werden, sodass die Kundin das Fahrzeug am selben Tag ab 17 Uhr wieder abholen kann.
Die Kundin ist einverstanden und übergibt dem Mitarbeiter den Fahrzeugschlüssel.

8.13.2 Arbeitsplanung

Dann wird der Arbeitsplan erstellt, siehe Bild ➜ 247.1.

1 Zierstreifen

Abkleben

2 Zierfeld

3 Das ausgesuchte Ornament

Auftrags-Nr.			**Schlüssel:** Fabrikat: Saab Pkw/Kombi Baujahr: 2008 Kfz-Halter: Frau Petersen	**Benennung/ Art der Arbeit:** Fahrzeug bekleben	**Mitarbeiter:** Berger, Harald
Arbeitsschritte					
lfd. Nr.	Vorbereitung	Beklebung	Arbeitsschritt	Werkzeuge, Geräte, Maschinen, Materialien, Hilfsstoffe	Bemerkungen, UVV
1	x		Vorlagen, Entwürfe auswählen	Computer, Grafiksoftware	
2	x		Auswahlmotiv in Größe und Ausrichtung an das Fahrzeug anpassen	Computer, Grafiksoftware	
3	x		Motive plotten, entgittern, mit Übertragungsfolie kaschieren Klebeseite mit Schutzfolie abdecken	Computer, Schneideplotter, Skalpell, Plotterfolie	Sicherheitshinweise zur Bedienung des Schneideplotters beachten
4	x		Ornament am Fahrzeug ausrichten und fixieren	Gliedermaß, Klebeband	
5		x	gewachstes Trägerfolie entfernen		
6		x	Übertragungsfolie auf dem Fahrzeug entfernen	Skalpell	
7		x	Ornament fest andrücken	Hartgummirolle, Rakel, Lappen	

1 Arbeitsplan

8.13.3 Arbeitsauftrag durchführen

Der Arbeitsauftrag kann in zwei Stufen aufgeteilt werden:
- Fahrzeugbeklebung vorbereiten, siehe Kap. 8.13.3.1
- Fahrzeugbeklebung ausführen, siehe Kap. 8.13.3.2

8.13.3.1 Fahrzeugbeklebung vorbereiten

Die Vorbereitungen der Beklebung des Kundenfahrzeugs werden in der Firma der Fahrzeuglackiererei ausgeführt.

Zur Vorbereitung gehören:
- ausgewähltes Motiv mit einem Grafikprogramm auf dem PC in eine Vektordatei umsetzen
- Vektordatei in eine EPS-Datei umwandeln
- Motiv plotten
- Motiv entgittern
- entgittertes Motiv mit einer Übertragungsfolie belegen

2 Motiv am Computer anpassen

Das Motiv, das die Kundin ausgesucht hat, muss am Computer auf die Gegebenheiten des Fahrzeugs angepasst werden, siehe Bild → 2. Es wird entsprechend gespiegelt, wenn es beidseitig aufgebracht werden soll. In einem Grafikprogramm wie Freehand oder Corel Draw wird das **Motiv als Vektordatei umgesetzt**.

Eine Pixeldatei besteht aus vielen verschiedenen Bildpunkten und kann vom Plotter nicht gelesen werden. Deshalb wird die Vektordatei in ein **EPS-Format umgewandelt**. Dieses Format kann die Schneidesoftware erkennen. Nun kann der Befehl zum Plotten an den Schneideplotter abgeschickt werden.

Das **Motiv wird geplottet** aus einer witterungsbeständigen Folie; das Messer schneidet die Außenlinien des Motivs nach.

Nachdem der Plotter die Folie eingeschnitten hat, entnimmt man diese und auf einer großen Arbeitsfläche wird das Motiv mit einem Skalpell **entgittert.** Man löst sämtliche Teile der Folie vom Träger ab, die später nicht auf das Fahrzeug gelangen sollen, siehe Bild ➜ 1.

1 Entgittern der Schneidefolien

Danach legt man die **Übertragungsfolie** mit der Klebeseite nach oben und löst den Träger, siehe Bild ➜ 2a. Dann dreht man die Folie mit dem entgitterten Motiv mit der Unterseite nach oben und positioniert sie von oben auf die Übertragungsfolie, siehe Bild ➜ 2b.

Mit einer Rakel werden die Lufteinschlüsse herausgedrückt. Dazu benutzt man eine Kunststoffrakel, eine Neopren- oder Gummirolle und ggf. ein Skalpell, mit dem die Luftblasen aufgestochen werden, sodass die eingeschlossene Luft beim Herausdrücken entweichen kann.

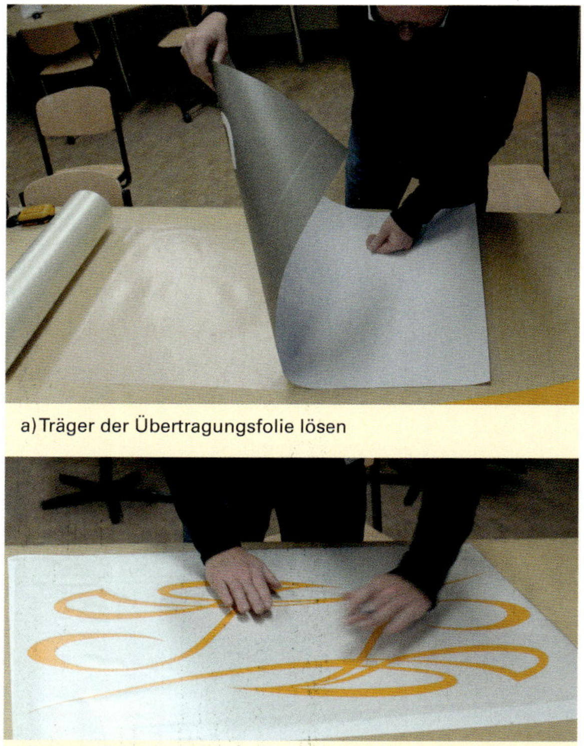

a) Träger der Übertragungsfolie lösen

b) Motiv auf die Übertragungsfolie auflegen

2 Entgittertes Motiv auf Übertragungsfolie auflegen

8.13.3.2 Folienbeklebung ausführen

Die Motive werden im Nassklebeverfahren auf die Oberfläche des Fahrzeugs aufgebracht.

Die Arbeitsgänge sind:
- Oberfläche des Fahrzeugs säubern und entspannen
- Motiv positionieren
- Motiv mit Übertragungsfolie aufkleben und ausrichten
- Übertragungsfolie abziehen

Es wird die Oberfläche des Fahrzeugs mit Wasser und Spülmittelzusatz **gesäubert**, siehe Bild ➜ 3. So setzt man die Oberflächenspannung herab und die Folie kann nicht sofort ihre volle Klebekraft entwickeln; damit bleibt das Motiv verschiebbar.

3 Oberfläche des Fahrzeugs säubern und entspannen

1 Motiv positionieren

Mit einem Gliedermaßstab wird die **richtige Position** des Ornaments bestimmt und ein ausreichender Abstand zu den Türspalten festgelegt, siehe Bild ➜ 1.

Nun wird eine Ecke der Übertragungsfolie auf den mit Wasser befeuchteten Lack **aufgeklebt** und langsam von dort aus die Trägerfolie von unten weggezogen. Die transparente Übertragungsfolie wird mit der Hand angedrückt, siehe Bild ➜ 2. Das aufgeklebte und noch „schwimmende" Ornament wird nun präzise **ausgerichtet**. Auf dem dünnen Wasserfilm lässt sich das Motiv vorsichtig verschieben.

Zum Schluss wird die Übertragungsfolie abgezogen, siehe Bild ➜ 3.
Das Wasser wird mit einer Gummirolle vorsichtig unter der Folie herausgedrückt. Nun muss die Folie trocknen und das Fahrzeug ist abholbereit, siehe Bild ➜ 4.

8.13.4 Qualitätssicherung

Der Werkstattleiter und die Kundin begutachten die ausgeführten Arbeiten, nachdem das Fahrzeug gesäubert und trocken ist.

Die Kundin stellt fest, dass die am Anfang vereinbarten Arbeiten ausgeführt und umgesetzt wurden und das Motiv so wirkt, wie sie sich das vorgestellt hatte: Größe, Form, Farbgebung und Position auf dem Fahrzeug sind richtig umgesetzt worden.

Die Arbeit wurde in guter handwerklicher Qualität ausgeführt:
- alle Folienteile (Ränder und Flächen) haften auf der Oberfläche
- Lufteinschlüsse sind nicht vorhanden
- alle Klebebandreste, Abdeck- und Schablonenfolien sind entfernt

a) Ecke der Übertragungsfolie ankleben

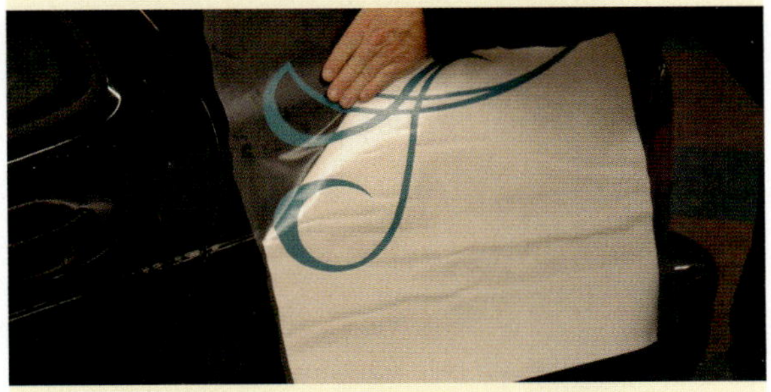

b) Trägerfolie abziehen, Übertragungsfolie aufkleben

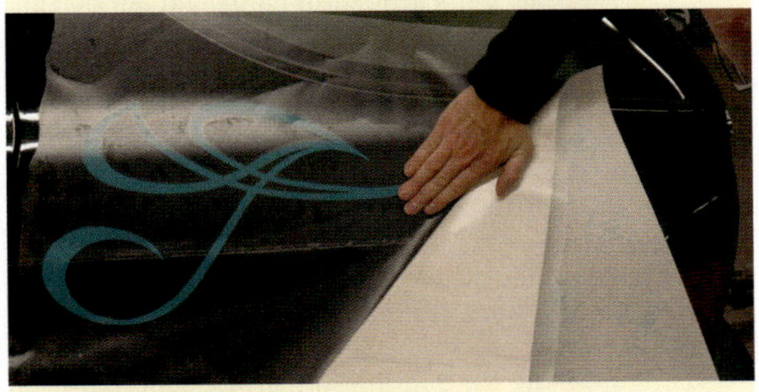

c) Übertragunsfolie mit der Hand andrücken

2 Motiv mit Übertragungsfolie aufkleben

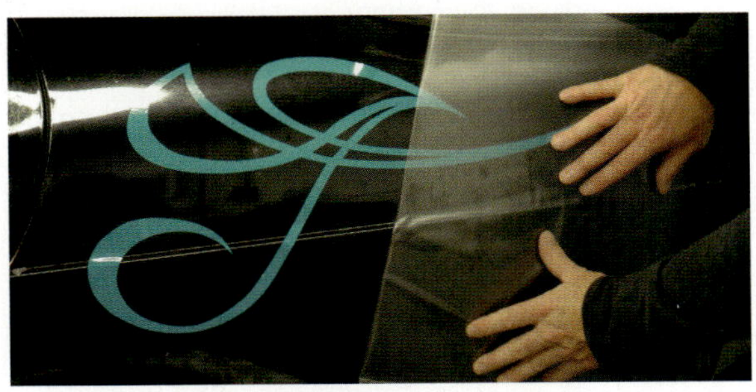

3 Übertragungsfolie entfernen

4 Motiv – fertig aufgeklebt

8.13.5 Fahrzeug an die Kundin übergeben

Die Kundin hat keine Beanstandung, sie kann das Fahrzeug mitnehmen.

Der Werkstattleiter weist darauf hin, dass das die Klebekraft der Folie sich erst langsam entwickelt, sie möchte bitte in den nächsten zwei Tagen nicht in die Waschanlage fahren und auch sonst noch sehr vorsichtig mit dem Fahrzeug umgehen.
Die Kundin wünscht dann, die Rechnung mit EC-Karte zu bezahlen.

Übungen

1. Welches sind die Gestaltungselemente nach den Grundlagen des Gestaltens?
2. Durch welche Gestaltungsmittel können diese beeinflusst werden?
3. Nennen Sie die neun unterschiedlichen Farbkontraste.
4. Welche beiden Kontraste beruhen auf der Täuschung des Auges und des Gehirns?
5. Wie wird der Begriff Farbharmonie definiert?
6. Erklären Sie den Begriff monochrome Farbharmonie.
7. Welche Wirkung geht von einer Farbharmonie mit Farbtönen gleich hoher Sättigung aus?
8. Erläutern Sie den Fachbegriff Farbklang am Beispiel eines Autos.
9. Welche vergleichbaren Begriffe kann man für Farbintensität finden?
10. In welcher Weise beeinflusst der Glanzgrad die Wirkung einer farbigen Oberfläche?
11. Welche Funktionen können Farben im täglichen Leben übernehmen?
12. Womit bedient man sich, um Farben eindeutig zu definieren, wenn die normalen sprachlichen Mittel zur Unterscheidung nicht mehr ausreichen?
13. Erläutern Sie die Begriffe zur Formgestaltung: Geschlossenheit, Nähe, Gleichheit, Klarheit, Komplexität.
14. Welche Aussage kann man treffen zur Nah- und Fernwirkung von Farben?
15. Erklären Sie die Funktionsweise von Piktogrammen mit den Mitteln der Reduzierung.
16. Welchen Unterschied gibt es zwischen der optischen und der geometrischen Mitte?
17. Warum empfindet man symmetrische Figuren als angenehm?
18. Welchen Einfluss hat die Leserichtung auf die bildliche Darstellung?
19. Was ist mit der visuellen Schwerkraft gemeint?
20. Aus welchem Kunststoff bestehen Plotterfolien?
21. Worin bestehen die Qualitätsunterschiede bei Plotterfolien?
22. An welchen Farbsystemen orientieren sich die Folienhersteller bei der Auswahl ihrer Folienfarben?
23. Welche Materialstärken haben Plotterfolien?
24. Welche beiden grundsätzlich unterschiedlichen Verfahren zum Folienkleben gibt es?
25. Beschreiben Sie den Unterschied zwischen einer kalandrierten und einer gegossenen Folie.
26. Wozu dient eine Übertragungsfolie?
27. Aus welchen Materialien kann eine Trägerfolie sein und wozu dient sie?
28. Welche Geräte und Maschinen setzt man ein, um
    a) Schriften und Grafiken zu entwerfen,
    b) in Folie zu schneiden,
    c) Folien zu kleben?
29. Erklären Sie den Ablauf vom Entgittern bis zum Aufziehen der Folienmotive auf das Fahrzeug.
30. Mit welchen Mitteln kann man die Oberflächenspannung einer Lackfläche herabsetzen?
31. Welche Funktion haben Zierstreifen, Zierlinien und Zierfelder?
32. Erklären Sie die Technik des „schwimmenden" Folienklebens.
33. Wie kann man Lufteinschlüsse unter der aufgeklebten Folie entfernen?
34. Welche Vorteile hat eine Folie mit einer verzögerten Anfangshaftung?
35. Welche Eigenschaften der Folienornamente und Folienschriften sollte man bei der Qualitätskontrolle überprüfen?
36. Für einen Großauftrag müssen dreißig Schriftzüge mit einer Länge von 4,55 m geplottet werden. Zwischen den Schriftzügen muss ein Mindestabstand von 5 cm eingehalten werden. Wie viele laufende Meter Folie werden benötigt?
37. Zwei Lkws werden mit jeweils neun Zierstreifen beklebt. Das Maß eines Streifens beträgt 20 cm × 360 cm. Die Folienbreite beträgt 120 cm. Zwischen den Streifen müssen jeweils 3 cm und zum Rand der Folie 5 cm Abstand eingehalten werden. Wie viele laufende Meter Folie werden benötigt?
38. Der Beschrifter einer Fahrzeuglackiererei kalkuliert für einen Auftrag 12,5 m Folie. Als Verschnitt werden 15 % dazugerechnet. Wie viele Meter Folie werden dem Kunden berechnet?
39. Eine 50-m-Rolle Plotterfolie in der Breite 122 cm für den Außenbereich mit hoher Witterungsbeständigkeit kostet im Einkauf 235,50 € ohne Mehrwertsteuer und Versandkosten. Eine 25-m-Rolle Folie in der Breite 61 cm kostet 61,50 €. Berechnen Sie die Kosten für zwei Rollen in der Länge 50 m und der Breite 122 cm und fünf Rollen in der Länge 25 m und der Breite 61 cm.
    Berechnen Sie die Kosten des gesamten Auftrages, incl. Versandkosten mit 2,90 € je Rolle und 19 % Mehrwertsteuer.
40. Ein Auftrag zur Beschriftung wird mit 4,5 Arbeitsstunden berechnet. Der Stundenverrechnungssatz wird mit 75,50 € netto angesetzt. Die Materialkosten betragen 147,50 €. Gewinn und Wagnis werden mit 10 % angegeben. Es werden 3 % Skonto bei Barzahlung gewährt. Berechnen Sie den Bruttorechnungsbetrag.

Lernfeld 9

Lackierverfahren anwenden

Ziele:
Der Auszubildende soll:
- nach Kundenauftrag Lackierverfahren planen und anwenden
- Lackierverfahren und Beschichtungsverfahren nach Objekt und Wirtschaftlichkeit auswählen
- den Untergrund vorbereiten, das Objekt beschichten und die Qualität kontrollieren
- Schadensbilder erkennen und Ursachen feststellen und die Mängel beseitigen
- Sicherheitsvorschriften berücksichtigen und Herstellervorschriften nutzen
- Zeitaufwand, Materialeinsatz, Maschinen- und Anlagenkosten ermitteln und Preis berechnen
- Bestimmungen der Arbeitssicherheit, des Gesundheits- und Umweltschutzes anwenden
- fertig gestellte Arbeiten übergeben und den Kunden auf Pflege Garantieleistungen hinweisen

Inhalte:
- Funktionsweise von Geräten, Maschinen und Anlagen
- Bedienungsanleitungen
- Lackierverfahrenstechnik
- Serienlackierung
- Mischanlagen, Dosieranlagen
- Druckluftaufbereitung
- Trocknungsverfahren
- Merkblätter, technische Richtlinien, Normen
- Entsorgung

9 Lackierverfahren anwenden

In diesem Kapitel soll die Ganzlackierung von Fahrzeugen ausführlich beschrieben werden.

Die Ganzlackierung eines Fahrzeugs wird vorgenommen, wenn:
- der Lack mechanisch beschädigt ist, z. B. Kratzer von böswilligen Zeitgenossen
- der Lack durch Umwelteinflüsse unansehnlich geworden ist
- das Fahrzeug umlackiert wird, weil der Kunde einen anderen Farbton wünscht oder einen besonderen Lack, z. B. einen Effektlack

Der Auftrag für eine Ganzlackierung ist selten, im Vergleich zu Teillackierungen. Einige Werkstätten restaurieren zusätzlich historische Fahrzeuge (**Oldtimer**), aber auch da ist die Anzahl gering.

Nach der Ganzlackierung hat das Fahrzeug ein neuwertiges Erscheinen.
Um Fahrzeuge zu lackieren, wird am häufigsten das Spritzverfahren verwendet. Gespritzt wird in einer geschlossenen, fest installierten oder offenen, transportablen Spritzanlage.

In diesem Kapitel werden behandelt:
- Fahrzeuglack vorbereiten, siehe Kap. 9.1
- Karosserie vorbereiten, siehe Kap. 9.2
- Druckluft bereitstellen, siehe Kap. 9.3
- Karosserie lackieren, siehe Kap. 9.4
- Fahrzeuglack trocknen, siehe Kap. 9.5
- Karosserie nachbereiten, siehe Kap. 9.6
- Abfälle entsorgen, siehe Kap. 9.7
- Lernsituation, siehe Kap. 9.8

9.1 Fahrzeuglack vorbereiten

Bei der Ganzlackierung wird als Erstes der Fahrzeuglack vorbereitet. Es sind dieselben Fahrzeuglacke, wie sie auch bei der Erstlackierung verwendet werden.

Dafür werden:
- der Farbton bestimmt, siehe Kap. 9.1.1
- der Lack gemischt und dosiert, siehe Kap. 9.1.2

9.1.1 Farbton bestimmen

Wünscht der Kunde einen anderen als den Original-Farbton, kommt er meist mit klarer Vorstellung in den Fahrzeuglackierbetrieb.

Gemeinsam mit dem Kunden wird der gewünschte Farbton ausgesucht und mithilfe von Farbtafeln bestimmt.
Doch meist wird der **ursprüngliche Farbton** beibehalten. Der Farbton wird dann mithilfe des Farbcodes bestimmt; der Farbcode ist vom „Vorarbeiter" deutlich sichtbar auf die Folie geschrieben.

Aber Achtung:
Der Farbton, der im Farbcode angegeben ist, stimmt nicht immer mit dem wirklichen Farbton überein.

Denn der Farbcode wird nur festgelegt bei Erstzulassung durch den Fahrzeughersteller bzw. bei Wiederzulassung und fälliger Begutachtung gem. § 13 EG-FGV bzw. § 21 StVZO durch den Sachverständigen.
Nach dem Umlackieren mit einem anderen Farbton muss die Zulassungsbescheinigung nicht geändert werden.
Für **Oldtimer** gibt es einen guten Grund, den Original-Farbton zu wählen: Fahrzeuge, die älter als 30 Jahre sind, können das **H-Kennzeichen** (H = historisch) erhalten.
Das H-Kennzeichen hat zwei Vorteile für den Fahrzeughalter:
- Das Fahrzeug erhält einen festen Steuersatz von 192 Euro (Stand 2010); unabhängig von Hubraum und Schadstoffklasse.
- Mit dem H-Kennzeichen erhält das Fahrzeug den Status der grünen Feinstaub-Plakette; das Fahrzeug darf somit in die Umweltzonen der Städte fahren.

Dieses Kennzeichen erhält der Fahrzeughalter aber nur unter bestimmten Voraussetzungen, u. a. muss das Fahrzeug älter als 30 Jahre und im Originalzustand sein.
Deshalb wählen Fahrzeughalter von Oldtimern meist den Farbton der Originallackierung.
Kann der Farbton nicht mithilfe des Farbcodes bestimmt werden, wird er mithilfe von Farbtonkarten bestimmt oder mithilfe eines Farbtonmessgerätes.

Allerdings:
Das Farbtonmessgerät ist nur ein Hilfsmittel; damit kann man nicht die Nuance des Farbtons bestimmen. Zum Vergleich des Farbtons muss immer ein Musterblech lackiert werden!

Weitere Informationen zur Bestimmung des Farbtons siehe Kap. 5.9.3 und Kap. 7.3.

9.1.2 Lack mischen und dosieren

Für die Ganzlackierung muss der Fahrzeuglack im richtigen Farbton und in ausreichender Menge zur Verfügung stehen.

Dafür kann der Lack
- von einem Lackhersteller bezogen werden oder
- mithilfe der Computerwaage gemischt werden.

Meistens wird der Lack von einem **Lackhersteller** bezogen. Für eine Ganzlackierung werden zwei bis drei Liter Lack benötigt; für solche große Mengen sind im Lackierbetrieb oft die Mischfarben nicht vorrätig.

Wird der Lack auf der **Computerwaage** gemischt, muss die Menge so dosiert werden, dass das Fahrzeug damit vollständig gespritzt werden kann, ohne dass viel Lack übrig bleibt. Dazu gehört viel Erfahrung.
Informationen zum Angleichen des Fahrzeuglacks siehe Kap. 7.12.

9.2 Karosserie vorbereiten

Bevor eine Karosserie lackiert werden kann, müssen die Oberflächen bearbeitet, grundiert, gefüllert und gespachtelt sein.

Anbauteile sind demontiert und werden gesondert lackiert, wenn sie:
- aus Kunststoff sind
- innen und außen lackiert werden sollen wie Türen, Motorhaube, Kofferraumdeckel, Stoßstange

Bei Fahrzeugen, die restauriert werden, sind zusätzlich alle anderen Bauteile und Baugruppen demontiert.
Das Fahrzeug ist neu eingedeckt; der Farbcode steht auf der Folie der Fahrzeugscheibe hinten rechts.

Diese Vorarbeiten sind in Kap. 1 bis Kap. 3 und Kap. 6 beschrieben.

Das Fahrzeug wird in die Lackierkabine gefahren, siehe Bild ➜ 1.

Jetzt wird die Karosserie:
- begutachtet, siehe Kap. 9.2.1
- entstaubt und entfettet, siehe Kap. 9.2.2

1 Fahrzeug in die Lackierkabine fahren

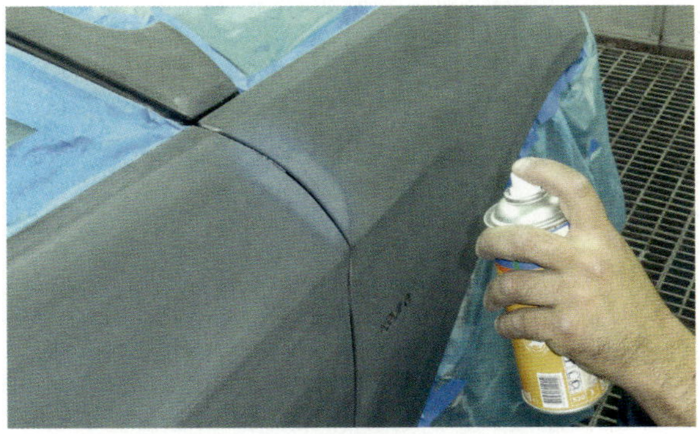

2 Kleine Durchschliffstelle mit Spot-Primer ausbessern

9.2.1 Karosserie begutachten

Wenn der Fahrzeuglackierer das Fahrzeug zum Lackieren erhält, muss er sich vergewissern, dass alle Vorarbeiten ordnungsgemäß ausgeführt wurden.

Für das Ergebnis der Lackierung ist der Fahrzeuglackierer allein verantwortlich; Lackierfehler kann er nicht auf die unzulängliche Vorarbeit anderer schieben.

Es müssen kontrolliert werden:
- Sind alle Beulen und Dellen beseitigt?
- Gibt es Kratzer, die bei der Vorarbeit übersehen wurden oder die beim Transport in die Lackierkabine entstanden sind?
- Sind alle Abklebungen vorhanden und noch in Ordnung?
- Müssen weitere Teile abgeklebt werden?

Treten Mängel auf, müssen sie vor dem Lackieren beseitigt werden. So werden z. B. Durchschliffstellen mithilfe eines Spot-Primers ausgebessert, siehe Bild ➜ 2.

Abklebungen, die sich gelöst haben, werden entfernt und die entsprechenden Stellen neu abgeklebt. Verrutschte Abdeckungen werden gerichtet; Risse oder kleine Löcher in der Folie werden mit Klebestreifen übergeklebt.

9.2.2 Karosserie entstauben und entfetten

Die Karosserie muss sorgfältig entstaubt und entfettet werden, sonst entstehen Lackierfehler.

Entstaubt wird mit Druckluft; besonders alle Ecken und Kanten müssen sorgfältig abgepustet werden. Nach dem Abpusten wird die Karosserie mit einem Staubbindetuch sorgfältig abgewischt.

Zum **Entfetten** wird Silikonentferner verwendet. Der Silikonentferner wird mit einer Pumpflasche aufgetragen und anschließend mit einem Vliestuch abgewischt.

In der Lackierkabine ist Staub, und durch die Belüftung können weitere Schmutzteilchen eingeblasen werden – dieser Schmutz setzt sich auf der Karosserie ab. Deshalb wird unmittelbar vor dem Lackauftrag nochmals die Karosserie mit Druckluft entstaubt und mit Siliconentferner und einem speziellen Bindetuch (**Honigtuch**) gereinigt. Obwohl die Karosserie mehrmals abgestaubt und mit Siliconentferner gereinigt wurde, bleibt am Honigtuch immer noch Schmutz kleben, siehe Bild ➜ 1.

9.3 Druckluft bereitstellen

Beim Lackieren wird Druckluft benötigt, um
- den Lack zu zerstäuben und auf die Karosserie zu spritzen
- Atemschutzmasken zu belüften

Aber auch zum Schleifen, Staub abblasen, Spritzen, Demontieren und Montieren wird Druckluft benötigt.

Die Druckluft wird
- aus der Umgebungsluft gewonnen,
- getrocknet und gereinigt,
- mit gleichbleibendem Druck in einer Ringleitung an die Arbeitsplätze transportiert.

Druckluft darf kein Wasser, kein Öl und keine Schmutzpartikel enthalten – die Qualität der Lackierung ist davon abhängig.

Deshalb müssen Druckluftanlagen regelmäßig gewartet werden. Vorgaben des Herstellers beachten!

Eine Anlage, die Druckluft bereitstellt, besteht aus, siehe Bild ➜ 2:
- Verdichter, siehe Kap. 9.3.1
- Druckluftvorratsbehälter, siehe Kap. 9.3.2
- Trockner, siehe Kap. 9.3.3
- Filter, siehe Kap. 9.3.4
- Druckhaltesystem, siehe Kap. 9.3.5
- Kondensataufbereitung, siehe Kap. 9.3.6

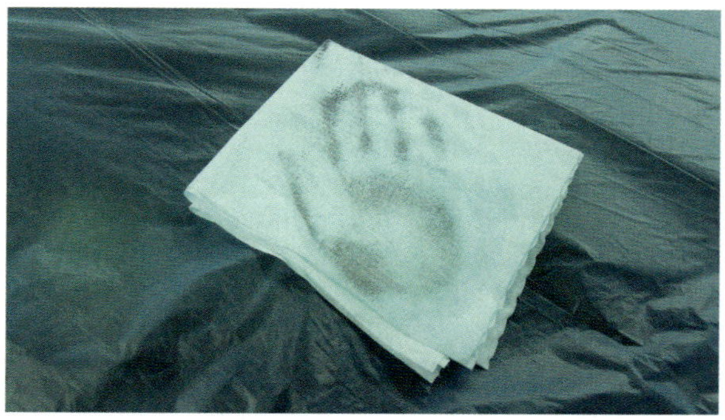

1 „Honigtuch" nach einmaligem Wischen

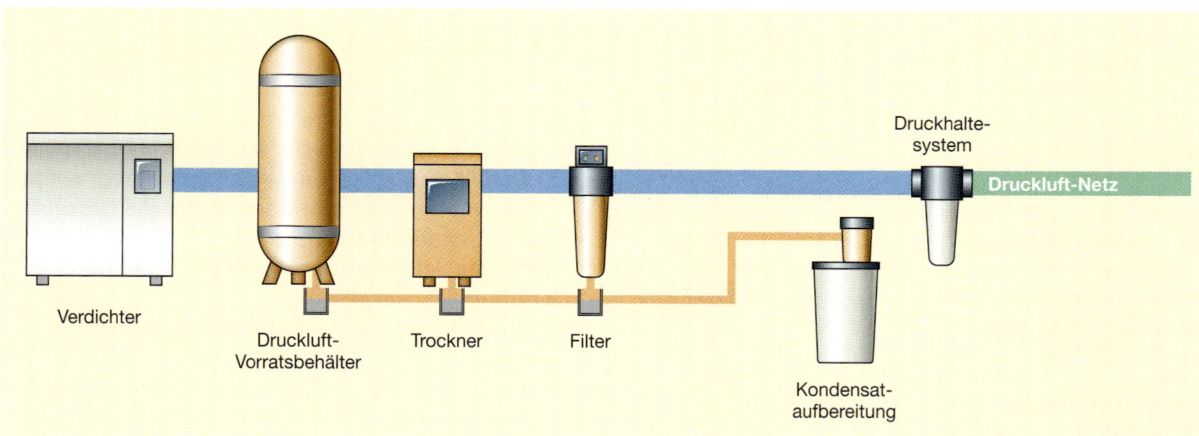

2 Druckluft erzeugen und aufbereiten

9.3.1 Verdichter zur Drucklufterzeugung

Der Verdichter saugt die Umgebungsluft an und verringert deren Volumen – er komprimiert die Umgebungsluft. Deshalb werden Verdichter auch **Kompressoren** genannt.

Die verdichtete Umgebungsluft ist die **Druckluft**.

Hauptsächlich werden verwendet:
- Kolbenverdichter, siehe Kap. 9.3.1.1
- Schraubenverdichter, siehe Kap. 9.3.1.2

9.3.1.1 Kolbenverdichter

Der Kolbenverdichter besteht aus Kurbelwelle, Pleuel, Kolben, Zylinder, Einlass- und Auslassventil, siehe Bild ➜ 1.

Ein Elektromotor treibt die Kurbelwelle an, die Pleuel und Kolben im Zylinder auf und ab bewegt.

Der Kolbenverdichter arbeitet in drei Schritten:
- Ansaugen
- Verdichten
- Ausstoßen

Umgebungsluft ansaugen
- Kolben bewegt sich nach unten
- Einlassventil ist geöffnet
- Auslassventil ist geschlossen

Angesaugte Umgebungsluft verdichten
- Kolben bewegt sich nach oben
- Einlassventil ist geschlossen
- Auslassventil ist ebenfalls geschlossen

Druckluft ausstoßen
- Kolben ist oben angekommen
- Einlassventil ist geschlossen
- Auslassventil ist geöffnet

Ein solches Prinzip ist geeignet für die Bereitstellung von Druckluft mit geringem Volumenstrom und hohem Druck.

9.3.1.2 Schraubenverdichter

In Fahrzeuglackierbetrieben werden bevorzugt Anlagen mit Schraubenverdichter eingesetzt. Schraubenverdichter gehören zur Gruppe der **Rotationsverdichter**. Sie arbeiten mit zwei rotierenden, schraubenförmigen Wellen, sogenannte **Drehkolben**.

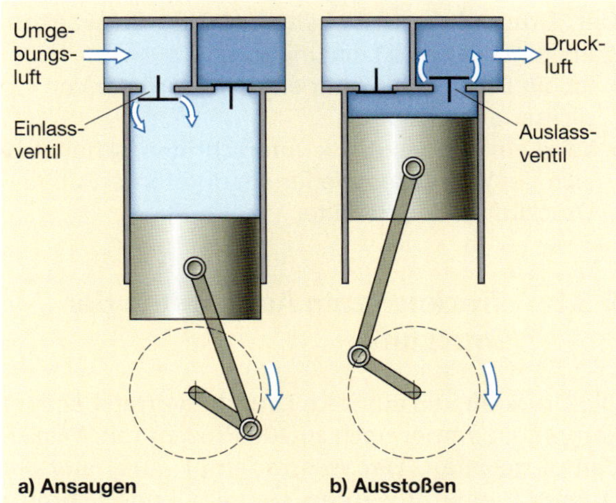

1 Kolbenverdichter

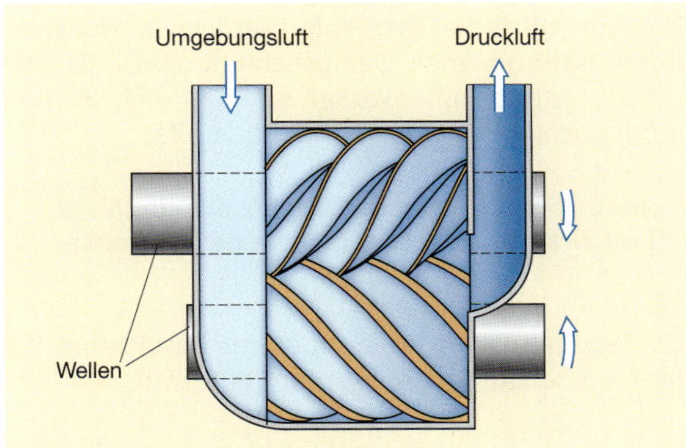

2 Schraubenverdichter

Die Wellen laufen parallel und sind mit unterschiedlichem Profil versehen, siehe Bild ➜ 2. Sie arbeiten gegenläufig in einem Gehäuse, sodass sie die Umgebungsluft ansaugen, weitertransportieren und komprimieren.
Es entstehen keine Schwingungen durch Unwucht – dadurch laufen Schraubenverdichter leise und vibrationsarm.

9.3.2 Druckluftvorratsbehälter

Der Druckluftvorratsbehälter nimmt die Druckluft vom Verdichter auf. Die Druckluft hat sich beim Verdichten stark erwärmt und enthält somit sehr viel Wasserdampf. Der Wasserdampf ist aggressiv und fördert die Korrosion. Deshalb ist der Druckluftvorratsbehälter innen beschichtet.

Die stark erwärmte Druckluft muss abgekühlt werden. Beim Abkühlen fällt ein Teil des Wasserdampfes als Kondensat aus.

Dieses Kondensat wird gesammelt, abgeleitet und aufbereitet, vgl. Kap. 9.3.6.

Der Druckluftvorratsbehälter gleicht Schwankungen von Druck und Leistung aus:

- Ist ein Druck von 10 bar erreicht, wird der Verdichter abgeschaltet.
- Wird ein Mindestdruck unterschritten, schaltet sich der Verdichter wieder ein und fördert neue Druckluft in den Behälter.

9.3.3 Trockner zum Aufbereiten der Druckluft

Die Druckluft, die aus dem Druckluftvorratsbehälter kommt, ist immer noch zu 100 Prozent mit Wasserdampf gesättigt. Der Wasserdampf muss aus der Druckluft entfernt werden, weil er Öl und Schmutz enthält, die mit dem Lack nicht verträglich sind.

Deshalb wird die Druckluft getrocknet, meist in einem **Kältetrockner**. Das geschieht so: Die Druckluft wird abgekühlt, Wasser scheidet sich ab und somit auch ein Großteil der Schadstoffe.

Kältetrockner nutzen das Gesetz aus der Natur: Kühlt sich feuchte Luft ab, sinkt der Taupunkt.

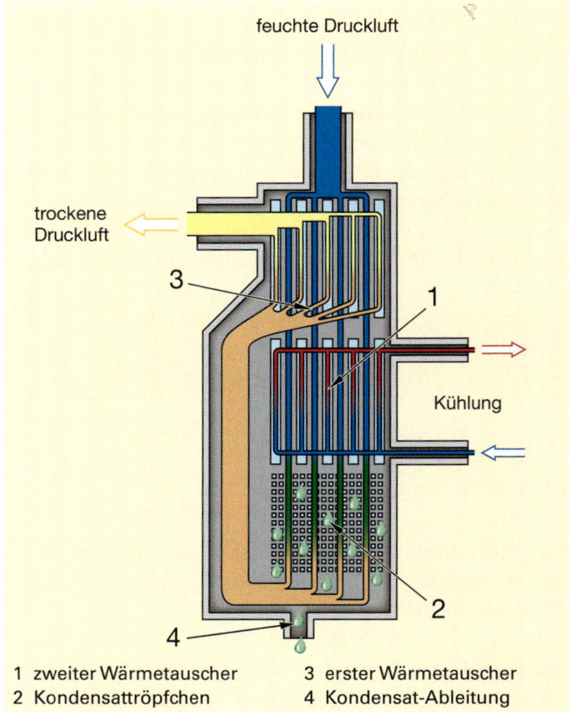

1 Kältetrockner

Als **Taupunkt** wird die Temperatur bezeichnet, bei der feuchte Luft mit Wasserdampf gesättigt ist.

Wird diese Temperatur unterschritten, kondensiert der Wasserdampf zu einem **Kondensat**, das sich am Boden des Kältetrockners absetzt.

Im Kältetrockner passiert Folgendes, siehe Bild ➜ 1:

- Die feuchte Druckluft strömt von oben in den Kältetrockner und durchläuft zwei Wärmetauscher, wo ihr Wärme entzogen wird:
  - im ersten Wärmetauscher (3) von der getrockneten, kalten Druckluft
  - im zweiten Wärmetauscher (1) von einem Kühlmittel

  Dann hat die Druckluft eine Temperatur von 3 °C.
- Kondensat scheidet sich ab als Tröpfchen (2); die Druckluft „trocknet".
- Die getrocknete, kalte Druckluft (3) strömt durch den ersten Wärmetauscher, erwärmt sich und kühlt die einströmende feuchte Druckluft ab.
- Die trockene Druckluft tritt aus dem Trockner aus.
- Das Kondensat wird abgeleitet und aufbereitet, siehe dazu Kap. 9.3.6.

9.3.4 Filter zum Aufbereiten der Druckluft

Wenn die Druckluft den Kältetrockner verlässt, sind die meisten Schmutzpartikel bereits entfernt.

Aber zum Lackieren ist diese Druckluft noch nicht geeignet, da immer noch kleine Kondensattröpfchen, Öl-Aerosole und die Reste von Silikon enthalten sind.

Deshalb wird die Druckluft gefiltert mit einem Mikrofilter.

Zum Lackieren sind weitere Filter notwendig, weil sonst Lackierfehler entstehen würden, wie Kocher oder Silikonkrater. Außerdem wäre diese Druckluft ungeeignet, um den Fahrzeuglackierer mit Atemluft zu versorgen.

Weitere Filter sind, siehe Bild ➜ 257.1:

- Zyklonabscheider
- Sinterfilter
- Feinfilter
- Aktivkohlefilter

Das Kondensat setzt sich unten im Filter ab, wird abgeleitet und aufbereitet, vgl. Kap. 9.3.6.

9.3.5 Druckhaltesystem

Das Druckhaltesystem stellt die Druckluft zur Verfügung:

- jederzeit
- in ausreichender Menge
- mit gleichbleibendem Druck

Es ist wichtig, dass beim Lackieren der Spritzdruck gleich bleibt und sich nicht verändert. Sonst werden Farbpigmente mal tief und mal weniger tief in den Nassfilm hineingeschleudert – dann ändert sich auch der Farbton.

Bei kleinen Anlagen mit nur einem Verdichter hält ein Überströmventil den Druck konstant. Das Überstromventil öffnet, wenn der Druck im Druckluft-Netz einen Grenzwert überschreitet; dann wird Druckluft „abgelassen", bis der gewünschte Druck wieder hergestellt ist.

9.3.6 Kondensat aus der Druckluft aufbereiten

Kondensat sammelt sich im Druckluftbehälter an; auch im Trockner und beim Filtern der Druckluft wird Kondensat ausgeschieden.

Kondensat ist Niederschlagswasser, durchsetzt mit Schadstoffen wie
- Öl und
- mehr oder weniger Schmutz; je nach Umgebungsbedingungen.

Das Kondensat wird aus der Druckluftanlage abgeleitet und aufbereitet.

Kondensat darf nicht ins Abwassernetz eingeleitet werden.

In Deutschland darf Abwasser nur dann in das Abwassernetz eingeleitet werden, wenn es den Forderungen des Wasserhaushaltsgesetzes bzw. der Entwässerungssatzungen entspricht. Sonst drohen hohe Strafen – die können die Existenz der Firma gefährden!

Deshalb werden dem Kondensat die Schadstoffe entzogen, siehe Bild ➜ 2:
- Das Kondensat gelangt in die Druckentlastungskammer (1), wo der Druck abgebaut wird.
- Dann fließt es in den Trennbehälter (2); dort wird das Kondensat vorgereinigt:
  - grober Schmutz sinkt nach unten und wird vom Auffang (3) aufgenommen.
  - Öl schwimmt auf dem Wasser und wird in den Öl-Auffangbehälter (4) geleitet.
- Das so vorgereinigte Kondensat durchströmt den Vorfilter (5) von innen nach außen; dabei werden letzte Öltröpfchen gebunden und in der Hauptfilterkartusche (6) zurückgehalten.

Übrig bleibt sauberes Wasser, das in die Kanalisation eingeleitet werden darf.

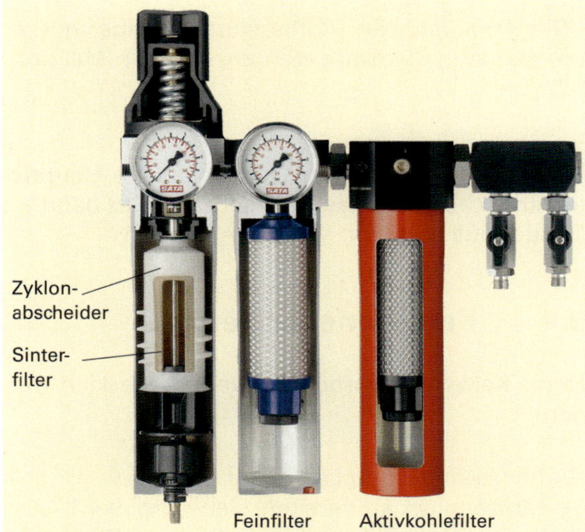

Filter	Scheidet ab
Zyklonabscheider	Öl, Kondensat
Sinterfilter	Schwebstoffe ≥ 5 µm
Feinfilter	Schwebstoffe ≥ 0,01 µm
Aktivkohlefilter	bereitet Betriebsluft auf zur Versorgung der Atemschutzgeräte und zur Verarbeitung moderner Lacke in hoher Qualität

1 Filter zum Aufbereiten der Druckluft

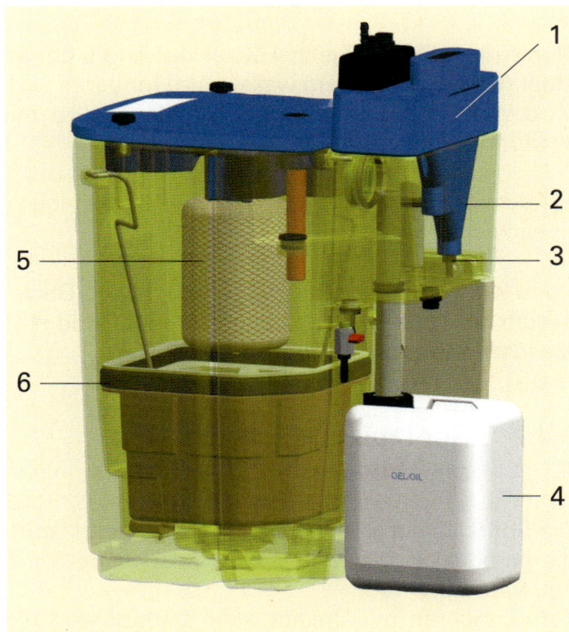

1 Druckentlastungskammer
2 Trennbehälter
3 Auffang für grobe Schmutzpartikel
4 Öl-Auffangbehälter
5 Vorfilter
6 Hauptfilterkartusche

2 Kondensat aufbereiten

Die Funktion der Aufbereitungsanlage muss regelmäßig überprüft werden, etwa ein Mal pro Woche.

Zeigt die Anlage „Alarm" an, muss die Hauptfilterkartusche gewechselt werden; sie wird dann als Sondermüll entsorgt.

9.4 Karosserie lackieren

Ist die Karosserie vorbereitet, kann sie lackiert werden.

Arbeitsschritte zum Lackieren:
- Fahrzeuglack aufbereiten, siehe Kap. 9.4.1
- Spritzpistole füllen, anschließen und Druck einstellen, siehe Kap. 9.4.2
- Fahrzeuglack auftragen, siehe Kap. 9.4.3

9.4.1 Fahrzeuglack aufbereiten

Der Farbton des Fahrzeuglacks wurde bereits bestimmt, evtl. gemischt und dosiert, vgl. Kap. 9.1. Da es sich um eine Ganzlackierung handelt, muss der Farbton auch nicht nuanciert werden.
Dann wird der Härter zugegeben.

Nun muss die richtige Viskosität des Lacks hergestellt werden. Bei einem wasserverdünnbaren Lack wird Wasser zugegeben; ein Acryl-Lack wird mit Verdünnung verdünnt

Mischungsverhältnis nach Herstellerangaben beachten!

Dann wird der Fahrzeuglack durch ein Nylon-Gewebesieb in den Farbbecher gegossen, siehe Bild ➜ 1; Maschenweite des Siebes beträgt 190 µm.

9.4.2 Spritzpistole füllen und anschließen

Die Spritzpistole ist die gleiche, wie sie beim Grundieren oder bei der Erstlackierung verwendet wird, vgl. Kap. 3.3.4.
Zum Lackieren mit Unilack oder Klarlack wird die Spritzpistole mit Verdünnung gereinigt.

Achtung
Spritzpistolen, mit denen Klarlack oder Unilack gespritzt wurde, dürfen nicht zum Lackieren mit Wasserbasislack verwendet werden.

1 Klarlack durch ein Sieb in den Farbbecher gießen

2 Spritzpistolen reinigen im Reinigungsautomaten

Spritzpistolen, die für Wasserbasislack verwendet werden, sind mit speziellem Reiniger zu reinigen; Vorgaben vom Lackhersteller beachten! Viele Firmen verwenden dafür einen Reinigungsautomaten, siehe Bild ➜ 2.

Falls noch nicht geschehen, wird jetzt die persönliche Schutzausrüstung angelegt:
- Atemschutzmaske mit Kohlefilter
- Lackieranzug
- Schutzschuhe
- Handschuhe

Dann wird der Farbbecher an der Spritzpistole befestigt und die Spritzpistole wird an den Druckluftschlauch angeschlossen.

Am Manometer der Spritzpistole wird der Luftdruck eingestellt, siehe Bild ➜ 259.1. Es wird mit einem Luftdruck zwischen 1,7 bar und 2,2 bar gespritzt. Angaben des Lackherstellers beachten!

Mit der Größe des Luftdrucks ändert sich der Farbton.

Grund:
Großer Luftdruck bewirkt, dass die Farbpigmente tief in die Nassschicht geschleudert werden; der Farbton wird heller. Wird mit weniger Luftdruck gespritzt, bleiben die Farbpigmente an der Oberfläche des Nassfilms und der Farbton wird dunkler.

9.4.3 Fahrzeuglack auftragen

Vor dem Lackieren wird auf ein Stück Papier lackiert, um den Spritzstrahl zu kontrollieren, Informationen zum Spritzstrahl siehe Kap. 3.3.4.4.

Es wird von oben nach unten lackiert.

Grund: Der Farbnebel fällt nach unten und setzt sich auf den unten liegenden Flächen ab – das ist bei bereits lackierten Flächen zu vermeiden.

Beispielsweise kann eine Karosserie wie folgt lackiert werden:
1. Dach, siehe Bild ➜ 2
2. linke Seite von hinten nach vorn
3. Motorhaube, dann die Vorderseite
4. rechte Seite von vorn nach hinten
5. Kofferraumklappe, dann die Hinterseite

Der Fahrzeuglack wird in parallelen Bahnen mit halber Überdeckung gespritzt.
Informationen zu Regeln beim Spritzen siehe Kap. 5.7.6.

Die Karosserie wird wie folgt lackiert:
- Basislack auftragen
- ablüften, bis der Basislack matt erscheint
- Deckschicht auftragen
- ablüften
- evtl. weitere Schichten auftragen und ablüften
- kontrollieren, ob die Flächen gut gedeckt sind
- Spritzpistole wechseln
- Klarlack auftragen

9.5 Fahrzeuglack trocknen

Der Fahrzeuglack kann getrocknet werden:
- in einer Lackier-Kombikabine
- in einer separaten Trockenkabine
- mit Infrarottrockner
- mit einem Infrarot-Trockenbogen

Informationen zum Trocknen von Fahrzeuglack siehe Kap. 5.6.

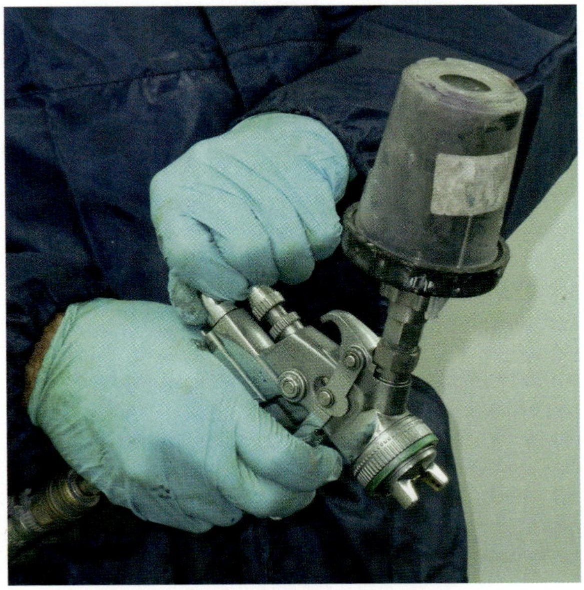

1 Druck am Manometer der Spritzpistole einstellen

2 Dach lackieren

9.6 Karosserie nachbereiten

Nach dem Trocknen muss das Fahrzeug abkühlen. Nach ca. fünf Minuten kann die Karosserie nachbereitet werden. Die Arbeitsgänge der Nachbereitung werden auch **Finisharbeiten** genannt.

Die wichtigsten Finisharbeiten zum Lackieren sind:
- Lackfehler suchen und beseitigen
- Abdeckung abnehmen und Abklebungen beseitigen
- Lackierkanten beseitigen
- Karosserie polieren

Lackfehler suchen und beseitigen
Lackfehler sind vor allem Staubeinschlüsse (Farbpickel) und Läufer. Sie werden beseitigt mit:
- Schleifpapier nass P 1500
- kleinem Exzenterschleifer und Schleifpapier P 3000
- Poliermaschine und Feinschliffpaste, siehe Bild ➜ 1

Matte Stellen werden mithilfe einer Kontrollflüssigkeit aufgespürt.

Abdeckung abnehmen und Abklebungen beseitigen
Dieser Vorgang wird auch **Entmaskieren** genannt. Das wird als Letztes gemacht, damit auch die Spritzer, die beim Polieren entstehen, von der Folie aufgenommen werden, und nicht andere Oberflächen verschmutzen, siehe Bild ➜ 2.

Lackierkanten beseitigen
An den Abklebungen und Abdeckungen entstehen beim Lackieren feine Lackierkanten; diese müssen beseitigt werden. Sie werden mit
- einem Tuch abgewischt,
- kleinem Exzenterschleifer und Schleifpapier P 3000 geschliffen,
- Poliermaschine und Feinschliffpaste geglättet.

Danach wird die Karosserie abgeblasen.

Karosserie polieren
Nun wird die gesamte Karosserie poliert. Die Politur schützt den Lack – sie versiegelt. Dazu werden, siehe Bild ➜ 3,
- Politur mit einem großen Exzenterschleifer aufgetragen,
- die Politur mit einem Poliertuch abgewischt.

Zum Schluss werden die Fensterscheiben mit Glasreiniger gereinigt.

9.7 Abfälle entsorgen

Abfälle müssen getrennt entsorgt werden. Ohne großen Aufwand können dafür drei oder vier Plastiksäcke aufgestellt werden, siehe Bild ➜ 261.1.
Abfälle werden wie folgt entsorgt:
- Kunststofffolien nimmt der Hersteller zurück.
- Papier, das mit wenig Farbe besprüht ist, kommt in den normalen Hausmüll, Altpapier.
- Papier mit vielen Farbspritzern muss als Sondermüll entsorgt werden.
- Farbreste kommen in den Lackschlammbehälter; größere Mengen von Basislack können noch max. 6 Monate gelagert werden.
- Dosen und Behälter aus Blech werden zum Schrotthändler gebracht.
- Plastikbehälter werden gepresst und entsorgt.

1 Staubeinschlüsse mit Poliermaschine und Feinschliffpaste beseitigen

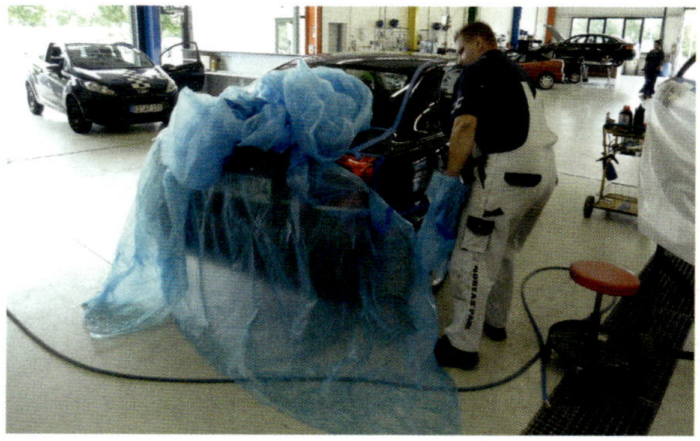

2 Entmaskieren

a) Politur auftragen

b) Politur abwischen

3 Polieren

1 Plastiksäcke zur Mülltrennung

9.8 Lernsituation

Ein Kunde kommt mit seinem BMW 520d in die Werkstatt: Das Auto wurde offenbar von einem oder mehreren Mitbürgern böswillig beschädigt: Es ist ringsum zerkratzt und hat kleine Dellen, siehe Bild → 2.

Um diesen Schaden zu beheben, muss das Fahrzeug eine Ganzlackierung erhalten. Der Wunsch des Kunden ist, dass das Fahrzeug den Originalfarbton bekommen soll.

Um den Auftrag auszuführen, wird wie folgt vorgegangen:
- Fahrzeugannahme, siehe Kap. 9.8.1
- Arbeitsplanung, siehe Kap. 9.8.2
- Arbeitsauftrag durchführen, siehe Kap. 9.8.3
- Qualitätssicherung, siehe Kap. 9.8.4
- Fahrzeug an den Mechatroniker übergeben, siehe Kap. 9.8.5

9.8.1 Fahrzeugannahme

Herr Müller übernimmt das Fahrzeug zum Lackieren.

Die Vorarbeiten sind erledigt:
- Motorhaube, Kofferraumklappe, Stoßstangen und Tankklappe sind demontiert; sie werden separat lackiert.
- Ebenfalls demontiert sind Schwellerverkleidungen, Spiegel, Türgriffe, Dachantenne und Beleuchtung.
- Die Karosserie ist ausgebeult, grundiert, gespachtelt, gefüllert und neu eingedeckt.
- Der Farbcode ist bestimmt und die Nummer auf die Folie über der Scheibe des Fensters hinten rechts geschrieben.

a) Motorhaube; Dellen sind markiert

b) Rechte Seite vorn

c) Kofferraumklappe

d) Linke Seite vorn

2 Beschädigungen am Fahrzeug des Kunden

Das Fahrzeug wird unter Mithilfe eines Kollegen in die Lackier-Kombikabine gefahren, siehe Bild ➜ 1.

1 Fahrzeug in die Spritzkabine fahren

9.8.2 Arbeitsplanung

Es wird ein Arbeitsplan erstellt, siehe Bild ➜ 2.

Arbeitsplanung						**Datum**
Auftrags-Nr:				**Schlüssel:** Fabrikat: BMW 520d Baujahr: 2007 Farbcode: A 22 KFZ Halter:	**Benennung/Art der Arbeit:** Ganzlackierung	**Mitarbeiter**
Arbeitsschritt					**Werkzeuge Maschinen Material**	**Bemerkungen UVV**
lfd. Nr.	Vorbereitung	Lackierung	Finish			
1	x			Oberfläche reinigen	Siliconreiniger, Baumwolltuch	
2	x			Vorarbeiten begutachten		evtl. ausbessern
3	x			Fahrzeuglack anrühren	Fahrzeuglack, Farbbecher	
4	x			Oberfläche reinigen	Siliconreiniger, „Honigtuch“	
5		x		Fahrzeug lackieren	RP-Spritzpistole	zwischen den Spritzgängen 3 min bis 5 min ablüften
6		x		Fahrzeuglack trocknen	Ventilator	Basislack: 10 min bei 45 °C Klarlack: 35 min bei 60 °C
7			x	Lackoberfläche kontrollieren		
8			x	Abdeckung abnehmen und Abklebungen entfernen		
9			x	Finisharbeiten	kleiner und großer Exzenterschleifer, Poliermaschine, Poliertuch, Feinschliffpaste, Politur	

2 Arbeitsplan

9.8.3 Arbeitsauftrag durchführen

Die Arbeitsschritte des Arbeitsplans werden zusammengefasst:
- Oberfläche reinigen
- Vorarbeiten begutachten
- Fahrzeuglack anrühren
- Oberfläche reinigen
- Fahrzeug lackieren und Fahrzeuglack trocknen

Oberfläche reinigen
Herr Müller bläst die Oberfläche ab, sprüht sie mit Siliconreiniger ein und wischt mit einem sauberen Lappen nach, siehe Bild ➜ 1.

1 Oberfläche mit Siliconreiniger reinigen

Vorarbeiten begutachten
Jetzt müssen die Vorarbeiten begutachtet werden, besonders auf Beulen und Durchschliffstellen. Der Lackierer ist der vorletzte Bearbeiter in der Reparaturkette. Fehler, die nach der Lackierung sichtbar werden, bedeuten aufwendige Nacharbeit. Dabei kann sich der Lackierer nicht auf die Nachlässigkeit seines Vorarbeiters berufen.

Der Lackierer trägt die volle Verantwortung für das Ergebnis.

Herr Müller stellt beim Begutachten fest, dass einige Durchschliffstellen vorhanden sind. Diese Stellen werden mit Spot-Primer ausgebessert; scharfe Kanten z. B. am Türspalt klebt er behelfsmäßig ab, siehe Bild ➜ 2.

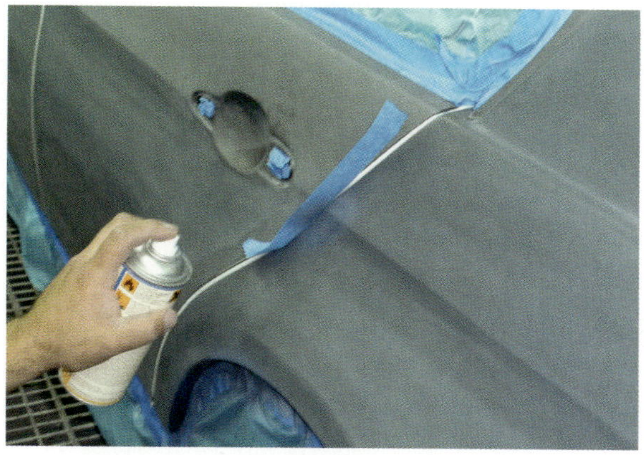

2 Durchschliffstelle am Türspalt ausbessern

Die ausgebesserten Stellen werden
- mit Hand nachgeschliffen, Schleifpapier P 1000,
- grundiert,
- abgeblasen und
- mit Siliconreiniger gereinigt.

Fahrzeuglack anrühren
Die Nummer des Farbcodes steht auf der Folie der Scheibe des Seitenfensters hinten rechts, siehe Bild ➜ 3.

3 Nummer des Farbcodes

Der Basislack mit dem Farbcode A 22 ist ein 1-K-Wasserlack und wurde vom Hersteller bezogen; es muss also nicht gemischt werden. Danach wird die Farbe ausgesucht und durch ein Sieb in den Farbbecher gegossen.

Der Klarlack ist ein 2-Komponenten-Lack und wird nach Herstellerangaben gemischt: 100 : 60 : 20 %.

Oberfläche reinigen
Dann wird nochmals die Karosserieoberfläche mit Siliconreiniger und einem „Honigtuch" gereinigt.

Das Fahrzeug wird lackiert mit:
- 1-K-Wasserbasislack
- 2-K-Klarlack

Zuerst wird der **1-K-Wasserbasislack** in ½ + 1 Spritzgang aufgetragen.

Dazu wird eine Spritzpistole RP 1,2 mm verwendet; der Spritzdruck beträgt 1,8 bar.

Es wird in der Reihenfolge lackiert:
1. Dach
2. linke Seite, von oben beginnend, siehe Bild ➜ 1
3. rechte Seite, ebenfalls von oben beginnend

Zwischen den Spritzgängen lüftet der Lack ca. 5 min ab.

Für diesen 1-K-Wasserbasislack schreibt der Hersteller vor, dass anschließend ausgenebelt werden soll.

Der 1-K-Wasserbasislack wird dann getrocknet: 10 min bei 45 °C (Angabe des Lackherstellers).

Zum Trocknen werden in der Lackier-Kombikabine die Temperatur der Warmluft eingestellt und die Ventilatoren eingeschaltet, siehe Bild ➜ 2. So fließt die Warmluft vorbei am Fahrzeug, durch das Gitterrost im Fußboden und wird ins Freie abgeleitet.

Der **2-K-Klarlack** wird in zwei Spritzgängen aufgetragen. Dafür wird eine gereinigte Spritzpistole verwendet, ebenfalls eine RP 1,2 mm. Das Vorgehen ist das gleiche wie beim 1-K-Wasserbasislack – nur wird jetzt nicht ausgenebelt.

Getrocknet wird der Klarlack 35 min bei 60 °C.

1 Linke Seite des Fahrzeugs lackieren

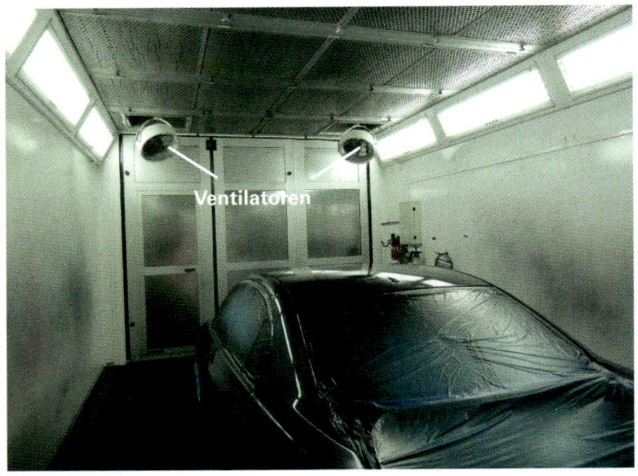

2 Fahrzeug mit Warmluft trocknen

9.8.4 Qualitätssicherung

Für die Qualitätssicherung werden:
- Lackoberfläche kontrolliert
- Finisharbeiten durchgeführt

Lackoberfläche kontrollieren
Herr Müller geht um das Fahrzeug rund herum und begutachtet seine Arbeit, siehe Bild ➜ 3. Er ist mit seiner Arbeit zufrieden.

Das Fahrzeug wird aus der Lackierkabine gefahren und Herr Müller übergibt es an Herrn Hoffmann, der die Finisharbeiten übernimmt.

3 Lackoberfläche kontrollieren

Finisharbeiten

Mit den Finisharbeiten werden:
- Farbpickel und andere Einschlüsse beseitigt
- Abdeckungen und Abklebungen entfernt
- Lackierkanten beseitigt
- Oberfläche poliert
- Fenster abgewischt

Farbpickel und andere Einschlüsse werden beseitigt:
- nass schleifen mit Schleifpapier Körnung P 1500
- mit kleinem Exzenterschleifer und Schleifpapier P 3000 nass nachschleifen, siehe Bild ➜ 1
- mit Poliermaschine und Feinschliffpaste schleifen, siehe Bild ➜ 2

Dann werden die **Abdeckung** abgenommen und die **Abklebungen** entfernt. Die Folie wird in den vorgesehenen Behälter entsorgt.

Danach werden die **Lackierkanten beseitigt**. Dazu werden die Lackierkanten mit:
- einem Tuch abgewischt
- Exzenterschleifer und Schleifpapier Körnung P 3000 geschliffen
- Poliermaschine und Feinschliffpaste geglättet

Anschließend wird der Staub abgeblasen.

Nun wird die **Oberfläche poliert** mit einem großen Exzenterschleifer und mit Politur, siehe Bild ➜ 3. Dann wird die Politur mit einem Poliertuch abgewischt.

Zum Schluss werden die Fensterscheiben mit Glasreiniger gereinigt.

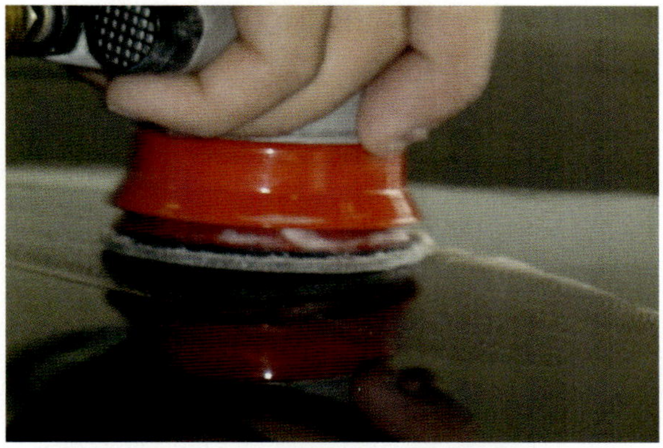

1 Mit kleinem Exzenterschleifer nass nachschleifen

2 Mit Poliermaschine und Feinschliffpaste schleifen

a) Politur auftragen

b) Politur abwischen

3 Polieren

9.8.5 Fahrzeug an den Mechatroniker übergeben

Das lackierte Fahrzeug ist nun bereit zur Übergabe an den Mechatroniker, siehe Bild ➜ 1. Er wird die Fahrzeugteile wieder montieren, die Funktion der Baugruppen herstellen und es wird eine Probefahrt erfolgen.

Dann kann das Fahrzeug dem Kunden übergeben werden.

1 Fahrzeug fertig zur Übergabe an den Mechatroniker

Übungen

1. Wie wird der Farbton für eine Ganzlackierung bestimmt?
2. Warum kann man sich bei der Bestimmung des Farbtons nicht auf die Angabe im Farbcode verlassen?
3. Welchen Vorteil hat es, den Fahrzeuglack für eine Ganzlackierung von einem Lackhersteller zu beziehen?
4. Weshalb ist es wichtig, dass der Fahrzeuglackierer die Karosserie begutachtet, bevor er anfängt, zu lackieren?
5. Beschreiben Sie eine Anlage, die Druckluft bereitstellt.
6. Wie arbeitet ein Schraubenverdichter?
7. Welche Aufgabe hat der Druckluftvorratsbehälter?
8. Beschreiben Sie die Arbeitsweise eines Kältetrockners.
9. Welche Filter sind notwendig, um Druckluft für die Fahrzeuglackierung zu filtern?
10. Weshalb ist es wichtig, die Druckluft mit gleichmäßigem Druck bereitzustellen?
11. Wie funktioniert ein Aufbereiter des Kondensats aus der Druckluft?
12. Welche Schutzausrüstung müssen Sie beim Lackieren tragen?
13. Welche Arbeitsschritte sind nötig, um eine Karosserie vollständig zu lackieren?
14. Welche Flächen lackieren Sie zuerst und wo beginnen Sie damit?
15. Wie gehen Sie vor, um die Karosserie nachzubereiten?
16. Welche Abfälle fallen beim Lackieren an und wie werden sie entsorgt?

Lernfeld 10

Design- und Effektlackierungen ausführen

Ziele:

- Design- und Effektlackierungen nach Kundenauftrag planen und ausführen
- Ideen zur Herstellung von Oberflächenwirkungen auf Fahrzeugen und Objekten übernehmen und entwickeln
- Muster mit unterschiedlichen Beschichtungsstoffen und Applikationstechniken erstellen
- Arbeitsablauf und Einsatz von Werk-, Hilfs- und Beschichtungsstoffen dokumentieren
- Gestaltungsentwürfe präsentieren, Kunden beraten und den Auftrag ausführen
- Geräte, Maschinen und Anlagen auswählen, einrichten und handhaben
- Zeit- und Materialkosten für Design- und Effektlackierungen errechnen
- Umwelt-, Gesundheits- und Arbeitsschutz berücksichtigen
- Arbeitsergebnisse präsentieren und bewerten

Inhalte:

- Arbeitsplanung
- Applikationswerkzeuge, Applikationsgeräte
- Farbwirkungen
- Oberflächenprofile
- künstlerische Lacktechniken
- Mehrfarbenlackierung
- Leuchtfarben
- Folien
- Merkblätter, technische Richtlinien, Normen
- Unfallverhütungsvorschriften

10 Effektlackierung und Designlackierung

10.1 Gründe für Effekt- und Designlackierungen

Betrachtet man die Entwicklung der Karosserieformen im Fahrzeugbau von ihren Anfängen bis zur Neuzeit, wird man feststellen, dass die Entwicklung von einer Formenvielfalt hin zu einer einheitlichen Linienform stattgefunden hat. Fahrzeuge unterschiedlicher Hersteller sind äußerlich manchmal nur noch am Typenschild zu unterscheiden.

Gründe:
- wirtschaftliche Zwänge, z. B. geringer Luftwiderstand, um Benzin zu sparen
- Unfallschutz, z. B. von Fußgängern

Im Gegensatz zum einheitlichen Erscheinungsbild der Autos hat aber eine übersteigerte Individualisierung unserer Gesellschaft stattgefunden.

Die Hersteller bieten deshalb Autos in vielen verschiedenen Farbtönen an. Damit erhalten die Kunden Autos, die sich sichtbar von anderen Autos unterscheiden – ohne dafür wesentlich mehr zu bezahlen.
Verändert man die Lackierung und zusätzlich auch die technischen Eigenschaften des Fahrzeugs in der Motorleistung oder durch Anbauteile wie Spoiler, spricht man von **Tuning**[1], siehe Bild ➜ 1.

Eine kompetente Lackierwerkstatt sollte nicht nur Karosserie-Instandsetzung und Reparaturlackierung anbieten, sondern auch Design- und Effektlackierung. So kann sie dem Trend zur individuellen Lackierung gerecht werden.

Design- und Effektlackierung gehören zu den Sonderlackierungen.

Sehr häufig findet man Sonderlackierungen auf kleinen Zubehörteilen von Autos oder Motorrädern wie Spiegelkappen, Tankdeckel, Tanks. So kann man kostengünstig eine individuelle Lackierung bekommen.
Auf Autos können besonders auffälligen Lackierungen aufgebracht werden, z. B. mit auffälligen Designelementen oder starkem Flip-Flop-Effekt, Informationen zum Flip-Flop-Effekt vgl. Kap. 10.2.3.3.1.

Dieser Trend lässt aber merklich nach. Heute sind Lackierungen gefragt mit weniger sichtbaren aber dafür nicht minder raffinierten Effekten.

[1] Tuning: von tune (engl.): Melodie tuning: stimmen, einstellen

1 Tuning am Schweller und an Heck- und Frontspoiler zur Verbesserung der Aerodynamik

Beispiele:
- Silberfarben, die aussehen, als wären sie flüssig
- die Farben Weiß und Schwarz in allen erdenklichen Variationen
- matte oder seidenmatte Lacke

Der Fahrzeuglackierer muss aber auch Sonderlackierungen an anderen Objekten ausführen, z. B. an Möbeln (Küchenfronten, Stühle), Elektronikteilen (PC-Platinen und PC-Gehäuse), Motorradhelmen bis hin zu Urnen.

Das Kapitel gliedert sich in:
- Effektlackierung, siehe Kap. 10.2
- Designlackierung, siehe Kap. 10.3
- Lernsituation, siehe Kap. 10.4

10.2 Effektlackierung

Neben der Farbigkeit kann der Lack auch einen bestimmten Effekt haben, dann spricht man von Effektlack. Sie werden benutzt, damit ein wertvolles Auto auch edel aussieht.
Viele Lackhersteller produzieren attraktive Lacke; sie sind bekannt unter den Bezeichnungen:
- Brillantlack
- Diamantlack
- Kristalllack
- Perllack
- Perlmuttlack
- Perlglanzlack
- Regenbogenlack

Die Effekte werden erzielt mithilfe von:
- Pigmenten
- Farbstoffen mit besonderen optischen Eigenschaften

Beim Effektlack sind hauptsächlich die **Pigmente**[1] diejenigen Bestandteile, die den gewünschten Effekt ergeben, zusammen mit dem eingestrahlten Licht. Ohne Licht wäre der gewünschte Effekt nicht sichtbar.

Der optische Effekt reicht von einem einfachen Glitzern bis hin zur Veränderung des Farbtons je nach Blickwinkel oder Temperatur. Hierbei handelt es sich um einen bewusst erzeugten Fall der Metamerie.

Die genaue Beschreibung von Metamerie findet sich im Kap. 7.3.2, Informationen zu Pigmenten für Effektlackierung siehe Kap. 10.2.3.

Effekte können aber auch erreicht werden durch **Farbstoffe mit besonderen optischen Eigenschaften**. Ein Beispiel dafür ist der Lack mit Candy-Effekt, siehe dazu Kap. 10.2.4.

Bevor ein Auto mit einer Effektlackierung versehen wird, müssen der Kunde und der Meister jedoch beachten, dass die Lackierung nicht gegen die Straßenverkehrsordnung (StVO) und die Bau- und Betriebsvorschriften für Kfz (StVZO) verstößt.

Für Effektlackierungen gilt im Allgemeinen:
Der Lackierer muss sich genau an die Herstellerangaben halten.

Die Hersteller testen in aufwendigen Reihen den optimalen Schichtaufbau und Werkzeugeinsatz für ihre Effektlacke. Wenn sich der Lackierer genau an diese Angaben hält, erreicht er den gewünschten Effekt.

Prinzipiell soll der Lackierer folgende Regeln berücksichtigen:
- Es ist ein einwandfreier, farbiger Untergrund vorzubereiten, Farbton: siehe Herstellerangaben; Effektlacke haben oft nur geringe Deckkraft.
- Bei besonders groben Pigmenten ist ein mehrmaliges Überlackieren mit Klarlack notwendig.
- Die Schichten müssen mehrfach zwischengetrocknet und geschliffen werden, Ablüftzeiten genau einhalten.
- Es sind spezielle Designpistolen zu verwenden oder gebräuchliche Spritzpistolen mit einem entsprechenden Düsensatz (optimales Spritzbild).
- Bei Eigenrezeptur ist das genaue Masse- und Mischungsverhältnis zu notieren (Rezeptur des Lackes), damit für eine Reparaturlackierung der Farbton exakt nachgemischt werden kann.

Zur Effektlackierung werden im Weiteren behandelt:
- Geschichte und Entwicklung von Effektpigmenten, siehe Kap. 10.2.1
- Effekte von Effektlacken, siehe Kap. 10.2.2
- Pigmente für die Effektlackierung, siehe Kap. 10.2.3
- Farbstoffe für die Effektlackierung, siehe Kap. 10.2.4
- Werkzeuge zum Arbeiten mit Effektlack, siehe Kap. 10.2.5

10.2.1 Geschichte und Entwicklung von Effektpigmenten

Vor etwa 30 000 Jahren begann der Mensch, erste Zeichnungen auf Höhlenwände zu malen. Er war ausschließlich auf Farben angewiesen, deren Pigmente[1] direkt aus der Natur kamen wie Kohle, Ruß, farbige Steine oder Erden (z. B. Ultramarin), Pflanzenstoffe oder Farbstoffe von tierischen Produkten (Purpurschnecke).

Vor ca. 2500 Jahren wurden in China die ersten Lacke entwickelt, die Umwelteinflüssen wie Regen oder Sonnenstrahlen besser widerstehen konnten – erst danach konnten dauerhafte Beschichtungen hergestellt werden.

Bereits zu dieser Zeit wurden besondere Pigmente verwendet, um außergewöhnliche Farbtöne zu entwickeln. So sollte der besondere Glanz von natürlichen Perlen nachempfunden werden; es entstanden die sogenannten **Perlglanzpigmente**. Sie wurden aus echten Fischschuppen gewonnen, hauptsächlich von Hering und Laube (Ukelei). Dabei wurden die Pigmentkristalle aus einer wässrigen Dispersion mit Fischschuppen und Lösemitteln herausgefiltert.
Deshalb werden Perlglanzpigmente auch **Fischschuppenpigmente** genannt.

Nachteile des Perlglanzpigments:
- Fischschuppen enthalten weniger als 1 % des brauchbaren Pigments.
- Die Gewinnung ist sehr aufwendig, dadurch sehr teuer.
- Qualitätsschwankungen durch viele Verunreinigungen.
- Bei zu langer Lagerung: Gelbfärbung und Fischgeruch.
- Im trockenen Zustand: Neigung zu Agglomeration[2].

[1] Pigment (lat.): Farbstoff, Farbkörper
[2] Agglomeration (lat.): Verklumpung

Die rasante Entwicklung der Farben und Pigmente in den letzten 150 Jahren ist Ausdruck des allgemeinen technischen Standards, den der Mensch erreicht hat. Im ausgehenden 19. Jahrhundert konnten **synthetische Pigmente** hergestellt werden. Das war der Durchbruch für die industrielle, künstliche Herstellung und Verwertung von Farben.

Für moderne **Effektpigmente** hingegen werden feine, chemisch oder physikalisch behandelte (z. B. bedampfte) Metallplättchen hergestellt, diese erzeugen dann bei ihrer Ausrichtung im Lackfilm zur Oberfläche den gewünschten Effekt.

In den 1960er Jahren gelang mit der Erfindung der **Metalloxidpigmente** und dann der Glimmerpigmente der Durchbruch der synthetischen Effektpigmente, die in der Lackindustrie, bei Kosmetika (z. B. Lippenstifte) und in der Druckindustrie (Druckfarben) eingesetzt werden.

In den letzten Jahrzehnten fand eine Entwicklung statt: von traditionellen und dezenten Perlglanzpigmenten hin zu den besonders auffälligen Effektpigmenten, wie zum Beispiel Pigmente mit Mehrfach-Farbwechsel (Flip-Flop-Effekt, vgl. Kap. 10.2.3.3.1).

Am Markt haben sich hauptsächlich die **Mehrschicht-Effektlackierungen** durchgesetzt. Durch das aufwendige Mehrschichtverfahren können mit diesem Lacksystem besonders raffinierte Effekte erzielt werden.

10.2.2 Effekte von Effektlacken

Für die Effekte, die mit den Pigmenten erzielt werden, sind verantwortlich:
- Absorption und Reflexion, siehe Kap. 10.2.2.1
- Farbechtheit, siehe Kap. 10.2.2.2
- Brechzahl, siehe Kap. 10.2.2.3
- Interferenz, siehe Kap. 10.2.2.4

10.2.2.1 Absorption und Reflexion bei Effektpigmenten

Als Absorption bezeichnet man die Eigenschaft eines Pigments, bestimmte Teile des weißen Lichts zu „schlucken", d. h. zu absorbieren und in Wärmeenergie umzuwandeln.
Der Rest des Lichts wird reflektiert, „zurückgeschickt", er trifft in das menschliche Auge und erzeugt den entsprechenden Farbton. Weitere Informationen zu Absorption und Reflexion siehe Kap. 4.1.4.

Farbechtheitsgrad	Wirkung
8	hervorragend
7	vorzüglich
6	sehr gut
5	gut
4	ziemlich gut
3	mäßig
2	gering
1	sehr gering

1 Farbechtheitsgrad von Pigmenten

Bei Effektpigmenten macht man sich diese Eigenschaften zunutze, indem Licht, welches auf ein Pigmentteilchen trifft, erst mehrfach im Pigment hin- und herreflektiert wird. Dadurch überlagern sich die Lichtwellen zum Teil. Die Überlagerung der Lichtwellen wird Interferenz genannt. Weitere Informationen zur Interferenz von Effektlacken siehe Kap. 10.2.2.4.

10.2.2.2 Farbechtheit von Effektlacken

Als Farbechtheit wird die Beständigkeit der Pigmente gegen Licht bezeichnet. Farbechtheit ist die Widerstandsfähigkeit gegen die energiereichen UV-Strahlen, unter denen Pigmente zerstört werden, d. h., sie verbleichen oder dunkeln nach.
Auch findet man bei Lacken oft die Eigenschaft, dass das Bindemittel unter Sonneneinstrahlung vergilbt.
Die Lackindustrie lehnt sich für die Bestimmung der Farbechtheit an die Normen für Textilien an:
- DIN EN ISO 105-B01 – Tageslicht
- DIN EN ISO 105-B02 – Xenonlicht

So sind Lacke eingeteilt nach dem Farbechtheitsgrad, siehe Bild ➜ 1.

Die Verwendung von Pigmenten mit hoher Farbechtheit in den Effektlacken ist Voraussetzung dafür, dass die Lacke unter Sonneneinstrahlung nicht „altern", also über viele Jahre ihren Effekt beibehalten. Durch Sonnenlicht zerstörte Pigmente in den Lacken können nicht repariert werden, sondern das gesamte Teil oder das Fahrzeug muss neu lackiert werden.

10.2.2.3 Brechzahl von Effektlacken

Die Brechzahl bezeichnet in der Optik die Strahlenbrechung von Licht (elektromagnetische Wellen). Sie wird oft auch **Brechungsindex** genannt.

Das Licht der Sonne durchdringt auf dem Weg zum menschlichen Auge unterschiedlich dichte Schichten der Atmosphäre und wird vielfach gebrochen. Das Licht durchläuft dabei eine gekrümmte Bahn. Je tiefer die Sonne steht, umso größer ist die Krümmung des Lichts innerhalb der Atmosphäre. Aus diesem Grund sieht der Mensch auch so farbenprächtige Sonnenuntergänge, da die abgelenkten Sonnenstrahlen sich noch zusätzlich an kleinen Teilchen (Staub) in der Atmosphäre brechen.

Diese Lichtwirkung spielt beim Effekt der lasierenden Basislacke (Effektlacke) eine wichtige Rolle: Der Lichtstrahl wird von den transparenten Pigmenten abgelenkt – der Ausfallwinkel ändert sich.

Auf Meeresniveau beträgt die Brechzahl der Luft etwa 1.

Sie hängt jedoch ab von der Dichte, der Temperatur und der Zusammensetzung der Luft (Staub/Aerosole).

Bild ➜ 1 zeigt die Brechzahl unterschiedlicher Stoffe.
Die Kenntnis über die Brechzahl von Stoffen versetzt die Lackhersteller in die Lage, Pigmente mit ganz besonderem Lichteffekt herzustellen. Aus der Brechzahl erklärt sich die Streuung von Lichtstrahlen durch das Pigment.

Beispiel
Titandioxid mit einer hohen Brechzahl streut das einfallende Licht besonders stark und wirkt dadurch sehr weiß.

10.2.2.4 Interferenz von Effektlacken

Das optische Phänomen der Interferenz entsteht bei der Brechung von Lichtwellen. Der Eindruck von Interferenz entsteht immer dann, wenn Lichtwellen der gleichen Wellenlänge und phasenverschoben durch unterschiedliche Reflexion übereinander gelagert werden. Bild ➜ 2 zeigt einen Lichtstrahl, der auf ein Perlglanzpigment im Lack trifft.

Beispiel
Das farbige Schillern von Seifenblasen entsteht durch Interferenz.

Lasierende Effektlacke machen sich die Wirkung der Interferenz zunutze. Durch diese Eigenschaft entstehen Flop- oder Mehrfarbeneffekte.

Stoff	Brechzahl
Luft	1,00
Eis	1,31
Calciumfluorid (Flussspat)	1,43
Zinksulfid	2,37
Titandioxid (Rutil)	2,71

1 Brechzahl unterschiedlicher Stoffe

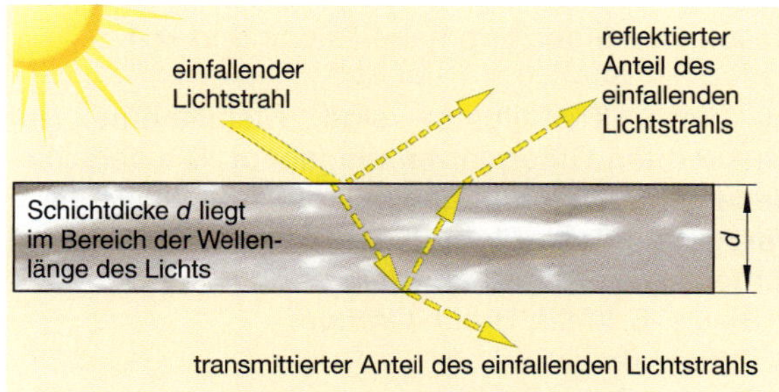

2 Lichtstrahl auf ein Perlglanzpigment im Lack

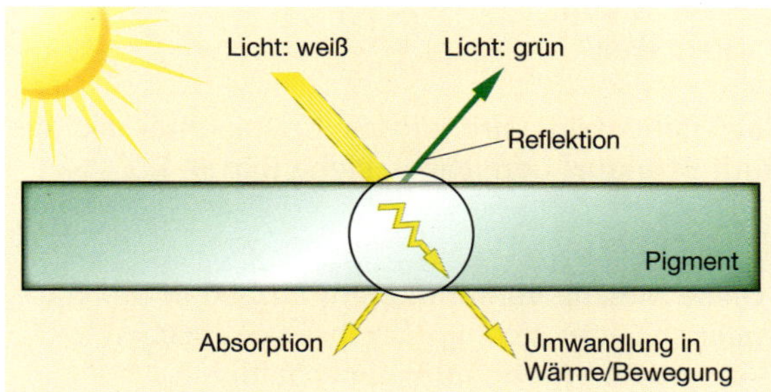

3 Absorptions-Pigmente

10.2.3 Pigmente für die Effektlackierung

Die Hersteller von Pigmenten für die Effektlackierung geben ihren Produkten besondere Namen, die z. T. auch als Synonym für einen bestimmten Effekt Eingang in den Sprachgebrauch der Lackierer gefunden haben, z. B. Colourstream, Xirallic, Iridoin, Minatec, Afflair.

Generell unterscheidet man vier Typen von Pigmenten:
- Absorptions-Pigmente, siehe Kap. 10.2.3.1
- Reflexions-Pigmente, siehe Kap. 10.2.3.2
- Interferenz-Pigmente, siehe Kap. 10.2.3.3
- Leucht-Pigmente, siehe Kap. 10.2.3.4

10.2.3.1 Absorptions-Pigmente

Absorptions-Pigmente sind die herkömmlichen, anorganischen oder organischen Farbpigmente, die bestimmte Wellen des auffallenden Lichts absorbieren und den Rest des Spektrums reflektieren, siehe Bild ➜ 3.

Durch ihre Form und Lichtabsorption zeigen sie in alle Blickrichtungen nur einen Farbton und keinen besondern Glanz.
Diese Absorptions-Pigmente bilden die Gruppe der Bunt- und Schwarz-Pigmente. Sie werden überwiegend in Uni-Lacken eingesetzt. Weitere Informationen zum Uni-Lack siehe Kap. 5.3.1.

Bei den synthetischen Absorptions-Pigmenten handelt es sich um kristalline Stoffe, die eine besondere Gitterform haben siehe Bild → 1.

In diese Kristallgitter sind Metallatome auf bestimmten Gitterplätzen eingebaut. Die verschiedenen Metallatome sind für die unterschiedliche Farbgebung der Pigmente zuständig. Als Metalle finden im Wesentlichen Verwendung:
- Blei: z. B. Weiß, Braun/Orange
- Cobalt: Blau
- Chrom: Gelb, Grün
- Zink: Weiß
- Eisen: Braun
- Titan: Weiß

Bei Titandioxid wird dieses Kristallgitter als die **Rutil-Struktur**[1] bezeichnet, siehe Bild → 1.

Achtung
Diese Metalle verlieren beim Einbau in die kristallinen Gitter nicht immer ihre spezifischen toxikologischen (giftigen) Eigenschaften.

Beispiel
So ist der Schleifstaub von Blei-Pigmenten gesundheitsschädlich und umweltschädigend. Der Schleifstaub muss abgesaugt und als Sondermüll entsorgt werden.

10.2.3.2 Reflexions-Pigmente

Reflexions-Pigmente sind Pigmente, die das einstrahlende Licht reflektieren, siehe Bild → 2. Durch unterschiedliche Eigenschaften der Oberfläche der Pigmente entsteht der Farbeindruck im Auge.

Reflexions-Pigmente gibt es als:
- Metall-Pigmente
- Metalleffekt-Pigmente

[1] Rutil: Mineral, das zu den Titanerzen gehört; ist meist mit Eisenoxiden verunreinigt, deshalb metallisch glänzend, meist rötlich, bräunlich oder schwarz

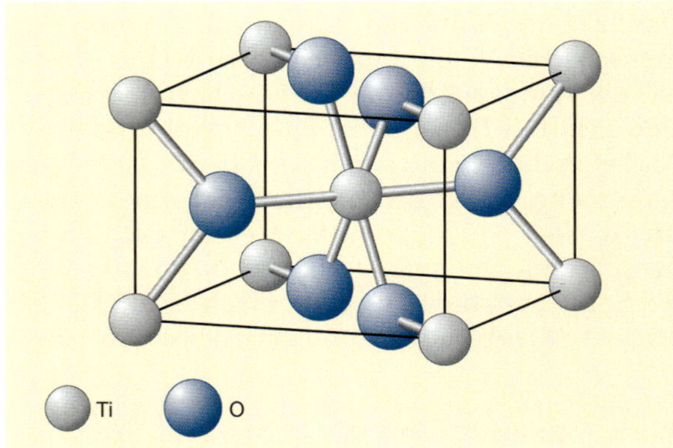

1 Struktur eines Titandioxid-Kristalls

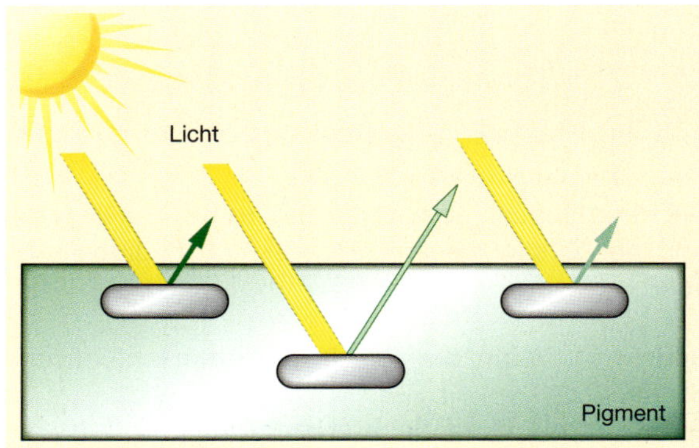

2 Reflexions-Pigmente

3 Metallic-Effekt

Metall-Pigmente
Metall-Pigmente werden oft auch als **Metallics** bezeichnet. Sie bestehen hauptsächlich aus unbehandelten Aluminiumplättchen; auch schwere Zink-, Kupfer-, sogar Goldteilchen sind möglich. Sie zeichnen sich durch ihren metallischen Oberflächenglanz aus. Durch ihre platte Form reflektieren sie das Licht an ihrer Oberfläche stark, an ihren Kanten ist dagegen die Lichtstreuung sehr groß. Dadurch ergibt sich eine Änderung im Farbton je nach Betrachtungswinkel, siehe Bild → 3.

Metalleffekt-Pigmente
Auch sie bestehen überwiegend aus metallischen Teilchen. Sie erreichen in einer Lackschicht ihre Wirkung durch die Mehrfach-Reflexion von Licht.

Effekt-Pigmente werden eingeteilt nach dem Effekt, den sie bewirken:
- Flop-Effekt-Pigment
- Diamanteffekt-Pigment
- Chromlack-Pigment

Beim **Flop-Effekt** sind die Aluminiumteilchen des Basislacks parallel angeordnet. Blickt man senkrecht von oben auf die Lackierung, erscheint diese dunkel. Im Ausfallwinkel des Lichts erscheint die Fläche dagegen hell, siehe Bild ➜ 1.

Diesen Hell-Dunkel-Umschlag bei wechselndem Betrachtungswinkel nennt man Flop. Farbige Kontraste lassen sich so durch Kombinationen von Pigmenten erzielen. Dabei hängt es von der Stärke der Metalloxidbeschichtung ab, welche Farbtöne des Lichtspektrums reflektiert oder unterdrückt werden.

Diamanteffekt-Pigment beschreibt die Wirkung einer Lackierung mit einem Basislack mit sehr grobkörnigen Aluminiumteilchen, siehe Bild ➜ 2. Im Gegensatz zu den kleineren Aluminiumteilchen bei der Metallic-Lackierung erscheint hier der silbrige Brillanteffekt besonders stark: Der Lack funkelt kristallin. Buntpigmente können bis 15 % zugegeben werden. Wichtig bei der Lackierung sind die Untergrundvorbereitung in einem einheitlichen Farbton (z. B. ein farbiger Vorlack, siehe Herstellerangaben), sowie die notwendige hohe Klarlackschichtdicke zum vollständigen Bedecken der großen Aluminiumteilchen.

Chromlackpigmente sind Aluminium-Pigmente, eingebracht in ein Lösungsmittel (Alkohol). Der Chromeffekt entsteht durch diese sehr feinen Aluminiumpartikel – je kleiner sie sind, desto glänzender wird die Oberfläche, Beispiel siehe Bild ➜ 3.
Ein guter Chromlack lässt sich mit allen üblichen Lackierpistolen verarbeiten und bringt im besten Falle ca. 90 % bis 95 % des echten Chromglanzes.

10.2.3.3 Interferenz-Pigmente

Diese Pigmente bilden die „jüngste" Pigment-Gruppe.

Erst seit Mitte des 20. Jahrhunderts können sie kostengünstig produziert werden; seitdem setzen sie sich auch als Pigmente für Serienautolacke durch.

1 **Flop-Effekt**

2 **Diamanteffektlackierung**

3 **Chromlackierung einer Spiegelkappe**

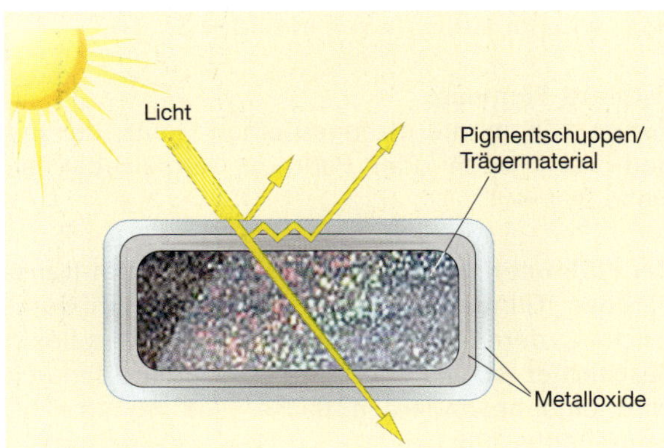

4 **Interferenz-Pigmente**

Diese Pigmente bestehen ebenfalls überwiegend aus kleinen Aluminium-Metallteilchen; aber auch Pigmente aus Kunststoffträgern, die **Glitter-Pigmente**, finden Verwendung.
Sie bilden die Pigment-Schuppen im Lack. Die Schuppen werden in einem technisch aufwendigen Verfahren mit Metalloxiden bedampft, sodass jedes einzelne Schuppenpigment mit einer oder mehreren halbtransparenten Schichten überzogen ist.
Das einfallende Licht bewirkt an der Metalloxidschicht Interferenz, siehe Bild ➜ 273.4.

Die Farbe ist abhängig vom Betrachtungswinkel, da die Lichtstrahlen von der beschichteten Oberfläche des Pigments unterschiedlich reflektiert werden. Zum Teil werden die Lichtstrahlen zunächst noch im Pigment hin und her gestrahlt, bevor sie das Pigment wieder verlassen.

Je nach Dicke und Art der Metalloxidschicht bewirken die Pigmente in der Lackschicht vielfältige Farbeffekte, die sich mit dem Betrachtungswinkel ändern, siehe Bild ➜ 1

Interferenz-Pigmente werden unterschieden in:
- Flip-Flop-Effekt-Pigmente
- Perlmutt-Pigmente
- Glitter-Pigmente

Flip-Flop-Effekt-Pigmente
Flip-Flop-Effekt-Pigmente sind durchscheinende, lasierende Pigmente, sogenannte **Mineraleffekt-Pigmente**. Sie sind in den letzten Jahren als neue Effektmittel entstanden. Im Gegensatz zu den Flop-Pigmenten besitzen sie nicht nur einen Helligkeitsflop, sondern auch einen Farbflop: Sie verändern also je nach Blickwinkel nicht nur die Intensität ihres Glanzes, sondern auch ihren Farbton, siehe Bild ➜ 2.

So sind mit einem Pigment mehrere verschiedene Farbtöne möglich, z. B. alle Regenbogenfarben oder von Rot auf Grün wie in Bild ➜ 3

Perlmutt-Pigmente
Perlmutt-Pigmente erzeugen einen Glanz, der mit dem von Perlen oder Perlmutt vergleichbar ist, siehe Bild ➜ 4.

Bei Perlmutt-Pigmenten handelt es sich um transparente Glimmer-, Silizium- oder Aluminiumteilchen, deren Oberfläche dünn mit Metalloxid beschichtet ist. Sie sind halbtransparent; dadurch wird eine besondere optische Wirkung erreicht, siehe Bild ➜ 275.1.

1 Interferenz-Pigmente

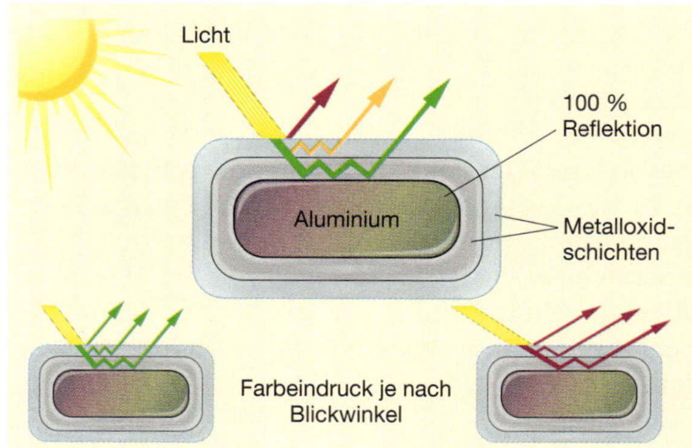

2 Flip-Flop-Pigmente

3 Flip-Flop-Effekt

4 Lackierung mit einem Perleffektlack

Diese Pigmente verändern die Farbe je nach Blickwinkel, da die Metalloxidbeschichtung ein bestimmtes Spektrum des einfallenden Lichts reflektiert oder absorbiert, siehe Bild ➜ 2 am Beispiel eines Glimmer-Pigments. Das Licht wird an den Grenzschichten mehrfach gebrochen und reflektiert. Dadurch entsteht ein beeindruckender Tiefenglanz, wie wir ihn von einer natürlichen Perle kennen.

Eigenschaften der Perlmutt-Pigmente:
- hohe Brechzahl
- chemisch beständig gegen Säuren und Laugen
- hitzebeständig
- beständig gegen ultraviolette Strahlung der Sonne

Perlmutt-Pigmente werden auch **Perlglanz-Pigmente** oder **Pearleffekt-Pigmente** genannt.

Glitter-Pigmente

Glitter-Pigmente sind beschichtete Effektfolien, die in sehr kleine und regelmäßige Formen zerschnitten sind.

Sie werden unterschieden in:
- Holografieglitter-Pigmente
- irisierende Glitter-Pigmente

Es werden auch Folien mit Holografieoberflächen zu Glittern verarbeitet, die **Holografieglitter-Pigmente**. Holografie bedeutet in diesem Zusammenhang, dass in der Lackschicht der Eindruck von Dreidimensionalität und besonderer Tiefe entsteht, siehe Bild ➜ 3.

Holografieglitter sind undurchsichtig. Sie brechen das Licht in alle Spektralfarben, was einen regenbogenfarbenen Verlauf erzeugt, siehe Bild ➜ 1, Seite 274 und ➜ 4. Durch das Lackieren von schwach pigmentierten Lasuren über den Glittern lassen sich die Oberflächen farblich gestalten.

Bei diesen Glittern entsteht der Effekt nur bei gerichtetem Licht, also bei Sonnenschein oder beim Anleuchten mit einem Scheinwerfer.

Bei **irisierenden Glittern** wird das einfallende Licht in Farben zerlegt, die relativ eng im Farbspektrum nebeneinanderliegen. Die Glitter sind in bestimmten Winkeln durchscheinend. Um den gewünschten Effekt zu erreichen, muss mit einer Grundfarbe vorlackiert werden, die vom Hersteller empfohlen ist. Je dunkler der Untergrund ist, umso kräftiger kommt das Farbspiel der Glitter zur Geltung.

Träger	Beschichtung	Farbton
Glimmer	Titandioxid	silberweiß
Glimmer	Eisenoxid	bronze-, rot-, kupferfarben
Siliziumdioxid	Eisen-, Titandioxid	rot-, bronze-, grünfarben
Aluminium	Metalloxide	farbintensive Kristalleffekte

1 Farbton von Perlmutt-Pigmenten

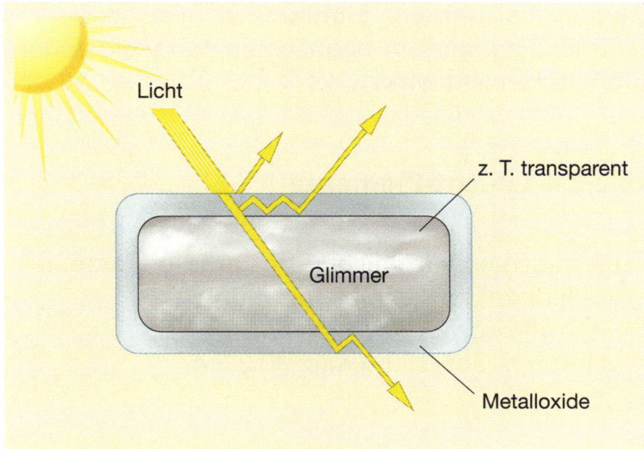

2 Weg des Lichtes durch ein Glimmer-Pigment

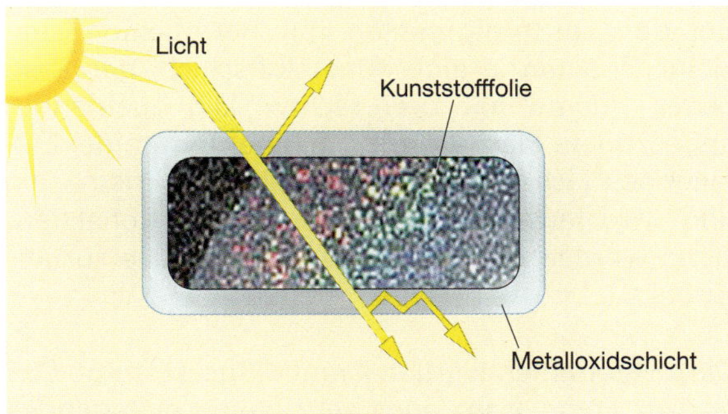

3 Weg des Lichtes durch ein Holografieglitter-Pigment

4 Lackierung mit Holografieglitter-Pigmenten, hier Holografie-Silber

Bei Verwendung irisierender Glitter erhält man sehr edel wirkende Oberflächen, siehe Bild ➜ 1:

- von metallischem Glanz
- mit sehr eindrucksvollen Farbwechseln
- mit unterschiedlich starker Wirkung der Untergrundfarbe

Die Effekte sind unter allen Lichtverhältnissen sehr gut sichtbar, bei Sonnenlicht wie auch bei Kunstlicht.

Gerade bei trübem Himmel ist ein besonders schönes Farbspiel zu beobachten, wo viele andere Effektlacke nicht wirken.

10.2.3.4 Leucht-Pigmente

Das Leuchten wird nicht durch erhöhte Temperatur (Glühen) erreicht, sondern durch:

- Retroflexion, siehe Kap. 10.2.3.4.1
- Lumineszenz, siehe Kap. 10.2.3.4.2

10.2.3.4.1 Leucht-Pigmente mit Retroflexion

Bei den Leuchtpigmenten mit Retroflexion sind kleine Prismen in eine Kunststoffschicht gepresst. Jedes Prisma hat drei rechtwinklig zueinander angeordnete Flächen, wie bei einer Pyramide. Einfallendes Licht tritt an einer Seite ins Prisma ein und wird jeweils an den drei Flächen reflektiert. Dann werden die Strahlen zur Lichtquelle zurückgelenkt.

Die Lichtstrahlen werden kaum diffus gestreut. Das hat zur Folge, dass auch sehr wenig einfallendes Licht ausreicht, um die Oberfläche zum „Leuchten" zu bringen.

Leucht-Pigmente mit Retroflexion werden zur **Konturmarkierung** eingesetzt, siehe Bild ➜ 2.

Zur Information:
In Deutschland sind seit dem 1. Juli 2011 bei allen Neuzulassungen von Nutzfahrzeugen retroreflektierende Konturmarkierungen Pflicht; ältere Lkws müssen nicht, können aber freiwillig nachgerüstet werden.

Das gilt für Fahrzeuge mit:

- zulässiger Gesamtmasse ≥ 7,5 t
- Seitenlänge ≥ 6 m
- einer Breite ≥ 2,10 m

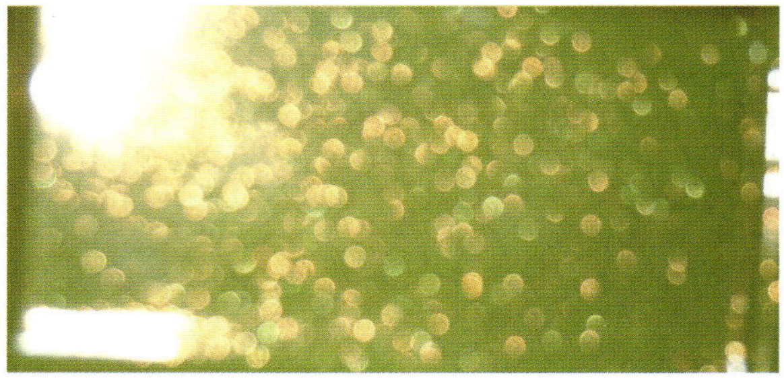

1 Farbeffekt durch irisierende Glitter

2 Konturenmarkierung an einem Sattelanhänger

10.2.3.4.2 Leucht-Pigmente mit Lumineszenz

Die Lumineszenz bezeichnet den Vorgang des „kalten Leuchtens". So können Stoffe leuchten, ohne dass sie erwärmt werden.

Achtung
Effektlack mit Leuchtpigmenten darf **nicht** auf der sichtbaren äußeren Karosserie eines Privatfahrzeugs verwendet werden, da sonst die Betriebserlaubnis des Fahrzeugs erlischt.

Jedoch werden Leuchtfarben eingesetzt zur Warnung oder zur besonderen Hervorhebung. So werden Teilflächen von Feuerwehrfahrzeugen oder Krankenwagen mit Folie mit Leuchtfarben beklebt, ebenso Kanten von Lkw-Aufliegern. Auch im Straßenverkehr finden Leuchtfarben Anwendung, z. B. bei Straßenmarkierungen, Verkehrsschildern und Warnwesten.

Man unterscheidet zwei Formen der Lumineszenz:

- Phosphoreszenz
- Fluoreszenz

Phosphoreszierende Leucht-Pigmente

Phosphoreszenz ist die Eigenschaft eines Stoffes, nach der Bestrahlung mit Licht bis zu mehreren Stunden nachzuleuchten.

Zur Belichtung können verwendet werden:
- sichtbares Tages- oder Kunstlicht
- unsichtbares UV-Licht

Phosphoreszierende Pigmente werden auch als **Luminophore**[1] bezeichnet, da sie das Licht scheinbar „speichern" können.

Phosphoreszenz ist nach dem chemischen Element Phosphor („Lichtträger") benannt, wobei ursprünglich das Leuchten von Phosphor auf einer Reaktion mit Sauerstoff beruht.

Phosphorisierende Leucht-Pigmente findet man in Nachleuchtfarben.
Nachleuchtfarben werden auch als **Glow-in-the-Dark-Farben**[1] bezeichnet. Sie speichern die Energie von einfallendem Licht in Form von Anregungsenergie.
Durch Licht (Sonnen- oder Kunstlicht) werden die Elektronen in den Pigmenten auf ein höheres Energieniveau gehoben, siehe Bild ➜ 1. Nach der Lichtausbeute bis zur Sättigung ist keine stärkere Aufladung mehr möglich. Dann verfallen die Elektronen in ihren Grundzustand und geben dabei über Minuten oder Stunden die Energie wieder in Form von sichtbarem Licht ab.

Nachleuchtfarben sind auf Außenflächen an Privatautos in Deutschland nicht zugelassen.

Fluoreszierende Leucht-Pigmente

Bei der **Fluoreszenz** endet das Leuchten der Pigmente sofort nach dem Bestrahlen mit Licht. Diesen Effekt kennt man von den Leuchteffekten bei der Bestrahlung mit Schwarzlicht. Diese Eigenschaft wird bei Klebefolien an Fahrzeugen eingesetzt. So dürfen zum Beispiel zur besseren Sichtbarkeit die Ränder von Lkws und Anhänger, die länger als 6 m sind, mit dieser Folie beklebt sein, siehe Bild ➜ 2.

Leuchtfarben sind auf Außenflächen an Privatautos in Deutschland nicht zugelassen.

Tagesleucht-Pigmente werden bereits durch das normale Tageslicht zum Leuchten angeregt. Dafür werden das schlecht sichtbare Blau und das unsichtbare UV-Licht im Tageslicht umgewandelt in sichtbares Licht, siehe Bild ➜ 3.

[1] Luminophor (lat., griech.): Leuchtstoff
[2] Glow-in-the-Dark (engl.): Glühen im Dunkeln

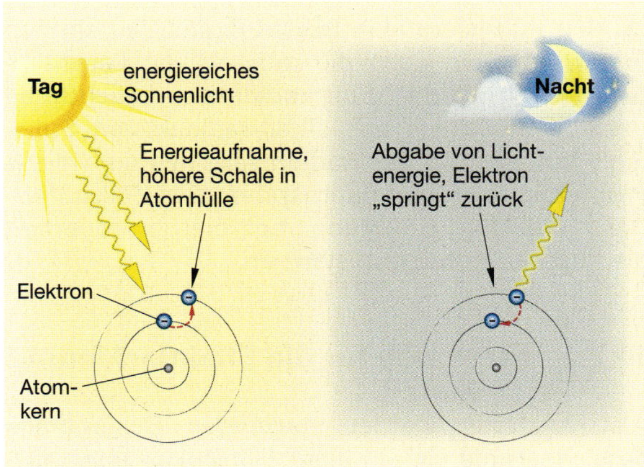

1 Nachleucht-Pigment

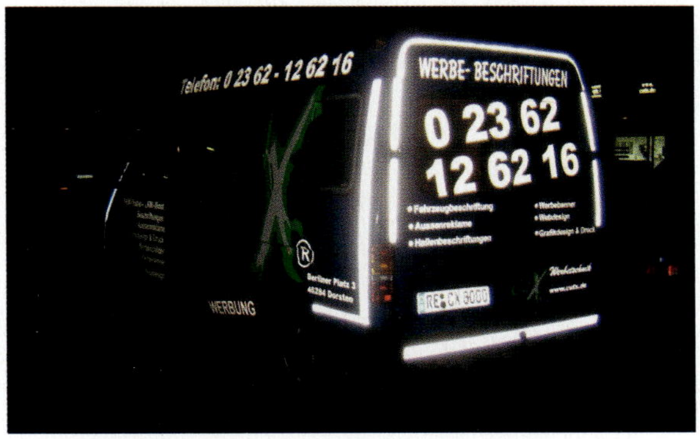

2 Fluoreszenz von Folien

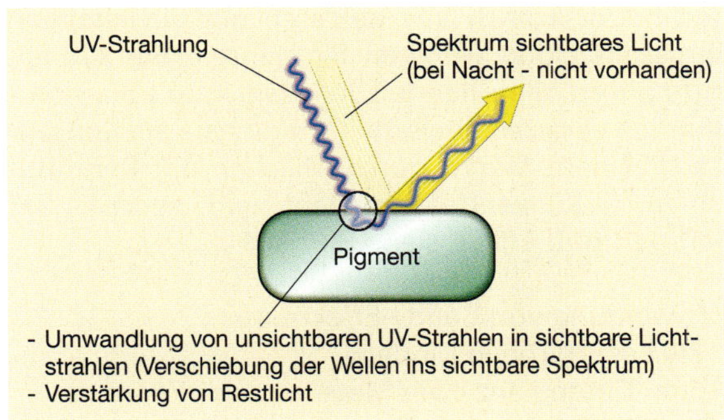

3 Leucht-Pigmente

Das geschieht wie folgt:
Die Leucht-Pigmente bewirken, dass kurzwellige Strahlung (ultraviolette und blaue Lichtanteile) in langwelliges und damit sichtbares Licht umgewandelt wird.

In der Dämmerung, wenn das Licht einen sehr großen Blau-Anteil hat, sind diese Farben sehr effektiv. So kann im Idealfall mehr sichtbares Licht zurückkommen als eingestrahlt wird, es kann aber auch zu einem Farbwechsel kommen. Fluoreszierende Lacke werden bei Tagesleuchtfarben in der Autolackierung vor allem bei Rettungsfahrzeugen eingesetzt.

Zu den fluorisierenden Leucht-Pigmenten können im weiten Sinn auch die radioaktiven Leuchtfarben gezählt werden. Eine **radioaktive Leuchtfarbe** besteht tatsächlich aus einer radioaktiven Substanz, früher meist aus Radiumsalz, heute eher aus Promethiumsalz und fluoreszierendem Zinksulfid. Die radioaktive Strahlung regt hierbei dauerhaft die fluoreszierende Substanz an.

10.2.4 Farbstoffe für die Effektlackierung

Als Farbstoffe werden diejenigen Bestandteile bezeichnet, die sich in einer Flüssigkeit lösen lassen, z. B. in einem Bindemittel. Diese Stoffe färben einen Lack, können jedoch kaum eine deckende, lichtundurchlässige Lackschicht bewirken. Es entsteht ein durchscheinender, lasierender Lackfilm.

Farbstoffe finden deshalb hauptsächlich zum Einfärben des Klarlacks Verwendung. Dadurch wird der besondere Effekt bei den Basislack-Pigmenten noch unterstützt und verstärkt.

Ein Beispiel dafür sind Lackierungen mit **Candy-Effekt.** Sie rufen einen Tiefenglanz und eine Brillanz in der Lackschicht hervor, die an mit Zucker glasierte Weihnachtsäpfel erinnert.

Candy-Effekt-Lacke sind Lasuren, d. h., sie bestehen hauptsächlich aus gelösten und lichtstabilen Farbstoffen und wenigen Pigmenten. Sie können mit nahezu allen handelsüblichen Autolacken problemlos verarbeitet werden. Es gibt sie als Konzentrat auf dem Markt. Durch Mischen mit Perlmutt-Universal-Konzentrat entsteht ein leuchtender Farbperlmutt-Effekt, siehe Bild → 1.

Verwendung von Candy-Effekt-Lack:
- als Lasurfarbe in Klarlack
- zum Tiefenglanz über Metallic- oder Perlmutt-Basisfarben gespritzt
- zum Abtönen von Perlmutt- und Metallic-Basisfarben
- zur Farbintensivierung von RAL-Farben

10.2.5 Werkzeuge zum Arbeiten mit Effektlack

Effektlack wird mit gebräuchlichen Lackierpistolen des Lackierers verarbeitet. Hier zu nennen sind die nebelreduzierten HVLP- und RP-Pistolen, vgl. Kapitel 3.3.4.

1 Effektlackierung mit Candy-Lack

Beachten muss der Lackierer, dass er den Düsensatz für die Pistole verwendet, der vom Hersteller des Lacks gefordert wird: Wegen der Größe der Pigmente kann eventuell ein größerer Düsenquerschnitt erforderlich sein. Informationen dazu finden sich in den technischen Merkblättern der Hersteller.

10.3 Designlackierung

Der Begriff Design[1] drückt heute eher den Prozess von Entwurf und Gestaltung aus.

Unter Designlackierung versteht man, das Aussehen eines Fahrzeugs nach einem Entwurf, einer geplanten Vorlage zu verändern.

Designlackierungen auf Autos sind recht selten zu finden, da sie auffällig und teuer sind.

Im Allgemeinen gilt:
Es wird gemacht, was gefällt und technisch einwandfrei ist.

Im Speziellen bedeutet es, dass der Fahrzeuglackierer eher ungewohnte Werkzeuge und Materialien zur Oberflächengestaltung verwendet wie Plastik-Tüten, Pinsel, Kämme, Schwämme, Goldfolie (Blattgold) oder Mattlack.

Zur Designlackierung erhalten Sie Informationen zu:
- Verfahren, siehe Kap. 10.3.1
- Lacke, siehe Kap. 10.3.2
- Werkzeuge, siehe Kap. 10.3.3

[1] Design: aus dem Lateinischen, designare: (be)zeichnen; aber Design (engl.): Gestalt, Muster

10.3.1 Verfahren der Designlackierung

Die gebräuchlichsten Designlackierungen bei der Fahrzeuglackierung sind:
- Custompainting, siehe Kap. 10.3.1.1
- chemisches Verchromen, siehe Kap. 10.3.1.2
- Bicolor-Lackierung, siehe Kap. 10.3.1.3
- Wassertropfentechnik-Lackierung, siehe Kap. 10.3.1.4
- Wickeltechnik-Lackierung, siehe Kap. 10.3.1.5
- Folientechnik-Lackierung siehe Kap. 10.3.1.6
- Verlaufstechnik-Lackierung, siehe Kap. 10.3.1.7
- Wurzelholzoptik-Lackierung, siehe Kap. 10.3.1.8
- Wassertransferdruck-Lackierung, siehe Kap. 10.3.1.9

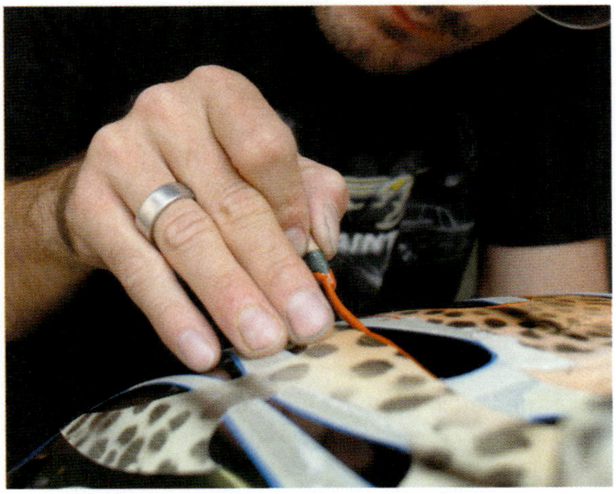

1 **Pinstriping**

10.3.1.1 Custompainting

Custompainting[1] ist die zusätzliche Lackgestaltung einer Autokarosserie. Darunter fallen prinzipiell alle Gestaltungstechniken, die dem Markt zur Verfügung stehen.

Im Speziellen wird jedoch hauptsächlich dieser Begriff verwendet in Verbindung mit:
- Pinstriping
- Airbrush-Verfahren

2 **Pinstriping-Lackierung (Detail)**

Pinstriping
Der Ursprung des Pinstriping ist in der amerikanischen Hot-Rod- und Custom-Car-Szene[2] zu finden. Mithilfe von speziellen Pinseln, den Schleppern, zieht der Künstler (Linierer, Linienzieher) Linien frei Hand oder nach grober Skizze, siehe Bild ➜ 1. Neben geraden Linien werden ganze Kunstwerke in dieser Technik auf Karosserieflächen gebracht, siehe Bild ➜ 2. Informationen zu Linierpinseln siehe Kap. 10.3.3.2.
Es gibt Künstler, die haben sich auf diese Technik spezialisiert; früher gab es in den Autowerken sogar Berufslinierer. Heute werden solche Zierlinien ab Werk jedoch mit Klebeband aufgebracht.

3 **Airbrush-Lackierung**

Airbrush-Verfahren
Beim Airbrush-Verfahren wird Farbe mithilfe einer Spritzpistole aufgetragen; Informationen zu Spritzpistolen siehe Kap. 10.3.3.1.

Dabei wird der Lack so fein zerstäubt, dass fotorealistische Darstellungen und sehr weiche Farbverläufe gespritzt werden können, siehe Bild ➜ 3.

Es kann prinzipiell jede flüssige Farbe mit entsprechend feinem Pigment auf jeden Untergrund aufgetragen werden, sogar auf menschliche Haut (Bodypainting).

1 Custompainting: Maßanfertigung, Spezialmalerei
2 Hot-Rod: Ford A, Ford T umgebaut
custom (engl.): kundenspezifisch (Gewohnheit)

Vorgehen:
- Ein mögliches Motiv wird zunächst entworfen und skizziert; das ist auch am Computer oder von Vorlagen möglich.
- Das Motiv wird mittels Skalpell oder speziellen Messern aus Folien geschnitten; die Folien müssen lösemittelresistent sein.
- Die einzelnen Farbschichten werden gespritzt und je nach Bedarf sogar wieder verklebt und überlackiert; dieser Prozess wiederholt sich entsprechend der Farbschichten.

Es können auch Motive ohne Schablonen, also freihand, gespritzt werden, das erfordert jedoch sehr viel Erfahrung.

Arbeiten mit Airbrush sind sehr zeitaufwendig und deswegen auch teuer.

1 Chemisch verchromte Spiegelkappe

10.3.1.2 Chemisches Verchromen

Dieses Verfahren, das auch als **chemisches Verspiegeln** oder **Metallisieren** bezeichnet wird, bietet den mit Abstand besten Chromeffekt, siehe Bild ➜ 1.

Hiermit können alle lackierbaren Untergründe wie z. B. Holz, Kunststoff oder Metall beschichtet werden.

Die Oberfläche muss spiegelglatt sein. Das wird dadurch erreicht, dass sie zunächst grundiert, gefüllert und geschliffen wird.

Das Grundiermaterial muss mit Wasser benetzbar sein, da sonst die jetzt folgende Aktivatorflüssigkeit nicht hält. Nach dem Auftragen der Aktivatorflüssigkeit wird sofort mit entmineralisiertem Wasser der überschüssige Aktivator entfernt.

Aus einer speziellen Pistole wird nun aus der einen Düse Silbersalz (Silbernitrat) und aus der anderen eine sogenannte Reduktionslösung gespritzt. Beide Strahlen vermischen sich außerhalb der Pistole auf dem Untergrund und es startet eine chemische Reaktion.

Die Spritzdauer beträgt bis zu einer Minute.

Jetzt wird gründlich mit Wasser gereinigt und das Werkstück sollte im Ofen getrocknet werden, damit keine Wasserflecke zurückbleiben.

Nach der Trocknung wird mit Klarlack lackiert, der zusätzlich sogar mit einer Candy-Lasur eingefärbt werden kann. Informationen zum Candy-Effekt siehe Kap. 10.2.4.

a) VW-Bus aus dem Jahr 1962

b) Oberklassewagen in Bicolor-Lackierung

2 Bicolor-Lackierung

10.3.1.3 Bicolor-Lackierung

Von einer Bicolor-Lackierung spricht man, wenn ein Auto großflächig in zwei verschiedenen Farben lackiert wurde, eine **Zwei-Farben-Lackierung**. Dieser Trend erlebt zurzeit eine „kleine" Renaissance, besonders Oberklassewagen werden gerne mit einer solchen Lackierung versehen, da sie die Autos edel erscheinen lässt, siehe Bild ➜ 2.

10.3.1.4 Wassertropfentechnik-Lackierung

Bei der Wassertropfentechnik-Lackierung werden echte Wassertropfen mittels einer Sprühflasche auf eine liegende Fläche gesprüht. Es ist darauf zu achten, dass die Tropfen eine „natürliche" Größe haben.

Mit mindestens zwei verschiedenen Farbtönen, z. B. Weiß und Blau, werden die Tropfen aus zwei unterschiedlichen Richtungen angesprüht.

Achtung:
Für diese Arbeiten keine wasserverdünnbaren Materialien verwenden, sonst können Schwierigkeiten bei der Ausbildung des Effekts entstehen.

Danach verdunstet das Wasser und der Lack legt sich auf die Oberfläche und trocknet dort. So entsteht der Eindruck einer mit Wassertropfen benetzten Fläche, siehe Bild ➜ 1.

Anschließend wird mit Klarlack in mindestens zwei Spritzgängen die Fläche versiegelt.

1 Wassertropfentechnik-Lackierung

2 Wickeltechnik-Lackierung

10.3.1.5 Wickeltechnik-Lackierung

Ein mit Lack getränkter Lappen wird zu einer Wurst gerollt und dann über die vorher farbig grundierte Oberfläche abgerollt. Je stärker der Lappen gerollt ist, desto feiner wird das Oberflächenmuster, siehe Bild ➜ 2.

10.3.1.6 Folientechnik-Lackierung

Mit der Folientechnik-Lackierung schafft man den gleichen Effekt wie bei der Wickeltechnik-Lackierung.

Zunächst wird Lack auf die schon vorher farbig grundierte Oberfläche gespritzt. Anschließend wird Kunststofffolie in den feuchten Lack gelegt und wieder abgezogen.

Die Folie weist eine eigene Struktur auf, so wird der Effekt an der Lackoberfläche erreicht. Variieren lässt sich diese Technik, indem man die Folie mehr oder weniger zerknüllt. Je dünner sie ist, desto feiner sind die Strukturen.

Umgekehrt können mit dicken und damit festen Folien flächige Effekte erzielt werden, weil sie sich nicht so stark dem Untergrund anpassen, siehe Bild ➜ 3.

3 Folientechnik-Lackierung

Man muss jedoch vorher testen, ob die verwendete Folie nicht durch die Lösemittel im Lack angelöst oder zerstört wird.

10.3.1.7 Verlaufstechnik-Lackierung

Bei der Verlaufstechnik-Lackierung ist gewünscht, was der Lackierer sonst zu vermeiden sucht: Es laufen Farbspritzer sichtbar ineinander und vermischen sich.

Zwei oder mehr flüssige Lacke lösen sich mit anderen, die Pigmente der unterschiedlichen Farben verschwimmen und es entstehen Muster und überraschende Übergangszonen zwischen den unterschiedlichen Farben.

Die Lacke werden mit Pinsel, Pistole oder allen denkbaren Werkzeugen miteinander vermischt, siehe Bild ➜ 1.

1 Verlaufstechnik-Lackierung

10.3.1.8 Wurzelholzoptik-Lackierung

Bei der Wurzelholzoptik-Lackierung wird der Wasserbasislack im gewünschten Grundfarbton aufgebracht; meist werden bei dieser Technik Braun-, Rot- und Ockertöne verwendet.

Dann wird direkt auf den noch nassen Wasserbasislack Spiritus aufgeträufelt, sodass der Farbton an den Spiritusflecken verläuft. Anschließend wird der zweite Farbton auftragen und ebenfalls Spiritus aufgeträufelt.

Nach Wunsch kann mit einem weichen Tuch und etwas Spiritus die Optik der Wurzelholz-Imitation noch verändert werden, siehe Bild ➜ 2.

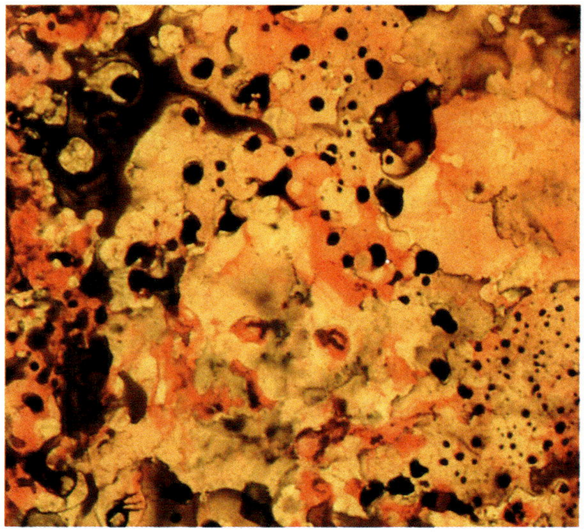

2 Wurzelholzoptik-Lackierung

Nachdem beide Grundfarben getrocknet sind, folgt der abschließende Klarlackauftrag.

Die Wurzelholzoptik-Lackierung ist eine selten angewandte Technik, da der gleiche Effekt auch mit der Wassertransferdruck-Lackierung erreicht werden kann, vgl. Kap. 10.3.1.9.

10.3.1.9 Wassertransferdruck-Lackierung

Die Wassertransferdruck-Lackierung ist eine gute Alternative zur aufwendigen, teuren Effektlackierung; Beispiel siehe Bild ➜ 3.
Beim Wassertransferdruck wird das farblich grundierte Teil mit einem speziellen, wasserlöslichen Dekor-Druckfilm (Folie) beschichtet. Es steht eine Vielzahl von verschiedenen Dekoren zur Verfügung: von Wurzelholzoptik zu bis zu Kohlefaser.

3 Wasserperlen-Optik durch Wassertransferdruck

Arbeitsschritte:
- Vorbehandlung
- Film aussuchen
- Film zuschneiden
- Film auf die Wasseroberfläche legen
- Film aktivieren
- Tauchen
- Waschen
- Lackieren

Zur **Vorbehandlung** wird das zu beschichtende Teil nach Bedarf grundiert bzw. mit einem Grundfarbton vorlackiert, siehe Bild ➜ 1a.
Aus der großen Anzahl von Mustern wird der **Film ausgesucht**, siehe Bild ➜ 1b.
Dann wird der **Film zugeschnitten**, siehe Bild ➜ 1c. Der Zuschnitt muss so groß sein, dass das Teil bequem durch den Film getaucht werden kann.

In einem Wassertransfer-Tauchbecken wird die Folie auf die **Wasseroberfläche gelegt** und 60 s bis 90 s liegen gelassen, siehe Bild ➜ 1d. Informationen zum Wassertransferdruck-Tauchbecken siehe Kap. 10.3.3.3.

Dann wird der **Film aktiviert**. Dazu wird eine Flüssigkeit aufgesprüht, der sogenannte Aktivator, siehe Bild ➜ 1e. Der Trägerfilm löst sich auf und gibt das aufgedruckte Dekor in flüssiger Form an die Wasseroberfläche ab. Das Dekor bleibt dabei in seiner Form erhalten. In den nächsten 60 s kann getaucht werden.

Das Teil wird langsam im schrägen Winkel ins Wasser **getaucht**, siehe Bild ➜ 1f. Es wird dabei zum Wasser hingedrückt. Durch den Druck des Wassers wird der Film überall an die Oberfläche gedrückt und haftet dann sofort an ihm an. Danach wird das Teil vorsichtig herausgenommen. Für schwere Teile wird ein Taucharm benutzt.

Das beschichtete Teil wird anschließend ca. 1 min lang mit warmem Wasser und einer Handbrause **gewaschen,** siehe Bild ➜ 1g. Für große Teile wird ein Reinigungsbecken oder eine Waschmaschine verwendet. Dabei wird das Teil von Folienrückständen gesäubert und danach getrocknet.

Abschließend wird das Teil mit zwei schützenden **Klarlackschichten** überzogen und poliert, siehe Bild ➜ 1h.

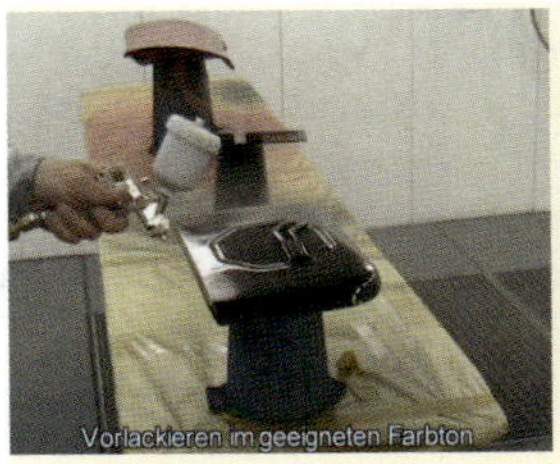

a) Vorbehandlung

b) Film aussuchen

c) Film zuschneiden

d) Film auf die Wasseroberfläche legen

e) Film aktivieren

f) Tauchen

g) Waschen

h) Schutzlack

1 Wassertransferdruck-Lackierung

10.3.2 Lacke für die Designlackierung

Für das **Pinstriping** kommen herkömmliche Karosserielacke zum Einsatz, die jedoch durch einen Einstellzusatz daran gehindert werden, zu schnell zu trocknen; sie müssen also „lang eingestellt" sein, damit die Farbe lange genug verarbeitbar ist.

Für **Airbrush-Lackierungen** können Acrylfarben, Aquarellfarben, Textilfarben und Ölfarben leicht aufgetragen werden.
Matte Lacke werden immer öfter verwendet als:
- Ganzlackierung, siehe Bild ➜ 2
- Designelement auf kleinen Flächen wie Kühlergrill und Stoßfänger, siehe Bild ➜ 284.1

2 Matter Lack zur Ganzlackierung

Dabei können eingesetzt werden:
- matt eingestellter Klarlack in unterschiedlichen Matt-Stufen
- Mattpaste (Mattierungsmittel in Pastenform), die von Hand direkt in der gewünschten Menge dem Klarlack beigegeben wird

10.3.3 Werkzeuge zum Erstellen von Designlackierungen

Designlackierungen werden erstellt mit:
- Spritzpistolen, siehe Kap. 10.3.3.1
- Linierpinsel, siehe Kap. 10.3.3.2
- Wasserbecken und Reinigungsbecken, siehe Kap. 10.3.3.3

10.3.3.1 Spritzpistolen für Designlackierungen

Designarbeiten mit Lack können mit den gebräuchlichen Spritzpistolen ausgeführt werden, z. B. RP, HVLP für Basis- oder Klarlackarbeiten. Informationen zu Spritzpistolen siehe Kap. 3.3.4.

Diese Pistolen liefern aber nur auf großen Flächen gute Ergebnisse.

Gewünscht sind:
- glatte Oberfläche
- gleichmäßiger Lackauftrag
- gleichmäßige Schichtdicke
- gleichmäßiger Farbton

Auf kleinen Flächen (kleiner DIN A4) kann es mit diesen Pistolen zu Lackierfehlern kommen, da zu viel Lack aufgetragen wird. Dann bilden sich Läufer oder Wolken.

Für feine Linien oder gleichmäßigen Farbverlauf sollte der Lackierer auf kleine, feine Lackierpistolen zurückgreifen.

Dazu werden verwendet:
- nebelreduzierte Beispritz- und Designlackierpistole
- Dekor-Spritzpistole
- Airbrushpistole

1 Matter Lack als Designelement

2 Nebelreduzierte Beispritz- und Designlackierpistole

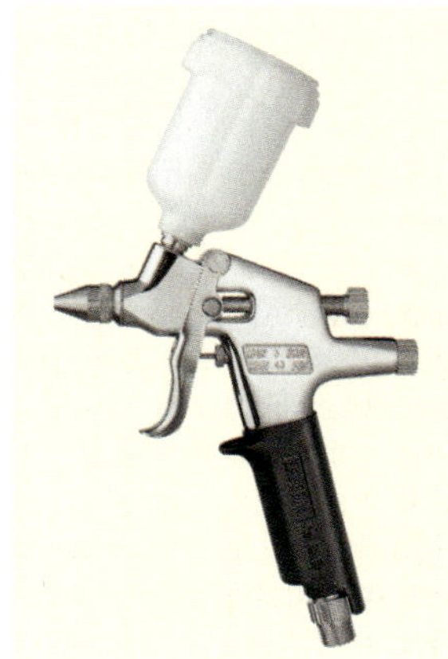

3 Dekor-Spritzpistole

Nebelreduzierte Beispritz- und Designlackierpistole
Diese Pistolen sind sehr beliebt bei den Lackierern für Designarbeiten auf kleiner Fläche, siehe Bild ➜ 2.

Sie werden in einer breiten Palette angeboten:
- für größere Designarbeiten: Düsengröße 0,3 mm bis 1,1 mm
- für Kleinstreparaturen: spezielle Düsensätze

Dekor-Spritzpistole
Die Dekor-Spritzpistole wird für Design- und Motivlackierungen verwendet. Sie hat eine besonders feine Zerstäubung und ist sehr handlich. Für Effektlackierungen werden Spezialdüsensätze mit verstellbarer Vorluft angeboten.

Die Dekor-Spritzpistole besitzt eine fein einstellbare Regulierung der Materialmenge und sie kann mit Kunststoff-Fließbecher oder Glassteckbecher verwendet werden, siehe Bild ➜ 3. Leider kann der Becher nur eine geringe Menge Material aufnehmen.

Airbrushpistole
Bei der Airbrushpistole wird der Lack sehr fein zerstäubt. Es gibt sie überwiegend mit Fließbecher, siehe Bild ➜ 1 Dabei fließt das Lackmaterial aus dem oben an der Pistole angebrachte Farbbehälter in den Luftstrom und wird dann verwirbelt.

Airbrushpistolen gibt es auch mit doppelter Hebelfunktion, der sogenannten **Double-Action-Pistole**. Damit können gleichzeitig Materialmenge und Luftmenge stufenlos geregelt werden. Eine zweiteilige Luftdüse garantiert, dass feinste Linien und Punkte gespritzt werden können.

Für Arbeiten an schwer zugänglichen Flächen ist die Airbrushpistole auch mit Hängebecher auf dem Markt. Dabei befindet sich das Lackmaterial in einem unten an der Pistole befestigten Becher. So können auch Bewegungen nach oben mit der Pistole durchgeführt werden, ohne dass der Lack aus dem Becher läuft.

Mit einer Airbrushpistole kann prinzipiell jede flüssige Farbe mit entsprechend feinem Pigment auf jeden Untergrund aufgetragen werden, sogar auf menschliche Haut, das sogenannte Bodypainting. Düsengröße beachten!

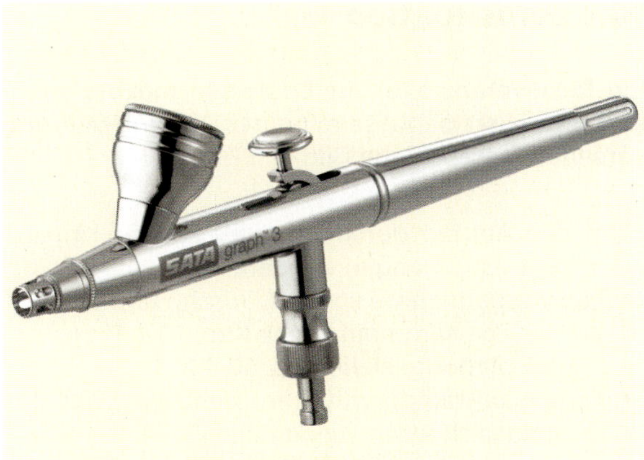

1 Airbrushpistole mit Fließbecher

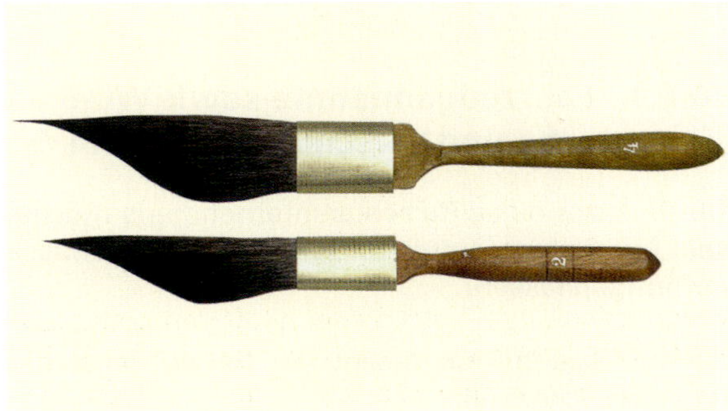

2 Linierpinsel

10.3.3.2 Linierpinsel

Die Linien beim Pinstriping werden mittels eines Linierpinsels aufgetragen, dem sogenannten **Schwertschlepper**.
Die Borsten sind von ausgesuchter Qualität (Fehhaar[1]), siehe Bild ➜ 2. Die langen Borsten der Linierpinsel können viel Lackmaterial speichern und es können ohne abzusetzen lange und gleichmäßige Linien gezogen werden; sichtbare Ansätze werden vermieden.

10.3.3.3 Wasserbecken und Reinigungsbecken

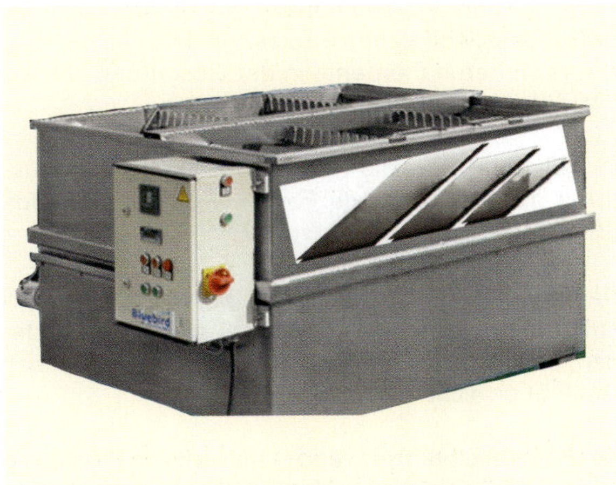

3 Wasserbecken für den Wassertransferdruck

Für den Wassertransferdruck benötigt man hauptsächlich ein ausreichend tiefes Wasserbecken, in den das Werkstück getaucht wird, siehe Bild ➜ 3.
Das Wasser sollte beheizt sein (17 °C bis 20 °C) und muss in regelmäßigen Abständen ausgewechselt werden.
Direkt daneben steht ein Reinigungsbecken oder eine Waschmaschine, wo die Werkstücke von überflüssiger Folie und der Aktivatorflüssigkeit gereinigt werden.

1 Feh (russ.): Eichhörnchen

10.4 Lernsituation

Ein Reiseveranstalter für Busreisen möchte einen seiner Luxusreisebusse mit einer Designlackierung versehen lassen, siehe Bild ➜ 1.

Um den Auftrag durchführen zu können, muss wie folgt vorgegangen werden:
- Fahrzeugannahme sowie Wünsche und Vorschläge sammeln, siehe Kap. 10.4.1
- Arbeitsplanung, siehe Kap. 10.4.2
- Arbeitsauftrag durchführen, siehe Kap. 10.4.3
- Qualitätssicherung, siehe Kap. 10.4.4
- Fahrzeug an den Kunden übergeben, siehe Kap. 10.4.5

10.4.1 Fahrzeugannahme sowie Wünsche und Vorschläge sammeln

Der Besitzer eines Reisebusunternehmens möchte sein Firmenlogo auf einen seiner Luxusreisebusse aufbringen lassen.

Für die Ausführung macht der Reiseveranstalter folgende Vorgaben:
- Beide Seiten des Busses sollen mit dem gleichen Motiv gestaltet werden (symmetrisch).
- Das Firmenlogo des Reiseveranstalters, ein Kompass, soll deutlich zu sehen sein.
- Alle weiteren Elemente in der Gestaltung sollten möglichst abstrakt gehalten werden.

In Anlehnung an die Farben des Logos der Busfirma soll der gesamte Farbentwurf für den Bus durchgeführt werden.

Daher wurde die Entscheidung getroffen, das Logo auflackieren zu lassen und nicht mit Folie zu kleben, da eine hohe handwerkliche und künstlerische Qualität erreicht werden kann.

Der Reisebusbesitzer wendet sich an eine Firma, die auf den Bau und die Lackierung von Bussen spezialisiert ist, da das Logo aus einigen anspruchsvollen Farbverläufen und Gestaltungselementen besteht. Die Farb- und Gestaltungswünsche des Kunden für die Designlackierung werden am Computer grafisch umgesetzt, siehe Bild ➜ 2.

Bei einem ersten Termin wird besprochen, ob die Wünsche des Kunden nach Motiv und Gestaltung auch handwerklich umsetzbar sind, dann kann mit der Planung am Computer begonnen werden.

1 Luxusreisebus vor der Designlackierung

2 Wünsche des Kunden am Computer umsetzen

3 Muster für Gestaltung und Material

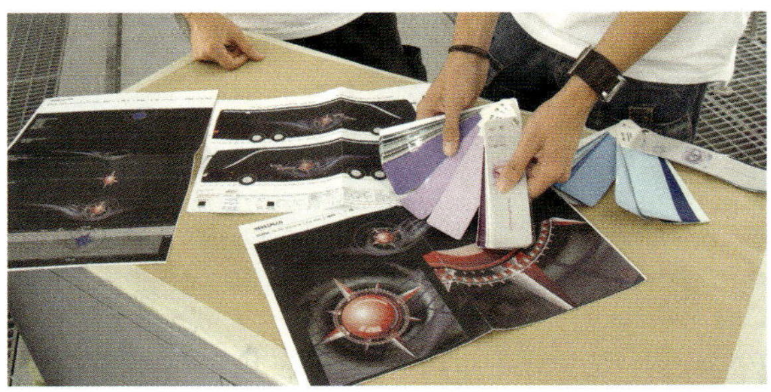

4 Farbton des Basislacks mittels eines Farbtonfächers des Lackherstellers festlegen

Es werden dann mehrere unterschiedliche Entwürfe von den Mitarbeitern angefertigt und dem Kunden zur Entscheidung vorgelegt:
- Entwürfe zur Gestaltung, siehe Bild ➜ 3
- Farbentwürfe, siehe Bild ➜ 4

10.4.2 Arbeitsplanung

Dann wird ein Arbeitsplan erstellt, siehe Bild ➜ 1.

Arbeitsplanung						**Datum**
Auftrags-Nr. 1769				**Schlüssel:** Typ: Reisebus Fabrikat: MB Eigentümer: H. Völkers	**Benennung/Art der Arbeit:** Designlackierung auf Reisebus	**Mitarbeiter** Weigt, Joachim
Arbeitsschritt					**Werkzeuge Maschinen Material**	**Bemerkungen UVV**
lfd. Nr.	Vorbereitung	Lackierung	Finish			
1	x			Entwurfsskizzen	Computer, Software	
2	x			Plottern, Spritzschablonen	Schneidplotter, Lackierfolie	Sicherheitshinweise zur Bedienung des Schneidplotters beachten
3	x			Demontage, Leisten und Anbauteilen	Schraubendreher, Schraubenschlüssel	alle Teile eines Fahrzeugs zusammen lagern
4	x			Abkleben, nicht zu lackierende Flächen	Cuttermesser, Papier, Kunststofffolie, Klebeband	
5	x			Untergrund/Altlack schleifen	Exzenterschleifer, Schleifklotz, Trockenschleifpapier Körnung trocken P 240 bis P 400	Staubmaske
6	x			Untergrund entstauben	Staubbindetuch	
7	x			Untergrund entfetten	Lappen, Lösemittel	Atemschutzmaske, Schutzbrille, Hautschutz: Creme, Handschuhe
8	x			Schablonen montieren	Grafikschablonen, Rakel, Klebeband	
9		x		Schablonen auslackieren	Spritzpistole, Lackmaterial, Verdünnungsmittel	Atemschutzmaske, Lackieroverall, Handschuhe, Sicherheitsschuhe
10		x		Details spritzen	Design-, Air-Brush-, Spritzpistole, Lackmaterial, Verdünnungsmittel	Atemschutzmaske, Lackieroverall, Handschuhe, Sicherheitsschuhe
11		x		Klarlackschicht	Spritzpistole, Lackmaterial: Stammlack, Härter, Verdünnungsmittel	Atemschutzmaske, Lackieroverall, Handschuhe, Sicherheitsschuhe
12			x	Lackierfehler beseitigen	Lackhobel, Einhand-Exzenterschleifer, Schleifblüte, Nass-Schleifpapiere mit Körnung P 1000 bis P 3000	
13			x	Lackfläche polieren	Exzenterschleifmaschine, Poliermaschine, Polierschwamm flüssige Schleif- und Poliermittel	
14			x	Übergabe an den Kunden		

1 Arbeitsplan

10.4.3 Arbeitsauftrag durchführen

Die Arbeitsschritte des Arbeitsplans werden zusammengefasst:
- Bus für die Lackierarbeiten vorbereiten, siehe Kap. 10.4.3.1
- Spritzschablonen am Computer vorbereiten und am Plotter ausschneiden, siehe Kap. 10.4.3.2
- Untergrund vorbereiten, siehe Kap. 10.4.3.3
- Schablonen montieren, siehe Kap. 10.4.3.4
- Schablonen mit dem entsprechenden Farbton auslackieren, siehe Kap. 10.4.3.5
- Details mit Airbrush spritzen, siehe Kap. 10.4.3.6
- Klarlackschicht auflackieren, siehe Kap. 10.4.3.7
- Finisharbeiten, siehe Kap. 10.4.3.8

10.4.3.1 Bus für die Lackierarbeiten vorbereiten

Nachdem der Kunde seine Zustimmung zur Durchführung eines der Entwürfe gegeben hat, werden:
- alle benötigten Lackierschablonen vom Designer am Computer fertiggestellt
- zum Schneidplotter in die Werkstatt geschickt, um dort geschnitten zu werden
- das Lackmaterial beim Lackhersteller bestellt

In der Werkstatt werden:
- Anbauteile entfernt und sicher gelagert, z. B. Leisten, Zierleisten, Dichtungen, siehe Bild ➜ 1,
- alle Bereiche sorgfältig abgeklebt, auf die keine Farbe kommen soll, z. B. Fensterdichtungen, Zierleisten, die Räder; dies geschieht mittels großer Papierbögen und Klebeband.

1 Bus für die Designlackierung vorbereiten: Demontage von Leisten und Anbauteilen

2 Ausschneiden (plotten) der Grafikschablonen am Schneideplotter

10.4.3.2 Spritzschablonen am Computer vorbereiten und am Plotter ausschneiden

Der für den Umgang mit dem Plotter geschulte Mitarbeiter legt die Folie ein, aus der das nächste Motiv geschnitten werden soll, siehe Bild ➜ 2. Nach dem Anlegen der Andrückrolle schneidet ein spezielles Schleppmesser die Folie exakt aus. Der Mitarbeiter muss bei der Bedienung die Sicherheitshinweise des Herstellers beachten.

10.4.3.3 Untergrund vorbereiten

Um den Untergrund vorzubereiten, werden:
- die Altlackierung angeschliffen
- die Oberfläche entstaubt und entfettet

3 Schleifen der Altlackierung

1 Fläche von Staub und Fett reinigen

2 Schablonen montieren

Die **Altlackierung** auf dem Bus wird sorgfältig und auf der gesamten Fläche mit Exzenterschleifgeräten und Schleifpapier Körnung P 400 vorgeschliffen, siehe Bild ➜ 288.3.
Anschließend muss die Fläche mit Nasspapier Körnung P 800 geschliffen werden, damit der folgende Lack auf der angerauten Oberfläche gut haftet.
Der Lack sieht nun wegen seiner aufgerauten Oberfläche weißlich aus.
Vor den nun folgenden Lackschichten muss die gesamte Fläche von Staub und Fett gereinigt werden, siehe Bild ➜ 1.

3 Auslackieren des Grundfarbtons

10.4.3.4 Schablonen montieren

Die Schablonen werden auf den angerauten Untergrund montiert, siehe Bild ➜ 2.

10.4.3.5 Schablonen mit dem entsprechenden Farbton auslackieren

Die Lackierschablonen werden mit Klebeband an der entsprechenden Stelle an der Seitenfläche des Busses fixiert. Dann werden sie nach Vorlage mit farbigem Unilack und auch entsprechendem Metalliceffektlack ausgenebelt, siehe Bild ➜ 3.
Je nach Größe der zu lackierenden Fläche wählt der Lackierer eine Spritzpistole aus:

- eine RP- oder HVLP-Lackierpistole, vgl. Bild 3
- eine spezielle Design-Lackierpistole für kleine Flächen, vgl. Bild 286.3
- eine Airbrush-Lackierpistole für ganz feine Übergänge und Lichtreflexe, vgl. Bild 290.4

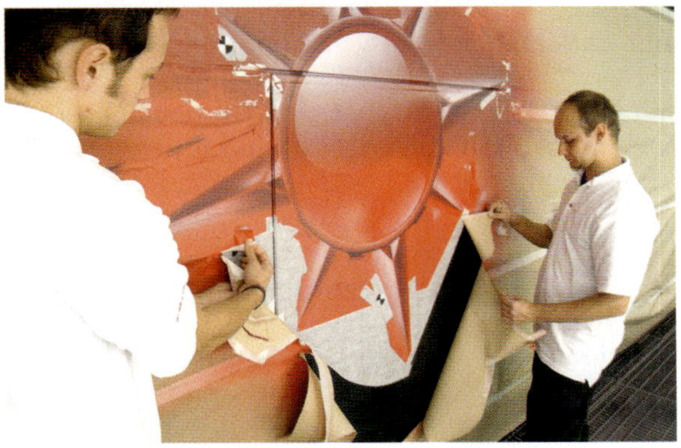

4 Abdeckpapier entfernen

Nach dem Lackieren von hellen Flächen und Schatten wird das Abdeckpapier entfernt, siehe Bild ➜ 4.
Dann werden nach Vorlage feine Strukturen und Elemente mit einer speziellen Design-Lackierpistole mit kleiner Düsenöffnung aufgebracht, siehe Bild ➜ 5.

5 Feine Strukturen und Elemente aufbringen

1 Weitere Flächen lackieren

2 Transferfolie entfernen

Der bereits lackierte „rote Kompass" ist zum Schutz vor Overspray mit weißem Papier abgeklebt.

Weitere Flächen werden entsprechend des Kundenauftrags abgeklebt und auslackiert, siehe Bild ➜ 1.

Sehr feine Strukturen und Schriften werden mittels einer Transferfolie auf den Untergrund montiert. Dazu wird die eigentliche Schablone spiegelverkehrt auf ein klebendes Trägermaterial geklebt, die sogenannte Transferfolie.

Anschließend klebt der Mitarbeiter diese Folie mit der Schablone auf den Bus. Die Transferfolie wird nur noch entfernt, dann ist die Schablone fertig zum Lackieren auf dem Untergrund, siehe Bild ➜ 2.

Mit einer Pistole für Designlackierungen werden feine Strukturen (Linien, Licht und Schatten) auflackiert, siehe Bild ➜ 3.

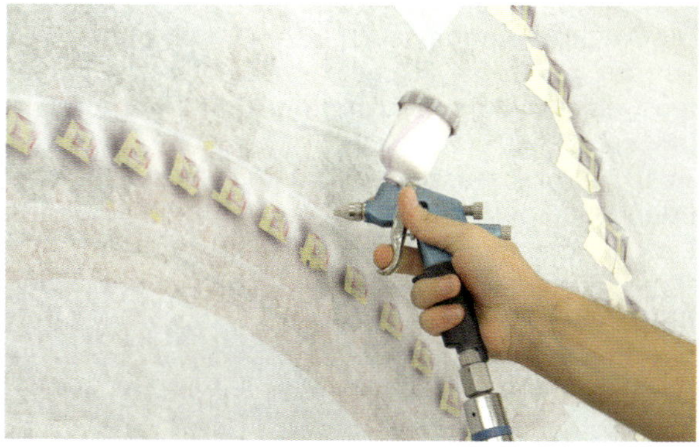

3 Feine Strukturen auflackieren

10.4.3.6 Details mit Airbrush spritzen

Mit einer speziellen Airbrush-Spritzpistole werden abschließend Korrekturen frei Hand ausgeführt und feine Lichtreflexe auflackiert, siehe Bild ➜ 4.

Nachdem alle Flächen lackiert sind, werden Folien, Klebebänder und Papiere rückstandslos und vorsichtig in einem sehr schrägen Winkel abgezogen, damit die lackierten Ränder nicht ausreißen, siehe ➜ Bild 5.

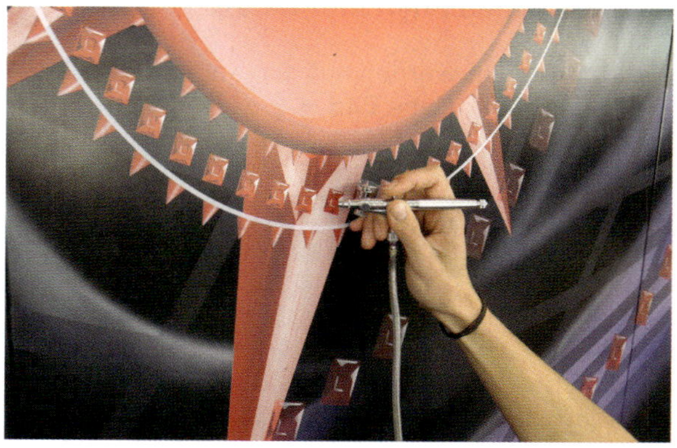

4 Korrekturen und feine Lichtreflexe auflackieren

5 Folien, Klebebänder und Papier abziehen

10.4.3.7 Klarlackschichten auftragen

Nachdem das Motiv auflackiert ist, werden abschließend zwei 2-K-Klarlackschichten aufgebracht, die als Schutzschicht dienen, siehe Bild ➜ 1.

1 Designlackierung versiegeln

10.4.3.8 Finisharbeiten

Nachdem die letzte Klarlackschicht ausgehärtet ist, werden Staubeinschlüsse oder Läufer poliert, sodass das Fahrzeug bereit ist zur Übergabe an den Kunden, siehe Bild ➜ 2.

2 Fertige Designlackierung

10.4.4 Qualitätssicherung

Der Kunde und der Werkstattleiter begutachten danach gemeinsam die ausgeführte Arbeit.

Dabei sind zwei Faktoren wichtig:
- Wie ist der Entwurf farblich und gestalterisch umgesetzt?
- Stimmt die handwerkliche Qualität der Arbeit?

10.4.5 Fahrzeug an den Kunden übergeben

Nachdem der Kunde keine Beanstandungen hat, ist der Bus bereit zur Abholung. Bild ➜ 3 zeigt ein Fahrzeug mit einem anderen Motiv.

3 Fahrzeug bereit zur Abholung (hier der Bus mit einem anderen Motiv)

Übungen

1. Erklären Sie den Unterschied zwischen einer Design- und einer Effektlackierung.
2. Was ist mit Tuning gemeint und übersetzten Sie den Begriff.
3. Woraus wurden die ersten Perlglanzpigmente hergestellt?
4. Nennen Sie die zwei Farbmittel, die bei Design- und Effektlackierungen Verwendung finden.
5. Was bedeutet der Farbechtheitsgrad 7 für ein Pigment?
6. Was sind Absorptionspigmente?
7. In welchen Lacken werden überwiegend Absorptionspigmente eingesetzt?
8. Welche Pigmente rufen den Effekt bei Metallic-Basislacken hervor?
9. Nennen sie die Eigenschaft, die die Pigmente in Chromeffektlacken haben muss.
10. Was bezeichnet der Fachmann als Interferenz?
11. Welchen besonderen Effekt erreicht man mit Interferenzpigmenten?
12. Erklären Sie, wie Perlglanzpigmente hergestellt werden, damit sie ihren perlenartigen Effekt erhalten.
13. Erklären Sie den Unterschied zwischen einem Flop-Effekt und einem Flip-Flop-Effekt.
14. Durch welche Besonderheit bei der Herstellung wird der Flip-Flop-Effekt erreicht?
15. Welches Trägermaterial findet bei Glitterpigmenten Verwendung?
16. Was bezeichnet der Fachmann als Lumineszenz?
17. Welchen Effekt haben Fluoreszenzpigmente?
18. Übersetzen Sie den Begriff Glow-in-the-Dark-Pigmente.
19. Was wird als Candy-Lack bezeichnet?
20. Durch welche Arbeitsschritte unterscheidet sich eine Candy-Lackierung von einer Zweischicht-Metallic-Lackierung?
21. Was bedeutet der Begriff Custom-Painting?
22. Nennen Sie neben den Spritzpistolen noch weitere Werkzeuge, mit denen Designlackierungen ausgeführt werden können.
23. Was ist eine Bicolour-Lackierung?
24. Welche zwei Arten einer Designlackierung sind hauptsächlich gemeint, wenn man vom Custom-Painting spricht?
25. Wo werden spezielle Pinsel, die sogenannten Schlepper, verwendet?
26. Was ist der Wassertransferdruck und nennen Sie Vorteile, die diese Technik bietet.
27. Wie werden matte Klarlacke für die Effektlackierung hergestellt?
28. Warum muss für Effektlack unter Umständen ein Düsensatz mit großer Düsenöffnung verwendet werden?
29. Welche besonderen Eigenschaften hat eine Dekor-Pistole?
30. Welche Vorteile bietet die double-action-Airbrush-Pistole gegenüber einer single-action?

Lernfeld 11

Oberflächen aufbereiten

Ziele:
- Fahrzeugoberflächen aufbereiten
- Schadensumfang ermitteln, Instandsetzungsverfahren festlegen
- Werk- und Hilfsstoffe sowie Geräte und Maschinen zur Aufbereitung unterschiedlicher Untergründe auswählen
- Reinigungs-, Aufbereitungs- und Konservierungsverfahren nach Herstellervorgaben anwenden
- Finisharbeiten durchführen
- Werkstoff-, Zeitbedarf sowie Lohn-, Geräte- und Maschinenkosten ermitteln
- Umwelt-, Arbeits- und Gesundheitsschutzmaßnahmen beachten
- Arbeitsergebnisse dokumentieren, bewerten und präsentieren

Inhalte:
- Schadensbilder
- Witterungsschutz
- Interieurarbeiten
- Kunststoffreinigung
- Reifenpflege
- Lackpflege
- Chromschutz
- Konservierungswerkstoffe
- Schleif- und Polierpasten
- Hautschutzplan

11 Oberflächen aufbereiten

Spiegelglatt, farbig und glänzend: An keine andere Oberfläche werden so hohe Qualitätsanforderungen gestellt wie an die Oberfläche der Karosserie eines Kraftfahrzeugs.
Gleichzeitig ist diese Oberfläche erheblichen Belastungen ausgesetzt:

- Umwelteinflüsse
- mechanische Beanspruchungen
- Unfälle

Um die Güte der Oberfläche möglichst lange zu erhalten, sind eine ständige Pflege und die schnelle Reparatur kleiner Schäden notwendig.

In diesem Kapitel werden behandelt:

- Smart Repair, siehe Kap. 11.1
- Oberflächen reinigen und pflegen, siehe Kap. 11.2
- Konservieren von Hohlräumen, siehe Kap. 11.3
- Hautschutzplan, siehe Kap. 11.4
- Lernsituation, siehe Kap. 11.5

11.1 Smart Repair

Als Smart Repair[1] werden Reparaturtechniken bezeichnet, mit denen kleine Schäden repariert werden können. Der Einsatz solcher Techniken ist kostengünstig, denn beschädigte Teile werden repariert, und nicht ausgetauscht.
Dadurch entsteht weniger Abfall und die Energie und Rohstoffe, die für die Produktion der Neuteile benötigt werden, können eingespart werden – das schützt die Umwelt.

Zum Smart Repair gehören:

- lackierfreies Ausbeulen, siehe Kap. 11.1.1
- Kunststoffreparatur, siehe Kap. 11.1.2
- Textilreparatur, siehe Kap. 11.1.3
- Scheibenreparatur, siehe Kap. 11.1.4
- Spot-Repair, siehe Kap. 11.1.5

11.1.1 Lackierfreies Ausbeulen

Beim lackierfreien Ausbeulen werden Dellen entfernt, ohne den Lack zu beschädigen. Damit entfällt eine nachfolgende Lackierung.
Das bedeutet

- für den Kunden: geringere Kosten
- für die Umwelt: weniger Einsatz von Lösungsmitteln

Es müssen folgende Voraussetzungen erfüllt sein:

- keine Altschäden wie Spachtelstellen oder Verzinnungen
- Durchmesser der Delle höchstens so groß wie ein Tennisball
- Tiefe der Delle maximal 0,5 mm
- Dellen ohne scharfe Kanten oder Spitzen
- keine Vorschädigung der Lackoberfläche

Zum lackierfreien Ausbeulen gibt es zwei Methoden:

- Hebelmethode, siehe Kap. 11.1.1.1
- Zugmethode, siehe Kap. 11.1.1.2

11.1.1.1 Hebelmethode

Bei der Hebelmethode werden zum Ausbeulen unterschiedlich lange und geformte Hebel verwendet.
Zusätzlich zu den oben aufgezählten Voraussetzungen muss die Delle auch von hinten zugänglich sein.

Das Grundprinzip ist das gleiche wie beim Ausbeulen mit Hammer und Handeisen:

- gestauchte Bereiche müssen gestreckt werden
- gestreckte Bereiche müssen eingestaucht werden

Die erforderlichen Kräfte werden durch Drücken in das Blech eingeleitet, siehe Bild ➜ 1.

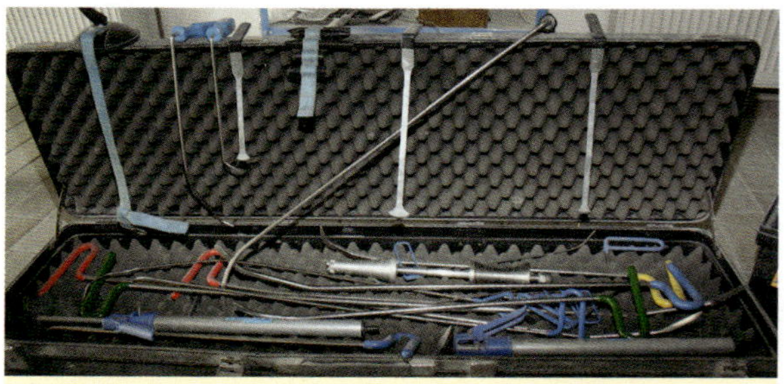

a) Werkzeug

b) Delle ausdrücken

1 Hebelmethode zum lackierfreien Ausbeulen

1 Smart Repair (engl.): „elegantes" Reparaturverfahren

Vergleich zum herkömmlichen Ausbeulen:
Dort werden die Kräfte durch Schlagen in das Blech eingeleitet.

Vorgehen beim Ausbeulen mit der Hebelmethode:
- Die Delle mit einem Fettstift markieren.
- Eine Leuchtstoffröhre auf die Delle ausrichteten; die Spiegelung der Lampe macht Höhenabweichungen im Karosserieblech sehr gut sichtbar, siehe Bild ➜ 1.
- Oberfläche mit einem Heißluftföhn auf über 25 °C erwärmen; so werden Risse im Lack vermieden.
- Vom Dellenrand beginnend mit einem Hebel das Blech soweit zurückdrücken, bis es sich plastisch verformt.

Es gilt der Grundsatz:
Jede plastische Verformung hat einen elastischen Anteil.

Deshalb muss das Blech etwas „überdrückt" werden.

In der Praxis wird häufig die sogenannte **Uhr-Methode** angewendet; dabei betrachtet man die Delle wie das Zifferblatt einer Uhr, vgl. Bild ➜ 2:
- Die Rückverformung beginnt bei „9 Uhr".
- Entlang des Dellenrandes werden Druckpunkte gesetzt, bis man bei „3 Uhr" angelangt ist.
- Nun wird der Drückhebel ein Stück nach innen versetzt und der Rückweg beginnt.
- Es wird von „3 Uhr" bis „9 Uhr" gedrückt.

Achtung:
- Das Ergebnis der Rückverformung muss ständig anhand der Lampenreflexion kontrolliert werden.
- Überdrückte Punkte sind sofort mit einem Kunststoffstift zurückzuschlagen, siehe Bild ➜ 3.

Nach dem Ausbeulen wird die Oberfläche poliert.

1 Leuchtstoffröhre bei der Hebelmethode

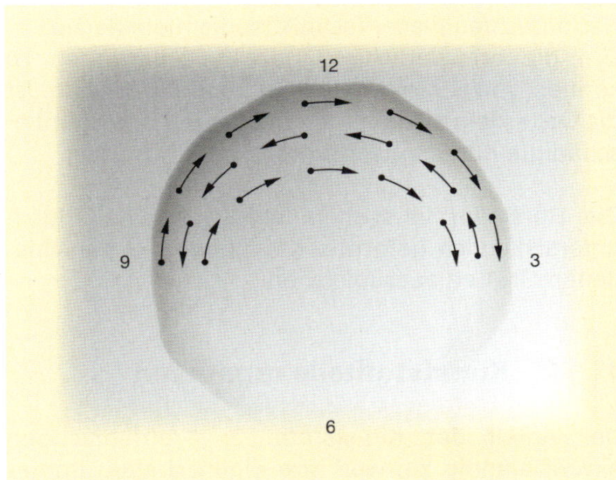

2 Uhr-Methode zum Ausbeulen

3 Überdrückten Punkt zurückschlagen

11.1.1.2 Zugmethode

Die Zugmethode wird angewendet, wenn die Delle nur von einer Seite aus zugänglich ist.

Vorgehen beim Ausbeulen mit der Zugmethode, vgl. Bild → 1:
- Auf die Lackoberfläche werden Klebepads oder Zugstempel mit Heißkleber aufgeklebt.
- An diesen wird dann ein Zughammer oder ein Zuggerät befestigt und die Delle herausgezogen.

Anschließend ist der Kleber zu entfernen. Dies geschieht entweder durch Wärme oder mithilfe eines Lösungsmittels.
Zum Schluss wird die Reparaturstelle poliert.
Hauptnachteil dieser Technik ist die Klebefläche: Um die erforderlichen Zugkräfte übertragen zu können, muss diese eine Mindestgröße haben. Ist die Delle kleiner, zieht man bei der Reparatur unbeschädigte Karosserieabschnitte mit nach oben.

Die Hersteller versuchen, diesen Nachteil durch unterschiedlich geformte Klebepads mit verschiedenen Größen auszugleichen.

11.1.2 Kunststoffteile reparieren

Der Anteil der Kunststoffe in Kraftfahrzeugen nimmt ständig zu, weil ihre Eigenschaften immer besser werden. Wurden am Anfang nur Verkleidungs- oder Anbauteile mit geringen Anforderungen aus diesen Werkstoffen hergestellt, haben Kunststoffe heute eine bedeutende Rolle. Neben großflächigen Karosserieteilen wie Kotflügeln oder Türen werden Sie an hochkomplexen Bauteilen wie Xenonscheinwerfer verwendet.

Damit entwickeln sich natürlich auch die Forderungen nach preisgünstigen Reparaturtechniken.

Zur Reparatur von Kunststoffteilen gibt es drei Verfahren:
- Kunststoffkleben, siehe Kap. 11.1.2.1
- Kunststoffschweißen, siehe Kap. 11.2.1.2
- Laminieren, siehe Kap. 11.2.1.3

11.1.2.1 Kunststoffkleben

Kleben ist heute für alle Kunststoffarten einsetzbar. Bei den heute eingesetzten Klebstoffen handelt es sich in der Regel um Zwei-Komponenten-Kleber. Diese sind für alle Kunststofftypen geeignet. Geklebt werden in Kunststoffteilen Löcher, Risse, Schrammen oder abgebrochene Teile.

a) Aufgeklebte Klebepads

b) Klebepad mit aufgesetztem Zusatzgerät

1 Zugmethode zum Ausbeulen

Weitere Informationen zum Kunststoffkleben siehe Kap. 6.4.2.

11.1.2.2 Kunststoffschweißen

Kunststoffschweißen eignet sich nur für thermoplastische Kunststoffe. Diese Kunststoffe haben die Eigenschaft, sich nach Erwärmung beliebig oft umformen zu lassen.
Ursprünglich wurde beim Kunststoffschweißen ein artgleicher Zusatzwerkstoff verwendet. Das bedeutete, dass der benötigte Schweißstab aus dem Reparaturteil herausgeschnitten werden musste oder aus einem gleichwertigen Bauteil.

Heute sind Schweißsortimente im Angebot, die Zusatzwerkstoffe enthalten, die sich mit den meisten Thermoplasten verbinden.

Geschweißt werden in Kunststoffteilen Löcher, Risse, Schrammen oder abgebrochene Teile.

Weitere Informationen zum Kunststoffschweißen siehe Kap. 6.4.3.

11.1.2.3 Laminieren

Laminieren kommt nur bei faserverstärkten Kunststoffen infrage. Dabei beschränkt sich die handwerkliche Anwendung auf glasfaserverstärkte Bauteile, da die Verarbeitung von Kohlefaserwerkstoffen spezielle Kenntnisse erfordert.

Diese Technik ist für Löcher, Risse oder abgebrochene Teile geeignet.
Weitere Informationen zum Laminieren siehe Kapitel 6.4.4.

11.1.3 Textilien reparieren

Beschädigungen an Textilien sind z. B. Brandlöcher, kleine Schnitte oder Risse in Sitzpolstern oder Verkleidungen. Sie lassen sich mit geringem Aufwand beseitigen.
Bei der Reparatur wird die Schadstelle erst mit einem Flicken unterfüttert und anschließend die Oberfläche möglichst originalgetreu nachgestaltet.

Mehrere Hersteller bieten dazu Reparatursets an, siehe Bild ➜ 1. Die entsprechenden Reparatursets bieten die Möglichkeit, vorhandene Oberflächenstrukturen fast originalgetreu nachzubilden.

Die Arbeitsschritte zur Reparatur eines Brandloches in einem Sitzpolster sind, siehe Bild ➜ 2:
- versengte Ränder und lose Fasern mit einer Schere beschneiden
- Textiluntergrund zuschneiden
- Untergrund unter die Schadstelle kleben
- Kleber trocknen lassen
- Textilfasern in Farbe der Schadstelle mischen
- Textiluntergrund und Ränder der Schadstelle mit Kleber bestreichen
- angemischte Textilfasern aufstreuen
- Oberflächenstruktur wiederherstellen

Nach dem gleichen Prinzip lassen sich Schäden reparieren in:
- Kunststoffteilen wie Armaturenbrett oder Verkleidung
- Lederausstattungen

1 Reparaturset für Textilien

a) Versengte Ränder und lose Fasern abschneiden

b) Textiluntergrund zuschneiden

c) Untergrund unter die Schadstelle kleben

d) Textilfasern in der Farbe des Bezugs mischen

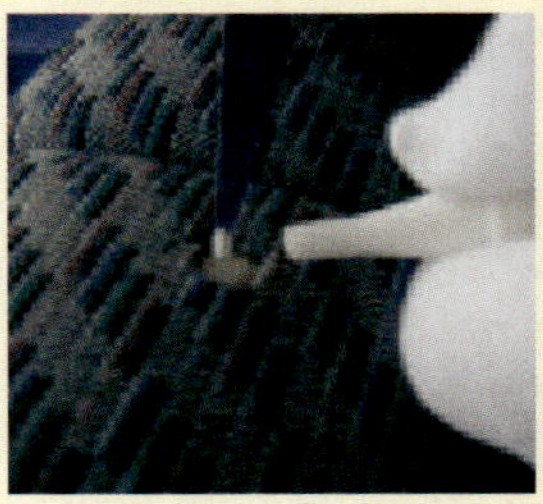

e) Untergrund und Ränder mit Kleber bestreichen

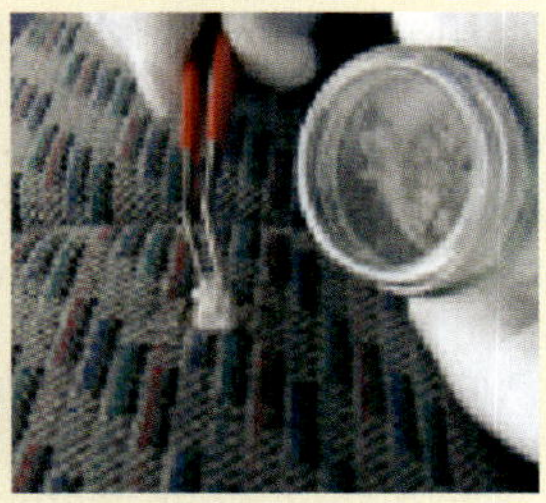

f) Fasern aufstreuen

g) Mit Spachtel glätten

h) PTFE-Folie auflegen und Reparaturstelle bügeln

2 Textilien reparieren

11.1.4 Scheibenreparatur

Kraftfahrzeuge werden heute ausschließlich mit Frontscheiben aus Verbundsicherheitsglas ausgestattet. Diese Scheiben bestehen aus zwei Glasscheiben, die mit einer Folie verklebt sind, vgl. Kap. 6.5.1.2.

Werden Frontscheiben durch Steinschlag beschädigt, zeigt meistens nur die äußere Glasscheibe Schäden, siehe Bild ➜ 1. Die Folie und die innere Scheibe sind unverletzt.

Unter bestimmten Bedingungen können solche Schäden repariert werden.

Grundsätzlich gilt:
Schäden im Fernsichtfeld des Fahrers dürfen nicht repariert werden.

In diesem Fall muss die Scheibe durch eine neue ersetzt werden; das ist in Kap. 6.5 beschrieben.

Das **Fernsichtfeld** umfasst einen von der Lenkradmitte 145 mm nach rechts und 145 mm nach links gehenden senkrechten Streifen, dessen Ober- und Unterkante durch das Wischerblatt markiert wird, siehe Bild ➜ 2.

Zur einfachen Ermittlung des Fernsichtfeldes benutzt man in der Praxis ein A4-Blatt:
Das Papier wird von außen quer auf die Scheibe aufgelegt. Dabei die Blattmitte auf die Mitte der Kopfstütze ausrichten. Damit ist die Streifenbreite markiert. Die Höhe des Feldes ist an den Scheibenwischerspuren zu erkennen.

Neben dieser gesetzlichen Vorgabe gibt es noch einige technische Bedingungen, die erfüllt sein müssen, um Verbundglasscheiben reparieren zu können:
- Durchmesser des Einschlagkraters beträgt maximal 5 mm
- Risse enden mindestens 50 mm vor dem Scheibenrand
- Risse sind kürzer als 50 mm
- Folie und Innenscheibe sind unbeschädigt
- das Innere der Schadenstelle ist trocken und sauber; die Folie ist klar

Zur Reparatur von Verbundglasscheiben bieten unterschiedliche Hersteller Reparatursets an. Das Grundprinzip ist bei allen gleich:
- Schadenstelle reinigen
- mit Kunstharz auffüllen

1 Steinschlag in Frontscheibe

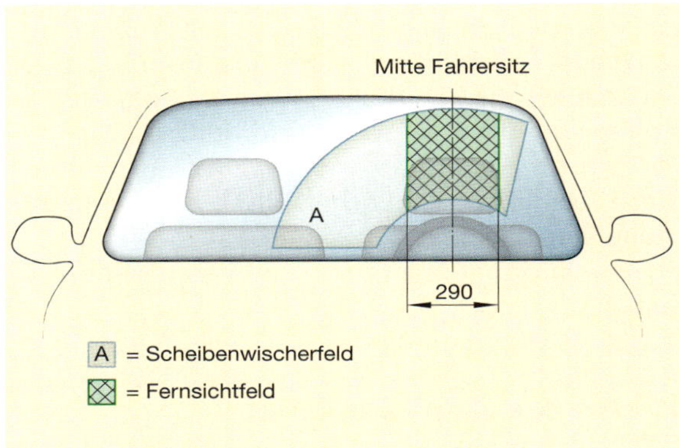

2 Fernsichtfeld des Fahrers bestimmen

Dabei dürfen nur Harze verwendet werden, die den gleichen Lichtbrechungsindex wie Glas haben.

Die Arbeitsschritte für die Reparatur eines Glasschadens sind:
siehe Bild ➜ 299.1:
- Spiegel anbringen, um die Schadenstelle besser beobachten zu können
- lose Glassplitter und Verschmutzungen entfernen
- Oberfläche reinigen
- Injektor über dem Steinschlag platzieren
- mit einer Pumpe wird in der Schadenstelle ein Vakuum erzeugt
- Injektor mit Harz füllen
- mit Vakuumpumpe Luft saugen aus dem Steinschlag
- durch das Vakuum wird Harz in den Hohlraum gesaugt
- Vorgang wiederholen, bis Steinschlag vollständig mit Harz gefüllt ist
- Injektor entfernen und Reparaturstelle mit Folie abdecken
- Harz mit UV-Lampe aushärten
- nach dem Aushärten Schutzfolie entfernen
- Oberfläche nachbearbeiten und Scheibe reinigen

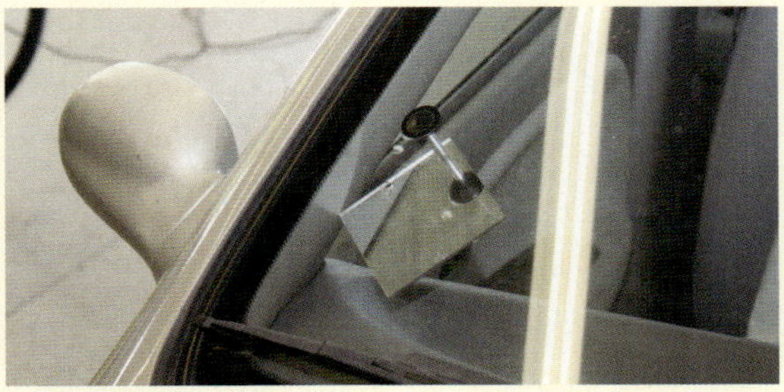

a) Spiegel anbringen

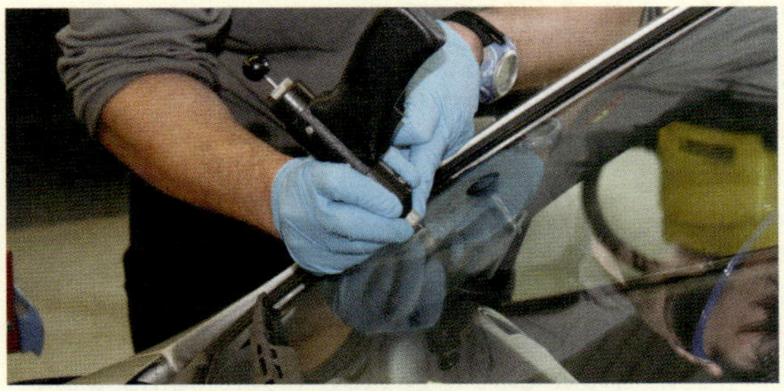

b) Lose Splitter und Verschmutzungen entfernen

c) Oberfläche reinigen

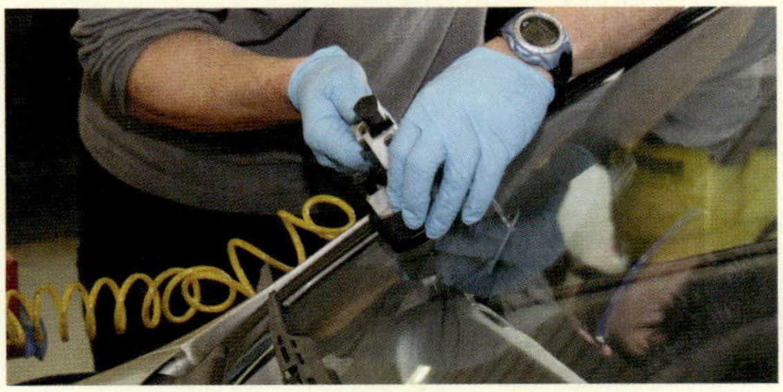

d) Injektor aufsetzen

e) Vakuum erzeugen

f) Harz wird in die Schadenstelle gesaugt

g) Injektor entfernen, Reparaturstelle mit einer Folie abdecken

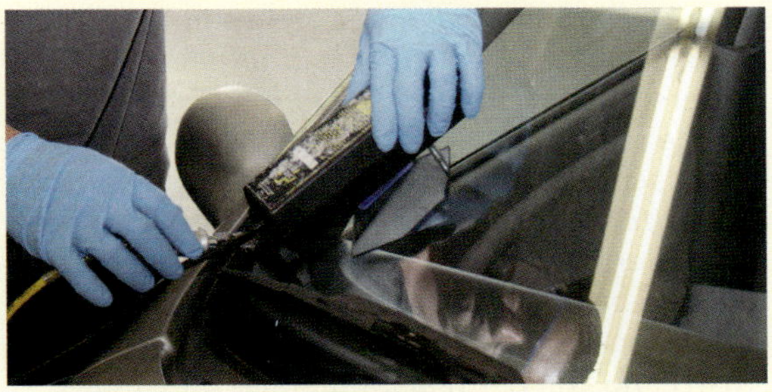

h) Harz mit UV-Lampe aushärten

i) Schutzfolie entfernen

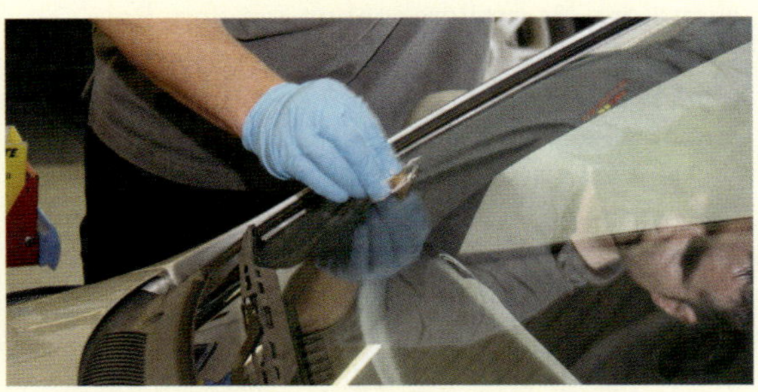

j) Oberfläche polieren

1 Fahrzeugscheibe reparieren

11.1.5 Spot-Repair

Konventionell wird selbst bei Steinschlägen oder leichten Kratzern das komplette Bauteil oder zumindest die Schadenstelle bis an eine Sichtkante (Zierleiste, Sicke) lackiert. Dadurch entstehen bei Bagatellschäden hohe Kosten.
Spot-Repair[1] ist eine Technik, mit der kleine Lackschäden kostengünstig repariert werden können, die durch Steinschlag, Kratzer oder kleine Dellen entstanden sind.

Voraussetzungen für die Anwendung sind:
- der Schaden hat eine Größe von max. 3 bis 4 cm
- nur ein Schaden pro Teil
- 2-Schicht-Lackierung

Eine weitere Voraussetzung ist die Lage des Schadens. Geeignete Reparaturstellen sind, siehe Bild ➜ 1:
- Anbauteile
- Stoßfänger
- Schweller
- Türen und Kotflügel in Kantennähe

Vorgehen beim Spot-Repair, siehe Bild ➜ 2:
- Oberfläche reinigen und leicht anpolieren
- Originalfarbton bestimmen
- Schadenstelle schleifen und reinigen
- Spachtel auftragen, nach dem Trocknen schleifen
- Umgebung mit einem Schleifpad anschleifen
- Reparaturstelle abkleben; anschließend gründlich mit Silikonentferner reinigen
- Füller in zwei Spritzgängen auftragen; die gefüllerte Fläche sollte möglichst klein sein
- gefüllerte Fläche mit Infrarot-Trockner trocknen
- Füller schleifen
- Fläche reinigen
- Basislack in mehreren dünnen Spritzgängen auftragen; die Spot-Repair-Stelle ist damit deckend zu lackieren
- Spritznebel sofort mit einem Staubbindetuch entfernen
- Übergang von der Reparaturstelle zur Umgebung herstellen; dazu den Basislack entsprechend den Herstellerangaben mit dem Beispritzadditiv mischen und die Übergangszone beilackieren
- Basislack ablüften
- Klarlack in 1 bis 2 Spritzgängen auftragen
- Klarlack mit Beispritzadditiv/Speed-Blendner mischen und die Randzone des Klarlackes auslaufend beilackieren
- Klarlack trocknen lassen
- gesamtes Teil polieren, um einen einheitlichen Glanzgrad zu erreichen

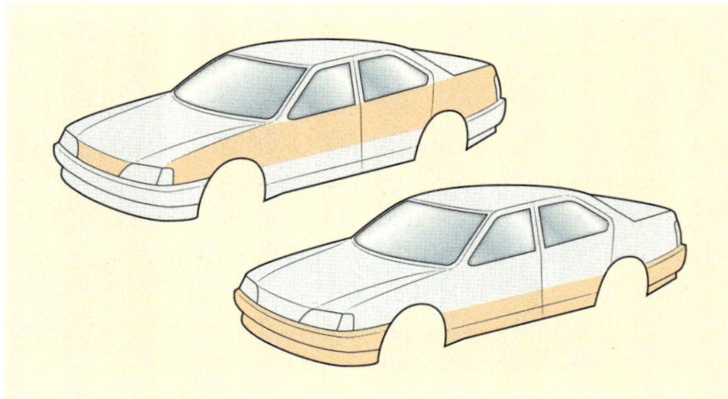

1 Geeignete Stellen zum Spot-Repair

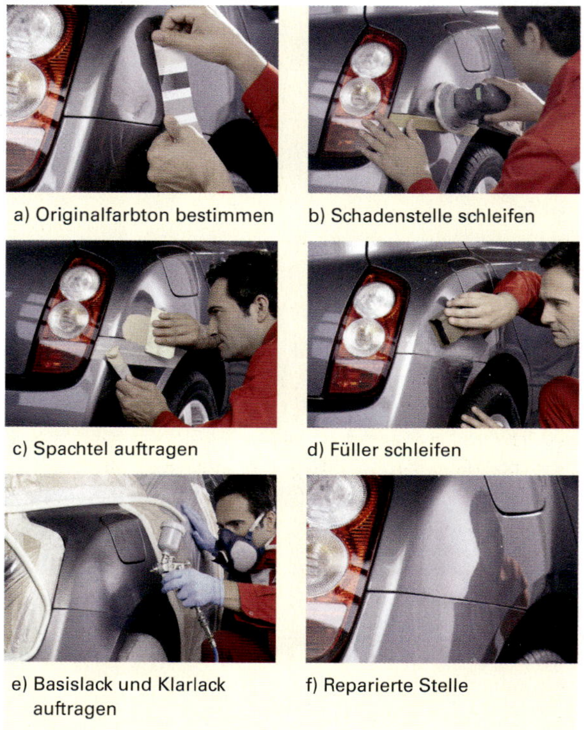

a) Originalfarbton bestimmen
b) Schadenstelle schleifen
c) Spachtel auftragen
d) Füller schleifen
e) Basislack und Klarlack auftragen
f) Reparierte Stelle

2 Spot-Repair

Nicht geeignet für Spot-Repair sind:
- liegende Flächen, z. B. Motorhaube, Dach
- die Mitte großflächiger Bauteile wie Türen

Weitere Informationen zur Teillackierung siehe Kap. 7.7.2.

[1] Spot-Repair (engl.): Punkt- oder Fleck-Reparatur

11.2 Oberflächen reinigen und pflegen

Wird ein Neufahrzeug ausgeliefert, erfreut sich der Kunde an einer spiegelglatten Oberfläche, die in dem gewünschten Farbton erstrahlt. Dieser Zustand soll so lange wie möglich erhalten bleiben. Allerdings ist diese Lackoberfläche einer Reihe von Angriffen ausgesetzt. Neben Feuchtigkeit und Temperaturschwankungen müssen auch chemische- und mechanische Belastungen ertragen werden. Mit der Zeit verschmutz der Lack, bleicht aus und wird stumpf. Spätestens jetzt muss eine gründliche Lackaufbereitung erfolgen.

Zum Aufbereiten von Oberflächen zählen:
- Waschen, siehe Kap. 11.2.1
- Insekten, Teer und Politurresten entfernen, siehe Kap. 11.2.2
- Cabrio-Verdeck reinigen, siehe Kap. 11.2.3
- Kunststoffteile reinigen, siehe Kap. 11.2.4
- Chromteile reinigen, siehe Kap. 11.2.5
- Lack polieren, siehe Kap. 11.2.6

11.2.1 Oberflächen waschen

Grundvoraussetzung für einen lange strahlenden Lack ist eine regelmäßige Reinigung. Nur wenn aggressive Stoffe schnell von der Lackoberfläche entfernt werden, haben sie keine Möglichkeit, diese zu schädigen.

In diesem Kapitel werden behandelt:
- Fahrzeugwäsche in Waschanlagen, siehe Kap. 11.2.1.1
- Oberwäsche von Hand, siehe Kap. 11.2.1.2
- Motorwäsche, siehe Kap. 11.2.1.3
- Unterbodenwäsche, siehe Kap. 11.2.1.4
- Räder reinigen, siehe Kap. 11.2.1.5

11.2.1.1 Fahrzeugwäsche in Waschanlagen

In den meisten Städten und Gemeinden ist die Handwäsche von Kraftfahrzeugen auf öffentlichen Straßen und Plätzen untersagt – Grund: Schutz des Grundwassers.

Deshalb nutzen die Fahrzeugbesitzer für die Fahrzeugreinigung Waschanlagen.

Alle Waschanlagen verfügen über Spül- und Reinigungsdüsen, Waschwalzen, Waschbürsten für Räder und Trocknungsgebläse.

Sie sind in der Lage, unterschiedliche Waschprogramme durchzuführen:
- Vorwäsche
- Intensivreinigung
- Felgenreinigung
- Unterbodenreinigung

Hinzu kommen Pflegemaßnahmen wie Heißwachsauftrag oder Unterbodenpflege.

Das Waschwasser wird in der Anlage aufbereitet und kann so mehrmals verwendet werden. Zur Vermeidung von Wasserflecken muss das Klarspülwasser entmineralisiert sein.

Die Qualität der maschinellen Fahrzeugwäsche ist allerdings nicht so gut, wie sie von einer Handwäsche erreicht wird. Deshalb ist eine zusätzliche Vorwäsche von Hand und manuelle Nacharbeit notwendig.

Waschanlagen gibt es als:
- Waschstraße
- Portalwaschanlage

Waschstraße
Das Fahrzeug wird durch die Waschstraße hindurchtransportiert, siehe Bild → 1. Dabei werden die nacheinander angeordneten Reinigungsstationen passiert.

Waschstraßen sind mit Bürsten oder Textilstreifen ausgerüstet. Für unterschiedliche Waschprogramme werden einzelne Stationen an- oder abgeschaltet.

1 Waschstraße

Portalwaschanlage
Beim Reinigungsvorgang steht das Fahrzeug. Ein oder zwei Portale „fahren" über das Fahrzeug, siehe Bild → 1. Sie enthalten alle notwendigen Anlagenbestandteile.

Während des Waschvorgangs werden die benötigten Wasserdüsen, Reinigungsbürsten oder Gebläse in die Arbeitsposition geschwenkt. Dabei bewegt sich das gesamte Waschportal über das Fahrzeug hinweg.

Zum Reinigen können Kunststoffbürsten, rotierende Stoffbürsten oder bürstenlose Hochdruckwaschanlagen eingesetzt werden.

Portalwaschanlagen benötigen weniger Platz als Waschstraßen.

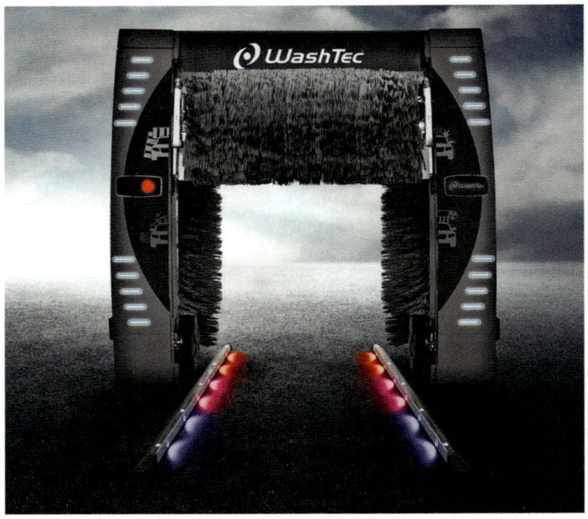

1 Portalwaschanlage

11.2.1.2 Oberwäsche von Hand

Durch das Waschwasser werden Öl- und Fettrückstände gelöst. Deshalb darf die Oberwäsche von Hand nur an Arbeitsplätzen durchgeführt werden, bei denen eine Abwasserreinigung möglich ist. Der Arbeits- und Zeitaufwand für eine solche Wäsche ist größer als bei einer maschinellen Wäsche.

Trotz dieser Nachteile wird die Oberwäsche von Hand eingesetzt, da bei sachgerechter Ausführung der Lack geschont und ein sehr gutes Waschergebnis erzielt wird.

Die Arbeitsgänge sind:
- Vorwäsche
- Hauptwäsche von Hand bzw. mit Hochdruckreiniger
- Klarspülen
- Trocknen

Vorwäsche
Die Karosserie wird mithilfe eines Wasserschlauchs gründlich benetzt. Anschließend ist ein Vorreiniger mit einer Sprühflasche aufzutragen.

Nach einer kurzen Einweichzeit ist die Oberfläche mit reichlich Wasser abzuspülen. Dabei werden vom Reiniger die Schmutzpartikel gelöst und zusammen mit dem Reiniger entfernt.

Hauptwäsche von Hand
Die Hauptwäsche der Fahrzeugkarosserie von Hand ist schonend aber zeitintensiv. Dazu werden in einem Eimer Wasser und Lackreinigungsmittel nach Herstellerangaben gemischt.

Das Gemisch ist großzügig mit einem weichen Schwamm auf die Oberfläche aufzutragen. Durch kreisförmige Schwammbewegungen mit leichtem Druck lösen sich die Verschmutzungen auf der Oberfläche. An unzugänglichen Stellen wie Spalte, Grills und Felgen ersetzen Bürsten unterschiedlicher Härte den Schwamm.

Hauptwäsche mit dem Hochdruckreiniger
Der Arbeitsablauf entspricht dem der reinen Handwäsche. Allerdings werden die Oberflächen nicht mit dem Wasserschlauch sondern mit einem Hochdruckstrahl abgespült. Der kräftige Wasserstrahl hat eine größere Reinigungswirkung.

Um Beschädigungen zu vermeiden, ist zwischen Hochdruckdüse und Fahrzeug ein Abstand von mindestens 30 cm einzuhalten.

Vorreiniger und Hauptreiniger können direkt mit dem Hochdruckgerät aufgetragen werden.
Zur Hauptreinigung verfügen die Geräte über unterschiedliche Bürstenvorsätze, siehe Bild → 303.1.

Klarspülen von Hand
Das Reinigungsmittel-Wasser-Gemisch auf der Fahrzeugoberfläche wird zusammen mit dem gelösten Schmutz durch einen kräftigen Wasserstrahl abgespült. Dabei ist am Dach zu beginnen.

Trocknen von Hand
Mit einem Fensterleder oder Mikrofasertuch wird das Wasser von der Karosserie entfernt.

a) Verstellbare Hochdruckdüse

b) Flächenwaschbürste

c) Oszillierende Waschbürste

d) Gerade Waschbürste

e) Felgen-Waschaufsatz

1 Bürsten und Reinigungsaufsätze für die Hauptwäsche mit dem Hochdruckreiniger

11.2.1.3 Motorwäsche

Bei der Motorwäsche sind der Motor und der gesamte Motorraum zu reinigen.

Da die Verschmutzungen in diesem Bereich stark öl- und fetthaltig sind, werden an die Waschplätze besondere Anforderungen gestellt:
Sie müssen über Schlammfang, Benzinabscheider und Feinfilter verfügen.

Eine Motorwäsche sollte bei kaltem Motor durchgeführt werden.

Vorgehen:
- Motorhaube öffnen
- Innenraum mit Motorreiniger gleichmäßig einsprühen; stark verschmutzte Stellen mit einem Pinsel bearbeiten; ca. 10 min einwirken lassen
- gelösten Schmutz mit dem Hochdruckreiniger abspülen, siehe Bild ➜ 2
- mit klarem Wasser (Wasserschlauch) abspülen
- Motorraum mit Druckluft trocknen

2 Motorwäsche mit Hochdruckreiniger

Zum Arbeiten mit dem Hochdruckreiniger:
- Das Gerät auf eine Temperatur von 60 °C bis 70 °C einstellen.
- Den Strahl nicht direkt auf elektrische Anschlüsse und Schläuche halten.
- Der Abstand muss mindestens 20 cm betragen.
- Gearbeitet wird von oben nach unten.

Achtung
Einige Fahrzeughersteller verbieten die Wäsche mit dem Hochdruckreiniger.

Sind Spritzer von verschmutztem Wasch- und Spülwasser auf Kotflügel, Haube oder Stoßfänger gelangt, müssen diese sofort entfernt werden, da sonst hartnäckige Schmutzränder entstehen.

11.2.1.4 Unterbodenwäsche

Waschanlagen reinigen den Fahrzeugboden, die Radhäuser, von unten zugängliche Teile des Motors und der Bremsen während der Hauptwäsche mit.

Erfolgt die Unterbodenwäsche von Hand, kommen hauptsächlich Hochdruckreiniger zum Einsatz. Dabei wird das Fahrzeug angehoben und von unten gereinigt, siehe Bild ➜ 1.

Zum Schutz vor Spritzwasser und Schmutzresten ist entsprechende Schutzkleidung zu tragen.

Da die Verschmutzungen in diesem Bereich stark öl- und fetthaltig sind, muss die Unterbodenwäsche an einem besonderen Waschplatz mit Schlammfang, Benzinabscheider und Feinfilter durchgeführt werden.

Auf eine nachfolgende Trocknung wird in der Regel verzichtet.

11.2.1.5 Räder reinigen

Räder sind bei der Fahrzeugoberwäsche mit inbegriffen. Vor der Räderreinigung sind grundsätzlich die Felgen zu reinigen. So wird eine erneute Verschmutzung verhindert.

Für normale Verschmutzungen ist es vollkommen ausreichend, wenn sie mit den Resten des Waschwassers und einer Bürste kurz gereinigt werden.

Bei Verfärbungen des Gummis oder nach einer Fahrt durch Schlamm und Matsch reicht diese Behandlung nicht mehr aus.

1 Unterbodenwäsche mit dem Hochdruckreiniger

2 Mindestabstand bei der Reifenreinigung mit dem Hochdruckreiniger

Dann wird wie folgt vorgegangen:
- Reifen gründlich abspülen
- Reifenschaum oder Vorreiniger auftragen und einige Minuten einwirken lassen; bei stark verschmutzten Reifen zusätzlich weiche Scheuerbürste verwenden
- Reifen mit einem Hochdruckreiniger aus mindestens 20 cm Entfernung abspülen, siehe Bild ➜ 2

Achtung
Der Mindestabstand ist unbedingt einzuhalten, da sonst der innere Reifenaufbau durch den starken Wasserstrahl beschädigt werden kann.

- Kunststoffpflege für außen auf den Reifen sprühen und mit einem Schwamm verteilen; dabei die gesamte Oberfläche bearbeiten

11.2.2 Insekten, Teer und Politurreste entfernen

Insekten entfernen
Angetrocknete Insektenreste werden oft durch die normale Fahrzeugwäsche nicht ausreichend entfernt.
In diesem Fall wird wie folgt vorgegangen:
- Fahrzeugoberfläche gründlich vorspülen
- Insektenentferner oder Vorreiniger aufsprühen; dieser muss einige Minuten einwirken
- Oberwäsche

Achtung
- Nur weiche Insektenschwämme verwenden.
- Insektenentferner nicht eintrocknen lassen.

Sind nach dieser Wäsche noch Insektenreste verblieben:
- betroffene Fläche nochmals mit dem Reinigungsmittel einsprühen; kurz einwirken lassen
- Insekten mit einem weichen Tuch beseitigen

Sollten auch nach mehrmaligen Versuchen noch Reste von Insekten auf der Lackoberfläche zurückbleiben, ist eine intensive Reinigung notwendig:
- den betroffenen Bereich mit Scheibenreiniger einsprühen
- auf den Schwamm einer Poliermaschine etwas Lackreiniger geben und diesen dann mit geringer Maschinendrehzahl auf der Oberfläche verteilen
- Verschmutzung nochmals mit Scheibenreiniger besprühen
- Verschmutzung mit hoher Drehzahl der Poliermaschine langsam und gleichmäßig entfernen

Teer entfernen
Teerflecke können durch eine einfache Fahrzeugwäsche nicht beseitigt werden. Am besten erfolgt die Reinigung während der Oberwäsche von Hand.

Vorgehen:
- normale Oberwäsche, aber das Shampoo nicht abspülen
- Teerentferner auf die nasse Fahrzeugoberfläche aufsprühen
- Teerentferner mit einem Tuch verreiben; dabei werden die Verunreinigungen entfernt; die verwendeten Tücher sind anschließend zu entsorgen
- Fahrzeug gründlich spülen und trocknen

Politurreste entfernen
Politurreste setzen sich vor allem in Rillen und Vertiefungen fest. Betroffen sind Lackoberflächen, Kunststoff- und Gummiteile.

1 **Politurreste beseitigen**

Entfernt werden solche Verschmutzungen einfach vor der Fahrzeugwäsche mit einem Hochdruckreiniger. In kleinen Spalten oder an anderen unzugänglichen Stellen arbeitet man besser mit Wasser und Zahnbürste, siehe Bild ➜ 1.

11.2.3 Cabrio-Verdeck reinigen

Cabrioverdecke werden entweder aus Stoff oder Kunststoff hergestellt.

Für beide Ausführungen gelten die gleichen Grundregeln bei der Reinigung:
- zuerst Karosserie reinigen, um Spuren vom Reinigungsmittel zu vermeiden
- Verdeck und Fenster fest verschließen
- trockene Verunreinigungen wie Staub und Schmutz abbürsten oder absaugen
- Cabrioverdeck mit Hochdruckreiniger bearbeiten
- keine lösemittelhaltigen Reiniger verwenden; so werden Schäden an der Oberfläche und der Imprägnierung vermieden

Beim Arbeiten mit dem Hochdruckreiniger beachten:
- nicht direkt auf Verdeckkanten oder Fensterkanten halten, sonst kann der Wasserstrahl das Verdeck beschädigen
- Sicherheitsabstand zwischen Sprühkopf und Oberfläche mindestens 50 cm

11.2.3.1 Stoffverdeck reinigen

Vor der eigentlichen Reinigung des Verdecks ist eine Fahrzeugoberwäsche von Hand durchzuführen. Dabei wird das Stoffverdeck nicht mitgereinigt.

Beim Reinigen des Stoffverdecks wird wie folgt vorgegangen:
- trockene und lose Verschmutzungen mit einer Scheuerbürste und Staubsauger entfernen
- in einem Eimer Wasser und Autoshampoo mischen (ca. 100 ml Shampoo auf 10 l
- Gemisch mit einem Schwamm aufschäumen und den Schaum reichlich auf das Dach auftragen und einreiben, siehe Bild ➜ 1
- komplette Oberfläche mit einer Scheuerbürste kräftig bearbeiten; Nagelbürste verwenden, um Lackschäden an den Rändern zu vermeiden
- mit einem Hochdruckreiniger nachspülen; dabei sollte in gleichmäßigen Bahnen gearbeitet und der Sicherheitsabstand nicht unterschritten werden
- Verdeck abtropfen lassen; herabgelaufenes Wasser muss sofort von der Karosserie entfernt werden, da sich sonst nach dem Trocknen Schmutzablagerungen bilden.
- Verdeck mit einem Staubsauger gründlich absaugen

Befinden sich am Verdeck leichte Schimmel- oder Stockflecken, können diese durch die Behandlung mit Essiglösung entfernt werden:
- Essiglösung (1 l Essig auf 5 l Wasser) mit einem sauberen Schwamm auftragen
- ca. 20 min wirken lassen
- gründlich klarspülen

Bei starkem Schimmelbefall ist der Einsatz eines chemischen Schimmelentferners notwendig. Dabei ist entsprechend der Anweisung des Herstellers zu verfahren.

Achtung
Vor dem Zusammenfalten muss das Stoffverdeck absolut trocken sein.

Schon eine geringe Restfeuchtigkeit kann zu Stock- oder Schimmelflecken führen.

11.2.3.2 Kunststoffverdeck reinigen

Leicht verschmutzte Kunststoffverdecke lassen sich auf die gleiche Weise reinigen wie ein Stoffverdeck, vgl. Kap. 11.2.3.1.
Ist ein Kunststoffverdeck stark verschmutzt, wird wie folgt vorgegangen:
- nach der normalen Reinigung nochmals mit Vorreiniger einsprühen
- ca. 5 min einwirken lassen
- Oberfläche mit Schwamm und Scheuerbürste bearbeiten
- Verdeck spülen
- Verdeck und Karosserie mit Tüchern trocken reiben

1 Stoffverdeck mit Schaum einreiben

Achtung
Sämtliche Reinigungsmittelrückstände vom Verdeck und der Karosserie entfernen.

Helle Kunststoffverdecke können auch mit handelsüblicher Scheuermilch oder mit Handwaschpaste gereinigt werden. Durch die in diesen Produkten enthaltenen Putzkörper wird die Reinigungswirkung von Schwamm und Scheuerbürste erheblich verstärkt.

Vorgehen beim Reinigen eines hellen Kunststoffverdecks:
- Verdeck mit klarem Wasser befeuchten
- Vorreiniger aufsprühen
- Scheuermilch mit der Scheuerbürste verteilen
- Verdeck mit der Bürste gut schrubben
- Verdeck und Karosserie mit Tüchern trocken reiben

Bei sehr starker Verschmutzung:
- Poliermaschine mit einem groben Polierschwamm einsetzen; dabei ist mit hoher Drehzahl und völlig ohne Druck zu arbeiten
- sorgfältig mit einem Hochdruckreiniger spülen
- gesamtes Fahrzeug gründlich mit Autoshampoo waschen
- Verdeck und Karosserie mit Tüchern trocken reiben

11.2.4 Kunststoffteile reinigen

Kunststoffteile im Außenbereich sind z. B. Stoßfänger, Rammschutzleisten, Spiegel. Diese werden in der Regel bei der normalen Fahrzeugwäsche mit gesäubert. Bei älteren Fahrzeugen können allerdings im Laufe der Zeit Verschmutzungen tief in die Poren der Kunststoffoberfläche eingedrungen sein, siehe Bild ➜ 1.

In solchen Fällen müssen diese Teile besonders gereinigt werden:
- Fahrzeug gründlich mit Hand waschen
- Kunststoffteile mit einem Schwamm und Vorreiniger einreiben
- Teile mit einer Scheuerbürste gründlich abschrubben; kleine Teile wie Leisten oder Türgriffe mit einer harten Nagelbürste bearbeiten; für noch kleinere Flächen wie z. B. Keder oder Scheibengummi eignet sich eine harte Zahnbürste
- Kunststoffteile mit Autoshampoo nachwaschen und gründlich mit klarem Wasser spülen

Achtung:
- Der Reiniger darf nicht auf warme Teile aufgetragen werden oder gar eintrocknen.
- Wird ein Hochdruckreiniger verwendet, muss die Wassertemperatur unter 90 °C liegen.

Bei höheren Temperaturen kann sich thermoplastischer Kunststoff verformen.

11.2.5 Chromteile reinigen

Chromteile im Außenbereich wie Zierstreifen, Kühlergrill oder Chromblenden werden durch Umwelteinflüsse wie Streusalz, Feuchtigkeit, Insekten und Spritzwasser stark in Mitleidenschaft gezogen. Sie verlieren den Glanz oder es zeigt sich Rost.

Chromteile werden gereinigt:
- mit Felgenreiniger
- mit Polierpaste

Chromteile reinigen mit Felgenreiniger
Vorgehen:
- Chromteile mit Felgenreiniger einpinseln; bei starker Verschmutzung und Rostbefall den Felgenreiniger auf feine Stahlwolle geben und damit die Fläche gleichmäßig abreiben
- Felgenreiniger kurz einwirken lassen; er darf aber nicht antrocknen
- mit reichlich Wasser abspülen

1 Spiegelkappe mit Verschmutzungen

2 Verchromte Teile mit Polierpaste reinigen

Da der Felgenreiniger aggressive Bestandteile enthält:
- Felgenreiniger darf nicht auf Lackoberflächen gelangen.
- Bei der Verarbeitung immer Handschuhe und Schutzbrille tragen.

Chromteile reinigen mit Polierpaste
Schonender ist die Variante, bei der zum Säubern kein Felgenreiniger sondern Polierpaste verwendet wird, siehe Bild ➜ 2.

Vorgehen:
- Polierpaste auf die Stahlwolle geben
- die Teile mit geringem Druck abreiben
- die gelösten Verschmutzungen mit einem Tuch abwischen

Achtung
Reste der Polierpaste an Kanten oder Spalten müssen sofort mit Wasser und einer Bürste oder einem Hochdruckreiniger entfernt werden.

11.2.6 Lack polieren

Durch eine Politur der Lackoberfläche werden:
- leichte Verunreinigungen oder Verschmutzungen entfernt
- kleine Kratzer beseitigt

Der Lack erhält neuen Glanz und eine zusätzliche Konservierung. Moderne Polituren bestehen aus Lösemitteln, Tensiden, Aluminiumsilikat, Wachsen und Pflegemitteln.

Verwendet werden Polierpasten oder flüssige Polituren. Das Polieren erfolgt mit Poliermaschinen. Diese sollten eine stufenlose Drehzahlregelung besitzen. Zum Vermeiden von Polierfehlern wie Schatten oder Schwabbelhieben haben sich exzentrisch laufende Poliermaschinen bewährt.

Arbeitsschritte beim Polieren:
- gründliche Fahrzeugwäsche von Hand oder in der Waschanlage
- Fahrzeug trocknen
- Politur auf den Schwamm der Poliermaschine auftragen
- Poliermaschine auf die Oberfläche aufsetzen
- Karosserie abschnittsweise polieren
- unzugängliche Stellen wie Griffmulden mit Hand polieren
- Polierstaub mit Mikrofasertüchern abreiben
- Politurreste aus Spalten oder Ecken entfernen

Besonders zu beachten ist die richtige Handhabung der Poliermaschine: Der Polierschwamm muss immer eben auf der Lackoberfläche aufliegen, siehe Bild ➜ 1.
Die Politur wird tropfenweise auf den Schwamm gegeben.

Achtung
Kunststoffteile dürfen nicht überpoliert werden.

11.3 Hohlräume konservieren

Nach Instandsetzungsarbeiten an Karosserien muss eine Hohlraumkonservierung durchgeführt werden.
Es werden Konservierungsmittel auf Öl- oder Wachsbasis eingesetzt. Diese enthalten Rosthemmer und Lösungsmittel.
Aufgrund guter Kriecheigenschaften werden kleinste Spalten ausgefüllt und Feuchtigkeit unterwandert.
Das Einbringen erfolgt mit der Spritzpistole, die mit Hakensonde oder einer flexiblen Sonde ausgestattet ist.

1 Polierschwamm eben auflegen

2 Hohlraumkonservierung

Die Sonde wird durch vorhandene Karosserieöffnungen eingeführt und beim Sprühen langsam herausgezogen, siehe Bild ➜ 2.

11.4 Hautschutzplan

Für die Fahrzeugaufbereitung sind viele unterschiedliche chemische Produkte im Einsatz. Trotz vorschriftsmäßiger Verwendung von Schutzmitteln wie spezieller Arbeitskleidung und Handschuhen wird die Haut erheblich belastet.
Damit Hautschäden vermieden werden, ist neben der gründlichen Säuberung auch eine entsprechende Hautpflege notwendig.
Anleitung gibt dabei der Hautschutzplan, siehe Bild ➜ 309.1. Dieser muss in jedem Betrieb aushängen.
Dort werden die Reinigungs- und Pflegeprodukte für die einzelnen Verschmutzungen aufgelistet.
So ist eine wirkungsvolle Hautpflege ohne großen Aufwand möglich.

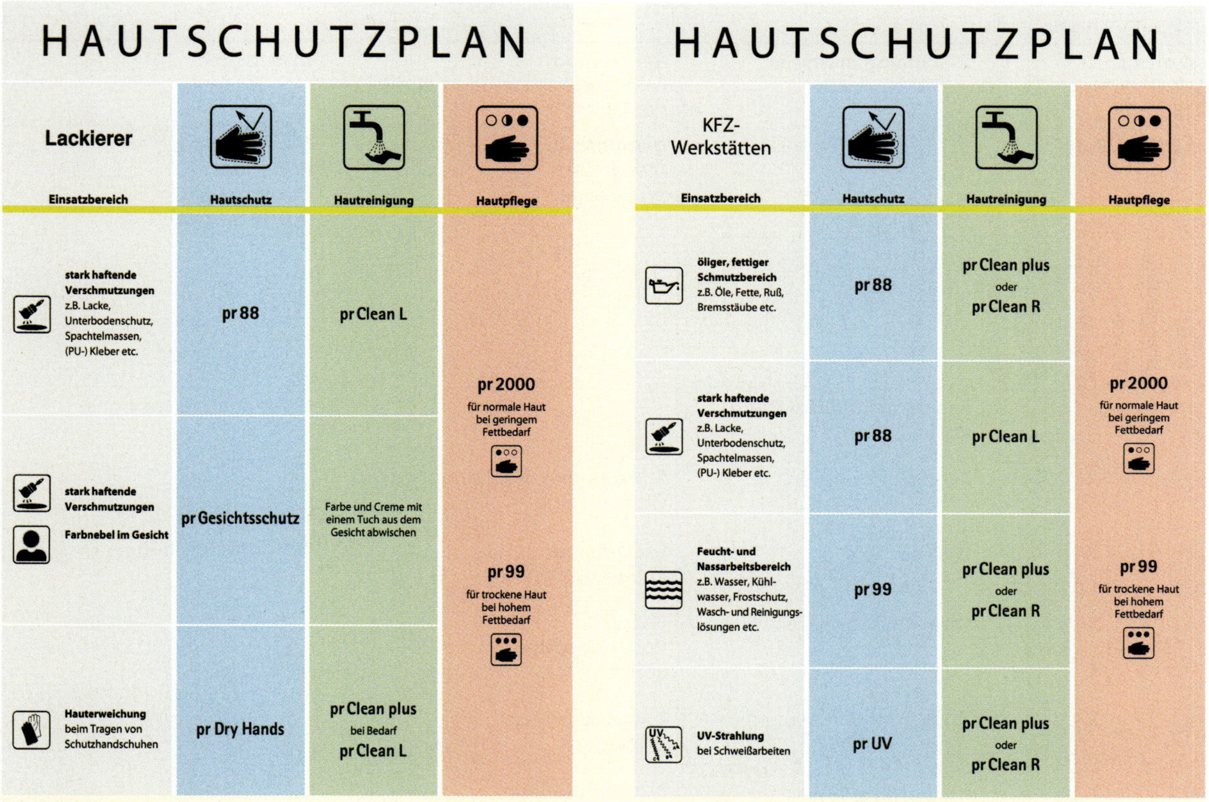

a) Für Lackierer

b) Für Kfz-Werkstätten

1 Hautschutzplan, Beispiele

11.5 Lernsituation

In einem Autohaus ist ein Gebrauchtwagen zum Verkauf vorzubereiten. Damit ein höherer Verkaufspreis gerechtfertigt ist, muss der stark verschlissene Lack aufgearbeitet werden.

Der Arbeitsauftrag wird wie folgt ausgeführt:
- Fahrzeugannahme und Schaden begutachten, siehe Kap. 11.5.1
- Arbeitsplanung, siehe Kap. 11.5.2
- Arbeitsauftrag durchführen, siehe Kap. 11.5.3
- Qualitätssicherung, siehe Kap. 11.5.4
- Fahrzeug an den Kunden übergeben, siehe Kap. 11.5.5

11.5.1 Fahrzeugannahme und Schaden begutachten

Der Lack des Fahrzeuges wurde in den letzten Jahren kaum gepflegt; er ist stark verschmutzt und teilweise ausgeblichen. Da die Verschmutzungen mit einer normalen Fahrzeugwäsche nicht zu beseitigen sind, muss eine Lackreinigung mit anschließender Pflege erfolgen.

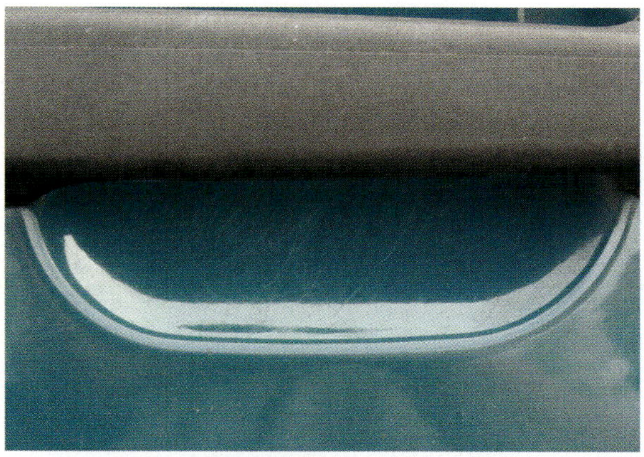

2 Griffmulde mit Gebrauchsspuren

Außerdem sind Kratzer in den Griffmulden, am Heck und an der Seitenwand vorhanden; die sollen beseitigt werden, siehe Bild ➜ 2.

11.5.2 Arbeitsplanung

Bevor die Arbeit beginnt, wird ein Arbeitsplan erstellt, siehe Bild ➜ 310.1.

Arbeitsplanung								Datum:	
Auftrags-Nr. 2809/09							Zeichnungsnummer	Benennung Fahrzeugaußenreinigung mit Politur	Mitarbeiter
Arbeitsschritt								Betriebsmittel Maschinen Werkzeuge Hilfsmittel	Bemerkungen Prüfmittel Einstellwerte Schutzmaßnahmen
Lfd. Nr.	Vorbereitung	Warten	Pflegen	Instandsetzen	Austauschen	Nacharbeiten			
1	X						Fahrzeug identifizieren, aufschließen		Fußmatten, Sitzschoner
2			X				Fahrzeug waschen	Sprühbogen, Hochdruckreiniger Waschanlage	
3			X				Lack reinigen	Lackreiniger Poliermaschine	Schutzhandschuhe
4			X				Oberfläche polieren	Politur Poliermaschine Lappen	
5			X				Kunststoffteile pflegen	Kunststoffpflege Schwamm	
6			X				Reifenpflege	Kunststoffpflege Schwamm	

1 Arbeitsplan

11.5.3 Arbeitsauftrag durchführen

Nach dem Arbeitsplan werden die Arbeitsschritte zusammengefasst:
- Fahrzeug waschen, siehe Kap. 11.5.3.1
- Lack reinigen, siehe Kap. 11.5.3.2
- Oberfläche polieren, siehe Kap. 11.5.3.3
- Kunststoffteile pflegen, siehe Kap. 11.5.3.4
- Reifen pflegen, siehe Kap. 11.5.3.5

11.5.3.1 Fahrzeug waschen

Die Fahrzeugwäsche wird immer in zwei Waschgängen durchgeführt:
- Vorwäsche
- Hauptwäsche

Für die **Vorwäsche** durchfährt das Fahrzeug einen Sprühbogen, siehe Bild ➜ 2a. Dabei wird der Schmutz mit Wasser und Waschzusätzen eingeweicht. Anschließend werden Problemstellen mit dem Hochdruckreiniger besprüht, siehe Bild ➜ 2b. Die **Hauptwäsche** erfolgt in einer Portalwaschanlage.

a) Unterm Sprühbogen

b) Mit Hochdruckreiniger

2 Vorwäsche

11.5.3.2 Lack reinigen

Zum Lackreinigen werden, siehe Bild ➜ 1:
- Lackreiniger auf den feuchten Lack aufgetragen
- die Verunreinigungen mit der Poliermaschine beseitigt

11.5.3.3 Oberfläche polieren

Nachdem die Verunreinigungen vom Lack beseitigt wurden, muss die gesamte Oberfläche unbedingt poliert werden. Dazu wird eine Politurflüssigkeit verwendet.
Die Politurflüssigkeit wird mit einer Poliermaschine abschnittsweise aufgetragen, siehe Bild ➜ 2.
Der Polierstaub wird mit Mikrofasertüchern entfernt. Jetzt glänzt die Oberfläche und der Lack ist geschützt.

An Stellen, die nicht mit der Poliermaschine erreicht werden können, muss die Politur mit einem Lappen aufgetragen und kreisförmig von Hand poliert werden, z. B. Griffmulden. Dabei ist auf eine gleichmäßige Druckverteilung zu achten.
Der verbleibende Polierstaub wird mit einem Mikrofasertuch entfernt. Die Gebrauchsspuren in der Griffmulde sind dann „verschwunden", siehe Bild ➜ 3.

11.5.3.4 Kunststoffteile pflegen

Lackierte Kunststoffteile werden poliert.
Unlackierte Kunststoffteile sind z. B. die Dachreling, die Fenstereinfassungen und die Türgriffe. Sie bleichen mit der Zeit aus. In den Oberflächenporen sammelt sich Schmutz. Die Kunststoffteile erscheinen fleckig und grau.

Deshalb werden unlackierte Kunststoffteile bei der Fahrzeugwäsche gründlich gereinigt und anschließend mit Kunststoffpflegemilch behandelt, siehe Bild ➜ 312.1.

3 Griffmulde nach dem Polieren

a) Lackreiniger auftragen

b) Mit Poliermaschine

1 Lackreinigen

a) Politur auftragen

b) Polierstaub entfernen

2 Politur abschnittsweise auftragen

1 Kunststoffteile pflegen

2 Reifen mit Kunststoffpflege einsprühen

11.5.3.5 Reifen pflegen

Die Reifen werden mit dem Hochdruckreiniger gereinigt. Danach werden sie mit Kunststoffpflege eingesprüht, siehe Bild ➜ 2. Anschließend die gesamte Reifenfläche mit einem Schwamm abreiben. Dadurch wird das Pflegemittel gleichmäßig verteilt und in die Oberfläche eingearbeitet.
Durch diese Behandlung wird die Farbe aufgefrischt. Gleichzeitig verhindern Pflegebestandteile, dass die Reifenoberfläche versprödet.

11.5.4 Qualitätssicherung

Nach Abschluss der Arbeit werden:
- das Ergebnis begutachtet
- Mängel beseitigt
- das Ergebnis dokumentiert

An dem Fahrzeug wurden durch eine Sichtprüfung Poliermittelreste an der Dachreling festgestellt, siehe Bild ➜ 3.
Diese müssen mit einem Lappen und Wasser entfernt werden, bevor das Fahrzeug übergeben werden kann.
Durch eine Sichtprüfung werden weiter Schäden wie z. B. defekte Wischergummis oder verstellte Waschdüsen festgestellt und in der Auftragskarte dokumentiert.

3 Sichtprüfung: Poliermittelreste an der Dachreling

11.5.5 Fahrzeug an den Kunden übergeben

Nach erfolgter Aufbereitung wird:
- das Fahrzeug auf den Auslieferungsplatz gefahren und abgeschlossen
- der Schlüssel und die ausgefüllte Auftragskarte beim internen Kunden (Meister, Geselle) abgegeben

Jetzt sieht das Fahrzeug viel besser aus als vorher und kann zum Verkauf ausgestellt werden.

Übungen

1. Was versteht man unter Smart Repair?
2. Warum müssen Karosseriebleche beim Ausbeulen überdrückt werden?
3. Skizzieren Sie die Vorgehensweise beim Ausbeulen nach der „Uhr-Methode".
4. Welche Besonderheiten sind bei der Motorwäsche mit Hochdruckreiniger zu beachten?
5. a) Was ist ein Hautschutzplan?
   b) Welche Informationen können Sie diesem Plan entnehmen?
6. Welche Aufgabe hat die Leuchtstofflampe beim Herausdrücken von Dellen?
7. Nennen Sie die Vor- und Nachteile des Ausbeulens mittels Klebetechnik.
8. Erstellen Sie die Arbeitsplanung zum Polieren eines Pkws.

Lernfeld 12

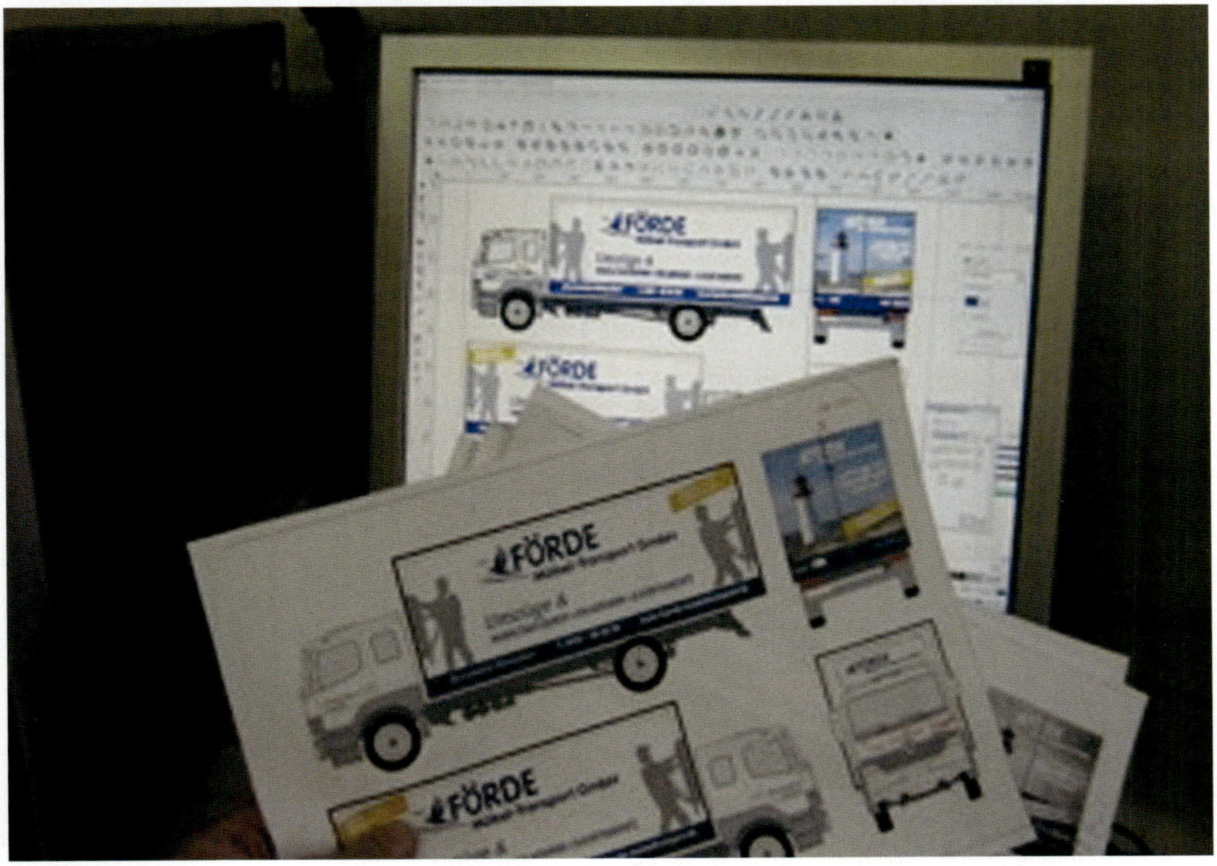

Mobile Werbeträger gestalten

Ziele:
- Fläche mit Schrift, Farbe und Form aufteilen
- typografische Regeln berücksichtigen
- Signets und Piktogramme verwenden
- mit manuellen und digitalen Techniken entwerfen und fertigen
- Kundenauftrag kalkulieren
- Zeichen-, Beschriftungs- und Übertragungstechniken ausführen
- Betriebssicherheit von Arbeitsmitteln prüfen und beurteilen
- Produktinformationen und Verarbeitungshinweise beachten
- Umwelt-, Gesundheits- und Arbeitsschutz berücksichtigen
- Qualitätskontrolle durchführen
- Arbeitsergebnisse präsentieren und bewerten

Inhalte:
- Werbemittel
- Corporate Identity
- Werbegrundsätze
- Farbwirkungen
- Schriftarten
- Schriftschnitte
- Schriftwirkungen
- Satzarten
- Stundenverrechnungssatz
- Material- und Zeitbedarf
- Präsentationstechniken
- Teamarbeit

12 Mobile Werbeträger gestalten

Unter Werbung versteht man Maßnahmen eines Unternehmens, die eingesetzt werden, um Kunden zu gewinnen und zu binden. Dafür werden Farbe, Form und Schrift eingesetzt. Die wichtigste Werbung ist die Werbung im öffentlichen Raum – die sogenannte **Außenwerbung**.

Am Beginn jeder Außenwerbung steht die Bestimmung der gewünschten Zielgruppe (Kunden oder Konsumenten). Spezielle Kriterien ermöglichen dann die gezielte Planung.

Zu diesen Kriterien, die das Umfeld eines Standortes genau definieren, gehören auch Datenbanken mit Standortdaten, die sogenannten **Geomarketing-Modelle**. Danach leitet man Erkenntnisse ab, an welchem Standort man mit der geplanten Außenwerbung den umworbenen Kundenkreis am besten erreicht.

So kann ein Werbefahrzeug ganz gezielt an bestimmten Orten aufgestellt werden, wo die speziellen Zielgruppen verkehren.

In diesem Kapitel werden behandelt:
- mobile Werbeträger, siehe Kap. 12.1
- Farben in der Werbung, siehe Kap. 12.2
- Schrift auf mobilen Werbeträgern, siehe Kap. 12.3
- Werbemittel, siehe Kap. 12.4
- Corporate Identity, siehe Kap. 12.5
- Werbeplanung, siehe Kap. 12.6
- Werbegrundsätze, siehe Kap. 12.7
- Gesetze und Vorschriften für mobile Werbeträger, siehe Kap. 12.8
- Lernsituation, siehe Kap. 12.9

12.1 Mobile Werbeträger

Werbeträger sind Personen oder Objekte, die die Werbebotschaft zum Kunden übertragen; bekannte Werbeträger sind Prospekte und Plakatwände.

Die Werbebotschaft kann aber auch auf Fahrzeugen aufgebracht sein, dann spricht man von mobilen Werbeträgern. Mobile Werbeträger sind Pkws, Lkws, Busse, Bahnen, Taxis.

Besonders gut geeignet für die mobile Werbung sind Fahrzeuge des öffentlichen Verkehrs, siehe Bild ➜ 1. Grund: Sie werden von vielen Menschen benutzt.

1 Fahrzeugwerbung – Beispiel

Mobile Werbeträger des öffentlichen Verkehrs haben eine große Wirkung, weil sie
- große Flächen bieten,
- immer in Bewegung und dauernd im Einsatz sind,
- durch allgemeinen Nutzen Sympathie genießen.

Weitere Informationen zu Werbung an Firmenfahrzeugen siehe Kap. 13.4.2.

12.2 Farben in der Werbung

Farben haben eine direkte und animierende Wirkung auf das menschliche Auge und das Gehirn. Sie beeinflussen unser Empfinden und unsere Reaktionen, auch die unterbewussten körperlichen. Diese Wirkung kann man sich in der Werbung zunutze machen.
Weitere Informationen über Farben siehe Kap. 4.1 und Kap. 4.2.

In diesem Kapitel werden beschrieben:
- Farbwirkung und Farbsymbolik, siehe Kap. 12.2.1
- Farben und Branchenidentität, siehe Kap. 12.2.2
- Farben und Automarken, siehe Kap. 12.2.3
- Autofarben, siehe Kap. 12.2.4

12.2.1 Farbwirkung und Farbsymbolik

Von Farben und Licht gehen harmonische Schwingungen aus. Durch die Energie von Farben werden gute Laune, Lebensfreude, Gesundheit, Wohlbefinden und Motivation beeinflusst. Grund ist die unterschiedliche Wellenlänge der Farben, die der menschliche Organismus und die Psyche positiv, neutral oder negativ empfinden.

Beispiele:
- Ein reines kräftiges Magenta ist aufwühlend und anregend.
- Ein dezentes Rot, wie z. B. Koralle, wirkt dagegen wärmend.
- Orangene bis gelbe Töne wirken aufheiternd, vermitteln eine positive Stimmung.

Rund 83 % der Sinneseindrücke, die vom Gehirn zu verarbeiten sind, gehen vom Auge aus – der Sehsinn ist der stärkste und sensibelste unserer Sinne. Deshalb üben Licht und Farben einen starken Einfluss auf unsere Stimmungslage und unser Wohlbefinden aus.
Jeder hat im Laufe seines Lebens mit jeder Farbe seine persönlichen Erfahrungen gemacht. An diese Erfahrungen erinnert er sich jedes Mal, wenn er eine Farbe wahrnimmt. Wurden Erfahrungen so oft gemacht, dass sie verinnerlicht sind, lösen sie automatisch unterbewusste Reaktionen und Assoziationen aus.
Diese psychologische Wirkung muss man bei der Gestaltung mit Farben berücksichtigen.

Die Farbwahrnehmung ist abhängig von:
- Zusammenhang
- Kulturkreisen
- Identitätsträger

Farbwahrnehmung ist stark abhängig von dem jeweiligen **Zusammenhang**.

Beispiel Grün:
- Beim Anblick einer grünen Erdbeere assoziiert man Grün mit Unreife.
- Saftig grüne Wiesen und Wälder bringt man mit Frische, Gesundheit und Erholung in Verbindung.

Farben haben in verschiedenen **Kulturkreisen** sehr unterschiedliche Bedeutungen.

Beispiele:
- Gelb steht im europäischen Kulturkreis für Glück – in Asien ist es eine heilige herrschaftliche Farbe.
- Weiß steht im europäischen Kulturkreis für Reinheit, Unberührtheit – in Asien für Trauer und Tod.

Farben können auch **Identitätsträger** für Unternehmen, kulturelle Ereignisse und geschlechtliche Zuordnung sein, deren Änderung unvorstellbar erscheint.

1 Gelb für das Unternehmen Shell

Farbe	Bedeutung
Rot	Liebe, Hass, Zorn, Kraft, Glück, Dynamik, Aktivität, Gefahr, Warnung, Geborgenheit
Orange	Wärme, Vergnügen, Aktivität, Vitalität, selbstbewusst, feurig, harmonisch, herbstlich, billig, aufdringlich, laut
Gelb	Licht, Sonne, Natur, Weisheit, Leichtigkeit, Freude, Gift, Neid, Unsicherheit, Unbeständigkeit, Lüge, Betrug, Alter, Krankheit
Grün	Natur, Leben, Gesundheit, Frische, Hoffnung, Zuversicht, Jugend, Unreife, Ruhe, Geborgenheit, Zuverlässigkeit, Sicherheit, Untreue
Blau	Ruhe, Ewigkeit, Ferne, Sehnsucht, Treue, Frieden, Sympathie, Harmonie, Freundschaft, Vertrauen, Tradition, Sicherheit, Konzentration
Violett	Macht, Kirche, Würde, Ewigkeit, Gewalt, Mäßigung, Geheimnis, Täuschung, Untreue, Mystik, Emanzipation, weibliche Sensibilität und Charme, Unentschlossenheit, undefinierbar
Braun	Geborgenheit, Demut, Vergänglichkeit, Faulheit, Dummheit, konservativ und mittelmäßig
Rosa	Zärtlichkeit, Träumerei, mädchenhaft, leicht, pudrig
Weiß	Weiblichkeit, Unschuld, Wahrheit, Reinheit, Leere, Sachlichkeit, Kälte
Grau	Eleganz, Trübe, Eintönigkeit, Pünktlichkeit, Grauen, Alter, Vergangenheit, unscheinbar, minderwertig
Schwarz	Eleganz, Individualität, Abgrenzung, Verschlossenheit, Negation, Wahrheit, Tod, Trauer, Unglück, böse, geheim, illegal, konservativ

2 Farben und ihre Bedeutung

Beispiele:
- Shell: Gelb, siehe Bild ➜ 311.1
- Telekom: Magenta
- Coca-Cola: Rot-Weiß
- McDonalds: Rot-Gelb
- IKEA: Blau-Gelb
- Jungen tragen lieber Blau statt Rosa

Bild ➜ 315.2 zeigt, welche Bedeutung den wichtigen Farben zugeordnet wird.

12.2.2 Farben und Branchenidentität

Es gibt Farben, die für bestimmte Branchen typisch sind, aber nicht bindend.

So sind oft die Firmenfahrzeuge von
- Bestattungsunternehmen: schwarz; tiefdunkelblau oder dunkelrot
- Sicherheitsdiensten: blau und grün in Verbindung mit Silber
- Malerbetrieben: weiß, siehe Bild ➜ 1
- Gartenbau-Unternehmen: grün
- Versicherungen und Banken: blau und grün

Mit dieser Zuordnung von Eigenschaften sollte man nicht brechen, es sei denn, man möchte sich von Mitbewerbern absetzen.

12.2.3 Farben und Automarken

Am Anfang des Automobilrennsports waren die Rennwagen überwiegend grau. Weil alle Fahrzeuge gleich aussahen, war es schwierig, die Zeiten zu messen, denn es gab noch keine elektronische Zeitmessung.

Deshalb wurde im Jahr 1903 beschlossen, die Fahrzeuge in Nationalfarben zu lackieren:
- italienischer Rennwagen wie Ferrari, Maserati, Alfa Romeo, Fiat in Rot – **Rosso Corsa**, siehe Bild ➜ 2a
- Bugatti und andere Rennwagen aus Frankreich wie Peugeot, Renault, Simca in Blau – **Bugatti bleu**, siehe Bild ➜ 2b
- Deutschland mit Mercedes, Porsche, BMW und Auto Union in Weiß
- England mit Rennwagen der Auto-Manufaktur Napier & Son, British Racing Motors (BRM), Jaguar, MG, Rover in Grün – British Racing Green, siehe Bild ➜ 2c

Diese Nationalfarben waren verbindlich für offizielle internationale Wettbewerbe bis ins Jahr 1967.

1 Weiß für einen Malerbetrieb

a) Alfa Romeo „Alfetta 159“ aus den Jahren 1928–1937

b) Bugatti Typ 59 aus dem Jahr 1934

c) Bentley 4,5 Liter Supercharged; Baujahr 1931

2 Ältere Rennwagen

Zum **Silberpfeil** von Mercedes-Benz gibt es eine schöne Geschichte:
Vor dem Eifelrennen auf dem Nürburgring wurden die deutschen, weiß lackierten Rennwagen W 25 von der Rennleitung zurückgewiesen: Sie wogen 751 kg, statt der erlaubten 750 kg.

Um die Starterlaubnis zu erhalten, wurde über Nacht der Lack von den Rennwagen abgebeizt; zum Vorschein kam das blanke Aluminiumblech, siehe Bild ➜ 1.
Journalisten prägten daraufhin den Namen Silberpfeil.

Nach dem Jahr 1967 wurde Sponsoring auf Rennwagen erlaubt und seitdem bestimmt die Werbung das farbige Aussehen der Autos.

Der Mercedes-Benz W 25 trug als erster Rennwagen die Bezeichnung „Silberpfeil"
1 Silberpfeil

12.2.4 Autofarben

Für die Sicherheit im Straßenverkehr sollten Autofarben verwendet werden, die gut wahrzunehmen sind, z. B. Hellgelb, Hellorange, Dunkelgelb, reines Weiß oder Mintgrün.

Jedoch zählen bei den Auto-Käufern mehr die Aspekte Mode, Zeitgeist, Markenimage und Prestige. Viele Autofahrer wollen nicht nur mit ihrem Fahrzeug eine Botschaft vermitteln, sondern auch mit der Farbe.

Nach Meinung von Farbpsychologen kann man an der Wahl der Autofarbe grundsätzliche Charakterzüge des Fahrers erkennen.

2 Autos und die Wirkung der Farben

Beispiele:
Weiß: Die Liebhaber der weißen Lacke streben nach Schlichtheit und einfachen Strukturen, wollen sich aber im Moment mit der Farbe von der Masse abheben, siehe Bild ➜ 2a.

Schwarz lässt Privatwagen wie Staatslimousinen erscheinen. Sie sehen gut aus und wirken prestigeträchtig. Besitzer von Kleinwagen wählen häufig Schwarz, um ihr Auto allein durch die Farbe aufzuwerten, siehe Bild ➜ 2b.

Silbergrau verrät den Wunsch nach Wertigkeit und Zeitlosigkeit. Der Käufer will nicht durch Farbe auffallen. Autos in dieser Farbe sind pflegeleicht und schmutzresistent.

Silber strahlt Eleganz und Selbstbewusstsein aus; steht als Symbol für Technik und Zukunft, siehe Bild ➜ 2c.

Rot hat Charakter und einen hohen Wirkungsgrad; Fahrer gelten als impulsiv, lebensfroh, extrovertiert, siehe Bild ➜ 2d.

Grün verrät den Wunsch nach Natürlichkeit, der Fahrer ist unkompliziert und heiter.

Gelb: Fahrer knallgelber Sportwagen sind leidenschaftliche Autofahrer. Neben Technik und Geschwindigkeit legen sie Wert auf Farbe und Material. Gelb steht für Sportlichkeit, Dynamik, Entschlossenheit und Optimismus.

Blau wird als ruhig wahrgenommen, lässt den Pulsschlag des Fahrers messbar sinken. Der Fahrer gilt als zuverlässig, pünktlich, anpassungsfähig, siehe Bild ➜ 2e.

In **Braun** kommt die Rückbesinnung auf traditionelle Werte zum Ausdruck wie Familie und Freunde, siehe Bild ➜ 2f.

12.3 Schrift auf mobilen Werbeträgern

In der Werbung ist Schrift sehr wichtig, weil detaillierte Informationen hauptsächlich über Text vermittelt werden. Viele Informationen werden aber auch unterbewusst über Bilder aufgenommen.

Die Aufgabe des Fahrzeuglackierers ist es, die Werbebotschaft ansprechend auf das Fahrzeug aufzubringen.

Dafür müssen:
- der Text leicht verständlich sein
- die Schrift dem Inhalt entsprechend gewählt werden
- Schriftsätze visuell strukturiert werden
- der Text gut lesbar sein

Die Lesbarkeit ist ein wichtiger Aspekt, da es sich hier um Schrift und Text auf Fahrzeugen handelt – der Leser sieht den Text nur für eine kurze Zeit.
Unter **Lesbarkeit** versteht man die Geschwindigkeit, mit der sich der Inhalt eines Textes ohne besondere Schwierigkeiten aufnehmen lässt.

Für die Bearbeitung und Anfertigung von Schriftzügen und Grafiken setzen Fahrzeuglackierer Computer und Plotter ein. Ausnahmen sind Schriftzüge und Grafiken, die mittels Airbrushverfahren und das Wassertransferverfahren auf das Fahrzeug aufgebracht werden.

Für das Schriftbild gibt es viele Parameter; Schriftarten und Schriftabwandlungen sind bereits in Kap. 4.3 beschrieben.

Für die Beschriftung der Werbeträger sind weiterhin von Bedeutung:
- Schriftarten und Schriftabwandlungen, siehe Kap. 12.3.1
- Helligkeits- und Farbkontrast zwischen Schriftfarbe und Hintergrundfarbe, siehe Kap. 12.3.2
- Positiv- und Negativschriftbild, siehe Kap. 12.3.3
- Hintergrund, siehe Kap. 12.3.4
- Schriftcharakter, siehe Kap. 12.3.5
- Bewegtheitsgrad, siehe Kap. 12.3.6

12.3.1 Schriftarten und Schriftabwandlungen

Es gibt verschiedene Schriftarten; DIN 16 518 unterteilt die Schriften in elf Gruppen, vgl. Kap. 4.3.1.

Für die Eingruppierung einer Schrift sind ausschlaggebend:
- Duktus
- Serifen
- Rundungen

Bei der Schriftabwandlung wird die Schrift variiert, ohne die typischen Merkmale der Schriftart zu verändern.
Wichtige Schriftabwandlungen sind:
- mager/fett: Veränderung der Schriftstärken
- regular/kursiv: Gerade- oder Schrägstellung der Buchstaben
- schmale/breite Schriftformen

Weitere Informationen zur Schriftabwandlung siehe Kap. 4.3.2.

12.3.2 Helligkeits- und Farbkontrast zwischen Schriftfarbe und Hintergrundfarbe

Der **Helligkeitskontrast** ist der Kontrast eines Schriftzuges mit dem Untergrund. Je größer der Unterschied in der Helligkeit, desto besser die Lesbarkeit.

Beispiel:
schwarze Schrift auf weißem oder gelbem Grund

Der **Farbkontrast** ist der Kontrast eines farbigen Schriftzuges zum andersfarbigen Untergrund.
Helligkeitskontrast und Farbkontrast können in der Entwurfsphase vom Fahrzeuglackierer am Computer mit dem Color-Contrast-Analyser im Internet überprüft werden.

Vorgehen:
- Man nimmt die beiden Farben mit der digitalen Pipette des Programms aus dem eigenen Entwurf ab.
- Vom Programm wird die Farb- und Helligkeitsdifferenz gemessen und bewertet.

Beispiel:
Dunkelgrüne Schrift auf grauem Untergrund, siehe Bild → 1.

1 Dunkelgrüne Schrift auf grauem Untergrund

Die beiden Farben werden im Feld Farbauswahl eingegeben.
Ergebnis – Farbe/Helligkeit, siehe Bild ➜ 1.

12.3.3 Positiv- und Negativschriftbild

Eine Positivschrift ist eine dunkle Schrift auf hellem Hintergrund, eine Negativschrift ist eine helle Schrift auf dunklem Hintergrund, siehe Bild ➜ 2.

Die Positivschrift lässt sich besser lesen als die Negativschrift.

Auf einem dunklen Fahrzeug kann man natürlich keine dunkle Schrift einsetzen. Wenn der dunkle Farbton des Fahrzeugs vorgegeben ist und nicht geändert werden kann, muss die schlechtere Lesbarkeit der weißen Schrift ausgeglichen werden durch größere Schriftzeichen.

12.3.4 Hintergrund

Grundsätzlich lassen sich Schriften auf alle einfarbigen Hintergründen mit einem ausreichenden Helligkeits- und Farbkontrast aufbringen.

Ungeeignet ist ein kleinteiliger, unruhiger Hintergrund. Er strengt das Auge unnötig an und erschwert die Lesbarkeit, vgl. Bild ➜ 3.

12.3.5 Schriftcharakter

Der Schriftcharakter bezeichnet die Formensprache, den Ausdruck und die Gestalt der Buchstaben. Er beschreibt auch die subjektive Anmutung einer Schrift.

Der Schriftcharakter wird bestimmt durch die typischen Merkmale der Schrift wie:
- Strickstärke
- Grund- und Haarstriche
- Rundungen
- mit oder ohne Serifen
- Art der Serifen

Weitere Informationen zu Klassifikation der Schriften siehe Kap. 4.3.1.

Der Schriftcharakter kann je nach Einsatz dieser Merkmale wirken, siehe Bild ➜ 4:
- frech, jugendlich provokant
- nüchtern, seriös

1 Helligkeits- und Farbkontrast der Schriftfarbe prüfen

2 Positivschrift und Negativschrift

3 Kleinteiliger, unruhiger Hintergrund

a) Frech, jugendlich provokant

b) Konservativ, traditionell, seriös

4 Schriftcharakter

Schriftzüge, die als Blickfang gestaltet werden, können mit ausdrucksstarken Buchstaben dargestellt werden.
Informationstexte sollten mit neutralen, gut lesbaren Buchstaben geschrieben werden, z. B. ein Adressenblock auf einem Firmenfahrzeug.
Bild ➜ 1 zeigt einige Beispiele für Schriftvariationen.

12.3.6 Bewegtheitsgrad

Der Bewegtheitsgrad bezeichnet die Ausrichtung, Neigung und Laufweite einer Schrift und beeinflusst den Schriftcharakter. Dadurch können die Buchstaben dynamisch oder eher statisch, ausgewogen wirken, siehe Bild ➜ 2.

12.4 Werbemittel

Werbemittel transportieren die Werbebotschaft von einem Anbieter zu einem Empfänger. Beispiele für Werbemittel sind: Plakat, Aufkleber, Spot, Litfaßsäule.
Das Privatfernsehen überschüttet uns mit vielen und langen Werbespots. Dafür wird das laufende Programm unterbrochen, was viele Zuschauer stört. Die Zuschauer können sich ärgern und die Werbung ertragen, oder sie suchen ein anderes Programm.

Anders bei Werbung auf Fahrzeugen:
Bilder auf vorbeifahrenden Autos ziehen unsere Augen magisch an. Ein genetisch programmierter Reflex im Menschen zwingt den Betrachter, sich zu überzeugen, dass ihm keine Gefahr droht. Diesem Reflex kann er sich nicht entziehen. Einen kurzen Augenblick lang widmet sich der Betrachter dem vorbeifahrenden Fahrzeug.
Diesen Augenblick nutzen Unternehmen, um ein werbewirksames Bild von sich zu verbreiten. Der kurze Blick auf das Fahrzeug mit der Werbebotschaft hat aber nur dann eine nachhaltige Werbewirkung, wenn der Betrachter die Botschaft in Sekundenschnelle erfassen kann.

Schrift, Logos, Dekore, Wappen, Zierstreifen und sogar Fotos sind Gestaltungselemente bei der Fahrzeugbeschriftung. Abgestimmt auf das Corporate Design werden Entwürfe für den jeweiligen Fahrzeugtyp angefertigt und mit witterungsbeständigen, farbechten Folien umgesetzt.

Werbemittel werden auf Fahrzeuge aufgebracht:
- mittels Folie, siehe Kap. 12.4.1
- als Druck, siehe Kap. 12.4.2

verspielt modisch	sachlich, zeitlos	*dynamisch, bewegt*
schwer, kräftig	leicht, dünn	*weich organisch*
schmal eng	**individell, persönlich**	elegant, konservativ

1 Variationen im Schriftausdruck

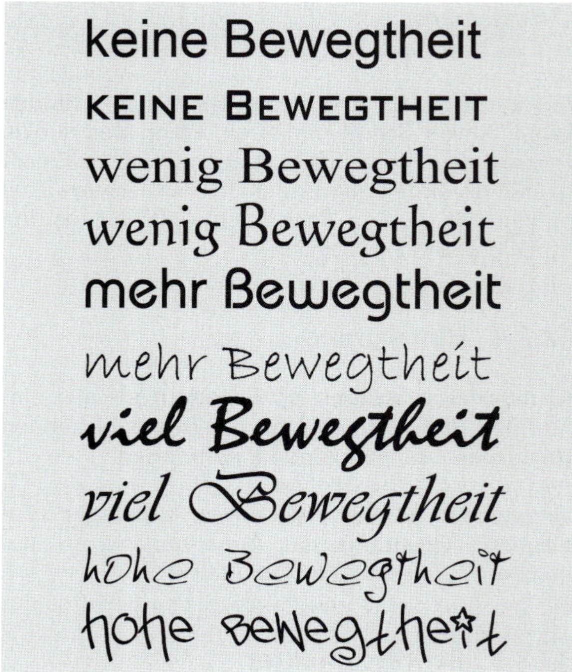

2 Bewegtheitsgrad von Schrifttypen

12.4.1 Folie als Werbemittel auf Fahrzeugen

Folienbeschriftungen sind das am häufigsten angewendete Verfahren der Fahrzeugbeschriftung. Das Verfahren ist preisgünstig und schnell umzusetzen. Wenn nicht extra vom Kunden gewünscht, muss das Fahrzeug nicht zum Schutz lackiert werden. Die Folie kann bei Änderungen der Werbemaßnahme oder beim Verkauf des Fahrzeugs einfach abgezogen werden.

Beispiel:
Viele Taxis werden heute komplett mit Folie im typischen Taxigelb beklebt, nicht mehr lackiert. Wird ein Auto nicht mehr als Taxi verwendet, wird die Folie entfernt und das Fahrzeug kann auch an eine Privatperson oder eine Firma weiterverkauft werden.

Durch den Einsatz von Folien entfallen aufwendige Lackierarbeiten und Trockenzeiten.
Informationen zum Folienkleben siehe Kap. 4.8, Kap. 4.9, Kap. 8.10 und Kap. 8.13.

12.4.2 Druck als Werbemittel auf Fahrzeugen

Fahrzeuge können mit gerasterten Fotos (Digitaldruck) beklebt oder im Direktverfahren (Siebdruck) bedruckt werden. Fotos werden in beliebiger Größe auf eine transparente Folie gedruckt und auf das Fahrzeug aufkaschiert. Einfarbige und mehrfarbige Schriften und Motive werden im Siebdruckverfahren direkt auf die Oberfläche eines Fahrzeugs gedruckt.

Druckverfahren sind:
- Digitaldruck, siehe Kap. 12.4.2.1
- Siebdruck, siehe Kap. 12.4.2.2
- Folienschnitt, siehe Kap. 12.4.2.3

12.4.2.1 Digitaldruck auf Fahrzeugen

Bilder des Digitaldrucks erkennt man an der fotorealistischen Wirkung, siehe Bild ➜ 1a. In keiner anderen Drucktechnik kann man Fotos in großen Formaten auf ein Fahrzeug bringen.

Dieses Druckverfahren zeichnet eine sehr realistische Wiedergabe aus, wenn man sie aus der Ferne betrachtet. Geht man jedoch sehr nahe an die Oberfläche des Fahrzeugs heran, sieht man die einzelnen Bildpunkte des gerasterten Fotos, siehe Bild ➜ 1b. Nur von Weitem sieht das Werbemotiv täuschend echt aus.
Da das Motiv digitalisiert wurde, kann es beliebig oft gedruckt und aufgeklebt werden. Die Herstellung der Drucke ist jedoch teuer.

Die Buchstaben und Grafiken sind selbstklebend. Ihre Oberfläche wird anschließend mit Drucklack oder Laminat versiegelt; das schützt vor Verschmutzungen und vor mechanischer Belastung, z. B. in Waschanlagen.

12.4.2.2 Siebdruck auf Fahrzeugen

Der Siebdruck ist ein Direktdruckverfahren, siehe Bild ➜ 2.
Die Druckfarbe wird mit einer Rakel durch ein Sieb gedrückt, das vorher mit lichtempfindlicher Fotoschicht beschichtet, belichtet und ausgewaschen wurde.

a) Auf Linienbus mit Detailansicht der Folie von innen

b) Auf Linienbus mit Ansicht der Folie von außen

1 Digitaldruck

a) Siebdruckrahmen und Rakel

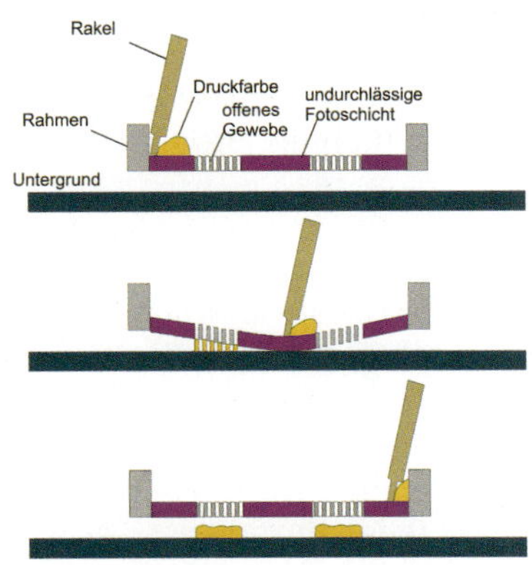

b) Druckverfahren

2 Siebdruck

Die Vorlage, z. B. Schrift, deckt einen Teil der Fotoschicht ab – sie bleibt dort unbelichtet. Die Fotoschicht härtet beim Belichten nicht aus und kann wieder ausgewaschen werden. Durch diese offenen Stellen des Siebes wird später beim Drucken die Farbe durchgerakelt.

12.4.2.3 Folienschnittlackierung auf Fahrzeugen

Bei der Folienschnittlackierung werden Buchstaben aus einer Folie geschnitten und die so entstandenen freien Flächen mit Wasserlack auslackiert, siehe Bild ➜ 1a.

Die Folie kann geschnitten werden:
- von einem Plotter
- mit einem Folienmesser am Fahrzeug

Wurde die Folie mit dem **Plotter geschnitten**, werden
- die einzelnen Buchstaben der Schrift aus dem Folienträger herausgehoben.
- die Negativschrift mit einer Übertragungsfolie überklebt und auf die vorbereitete Oberfläche des Fahrzeugs aufgeklebt,
- die Buchstaben auslackiert,
- die Folie abgezogen.

Zurück bleibt die Positivschrift, siehe Bild ➜ 1b.

Man kann die Folie auch **mit einem Foliemesser am Fahrzeug** schneiden. Dazu wird die Schrift auf die Folie aufgezeichnet und auf das Fahrzeug geklebt. Dann werden die Buchstaben direkt auf der Fahrzeugoberfläche mit dem Folienmesser ausgeschnitten.

Diese Technik hat Nachteile:
- Fahrzeugplanen können leicht durchschnitten werden.
- Das Folienmesser kann den Lack beschädigen.

Selbst wenn die Fläche später mit Klarlack überlackiert wird, kann man die Schnitte im Fahrzeuglack sehen.

Das Folienschnittverfahren ist sehr zeitaufwendig; deshalb kann es nur für Einzelanfertigungen oder Gestaltungen mit geringer Auflage eingesetzt werden.
Werbung im Folienschnittverfahren erkennt man daran, dass die Oberflächen genauso hochwertig aussehen wie der Fahrzeuglack. Siebdruck dagegen sieht eher matt aus und je nach Siebdruckfarbe kann auch eine leichte Orangenhaut bei der gedruckten Fläche zu sehen sein.

a) Überlackierte offene Flächen der Schnittfolie

b) Fertige Beschichtung

1 Folienschnitt

12.5 Corporate Identity

Corporate Identity[1] (**CI**) ist die englische Bezeichnung für Unternehmensidentität oder Unternehmenspersönlichkeit.

Ziel der CI ist eine lange wirksame Unternehmenspräsentation.

CI soll eine unverwechselbare Unternehmensidentität sein und:
- Informationen über das Unternehmen an den Kunden weiterleiten
- Imageprobleme bei bestimmten Zielgruppen beseitigen
- ein modernes, einheitliches Erscheinungsbild darzustellen

Mit CI wird ein Unternehmen wie eine Persönlichkeit dargestellt, um sich so beim Kunden zu identifizieren.
Weitere Informationen zum Umgang mit Kunden siehe Kap. 13.4.2.

[1] Identity (engl.): allgemein „Identität", aber auch „Gleichheit oder Übereinstimmung"; „Identität" ist von dem lateinischen Wort „idem" abgeleitet, das übersetzt „dasselbe" bedeutet

Zur Corporate Identity gehören:
- Unternehmenszeichen, siehe Kap. 12.5.1
- Hausfarbe, siehe Kap. 12.5.2

12.5.1 Unternehmenszeichen

Das Unternehmenszeichen wird auch **Logo** genannt. Es ist für den Werbeträger von besonderer Bedeutung.

Das Unternehmenszeichen:
- weckt Aufmerksamkeit und hat Signalwirkung
- informiert und hat Erinnerungswert
- hat eine ästhetische Wirkung, die eigenständig und langlebig ist
- kann abgewandelt und vielfältig eingesetzt werden

Unternehmenszeichen sind unterteilt in:
- Bildmarke
- Wortmarke
- Zeichenmarke
- kombinierte Marke

Eine **Bildmarke** ist ein grafisches Symbol, das ohne jeglichen Text auskommt, somit nur aus einer einfachen Abbildung oder Illustration besteht. Die Bildmarke symbolisiert das Unternehmen.

Beispiele:
- Shell-Muschel
- Michelin-Männchen

Das Schwierige dabei ist, nur über die Abbildung eines Objekts beim Betrachter eine Verbindung zum Unternehmen herzustellen. In der Einführungsphase einer Bildmarke wird deswegen oft zusätzlich ein Text platziert.

Die Bildmarke hat allerdings Vorteile gegenüber der Wortmarke; sie wird:
- schneller erfasst
- im Gehirn länger gespeichert
- besser wiedererkannt

Die **Wortmarke** ist der grafisch gestaltete Firmenschriftzug eines Unternehmens.

Ein Schriftzug hat den Vorteil, dass er eindeutig mit dem Unternehmen in Verbindung gebracht und kaum verwechselt wird. Dies ist besonders für größere Firmen interessant, bei denen es nicht nötig ist, durch Illustrationen den Firmennamen zu verdeutlichen.

Eine Wortmarke wird meistens in der Hausschrift und der Hausfarbe des Unternehmens gestaltet.

Zeichenmarken sind Logos, die aus Einzelbuchstaben oder Wortabkürzungen bestehen und deutlich typografisch geprägt sind, siehe Bild ➜ 1. Jedoch wird hierbei in die Formgebung der einzelnen Buchstaben des Logos eingegriffen und dieses verfremdet. Eine Möglichkeit besteht z. B. darin, Buchstabenfolgen auf künstlerische Weise miteinander zu verbinden.

Eine **kombinierte Marke** besteht aus Wort- und Bildmarke; diese ist die häufigste Form eines Logos.

Beispiele, siehe auch Bild ➜ 2:
- Bayer: Schrift und Kreuz
- Volkswagen: Initialen und Ring
- Bosch: Symbol und Schrift

12.5.2 Hausfarbe

Als Hausfarben bezeichnet man die konstant und einheitlich verwendeten Farben, mit denen sich ein Unternehmen nach außen und innen darstellt. Die Hausfarbe bestimmt maßgeblich den Stil und den ersten Eindruck der Firma. Farben haben unmittelbare Signalwirkung und können viel über ein Unternehmen aussagen, vgl. Kap. 12.2.

Beispiele, siehe auch Bild ➜ 3:
- Gelb: Shell
- Grün: Dresdner Bank
- Blau: NIVEA
- Rot: Bosch, Coca-Cola, Ferrari
- Lila: Milka Schokolade
- Türkis: Siemens

1 Ausgewählte Zeichenmarken

2 Ausgewählte Unternehmenszeichen aus Wort- und Bildmarke

3 Ausgewählte Hausfarben

12.6 Werbeplanung

Am Anfang einer Werbekampagne stehen meistens einige wichtige Fragen, damit ein Werbeplan erstellt werden kann.

Fragen zur Werbeplanung:
- Empfänger: Welche Zielpersonen sind anzusprechen?
- Wirkung: Welche Ziele strebt die Werbung an? In welchem Zeitraum und in welchem Umfang sollen diese erreicht werden?
- Botschaft: Was soll ausgesagt werden?
- Zeichen: Wie soll es gesagt werden? Wie ist die Botschaft zu gestalten?
- Träger: Welche Werbemittel sollen benutzt werden?
- Timing: Wann und wie oft sind die Werbemittel einzusetzen?

12.7 Werbegrundsätze

Der Anbieter einer Ware muss sich an eine Reihe von bestimmten Grundregeln halten, damit er effektive Werbung betreiben kann und mit dem Gesetz nicht in Konflikt gerät. Dafür gibt es Werbegrundsätze, an die sich auch der Fahrzeuglackierer halten muss.

Solche Werbegrundsätze betreffen die:
- Wirkung, siehe Kap. 12.7.1
- Wahrheit, siehe Kap. 12.7.2
- Klarheit, siehe Kap. 12.7.3
- Wirtschaftlichkeit, siehe Kap. 12.7.4

12.7.1 Wirkung der Werbung

Ein Anbieter sollte die Werbeaussage und die verwendeten Werbemittel so auswählen, dass sie die Kunden bzw. Verbraucher erreicht. Die Wirkung von Werbung hängt vom Einsatz der Werbemaßnahmen und -instrumente ab.

Manche Werbemaßnahmen wirken oft nicht sofort, sondern erst mit einer zeitlichen Verzögerung. Besonders bei Imagekampagnen ist die Wirkung eher langfristig; Imagekampagnen sollen das Ansehen eines Unternehmens in der Bevölkerung verbessern.

12.7.2 Wahrheit in der Werbung

Die Werbung darf nicht täuschen oder irreführen, sie muss sachlich richtig informieren.

Ist dies nicht der Fall, setzt ein Anbieter seine Glaubwürdigkeit aufs Spiel und widerspricht den Vorschriften, die das Gesetz gegen den unlauteren Wettbewerb, kurz UWG, aufstellt.
Werbung darf nicht gegen die guten Sitten verstoßen. Das tut sie jedoch beispielsweise:
- als vergleichende Werbung, wenn der Mitbewerber verunglimpft und herabgesetzt wird
- wenn sie sich nicht objektiv auf mindestens eine wesentliche, relevante, nachprüfbare und typische Eigenschaft dieser Ware oder den Preis bezieht
- wenn sie zu Verwechslungen mit der Konkurrenz führen kann

Darüber hinaus verlangt das Gesetz zutreffende Aussagen über die Ware, so über deren Beschaffenheit, Ursprung und angegebene Herstellungsart.
Nicht erlaubt sind falsche Angaben über Herstellungsart, Bezugsart oder Bezugsquelle.

12.7.3 Werbeklarheit

Die Werbeaussage muss klar und für den durchschnittlichen Verbraucher leicht verständlich sein, sodass der Konsument eine wohlüberlegte Kaufentscheidung treffen kann.

Englische Werbeslogans sind zwar modern, werden aber nicht immer richtig verstanden.

Das ist die Erkenntnis aus mehreren Studien über englischsprachige Werbung in Deutschland. Weniger als die Hälfte der am meisten umworbenen Konsumentengruppe, die der 14- bis 49-Jährigen, können selbst kurze Slogans der Unternehmen richtig verstehen.
Nicht verstanden wurden z. B. die Slogans einiger Autofirmen:
- „Feel the difference": Die Hälfte der befragten Verbraucher verstanden „Fühl das Differenzial" und nicht „Fühl den Unterschied".
- „The power of surprise": Daraus machten die meisten Befragten „Die Power-Überraschung"; eigentlich soll es heißen „Die Kraft zu überraschen".
- „Life by gorgeous". Dieser Slogan lässt sich schwer wörtlich übersetzen und bedeutet etwa soviel wie „das Leben ist herrlich, großartig, toll" und nicht „Leben wie in Georgien".
- „Driven by instinct": Soll heißen „Gefahren vom oder mit Instinkt"; das hat aber nur ein Bruchteil der Befragten sinngemäß korrekt verstanden.
- „Drive alive" heißt: „Fahre lebend"; dies empfanden die meisten nicht als verkaufsfördernd.

Besser sind klare deutschsprachige Slogans wie:
- Nichts ist unmöglich, ...
- Ich liebe es.
- Ganz schön clever.
- Wenn's um Geld geht, ...
- Geiz ist geil.
- Wohnst du noch oder lebst du schon?

Deutschsprachige Slogans haben mehr Kraft und werden auch richtig verstanden – selbst dann noch, wenn sie sprachlich nicht korrekt sind.

12.7.4 Wirtschaftlichkeit

Die Kosten der Werbung müssen in einem vernünftigen Verhältnis zum Werbeerfolg stehen. Die Wirtschaftlichkeit einer Werbung zu ermitteln ist aber aufwendig, weil man den finanziellen Aufwand und den kurz- bzw. langfristigen Werbeerfolg nur schwer messen kann.

12.8 Gesetze und Vorschriften für mobile Werbeträger

Ein Fahrzeug ist ein guter Werbeträger und wirbt täglich, rund um die Uhr und überall, dezent oder auffallend.
Häufig sieht man, dass Werbefahrzeuge bewusst an viel befahrenen Kreuzungen oder auf öffentlichen Parkplätzen abgestellt werden, siehe Bild ➜ 1.
Das ist ein ebenso legitimes wie wirkungsvolles Mittel, um auf sich aufmerksam zu machen.
Es kann aber passieren, dass das Ordnungsamt die Beseitigung des Fahrzeugs verlangt mit dem Verweis:
Das Fahrzeug sei nur zu Werbezwecken dort aufgestellt und deshalb rechtswidrig.
Dieser Verweis ist dann berechtigt, wenn der Werbeaufbau den Zweck eindeutig dominiert, siehe Bild ➜ 2.

Anders bei **Dachwerbeträgern**:
Im Sinne der StVZO ist der Dachwerbeträger eine mitgeführte Dachlast. Für den Einsatz auf dem Fahrzeug ist keine gesonderte Zulassung erforderlich. Hinweise zum Thema Seitenwindempfindlichkeit und Anbringen von Dachlasten sind jedoch zu beachten. Die übliche Werbetafelform ist ein Rechteck; individuelle Tafelformen sind auch möglich, z. B. Figuren, Computersilhouette, jedoch sollten sie aufgrund ihrer labilen Form nur im Stand eingesetzt werden oder besonders gesichert werden.

Für Taxis und Mietwagen gelten die Bestimmungen der Verordnung über den Betrieb von Kraftfahrunternehmen im Personenverkehr (BOKraft).

1 **Werbefahrzeug**

2 **Aufbau zum Zwecke der Werbung**

Die Verwendung von Dach- und Heckwerbeträgern ist nur unter folgenden Auflagen zulässig:
- *Werbung darf auf dem Dach oder am Heck angebracht sein, wenn für die verwendeten Werbeträger ein Teilegutachten im Sinne von § 19 Abs. 3 Nr. 4 Buchst.*
  - *a) Straßenverkehrszulassungsordnung (StVZO) oder eine Betriebserlaubnis für Fahrzeugteile gemäß § 22 StVZO vorliegt.*
  - *b) Dachwerbeträger (besondere Aufbauten) sind an Vorrichtungen (wie z. B. üblichen Dachträgersystemen) zu befestigen, die für den jeweiligen Fahrzeugtyp geeignet sind.*
- *Dachwerbeträger dürfen eine max. Länge von 150 cm, eine maximale Höhe von 50 cm und eine maximale Tiefe von 15 cm besitzen. Heckwerbeträger dürfen eine maximale Länge von 55 cm, eine maximale Breite von 100 cm und eine maximale Höhe von 30 cm besitzen.*
- *Werbeträger und Werbeflächen auf Dach- und Heckträger dürfen weder direkt noch indirekt beleuchtet und auch nicht retroreflektierend sein (vgl. § 49 a StVZO). Sie dürfen nicht mit Lauflichtbändern, Rollbändern und vergleichbaren Einrichtungen ausgestattet sein. Eine aufdringliche Farbgebung, wie z. B. Tagesleuchtfarben (Neonfarben), ist unzulässig.*

3 **Festlegungen für Taxis und Mietwagen mit Betriebssitz im Landkreis Augsburg, Stand 2003**

In § 26 „Kenntlichmachung" ist im Abschn. 2 zu Werbung festgelegt:
„Nach außen wirkende Werbung an Taxen und Mietwagen ist nur auf den seitlichen Fahrzeugtüren zulässig. Politische und religiöse Werbung an Taxen ist unzulässig."
Die Landratsämter können für ihren Landkreis darüber hinaus Festlegungen treffen.
Beispiel für Dach- und Heckwerbeträger siehe Bild ➜ 2.

12.9 Lernsituation

Die Firma Förde-Möbel Transport GmbH aus Kiel möchte einen neuen Lkw mit einer mehrteiligen farbigen Werbebeschriftung bekleben lassen. Das Firmenlogo besteht aus einem Bild- und einem Schriftlogo, siehe Bild → 1.

Ein Mitarbeiter hat am Computer aus einer digitalen Fahrzeugdatei den entsprechenden Lkw herausgesucht und einen Vorentwurf für die Gestaltung erstellt, siehe Bild → 2.

Die Abteilung „Beschriftung" in einem Fahrzeuglackierbetrieb soll:
- den Vorentwurf begutachten und evtl. verbessern
- den Lkw beschriften und bekleben

Der Auftrag wird wie folgt ausgeführt:
- Auftragsannahme, siehe Kap. 12.9.1
- Arbeitsplanung, siehe Kap. 12.9.2
- Arbeitsauftrag ausführen, siehe Kap. 12.9.3
- Qualitätssicherung, siehe Kap. 12.9.4
- Fahrzeug an den Kunden übergeben, siehe Kap. 12.9.5

12.9.1 Auftragsannahme

Der Beschrifter, Herr Jungen, nimmt den Vorentwurf entgegen. Er lobt den Kunden, weil er einen fast fertigen Entwurf geliefert hat.

1 Firmenlogo

2 Vorentwurf des Kunden

Seine erste Einschätzung lautet:
- Die Gestaltung und Beschriftung ist gut gelungen:
  - Die Schrift ist ausreichend groß und gut lesbar gewählt.
  - Es ist eine Schriftart gewählt, die zum Unternehmen passt.
  - Die Schriftfarbe entspricht der Hausfarbe des Unternehmens.
  - Der Kontrast Schrift-Hintergrund ist ausreichend.
  - Die grafischen Motive (Figuren, Logo, Farbflächen) sind sauber angeordnet.
- Die wichtigsten Informationen zur Werbung für das Unternehmen sind enthalten:
  - Firmenlogo
  - Leistungen, die das Unternehmen anbietet
  - Adresse, E-Mail-Adresse und Tel.-Nummer
- Das Bild auf der Rückwand ist ebenfalls gut ausgewählt: Der Leuchtturm und der blaue Hintergrund geben das Gefühl von Küste und Norden; passt also gut zum Unternehmenssitz Kiel.
- schwarzer Untergrund ist für blaue Schrift ungeeignet; besser Weiß belassen
- es ist ein Rechtschreibfehler enthalten!

Herr Jungen wird sich aber den Vorentwurf in Ruhe anschauen und dann seine endgültige Beurteilung abgeben.

12.9.2 Arbeitsplanung

Es wird ein Arbeitsplan erstellt, siehe Bild → 1.

12.9.3 Arbeitsauftrag ausführen

Die Arbeitsschritte sind:
- Vorentwurf begutachten und Änderungen erarbeiten, siehe Kap. 12.9.3.1
- unteren Rand im Folienschnitt-Verfahren lackieren, siehe Kap. 12.9.3.2
- Grafik auf die Rückwand kleben, siehe Kap. 12.9.3.3
- Folienschriften kleben, siehe Kap. 12.9.3.4

12.9.3.1 Vorentwurf begutachten und Änderungen erarbeiten

Als Vorlage für die Gestaltung des Lkws wird der Vorentwurf des Kunden genommen.

Trotz der guten Vorarbeit hat Herr Jungen Vorschläge, die den Vorentwurf verbessern:
- Die Farbe des Wimpels (gelb) auf Seiten- und Rückwand fällt zu wenig auf; mit der weißen Schrift darin ist der Farbkontrast gering; besser wäre, statt Gelb ein Rot zu wählen.
- Auf der Rückwand sollten noch die Daten des Unternehmens ergänzt werden; dann werden auch die Autofahrer besser erreicht, die hinter dem Lkw herfahren.

Diese Änderungen werden mit dem Verantwortlichen der Förde-Möbel Transport GmbH besprochen, der auch sofort mit diesen Verbesserungen einverstanden ist.

Somit ist der endgültige Entwurf für die Gestaltung des Lkws entstanden, siehe Bild Seite 309.

Auftrags-Nr.			**Schlüssel:** Fabrikat: Baujahr: Kfz-Halter:	**Benennung/** **Art der Arbeit:**	**Mitarbeiter:**
Arbeitsschritte					
lfd. Nr.	Vorbereitung	Beklebung, Spritzen	Arbeitsschritt	Werkzeuge, Geräte, Maschinen, Materialien, Hilfsstoffe	Bemerkungen, UVV
1	X		Vorentwurf begutachten, Änderungen erarbeiten		
2		X	unteren Rand mit Folienschnitt spritzen	Hochdruckspritzpistole (HVLP) druckreduziert, ggf. Dekorspritzpistole, Klebeband, Abdeckpapier, Schnittfolie, Schleifpapier (P 240, P 320) + Schleifpad	Atemschutz
3		X	Grafik auf Rückwand kleben	Hartgummirolle, Rakel, Skalpell, Blasenaufstecher, Klebeband, Gliedermaßstab	Vorsicht beim Umgang mit der Leiter
4		X	Folienschrift kleben	Heißluftföhn	

1 Arbeitsplan

12.9.3.2 Unteren Rand im Folienschnitt-Verfahren lackieren

Der untere Rand (weiße Schrift auf blauem Grund) an den Seitenwänden und der Rückwand wird lackiert, siehe Bild ➜ 1.

Gründe:
- Folie würde sich an den Kanten leicht lösen können.
- Der untere Rand wird besonders stark beschmutzt und mechanisch beansprucht; Folie würde dem nicht standhalten.

Die Vorgehensweise ist die gleiche, wie in Kapitel 4.9.3 beschrieben:
- Schablonenfolien erstellen:
  - plotten
  - entgittern
- Beschriftung vorbereiten:
  - Untergrund mit Silikonentferner reinigen
  - Übertragungsfolie auf die Schablonenfolie aufbringen
  - Folie platzieren und fixieren
  - Trägerfolie abziehen und Schablonenfolie aufbringen
  - Übertragungsfolie abziehen
  - nicht zu beschriftende Flächen abdecken
- Beschriftung aufbringen:
  - Kanten der Buchstaben nochmals festdrücken
  - Farbe durchrühren, aufrollen und trocknen lassen, siehe Bild ➜ 2
  - Abdeckungen entfernen

Dann werden die Buchstaben ausgehoben und ausgelaufene Kanten korrigiert.

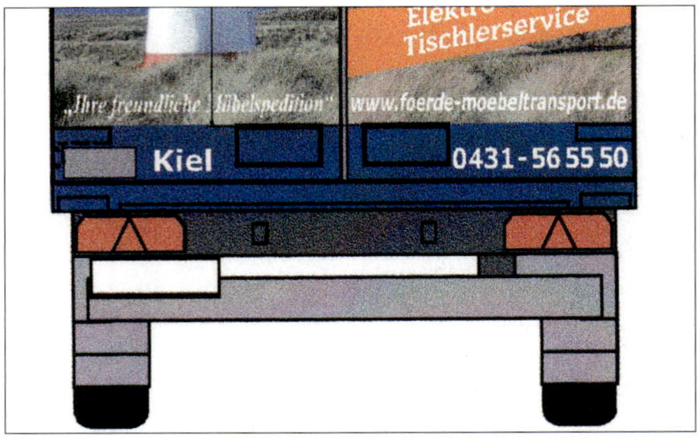

1 Unterer Rand der Beschriftung

2 Lackierter unterer Rand mit Abdeckung

12.9.3.3 Grafik auf die Rückwand kleben

Die Grafik wurde in einer Druckerei in Auftrag gegeben. Die Grafik ist ein fotorealistischer Digitaldruck, längs geteilt für die beiden Türen des Kofferaufbaus.

Es wird zuerst die linke Tür beklebt, dann die rechte Tür.

Die Vorgehensweise ist in Kap. 4.9.3.5 beschrieben:
- Folie mit dem Digitaldruck platzieren und mit Klebeband fixieren, siehe Bild ➜ 3a
- Trägerfolie stückchenweise flach nach unten abziehen und mit der Filzrakel andrücken, siehe Bild ➜ 3b
- Luftblasen ausstreichen, evtl. aufstechen, siehe Bild ➜ 3c
- Folie mit der Rakel festdrücken, siehe Bild ➜ 3d

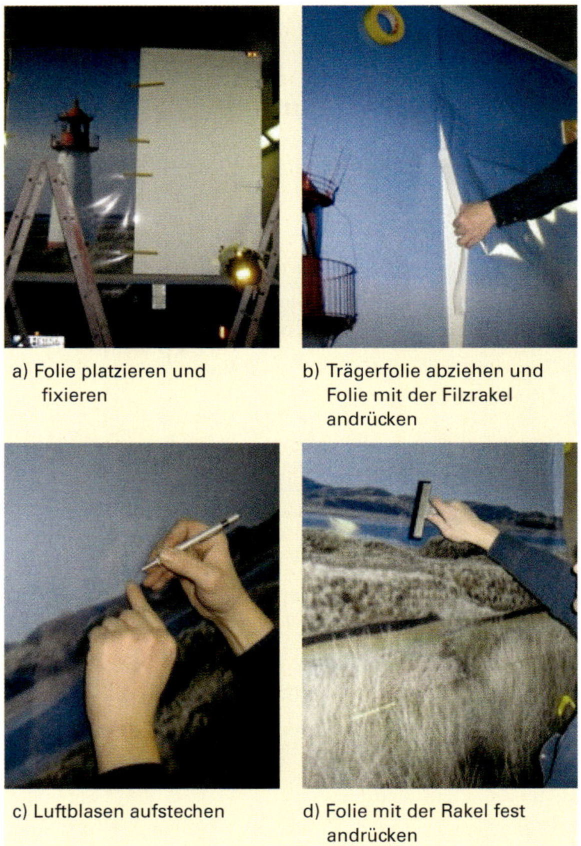

a) Folie platzieren und fixieren
b) Trägerfolie abziehen und Folie mit der Filzrakel andrücken
c) Luftblasen aufstechen
d) Folie mit der Rakel fest andrücken

3 Grafik an die Rückwand kleben

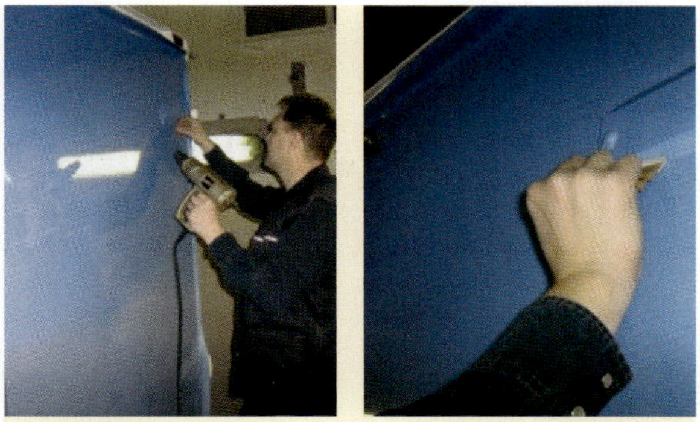

a) Folie mit Föhn erwärmen b) Folie um die Türscharniere legen

1 Türscharniere mit Folie bekleben

2 Klebeband zum Positionieren der Folienschrift

An den Türbeschlägen wird die Folie mit einem Föhn erwärmt, siehe Bild ➜ 1a. Die Folie dehnt sich und kann so faltenfrei um die Türbeschläge gelegt werden, siehe Bild ➜ 1b.

12.9.3.4 Folienschrift kleben

Folienschriften sind an den Seitenwänden, der Rückwand und auf der Vorderseite des Fahrzeugs zu kleben.

Da die Seitenwände sehr lang sind, kann zur Orientierung ein Klebeband als Hilfsmittel fixiert werden, siehe Bild ➜ 2.

Die Vorgehensweise zum Folienkleben ist in Kap. 8.12.3 beschrieben. Der Arbeitsauftrag kann in zwei Stufen aufgeteilt werden:

- Beklebung vorbereiten:
  - Schrift mit einem Grafikprogramm auf dem PC in eine Vektordatei umsetzen, siehe Bild ➜ 3a
  - Vektordatei in eine EPS-Datei (Outline-Datei) umwandeln, die vom Plotter gelesen und geschnitten werden kann
  - Schrift plotten, siehe Bild ➜ 3b
  - Schrift entgittern, siehe Bild ➜ 3c
  - Entgitterte Schrift mit einer Übertragungsfolie belegen, siehe Bild ➜ 3d
- Beklebung ausführen:
  - Oberfläche des Fahrzeugs mit Silikonentferner säubern und mit Seifenwasser entspannen, siehe Bild ➜ 330.1a
  - Schrift positionieren, siehe Bild ➜ 330.1b
  - Schrift mit Übertragungsfolie ausrichten und aufkleben, siehe Bild ➜ 330.1c
  - Übertragungsfolie abziehen, siehe Bild ➜ 330.1d

a) Schrift umsetzen und in eine EPS-Datei umwandeln

b) Schrift plotten

c) Schrift entgittern

d) Schrift mit Übertragungsfolie belegen

3 Beklebung vorbereiten

In gleicher Weise werden die Schriften an der Vorderseite und der Rückseite beklebt, siehe Bild ➜ 2 und Bild ➜ 331.1.

12.9.4 Qualitätssicherung

Zur Qualitätssicherung werden kontrolliert:
- unterer Rand
- auslackierte Schrift
- Folienbeklebung

Beim **unteren blauen Rand** wird gepruftt, ob der Lack gleichmäßig aufgetragen, der Glanz vorhanden ist und ob Silikoneinschlüsse oder Läufer zu sehen sind.

Bei der **auslackierten Schrift** wird geprüft, ob die Kanten scharf sind. Es dürfen keine Unterlaufungen und kein Spritznebel zu sehen sein, die aufgrund mangelhafter Abdeckung durch die Schriftfolie oder Abdeckung entstehen.

Bei der **Folienbeklebung** werden die Ränder und Flächen geprüft; sie müssen fest anliegen. Blasen in der Folienfläche werden aufgestochen und die Luft wird herausgedrückt. Besonders müssen Falze, Türkanten, Dichtungsgummis, Griffe und Scharniere geprüft werden. Bei Bedarf werden die Folien nachgedrückt oder mit dem Heißluftföhn erwärmt.

12.9.5 Fahrzeug an den Kunden übergeben

Nun kann das Fahrzeug an den Kunden übergeben werden. Der Kunde ist begeistert, besonders von der Rückwand des Lkws, siehe Bild ➜ 331.2.

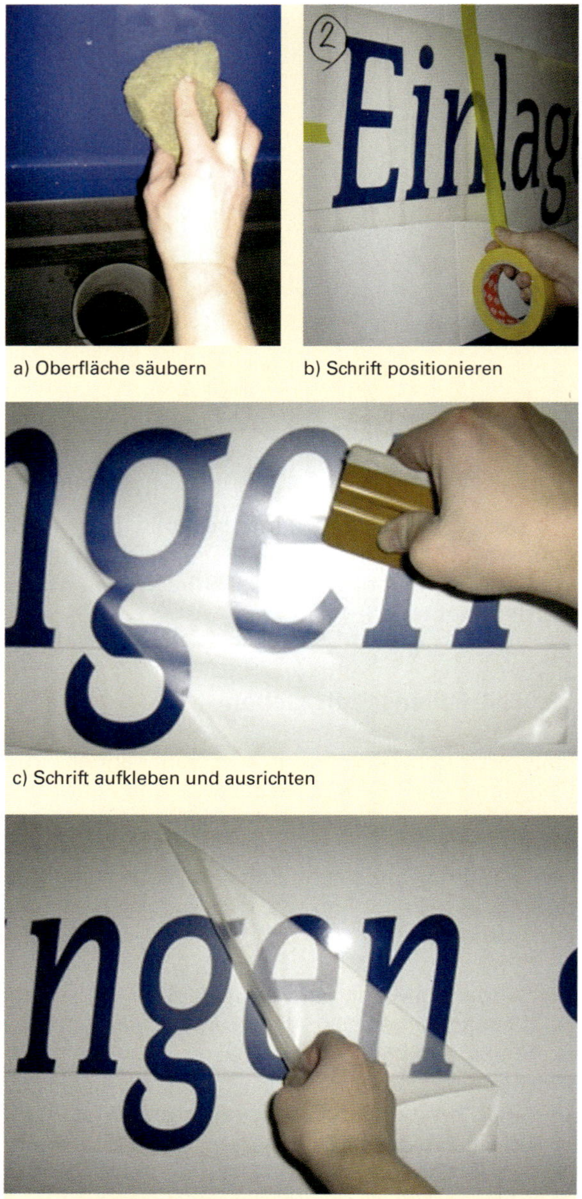

a) Oberfläche säubern
b) Schrift positionieren
c) Schrift aufkleben und ausrichten
d) Übertragungsfolie flach abziehen

1 Beklebung ausführen

2 Weitere Schrift auf der Vorderseite

1 Weitere Schrift auf der Rückseite

2 Fertige Rückseite des Fahrzeugs

Übungen

1. Welche örtliche Umschreibung kann man noch für Außenwerbung finden?
2. Wie nennt man die Kriterien für günstige Standorte für mobile Werbeträger?
3. Was beinhalten diese Kriterien?
4. Beschreiben Sie den Begriff Werbeträger.
5. Erläutern Sie, warum mobile Werbeträger des öffentlichen Verkehrs eine besonders gute Wirkung haben.
6. Beschreiben Sie, wie Farben den menschlichen Organismus und die Psyche beeinflussen können.
7. Über welches Organ nimmt der Mensch die meisten Sinneseindrücke auf?
8. Von welchen Konstanten ist die Farbwahrnehmung abhängig?
9. Nennen Sie eine Handwerksbranche und ihre typische Farbe.
10. Welche Nationalfarben haben sich im Autorennsport herausgebildet? Nennen Sie drei Beispiele.
11. Welche Lackfarben auf Autos lassen sich am besten wahrnehmen?
12. Welche Voraussetzungen für erfolgreiche Werbebotschaften auf Fahrzeugen sollte man unbedingt berücksichtigen?
13. Wie kann man eine Schrifttype abwandeln, ohne ihre typischen Merkmale zu verändern?
14. Welche Kontraste zwischen Schrift und Hintergrund beeinflussen die Lesbarkeit?
15. Lässt sich eine Positiv- oder eine Negativschrift besser lesen?
16. Welche Merkmale bestimmen den Charakter einer Schrifttype?
17. Erklären Sie den Begriff Bewegtheitsgrad einer Schrift.
18. Warum kann Fahrzeugwerbung wirkungsvoll sein?
19. Zählen Sie die Gestaltungselemente der Fahrzeugbeschriftung auf.
20. Nennen Sie die Vorteile einer Folienbeschriftung als Fahrzeugwerbung.
21. Beschreiben Sie die optische Wirkung eines Digitaldrucks.
22. Wie wird ein Schriftzug im Siebdruckverfahren gedruckt?
23. Was heißt Corporate Identity?
24. Was ist eine Bildmarke und wie beschreibt man eine Wortmarke?
25. Welche Kriterien beinhaltet eine Werbeplanung?
26. Welche Vorschriften gelten für Dachwerbeträger laut Straßenverkehrsordnung?
27. Berechnen Sie die Fläche der Folie, die benötigt wird, um ein Taxi vollflächig zu bekleben (zwei Seitenteile, Front, Rückseite und Dach).

Hinweis: Verwenden Sie die vereinfachten Flächen, wie sie in Bild → 1 orange markiert sind.

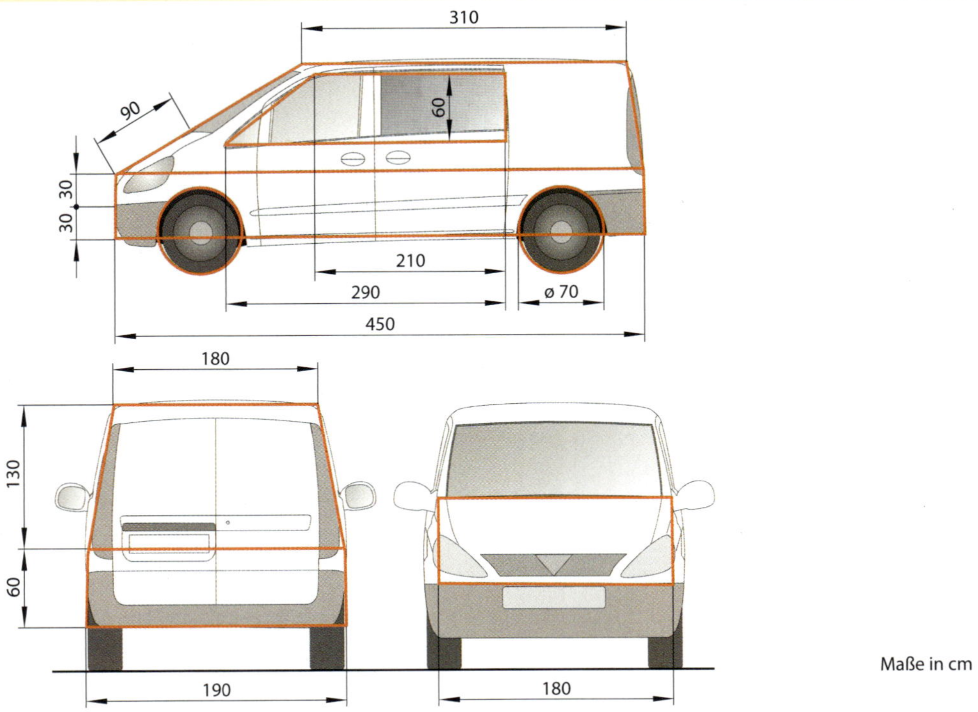

1 Flächen eines Taxis die Berechnung für das Folienkleben eines Taxis

Lernfeldübergreifende Themen

Inhalt

- Geschichte der Fahrzeuglackierung,
- Lackierung im Automobilwerk
- Einteilung der Kraftwagen
- Der Kunde
- Arbeitsaufträge bearbeiten
- Arbeitsschutz
- Umweltschutz

13 Lernfeldübergreifende Themen

In diesem Kapitel werden behandelt:
- Geschichte der Fahrzeuglackierung, siehe Kap. 13.1
- Lackierung im Automobilwerk, siehe Kap. 13.2
- Einteilung der Kraftwagen, siehe Kap. 13.3
- Der Kunde, siehe Kap. 13.4
- Arbeitsaufträge bearbeiten, siehe Kap. 13.5
- Arbeitsschutz, siehe Kap. 13.6
- Umweltschutz, siehe Kap. 13.7

1 **Postkutsche aus Holz, Stahl, Leder und Tuch**

13.1 Geschichte der Fahrzeuglackierung

Die Autolackierung hat ihren Anfang in einer Zeit, als es noch gar keine Automobile gab. Schon Pferdekutschen und andere Fahrzeuge waren in ihrer Zeit teure, hochwertige Produkte. Die Fahrzeuge bestanden hauptsächlich aus Holz und Stahl sowie Leder und Tuch, siehe Bild ➜ 1.
Diese Materialien verändern ihr Aussehen und ihre Eigenschaften, wenn sie Regen, Schnee, Sommerhitze, Winterkälte und Sonnenlicht ausgesetzt werden. Um Wert und Funktion der Fahrzeuge zu erhalten, versuchte man die Oberflächen mit verschiedenen Ölen, Fetten und Lacken zu schützen.

Mit der Entwicklung der Technik und somit auch der Fahrzeuge steigerten sich die Anforderungen an den Oberflächenschutz. Zum Ende des 19. Jahrhunderts entstanden Chemiebetriebe, die sich auf das Herstellen von Lacken spezialisierten, in Deutschland zum Beispiel Glasurit/BASF und Farbwerke Hoechst, siehe Bild ➜ 2.

Dort erforschte und entwickelte man Beschichtungsmaterialien, die widerstandsfähiger waren und länger wirkten. Der Wert der Fahrzeuge ließ sich mit dem neuen Oberflächenschutz für längere Zeit erhalten und musste nicht so häufig nachgebessert werden.

Große Veränderungen beim Oberflächenschutz ergaben sich in den 1920er Jahren. Die zunehmende Serienfertigung von Maschinen, Fahrzeugen und insbesondere Automobilen erforderte grundlegende Veränderungen bei der Oberflächenbeschichtung: In der Serienfertigung konnte man es sich nicht mehr leisten, Tage und Wochen darauf zu warten, dass Lack trocknet. Mit neu entwickelten Harzen und Lösemitteln wurden Lacke hergestellt, die die Anforderungen der Autohersteller immer besser erfüllten.

2 **Historische Lackproduktion**

Ebenfalls in den 1920er Jahren erfand T. DeVilbiss (USA) die **Spritzpistole**. Sie löste in kurzer Zeit den Pinsel ab. Der mit Druckluft erzeugte, feine Sprühnebel der Spritzpistole ermöglicht dünne Lackschichten. Eine dünne Lackschicht benötigt viel weniger Lack und sie trocknet viel schneller. Die Vorteile der Spritzpistole wurden schnell umgesetzt – das war auch nötig, weil die Automobilindustrie schnell wuchs.
War anfangs der Lack nur als dauerhafter Oberflächenschutz nötig, musste die Lackierung zunehmend auch den Geschmack der Autokäufer erfüllen. Das galt auch für Henry Fords T-Modell, siehe Bild ➜ 335.1. Das T-Modell, genannt „Tin Lizzie", war das erste Auto, das in Serie mit großen Stückzahlen produziert wurde – anfangs konnte man es nur in Schwarz kaufen.

Henry Ford wehrte sich lange gegen „bunte" Lackierungen, weil unterschiedliche Farben die Serienfertigung erschwerten. Er konnte sich aber mit dem „Einheits-Schwarz" nicht durchsetzen, auch weil es die Konkurrenz immer farbiger vormachte. Weiß, blau, rot und grün – immer mehr Farbtöne wurden für die Fahrzeuglackierung angeboten.

Auch der Aufbau der Lackschichten wurde aufwendiger. Man erkannte zunehmend, dass ein Lack allein nicht alle Anforderungen einer dauerhaften Oberflächenbeschichtung erfüllen kann. Vor dem farbigen Decklack wird deshalb eine Grundierung aufgetragen. Die Grundierung haftet besser auf dem Untergrund als Lack. Die Grundierung lässt sich schleifen; das führt zu einer ebenen Oberfläche, auf der der Decklack besser glänzt.

1 Ford T-Modell

Mit fortschreitender Automatisierung der Automobilproduktion wurden auch Maschinen und Zerstäuber entwickelt, die ein Lackieren der Karosserien mit Maschinen ermöglichten. Anfang der 1960er Jahre begann man in den Lackieranlagen der deutschen Autohersteller das Lackieren mit **elektrostatischen Rotationszerstäubern**.

Anfangs stellte man nur mehrere Rotationszerstäuber seitlich des Förderbandes auf, um die Seiten der Karosserie zu lackieren. Später hängte man zusätzlich auch Zerstäuber an die Decke, um die gesamte Außenhaut zu erreichen. Handlackierer mussten die Außenlackierung nur noch in den Bereichen ergänzen, die der Lacknebel der Rotationszerstäuber nicht richtig erreichte. Dazu gehörten auch die Innenbereiche, die weiterhin von Hand mit der Spritzpistole lackiert werden mussten.

Für die Zerstäuber wurden Dach- und Seiten-Maschinen entwickelt. Diese Maschinen ermöglichten es, die Zerstäuber mit oszillierenden Bewegungen über die Oberflächen der Karosserie zu bewegen. Dadurch verringerte sich die Zahl der Zerstäuber, die für eine Lackierung nötig waren. Das Lackieren wurde effizienter und es konnten in gleicher Zeit mehr Karosserien lackiert werden. Die zum Lackieren einer Karosserie nötige Handarbeit verringerte sich.

Im Jahr 1964 konnte man ab Werk die ersten Autos mit serienmäßiger Metallic-Lackierung kaufen. Der Metallic-Lack erfordert eine weitere Lackschicht: den Klarlack.
Auch stiegen die Anforderungen an einen dauerhaften Korrosionsschutz. Zum zusätzlichen Schutz erhielten die Karosserien als erste Lackschicht eine kathodische Tauchlackierung. Bei der Tauchlackierung erreicht dünnflüssiger Beschichtungsstoff auch die Bereiche der Karosserie, die mit den bisherigen Verfahren nicht lackiert wurden oder nicht lackiert werden konnten.

Autos werden immer mehr zum Großserienprodukt. Nicht nur der Farbton, der Glanz und die Haltbarkeit der Lackierung sind für die Autohersteller wichtig. Zunehmend interessieren auch die Kosten einer Lackierung. Neue Techniken und Geräte verbessern den Wirkungsgrad des Farbauftrags. Die Wirkung der Zerstäuber lässt sich immer genauer steuern. Mehr Lack erreicht die Oberflächen der Karosserie, weniger Lack geht ungenutzt verloren.

Das Leitungsnetz der Lackversorgung von den Lacktanks zu den Zerstäubern wird aufwendiger und vielseitiger. Jede Karosserie auf dem Förderband kann in einem anderen Farbton lackiert werden – dennoch geht in den Leitungen bei einem Wechsel des Farbtons nur wenig Lack verloren.

Anfang der 1990er rückt der Umweltschutz in den Vordergrund:
- Lösemittel darf nicht mehr in die Atmosphäre gegeben werden.
- Die deutsche Autoindustrie stellt ihre Lackieranlagen Schritt für Schritt von Lösemittel-Lack auf Wasser-Lack um.
- Lackabfälle mit Bestandteilen, die erheblich die Umwelt belasten, müssen seitdem als Sondermüll entsorgt werden.
- Man bemüht sich um einen geringen Energieverbrauch; die Technik der Trockenöfen wird verbessert; Abwärme wird genutzt.

Seit Ende der 1990er finden Roboter Einzug in die Lackieranlagen der Autoindustrie. Die immer leistungsfähigere Elektronik ermöglicht eine völlige Automatisierung. Roboter können heute alle für das Lackieren einer Karosserie nötigen Arbeitsschritte ausführen, siehe Bild ➜ 1.

Die Lackierkabinen haben sich zu Reinraum-Zonen entwickelt. Weder Staub noch andere Verunreinigungen können eine Lackierung beeinträchtigen.

Das Beschichten (Unterbodenschutz, Nahtabdichtung usw.) und Lackieren einer Automobilkarosserie erfolgt ganz ohne Handarbeit. Die Automatisierung ermöglicht eine gleichbleibend hohe und wirtschaftliche Güte. Der Mensch übernimmt nur noch kontrollierende Aufgaben und sorgt für Sauberkeit und Wartung.

13.2 Lackierung im Automobilwerk

Im Automobilwerk sind alle Produktionsschritte bis ins Detail geplant. Jeder Schritt muss die geforderte Qualität erreichen und die Kosten sollen möglichst gering sein.

In diesem Kapitel werden behandelt:
- Bevor die Karosserie lackiert werden kann, siehe Kap. 13.2.1
- Unterschiede der automatisierten Serienlackierung zur manuellen Nach- oder Reparaturlackierung, siehe Kap. 13.2.2
- Arbeitsgänge beim Lackieren, siehe Kap. 13.2.3

13.2.1 Bevor die Karosserie lackiert werden kann

Im Rohbau werden:
- Karosserie zusammengeschweißt, gelötet, geklebt und alles Weitere, was für eine fertige Karosserie nötig ist
- Türen eingebaut, die Motorhaube montiert und auch der Kofferraumdeckel oder die Heckklappe angebracht
- Tankdeckel auf einer speziellen Halterung abgelegt; die Halterung ist in einem der hinteren Seitenfenster befestigt

Vom Rohbau werden die Karosserien auf langen Förderern zum Lackieren angeliefert, siehe Bild ➜ 2. Die Lackiererei in einem Automobilwerk ist ein eigenständiger Betrieb.
Die Karosserien werden automatisch lackiert. Förderer schleusen die Karosserien durch verschiedene Stationen.

1 Lackierroboter in Aktion

2 Karosserien aus dem Rohbau auf dem Weg zur Lackiererei

13.2.2 Unterschiede der automatisierten Serienlackierung zur manuellen Nach- oder Reparaturlackierung

Die automatische Serienlackierung unterscheidet sich in vielen Details von dem, was man aus einer Lackiererei kennt, die Unfallwagen instand setzen.

Unterschiede sind:
- Einsatz von Robotern und Rotationszerstäubern
- Dauer der Arbeitsschritte

Roboter und Rotationszerstäuber bewirken den entscheidenden Unterschied zur Lackierung von Hand: Der Roboter bewegt den Zerstäuber in präzisen Bahnen über die Karosserie. Ist das Lackierprogramm richtig abgestimmt, wird nur so viel Lack aufgetragen, wie für die perfekte Lackierung nötig ist.

Mit einem elektrostatischen Rotationszerstäuber kann das Sprühbild an den verwendeten Lack angepasst werden, besser als es bei einer luftzerstäubenden Lackierpistole möglich ist. Die Effizienz des Lackauftrags ist um ein Vielfaches höher:

- mehr zerstäubter Lack erreicht die Oberfläche
- weniger Lack geht in der Luft der Lackierkabine verloren (Overspray)

Bei dieser automatisierten Serienlackierung ist die **Dauer der Arbeitsschritte** viel geringer: In einer Lackierlinie werden durchschnittlich 50 bis 60 Karosserien pro Stunde lackiert.

13.2.3 Arbeitsgänge beim Lackieren im Automobilwerk

Nicht nur auf das Äußere der Karosserie wird Lack aufgetragen, auch der Motorraum, der Kofferraum sowie die Innenseiten der Türen und die Türöffnungen werden lackiert.

Anbauteile aus Kunststoff wie Stoßfänger, Blenden und Gehäuse der Außenspiegel werden unabhängig von der Karosserie schon bei deren Herstellung lackiert.

Fast alle Arbeiten werden von Robotern ausgeführt. Die Bewegungen des Roboters werden von einem Computer gesteuert. Der Computer speichert die Bewegungen in einem Programm.

Jedes Programm setzt sich aus mehreren Abschnitten zusammen. Für Kotflügel, Tür, Dach sowie die anderen Bereiche der Karosserie gibt es jeweils einen eigenen Programmabschnitt.

Beispiele:
- Limousine und Kombi haben für die Motorhaube den gleichen Programmabschnitt.
- Der Abschnitt für die Dächer ist aber unterschiedlich.

Auch erlaubt diese Aufteilung des Programms, ein Karosseriedach mit und eines ohne Schiebedach unterschiedlich zu lackieren.

Das Programm für den Roboter reiht also Programmteile aneinander, passend für jede Karosserie.

Auch die Einstellungen für den Rotationszerstäuber sind in unterschiedliche Abschnitte (**Brushs**) aufgeteilt. Jedem Bereich der Karosserie kann ein eigener Abschnitt mit eigenen Lackierwerten zugeordnet werden. Auf diese Weise erhält jeder Bereich die optimale Lackschicht.

Menschen in der Lackieranlage kontrollieren die Funktionen, prüfen die Qualität der Produktion und warten die Maschinen.

Jeder Arbeitsgang teilt sich in mehrere Arbeitsschritte. In jeder Station wird ein Arbeitsschritt ausgeführt.

Die Arbeitsgänge sind, vgl. Bild → 1:
- Reinigen und Prüfen, siehe Kap. 13.2.3.1
- Schleifen, Nahtabdichtung, Unterbodenschutz und Dämmstoffe, siehe Kap. 13.2.3.2
- Lackieren, siehe Kap. 13.2.3.3
- Kontrolle und Nacharbeit, siehe Kap. 13.2.3.4

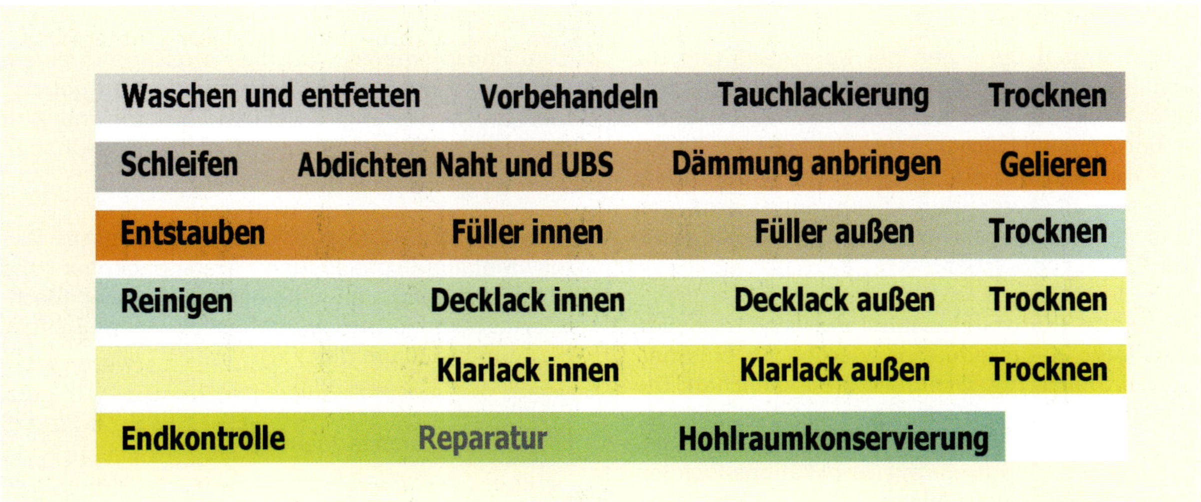

1 Lackierung in einem Automobilwerk

13.2.3.1 Karosserie reinigen und prüfen

Wenn die Rohkarosserie vom Metallbau in die Lackiererei kommt, muss sie für das Lackieren vorbereitet werden:
- Auf vielen Teilen der Karosserie befinden sich noch Öl, Fett u. a. Rückstände wie Staub.
- Schweißperlen haben sich auf dem Blech fest gebrannt.
- An einigen Stellen befindet sich noch Trennmittel vom Schweißen.
- Vom Schleifen sind Metallspäne und Metallstaub sowie Abrieb der Schleifscheiben auf der Karosserie-Oberfläche.

Zum Reinigen wird die gesamte Karosserie mit Reinigungsmittel abgesprüht und durch ein Tauchbad geführt. Chemikalien waschen Fett und Öl von den Oberflächen. Auch Staub und Schmutz werden abgespült. Nach dem Bad läuft die Badflüssigkeit aus der Karosserie und die Karosserie wird getrocknet.

Geschulte Mitarbeiter überprüfen die wichtigen Bereiche der Karosserie auf tadellosen Zustand. Sollte noch Schmutz entdeckt werden, wird er von Hand mit Tüchern entfernt. Kleine Kratzer oder Beulen, die bei der Fertigung oder beim Transport entstanden sein können, werden beseitigt.

Störungen und Schäden, die bei dieser Kontrolle nicht auffallen, lassen sich später nur mit erheblichem Aufwand korrigieren.

13.2.3.2 Karosserie schleifen, Nahtabdichtung, Unterbodenschutz und Dämmstoffe

In bestimmten Bereichen der Karosserie fällt die Qualität der Lackierung besonders ins Auge, z. B. an Motorhaube, Dach, Kofferraumdeckel und anderen horizontalen Flächen. Diese Bereiche der Karosserie werden nach der Tauchlackierung besonders gewissenhaft kontrolliert. Falls nötig wird von Hand dünn nachgeschliffen, um eine tadellose Oberfläche zu erreichen.

Die Spalte (Karosserienähte) zwischen den verschweißten Karosserieteilen werden an entscheidenden Stellen mit Dichtmaterial abgedichtet. Die Nahtabdichtung verhindert, dass später Feuchtigkeit in die Spalte eindringt und zu Korrosion (Rost) führt. Roboter spritzen mit Applikations-Pistolen Linien aus PVC auf die Nähte.

Abschließend werden Dämmmatten in den Innenraum der Karosserie geklebt und Roboter sprühen den Unterbodenschutz auf die Unterseite der Karosserie.

Die nachfolgend beschriebenen Arbeitsschritte erfolgen „Zug um Zug" in einer langen Lackierlinie. Die verschiedenen Lackierstationen befinden sich hintereinander aufgereiht. Förderer im Boden der Lackierlinie transportieren die Karosserie von Station zu Station.

13.2.3.3 Karosserie lackieren

Die folgenden Arbeitsgänge sind ein Beispiel, wie bei vielen Fahrzeugherstellern lackiert wird. Es gibt aber auch Fahrzeughersteller, die davon abweichende Techniken und Prozessschritte anwenden.

Das Lackieren einer Karosserie erfolgt in den Arbeitsgängen:
- Grundierung
- Entstauben
- Füller
- Decklack
- Klarlack

Karosserie grundieren
Die Grundierung wird als Kataphorese[1]-Tauchlackierung durchgeführt.

Die Tauchlackierung erfolgt in zwei grundsätzlichen Schritten.
- Phosphatieren
- kathodische Tauchlackierung

Zum **Phosphatieren** wird die Karosserie in einem ersten Bad mit saurer Phosphatierlösung gebeizt. Die Karosserie hängt an einem Förderer und wird durch das Bad geführt. Die saure Phosphatierlösung löst die oberste Blechschicht an.

Dem sauren Bad folgt ein zweites, basisches Bad mit Metallphosphatlösung. Metallphosphat und Stahlblech reagieren miteinander. Auf der Blechoberfläche bildet sich eine Metallphosphat-Schicht, ca. 1 µm bis 30 µm dick.

Die Phosphat-Schicht wirkt als Haftgrund für die **kathodische Tauchlackierung**.

[1] Kataphorese (griech.): Wanderung positiv elektrisch geladener Teilchen in einer Flüssigkeit

Die Karosserie wird ebenfalls an einem Förderer durch das Bad geführt, siehe Bild → 1. Die Flüssigkeit im Bad ist ein elektrisch leitfähiger Lack.

Der elektrisch leitfähige Lack besteht hauptsächlich aus:
- Bindemittel (Epoxidharz)
- wassermischbarem, organischem Lösemittel
- Wasser

Im Tauchbad befinden sich Elektroden, an denen Gleichspannung anliegt. Die Karosserie ist geerdet. Im elektrischen Feld zwischen Elektroden und geerdeter Karosserie laden sich die Teilchen des Bades elektrisch auf und werden von der Karosserie angezogen. Der Stromfluss sorgt für ein sehr gleichmäßiges Beschichten der gesamten Karosserie mit allen Hohlräumen.

Nach dem Bad wird die Karosserie durch einen Tunnelofen geführt. Dort verdampfen Wasser und Lösemittel; die Lackschicht trocknet.

Karosserie entstauben
Bevor die Karosserie die nächsten Lackschichten erhält, muss von deren Oberfläche nochmals der Staub entfernt werden.

Entstaubt werden an der Karosserie:
- das Innere
- die Außenhaut

Das **Innere der Karosserie** wird mit einem Blower[1] entstaubt. Dazu wird durch die Karosserie mit einer großen Öffnung im Heck (Fließheck, Kombi, Van, Transporter, SUV) schnell und stark strömende Luft geführt. Der Luftstrom nimmt allen losen Staub mit, der sich im Inneren der Karosserie abgesetzt hat.

Die **Außenhaut** wird in einer sogenannten Emu[2]-Station entstaubt; das sind große Walzen mit Straußenfedern, siehe Bild → 2. Die Straußenfedern wischen über die Oberflächen der Karosserie – ähnlich wie in einer Waschstraße, aber trocken.

Füller auftragen
Ist der Staub von der Karosserie entfernt, wird im direkt folgenden Schritt mit Füller (**Primer**) lackiert. Füller wird meist in nur drei oder vier Farbtönen verwendet.

Füller wird meist in folgenden Farbtönen verwendet:
- dunkler Farbton: anthrazit
- heller Farbton: hellgrau oder weiß
- mittlerer Farbton: rotbraun oder ocker

1 Blower (engl.): gigantischer Staubsauger
2 Emu: australischer Laufvogel

1 Kathodische Tauchlackierung einer Pkw-Karosserie

2 Emu-Station

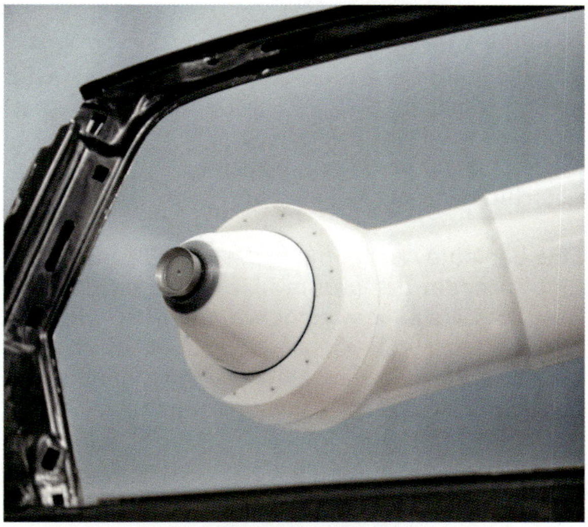

3 Innenlackierung mit Handler und Roboter

Passen Füller und der darauf aufgetragene Decklack (Basecoat) in ihrem Farbton einigermaßen zueinander, deckt der Decklack schneller und es kann Lackmaterial gespart werden.

Handler-Roboter öffnen Motorhaube, Türen und Kofferraumdeckel. Lackierroboter fahren in immer gleichen Bahnen mit Rotationszerstäubern über die zu lackierenden Oberflächen, siehe Bild → 3.

Es werden lackiert:
- Motorraum
- Türinnenseiten
- Türrahmen in der Karosserie
- Kofferraum

Die anderen Bereiche im Inneren spart man sich meist; sie verschwinden unter Teppichen, Verkleidungen und den Sitzen.
Sind die Innenbereiche lackiert, werden Haube, Türen und Deckel wieder geschlossen. Die Lackier-Roboter der nächsten Station tragen den Füller auf das Äußere der Karosserie auf.

Sind alle Bereiche der Karosserie mit Füller lackiert, durchläuft die Karosserie auf dem Förderer eine kurze Abdunst-Zone und wird dann in den Trockner geführt.
Der **Trockner** ist ein langer Tunnel, in dem die Temperaturen herrschen, die für das Trocknen und Einbrennen des Lacks nötig sind. Die Temperaturen im Trockner richten sich nach den Trocknungseigenschaften (Lösemittel, Feststoffanteil usw.) des Lackes.
Am Ende des Trockners befindet sich eine Zone, in der die Karosserie auf die Temperatur abkühlt, die für die nächste Lackierung nötig ist.

Decklack auftragen
Hat die Karosserie den Trockner verlassen, wird in der nächsten Station der Decklack (**Basecoat**) lackiert – wie beim Füller auch:
- zuerst das Innere der Karosserie
- nachfolgend die Außenhaut

Eine bedingte Ausnahme bildet der Metallic-Lack:
Erst nachdem der größte Teil der Lackschicht mit Rotationszerstäubern aufgebracht wurde, wird hier abschließend eine hauchdünne Lackschicht mit luftzerstäubenden Pistolen oder Rotationszerstäubern ohne Hochspannung aufgetragen.

Diese zusätzliche Metallic-Schicht ist nötig, um eventuell später nötige Lackreparaturen in vergleichbarer Qualität zu erreichen.

Auch nach der Decklacklackierung durchfährt die Karosserie wieder einen Trockner.

Klarlack auftragen
Abschließend erfolgt auf den getrockneten Decklack das Lackieren mit Klarlack. Dabei handelt es sich meist um 2K-Lack. Dieser Lack wird erst im Roboter, kurz vor dem Lackauftrag, aus Stammlack und Härter automatisch gemischt.
Auch beim Klarlack erfolgt anschließend das kontrollierte Aufheizen der Lackschicht in einem Trockner.

13.2.3.4 Kontrolle und Nacharbeit

Nach welchen Arbeitsschritten Kontrollen und Nacharbeiten durchgeführt werden, richtet sich hauptsächlich nach den Qualitätsanforderungen der Fahrzeughersteller und ergeben sich auch aus wirtschaftlichen Gründen.

Grundsätzlich gilt:
Umso früher ein Fehler erkannt und behoben wird, desto günstiger und besser wird die Lackierung.

Um die Qualität der Lackierung beurteilen zu können, durchlaufen die Karosserien auf dem Förderer hell beleuchtete Kabinen. Störungen der Lackierung können bei der intensiven Beleuchtung leicht erkannt werden.

Erfahrene Fachkräfte prüfen die kritischen Bereiche der Oberfläche und entscheiden bei Störungen über die Art und den Umfang der nötigen Lackreparatur, siehe Bild ➜ 1.

Kleine Fehler werden von Hand repariert. Bei irreparablen Störungen wird die Karosserie aus dem Förderersystem ausgeschleust und für eine erneute Teillackierung vorbereitet.

Für intensive Qualitätskontrollen werden die Karosserien aus dem Produktionszyklus ausgeschleust und alle Kriterien der Lackierung kontrolliert und gemessen.

1 Kritische Bereiche der Oberfläche prüfen

13.3 Einteilung der Kraftwagen

Alle Straßenfahrzeuge sind nach DIN 70 010 systematisch geordnet, siehe Bild ➜ 1.

Danach unterteilen sich die **Kraftwagen** in:
- Personenkraftwagen, siehe Kap. 13.3.1
- Nutzkraftwagen, siehe Kap. 13.3.2

13.3.1 Personenkraftwagen

Personenkraftwagen (**Pkw**) sind Kraftwagen, die nach ihrer Bauart und Einrichtung hauptsächlich bestimmt sind zur Beförderung von Personen, deren Gepäck und/oder von Gütern.

Pkws haben einschließlich Fahrersitz max. neun Sitzplätze.

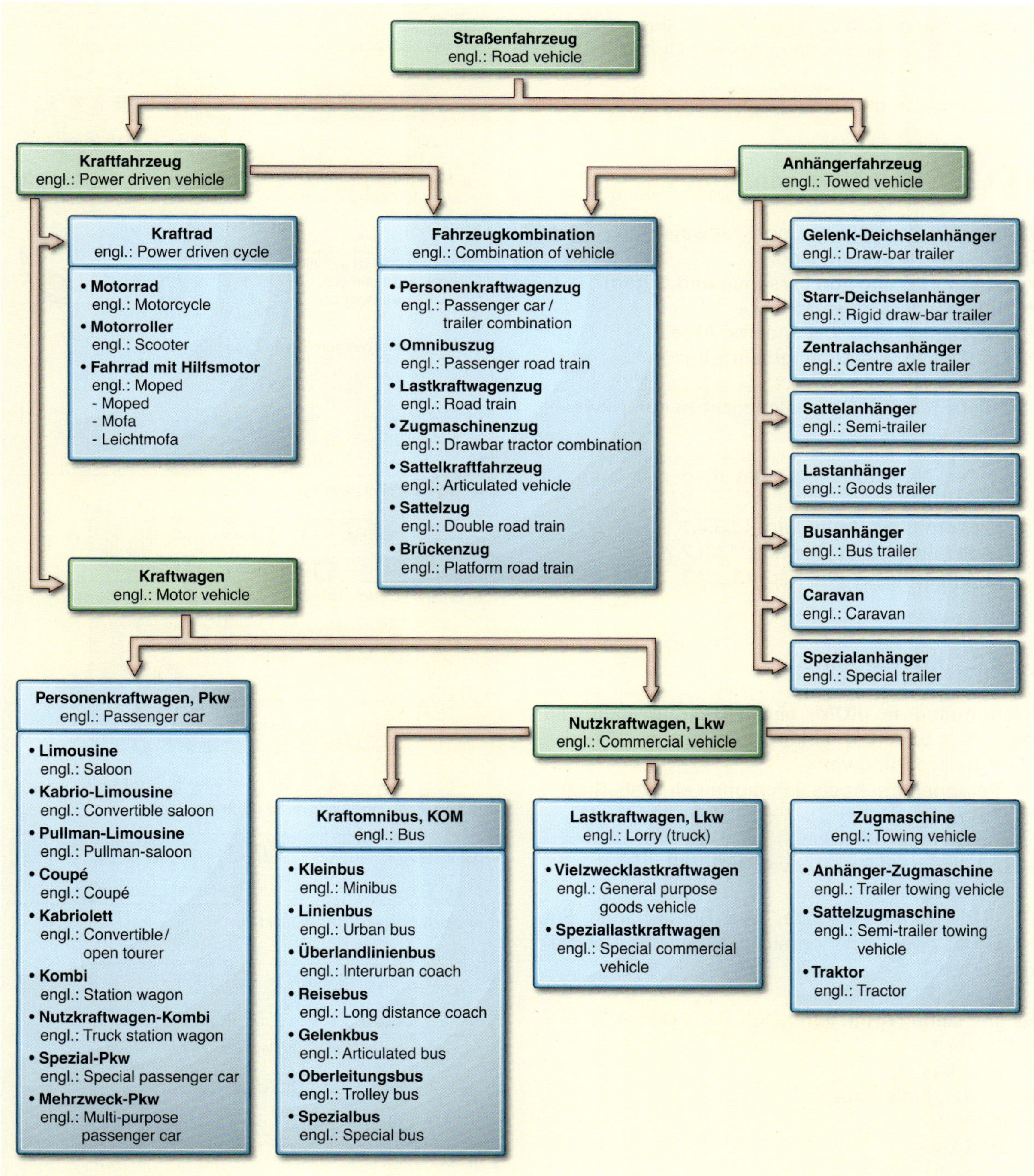

1 Einteilung der Straßenfahrzeuge

Es gibt neun Arten von Pkws, siehe Bild ➜ 1:
- Limousine
- Kabrio-Limousine
- Pullman-Limousine
- Coupé
- Kabriolett
- Kombi
- Nutzkraftwagen-Kombi
- Spezial-Pkw
- Mehrzweck-Pkw

Im Kraftfahrzeugbau werden die Fahrzeuge so dargestellt, dass sie von rechts nach links fahren.

Ausnahme: Kraftomnibus, siehe Kap. 13.3.2.1.

13.3.2 Nutzkraftwagen

Nutzkraftwagen (**Nkw**) sind Kraftwagen, die nach ihrer Bauart bestimmt sind:
- zur Beförderung von Personen und Gütern
- für besondere Einsatzzwecke
- zur Leistung einer besonderen Arbeit
- zum Ziehen von Anhängefahrzeugen

Personenkraftwagen zählen nicht zu den Nkws.

Bei den Nkws unterscheidet man nach ihrem Einsatz:
- Kraftomnibus, siehe Kap. 13.3.2.1
- Lastkraftwagen, siehe Kap. 13.3.2.2
- Zugmaschine, siehe Kap. 13.3.2.3

13.3.2.1 Kraftomnibus

Kraftomnibusse (**KOM**) sind Nutzkraftwagen, die nach ihrer Bauart und Einrichtung bestimmt sind:
- zur Beförderung von
  - Personen (mehr als 9 Personen einschließlich Fahrer)
  - deren Reisegepäck
- für besondere Einsatzzwecke

Die KOM können ein oder zwei Decks haben. Ein KOM mit zwei Decks bezeichnet man mit **Doppeldeckerbus**.

Es gibt sieben Arten von KOM, siehe Bild ➜ 2:
- Kleinbus
- Linienbus
- Überlandlinienbus
- Reisebus
- Gelenkbus
- Oberleitungsbus
- Spezialbus

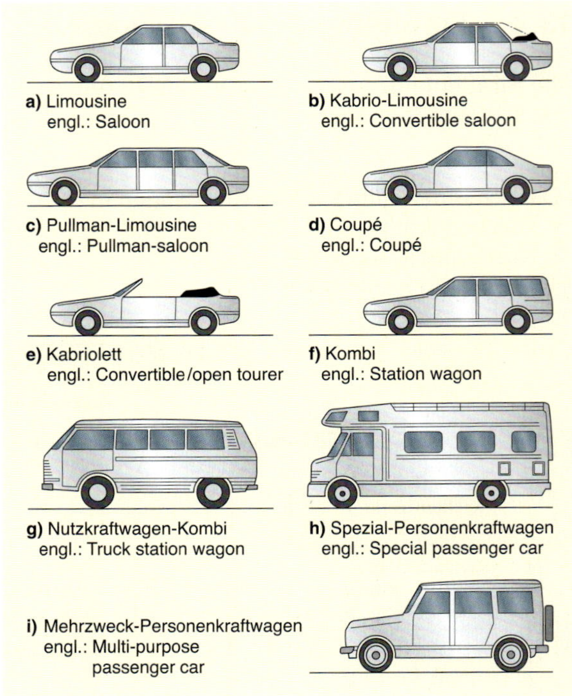

1 **Personenkraftwagen** (engl.: Passenger car)

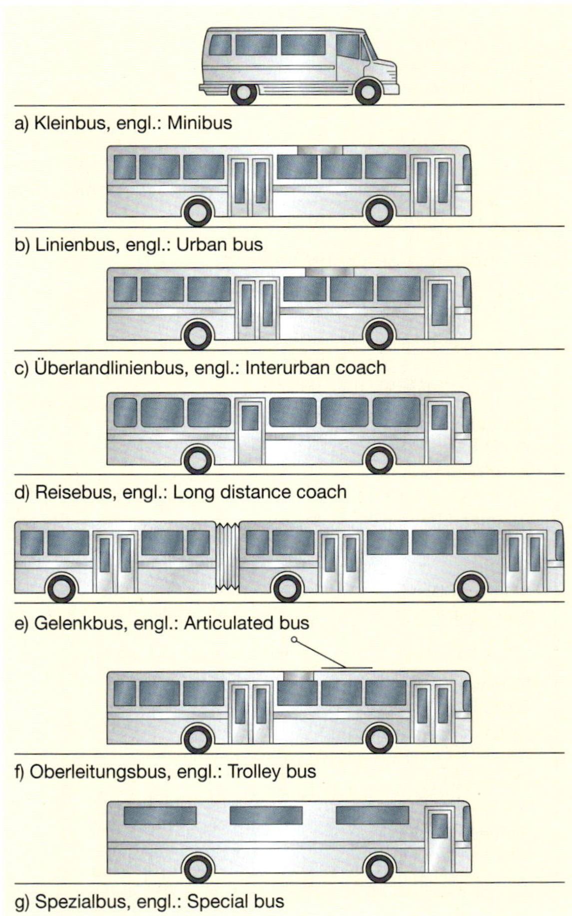

2 **Kraftomnibus** (engl.: Bus)

Die KOM werden von links nach rechts fahrend dargestellt, im Gegensatz zu den anderen Fahrzeugen, vgl. Kap. 13.3.1.

Begründung
In Deutschland sind die Betriebstüren auf der rechten Fahrzeugseite angeordnet (Rechtsverkehr!).

13.3.2.2 Lastkraftwagen

Lastkraftwagen (**Lkw**) sind Nutzkraftwagen, die nach ihrer Bauart und Einrichtung bestimmt sind zum Transport von Gütern.
Es gibt zwei Arten von Lkws, siehe Bild ➜ 1:
- Vielzwecklastkraftwagen
- Speziallastkraftwagen

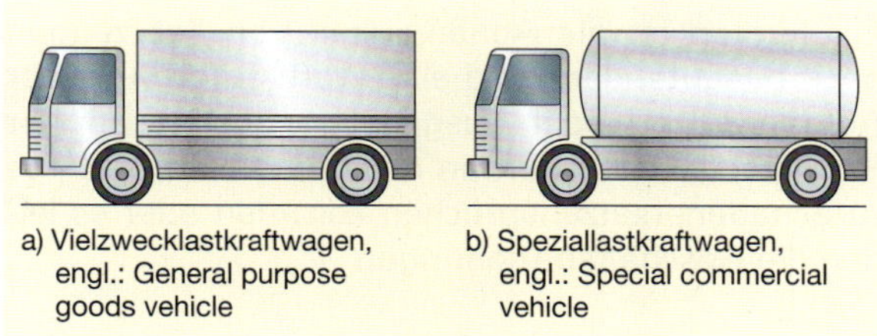

1 Lastkraftwagen (engl.: Road train)

13.3.2.3 Zugmaschine

Zugmaschinen sind Nutzkraftwagen, die ausschließlich oder überwiegend bestimmt sind zum Mitführen von Anhängefahrzeugen.
Folgende drei Zugmaschinenarten werden unterschieden, siehe Bild ➜ 2:
- Anhänger-Zugmaschine
- Sattelzugmaschine
- Traktor

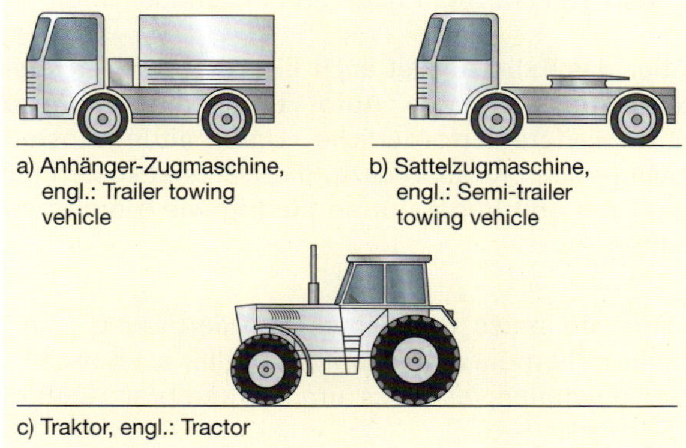

2 Zugmaschine (engl.: Towing vehicle)

13.4 Der Kunde

„Der Kunde ist König!"
Das ist nicht nur eine Weisheit von alters her, sondern auch heute hochaktuell. Der Kunde ist der wichtigste Partner für den Fahrzeuglackierbetrieb. Der Kunde sichert die Einnahmen des Betriebes und damit die Arbeitsplätze der Mitarbeiter und somit auch die Ausbildungsplätze.

In diesem Kapitel werden behandelt:
- Bedeutung des Kunden für den Erfolg im Betrieb, siehe Kap. 13.4.1
- Erscheinungsbild des Betriebes, siehe Kap. 13.4.2
- Verhalten der Mitarbeiter zum Kunden, siehe Kap. 13.4.3
- Kommunikation zwischen Mitarbeiter und Kunden, siehe Kap. 13.4.4

13.4.1 Bedeutung des Kunden für den Erfolg im Betrieb

Kunde des Fahrzeuglackierbetriebs ist in der Regel der Fahrzeughalter. Immer mehr wird das Fahrzeug unverzichtbar.

Das gilt für Nutzer von:
- Privatfahrzeugen
- Firmenfahrzeugen

Privatfahrzeuge werden für die Fahrt zur Arbeit und in der Freizeit eingesetzt. Die Abhängigkeit vom Auto wird größer durch die stetige Forderung nach Mobilität bei der Arbeitsplatzwahl und damit der Überwindung von längeren Fahrstrecken. Aber auch im privaten Bereich spielt das Auto eine wichtige Rolle. Freizeit ohne Auto ist für viele Menschen schwer vorstellbar. Mit dem Privatfahrzeug gelangt man zu Freizeitveranstaltungen und in Urlaubsorte. Letztlich ist das Auto für viele Kunden auch ein Statussymbol, siehe Bild ➜ 3.

„Die Meiers von nebenan werden vor Neid erblassen"

3 Statussymbol Auto

Für **Firmen** ist die Abhängigkeit von Fahrzeugen noch bedeutender: Wird eine Ware aufgrund einer Autopanne zu spät ausgeliefert oder kann der Handwerker einen Termin nicht einhalten, kann es zu Schadenersatzansprüchen kommen oder es leiden die Geschäftsbeziehungen.

Aus dieser Abhängigkeit vom Fahrzeug und den vielen gefahrenen Kilometer ergibt sich ein großer Bedarf an Wartung, Pflege und Instandsetzung.

Aber das Fahrzeug ist auch ein bedeutender Kostenfaktor. Steigende Auto- und Kraftstoffpreise und weitere erforderliche Unterhaltungskosten zwingen den Kunden dazu, die Werkstattkosten für Wartung und Reparatur so niedrig wie möglich zu halten.

Deshalb muss der Fahrzeuglackierbetrieb sich darum bemühen, die Fahrzeughalter als Kunden zu gewinnen; er muss um sie kämpfen, siehe Bild ➜ 1.

Der Fahrzeuglackierbetrieb muss daher folgende Forderungen erfüllen, wenn er Kunden begeistern und an sich binden will:
- freundlich, höflich, hilfsbereit, siehe Bild ➜ 2
- rund um die Uhr zur Verfügung stehen, siehe Bild ➜ 3
- fachliche Kompetenz und Fachwissen der Mitarbeiter, siehe Bild ➜ 4
- gut beraten und informieren
- schnelle Wartung und Reparatur
- Termine einhalten
- Arbeiten gut und fachgerecht ausführen
- absolute Zuverlässigkeit
- glaubwürdige und richtige Aussagen
- Sauberkeit des Wagens bei der Abholung

1 **Kampf um jeden Kunden**

2 **Immer freundlich, höflich, hilfsbereit**

4 **Fachliche Kompetenz und Fachwissen der Mitarbeiter**

3 **Stets zur Verfügung stehen**

13.4.2 Erscheinungsbild des Betriebes

Bevor sich der Kunde entscheidet, einen Auftrag an einen Fahrzeuglackierbetrieb zu vergeben, verschafft er sich einen Eindruck über infrage kommende Betriebe.
Das Erscheinungsbild eines Betriebes nach außen und nach innen soll aus Wettbewerbsgründen unverwechselbar sein, dadurch erhält der Betrieb seine Identität. Die Identität eines Unternehmens nennt man, ins Amerikanische übersetzt, **Corporate Identity** (CI). CI wird geschaffen durch die geplante Selbstdarstellung und Verhaltensweise eines Unternehmens, welche dann das gesamte Erscheinungsbild ergibt. Weitere Informationen zu CI siehe Kap. 12.5.

Die äußere Erscheinung des Unternehmens wird geprägt von dessen:
- Firmenspitze (Inhaber, Geschäftsführer)
- Firmengebäude (Ausstellungsraum, Büros, Werkstatt)
- Mitarbeitern (Meister, Gesellen, Lehrlingen)
- Arbeitsmitteln wie Fahrzeuge, Werkzeuge

Inhaber und Mitarbeiter verschaffen sich mit ihrer äußeren Erscheinung und ihrem Auftreten einen guten oder schlechten Start zum Kunden.

Beispiel
Jemand, der in der Werkstatt mit Turnschuhen, staubigem Pullover und verschmierten Jeans das Fahrzeug des Kunden zur Instandsetzung entgegennimmt, hat viel mehr Mühe, den Kunden von seiner Kompetenz zu überzeugen als der Kollege im sauberen Arbeitsanzug.

Deshalb gilt:
- Arbeitsschuhe und sauberes Arbeitszeug bei der Arbeit in der Werkstatt
- einheitliches Erscheinungsbild der Mitarbeiter
- Name des Unternehmens und Name des Mitarbeiters gehören gut lesbar auf die Kleidung
- gepflegtes persönliches Erscheinungsbild (Haarschnitt, Rasur etc.)

Bei der Arbeit am Fahrzeug gibt es schmutzige Arbeiten, siehe Bild ➜ 1. Hierfür sollten den Mitarbeitern Einmal-Overalls zur Verfügung stehen. Und, wenn nötig, dann wird auch schon mal zur Wochenmitte ein neuer Arbeitsanzug fällig, siehe Bild ➜ 2.

Arbeitsmittel und Werkzeug müssen dem Kunden vermitteln, dass fachlich einwandfreie Arbeiten verrichtet werden können.

„Moment, mein Putzlappen liegt noch auf Ihrem Sitz!"

1 Schmutzige Arbeiten am Pkw

„Donnerwetter, den haben Sie ja sauber hingekriegt!"

2 Saubere Arbeitskleidung

Deshalb gilt für die **Werkstatt**:
- helle Wand- und Deckenfarben
- gute Beleuchtung und Energieversorgung (z. B. Energieampeln)
- klare und übersichtliche Gliederung und evtl. Trennung von Arbeitsplätzen
- saubere Werkzeugmaschinen wie Hebebühnen, Farbmischanlage, Spritzpistolen, Schleifmaschinen
- keine Materialreste und Abfälle am Boden
- Hinweise für die Bereitstellung und Entsorgung von Betriebsmitteln

Die **Firmenfahrzeuge** müssen:
- mit einer klaren Werbeaussage beschriftet sein
- innen und außen sauber sein
- ordentlich geparkt werden
- rücksichtsvoll gefahren werden
- ohne Roststellen und Dellen sein

Eine klare Werbeaussage beinhaltet, siehe Bild → 1:
- Firmenlogo
- Arbeitsbereiche
- Telefonnummer
- Internetadresse

Weitere Informationen zu mobilen Werbeträgern siehe Kap. 12.1.
Das Fahrzeug sollte aus diesem Grund auch äußerlich sauber sein. Es sollte wenigstens einmal wöchentlich gewaschen werden. Im Innenraum dürfen keine Brotzeitreste auf dem Armaturenbrett und keine Zigarettenkippen am Boden liegen.

Mit dem Firmenwagen soll rücksichtsvoll gefahren werden. Das schont nicht nur die Betriebs- und Instandhaltungskosten, es stärkt auch das Ansehen des Betriebes.

Beispiele:
- Was denken die Anwohner, wenn ein Fahrzeug mit überhöhter Geschwindigkeit durch eine Zone-30 fährt?
- Welche Gedanken hat wohl ein Kunde, dem die Vorfahrt genommen wurde?

Es steht ja groß auf dem Wagen drauf, über wen man sich ärgern muss. Ein Fahrer, der rücksichtslos mit den Mitmenschen und dem Firmeneigentum umgeht, wird dies auch mit dem Fahrzeug des Kunden tun.

Roststellen und Beulen am Fahrzeug zeigen, dass der Fahrzeughalter die eigene Instandhaltung des Fahrzeugs vernachlässigt. Einer Firma mit solchen Fahrzeugen überträgt man ungern Instandhaltungsaufgaben.

13.4.3 Verhalten der Mitarbeiter zum Kunden

In diesem Kapitel werden behandelt:
- Kunden – unterschiedlich in ihrem Verhalten, siehe Kap. 13.4.3.1
- Zuordnung der Kunden, siehe Kap. 13.4.3.2

1 Firmenfahrzeug mit Werbung

13.4.3.1 Kunden – unterschiedlich in ihrem Verhalten

Kunden-Grundtypen
Menschen sind sehr verschieden. Die Schwierigkeit für den Mitarbeiter liegt darin zu erkennen, wie sein Kunde behandelt werden möchte.

Um den Umgang mit Kunden zu vereinfachen, kann man sie in vier Grundtypen einteilen.

Kunden-Grundtypen sind:
- Manager
- Planer
- Visionär
- Harmoniesuchender

Manager-Typ
Der Manager-Typ sagt, was und wie er es haben möchte, siehe Bild → 2. Er will die Oberhand haben und sich durchsetzen. Für ihn gilt der Grundsatz: „Ich, der Kunde, bin König; der Handwerker hat sich danach zu richten."

2 Manager-Typ

Erkennungsmerkmale des Manager-Typs:
- liebt Statussymbole, z. B. teure Autos, Villa, großer Schreibtisch, Designeranzug und „kalte" Materialien wie Glas, Beton, Granit, Marmor, Stahl
- verträgt keinen Widerspruch, glaubt immer Recht zu haben, siehe ➜ Bild 1
- trifft Entscheidungen sehr schnell
- wird schnell ungeduldig

Umgang mit dem Manager-Typ:
- Nur das Beste anbieten („Natürlich habe ich Ihnen nur die Original-Ersatzteile angeboten.")
- Vorteile immer klar herausstellen („Die Vorteile sind: ...")
- Schnell auf den Punkt kommen („Die Arbeit kann in zwei Wochen ausgeführt werden und kostet Sie 5000 €, inklusive der Zulieferteile.")
- Nur dann „nein" sagen, wenn etwas wirklich unmöglich ist.

1 Managerin und Planer

Planer-Typ

Der Planer-Typ, möchte immer alles genau wissen. Er ist der Typ, der jede Montageanleitung bis ins Detail hinterfragt. Er muss das Gefühl haben, alles genau zu verstehen und zu kontrollieren.

Erkennungsmerkmale des Planer-Typs, siehe Bild ➜ 2:
- unflexibler Mensch, siehe Bild ➜ 1
- ausgeprägter Hang zum Kleingedruckten
- liebt Fakten und Informationen
- verachtet unprofessionelle Verhaltensweisen

Umgang mit dem Planer-Typ:
- Im Gespräch nur Fakten anführen („Die Vorteile liegen hier klar auf der Hand, nämlich ...")
- Fachkompetenz zeigen („Auf diesem Gebiet haben wir große Erfahrung.")
- Ungenauigkeiten vermeiden (klare Aussagen, exakte und pünktliche Arbeitsausführung).
- Arbeitsabläufe durchsprechen, damit nichts für den Kunden Unerwartetes passiert.

2 Planer-Typ

Visionär-Typ

Der Visionär-Typ gibt sich mit Herkömmlichem nicht zufrieden. Er will immer experimentieren, Neues ausprobieren.
Erkennungsmerkmale des Visionär-Typs, siehe Bild ➜ 3:
- befasst sich am liebsten mit Möglichkeiten statt mit Gewissheiten
- ist ein nachdenklicher Typ
- kann sich nicht klar entscheiden
- sehr fantasievoll und flexibel

3 Visionär-Typ

Umgang mit dem Visionär-Typ:
- Nur das Neueste anbieten (Messe-Neuheit, zukunftsweisende Entwicklung).
- Besonders die Sachen vorstellen, die ausgefallen sind (z. B. Nano-Klarlack).
- Entscheidungshilfen geben („Für die Reparatur des Nano-Klarlackes empfiehlt der Fahrzeughersteller einen speziellen Klarlack. Dieser ist zwar ohne Nano-Partikel, hat aber laut offizieller Auskunft durch seine Zusammensetzung eine ähnliche Oberflächenhärte. Die Verarbeitung ist vergleichbar mit den üblichen Reparatur-Lacken.)
- Im Gespräch gezielt nachfragen, wenn etwas unklar ist.

Typ des Harmoniesuchenden
Der Typ des Harmoniesuchenden möchte immer und überall dabei sein. Er sucht Zuneigung und Lob und möchte den Handwerker als seinen Freund verstehen.
Erkennungsmerkmale des Typs des Harmoniesuchenden, siehe Bild →1:
- legt großen Wert auf Moral und Ethik
- liebt Antiquitäten
- geht jedem Streit aus dem Weg oder versucht sofort zu schlichten
- zieht ein nettes Gespräch jeder fachlichen Beratung vor, ist sehr geduldig
- und verzeiht Fehler

Umgang mit dem Typ des Harmoniesuchenden:
- Kunden in die Planung der Arbeiten mit einbeziehen („Den Lackschaden an der Türmitte können wir kostengünstig mit einer Punkt-Reparatur-Lackierung beheben. Aufgrund der Lage des Schadens empfehlen wir jedoch eine herkömmliche Reparatur-Lackierung, um einen möglichen Farbton-Unterschied zu vermeiden.")
- Ideen oder Wünsche des Kunden loben („Dass Sie eine Neulackierung als Reparatur-Lackierung gewählt haben, ist eine gute Idee.")
- Zeit nehmen auch für Gespräche, die nicht unmittelbar mit dem Auftrag zu tun haben („Wir machen dieses Jahr mit den Kindern Urlaub auf Mallorca.")
- Wenn Pannen passieren, den menschlichen Faktor voranstellen („Ich kann mir nicht erklären, wie unserem Herrn Meier das passieren konnte.")

13.4.3.2 Zuordnung der Kunden

Die meisten Kunden sind Mischtypen.
Wer seinen Kunden richtig einschätzt, kann ihn so behandeln, wie dieser es vorzieht. Der Kunde will anerkannt bzw. verstanden sein.

1 Typ des Harmoniesuchenden

2 Glaubwürdige und richtige Aussagen

Natürlich müssen alle Aussagen des Handwerkers der Wahrheit entsprechen. Nichts soll erfunden werden, nur um dem Kunden zu gefallen. Man kann aber immer die Argumente in den Vordergrund stellen, die der Kunde für wichtig erachtet, siehe Bild → 2.

Beispiele:
- Für den Manager-Typ ist es wichtig, dass nur Originalersatzteile verwendet werden.
- Dem Harmoniesuchenden kommt es bei derselben Instandsetzung aber nur darauf an, dass die Qualität des Ersatzteiles gut ist und es auch lange hält.

Welchen Beitrag kann der Mitarbeiter im Fahrzeuglackierbetrieb leisten, um den Forderungen des Kunden und den Kundentypen gerecht zu werden?

Dazu ein paar Hinweise:

- Erkennen, dass Freundlichkeit und Höflichkeit den eigenen Arbeitsplatz sichern.
- Jede Arbeit fachkompetent, sorgfältig und exakt durchführen, siehe Bild ➜ 1.
- Den Kunden als einen gern gesehenen Menschen betrachten.
- Den Kunden in den Mittelpunkt seines Handelns stellen.
- Kundenzufriedenheit persönlich nehmen.
- Eine kontinuierliche Verbesserung der Arbeitsvorgänge im eigenen Arbeitsbereich anstreben und zur Fehlervermeidung statt Fehlerbehebung beitragen.
- Instandsetzungsalternativen entwickeln, siehe Bild ➜ 2.
- Eine Dienstleistung abliefern, damit der Kunde wiederkommt und nicht die Ware oder ein Beschwerdebrief, siehe Bild ➜ 3.
- Dem Kunden zuhören und keine Diskussionen führen, um Recht zu haben.
- Bereit sein, im Team zu arbeiten.
- Zum Kunden enge und dauerhafte Beziehungen pflegen, siehe Bild ➜ 4.
- Den Kunden auch nach der ausgeführten Arbeit beraten und betreuen.
- Den Kunden so behandeln, dass er nach jedem Werkstattbesuch gerne wiederkommt.

„Wunderbar, Sie haben exakt meine Wunschfarbe getroffen, aber leider den falschen Wagen!"

1 Fachkompetent, sorgfältig und exakt

„Mein Vorschlag wäre: Sie lassen den Schlüssel stecken und hoffen, dass jemand den Wagen klaut."

2 Alternative zur Instandsetzung

„Soll ich mal nach dem Öl gucken?"

4 Enge Beziehung zum Kunden

„Bis auf ein paar Kleinigkeiten bin ich mit der Werkstatt zufrieden"

3 Kundenzufriedenheit

13.4.4 Kommunikation zwischen Mitarbeiter und Kunden

Wenn Menschen aufeinandertreffen, werden sie zwangsläufig miteinander kommunizieren. Das kann bewusst oder unbewusst sein.

Dabei verständigen sie sich durch:
- verbale Kommunikation, siehe Kap. 13.4.4.1
- nonverbale Kommunikation, siehe Kap. 13.4.4.2

13.4.4.1 Verbale Kommunikation

Teilnehmer an der Kommunikation
Die verbale Kommunikation ist die Verständigung durch Sprache; sie wird wesentlich durch den Klang der Stimme beeinflusst.

Die verbale Kommunikation findet immer statt zwischen:
- Sender
- Empfänger

Sender
Der Sender möchte den Empfänger mit einer Nachricht/Information überzeugen oder beeinflussen.

Dazu bedient er sich der vier Möglichkeiten, siehe Bild ➜ 1:
- Sachinhalt
- Selbstoffenbarung
- Beziehung
- Appell

Der **Sachinhalt** beschreibt, worüber man informieren möchte.
Es ist wichtig, dass der Sachverhalt klar und deutlich mitgeteilt wird. Dabei ist zu beachten, dass der Kunde in der Regel ein fachlicher Laie ist und unsere Fachsprache nicht beherrscht. Daher muss der Sachverhalt für den Kunden klar verständlich erklärt werden.

Beispiel
Die Bremsklötze müssen erneuert werden, da die Beläge fast vollständig abgenutzt sind. Kommt es beim Bremsen zur metallischen Berührung zwischen Bremsklotz und Bremsscheibe, verlängert sich der Bremsweg um ein Vielfaches und das Fahrzeug bricht aus.

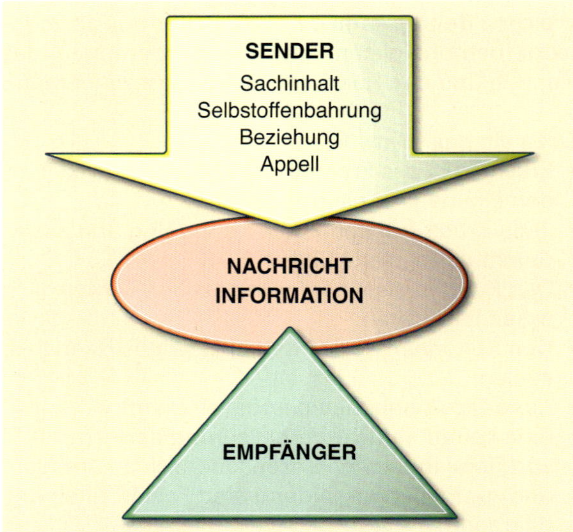

1 Einflüsse des Senders auf die zu empfangene Nachricht

Die **Selbstoffenbarung** sagt aus, was man von sich selbst kundgibt.
Hierbei gibt der Sender bewusst, antrainiert oder unbewusst einen Teil seiner Persönlichkeit an den Empfänger preis. Er kann auf seine Kenntnis in der Fahrzeugtechnik hinweisen.

Beispiel
Die Korrosion an den Karosserieteilen ist eindeutig auf Kontaktkorrosion zurückzuführen, denn hier handelt es sich um zwei verschiedene Metalle, die sich berühren und nicht gegen Feuchtigkeit geschützt sind.

Die **Beziehung** bedeutet, wie man aufgrund der persönlichen Einschätzung des Gesprächspartners mit ihm spricht.

Dabei gibt man zu erkennen, was man von seinem Gegenüber hält und wie man zu ihm steht, siehe Bild ➜ 351.1. Bereits aus der gewählten Form der Anrede soll der Gesprächspartner erkennen, wie man ihn einschätzt.

Beispiel
Herr Meyer, da Sie jetzt schon seit einem halben Jahr einen Pkw mit schwarzer Metallic-Lackierung fahren, können Sie mir sicherlich aus Ihrer Erfahrung etwas über den Pflegeaufwand gegenüber ihrem ehemaligen silberfarbenen Pkw sagen.

Der **Appell** gibt an, wozu ich meinen Gesprächspartner veranlassen möchte.
Man will mit dieser Nachricht oder Information den Empfänger beeinflussen. Hierbei darf in keinem Fall übertrieben werden, sonst erreicht man das Gegenteil.

> Beispiel
> Die Reparaturlackierung an Ihrem Fahrzeug kann als Neulackierung oder als preiswertere Zeitwertlackierung ausgeführt werden. Da Ihr Pkw sehr gepflegt ist und Sie es noch lange fahren wollen, empfehle ich Ihnen auf jeden Fall die aufwendige Neulackierung. Ihr Fahrzeug erhält dann wieder eine so gute Oberfläche wie ein Neuwagen.

1 Beziehung zum Kunden

Der Empfänger
Die Nachricht oder Information des Senders mag noch so bedeutend sein, aber wenn die Nachricht nicht exakt empfangen wird, ist sie wenig hilfreich, siehe Bild ➜ 2. Grundsätzlich gilt: Wahr ist, was der Empfänger verstanden hat. Das muss nicht immer gleich sein mit dem, was der Sender gesagt hat oder verstanden haben will.

Darum muss sich der Empfänger auf das Gespräch konzentrieren und wichtige Verhaltensregeln zum Zuhören beachten.

2 Die Nachricht muss empfangen werden

> Wichtige Verhaltensregeln für das Zuhören sind:
> - nicht sprechen und geduldig zuhören
> - zeigen, dass man empfangen will
> - verstehen, was der Sender meint
> - sich in den Sender hineinversetzen
> - durch Nachfragen Rückmeldung geben

Nicht sprechen und geduldig zuhören, während der Sender spricht, damit gibt man zu erkennen, dass man interessiert zuhört.

Dagegen zeigt man wenig Interesse an der Information des Senders, wenn man ihn im Satz unterbricht und ihm nicht die Gelegenheit zum Ausreden gibt.

Zeigen, dass man empfangen will durch positive Körpersprache, z. B. Freundlichkeit, Blickkontakt. Dadurch ermuntert man den Gesprächspartner, sein Anliegen vorzutragen, siehe Bild ➜ 3.

Verstehen, was der Sender meint, muss ihm auch signalisiert werden. Das kann man erreichen, durch z. B. Nicken, Bestätigen einer Aussage. Hiermit schaffen wir eine fachlich positive Atmosphäre.

3 Kunde kann sein Anliegen vortragen

Sich in den Sender hineinversetzen bedeutet, dass man bereit ist, Probleme aus der Sendersichtweise zu verstehen. Diese Probleme sollten mit Feingefühl und Geschick realistisch gelöst werden, wie z. B. Angebotskosten, Fahrzeugausstattung, Reparaturausführung.

Durch Nachfragen Rückmeldung geben ermuntert den Gesprächspartner zu detaillierten Erklärungen und auch zu präzisen Aussagen, siehe Bild ➜ 1. Es ermöglicht auch die Lenkung des Gespräches in eine bestimmte gewünschte Richtung.

13.4.4.2 Nonverbale Kommunikation

Die nonverbale Kommunikation ist die nicht sprachliche Kommunikation. Sie findet durch Blickkontakt und Körperhaltung statt, man spricht auch von **Körpersprache.** Hierbei kann durch eine positive Körpersprache dem Kunden vermittelt werden, dass er ein gern gesehener Mensch ist.

Bei Gesprächen mit Kunden wird verlangt, dass sich die Mitarbeiter auf die Persönlichkeit des Kunden einstellen und die Verhaltensregeln für das Zuhören berücksichtigen. Der Kunde muss aber auch von technischen Erfordernissen und den damit verbundenen Kosten überzeugt werden. Und das muss der Kunde als Empfänger richtig gehört und verstanden haben. Die Körpersprache ist ein wesentlicher Teil der Ausdrucksform des Mitarbeiters. Sie wird bewusst oder auch unbewusst verwendet und kann für den aufmerksamen Empfänger eventuelle Übereinstimmungen zwischen den Wörtern und Gedanken des Absenders verraten. Im Verlauf eines Gespräches können folgende verschiedene Körpersignale mit positiver oder negativer Wirkung eingesetzt werden.

Wichtige Körpersignale sind:
- Blickkontakt
- Abstand
- Körperhaltung
- Mimik
- Gestik

Der **Blickkontakt** ist die Kontaktaufnahme zwischen Mitarbeiter und Kunden. Es ist wichtig, von Anfang an den Kunden freundlich ins Gesicht zu sehen.

1 Präzise Aussage durch Nachfragen

Dieser Blickkontakt sollte während des Gespräches bestehen bleiben, ohne jedoch den Kunden zu irritieren.

Der **Abstand** bestimmt den persönlichen Kontakt zum Kunden. Bei fremden Kunden ist ein Abstand von 2 m angemessen. Man kommt sich näher, wenn die persönliche Beziehung enger ist.

Die **Körperhaltung** kann die Stimmung des Kunden oder Mitarbeiters wiedergeben. So kann durch lässige Haltung und Hand in der Tasche Selbstsicherheit ausgedrückt werden. Eng verschränkte Arme deuten auf Unnahbarkeit hin und lockere Haltung der Arme können Wohlbefinden widerspiegeln.

Die **Mimik** wird durch die Bewegung der Gesichtsmuskulatur erzeugt. Sie ist die Ausdrucksform des Gesichtes. Mit ihr kann der Kunde oder Mitarbeiter Sicherheit, Sorge, Überraschung, Freude, Ärger oder Ratlosigkeit ausdrücken.

Die **Gestik** ist die Ausdrucksbewegung besonders der Hände und Arme. Ihr fällt bei der Körpersprache eine besondere Bedeutung zu. Es gibt Menschen, die sprechen mit Händen und Armen.

Mit der Gestik drückt der Kunde oder Mitarbeiter Kontaktbereitschaft aus – oder Ablehnung, Ratlosigkeit, Anspannung Aggression.

13.5 Arbeitsaufträge bearbeiten

In diesem Kapitel werden behandelt:
- Arbeitsauftrag, siehe Kap. 13.5.1
- Geschäftsprozess, siehe Kap. 13.5.2
- Teamarbeit, siehe Kap. 13.5.3
- Auftragsannahme, siehe Kap. 13.5.4
- Qualität, siehe Kap. 13.5.5

13.5.1 Arbeitsauftrag

Die Fahrzeuglackierbetriebe zählen zu den Herstellungs- und Instandhaltungsbetrieben. Für die Herstellung einer Erstbeschichtung erhält üblicherweise der Kunde auf Anfrage ein Angebot und erteilt dann einen Arbeitsauftrag. Bei Instandhaltungsarbeiten wird meistens der Arbeitsauftrag durch Direktannahme eines Kundenfahrzeuges ausgeführt.

Es werden zwei Arbeitsaufträge beschrieben, die für unseren Beruf typisch sind:
- Herstellungsauftrag, siehe Kap. 13.5.1.1
- Instandhaltungsauftrag, siehe Kap. 13.5.1.2

13.5.1.1 Herstellungsauftrag

Aufgaben des Fahrzeuglackierbetriebs für einen Herstellungsauftrag
Herstellungsaufträge sind für Fahrzeuglackierbetriebe die Ganzlackierung als Erstbeschichtung und z. T. Beschriftung von:
- Fahrzeugnutzaufbauten wie Pritschenaufbau, Kofferaufbau, Wechselaufbau, Tank- und Behälteraufbau, Kipp- oder Ladekranaufbau
- Fahrzeugen mit speziellen Aufbauten wie Verkaufsfahrzeuge für Märkte, Anhängefahrzeuge für den Transport von Waren, Tieren u. a., Kranken- und Bestattungsfahrzeuge
- Neukarosserieteilen wie Heckklappe, Motorhaube, Tür

Kunden des Fahrzeuglackierbetriebs für einen Herstellungsauftrag
Die Fahrzeuglackierbetriebe erhalten Herstellungsaufträge üblicherweise von zwei unterschiedlichen Auftraggebern.

Die Kunden sind:
- Karosserie- und Fahrzeugbaubetriebe
- Karosserie-Instandhaltungsbetriebe

Der **Karosserie- und Fahrzeugbaubetrieb** als Kunde des Fahrzeuglackierbetriebs ist ein herstellender Betrieb. Er bezieht von den Nkw-Herstellern Fahrgestelle mit Fahrerhaus. Auf diese Fahrzeuge montieren Karosserie- und Fahrzeugbaubetriebe Fahrzeugnutzaufbauten, siehe oben.

Zum Teil werden diese Aufbauten dabei vom Karosserie- und Fahrzeugbauer selbst hergestellt. Ein weiteres Aufgabengebiet ist die Herstellung von Fahrzeugen mit speziellen Aufbauten, siehe oben.

Die Fahrzeugaufbauten und Fahrzeuge müssen eine Ganzlackierung als Erstbeschichtung erhalten. Diese Lackier- und Beschriftungsarbeiten auf metallische und nicht metallische Untergründe führen entweder interne Fahrzeuglackierabteilungen in den Karosserie- und Fahrzeugbaubetrieben durch, oder sie werden an externe Fahrzeuglackierbetriebe vergeben.

Beispiel
Ein Karosserie- und Fahrzeugbaubetrieb ist Hersteller von Kofferaufbauten. Er stellt die Kofferaufbauten her und montiert sie auf das Fahrgestell mit Fahrerhaus. Seine interne Fahrzeuglackierabteilung ist überlastet. Deshalb vergibt er einen großen Serienauftrag für die Lackierung und Beschriftung an einen Fahrzeuglackierbetrieb. Es muss für diesen Kundenauftrag ein Sonderpreis festgelegt werden, da es sich um einen Serienauftrag handelt. Ferner muss gleichbleibende Qualität und Termintreue gewährleistet sein, da der Karosserie- und Fahrzeugbaubetrieb als Verkäufer des Fahrzeuges die Gewährleistung übernimmt.

Der Kunde als **Karosserie-Instandhaltungsbetrieb** führt Karosseriereparaturen durch, hat aber keine eigene Fahrzeuglackierabteilung. Die Fahrzeuge werden immer leichter, damit der Kraftstoffverbrauch sinkt und weniger Schadstoffe die Umwelt belasten. Deshalb verwendet man für die Karosserien Werkstoffe, die nicht oder nur begrenzt rückverformbar sind. Das führt dazu, dass weniger ausgebeult aber dafür mehr ausgetauscht wird. So ist es heute üblich, dass bei mittleren Schäden ganze Baugruppen der Karosserie durch Neuteile ersetzt werden wie Türen, Klappen, Kotflügel.

Beispiel
Der Fahrzeuglackierbetrieb erhält vom Karosserie-Instandhaltungsbetrieb eine neue Pkw-Tür zur Ganzlackierung. Der Farbcode wird mitgeliefert. Da es sich um ein Neufahrzeug handelt, muss keine Farbtonangleichung erfolgen.
Der Karosserie-Instandhaltungsbetrieb ohne eigene Fahrzeuglackierabteilung arbeitet seit Jahren mit einem Fahrzeuglackierbetrieb zusammen. Der Stundenverrechnungssatz für die Lackierarbeit ist festgelegt und muss nicht für jeden Auftrag neu ausgehandelt werden. Die zu lackierenden Karosserieteile liefert der Karosserie- und Fahrzeugbaubetrieb an und holt sie nach Fertigstellung ab.

13.5.1.2 Instandhaltungsauftrag

Begriffe und Maßnahmen der Instandhaltung
Der Begriff der Instandhaltung und die entsprechenden Maßnahmen sind nach DIN 31 051 genormt.
Ziele der Instandhaltung von technischen Mitteln eines Systems sind:
- den Sollzustand zu bewahren und wiederherzustellen,
- den Istzustand festzustellen und zu beurteilen.

Die Instandhaltung ist unterteilt in:
- Wartung
- Inspektion
- Instandsetzung

Die **Wartung** beinhaltet die Maßnahmen zur Bewahrung des Sollzustandes von technischen Mitteln eines Systems.
Maßnahmen der Wartung können sein:
- einen Wartungsplan erstellen
- die Durchführung der Wartung vorbereiten
- die Wartung durchführen
- die Wartung rückmelden

Die **Inspektion** sind alle Maßnahmen zur Feststellung und Beurteilung des Istzustandes von technischen Mitteln eines Systems.
Zur Inspektion gehören folgende Maßnahmen:
- einen Plan zur Feststellung des Istzustandes erstellen
- die Inspektion vorbereiten
- die Inspektion durchführen
- das Ergebnis des Istzustands vorlegen
- die Ergebnisse des Istzustandes auswerten und beurteilen
- Ableitung der notwendigen Konsequenzen aufgrund der Beurteilung

Die **Instandsetzung** erfolgt durch Maßnahmen zur Wiederherstellung des Sollzustandes von technischen Mitteln eines Systems.

Hierbei kommen folgende Maßnahmen zur Anwendung:
- Auftrag zur Instandsetzung dokumentieren und analysieren.
- Instandsetzung planen; dabei müssen alternative Lösungen aufgezeigt, bewertet und entschieden werden.
- Instandsetzung vorbereiten; damit meint man Kalkulieren, Termine planen, Personal, Werkzeuge, Material und alle erforderlichen Sicherheitseinrichtungen bereitstellen, Arbeitspläne erstellen.
- Die Vorbereitung der Instandsetzung überprüfen.
- Die Instandsetzung durchführen.
- Die instand gesetzten technischen Mittel des Systems auf Funktion prüfen und abnehmen.
- Die Instandsetzung fertig melden.
- Die Instandsetzung aus technischer und wirtschaftlicher Sicht auswerten und dokumentieren.

Kunden des Fahrzeuglackierbetriebs für einen Instandhaltungsauftrag
Ein Instandhaltungsbetrieb hat es üblicherweise mit drei unterschiedlichen Auftraggebern zu tun.

Das sind Kunden, die den Auftrag:
- privat erteilen
- geschäftlich erteilen
- als Versicherer im Schadensfall übernehmen

Der **Kunde, der den Auftrag privat erteilt**, wird sicherlich den Auftragsumfang so gering wie möglich halten, um die Kosten zu begrenzen.

Beispiel
Werden bei diesem Auftrag Instandhaltungsarbeiten angesprochen, die demnächst anfallen, ist er eher bereit, sie erst zum vorgesehenen späteren Termin in Auftrag zu geben.

Der **Kunde, der den Auftrag geschäftlich erteilt**, gibt sein Arbeitsmittel zur Instandhaltung in die Werkstatt. Er ist besonders daran interessiert, dass er das Fahrzeug betrieblich nutzen kann, und er wird bereit sein, den Auftragsumfang zu erweitern.

Beispiel
Werden bei diesem Auftrag Instandhaltungsarbeiten angesprochen, die demnächst anfallen, ist er eher bereit, sie mit diesem Auftrag zu erledigen.

Der **Kunde, der als Versicherer den Schadensfall übernimmt,** wird den Auftragsumfang so gering wie möglich halten. Versicherungen haben Reparaturvorgabezeiten, die der Instandsetzungsbetrieb einhalten muss.

Beispiele:
- Bei einem Bagatellschaden (Schaden unter ca. 800 EUR), erfolgt die Freigabe zur Reparatur nach Kostenvoranschlag des Instandhaltungsbetriebs.
- Bei umfangreichen Reparaturen wird der Auftragsumfang von einem Sachverständigen festgelegt.

Die Privatkunden und Firmenkunden sind auf die Nutzung ihres Fahrzeuges angewiesen. Der Privatkunde benötigt sein Auto, um seinen Arbeitsplatz zu erreichen. Firmen sind noch abhängiger von ihrem Fahrzeug, da sie es als Arbeitsmittel nutzen.

Das heißt, die Verweildauer in der Werkstatt muss so kurz wie möglich sein.

Außerdem erwarten die Kunden, dass ihnen ein Ersatzfahrzeug zur Verfügung gestellt wird. Die Instandhaltungsbetriebe kommen dem Kundenwunsch entweder mit Vorführwagen nach oder sie arbeiten mit einem Autoverleiher zusammen.

Instandhaltung

Fahrzeuglackierbetriebe führen folgende Maßnahmen zur Instandhaltung durch:
- Wartung und Inspektion mit kleinen Instandsetzungen
- Instandsetzung alter Fahrzeuge
- Instandsetzung nach einem Unfall

Wartung und Inspektion werden vom Fahrzeughersteller in Abhängigkeit der gefahrenen Strecke des Autos vorgesehen, um die Fahrbereitschaft zu garantieren. Jedes Fahrzeug hat ein „Wartungsheft" in dem die vorgeschriebenen Arbeiten aufgeführt sind.

Häufig werden bei diesen Arbeiten zusätzlich Schäden festgestellt, die instand gesetzt werden müssen. Bevor diese Instandsetzungsarbeiten durchgeführt werden dürfen, muss unbedingt Rücksprache mit dem Kunden gehalten werden. Der Kunde muss sein Einverständnis zur Instandsetzung geben.

Bei Korrosionsschäden an der Karosserie **alter Fahrzeuge** wird in der Regel eine Instandsetzung erforderlich.
Die Karosserie korrodiert häufig, weil der Korrosionsschutz verschlissen ist oder wegen Steinschlags. Ist die Korrosion weit fortgeschritten, müssen die Karosserieteile ersetzt werden. Die Planung der Instandsetzung alter Fahrzeuge ist schwierig, weil sich während der Reparatur weitere Korrosionsschäden zeigen können, die noch behoben werden müssen. Dadurch kann sich der Umfang der Reparatur erheblich vergrößern, sodass der Arbeitsplan geändert werden muss.

Instandsetzung nach einem Unfall kann an Fahrzeugen jeder Altersklasse und jedes Pflegezustandes erforderlich werden.
Soll der Schaden durch die Versicherung bezahlt werden, fällt jedoch nach der Größe des Schadensumfanges die Entscheidung, ob
- das Fahrzeug repariert wird oder
- ein wirtschaftlicher Totalschaden vorliegt.

Ein **wirtschaftlicher Totalschaden** liegt vor, wenn die Kosten für die Instandsetzung mehr als 130 % des Wiederbeschaffungswertes für ein gleichwertiges Ersatzfahrzeug betragen.
Kosten für die Reparatur bis 130 % des Wiederbeschaffungswertes übernimmt die Versicherung, der Restwert des Unfallfahrzeuges bleibt unberücksichtigt.

Soll das Fahrzeug nicht repariert werden und im beschädigten Zustand verkauft werden oder im beschädigten Zustand weiter genutzt werden, wird der Restwert des Unfallfahrzeuges vom Wiederbeschaffungswert abgezogen (Urteil des Bundesgerichtshofes, Karlsruhe, 12. 7. 2005 –VI ZR 132/04 und 6. 3.2007 – VI ZR 120/06).

Wünscht der Kunde bei höheren Kosten die Instandsetzung seines Fahrzeuges, muss er dies auf eigene Kosten tun.

Ein **technischer Totalschaden** liegt vor, wenn eine Reparatur nicht mehr möglich ist. Der Restwert beträgt dann 0,– Euro.

13.5.2 Geschäftsprozess

Ein Fachbetrieb erhält vom Kunden einen Arbeitsauftrag. Zur Bearbeitung dieses Auftrages sind im Betrieb viele unterschiedliche Arbeitsschritte erforderlich. Um Fehler zu vermeiden und Zeit einzusparen, müssen diese Arbeitsschritte in eine sinnvolle Reihenfolge gebracht werden und damit entsteht ein Geschäftsprozess.

In diesem Kapitel werden behandelt:
- Ablauf des Geschäftsprozesses, siehe Kap. 13.5.2.1
- Stundenverrechnungssatz, siehe Kap. 13.5.2.2

13.5.2.1 Ablauf des Geschäftsprozesses

Der Ablauf des Geschäftsprozesses wird bestimmt durch:
- die daran beteiligten Mitarbeiter eines Betriebes
- die Erstellung und Art des Produktes

Das bedeutet, der Geschäftsprozess läuft in jedem Betrieb und für jedes unterschiedliche Produkt verschieden ab.

Beispiele für den Geschäftsprozess im Fahrzeuglackierbetrieb
- für einen Herstellungsauftrag
- für einen Instandhaltungsauftrag

Der Geschäftsprozess im Fahrzeuglackierbetrieb **für umfangreiche Herstellungsaufträge** besteht aus:
- Anfrage des Kunden
- technische Beratung
- Angebot
- verbindliche Bestellung
- Auftragsbestätigung
- Arbeitsvorbereitung
- Fertigung
- Abnahme durch den Kunden
- Auslieferung
- Rechnung
- Zahlung

Bei dem hier beschriebenen Geschäftsprozess handelt es sich um einen Großauftrag für die Erstbeschichtung von Kofferaufbauten eines Karosserie- und Fahrzeugbaubetriebes. Für den Fahrzeuglackierbetrieb ist der Karosserie- und Fahrzeugbaubetrieb der Kunde.
Zunächst wird der Kunde an den Fahrzeuglackierbetrieb eine Anfrage richten, aus der die Wünsche und Forderungen für die Ganzlackierung hervorgehen.
Danach kann es zu einer technischen Beratung durch den Kunden kommen, abhängig vom Umfang der Lackierarbeit. Hierbei wird besprochen, was technisch möglich ist und was der Betrieb leisten kann, siehe Bild → 1.
Aus dem Ergebnis dieser Besprechung erstellt der Fahrzeuglackierbetrieb ein Angebot an den Kunden. Daraus kann der Kunde den Preis und die Liefer- und Zahlungsbedingungen entnehmen.

1 Technische Abteilung des Aufbauherstellers

Die Auftragsvergabe des Kunden wird durch die technischen Merkmale und den Preis, aber auch durch die persönliche Beziehung zum Gesprächspartner im Fahrzeuglackierbetrieb beeinflusst. Hier spielen Alter, Ausbildung, Verhalten zu Mitarbeitern und dem Kunden aber auch die Position im Betrieb eine wesentliche Rolle.
Müssen keine weiteren Verhandlungen über Ausführung, Liefertermine oder Preise geführt werden, kommt es zu einer Bestellung, die vom Kunden unterschrieben wird. Damit ist der Auftrag verbindlich.
Dieser Bestellung kann eine Auftragsbestätigung folgen, in der Ausführung und technische Merkmale, Liefertermin und Zahlungsbedingungen präzise aufgeführt sind.
Jetzt wird für den Auftrag eine Arbeitsvorbereitung erstellt, die auf die Mitarbeiter, die diesen Auftrag ausführen sollen, und auf die technischen Fertigungsmöglichkeiten des Betriebes ausgerichtet ist.

Im Fahrzeuglackierbetrieb ist ein Meister für die Fertigung und den Einsatz der Mitarbeiter verantwortlich. Er verteilt daher die einzelnen Arbeitsaufgaben an die Vorarbeiter, Gesellen und Auszubildende. Da es sich bei dieser Ganzlackierung von Kofferaufbauten um eine Serie handelt, wird bei der Durchführung des Auftrages im Team gearbeitet. Dabei werden die Vorteile der Teamarbeit genutzt wie schnelle Informationsbeschaffung, Ideenvielfalt und Entscheidungskompetenz.

Nach Fertigstellung der Arbeiten werden die Zeiten festgehalten und eine Qualitätskontrolle vorgenommen.
Anschließend wird das Ergebnis dokumentiert.
Die wichtigste Kontrolle ist die Abnahme durch den Kunden. Er prüft, ob seine Wünsche und Forderungen erfüllt sind. Ist er zufrieden, wird nicht nur er in Zukunft Kunde bleiben, sondern er wird auch den Fahrzeuglackierbetrieb weiterempfehlen.

Hat die Kundenabnahme keine Beanstandung ergeben, kommt es zur Auslieferung. Die Auslieferung ist in den meisten Fällen die Abholung.

Nach der Auslieferung erhält der Kunde die Rechnung mit den Zahlungsbedingungen.
Wenn die Zahlung der Rechnung erfolgt ist, ist der Geschäftsprozess abgeschlossen.

Der Geschäftsprozess im Fahrzeuglackierbetrieb **für einen Instandhaltungsauftrag** besteht aus:
- Preisanfrage des Kunden
- Annahmegespräch
- Direktannahme oder Reparaturaufwand ermitteln
- Reparaturauftrag erteilen
- Instandsetzung
- Abnahme
- Übergabe
- Rechnung
- Zahlung

Wenn der Instandhaltungsumfang, z. B. bei einer Karosseriereparatur mit Lackierung, eindeutig bekannt ist, kann der Kunde eine Preisanfrage bei verschiedenen Fahrzeuglackierbetrieben durchführen, um sich für den billigsten Betrieb zu entscheiden. Allerdings ist bei Karosseriereparaturen dieser Preisvergleich nicht die Regel, weil oft der Schadensumfang erst durch gründliche technische Untersuchung festgestellt werden kann. Zum anderen besteht häufig zwischen Kunden und Fachbetrieb ein enges Vertrauensverhältnis.

Der Kunde oder ein Beauftragter bringt daher das Fahrzeug direkt in die Fachwerkstatt. Dort findet mit dem Kundendienstberater oder dem Meister ein Annahmegespräch statt.
Zunächst werden bei neuen Kunden persönliche und fahrzeugbezogene Daten im EDV-System erfasst. Sind die Kundendaten bereits gespeichert, können sie über den Kundennamen, das Kennzeichen oder die Fahrgestellnummer auf den Bildschirm aufgerufen und in das Auftragsformular übernommen werden.

Bei kleinen Schäden werden im Beisein des Kunden die vorzunehmenden Arbeiten festgelegt und erklärt. Diese Art der Fahrzeugannahme wird **Direktannahme** genannt und fördert das Vertrauen zu der Fachwerkstatt, siehe Bild ➜ 1.

Vorteile der Direktannahme sind:
- Dem Kunden werden die Schäden erklärt und er akzeptiert notwendigen Reparaturen.
- Der Kunde kann mit entscheiden, ob der notwendige Reparaturumfang erweitert werden soll.
- Der Kunde kann mit entscheiden, ob angepasste Altteile verwendet werden.
- Der Kunde erhält eine schnelle Information über den Instandsetzungsauftrag.

1 Annahmegespräch

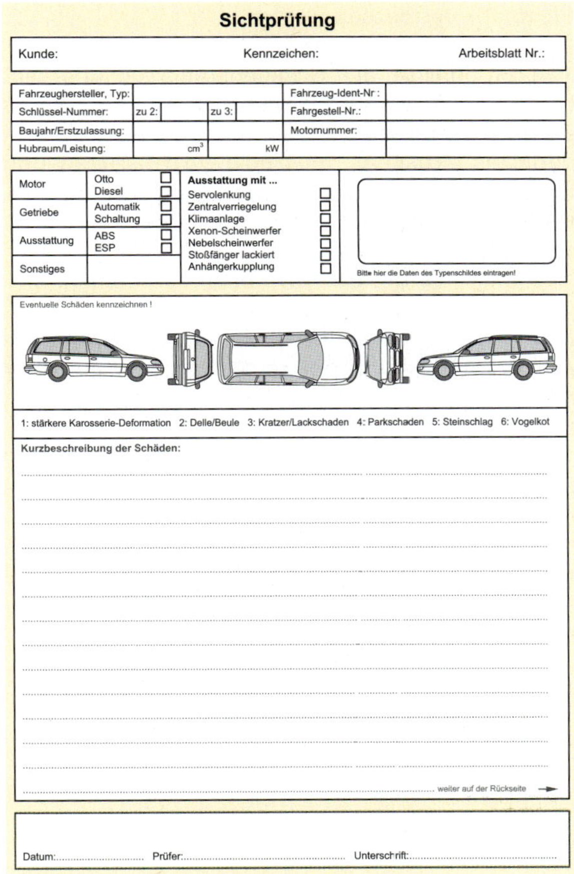

Sichtprüfung

Kunde: Kennzeichen: Arbeitsblatt Nr.:

Fahrzeughersteller, Typ:			Fahrzeug-Ident-Nr.:	
Schlüssel-Nummer:	zu 2:	zu 3:	Fahrgestell-Nr.:	
Baujahr/Erstzulassung:			Motornummer:	
Hubraum/Leistung:	cm³	kW		

Motor	Otto ☐ Diesel ☐	**Ausstattung mit ...**
Getriebe	Automatik ☐ Schaltung ☐	Servolenkung ☐ Zentralverriegelung ☐ Klimaanlage ☐ Xenon-Scheinwerfer ☐
Ausstattung	ABS ☐ ESP ☐	Nebelscheinwerfer ☐ Stoßfänger lackiert ☐
Sonstiges		Anhängerkupplung ☐

Bitte hier die Daten des Typenschildes eintragen!

Eventuelle Schäden kennzeichnen !

1: stärkere Karosserie-Deformation 2: Delle/Beule 3: Kratzer/Lackschaden 4: Parkschaden 5: Steinschlag 6: Vogelkot

Kurzbeschreibung der Schäden:

weiter auf der Rückseite ➜

Datum: Prüfer: Unterschrift:

2 Formblatt für die Sichtprüfung

Bei größeren Schäden muss man den Reparaturaufwand ermitteln, bevor der Auftrag erteilt wird. Zunächst kann man durch eine Sichtprüfung den Schadensumfang feststellen, siehe Bild ➜ 2.

Dabei können folgende mögliche unfallbedingte Veränderungen am Fahrzeug geprüft werden:

- Verformung außen und innen bei doppelten Blechen
- Verformungen des Dachs
- Funktion von Schiebe-/Hebedach
- Spaltmaße von Türen und Klappen
- Lackbeschädigungen
- Verformungen der Längsträger
- Verformungen der Säulen
- Motorbeschädigung
- Beschädigung der Felgen
- Beschädigung an Achsen, Achsbefestigungen und Radaufhängungen
- Funktion der Lenkung

Ergibt die Sichtprüfung, dass sich möglicherweise primär tragende Karosserieteile verformt haben, muss das Fahrzeug zur weiteren Prüfung auf der Richtbank vermessen werden.

Alle Ergebnisse der Schadensuntersuchung gibt man in ein EDV-Kalkulationsprogramm ein. Dieses Programm ermittelt alle zur Instandsetzung erforderlichen Arbeiten, Ersatzteile, Arbeitszeiten und Preise und druckt einen Kostenvoranschlag aus, siehe Bild ➜ 359.1.

Ist der Kunde mit diesem Kostenvoranschlag einverstanden, unterschreibt er einen Reparaturauftrag. Durch seine Unterschrift wird der Reparaturauftrag ein Vertrag, der rechtskräftig ist und der Kunde erklärt, dass er die Reparaturbedingungen des Betriebes anerkennt.

Der Vertrag wird 4-fach ausgeführt; je eine Ausführung

- erhält der Kunde
- bleibt bei der kaufmännischen Abteilung
- wird zur Ersatzteilbeschaffung verwendet
- bekommt der Werkstattmeister

1 Instandsetzung durch Gesellen und Auszubildenden

Gesellen und Auszubildende führen die Instandsetzung durch unter der Leitung des Werkstattmeisters, siehe Bild ➜ 1.

Nach Beendigung der Arbeiten erfolgt die Abnahme der Instandsetzung durch den Meister.

Bei einer umfangreichen Reparatur ist die Abnahme immer verbunden mit einer Probefahrt, um die Fahrsicherheit festzustellen.

Hat die Abnahme keine Beanstandungen ergeben, kann das Fahrzeug an den Kunden übergeben werden.
Mit der Übergabe des reparierten Fahrzeuges erhält der Kunde gleichzeitig die Rechnung, die zwischenzeitlich von der kaufmännischen Abteilung erstellt wurde.
Handelt es sich um einen Schaden, den die Versicherung bezahlt, hat der Kunde eine Übernahmeerklärung unterschrieben und die Rechnung geht an die Versicherung.

Nach Zahlung der Rechnung ist der Geschäftsprozess abgeschlossen.

Andreas Pahl Lack- & Karosseriezentrum

Zertifizierter Fachbetrieb für Lack- und Karosseriearbeiten DEKRA

An den Reesenbetten 1
24782 Büdelsdorf
Tel.: 04331 / 437 85-0
Fax 04331 / 437 85-20
info@ap-zentrum.de

A.P. Lack & Karosserie - An den Reesenbetten 1 - 24782 Büdelsdorf

Herr
Gerd Thomsen
Johann-Fleck-Str. 39

D-24106 Kiel

Kostenvoranschlag **23.04.2009**

Kunden-Nr.	Auftrags-Nr.	Bitte bei Schriftw. unbedingt angeben	Ansprechpartner		Annahme-Datum
45.104	20046				

Fabrikat	Typ	Varianten	Typen-Code	Auftrags-Datum
VW	PASSAT CC (357)	GRUNDMODELL	6AP01	20.04.2009
Farbe	**Kennzeichen**	**Kilometerstand**	**Zulassungs-Datum**	**Fertig.- Lieferdatum**
met.	KI-GT 219		12.06.2009	23.04.2009
Fahrgestell-Nr.	**Leitzahl**	**Fremdleistungsnr.**		**Betriebsstätte**
WVWZZZ3CZ9E004237		UB-016107/09		Büdelsdorf

Ausführung: 1968CCM 103KW
2-SCHICHT-METALLIC

Arbeitslohn: Zeitbasis: 10,00 AW = 1 Std.

LOHNKLASSE 1	Preis/KL1 90,00 Euro/Std
LOHNKLASSE 2	Preis/KL1 90,00 Euro/Std
LOHNKLASSE 3	Preis/KL1 90,00 Euro/Std
LOHNKLASSE 3 (HOHLRAUMK.)	Preis/KL1 90,00 Euro/Std

Arb.Pos.Nr/ Leit-Nr.	Instandsetzung-/Einzel-/Verbundarbeiten	KL	Anz/AW	Arb.-Preis/Euro	Betrag
51 01 75 01)	KAROSSERIETEIL HOHLRAUM KONSERVIEREN	3	2,0	18,00	
51 01 75 50	TUER H R HOHLRAUM KONSERVIEREN (VERBUNDARBEIT)	3	1,0	9,00	
51 01 75 50	SEITENTEIL H R HOHLRAUM KONSERVIEREN (VERBUNDARBEIT)	3	1,0	9,00	
57 11 19 00	TUERGRIFF V R AUS-/EINBAUEN UMFASST: SCHLIESSZYLINDER AUS-/EINBAUEN	2	2,0	18,00	
70 59 19 00	TUERVERKLEIDUNG V R AUS-/EINBAUEN	2	4,0	36,00	
64 48 19 50	TUERSCHACHTABDICHTUNG V A R AUS-EIN	2	1,0	9,00	
66 21 55 00	STOSSLEISTE TUER V R ERSETZEN	2	3,0	27,00	
66 89 19 50	AUSSENSPIEGEL R AUS-/EINBAUEN (ELEKTRISCH) (TUERVERKLEIDUNG AUSGEBAUT) UMFASST: SPIEGELGLAS AUS-/EINBAUEN	2	2,0	18,00	
58 11 19 00	TUERGRIFF H R AUS-/EINBAUEN	2	2,0	18,00	
70 73 19 00	TUERVERKLEIDUNG H R AUS-/EINBAUEN	2	4,0	36,00	
64 68 19 00	TUERSCHACHTABDICHTUNG H A R AUS-EIN	2	2,0	18,00	
66 41 55 00	STOSSLEISTE TUER H R ERSETZEN	2	3,0	27,00	
66 76 19 50	RADHAUSSCHALE H R AUS-/EINBAUEN	2	2,0	18,00	
94 31 20 00	BEIDE SCHLUSSLEUCHTEN AUS-/EINBAUEN	2	5,0	45,00	
70 39 19 00	ABDECKUNG SCHLOSSTRAEGER H AUS-/EINBAUEN	2	2,0	18,00	
70 03 19 50)	VERKLEIDUNG R KOFFERRAUM AUS-/EINBAUEN (SEITENPOLSTER AUSGEBAUT)	2	3,0	27,00	
63 69 19 50	ABDECKUNG STOSSFAENGER H AUS-/EINBAUEN	2	3,0	27,00	

Blatt 1

FORM003/20070821

Sparkasse Mittelholstein AG - Konto 33 954 - BLZ(214 500 00) St.-Nr. 280 530 6481

1 Kostenvoranschlag, **Fortsetzung siehe Seite 360**

Andreas Pahl Lack- & Karosseriezentrum

Zertifizierter Fachbetrieb für Lack- und Karosseriearbeiten DEKRA

An den Reesenbetten 1
24782 Büdelsdorf
Tel.: 04331 / 437 85-0
Fax 04331 / 437 85-20
info@alc-pahl.de

Kostenvoranschlag

Kunden-Nr. 45.104 Auftrags-Nr. 20046

	(SCHLUSSLEUCHTEN AUSGEBAUT)				
70 28 19 50	VERKLEIDUNG RADHAUS H R AUS-/EINBAUEN (SEITENPOLSTER AUSGEBAUT)	2	1,0		9,00
55 37 19 00	TANKKLAPPE AUS-/EINBAUEN	2	2,0		18,00
74 60 19 50	SEITENPOLSTER H R AUS-/EINBAUEN (VERKLEIDUNG RADHAUS UND RUECKSITZBANK AUSGEBAUT)	2	1,0		9,00
72 48 19 ZAX	RUECKSITZ AUS-/EINBAUEN	2	2,0		18,00
44 05 19 00	RAD (RAEDER) H AUS-/EINBAUEN	1	2,0		18,00
1782	TUER H R INSTANDSETZEN	3	10,0	*	90,00
3482	SEITENWAND R INSTANDSETZEN	3	2,0	*	18,00
1782	TUER H R HOHLR KONSERVIEREN	1			
3482	SEITENWAND R HOHLR KONSERVIEREN	1			

Lackierung: Zeitbasis: 10,00 AW = 1 Std.
LACKLOHNKLASSE 1 Preis/KL1 96,99 Euro/Std

Arb.Pos.Nr/ Leit-Nr.	Arbeitsgang WASSERBASIS		Anz/AW		Arb.-Preis/Euro
1482	TUER V R REPARATURLACK ST III	1	16,0		155,18
1782	TUER H R REPARATURLACK ST III	1	14,0		135,79
3482	SEITENTEIL R REPARATURLACK ST III	1	15,0		145,48
4080	TANKKLAPPE OBERFL LACK ST K2	1	3,0		29,10
9959	ZUSCHLAG FARBMUSTER OBERFL LACK ST II	1	3,0	*	29,10
9960	ZUSCHL FARBE MISCHEN OBERFL LACK ST II	1	3,0	*	29,10
	VORBEREITUNG ZUR LACKIERUNG		17,0		164,88
	VORBEREITUNG F. KUNSTSTOFFLACK		5,0		48,49
	MAT-KONST. HPT-ARB. METALL-LACK.				21,10
	MATERIALKONSTANTE KUNSTSTOFF				7,00
	REPARATURLACKIERUNG FLÄCHE		221,00 qdm		103,87
	INDEXABWEICHUNG IN %		168,00 %		91,24
	FIXMATERIAL TOTAL				1,40
	K-OBERFLÄCHENLACKIERUNG PREIS				0,80

Ersatzteile

Leit-Nr.		Ersatzteil - Nr.	Anz	Preis/Euro
1682	ZIERLEISTE TUER V R	3C8 853 072 2ZZ		24,35
1982	ZIERLEISTE TUER H R	3C8 853 074 2ZZ		19,85

Blatt 2

FORM003/20070821 Sparkasse Mittelholstein AG - Konto 33 954 - BLZ(214 500 00) St.-Nr. 280 530 6481

1 Kostenvoranschlag, **Fortsetzung siehe Seite 361**

Andreas Pahl Lack- & Karosseriezentrum

Zertifizierter Fachbetrieb für Lack- und Karosseriearbeiten DEKRA

An den Reesenbetten 1
24782 Büdelsdorf

Tel.: 04331 / 437 85-0
Fax 04331 / 437 85-20
info@alc-pahl.de

Kostenvoranschlag

Kunden-Nr. 45.104 Auftrags-Nr. 20046

Zusammenfassung

Arbeitslohn					
	LOHNKLASSE 1	2 AW x 90,00 Euro/Std	2,0	18,00	
	LOHNKLASSE 2	44 AW x 90,00 Euro/Std	44,0	396,00	
	LOHNKLASSE 3	12 AW x 90,00 Euro/Std	12,0	108,00	
	GESAMTSUMME-ARBEITSLOHN				522,00
Lackierung					
	LACKLOHNKLASSE 1	76 AW x 96,99 Euro/Std	76,0	737,12	
	MATERIALKOSTEN			225,41	
	GESAMTSUMME-LACKIERUNG				962,53
Ersatzteile					
	KLEINERSATZTEILE-TOTAL		2,00 %	0,88	
	GESAMTSUMME-ERSATZTEILE				45,08
Nebenarbeiten					
	HOHLRAUM LOHNKLASSE 3	4 AW x 90,00 Euro/Std	4,0	36,00	
	GESAMTSUMME-NEBENKOSTEN				36,00
Gesamt					
	GESAMTBETRAG OHNE MWST				1.565,61
	MWST VOM GESAMTBETRAG		19,00 %	297,47	
	GESAMTBETRAG INCL MWST (EURO)				**1.863,08**

Wir bedanken uns für das entgegengebrachte Vertrauen und wünschen Ihnen allzeit GUTE FAHRT.

Blatt 3

FORM003/20070821 Sparkasse Mittelholstein AG - Konto 33 954 - BLZ(214 500 00) St.-Nr. 280 530 6481

1 Kostenvoranschlag

13.5.2.2 Stundenverrechnungssatz

Der Stundenverrechnungssatz ist der Preis, den der Kunde für eine Werkstattstunde bezahlen muss.

Für den Lackierbetrieb ist er die Kalkulationsgrundlage für den Angebotspreis und den Rechnungspreis. Der Stundenverrechnungssatz spielt eine wichtige Rolle für den betriebswirtschaftlichen Erfolg des Betriebes, denn mit dieser Einnahme müssen die gesamten Kosten des Betriebes und auch der Gewinn erwirtschaftet werden. Daher genügt es nicht „über den Daumen peilen", der Stundenverrechnungssatz muss sorgfältig berechnet werden.

Außerdem sollte er auch in Abständen (etwa jährlich) überprüft und angepasst werden. Bei der Festlegung des eigenen Stundenverrechnungssatzes müssen auch die ortsüblichen Stundenverrechnungssätze im Auge behalten werden. Denn was nützt ein eigener betriebsnotwendiger Stundenverrechnungssatz, der sich nicht durchsetzen lässt. In so einem Fall müssen betriebliche Bedingungen verändert werden wie z. B. Gewinn, Produktivität und Effizienz.

Berechnung des eigenen betriebsnotwendigen Stundenverrechnungssatzes, zu dem die jeweils gültige Mehrwertsteuer zuzurechnen ist:

$$\text{Stundenverrechnungssatz} = \frac{\text{Gesamtkosten} + \text{Gewinn}}{\text{produktive Gesamtstunden}}$$

Die **Gesamtkosten** sind:

- Personalkosten, z. B.
  - Lohnkosten für Lehrlinge, Gesellen, Meister, Büroangestellte, Hilfskräfte
  - gesetzliche Sozialabgaben
  - Urlaubsgeld
  - Weihnachtsgeld
- Sachkosten, z. B. Kleinmaterial, Betriebs- und Hilfsstoffe, Energiekosten, Büromaterial, Kfz-Kosten, Werbung
- kalkulatorische Kosten, z. B. Unternehmerlohn, Zinsen für Kredite, Abschreibungen für Werkzeugmaschinen, Mietwert der eigenen Räume

Der **Gewinn** ist erforderlich, um Rücklagen für Investitionen zu bilden.

Die **produktiven Gesamtstunden** ergeben sich aus:

$$\text{produktive Gesamtstunden} = \text{produktive Mitarbeiter gesamt} \times \text{produktive Stunden pro Mitarbeiter und Jahr}$$

Produktive Mitarbeiter sind Meister, Gesellen, Lehrlinge mit jeweils ihrem produktiven Arbeitsanteil.

Produktive Stunden pro Mitarbeiter und Jahr werden berechnet:

verrechenbare Stunden:

Kalendertage im Jahr	365 Tage
– Samstage u. Sonntage	104 Tage
– Feiertage	10 Tage
– Urlaubstage	30 Tage
– Ausfalltage	2 Tage
– Krankheit, Unfall	12 Tage
= Anwesenheitstage im Jahr	207 Tage
× Anwesenheitsstunden pro Tag	7,6 Std.
= Anwesenheitsstunden pro Jahr	1 573 Std.
– unproduktive Stunden[1]	236 Std.
= produktive Stunden pro Mitarbeiter und Jahr	1337 Std.

Für Karosseriearbeiten gilt:
Der Stundenverrechnungssatz beinhaltet keine Materialkosten und Ersatzteilkosten.

Für Lackierarbeiten gilt:

- Beinhaltet der Stundenverrechnungssatz keine Materialkosten, dann werden die Materialkosten extra berechnet.
- Beinhaltet der Stundenverrechnungssatz die Materialkosten, dann werden je nach Lackkosten ca. 20 % bis 30 % für Lackkosten auf den Stundenverrechnungssatz aufgeschlagen.

Beispiel:

Geg.: Gesamtkosten = 330 000,-- €
Gewinn = 50 000,-- €
produktive Stunden pro Mitarbeiter und Jahr = 1337 Std. (siehe oben)

Ges.: Stundenverrechnungssatz

Produktive Gesamtstunden:

1 Meister 50 % produktiv:	Faktor = 0,5
3 Gesellen 100 % produktiv:	Faktor = 3,0
1 Lehrling 20 % produktiv:	Faktor = 0,2
1 Lehrling 40 % produktiv:	Faktor = 0,4
= produktive Mitarbeiter gesamt:	Faktor = 4,1
× produktive Stunden pro Mitarbeiter und Jahr	1337 Std.
= produktive Gesamtstunden	5482 Std.

[1] unproduktive Stunden = Wegezeiten, Besprechungen, Rauchpausen, Reklamationen, Warten auf Auftrag usw., geschätzt 15 %

Lösung:

$$\text{Stundenverrechnungssatz} = \frac{\text{Gesamtkosten + Gewinn}}{\text{produktive Gesamtstunden}}$$

$$= \frac{330\,000,\text{-- €} + 50\,000,\text{-- €}}{5482 \text{ Std.}}$$

$$\text{Stundenverrechnungssatz} = 69{,}32 \text{ €/Std.}$$

In vielen Werkstätten wird mit Arbeitswerten (**AW**) gerechnet. AW sind Bruchteile von Stunden.

Übliche Werte sind:
- 10 AW/Std.
- 12 AW/Std.
- 100 AW/Std.
- 120 AW/Std.

Beispiel
10 AW/Std. bedeutet: 1 AW = $^1/_{10}$ Std.

Umrechnung des Stundenverrechnungssatzes = 69,32 €/Std., vgl. Beispiel von Seite 30:

- in 10 AW/Std.:

$$1 \text{ AW} = \frac{69{,}32 \text{ €/Std.} \cdot \text{Std.}}{10}$$

$$\underline{\underline{1 \text{ AW} = 6{,}93 \text{ €}}}$$

- in 12 AW/Std.:

$$1 \text{ AW} = \frac{69{,}32 \text{ €/Std.} \cdot \text{Std.}}{12}$$

$$\underline{\underline{1 \text{ AW} = 5{,}78 \text{ €}}}$$

- in 100 AW/Std.:

$$1 \text{ AW} = \frac{69{,}32 \text{ €/Std.} \cdot \text{Std.}}{100}$$

$$\underline{\underline{1 \text{ AW} = 0{,}69 \text{ €}}}$$

- in 120 AW/Std.:

$$1 \text{ AW} = \frac{69{,}32 \text{ €/Std.} \cdot \text{Std.}}{120}$$

$$\underline{\underline{1 \text{ AW} = 0{,}58 \text{ €}}}$$

13.5.3 Teamarbeit

In diesem Kapitel werden behandelt:
- Arten von Teams, siehe Kap.13.5.3.1
- Im Team arbeiten, siehe Kap. 13.5.3.2

13.5.3.1 Arten von Teams

In der Lehrlingsausbildung im Betrieb, in der Berufsschule, in Fortbildungsstätten und im späteren Arbeitsleben arbeitet man in Gruppen. Wird in Gruppenarbeit gemeinsam ein Kundenauftrag als Produkt oder Dienstleistung erstellt und geliefert, nennt man das: **Teamarbeit**.
Teams können sich auf unterschiedlicher Art herausbilden.

Danach unterscheidet man:
- vorgegebene Teams
- zusammengestellte Teams

Vorgegebenes Team
In der Lehrlingsausbildung im Betrieb und im späteren Arbeitsleben ist die Bildung von Teams in kleinen oder mittleren Betrieben meist vorgegeben. Aufgaben und Verantwortlichkeiten der Teammitglieder sind von vornherein festgelegt.

Teammitglieder des vorgegebenen Teams sind:
- Firmeninhaber oder Geschäftsführer
- Kundendienstberater
- Werkstattmeister
- Gesellen
- Auszubildende

Der **Firmeninhaber oder der Geschäftsführer** trägt die Verantwortung für den Geschäftserfolg. Er vertritt die Firma nach außen und er ist daher zuständig für das Erscheinungsbild des Betriebes und die Kontaktpflege zu den Kunden. Weiterhin ist der Firmeninhaber oder der Geschäftsführer auch zuständig für die Personalauswahl und die Organisation des Betriebes nach innen. Er lenkt das Team.

Der **Kundendienstberater** ist das Bindeglied zwischen Betrieb und Kunden. Er muss daher in das Qualitätsmanagement des Betriebes eingebunden sein. Er ist das Mitglied des Teams mit Kundeninformation und Kenntnis der Qualitätsansprüche.

Der **Werkstattmeister** führt das Team bei der Arbeitsausführung. Er bespricht mit dem Team die Arbeitsaufgaben, macht die Terminplanung, verteilt die Arbeit auf Gesellen und Auszubildende, überwacht die Arbeitsabläufe, die Arbeitsqualität und die Ausbildung der Auszubildende.

Die **Gesellen** führen mit den **Auszubildende** die Arbeit aus und kontrollieren ihre Arbeitsqualität. Die Auszubildende lernen im Produktionsablauf von der Zusammenarbeit mit dem Gesellen; damit erhalten sie ihre praktische Ausbildung für ihr späteres Berufsleben.

Zusammengestelltes Team
In der Berufsschule und in Fortbildungsstätten müssen sich die Mitglieder des Teams erst finden. Das Team sollte höchstens aus vier bis sechs Mitgliedern bestehen, um effektiv arbeiten zu können. Bei zu vielen Teammitgliedern wird zu leicht die Konzentration an der Teamarbeit gestört.
Die Teammitglieder können zusammengestellt werden nach:
- Zufallsauswahl
- Geschlecht
- Alter
- Neigungen
- Beruf

Die zusammengestellten Teams bearbeiten eine oder mehrere Aufgaben. Es können aber auch für neue Teamarbeiten neue Teams zusammengestellt werden; dann kommen mehrere neue Ideen in die Teamarbeit und die Ideenfindung wird gesteigert.

13.5.3.2 Im Team arbeiten

In diesem Kapitel werden behandelt:
- Voraussetzungen für Teammitglieder
- Ziele für eine erfolgreiche Teamarbeit
- Bearbeiten von Aufgaben
- Ergebnisse präsentieren

Voraussetzungen für Teammitglieder
Die Teammitglieder müssen zunächst ihre Position in der Gruppe finden. Dazu sollten sich die Teammitglieder auf eine Aufgabenverteilung einigen, falls sie nicht in der Arbeitsaufgabe festgelegt ist.

Die Aufgaben können wie folgt verteilt werden:
- Organisation der Teamarbeit
- Präsentation des Arbeitsergebnisses
- Dokumentation der Teamarbeit
- Erfüllung von Einzelaufgaben

Die Organisation der Teamarbeit übernimmt der Teamleiter.

Die Präsentation des Arbeitsergebnisses erfolgt durch den Teamsprecher.

Für die Dokumentation der Teamarbeit ist der Schriftführer zuständig.
Teamleiter, Sprecher, Schriftführer und die anderen Teammitglieder sind gemeinsam mit der Erfüllung von Einzelaufgaben befasst, um den gemeinsamen Arbeitsauftrag zu erfüllen.

Ein Team arbeitet gut, wenn sich jedes Teammitglied an bestimmte Regeln hält.

Regeln für die Teamarbeit sind:
- angemessene Umgangsformen praktizieren; alle Teammitglieder akzeptieren sich gegenseitig
- gut funktionierende Gruppenkommunikation
- alle Meinungen und Kritiken sind zugelassen
- Bereitschaft und Wille jedes Einzelnen, sich in der Gruppe zu engagieren
- Bereitschaft und Wille jedes Einzelnen, die eigenen Fähigkeiten zu erproben
- die erforderlichen Informationen allen Teammitgliedern zugänglich machen
- positive Einstellung der Teammitglieder für Ideen und zum Handeln

Ziele für eine erfolgreiche Teamarbeit
Die Teamarbeit hat gegenüber der Einzelarbeit den wesentlichen Vorteil, dass mehr Informationen und Ideen in die Arbeit einfließen. Dadurch arbeitet das Team schöpferischer und kommt zu besseren Arbeitsergebnissen.
Der Erfolg der Teamarbeit hängt davon ab, wie folgende grundsätzliche Teamziele eingehalten werden:
- jeder Einzelne muss verantwortlich sein
- jeder Einzelne muss sich einsetzen
- die Arbeitsaufgabe akzeptieren
- fasziniert sein von der Arbeitsaufgabe
- Arbeitsaufgabe eindeutig formulieren
- Arbeitsaufgabe messbar definieren
- Arbeitsaufgabe schriftlich festlegen
- Unterziele ableiten

Jedes Teammitglied ist als Einzelner verantwortlich für sein Teil- und für das Gesamtergebnis der Teamarbeit.

Jeder Einzelne muss sich einsetzen, damit möglichst viele Informationen und Ideen in die Teamarbeit einfließen. Dabei erhält jedes Teammitglied eine herausfordernde Aufgabe. Sie soll aber nicht über die Grenzen der Leistungsfähigkeit der einzelnen Teammitglieder hinausgehen.

Die Arbeitsaufgabe sollte von allen Teammitgliedern akzeptiert werden, nur dann sind die Ziele auch erstrebenswert.
Alle Teammitglieder sollen von der Arbeitsaufgabe fasziniert sein. Daher muss die Aufgabenstellung so erfolgen, dass alle Teammitglieder neugierig auf die Lösung gemacht werden. So können persönliche Ziele der Teammitglieder zurückgestellt werden.

Die Arbeitsaufgabe soll eindeutig formuliert werden, damit zielgerichtet gearbeitet werden kann. Es dürfen keine verschiedenen Interpretationen möglich sein und es müssen Missverständnisse vermieden werden.

Durch messbares Definieren der Arbeitsaufgabe ist eine laufende Überprüfung möglich und von jedem Teammitglied ist der Stand der Teamarbeit erkennbar.
Wenn die Arbeitsaufgabe schriftlich festgelegt ist, kann man sich die Einzelheiten jederzeit wieder in Erinnerung rufen.
Man sollte von der Gesamtaufgabe Unterziele ableiten; so werden Teilerfolge erzielt, was die Motivation der einzelnen Teammitarbeiter erhöht.

Große Bedeutung bei den Teamzielen hat auch, inwiefern und inwieweit ein Team bei der Formulierung der Teamziele beteiligt werden soll.

Bei der Formulierung von Teamzielen dürfen keine ungeeigneten Ziele für die Teamarbeit aufgestellt werden. Ungeeignete Ziele behindern eine erfolgreiche Teamarbeit.
Ungeeignete Teamziele sind:

- unverbindliche Absichtserklärungen
- unrealistische Wunschvorstellungen
- nur vage umrissene Ideen
- Alibi-Ziele, die von keinem so recht ernst genommen werden
- Ziele, die erst im Nachhinein festgelegt werden
- andauernde Änderung der Ziele während des Teamprozesses

Bearbeiten von Aufgaben
Beim Bearbeiten von Aufgaben müssen die Teammitglieder eine positive Einstellung gegenüber der Ideen und dem und Handeln haben.

Durch folgende traditionelle Strukturen können aber negative Einstellungen gegenüber der Ideen und dem Handeln entstehen:

- Findet die Teamsitzung in seinem Arbeitsbereich statt, werden die Vorschläge des Vorgesetzten beklatscht.
- Neue spontane Lösungsvorschläge werden nicht akzeptiert.
- Schüchterne Teammitglieder kommen nicht zum Zug.
- Teammitglieder sind beleidigt, wenn ihr Vorschlag keine Zustimmung bekommt.
- Ehrgeizige Teammitglieder zücken schon im Vorfeld eine Liste mit ausgearbeiteten Vorschlägen.
- Teammitglieder fühlen sich nicht zuständig.
- Von funktionierenden konventionellen Lösungen sollte man nicht abweichen.
- Betriebsübliche Lösungen sind zu bevorzugen.

Die positive Einstellung der Teammitglieder zu den Ideen und dem Handeln wird dadurch gefördert, wenn alle Teammitglieder aktiv an der Bearbeitung von Aufgaben beteiligt werden.

Zur Lösung von Problemen bei der Bearbeitung von Aufgaben können unterschiedliche Methoden eingesetzt werden:

- Brainstorming
- Checklist-Technik
- Fischgrät-Diagramm

Brainstorming setzt sich zusammen aus dem Wort „brain" für Gehirn und dem Wort „storming" für Sturm. Frei übersetzt könnte man auch Geistesblitz daraus machen. Es geht bei dieser Problemlösungsmethode darum, seinen Gedanken freien Lauf zu lassen und möglichst viele Ideen zu liefern. Der Teamleiter muss das Problem formulieren und auf eine Tafel oder auf ein Flipchart schreiben und die Zeit festlegen. Danach äußern die Teammitglieder spontan durch Zuruf, was ihnen zu dem formulierten Problem einfällt.

Diese Ideen schreibt der Teamleiter unter das formulierte Problem. Dabei zählt nicht die Qualität, sondern die Quantität der Ideen.

Machbarkeit, Sachzwänge, Zeit und Geld müssen ignoriert werden. Auch unsinnige Ideen, die möglicherweise nichts mit dem Problem zu tun haben, müssen sofort geäußert werden. Der Grund dafür ist, dass jede noch so blöde Idee vielleicht andere Teammitglieder auf eine gute Idee führt.

Die Bewertung der Ideen erfolgt erst nach dem eigentlichen Brainstorming. Auch abwertende Kommentare wie „Das klappt doch nie" oder „So ein Blödsinn" dürfen nicht geäußert werden, denn frühe Kritik behindert das schöpferische Denken. Oft sind gerade lustige und unrealistische Ideen Ausgangspunkt für neue Gedankengänge, weil die gewohnten Denkbahnen verlassen werden.

Der beste Zeitrahmen für das Brainstorming liegt bei 20 bis 30 Minuten. Die vorgegebene Zeit für das Brainstorming sollte auf jeden Fall eingehalten werden. Fällt einem momentan nichts ein, kann man sich die aufgeschriebenen Ideen durchlesen. Dadurch kann man evtl. auf neue Ideen kommen.

Die Auswertung der Ideen sollte nach einer längeren Pause, besser am nächsten Tag durchgeführt werden. Denn es muss erst von der ausgelassenen Stimmung des Brainstormings auf eine ernsthafte Bewertung umgestellt werden.

Beispiel
Problem: Die Unterseiten einer Pkw-Tür sind nach kurzer Zeit durch Korrosion stark beschädigt.

Folgende Ideen können genannt und unter das formulierte Problem geschrieben werden:
- Türen aus rostfreiem Stahl herstellen.
- Bei jeder Inspektion die Türen regelmäßig auf Korrosionsschutz prüfen und ausbessern, wenn erforderlich.
- Türen bei Beschädigung auswechseln.
- Türen aus Kunststoff verwenden.
- Türen mit Kunststoff verkleiden.
- Türen bis zur halben Höhe mit Unterbodenschutz versehen.
- Türen im unteren Bereich ausschäumen.
- Türen im unteren Bereich mit Wasserablauflöchern versehen.
- Warmluft der Heizungsanlage in die Türen leiten.
- Türen aus Aluminium herstellen

Die Auswertung der Ideen erfolgt zu einem späteren Zeitpunkt.

Die **Checklist-Technik** ist eine weitere Möglichkeit, Probleme zu lösen. Gleichzeitig lässt sie sich sinnvoll zur Auswertung der gemachten Ideen im Brainstorming einsetzen.
Bei diesem Verfahren wird eine Checkliste erstellt. Mit deren Hilfe wird jede der vorgeschlagenen Ideen in Hinblick auf das formulierte Problem geprüft. Das Team analysiert die Ideen. Vor- und Nachteile werden einander gegenübergestellt, unterschiedliche Ideen werden diskutiert und mögliche Kombinationen gebildet. Das Endziel ist die beste Problemlösung aus ökonomischer und ökologischer Sicht.

Beispiel
Problem: Die Unterseiten einer Pkw-Tür sind nach kurzer Zeit durch Korrosion stark beschädigt.

Bei der Auswertung für jede formulierte Idee im Brainstorming kann die Checkliste wie folgt aussehen:
- Kann man die Türen weiter verwenden?
- Müssen die Türen noch bearbeitet werden?
- Sollte man die Türen leicht verändern oder umwandeln?
- Sollte man die Türen vergrößern?
- Kann man die Türen verkleinern?
- Muss man die Kontur der Türen verändern?
- Muss man den Einbau der Türen umorganisieren?
- Kann man die Einbaufolge umkehren?
- Sind die Türen mit anderen Bauteilen zu kombinieren?

Diskussion und Bewertung der einzelnen Fragen entscheiden dann über die einzelne Idee.

Wenn bei der Bearbeitung von Aufgaben ein Problem gelöst werden soll, kann das **Fischgrät-Diagramm** angewendet werden. Die Bezeichnung kommt daher, weil sich die Einflussgrößen für ein Problem in Form eines Fisches darstellen lassen.

Das Fischgrät-Diagramm wird auch genannt:
Ursache-Wirkungs-Diagramm
- 4-M-Diagramm
- Ishikawa-Diagramm

Problem bzw. Wirkung und Ursache ist mit dem Fischgrät-Diagramm einfach aufzuzeigen, deshalb wird es auch **Ursache-Wirkungs-Diagramm** genannt.

Der Name **4-M-Diagramm** kommt daher, weil sich meist die Haupteinflussgrößen nach den 4 M unterteilen lassen:
- Mensch: alle Ursachen, die aus fehlender Erfahrung, Fähigkeiten, Kenntnisse, persönlichem Verhalten und Einstellung zur Arbeit entstanden sein können.
- Maschine: alle Ursachen, die durch Einrichtungen, Arbeitsplatzgestaltung, Messeinrichtungen, Werkzeuge und Maschinen entstanden sein können.
- Methode: alle Ursachen, die durch intern vorgegebene Arbeitsabläufe, Organisationsstrukturen, Dienstanweisungen und Kontrollverfahren entstanden sein können.
- Material: alle Ursachen, die durch eingesetzte Materialien und Zulieferteile entstanden sein können.

Professor Kaoru Ishikawa, ein Japaner, hat diese Methode erfunden, daher auch der Name **Ishikawa-Diagramm**.

Im Fischgrät-Diagramm geben die Pfeile der Fischgräten stets die Richtung der Ursache an. Das Fischgrät-Diagramm ermöglicht dabei ein strukturiertes Vorgehen bei der Lösung der Probleme. Es ist leicht erlernbar und sofort anwendbar. Bei komplexen Problemen ist es allerdings umfangreich und kann unübersichtlich werden.

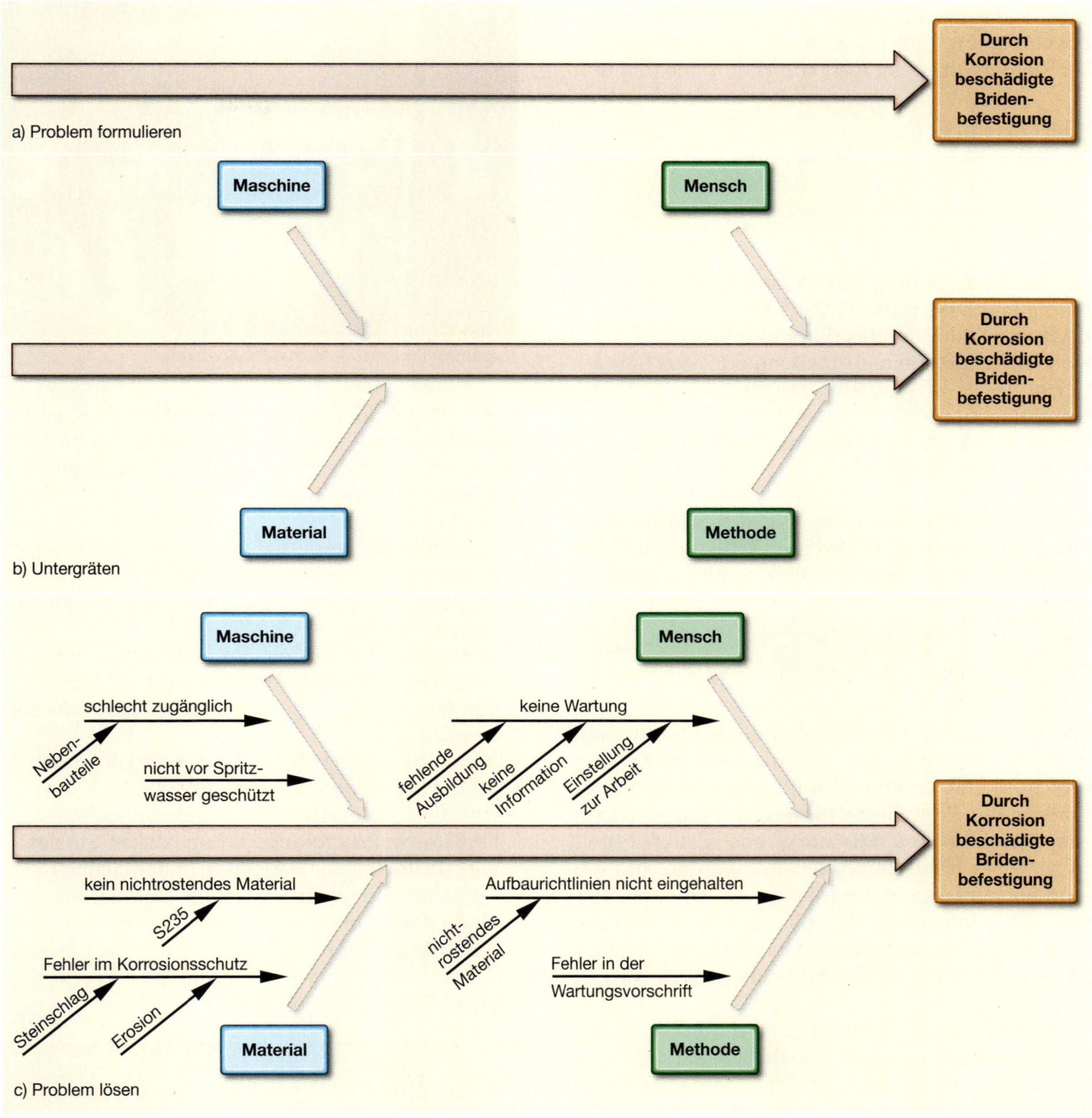

1 Fischgrät-Diagramm – Pkw-Tür

Beispiel

Problem: Die Unterseiten einer Pkw-Tür sind nach kurzer Zeit durch Korrosion stark beschädigt.

Als Erstes muss immer das Problem klar und deutlich formuliert werden, siehe Bild ➜ 1a. Jetzt muss in den 4-M-Bereichen, oder auch in zusätzlichen Bereichen, nach möglichen Ursachen für das Problem gesucht werden. Dabei unterscheidet man Haupt- und Nebenursachen. Diese Bearbeitung kann mit Brainstorming erfolgen.

Von den Hauptursachen lassen sich als „Untergräten" Nebenursachen ableiten, siehe Bild ➜ 1b.

Die Nebenursachen werden jetzt hinterfragt und bewertet. Daraus werden die Maßnahmen zur Lösung des Problems vereinbart, siehe Bild ➜ 1c.

Ergebnisse präsentieren

Zuständig für das Präsentieren des Ergebnisses der Teamarbeit ist der Teamsprecher, siehe Bild → 1.

Die Präsentation gliedert sich in die drei Phasen:
- Vorbereitung der Präsentation
- Durchführung der Präsentation
- Nachbereitung der Präsentation

Für die **Vorbereitung der Präsentation** muss der Empfänger bekannt sein. Das kann sein:
- Meister oder Chef des Betriebes
- alle Mitarbeiter einer Abteilung oder des Betriebes
- einzelne Kunden
- Kunden und Geschäftspartner als Gruppe
- Mitschüler einer Klasse

Nach diesen Empfängern richtet sich, welche Hilfsmittel man einsetzt. Üblich sind Whiteboard, Tafel, Flip-Chart, Folien, Farbdias, Plakate oder Beamer.

Hier gilt das geflügelte Wort:
„Ein Bild sagt mehr als tausend Worte".

Man nennt die bildliche Darstellung **Visualisierung**. Die visuelle Form der Informationsübertragung erleichtert das Verstehen und kann die Aufmerksamkeit der Empfänger fördern. Es muss jedoch eine ausgewogene Mischung aus visueller und sprachlicher Information gewählt werden, um die Aufmerksamkeit der Empfänger zu erhalten. Für den sinnvollen Einsatz der Hilfsmittel kann weniger auch mehr bedeuten. Wichtig ist, dass die Funktion der Hilfsmittel vor der Präsentation geprüft wird.

Vor der inhaltlichen Vorbereitung der Präsentation sollte zunächst das Ziel der Teamarbeit klar und deutlich formuliert und „knallig" dargestellt werden, damit die Empfänger motiviert werden.

Für die inhaltliche Vorbereitung der Präsentation richtet sich die Auswahl der Inhalte neben der sachlichen Notwendigkeit auch nach den Empfängern.

Auf jeden Fall ist eine klare und systematische Gliederung erforderlich, die zum Ziel der Teamarbeit führt. Bei der Erstellung des Präsentationsmanuskripts soll man sich auf den Inhalt konzentrieren und die Dinge mit einfachen Worten auf den Punkt bringen.

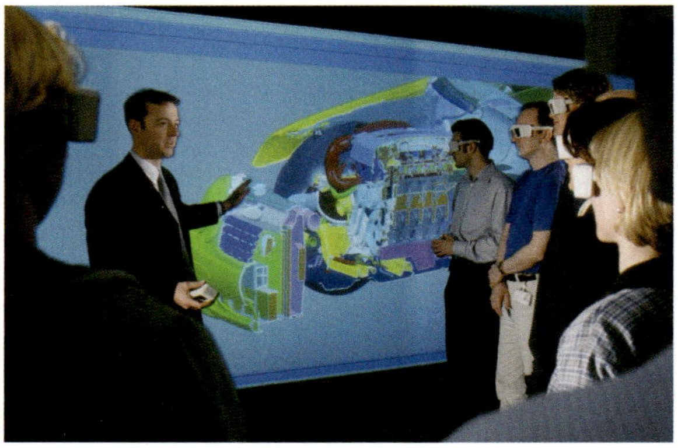

1 Präsentation, hier im Virtual-Reality-Center

Für die **Durchführung der Präsentation** gelten die Grundregeln der Kommunikation, vgl. Kap. 13.4.4.2. Daneben sind folgende Hinweise zu beachten:
- Nennen Sie das Thema und geben Sie die Gliederung an.
- Sprechen Sie möglichst frei.
- Sprechen Sie langsam und laut.
- Sprechen Sie einfach und verwenden Sie keine langen Wörter.
- Verwenden Sie Gesten, die den Worten angepasst sind; damit werden Sie nicht nur gehört, sondern auch gesehen. Das erhöht die Aufmerksamkeit.
- Halten Sie Augenkontakt zu den Empfängern.
- Bieten Sie Fragen an.
- Die abschließenden Worte bleiben allen am längsten in Erinnerung; darum packen Sie das wichtigste Ziel der Mitteilung in den Schluss.
- Sprechen Sie niemals zu lange. Hören Sie auf, bevor die Empfänger den Wunsch bekommen, dass Sie aufhören mögen.

Weitere Regeln siehe Bild → 2.

1. **Man kann über alles reden, aber nicht über 45 Minuten.**
2. **Das Publikum ist wichtiger als das Manuskript.**
3. **Nicht jede Rede muss bei Adam und Eva beginnen.**
4. **Wer verstanden werden will, muss verständlich sprechen.**
5. **Auch wenn alles falsch ist, müssen die Namen stimmen.**
6. **Witz ist gut, selbst gute Witze sind nicht immer angebracht.**
7. **Wer keine Frage offen lässt, hat die Diskussion abgewürgt.**

2 Sieben goldene Regeln von Rolf Breitenstein

Zur **Nachbereitung der Präsentation** muss man untersuchen:
- Ist das Ziel der Teamarbeit dem Empfänger klar geworden?
- War der Einsatz der Hilfsmittel angemessen gewählt?
- Waren Auswahl des Inhalts und Gliederung für diese Empfänger richtig?
- Kann die Präsentation verbessert werden?

13.5.4 Auftragsannahme

Die Annahme von Wartungs- und Pflegeaufträgen erfolgt in der Regel als **Direktannahme** (siehe Kap. 13.5.2.3). Der Kunde hat dabei mit dem Kundendienstberater oder dem Meister den Auftragsumfang besprochen und das Fahrzeug übergeben.

In diesem Kapitel werden behandelt:
- Informationen beschaffen, siehe Kap. 13.5.4.1
- Arbeitsplanung, siehe Kap. 13.5.4.2
- Arbeitsauftrag durchführen, siehe Kap. 13.5.4.3
- Qualität, siehe Kap. 13.5.4.4

13.5.4.1 Informationen beschaffen

Um die Wartungs- und Pflegearbeiten durchführen zu können, müssen Informationen beschafft werden.

Dazu können folgende Informationsquellen dienen:
- Zulassungsbescheinigung
- Fahrzeugidentifizierung
- Betriebsanleitung
- Wartungsheft
- Hersteller-Montage- und Demontageanweisungen
- Aufbaurichtlinien
- Internet
- gesetzliche Vorschriften (StVZO, ECE, EWG)
- Fachzeitschriften
- innerbetriebliche Vorschriften

Zulassungsbescheinigung

Die Zulassungsbescheinigung besteht aus den Teilen I und II und ersetzt die bisherigen Fahrzeugdokumente Fahrzeugschein und Fahrzeugbrief. Beim Kauf eines Neufahrzeuges wird die EG-Übereinstimmungsbescheinigung mit ausgehändigt, dort sind die technischen Daten des Fahrzeuges zusammengefasst.

Die Zulassungsbescheinigung Teil II und die EG-Übereinstimmungsbescheinigung sind nicht im Fahrzeug mitzuführen.
Teil I enthält Informationen auf der Vorderseite, den Innenseiten und der Rückseite.

Informationen auf der **Vorderseite,** vgl. Bild ➜ 1:
Sie enthält das amtliche Kennzeichen, den Namen und Anschrift des Halters, den nächsten Termin für die Hauptuntersuchung und einen Buchstaben- und Zahlencode, der den Ort und das Datum der Zulassung beschreibt.

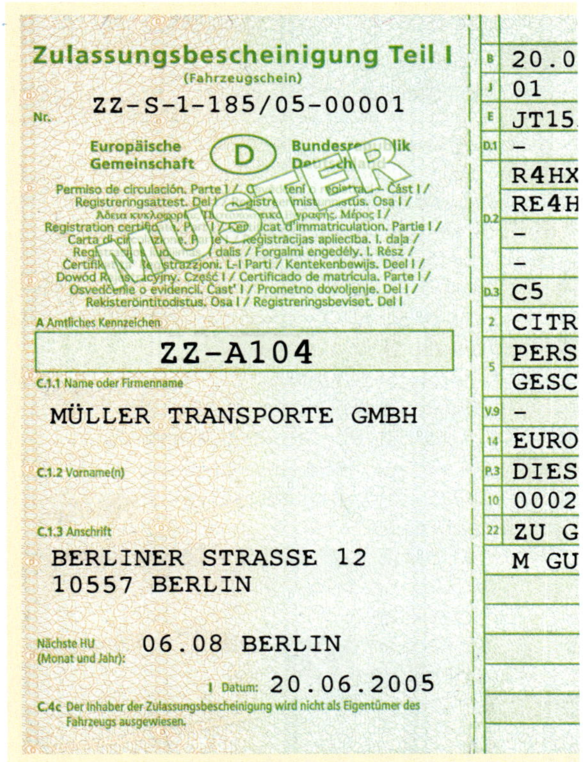

1 Zulassungsbescheinigung

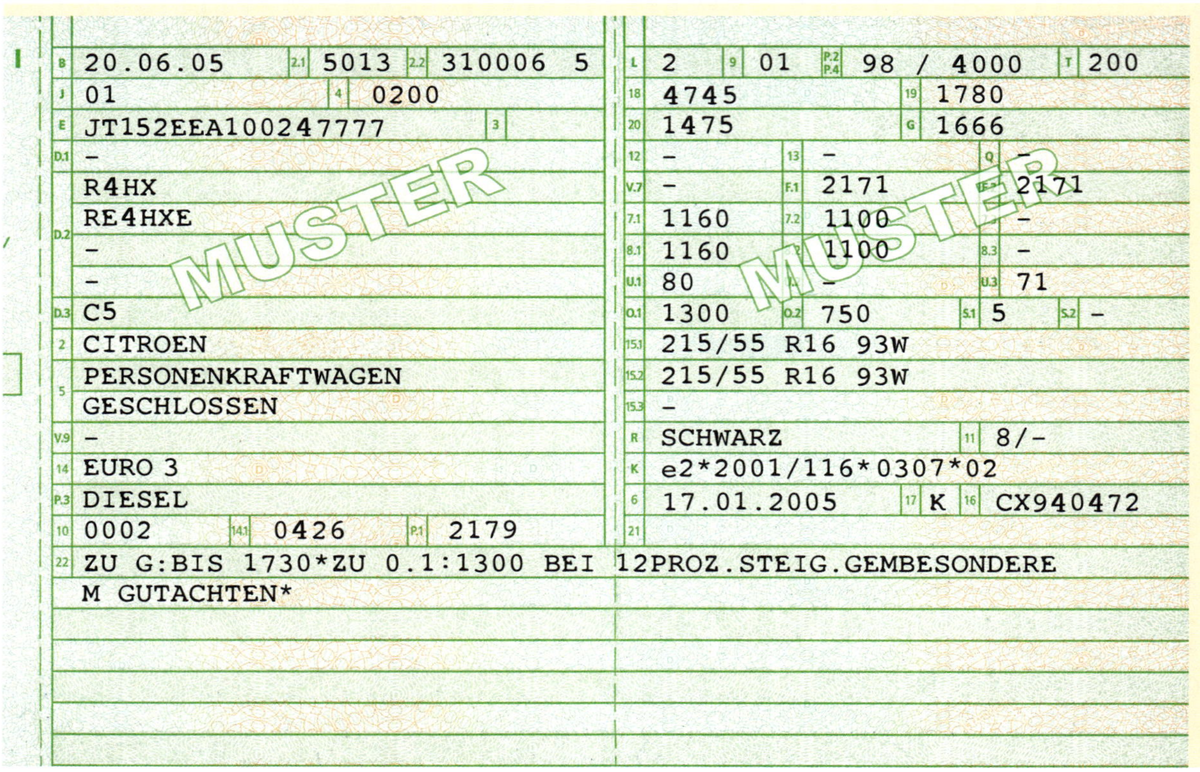

B	20.06.05	L	2
2.1	5013	9	01
2.2	310006 5	P.2/P.4	98 / 4000
J	01	T	200
4	0200	18	4745
E	JT152EEA100247777	19	1780
3		20	1475
D.1	–	G	1666
D.2	R4HX	12	–
	RE4HXE	13	–
	–	Q	–
	–	V.7	–
D.3	C5	F.1	2171
2	CITROEN	F.2	2171
5	PERSONENKRAFTWAGEN	7.1	1160
	GESCHLOSSEN	7.2	1100
V.9	–	7.3	–
14	EURO 3	8.1	1160
P.3	DIESEL	8.2	1100
10	0002	8.3	–
14.1	0426	U.1	80
P.1	2179	U.2	–
		U.3	71
		O.1	1300
		O.2	750
		S.1	5
		S.2	–
		15.1	215/55 R16 93W
		15.2	215/55 R16 93W
		15.3	–
		R	SCHWARZ
		11	8/-
		K	e2*2001/116*0307*02
		6	17.01.2005
		17	K
		16	CX940472
		21	

22: ZU G:BIS 1730*ZU 0.1:1300 BEI 12PROZ.STEIG.GEMBESONDERE M GUTACHTEN*

MUSTER MUSTER

1 Zulassungsbescheinigung

Informationen auf der **Rückseite**:
Raum für weitere amtlich zugelassenen Eintragungen und Definition der Felder der Innenseiten.

Informationen zu den Innenseiten, vgl. Bild ➜ 1:
B: Datum der Erstzulassung
D2: Typ/Variante/Version
D3: Handelsbezeichnung
E: Fahrzeug-Identifizierungsnummer
F.1: Technisch zulässige Gesamtmasse in kg
F.2: im Zulassungsmitgliedstaat zulässige Gesamtmasse in kg
G: Masse des in Betrieb befindlichen Fahrzeugs in kg (Leermasse)
J: Fahrzeugklasse
K: Nummer der EG-Typgenehmigung oder ABE
L: Anzahl der Achsen
O.1: technisch zulässige Anhängelast gebremst in kg
O.2: technisch zulässige Anhängelast ungebremst in kg
P.1: Hubraum in cm^3
P.2/P.4: Nennleistung in kW/Nenndrehzahl bei min^{-1}
P.3: Kraftstoffart oder Energiequelle
R: Farbe des Fahrzeugs
S.1: Sitzplätze einschließlich Fahrersitz
T: Höchstgeschwindigkeit in km/h
U.1: Standgeräusch in dB(A)
U.3: Fahrgeräusch in dB(A)
2: Hersteller-Kurzbezeichnung
2.1: Code zu (2)
2.2: Code zu D.2 mit Prüfziffer
4: Art des Aufbaus
5: Bezeichnung der Fahrzeugklasse und des Aufbaus
6: Datum zu K
7: Technisch zulässige maximale Achslast/Masse je Achsgruppe in kg (7.1) Achse 1 bis (7.3) Achse 3
8: zulässige maximale Achslast im Zulassungsmitgliedstaat in kg (8.1) Achse 1 bis (8.3) Achse 3
9: Anzahl der Antriebsachsen
10: Code zu P.3
11: Code zu R
14: Bezeichnung der nationalen Emissionsklasse
15: Bereifung
16: Nummer der Zulassungsbescheinigung Teil II
17: Merkmal zur Betriebserlaubnis
18: Länge in mm
19: Breite in mm
20: Höhe in mm
22: Bemerkungen und Ausnahmen

Fahrzeugidentifizierung
Eine Fahrzeugidentifizierung befindet sich im Fahrzeug. Es gibt hier keine vorgeschriebene Platzierung der Fabrikschilder. Jeder Fahrzeughersteller wählt hierfür andere Stellen an der Karosserie. Die Platzierung der Fahrzeugidentifizierung ist aus der Betriebsanleitung des Fahrzeuges zu entnehmen.

Aus der Fahrzeugidentifizierung sind folgende Daten zu entnehmen:
- EG-Betriebserlaubnisnummer
- Fahrzeug-Identifizierungsnummer
- zulässige Gesamtmasse
- zulässige Achslast vorne
- zulässige Achslast hinten
- Fahrzeugnummer
- Originalfarbton-Nummer
- Reifenbezeichnung
- Reifendruck

Betriebsanleitung
Aus der Betriebsanleitung des Fahrzeuges sind neben der Beschreibung zum Bedienen des Fahrzeuges auch technische Daten und Wartungs- und Pflegehinweise zu entnehmen, siehe Bild ➔ 2.

Wartungsheft
Aus dem Wartungsheft sind folgende Informationen zu entnehmen:
- Voraussetzungen für Gewährleistungsansprüche
- Pflegehinweise
- Umfang und Abstände der Wartungsarbeiten

Fahrzeugidentifikation
Die **Fahrzeugidentifizierungsnummer (V.I.N.)** ist im Bereich des rechten vorderen Radhauses am Chassis angebracht, und am besten sichtbar, indem man die Lenkung bzw. die Vorderräder voll nach rechts einschlägt.
Die **Motornummer** ist am Motorblock eingestanzt.
Das Typenschild (siehe unten) finden Sie an der B-Säule der Beifahrerseite.
Die Hersteller-Plakette mit Fahrzeugnummer ist unter der Technikfach-Haube angebracht.

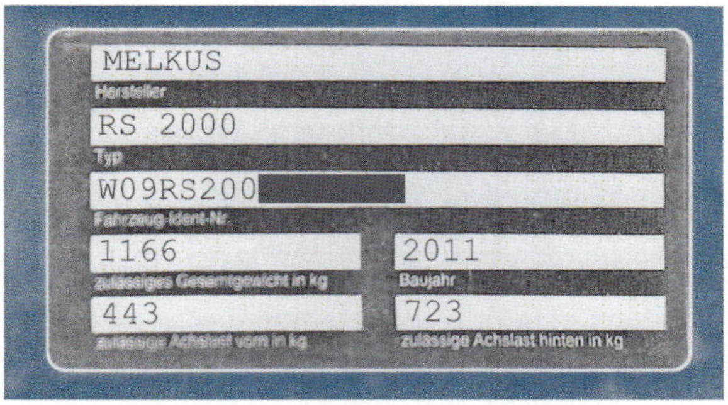

1 Typenschild (Beispiel)

LACKPFLEGE

Der Acryl-Klarlack Ihres **MELKUS RS 2000** ist extrem widerstandsfähig gegen Umwelteinflüsse.

Mit Hilfe der nachfolgend beschriebenen Pflegehinweise lassen sich Glanz, Farbe und Schutzeigenschaften des Lackes über das gesamte Fahrzeugleben erhalten.

Vermeiden Sie Beschädigungen des Fahrzeuglackes durch:
- **Luftschadstoffe** (Staub, Ruß, Asche sowie saure und alkalische Aerosole) können den Lack angreifen.
- **Abrieb** durch Sand- und Staubpartikel in der Luft oder ein schmutziges Putztuch können den Lack zerkratzen.
- **Baumsaft und Insektenflüssigkeiten** können als nicht wasserlösliches Polymer am Lack festkleben.
- **Vogelkot** kann extrem sauer oder alkalisch sein und den Lack verätzen. **Sofort abwaschen**.
- **Laub** kann durch die darin enthaltene Gerbsäure helle Lacke beeinträchtigen.
- Steinschlag, z. B. durch aufgeschleuderten Rollsplitt von schlechten oder frisch ausgebesserten Straßen, kann den Lack besonders an der empfindlichen Frontpartie schwer beschädigen.
  Halten Sie ausreichend Abstand zum vor Ihnen Fahrenden. Optional erhalten Sie als Lackschutz bei **MELKUS Sportwagen GmbH** ein selbstklebendes Folien-Set (auf Wunsch auch mit Einbau).
- **Staufeuchtigkeit** kann sich bei längerem Gebrauch einer nicht atmungsaktiven Fahrzeugplane bilden. Das entstehende Kondenswasser kann in den Lack eindringen und diesen beschädigen.

2 Betriebsanleitung – Lackpflege

WARTUNGSPLAN

Symbolerklärung für die Service-Intervalle:

☒ - bei jedem Werkstattbesuch (Wartung / Reparatur)
⊗ - regelmäßig alle 15.000 km bzw. 12 Monaten

Alle anderen Intervalle mit Angabe von km bzw. Zeitraum.

Nr.	Auszuführende Arbeiten	Intervall	
1	Sitze, Fußraum, Einstieg, Lenkrad und Heck abdecken	☒	⊗
	Schmierstoffe:		
2a	Motoröl- u.Filter wechseln - *normale Betriebsbedingungen*	☒	⊗
2b	Motoröl- u.Filter wechseln - *besondere Betriebsbedingungen*	7.500 km / 6 Monate	
3	Motor, Getriebe und Kupplung auf Undichtigkeiten / Ölaustritt prüfen	☒	⊗
4	Getriebeölstand messen	45.000 km	
5	Getriebeöl wechseln	90.000 km / 6 Jahre	
	Motor:		
6	Luftfilter prüfen - *besondere Betriebsbedingungen*		⊗
7	Luftfilter wechseln	45.000 km	
8	Zündkerzen wechseln	90.000 km / 6 Jahre	
9	Zustand der Rippenriemen prüfen		⊗
10	Kraftstoffsystem prüfen		⊗
11	Motormanagemant-Tester anschließen und Codes überprüfen	☒	⊗
	Kühlung:		
12	Kühlsysteme auf Dichtheit und Schäden prüfen / Luftkühler reinigen		⊗
13	Ladeluftkühlsystem auf Dichtheit und Schäden prüfen	7.500 km	
14	Kühlflüssigkeitsstand (Motor / Ladeluftkühler) prüfen	☒	⊗
15	Kühlflüssigkeit (Motor / Ladeluftkühler) wechseln	4 Jahre	
	Bremsen:		
16	Handbremse-Einstellung prüfen	☒	⊗
17a	Stärke der Bremsbeläge u. Zustand der Scheiben prüfen - *normale Betriebsbedingungen*		⊗
17b	Stärke der Bremsbeläge u. Zustand der Scheiben prüfen - *besondere Betriebsbedingungen*	7.500 km	
18	Bremsschläuche, -leitungen, Hydraulik prüfen		⊗
19	Bremsflüssigkeitsstand prüfen	☒	⊗
20	Bremsflüssigkeit wechseln	1 Jahr	
	Lenkung und Aufhängung:		
21	Sicherheitsüberprüfung der Front- und Heckaufhängung inkl. der Beweglichkeit der Kugelgelenke		⊗
22	Stoßdämpfer auf Dichtheit und Funktion prüfen		⊗
23	Prüfen der Radlager auf Spiel an allen 4 Rädern		⊗
24	Zustand der Antriebswellen-Manschetten prüfen		⊗
25	Lenkung (Kugellager, Manschetten) prüfen		⊗
26	Freies Spiel des Lenkrads prüfen		⊗
	Räder und Reifen:		
27	Reifenzustand und Luftdruck prüfen	☒	⊗
	Elektrik:		
28	Batterie, -Pole und Anschlüsse auf Sicherheit u. Zustand prüfen		⊗
29	Alle Lampen / Leuchten prüfen (Funktionsprüfung)		⊗
	Fahrzeug:		
30	Alle Schlösser u. Verbindungen (Türaufhängung usw.) prüfen	☒	⊗
31	Funktion und Zustand der Gurte prüfen		⊗
32	Boden unter den Fußmatten reinigen und trocknen		⊗
33	Scheibenwaschanlage auffüllen	☒	⊗
34	Batterien des Fahrzeugschlüssels wechseln und gemeinsam mit dem Kunden prüfen	1 Jahr	

1 Umfang der Wartung an einem Pkw

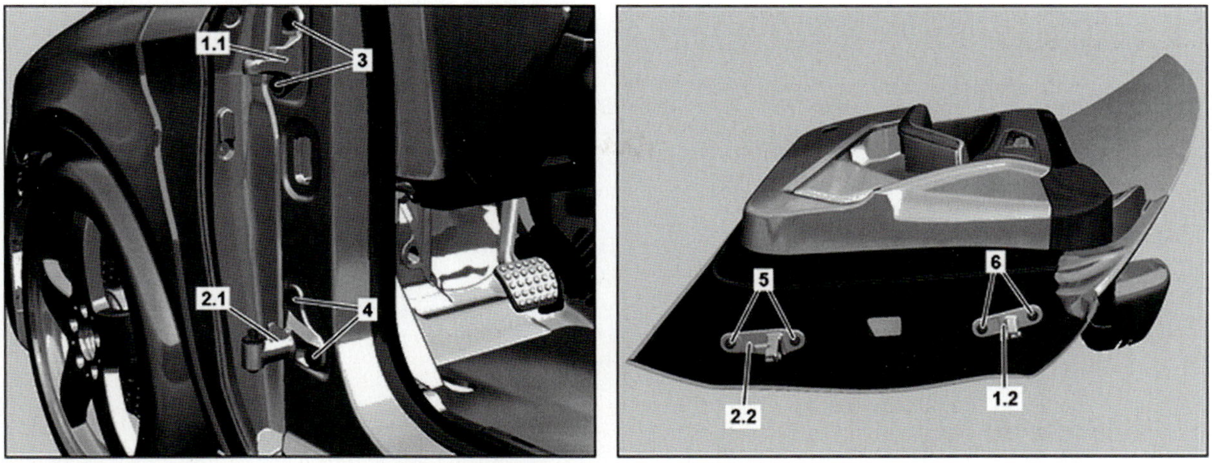

1 **Montage- und Demontage-Anweisung – Aus- und Einbau der Fahrzeugtür**

Hersteller-Montage- und Demontage-Anweisungen
Hersteller-Montage- und Demontage-Anweisungen werden vom Fahrzeughersteller an die Vertragswerkstätten und auf Anforderung an Instandhaltungsbetriebe gegeben. Diese Hersteller-Montage- und Demontage-Anweisungen sind speziell auf einen Fahrzeugtyp abgestimmt, erleichtern die Arbeit und sparen somit Arbeitszeit, siehe Bild ➜ 1.

Internet
Im Internet bieten Fahrzeughersteller, Komponenten- und Systemhersteller und Hersteller von Betriebs- und Hilfsmitteln vielfältige und kostenlose Informationen an.

Gesetzliche Vorschriften
Bei Arbeiten an Fahrzeugen müssen gesetzliche Vorschriften beachtet werden. Hierbei im Besonderen:

- Umweltgesetze
- Unfallverhütungsvorschriften
- Straßenverkehrs-Zulassungs-Ordnung (StVZO)
- Richtlinien der Europäischen Gemeinschaften für Straßenfahrzeuge (EWG-Richtlinien)
- Regelungen der Economic Commission for Europe für Kraftfahrzeuge und ihre Anhänger (ECE-Regelungen)

Fachzeitschriften
In Fachzeitschriften wird über aktuelle Entwicklungen im Fahrzeugbau berichtet. Diese Fachzeitschriften erscheinen in regelmäßigen Abständen und sie lassen sich nach einem jährlichen Inhaltsverzeichnis bzw. Sachwortverzeichnis ordnen. Das erleichtert die Suche nach bestimmten Fachartikeln.

Innerbetriebliche Vorschriften
Zu den innerbetrieblichen Vorschriften, die beachtet werden müssen, gehören:

- Betriebsanweisung nach § 20 Gefahrstoffverordnung
- Entsorgung der Betriebsstoffe
- Unfallverhütungsvorschriften

13.5.4.2 Arbeitsplanung

Das selbstständige Informieren, Planen, Durchführen und Kontrollieren eines Arbeitsauftrages bestimmt die Fachkompetenz des Fahrzeuglackierers. Vor der eigentlichen Durchführung der Arbeit und nach der Beschaffung der erforderlichen Informationen muss die Arbeit geplant werden.

Die Arbeitsplanung zeigt den Weg der Arbeitsdurchführung und bildet somit die Grundlage der Handlungsorientierung. Es gibt keine vorgeschriebene Form für den Arbeitsplan.

Bei kleinen Instandsetzungsarbeiten oder der Anfertigung von einfachen Werkstücken kann auf eine schriftliche Ausarbeitung des Arbeitsplanes verzichtet werden. Die Planung ist jedoch auch hier unerlässlich. Für die Kalkulation dieser Arbeiten sind in jedem Fall die Arbeitsschritte festzuhalten und auszuwerten. Sind die Arbeiten umfangreicher oder handelt es sich um eine Serienfertigung, werden sorgfältig ausgearbeitete Arbeitspläne schriftlich erstellt, siehe Bild ➜ 374.1.

Auf keinen Fall dürfen Handlungsmöglichkeiten eingeschränkt werden durch die Festlegung der Arbeitsschritte im Arbeitsplan.

Es sollen vielmehr Alternativlösungen untersucht werden, um eine Entscheidung für einen konkreten Lösungsweg zu finden.

Arbeitsplanung			**Datum** 26.07.
Autrags- Nr. 453-23	**Zeichnungs- Nr.**	**Benennung** Instandsetzen einer Anhängevorrichtung mit Nebenarbeiten	**Mitarbeiter** Dünn, Karl

lfd. Nr.	Vorbe- reitung	Tren- nen	Um- formen	Fügen	Arbeitsschritt	Betriebsmittel Werkzeug Werkzeugmaschine	Bemerkungen Prüfmittel Einstellwerte
1	x				Fahrzeug auf Richtbank mit Scherenhebebühne setzen	Richtbank mit Scherenhebebühne	
2		x			Kupplungskugel abnehmen	Schlüssel für Kupplungshebel	Aufnahmehülse mit Abdeckkappe verschließen
3	x				Räder hinten links u. hinten rechts kennzeichnen	Kreide	HL, HR
4		x			Räder hinten links und hinten rechts ausbauen	Pneumatischer Schlagschrauber	Schwergängige und ange-rostete Radschrauben müssen ausgetauscht werden!
5		x			Radhausschale hinten links und hinten rechts ausbauen	Kreuzschlitz-Schraubendreher Blechschraube ST4,2 × 9,5	
6		x			Stoßfänger ausbauen	Pneumatischer Schlagschrauber Sechskantschraube M8 × 20	
7		x			Anhängevorrichtung ausbauen	Pneumatischer Schlagschrauber Sechskantschraube M12 × 35	
8		x			Abschlussblech ausfräsen	Schweißpunktfräser	Unterblech richten und reinigen
9			x		Längsträger hinten rechts rückverformen	Zuggerät der Richtbank	Symmetriemessung nach Längsträger hinten links
10				x	Neues Abschlussblech einschweißen	Widerstandspressschweißgerät	Schweißpunktfarbe aufbringen
11		x			Loch für Kabelführung in Abschlussblech sägen	Lochsäge	Durchmesser 35 mm
12				x	Anhängevorrichtung montieren	Pneumatischer Schlagschrauber Drehmomentschlüssel	Schrauben gleichmäßig anziehen 115 Nm
13				x	Korrosionsschutz im Bereich Abschlussblech aufbringen	Unterbodenschutz	
14				x	Neuen Stoßfänger einbauen	Pneumatischer Schlagschrauber Drehmomentschlüssel Sechskantschraube M8 × 20	20 Nm
15				x	Radhausschale hinten links und hinten rechts anbringen	Kreuzschlitz-Schraubendreher Blechschraube ST4,2 × 9,5	
16				x	Räder hinten links und hinten rechts montieren	Pneumatischer Schlagschrauber Drehmomentschlüssel	Auf Reifenkennzeichnung achten 9 ± 1 daNm

1 Arbeitsplan

13.5.4.3 Arbeitsauftrag durchführen

Bei Arbeitsaufträgen ist zu unterscheiden, vgl. Kap. 13.5.1:
- Wartungsauftrag
- Instandsetzungsauftrag
- Herstellungsauftrag

Alle diese Arbeitsaufträge werden im Fahrzeuglackierbetrieb durchgeführt. Dazu sind die durchzuführenden einzelnen Inspektions- und Wartungsarbeiten im Wartungsheft vorgegeben, siehe Kapitel 13.5.4.1.

Bei **Wartungsaufträgen** erfolgt in der Regel neben dem Abarbeiten der einzelnen Inspektions- und Wartungsarbeiten eine Fehlerdiagnose mithilfe des Diagnosecomputers.
Der Diagnosecomputer wird über eine genormte Schnittstelle mit dem Fahrzeug verbunden und ermöglicht das Auslesen von Fehlern, die über ein Steuergerät erfasst werden können. Hierzu müssen die Identifizierungsdaten des Fahrzeuges und der entsprechende Bereich, der über eine Steuergerätegruppe erfasst werden kann, in den Diagnosecomputer eingegeben werden.

Beispiel
Die Schlüsselnummern aus der Zulassungsbescheinigung, Teil 1 werden zur Identifizierung des Fahrzeuges in den Diagnosecomputer eingegeben. Jetzt wird das Menü in die Diagnosefunktion gewechselt und eine Steuergerätegruppe, z. B. Navigationssystem, gewählt. Ein gespeicherter Fehler wird angezeigt und sollte ausgedruckt werden. Dieser Fehler wird näher untersucht und beseitigt. Danach muss der gespeicherte Fehler unbedingt gelöscht werden, damit er nicht bei einem erneuten Auslesevorgang zu Missverständnissen führt. Zur Qualitätssicherung sollte der saubere Fehlerspeicher ebenfalls ausgedruckt werden.

Bei Wartungsaufträgen beschränkt sich die Arbeitsplanung im Wesentlichen auf die Bereitstellung von Diagnosecomputer, Werkzeugen, Betriebsmitteln und der Entsorgung von alten Betriebsmitteln wie Öl, Kühlmittel, Filtereinsätze, Glühkerzen, Bremsbelägen.

Instandsetzungsaufträge sind üblicherweise eine ganzheitliche Betrachtung in Form einer technischen Beschreibung, eines Schaltplanes oder einer technischen Zeichnung. Hieraus werden zunächst Baugruppen und Bauelemente herausgelöst und nach Positionsnummern geordnet.

Ist im Arbeitsplan eine Einteilung nach den Fertigungsarten Umformen, Trennen und Fügen vorgesehen, können jetzt die einzelnen Fügeverfahren bestimmt werden. Dann werden die einzelnen Arbeitsschritte in ihrer sinnvollen Reihenfolge festgelegt. Die Festlegung der sinnvollen Arbeitsschritte darf nie losgelöst von den Arbeitsbedingungen, Werkzeugmaschinen und von den Handwerkszeugen erfolgen.

Bei Instandsetzungsaufträgen führen die Gesellen und Lehrlinge als Team die Instandsetzung durch.

Nach dem Umfang der Instandsetzungsarbeit richtet es sich, ob ein schriftlicher Arbeitsplan erstellt wurde. Die Arbeitsplanung kann auch mit dem Werkstattmeister, den Gesellen und den Lehrlingen im Team besprochen sein.
Die Arbeitsschritte, Arbeitszeiten und die Ersatzteile und Halbzeuge sind jedoch auf jeden Fall für die Kalkulation festzuhalten.

Herstellungsaufträge im Fahrzeuglackierbetrieb sind ebenfalls eine ganzheitliche Betrachtung in Form einer technischen Beschreibung oder einer technischen Zeichnung.

Für die Durchführung von umfangreichen Herstellungsaufträgen im Fahrzeuglackierbetrieb werden Arbeitspläne erstellt. Der Meister verteilt die einzelnen Arbeiten an Vorarbeiter, Gesellen und Auszubildende. Gleichzeitig werden die Mitarbeiter mit der Qualitätskontrolle beauftragt. Bei Herstellungsaufträgen handelt es sich oft um Einzelfertigung oder kleine Serien.
Bei erforderlich werdenden Änderungen müssen auftretende Probleme schnell gelöst werden, damit es nicht zum Produktionsstillstand kommt. Teamarbeit mit ihren Vorteilen der schnellen Informationen und Entscheidungen zahlt sich hier aus.

13.5.5 Qualität

Qualitätsbegriff
Qualität kommt von dem lateinischen Wort „qualitas“ und bedeutet: Beschaffenheit, Eigenheit, Brauchbarkeit, Güte.
Im heutigen Sprachgebrauch bezeichnet Qualität die Gesamtheit von Merkmalen einer Einheit bezüglich ihrer Eignung, festgelegte und vorausgesetzte Erfordernisse zu erfüllen.
Das bedeutet: Die Qualität ist die Beschaffenheit zur Zweckerfüllung.

Bezogen auf die Qualität, die ein Betrieb zu liefern hat, muss sie die vereinbarten Anforderungen zur dauerhaften Kundenzufriedenheit erfüllen.

Merkmale der Qualität

Merkmale der Qualität ergeben sich aus den Anforderungen und Erwartungen der Kunden an das Produkt oder an die Dienstleistung.

Merkmale der Qualität können sein:
- pünktliche Lieferung
- Zuverlässigkeit der Nutzung
- gesetzliche Vorschriften und Normen
- Garantien

Pünktliche Lieferung bedeutet für den Kunden eine Qualität der Dienstleistung.

Beispiel
Der Kunde hat sich vielleicht für den Empfang des Produktes von der Arbeit befreien lassen oder jemanden beauftragt, das Produkt anzunehmen.

Mit **Zuverlässigkeit der Nutzung** meint man, dass das Produkt keine Fehler und keine Mängel aufweist. Es können unterschiedliche Fehler auftreten:
- Nichtkonformität
- kritischer Fehler
- Mangel

Nichtkonformität ist die Nichterfüllung einer festgelegten Forderung,

Der Fehler muss nicht immer die Gebrauchsfähigkeit beeinträchtigen!

Beispiel
So ist eine Farbdifferenz im Lack zwar ein Fehler, die Gebrauchsfähigkeit des Fahrzeuges wird aber nicht beeinträchtigt.

Bei einem kritischen Fehler können Gefahr für Leib und Leben von Menschen und erhebliche Umweltschäden herbeigeführt werden.

Der Mangel ist die Nichterfüllung einer Forderung im Hinblick auf den beabsichtigten Gebrauch.

Bei einem Mangel wird die Gebrauchsfähigkeit nicht vollständig erfüllt.

Beispiel
So kann ein Mangel in der Scheibenwaschanlage dafür sorgen, dass bei schlechtem Wetter die Gebrauchsfähigkeit nicht vollständig erfüllt wird.

Von einem Produkt wird erwartet, dass die erforderlichen **gesetzlichen Vorschriften und Normen** eingehalten werden.

Beispiel
So dürfen bei Anbau von zusätzlichen Spoilern die höchstzulässigen Maße nicht überschritten werden.

Von einem Produkt guter Qualität erwartet man, dass der Hersteller **Garantie** gibt, die über die gesetzliche Gewährleistungspflicht hinausgeht.

Beispiel
Zwölf Jahre Garantie gegen Durchrostung und drei Jahre Garantie auf Lackfehler und Lackhaltbarkeit.

Arten der Qualität

Man unterscheidet folgende Qualitätsbegriffe:
- Produktqualität
- Dienstleistungsqualität

Unter **Produktqualität** versteht man, dass das Produkt den vereinbarten Anforderungen entspricht. Dabei kann ein billiges Fahrzeug von gleich hoher Produktqualität sein, wie ein teures Fahrzeug. Wichtig ist, dass die persönlich festgelegten Anforderungen erfüllt worden sind.

Beispiel
Die Anforderungen an das billige Fahrzeug sind:
- niedrige Unterhaltskosten
- wenig reparaturanfällig
- kurze Abmessungen (Stadtwagen)

Werden diese Anforderungen erfüllt, hat das Fahrzeug eine gute Produktqualität.

Dienstleistungsqualität und Kundenorientierung haben einen engen Zusammenhang, weil Dienstleistungsqualität zur Kundenzufriedenheit beiträgt. Die Grundlage der Dienstleistungsqualität ist die Arbeitsqualität.

Dabei hängt die Arbeitsqualität von drei Faktoren ab:
- technische Qualität
- Arbeitsprozessqualität
- soziale Qualität

Die technische Qualität bezieht sich auf die technische Ausstattung der Werkstatt. Je besser sie mit modernen Prüfgeräten, Werkzeugen und technischen Einrichtungen ausgestattet ist, umso schneller und besser können Aufträge ausgeführt werden.

Unter Arbeitsprozessqualität versteht man die Fachkompetenz der Mitarbeiter und die Organisation des Betriebes.

Der Fahrzeuglackierer kann mit seiner Leistung in der Arbeitsprozessqualität die Arbeitsqualität durch folgende Punkte wesentlich beeinflussen:
- Jede Arbeit fachkompetent, sorgfältig und exakt durchführen.
- Erkennen, dass Qualität bei einem Selbst beginnt.
- Eine ständige Verbesserung der Arbeitsabläufe im eigenen Arbeitsbereich anstreben.
- Alternativen für die Lösung von Arbeitsaufgaben entwickeln.
- Bereit sein, im Team zu arbeiten.
- Nur Qualität abliefern, denn nur, wenn sie nicht vorhanden ist, fällt sie auf.
- Umweltgesetze und Unfallverhütungsvorschriften beachten.
- Für die eigene Weiterbildung mitverantwortlich sein.

Die soziale Qualität beschreibt, wie die Mitarbeiter untereinander kommunizieren und zusammenarbeiten und zum anderen, wie die Mitarbeiter mit den Kunden umgehen. Jeder Kunde spürt sehr schnell, ob im Betrieb die soziale Qualität stimmt.

Der Fahrzeuglackierer kann die soziale Qualität verbessern, wenn er sich an folgende Punkte hält:
- Den Kunden in den Mittelpunkt seines Handelns stellen.
- Erkennen, dass Arbeitsqualität, Freundlichkeit und Höflichkeit den Kunden wiederkommen lassen und den eigenen Arbeitsplatz sichern.
- Jeden im eigenen Betrieb als Kunden und Lieferanten ansehen.
- Kundenzufriedenheit persönlich nehmen.
- Dem Kunden zuhören und keine Diskussionen führen, um Recht zu bekommen. Der Kunde hat immer recht, spätestens dann, wenn er den Betrieb wechselt.
- Verantwortung tragen gegenüber Kunden, Kollegen, dem Unternehmen und der Umwelt.

Qualitätssicherung
Qualitätssicherung bedeutet:
- Mache es immer sofort richtig.
- Dokumentiere, dass es richtig ist.
- Dokumentiere das Verfahren, mit dem es immer richtig ist.
- Überprüfe das Verfahren und das System regelmäßig.
- Verbessere das System und die Prozesse.

Um die Qualitätssicherung durchzuführen, überzeugt sich der Fachmann am Schluss der Arbeit, ob seine Arbeitsqualität in Ordnung war.

Hierzu sind folgende Fragen zu beantworten, am besten in Form einer Checkliste:
- Sind alle Punkte des Arbeitsplanes abgearbeitet und dokumentiert?
- Welche Arbeitsergebnisse müssen durch Prüfen (Sichtprüfung, Messen und Lehren) kontrolliert werden?
- Sind alle Daten dokumentiert?
- Ist das Fahrzeug in einem sauberen Zustand?
- Ist eine Probefahrt gemacht worden?
- Sind anfallende Reststoffe ordnungsgemäß entsorgt?
- Welche Informationen müssen an den Kunden weitergegeben werden?
- Wie kann ich die Arbeitsqualität verbessern?

Ursachen für steigende Qualitätsanforderungen
Die Qualitätsanforderungen der Kunden ändern sich ständig, hierfür können folgende Ursachen angeführt werden:
- Wachsender Wohlstand führt zu veränderten Bedürfnissen wie Funktion, Leistung, Robustheit.
- Geltungswert wird zunehmend wichtiger: Der Arme will mehr, der Reiche will Besseres.
- Wegwerfmentalität schwindet, langlebige Produkte werden verlangt.
- Technisierung der Lebensführung, d. h. Abhängigkeit von der Funktionsfähigkeit und höhere Anforderungen an Sicherheit und Zuverlässigkeit.
- Zunehmendes Bedürfnis an Beratung und Schutz durch Stiftung Warentest, wachsende Sicherheitsvorschriften, Umweltschutzverordnungen, Normen und Gesetze.
- Zunehmende Angleichung der Technik und des Designs, die Unterscheidung durch Qualität ist erforderlich.
- Gesättigter Markt braucht markentreue Wiederkäufer, die Treue wird wesentlich von der Dienstleistungs- und Produktqualität beeinflusst.
- Qualität ist ein entscheidendes Argument, um höhere Preise zu rechtfertigen, z. B. gegenüber von Anbietern aus Niedriglohnländern.

13.6 Arbeitsschutz

Der Fahrzeuglackierer arbeitet in der Werkstatt mit verschiedenen Handwerkszeugen und mit Werkzeugmaschinen; dabei kann er sich durch Unachtsamkeit oder unsachgemäßer Bedienung leicht verletzen. Herumliegende Verlängerungskabel oder Schläuche und nicht abgesicherte Arbeitsgruben oder Hebebühnen sind weitere Unfallgefahren. Bei der Verarbeitung von Lack, Dicht- und Klebstoffen können gesundheitsschädliche Dämpfe auftreten. Dadurch ist der Fahrzeuglackierer ebenfalls einer gesundheitlichen Gefährdung ausgesetzt.
Gefahren lauern überall. Häufig sind es Kleinigkeiten, die schnell zu einem großen Problem führen können.

Deshalb:
Halten Sie die Augen offen!

Um die Sicherheit und die Gesundheit der Beschäftigten am Arbeitsplatz zu verbessern, hat das Bundesministerium für Arbeit und Soziales das Arbeitsschutzgesetz erlassen.

Das Arbeitsschutzgesetz regelt für alle Tätigkeitsbereiche die:
- grundlegenden Arbeitsschutzpflichten des Arbeitgebers, siehe Kap. 13.6.1
- Pflichten und Rechte der Beschäftigten, siehe Kap. 13.6.2
- Überwachung des Arbeitsschutzes, siehe Kap. 13.6.3

13.6.1 Grundlegende Arbeitsschutzpflichten des Arbeitgebers

Die grundlegenden Arbeitsschutzpflichten des Arbeitgebers sind die Maßnahmen zur Verhütung von Unfällen bei der Arbeit und arbeitsbedingten Erkrankungen und der menschengerechten Arbeitsplatzgestaltung.

Hierzu gehören:
- Gefährdungsbeurteilung
- Arbeitsplatz gestalten
- persönliche Schutzausrüstung stellen
- Beschäftigte unterweisen

Durch die **Gefährdungsbeurteilung** werden mögliche Gefährdungen am Arbeitsplatz oder bei einer typischen Tätigkeit ermittelt und bei der Arbeitsplatzgestaltung berücksichtigt. Die Gefährdungsbeurteilung muss der Arbeitgeber dokumentieren.

Der **Arbeitsplatz soll so gestaltet** sein, dass Störeinflüsse möglichst gering sind wie Lärm, Staub, Gerüche, Hitze, Kälte, Zugluft, Vibrationen, schlechte Beleuchtung.

Der Arbeitgeber muss seinen Arbeitern die **persönliche Schutzausrüstung** zur Verfügung stellen. Hierzu gehören:
- Arbeitskleidung
- Handschuhe
- Gehörschutz
- Schutzbrille
- Atemschutzmaske

Und der Arbeitgeber muss seine **Beschäftigten regelmäßig unterweisen** über:
- Unfallgefahren
- Abwehr der Unfallgefahren

Zu seiner Sicherheit sollte der Arbeitgeber die Unterweisungen dokumentieren und von den Beschäftigten durch Unterschrift bestätigen lassen.

13.6.2 Pflichten und Rechte der Beschäftigten

Arbeitgeber und Beschäftigte tragen die gemeinsame Verantwortung am Arbeits- und Gesundheitsschutz des Betriebes; so haben auch die Beschäftigten Pflichten und Rechte.

Pflichten der Beschäftigten:
- den Unterweisungen Folge leisten
- Werkzeuge, Maschinen, Arbeitsstoffe, Transportmittel, Schutzeinrichtungen sachgemäß verwenden
- festgestellte Gefahrenquellen unverzüglich melden

Rechte der Beschäftigten:
- dem Arbeitgeber Vorschläge machen zur Verbesserung der Sicherheit und des Gesundheitsschutzes bei der Arbeit
- regelmäßige arbeitsmedizinische Untersuchung, wenn aufgrund der Arbeitsbedingungen mit Gesundheitsschäden zu rechnen ist

Einige nützliche Tipps zum Arbeitsschutz, siehe Bild → 379.1.

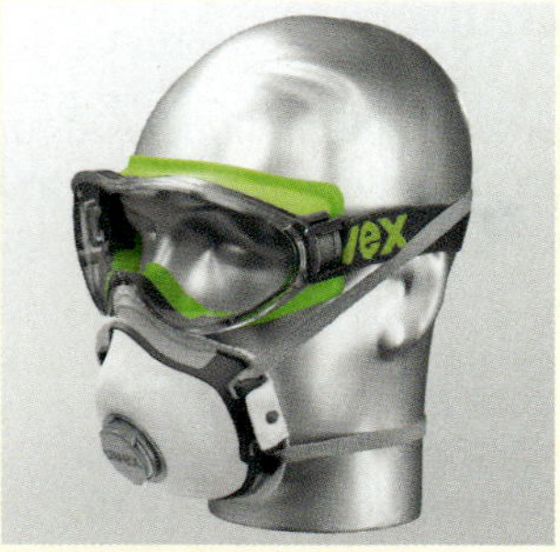

a) Tragen Sie neben Ihrer Arbeitskleidung immer Ihre persönliche Schutzausrüstung und Arbeitsschutzbrille. Sie sind dann besser geschützt.

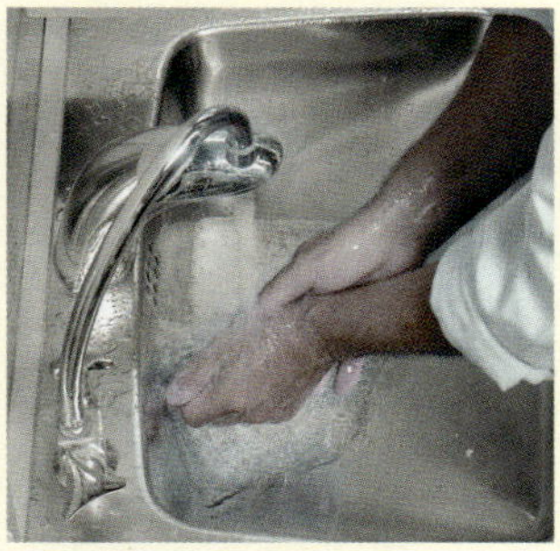

b) Essen und trinken Sie nicht am Arbeitsplatz, rauchen sie nicht in der Lackiererei und achten sie auf Hygie-ne. So minimieren Sie das Risiko, dass Schadstoffe in Ihren Körper gelangen.

c) Machen Sie sich mit der Bedienung und Funktionsweise eines Gerätes vertraut, bevor Sie damit arbeiten. So schützen Sie sich selbst und auch Ihre Kollegen vor Unfällen.

d) Nehmen Sie während der Arbeit weder Alkohol noch Drogen zu sich. Sie gefährden sich selbst und Ihre Kollegen, wenn Sie unter Alkohol- oder Drogeneinfluss stehen.

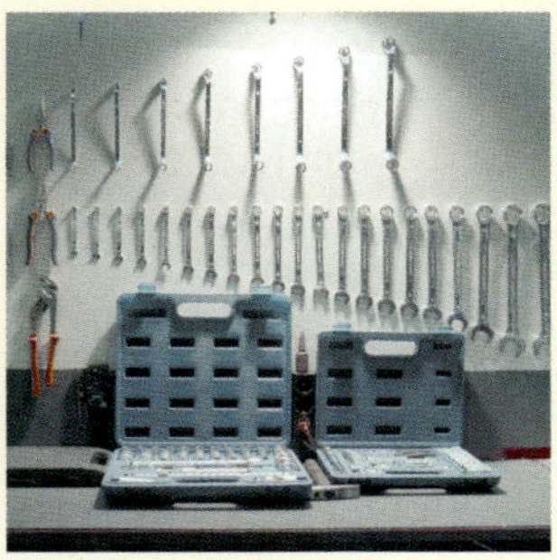

e) Räumen Sie Werkzeuge und Materialien direkt nach dem Gebrauch an ihren Platz zurück – das gehört zu Ihrer Tätigkeit. So arbeiten alle angenehmer und sicherer.

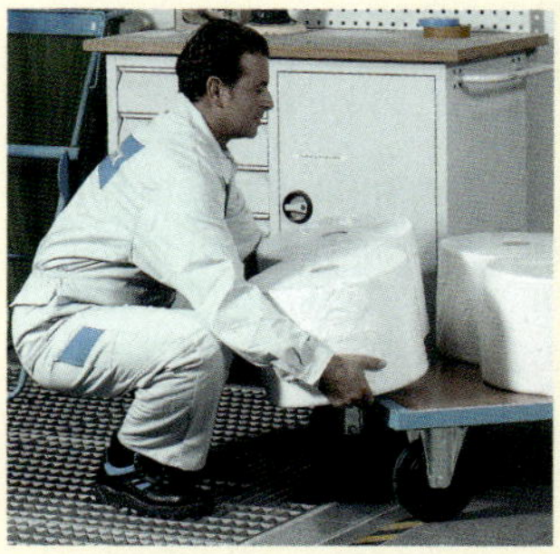

f) Müssen Sie Lasten von mehr als 20 kg heben, so bitten Sie einen Kollegen um Unterstützung oder nutzen Sie ein geeignetes Hilfsmittel. So überlasten Sie Ihren Körper nicht.

g) Wechsel Sie Ihre Körperhaltung regelmäßig und vermeiden Sie die Arbeit in unnatürlich verdrehter oder gebückter Haltung. So schützen Sie sich vor Beschwerden in den Bereichen Nacken, Schultern, Rücken, Arme und Sehnen.

h) Seien Sie aufmerksam und achten Sie auf gefährliche Situationen. Wenn Sie Ihre Kollegen vor Unfällen bewahren, werden diese das Gleiche für Sie tun.

i) Vermeiden Sie das Verschütten von Flüssigkeiten und anderen Betriebsstoffen. Achten Sie stets auf eine sortenreine Entsorgung. Das spart nicht nur Kosten, sondern schützt auch die Umwelt.

j) Im Fall eines Brandes folgen Sie dem Katastrophenplan und melden Sie den Brand der Feuerwehr, um unmittelbare Gefahren von sich und Ihren Kollegen abzuwenden.

1 Tipps zum Arbeitsschutz

13.6.3 Überwachung des Arbeitsschutzes

Die Überwachung des Arbeitsschutzes ist staatliche Aufgabe. Die zuständige oberste Landesbehörde überträgt dem Träger der gesetzlichen Unfallversicherung die Überwachung des Arbeitsschutzes.

Träger der gesetzlichen Unfallversicherung ist die **Berufsgenossenschaft**.
Angestellte der Berufsgenossenschaft sind die **technische Aufsichtsbeamten**.

Sie
- überprüfen in unregelmäßigen Abständen die Betriebe,
- beraten die Betriebsführung in Arbeitsschutzmaßnahmen,
- ordnen ggf. die Beseitigung von Gefährdungen am Arbeitsplatz an.

13.7 Umweltschutz

In jedem Fahrzeuglackierbetrieb fallen Müll und Abfallstoffe an, die korrekt entsorgt werden müssen, da es sonst zu unnötiger Belastung der Umwelt kommt.

Einige nützliche Tipps zum Umweltschutz:
- Wenn Sie mit lösemittelhaltigen Materialien arbeiten, können die flüchtigen Stoffe darin verdunsten. Dies belastet die Umwelt. Sorgen Sie also dafür, dass so wenig Lösemittel wie möglich entweichen kann, und schließen Sie den Verdünnungsmittel-Kanister sofort wieder nach Gebrauch.
- Vermeiden Sie unnötigen Abfall.
- Trennen Sie Abfall sorgfältig und achten sie darauf, dass er sicher gelagert wird.
- Entsorgen Sie keine flüssigen Abfälle im Ausguss.
- Arbeiten Sie auf dem flüssigkeitsdichten Fußboden und vermeiden Sie so Bodenverunreinigungen. Anderenfalls verwenden Sie eine geeignete Auffangwanne, die austretende Flüssigkeit aufnimmt.

Bildquellenverzeichnis

Autoren und Verlag danken den genannten Firmen, Instituten und Privatpersonen für die Überlassung der Abdruckgenehmigungen und Vorlagen für die Bilder:

Edward H. Adelson, Cambridge (Massachusetts): S. 231.4a+b
Alfred Kärcher SE & Co. KG, Winnenden: S. 303.1a–e; 303.2
A.T.U Auto-Teile-Unger Handels GmbH & Co. KG, Weiden i. d. Opf.: S. 300.2a–f
AUDI AG, Ingolstadt: S. 177.1a–c
AUTO BILD-/-©Ralf Timm: S. 306.1
Axalta Coating Systems Germany GmbH & Co. KG, Standox GmbH, Wuppertal: S. 84.1a; 194.2; 213.1; 214.1; 215.1; 216.1, 2; 274.3, 4; 278.1; 279.1; 281.1, 2, 3a+b; 282.1, 2; 283.2; 379.1b–j

BAER Vertriebs GmbH, Heddesheim: S. 154.1b
BASF Coatings AG, Münster: S. 215.3
BAUHAUS AG, Mannheim: S. 22.3c
Bayer AG, Leverkusen: S. 323.2a
Beiersdorf AG, Hamburg: S. 323.3a
BEKO TECHNOLOGIES GMBH, Neuss: S. 257.2
Berner Trading Holding GmbH, Künzelsau: S. 24.3
beta GmbH, Teisendorf-Achtal: S. 149.1, 2
BMW, Werk Leipzig, Leipzig: S. 336.2
Brillux GmbH & Co. KG, Münster: S. 122.1
BYK-Gardner GmbH, Geretsried: S. 138.1a+b, 2; 139.2, 3; 140.1, 2a+b; 191.3

C&A Mode GmbH & Co. KG, Düsseldorf: S. 323.1a
C. & E. FEIN GMBH, Schwäbisch Gmünd – Bargau: S. 186.1
C. P.-SYSTEM Strahltechnik GmbH, Mörfelden-Walldorf: S. 23.2a+b
Carrosserie- und Autospritzwerk Max Zimmermann, CH-Zürich: S. 214.3
Chrom-Design GmbH, Troisdorf/Spich: S. 280.1
Continental Reifen Deutschland GmbH, Hannover: S. 304.2
CTC Nanotechnology GmbH, Merzig: S. 123.1b
CutX Werbetechnik, Dorsten: S. 277.2

Daimler AG, Stuttgart: S. 183.2; 231.1; 232.3; 233.1; 273.1; 280.2b; 317.1, 2a–f; 340.1; 368.1; 373.1
Dataplot GmbH, Henstedt-Ulzburg: S. 243.3c
3M Deutschland GmbH, Neuss: S. 243.3a, b, g
Dürr Aktiengesellschaft, Bietigheim-Bissingen: S. 336.1; 338.1, 3

Einhell Germany AG, Landau: S. 24.1
EMIL LUX GmbH & Co. KG, Wermelskirchen: S. 22.3b
EvoBus GmbH, Ulm: S. 267.1; 286.1, 2, 3, 4; 288.1, 2, 3; 289.1, 2, 3, 4, 5; 290.1, 2, 3, 4, 5; 291.1, 2, 3
Ewald Dörken AG, Archiv: S. 334.2

Festool GmbH, Wendlingen: S. 20.1,.3; 21.1, 2, 3
FORwerk GmbH, Forst (Lausitz): S. 243.3d

GRAEFF GETRÄNKE KG, Hamburg: S. 325.1
Andreas Grümmer, Naunhof: S. 9.2; 14.1a, c, 2; 22.2; 23.1; 25.1, 2; 26.1, 2; 37.1c; 139.1a+b
Guckenberger, Otmar: Farbenlehre für Handwerksberufe. Stuttgart Münschen: Deutsche Verlags-Anstalt GmbH, 2001: S. 77.1, 2

Heidhoff GmbH Industrietechnik, Syke: S. 26.3
Herkules Hebetechnik GmbH, Kassel: S. 207.2; 208.1
Ragna Herold, Kiel: S. 94.1

insidePerformance, Sontra: S. 279.2
iStockphoto, Berlin: S. 201.2©ArthurGraphics

Johs. Vanini & Söhne GmbH & Co. KG, Kiel: S. 326.2; 328.1, 2, 3a–d; 329.1a+b, 2, 3a–d; 330.1a–d; 331.1a–c, 2

kolibri®-Künstlerpinselfabrik Feurer & Sohn GmbH: S. 285.2
Korbach Werkzeug Co. GmbH & Co. KG Pajarito-Werkzeugfabrik, Mettmann: S. 243.3e
Krafthand Medien GmbH, Bad Wörishofen: S. 178.1a+b

Gerald Kütemann, Oeversee: S. 180.1; 181,1, 2; 182.1, 2
Wolfgang Kurzweil, Hamburg: S. 52.1

Lack- & Karosserie Zentrum Andreas Pahl, Büdelsdorf: S. 359.1; 360.1; 361.1
Gerd Lausen, Jevenstedt: S. 11.1a; 12.1; 14.1b; 35.1; 46.2; 53.2; 54.1, 2a+b; 55.1, 2; 57.1; 58.1, 2; 59.1; 61.2a+b; 64.1; 67.3; 68.2; 69.1, 2; 70.1, 2; 72.1, 2, 3; 73.1a+b, 2, 3; 74.1, 141.1; 142.1a+b, 2, 3, 4; 143.1, 2; 145.1; 155.1, 2; 169.1; 171.1; 172.1, 2; 173.1; 182.4; 184.1; 191.1; 192.1a+b, 2; 193.1a+b; 199.1; 247.2; 251.1; 253.1, 2; 254.1; 258.1, 2; 259.1, 2; 260.1, 2, 3a+b; 261.1, 2a–d; 262.1; 263.1, 2, 3; 264.1, 2, 3; 265.1, 2, 3a+b; 266.1; 313.1; 326.1; 346.1; 357.1; 358.1; 367.1
Ludwig Lotz GmbH, Frankfurt: S. 137.1
Frank Lünenberger, Halle: S. 294.1a+b; 295.1, 2, 3; 296.1a+b; 298.1, 2; 299.1a–j; 305.1; 307.1, 2; 308.1; 309.2; 310.2a+b; 311.1a+b, 2a+b, 3; 312.1, 2, 3

MAKOBEN Karosserie- und Fahrzeugbau GmbH, Höhndorf: S. 53.1
MAN Truck & Bus AG, München: S. 314.1
MARTOR KG, Solingen: S. 243.3f, h, i, k
MELKUS Sportwagen & Fahrzeugpflege, Dresden: S. 293.1; 371.1, 2; 372.1
Metabowerke GmbH, Nürtingen: S. 22.1
Mitutoyo Deutschland GmbH, Neuss: S. 148.3a+b
MR Design, Norderstedt: S. 98.1
mtm Motoren-Technik-Mayer GmbH, Wettstetten: S. 268.1; 284.1
mtv messtechnik oHG, Köln: S. 125.1a; 191.2

Nilfisk AG, CH-Wil: S. 304.1

Oldtimerrestauration Jörg Hasenberg , Selm-Bork: S. 44.1
OMV Aktiengesellschaft, A-Wien: S. 323.1b
OSBORN GmbH, Burgwald: S. 20.2

PICARD GmbH, Wuppertal: S. 22.3d
pixelio media gmbh, München: S. 335.1©tutto62
PROJAHN Präzisionswerkzeuge GmbH, Dietzenbach: S. 154.3
PT-Trans Andreas Pein Transporte, Elmenhorst: S. 276.2

RAL gemeinnützige GmbH, Sankt Augustin: S. 83.2; 84.1b
Frank Reiher, Lehre: S. 215.2
Rennsteig Werkzeuge, Viernau: S. 151.1b–f
Robert Bosch GmbH, Stuttgart: S. 323.2c, 3b

Saint-Gobain Sekurit International, Herzogenrath: S. 46.1; 170.1a+b
Dipl.Ing. Michael Sander, Horst: S. 308.2
SATA GmbH & Co. KG, Kornwestheim: S. 62.1; 63.1; 112.2a–c; 113.1; 257.1; 284.2, 3; 285.1
SCHEUCH GmbH, A-Aurolzmünster: S. 64.2
Scholz & Sohn GmbH, Kiel: S. 71.1; 210.1
Shutterstock Images LLC, New York, USA: S. 22.3a©Ramona Heim; 112.3©Pozdeyev Vitaly; 242.1©Dmitry Dven; 279.3©Grzegorz Czapski; 338.2©Andrei Kholmov
Sperling Reinigungstechnik GmbH, Berlin: S. 14.1d
Spies Hecker GmbH, Köln: S. 84.2; 200.1
Spies Lackierung, Hörup: S. 273.2
StardustColors, F-Saint-Laurent-des-Arbres: S. 275.4
STI-Design, Vohburg-Irsching: S. 274.1; 276.1
Stiftung AutoMuseum Volkswagen, Wolfsburg: S. 280.2a
stock.adobe.com: S. 107.1©Ilshat ; 123.1a©maykal
STRUERS GmbH, Willich: S. 4.2, 3; 5.1

Theo Förch GmbH & Co. KG, Neuenstadt: S. 166.1a+b; 167.1a–c, 2a+b; 168.1, 2a+b,3; 210.2; 297.1, 2a–h
Maik Tittmann, Amöneburg: S. 273.3
TOPLAC Autolackierbedarf GmbH, Klipphausen: S. 134.1
TÜV NORD Mobilität GmbH, Hannover: S. 178.2

Stefan Uhl, Hamburg: S. 227.2; 228.5; 229.1a; 230.2; 233.2; 234.1a–f; 237.1; 240.2, 3b; 243.1, 2; 245.2, 3a–c; 246.1, 2a+b, 3; 248.1, 2a+b, 3; 249.1, 2a+b, 3, 4; 272.3; 315.1; 316.1; 321.1a+b, 2a; 322.1a+b; 325.1, 2
UNECE: S. 56.1 bis 2
Ursula Rath GmbH, Senden: S. 309.1
UVEX ARBEITSSCHUTZ GmbH, Fürth: S. 379.1a

VOLKSWAGEN AG, Wolfsburg: S. 179.1; 323.2b

WABCO Fahrzeugsysteme GmbH, Hannover: S. 175.1
WashTec Cleaning Technology GmbH, Augsburg: S. 301.1; 302.1
Joachim Weigt, Celle: S. 189.1; 193.2, 3; 194.1; 197.1, 2a+b; 198.1, 2; 199.2; 200.2, 4; 205.2; 207.1; 211.1; 217.1; 220.1, 2, 3; 221.1, 2, 3; 222.1, 2, 3; 223.1, 2, 3; 224.1
Wikimedia Commons Creative Commons Attribution-Share Alike 3.0 Unported user: Filzstift: S. 334.1
Wikipedia ©Lothar Spurzem/CC BY-SA 2.0 DE: S. 316.2a+c
Wilhelm Layher GmbH & Co KG, Güglingen: S. 52.2
Wolfgang Willnat, Belau: S. 333.1; 343.3; 344.1, 2, 3, 4; 345.1, 2; 346.2; 347.1, 2, 3; 348.1, 2; 349.1, 2, 3, 4; 351.1, 2, 3; 352.1
Bernd Winkler, Immenhausen: S. 357.2
Christian Wodetzki, Essen: S. 15.2; 17.1; 19.1, 2
Harro Wolter, Foto & Grafik-Design, Hamburg: S. 1.1; 10.1, 2, 3; 11.1b; 19.3; 30.1; 31.1, 2, 3a+b; 32.1, 2a+b, 3, 4,5; 33.1a–c, 2; 65.1, 2a+b; 66.1, 2a+b; 67.1, 2; 68.1; 75.1; 99.1; 100.2; 101.1, 2, 3, 4; 102.1a+b, 2, 3, 4; 103.1, 2, 3, 4, 5; 104.1, 2, 3, 4, 5; 105.1, 2, 3; 225.1; 244.1a–d, 2; 245.1
WT-Direct, Plüderhausen: S. 282.3; 283.1a–h; 285.3
www.fahrzeuglackiererforum.de: S. 214.2
www.taristore.com, Plauen: S. 123.2

Sachwortverzeichnis